SMOKE MANAGEMENT ENGINEERING

| 제3판 |

# 성능위주 설계를 위한 제연공학

이동명 지음

도서출판 동화기술

# 머리말

연기가 수많은 화재 사고에서 주된 사인으로 알려져 있듯이 연기로 인한 인명 안전은 출화·연소 방지 대책 이상으로 아주 중요하다.

1971년 대연각 호텔, 2003년 대구 지하철, 2008년 이천 냉동 창고 등 수많은 화재 사고에서 알 수 있듯이 연기로 인한 수많은 사상자와 재산 피해는 물론 소방관의 구조 활동뿐만 아니라 소화 활동조차도 엄두를 내지 못했음을 우리는 생생하게 기억하고 있고, 너무나 끔찍한 사고라 기억조차 하기 싫을 정도다.

제연의 개념은 연기의 이동 문제를 해결하려는 대책으로부터 발전되기 시작하여 외국에서는 50여년 이상을 연구해 온 분야이지만 수계나 가스계 소화 시스템과 연구 심도로 비교해 보면 아직까지도 미진한 분야임에는 틀림없다.

우리나라가 제연 분야에 관심을 가지기 시작한 것은 약 25여년 정도지만 이 기간 동안 제연 시스템의 제조 분야를 비롯해서 소방의 여러 직무분야에서 기술적으로 많은 발전을 해온 것도 사실이다. 그러나 제연 시스템을 설계하고 시공함에 있어 아직까지도 갑론을박(甲論乙駁)을 하고 있는 실정이다. 단순히 연기의 확산·이동 문제를 구획화나 희석, 기류, 배연, 가압 등과 같은 메커니즘 중 하나 또는 그 이상을 조합하는 방법으로 제어할 수 있다고는 하지만 이것은 나무는 보았는데 숲은 보지 못한 것이나 마찬가지라 하겠다. 제연은 연기의 특성만을 다루어서도 공기의 이동만을 다루어서도 안 된다. 제연은 연기와 공기, 열의 유동 특성 모두 다루어야 한다. 이들 특성을 고찰하기 위해선 우선 열·유체역학적인 기초 지식과 공기 이동시스템, 컴퓨터 시뮬레이션 등을 바탕으로 하지 않으면 사실상 연기 특성을 정확히 해석하고 확증하기란 그리 쉽지 않다.

본 교재는 25여년의 강의와 구축된 자료 및 데이터를 바탕으로 제연과 관련된 내용을 공학적으로 일목요연(一目瞭然)하게 재구성한 것이다. 현재까지는 제연 서적이 전무한 상태였지만 본 교재를 바탕으로 제연공학의 기초를 마련하고 소방·방재 분야의 기술자나 학생들에게 많은 도움이 되었으면 하는 바람과 제연 분야의 기술적 지식에 조금이나마 보탬이 되었으면 한다. 앞으로도 본 교재의 미약한 부분을 계속해서 보완하고 덧붙여 소방·방재 분야의 첨단 기술과 공학적인 지식을 지속적으로 추가하여 제연공학의 지식을 쌓고 이해하는데 손색이 없도록 할 것이며 보다 나은 제연공학의 참된 서적이 되도록 더욱더 노력할 것이다.

공학박사 이 동 명

# 1장

# 서론

Introduction of Smoke Management

## 1.1 개요

화재로 인한 인명 안전의 영향에는 화재 발생 장소 부근의 화열(fire heat)에 의한 직접적인 영향뿐만 아니라 화재 기류에 의해 운반되어 건물 내에 확산되는 연기의 영향을 무시할 수 없다.

건물에서 화재가 발생할 경우, 대부분의 거주자나 재실자는 화재층이 아닌 상층부로 전파된 연기로부터 퇴로를 차단당하고 화열이 아닌 CO, $CO_2$ 중독 등 연기의 독성으로 죽음에 이르고 있다. 화재 시 연기의 영향은 연기에 동반하는 열기류가 가진 고온, 산소 부족, 일산화탄소 등 유독 가스에 의한 인체의 직접적인 영향 이외에 시계의 저하, 그에 따른 심리적 불안에 의한 피난 행동의 영향 등 수많은 요소가 있다. 이와 같이 건축물은 방화 안전 특히, 인명 안전상 연기에 대한 대책은 출화·연소 방지 대책 이상으로 아주 중요하다.

연기 문제의 가장 대표적인 예는 1980년 미국 MGM 그랜드 호텔의 화재 사고([그림 1.1] 참조)와 우리나라의 1971년 크리스마스 아침에 발생한 대연각 호텔의 화재 사고([그림 1.2] 참조)와 2003년 대구 지하철의 화재 사고([그림 1.3] 참조) 등을 들 수 있다.

MGM 그랜드 호텔의 화재는 1층에서 발생하였지만, 연기는 건물 전체로 퍼져나갔고 위층의 일부 재실자들은 구조되기 전까지 몇 시간 동안 연기에 노출되었다. 사망자 수는 85명이었고, [그림 1.1]에 나타낸 것처럼 사망자의 대다수는 화재에서 멀리 떨어진 위층이었다.

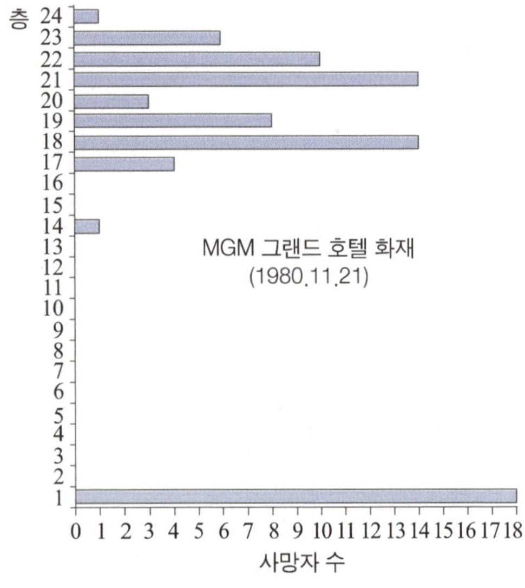


그림 1.1 MGM 그랜드 호텔 화재와 층별 사망자 분포(1980년)

그림 1.2 대연각 호텔 화재(1971년)

그림 1.3 대구 지하철 화재(2003년)

대연각 호텔 화재로 사망자 163명과 부상자 63명의 인명 피해를 유발시켰다. 사망 192명, 부상 147명과 전동차 2대 12량 소실이라는 엄청난 인명과 재산 피해를 낸 전 세계적으로 유래 없는 대구 지하철 화재 사고는 사고 발생 이후 3～4시간이 지나도록 역 구내를 가득 메운 연기와 유독성 가스 때문에 구조 활동은 물론 화재 진압조차도 엄두를 내지 못했다. 이들 사고 모두가 연기로 인해 그 피해를 더욱 가중시켰다. 대구 지하철 화재 사고의 경우, 지하 3층에서 발생된 고열과 짙은 연기는 지하 3층의 승강장 출입 계단을 타고 상층부로 퍼져나가 지하 2층 대합실 및 개찰구에로 도달하여 이 고온의 상승 열기류와 연기는 다시 지하 1층의 지하상가에서 역 출입구로 이동하였다.

그 밖에도 2006년 7월 8명의 사망자를 낸 잠실고시원 화재사고와 2008년 1월 지하 1층에서 용접 작업 중 폭발사고로 실종자 40명의 전원 사망과 부상자 9명이라는 엄청난 인명피해를 낸 이천 냉동 창고의 화재사고 등도 주요 사인은 연기였다.

수많은 화재 사고에서 알 수 있듯이 연기가 화재 사고의 주된 사인으로 알려지고 있다. 건물 화재에서 연기는 종종 화재 공간으로부터 멀리 떨어진 장소로 이동하여 생명을 위협하고 재산 피해를 일으킨다. 때로는 계단실과 엘리베이터 샤프트에는 연기가 차여 피난을 방해하고 구조와 소화 활동을 방해하기도 한다.

연기 제어의 개념은 연기 이동 문제를 해결하려는 대책으로부터 발전되었고, 연기 이동 문제의 해결 방법으로부터 연기제어의 개념이 정립되었다. 연기 이동 문제는 구획화, 희석, 배연,

차연, 가압 방연등과 같은 메커니즘 중 하나 또는 그 이상을 조합하는 방법으로 제어할 수 있다. 또한 연기 제어의 목적은 건축물 화재에서 발생하는 연기로부터 피난 및 소방 활동의 안전을 확보하는 것이며, 이를 위해 적용할 수 있는 배려와 공학적인 설계를 연기 제어 설계라고 한다. 이러한 연기 이동을 제어하기 위한 종합적인 대책 및 방법을 'smoke management (Klote and Milke, 1992)'라 한다.

연기에 대한 대책을 계획하는 용어로 배연 계획과 방연 계획이 사용되지만 실무 적으로는 둘 사이의 차이가 별로 의식되지 않는 경우가 많다. 방연은 「Smoke Control」이라는 영어에 해당하고, 발생 또는 침입한 연기에 대처하는 표현으로서 여러 가지가 사용되지만 관점을 어디에 두느냐에 따라 바뀐다. 연기의 확산 방지 및 확산 지연과 특정 공간에 연기의 침입 방지란 반드시 같은 개념이 아니며, 전자는 발생된 연기에 관점을 둔 것이고 후자는 연기로부터 보호할 부분에 관점을 둔 것이다.

하지만 이 책에서는 건축물 화재 시 인명 피해와 재산 피해를 최소화하기 위한 연기 이동을 제어하기 위한 대응 메커니즘으로 연기 배출과 연기 방어라는 측면에서 배연(smoke ventilation)과 방연(smoke defence)의 두 가지 개념을 제연(smoke management=제연, 制煙)이라 하고, 이 두 가지 개념을 바탕으로 서술하고자 한다.

## 1.2 유체 유동의 기본방정식

제연은 연기 이동을 제어하기 위한 종합적인 대책과 방법이라고 앞서 설명하였다. 연기 이동을 제어하기 위한 대책과 방법 중 가장 먼저 선행되어야 할 내용은 화재실에서 발생된 연기($m_s$)가 화재실의 연기 이동 경로(개구부 및 틈새)를 통해 얼마나 많은 양(연기의 이동 양 $m$)이 얼마나 큰 힘(힘 $F$ 또는 압력 $P$)을 가지고 이동하는지 유체역학적으로 규명해야 한다. 이때 연기의 이동 양 $m$ (kg/s)은 연속방정식으로부터 결정할 수 있고, 연기를 이동시키는 힘은 베르누이 방정식의 전압 $P_T$ (Pa)로부터 결정할 수 있다.

### 1.2.1 연속방정식

이동하고 있는 유체에서 일정 순간에 그 곡선상의 접선의 방향과 유체의 흐르는 방향이 일치할 때, 그 곡선의 그 순간을 유선이라고 한다. 따라서 흐르는 속도벡터의 방향과 유선의 방향은 일치한다. 이들 유선군은 한 개의 관을 형성하는데 이것을 유관이라고 한다.

비정상 흐름에서는 관류가 시간에 따라 변화하므로 단순하게 각 순간에서 흐르는 방향을 주는 것에 지나지 않는다. 하지만 정상 흐름에서는 유관의 형태가 시간에 따라 변하지 않으므로 유관은 마치 유체가 흐르는 하나의 관처럼 생각할 수 있다.

[그림 1.4]와 같이 미소 유관속으로 정상류가 흐를 때, 단위시간에 유입한 질량과 유출한 질량과의 차는 유관 속에 축적된 질량과 같다. 즉, 유관속의 질량은 질량보존의 법칙에 따라 검사체적(control volume)의 유관 1과 2 사이의 질량은 일정하다.

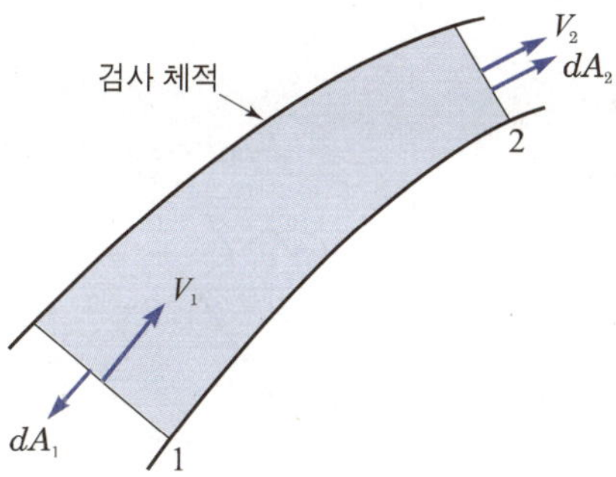


그림 1.4 유관을 흐르는 정상 유동

[그림 1.4]의 유관속을 압축성 유체의 정상류가 흐른다고 가정하면 유관의 임의 단면을 통과하는 유체의 질량유량 $m$(kg/s)은 일정하다. 또 이것을 체적유량 $Q$(m$^3$/s)로 나타내면 식 (1.1a)와 같다.

$$m = \rho V_1 A_1 = \rho V_2 A_2 = \text{Const.} \tag{1.1}$$

$$Q = V_1 A_1 = V_2 A_2 = \text{Const.} \tag{1.1a}$$

여기서, $\rho$(kg/m$^3$), $V$(m/s) 및 $A$(m$^3$)는 유체의 밀도, 속도 및 유관의 단면적이고, 식 (1.1)과 (1.1a)를 연속 방정식 또는 질량 보존 법칙이라고 한다.

식 (1.1)과 (1.1a)는 화재실의 개구부나 틈새를 통해 이동하는 연기의 이동 양 $m$(kg/s)을 결정하는 데 적용되고, 식 (1.1)과 (1.1a)에서 $\rho$(kg/m$^3$)는 연기의 온도에 따른 연기의 밀도, $A$(m$^2$)는 연기 이동 경로인 개구부나 틈새의 면적, $V$(m/s)는 베르누이 방정식의 전압 $P_T$(Pa)로부터 유도되는 화재실의 개구부나 틈새를 통과하는 연기의 이동 속도가 된다.

### 1.2.2 운동 방정식

비압축성 이상유체의 1차원 유체가 흐를 때, [그림 1.5]의 미소 길이 $\delta s$와 $\delta A$에 대한 운동량은 Newton의 운동 제2법칙 $\sum F = ma$로부터 구할 수 있다. 이때 미소 유관에 미치는 외력 $F$는 [그림 1.5]에 나타낸 것처럼 압력과 중력뿐이다. $\delta s$와 $\delta A$가 0으로 접근할 때 극한 값을 취하고, 길이 $s$에 대해 편미분을 전미분으로 바꾸면 식 (1.2)의 Euler의 운동방정식이 구해진다.

$$\frac{dP}{\rho} + g\,dz + V\,dV = 0 \tag{1.2}$$

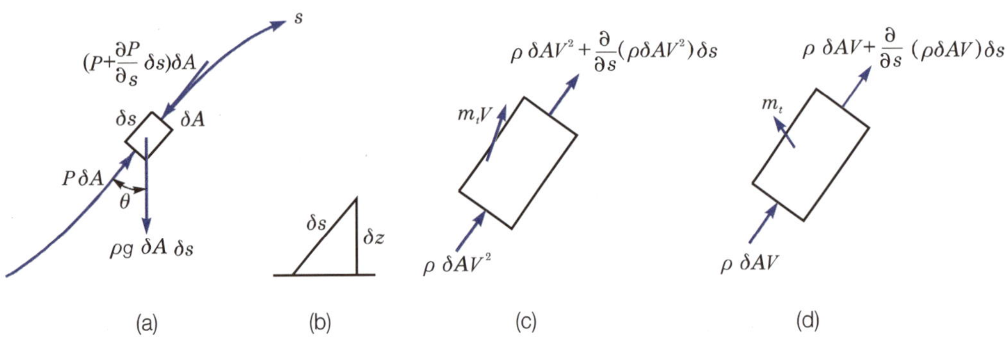


그림 1.5 검사 체적 s 방향에 대한 연속 법칙과 운동량

밀도가 일정할 경우 식 (1.2)를 $s$에 대해 적분하면, 베르누이 운동 방정식 식 (1.3)이 구해진다. 여기서, $P$(N/m$^2$ = Pa)는 압력, $g$ (m/s$^2$)는 중력 가속도, $z$(m)는 높이이다.

식 (1.3)의 각 항은 압력의 차원을 가지며, $\frac{1}{2}\rho V^2$을 동압, $P$를 정압, $\rho gz$를 위치압, $P_T$를 전압(total pressure)이라고 한다.

$$\frac{1}{2}\rho V^2 + P + \rho gz = P_T = \text{Const.} \tag{1.3}$$

식 (1.3)은 연기 해석에 있어서 매우 중요한 식으로 건물 내의 연기 유동 해석에 이용되는 각종 식의 대부분이 이 식을 바탕으로 유도되었다. 아울러 식 (1.3)은 연기의 이동 양 $m$(kg/s)을 결정할 때 화재실의 개구부나 틈새를 통과하는 연기의 이동 속도 $V$(m/s)로 사용된다.

### 1.2.3 개구부를 통과하는 유량

임의의 공간 1과 2를 구획하는 벽에 설치된 개구부를 통과하는 연기 유동을 고려하기로 한다. 공간 1의 압력 $P_1$이 공간 2의 압력 $P_2$보다 높을 때 공간 1에서 2로 연기의 유동이 생긴다.

[그림 1.6]에서처럼 연기 유동의 유선을 생각하고 점 $P_1$과 $P_2$를 설정한다. 점 $P_1$은 연기가 충진된 공간 1의 내부 공간으로 설정한다. 연기의 이동 속도는 연기가 이동 경로를 통하여 이동하기 전이므로 거의 0이 되고, 한편 점 $P_2$의 압력은 공간 2의 압력과 같다.

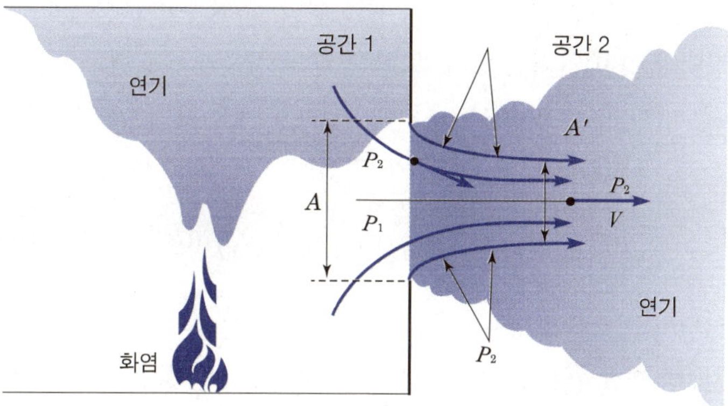


**그림 1.6** 개구부를 통과하는 연기의 흐름

따라서 점 $P_2$의 속도를 $V$로 하고, 점 $P_1$과 $P_2$의 높이는 거의 변하지 않는 것으로 가정하여 식 (1.3)의 베르누이 운동방정식에 적용시키면 식 (1.4)와 같이 된다.

$$P_1 = P_2 + \frac{1}{2}\rho V^2 \tag{1.4}$$

또 식 (1.4)로부터 속도 $V$는 식 (1.5)와 같이 나타낼 수 있다.

$$V = \sqrt{2(P_1 - P_2)/\rho} \tag{1.5}$$

식 (1.4)에서 각 변수의 단위는 압력 $P$(Pa=N/m$^2$), 밀도 $\rho$(kg/m$^3$), 속도 $V$(m/s)이다. 또한 개구부의 면적이 $A$(m$^2$)일 때, 연기 밀도를 $\rho$로 하면 유량은 $\rho VA$이지만 실제로는 그렇지 않다.

공간 1의 분류축에서 벗어난 곳에서 개구부를 향해 흘러온 유체(연기) 입자는 개구부를 나올 때, 그 방향의 관성을 갖고 있기 때문에 모든 유체 입자가 동일 속도의 평행 흐름을 형성하는 것은 공간 2를 흘러나와 일정 거리만큼 흐른 뒤가 된다. 이때 분류의 단면적을 $A'$로 하면, 유량은 $\rho VA'$로 주이진다.

이동 경로를 통과하기 전의 유량과 통과한 후의 유량은 질량 보존의 법칙에 따라 같으므로 통과 전과 후의 유량비는 식 (1.6)과 같이 된다. 이 값을 보정 또는 변형이라고 한다.

$$C = \frac{A'}{A} \tag{1.6}$$

식 (1.6)의 $C$를 개구 계수 또는 유량 계수라고 한다. 개구 계수 $C$는 누설 경로의 개구 형태에 따라 다르지만 이론적으로 $1/2 \leqq C \leqq 1$ 정도이며, 출입문이나 창문과 같은 개구부에서는 $C = 0.6 \sim 0.7$ 정도인 것이 알려져 있다. 또한 공간의 치수와 비교했을 때, 개구 치수(예를 들면, 방화셔터 구획)가 클 경우에는 $C \approx 1.0$에 가깝다. 개구부(이동 경로)를 통과하는 유체의 질량 유량 $m$ (kg/s)은 식 (1.7)로 주어진다. 여기서 $\Delta P = P_1 - P_2$이다.

$$m = A'\rho V = CA(2\rho\Delta P)^{1/2} \tag{1.7}$$

식 (1.7)은 베르누이 방정식을 바탕으로 유도되었기 때문에 이 식은 엄격히 정상류, 마찰이 없는 비압축성 유체에 적합하다. 그러나 보정 계수인 유량 계수는 점성에 의한 마찰 손실과 동적 손실을 보완해준다. 유량 계수는 레이놀즈수와 이동 경로의 기하학적 형상에 의존된다.

**예제 1.1**

[그림 1.6]에서 압력차 $\Delta P = P_1 - P_2 = 10$ Pa인 공간 2로 개구부를 통해 밀도 $\rho = 1.25$(kg/m$^3$)인 공기가 흐를 때, 개구부로 유출되는 공기의 유속과 질량 유량 $m$(kg/s) 및 체적 유량은 얼마가 되겠는가? 단, 개구면적 $A = 2$(m$^2$)이고, 유량 계수 $C = 0.7$이다.

**풀이**

식 (1.5)로부터 유속 $V = \sqrt{\dfrac{2 \times 10}{1.25}} = 4\,\text{m/s}$

식 (1.7)로부터 질량 유량 및 체적 유량

질량 유량 $m = CA(2\rho\Delta P)^{1/2} = 0.7 \times 2 \times \sqrt{2 \times 1.25 \times 10} = 7.0$ kg/s

체적 유량 $Q = CAV = 0.7 \times 2 \times 4 = 5.6\,\text{m}^3/\text{s}$

# 1.3 화재 열역학의 기초

## 1.3.1 에너지 보존 법칙

열역학 제1법칙을 에너지 보존 법칙이라고 하며, 열이동을 모델링하는 기초가 되고 있다. '하나의 계가 가지는 에너지의 총합은 외부와의 사이에 교환이 없는 한 일정하고 외부와의 사이에 교환이 있으면 주고받는 양만큼 감소 또는 증가한다.' 이를 에너지 보존 법칙(law of conservation of energy)이라 한다. 임의의 계(폐쇄 계)의 내부 에너지 $U$의 변화 $\Delta U$, 외부로부터 계에 전달된 열 $\Delta Q$와 외부에서 계에 행해진 일 $\Delta W$의 합과 같다.

$$\Delta U = \Delta Q + \Delta W \tag{1.8}$$

따라서 에너지 보존 법칙에 의하면 폐쇄된 공간에서는 에너지 총량에 변화가 없음을 나타내고 있다. 또한 외부로부터 열의 유출입이 가능한 계(개방계)는 외부에서 계에 전달되는 에너지 증가량 $\Delta E$를 추가하면 식 (1.9)와 같이 된다.

$$\Delta U = \Delta Q + \Delta W + \Delta E \tag{1.9}$$

물체(계)에 추가된 열은 내부 에너지로 증가하여 현열과 잠열이 된다. 현열은 온도 상승에 기여하고, 잠열은 상변화(相変化)(고체 → 액체 → 기체 또는 고체 → 기체)에 이용된다. 또는 두 가지 모두를 열에너지라고 한다. 화재 시 연기의 온도를 계산하는 경우에는 일반적으로 현열만을 고려하여 기체의 온도상승을 고려하면 좋지만, 스프링클러 등의 살수가 있는 경우에는 잠열도 고려해야 한다.

식 (1.9)에서 단위시간 당의 에너지 변화를 고려할 경우, 양변을 시간 $t$에 대해 미분하면 식 (1.10)으로 나타낼 수 있다.

$$\frac{dU}{dt} = Q + W + E \tag{1.10}$$

또한 $Q$, $W$, $E$는 단위시간 당의 에너지이다. 계의 체적 $V_s$(m$^3$)(일정), 비열 $C$(kJ/kg · K), 밀도 $\rho$(kg/m$^3$)라고 할 때, 시간 $t$에 대한 온도 $T$(K)의 변화는 다음과 같이 된다.

$$C\rho V_s \frac{dT}{dt} = Q + W + E \tag{1.11}$$

### 1.3.2 기체 상태 방정식

화재로부터 열방출은 화염이나 높은 온도에서 생성된 연소 생성물로부터 생성되며, 대부분 생성물은 기체 상태이므로 기체 상태 방정식을 이용하여 해석할 수 있다.

$$PV_G = nRT \tag{1.12}$$

여기서, $P$ : 기압(atm)

$V_G$ : 부피($m^3$)

$n$ : 몰수 $= \dfrac{W(\text{질량}(\text{kg}))}{M(\text{분자량})}$

$R$ : 기체 상수(kJ/kg · K, kgf · m/kgf · K)

$T$ : 절대 온도(K)

식 (1.12)에서 $V_G$는 압력 $P$와 온도 $T$에서 $n$몰의 가스가 차지하는 부피이고, $R$은 기체 상수로서 단위 질량당 기체가 가지는 에너지를 나타낸다. 화재에서 취급하는 기체는 엄밀하게 이상 기체는 아니지만 공학적으로는 이상 기체라고 가정해도 큰 지장은 없다. 기체 밀도를 $\rho$ (kg/$m^3$), 체적을 $V_G$($m^3$), 몰 분자량을 $M$(kg/mol)이라고 하면, 식 (1.12)의 상태 방정식은 식 (1.13)과 같이 쓸 수도 있다. 밀도($\rho$) $= \dfrac{W}{V_G}$이므로, $n = \dfrac{W}{M} = \dfrac{\rho V_G}{M}$(mol)이다. 따라서

$$P = \left(\frac{\rho}{M}\right)RT \tag{1.13}$$

기체가 운동하고 흐름의 상태에 따라 압력이 변하는데 이러한 성질을 압축성이라고 부른다. 압축성의 정도는 음속과 유속의 비(마하수)에 의해 결정되지만, 일반적으로 건축물 화재에서는 유속이 느리고 화재에 수반하는 압력의 변화는 대기압의 절대치와 비교해 매우 작기 때문에 압축성을 무시(비압축성으로 가정)해도 큰 문제가 되지 않는다.

비압축성의 경우 밀도는 압력에 의해 변하지 않는다. 또한 화재는 지면에서 가까운 환경의 현상이므로 식 (1.13)의 압력은 높이에 따라 변하지 않는다고 봐도 좋다. 따라서 건축물 화재에서는 압력 $P$는 대기압(1 atm), $M$은 공기의 평균 몰 분자량 ($28.97 \times 10^{-3}$ kg/mol)을 식 (1.13)에 대입하고 정리하면 식 (1.14)와 같이 간략하게 표현할 수 있다.(참고로 Pa$=$N/$m^2$, J$=$N · m)

$$\rho T = \frac{P_{atm} \cdot M_a}{R} \tag{1.14}$$

$$= \frac{(1.013 \times 10^5 \text{ Pa}) \times (28.97 \times 10^{-3} \text{ kg/mol})}{8.314 \text{ J/mol} \cdot \text{K}} \approx 353 \frac{\text{kg} \cdot \text{K}}{\text{m}^3}$$

화재의 연소로 발생되는 가스를 포함한 기체는 공기와는 성분이 다르지만 식 (1.12)의 상태 방정식에 대체해서 식 (1.14)를 사용하는 경우가 더 많다.

고온의 연기가 공간 상부에 축적되는 것은 밀도가 작아지기 때문이다. 화재 상황에서 연소 가스에 의하여 생성된 높은 온도는 뜨거운 가스와 주변 대기와의 밀도 차에 의해 강한 부력 흐름을 초래한다. 이는 압력차를 생기게 하여 공기를 화재의 하부로 끌어들이며, 또한 구획공간으로부터 화염과 뜨거운 가스를 배출시키게 된다. 만일 주변의 공기 또는 다른 유체 사이에 밀도차가 생긴다면 비교 운동이 발생하고, 이러한 밀도차의 크기가 천장 제트(ceiling jet), 부력 플룸, 연기 이동과 같은 부력의 크기를 결정한다.

또한 공기의 밀도는 온도에 따라서 변하지만, 식 (1.14)를 이용하면 쉽게 구할 수 있다. 예를 들어, 온도 20℃(293K)의 밀도를 식 (1.14)에 의해 계산하면 1.2 $kg/m^3$ 정도가 된다.

## 1.4 화재 열전달

열은 높은 온도에서 낮은 온도의 물체로 이동하는 에너지의 형태이다. 화재는 산소와 연료가 산화 반응에 의하여 충분한 양의 빛과 열에너지를 발산하는 것으로 이 열에너지가 주변으로 전달되어 화재가 확산된다. 이때 열에너지가 주변으로 전달되는 것을 열전달(heat transfer)이라고 하며, 열전달 메커니즘에는 전도, 대류, 복사가 있다. 이 3가지 모두 화재와 관련이 있으나 흔히 한 가지 현상이 어떤 단계에서 또는 어떤 위치에서 지배적으로 작용될 수도 있다.

건물 화재에서 연소 반응으로부터 발생한 열은 기체의 온도를 상승시키고 대류에 의해 상부의 연기층으로 전달되는 것과 화염으로부터 복사에 의해 주위에 전달되는 것으로 나눌 수 있다. 또한 고온의 기체가 겹치거나 복사열에 의해 데워진 벽의 열이 전도에 의해 표면에서 내부로 이동한다. 주로 실내 화재에서는 대류와 복사열이, 옥외 화재에서는 복사열이 주요 열이동 경로가 된다.

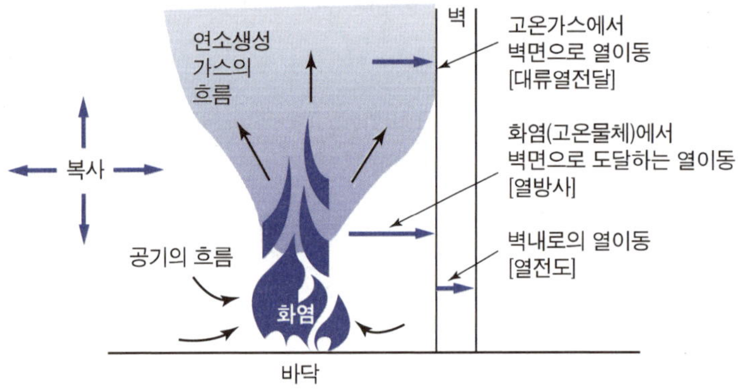


그림 1.7 화재에 의한 열에너지 이동

### 1.4.1 열전도

고체나 정지해 있는 액체 등의 온도가 다른 두 물체가 접촉하고 있을 때, 고온의 물체(고 열원)에서 저온의 물체(저 열원)로 열이 이동하는 현상(물체 내 분자가 기본 위치를 바꾸지 않으면서 진동에 의해 에너지를 전달하는 현상)을 열전도(heat conduction)라고 한다. 열전도는 가연성 고체의 발화 또는 화염 확산 및 화재 저항과 관련된 문제를 파악하는데 매우 유용하다.

고온의 물체(고 열원)에서 저온의 물체(저 열원)로 이동하는 열전달량(열이동량)은 에너지 보존식과 Fourier 법칙에 따라 정상상태의 흐름이라면 식 (1.15)와 같이 된다. 식 (1.15)에 나타낸 것처럼 열전달량 $Q_{\rm cond}$는 온도차 $\Delta T$에 비례한다.

$$Q_{\rm cond} = \frac{kA(T_2 - T_1)}{\ell} = \frac{\Delta T}{R}[\rm kW, kcal/h] \text{ : Fourier 법칙} \tag{1.15}$$

여기서, $R = \dfrac{\ell}{kA}$(열저항)

$k$ : 열전도도(kW/m · K)

$T$: 온도(K, ℃)

$\ell$ : 전열거리(m)

재료의 열전도도 $k$는 단위시간 당 열의 이동률을 나타내며, [표 1.1]에 제시한 것처럼 열전도도가 큰 재료는 열도체이고 작은 값은 단열재로 이용된다. 일반적으로 보온 물질에는 자유전자가 없기 때문에 열전달은 분자의 격자 구조를 통한 기계적인 진동에 의해서만 일어나며

표 1.1 각 재료의 열특성

| 품질명 | 열전도도($k$) (W/m·K) | 비열($c$) (kJ/kg·K) | 밀도($\rho$) (kg/m$^3$) | 열확산도($\alpha$) (m$^2$/s) | 열관성($k\rho c$) (kW$^2$·s/m$^4$·K$^2$) |
|---|---|---|---|---|---|
| Copper | 387 | 0.380 | 8,940 | $1.14\times10^{-4}$ | 1300.0 |
| Steel | 45.8 | 0.460 | 7,850 | $1.26\times10^{-5}$ | 160.0 |
| Brick(common) | 0.69 | 0.840 | 1,600 | $5.2\times10^{-7}$ | 0.93 |
| Concrete | 0.8～1.4 | 0.880 | 1,900～2,300 | $5.7\times10^{-7}$ | 2.0 |
| Glass(Plate) | 0.76 | 0.840 | 2,700 | $3.3\times10^{-7}$ | 1.7 |
| Gypsum Plaster | 0.48 | 0.840 | 1,440 | $4.1\times10^{-7}$ | 0.58 |
| PMMA | 0.19 | 1.420 | 1,190 | $1.1\times10^{-7}$ | 0.32 |
| Oak | 0.17 | 2.380 | 800 | $8.9\times10^{-8}$ | 0.32 |
| Yellow Pine | 0.14 | 2.850 | 640 | $8.3\times10^{-8}$ | 0.25 |
| Asbestos | 0.15 | 1.050 | 577 | $2.5\times10^{-7}$ | 0.091 |
| Fiber Insulating Board | 0.041 | 2.090 | 229 | $8.6\times10^{-8}$ | 0.020 |
| Polyurethane Foam | 0.034 | 1.400 | 20 | $1.2\times10^{-6}$ | $9.5\times10^{4}$ |
| Air | 0.026 | 1.040 | 1.1 | $2.2\times10^{-5}$ | $3.0\times10^{5}$ |

이것은 아주 비효율적인 과정이다. 보통 열전도는 비정상 상태로서 열이 벽을 통과·침투하는 데는 시간이 상당히 소요된다.

정상 상태의 열전도는 시간에 따라 변화가 없는 열유동을 말하며, 정상 상태 열전도는 열 침투시간이 지난 후에 주로 발생한다. 비정상 상태의 열전도는 화재는 시간에 따라 열유동의 변화가 있는 비정상 상태의 전이 상태로서 시간에 대한 편미분식을 적용해야 해석할 수 있다.

### 1.4.2 대류 열전달

대류 열전달(convection heat transfer)은 유체의 움직임이 열전달에 관여하는 것이다. 즉, 열이 기체 또는 액체에서 고체로, 또는 고체에서 기체나 액체로 이동하는 현상을 대류 열전달이라고 한다. 대류 열전달은 유동매체의 이동현상을 파악해야 하고 열복사의 수준이 낮은 초기 단계에서 중요하게 작용한다.

일반적으로 부력과 밀도 차이에 의한 압력 불균형이 대류 열전달의 원인이 된다. 화재에 의해 발생하는 열은 화재 플룸이라고 하는 부력류(浮力流)를 발생시켜 공간 상부로 전달시킨다. 저온의 공기는 부력류에 의해 밀려나가 하강하게 되고 일부는 화염 플룸과 합류되어 이동하게 된다. 이와 같이 화재 공간은 대류에 의해 순환하는 흐름이 발생하고, 이에 따라 열은 이동하게 된다. 또한 송풍기를 이용하여 강제적으로 유체를 이동시키는 것을 강제 대류라고 한다. 화재

시 감지기와 스프링클러 헤드는 화재로부터 이동되는 대류 열전달에 의해 작동된다.

여기서 질량 유량을 $m$(kg/s), 기체 온도를 $T$(K), 기체의 정압비열을 $C_p$(kJ/kg·K)라고 하면, 대류에 의해 이동되는 열량 $Q_{conv1}$(kW)은 식 (1.16)으로 표현된다.

$$Q_{conv1} = C_p m T \tag{1.16}$$

대류에 의한 열전달율은 표면의 형상이나 온도, 유체의 온도와 속도, 유체의 열적 물성 값에 의해 변화하는 복잡한 함수이다. 외부 유동의 경우 열전달량은 고온의 온도($T_2$)와 표면과 멀리 떨어진 곳에서의 저온의 유체 온도($T_1$)와의 온도차($\Delta T = T_2 - T_1$)에 비례한다. 이 온도차와 열전달률 사이의 비례계수를 대류 열전달 계수($h$)라고 하며, 대류에 의한 이동 열량은 다음과 같이 계산되며, $t$시간 동안에 이동하는 열전달량 $Q_{conv2}$(kW)는 온도차×표면적에 비례한다는 Newton의 냉각법칙에 따라 정의할 수 있다.

$$Q_{conv2} = hA\Delta T = hA(T_2 - T_1) \ : \ \text{Newton의 냉각법칙} \tag{1.17}$$

여기서, $Q_{conv2}$ : 열전달량(kW)
$h$ : 대류전열계수(kW/m$^2$·K)
$\Delta T$: 온도차(℃, K)

$h$는 $k$와 달리 물질에 따른 상수가 아니라 시스템의 특성, 고체의 기하학적인 현상, 유동 변수와 관련된 유체 특성에 의존된다. 자연 대류일 경우 $h$값은 5~25 W/m$^2$·K 정도이고, 강제 대류일 경우 $h$값은 10~500 W/m$^2$·K 정도가 된다.

[표 1.2]는 대류 열전달 계수 $h$값을 나타낸 것이며, 화재 발생 상황들이 [표 1.2]의 공기에 대해 주어진 값에 큰 변화를 가져오지는 않는다.

표 1.2 대류 열전달 계수 $h$

| 유체 조건 | $h$(W/m$^2$·℃) |
|---|---|
| Buoyant flows in air(공기 중 부력 흐름) | 5~10 |
| Laminar match flame(층류 성냥 화염) | ~30 |
| Turbulent liquid pool fire surface(난류 액면 화염) | ~20 |
| Fire plume impinging on a ceiling(천장의 화재 플룸) | 5~50 |
| 2 m/s wind speed in air(풍속) | ~10 |
| 35 m/s wind speed in air(풍속) | ~75 |

### 1.4.3 복사 열전달

열전도나 대류 열전달은 에너지가 매질(고체, 유체) 내를 이동하지만, 매질이 존재하지 않는 완전한 진공 내에서도 열이 이동된다. 이 경우는 전자파 작용에 의한 기구를 가지며 전자 복사가 된다. 전자파에 의한 에너지 전자파 중에서 온도차로 인하여 전파되는 에너지에 국한하여 정의할 때, 이것을 복사 열전달(radiation heat transfer)이라고 한다.

열복사는 구획 내에서 화재 성장과 확산에서 중요한 영향을 미치고, 원격 발화 현상을 일으킨다. 예를 들면, 플래시 오버를 일으키기 위한 조건으로 복사에 의한 바닥 수열량은 20 $kW/m^2$ 정도 이다. 또한 열복사는 개방계 산림연료나 건물 간 화재 확산의 메커니즘으로 작용한다.

Max Planck의 양자 이론이 복사 열전달을 설명하는 이론적인 근거가 되며, 복사파는 진공 속에서 빛의 속도로 이동한다고 하였다. 열복사는 적외선을 지나 연장되어 가시광선까지가 되며, $\lambda = 0.4 \sim 100\mu m$ 정도가 된다. 온도가 1000℃ 인 물체는 밝은 적색을 나타내며, 우리는 우리 눈의 주파수와 같은 파장범위 내에 있는 열복사를 볼 수 있는 것이다. 즉, 온도만의 결과에 의한 복사를 열복사라고 하며, 여기에는 주파수 범위가 있고 Planck의 이론에 의해 예측할 수 있다.

화재 시 복사열은 거의 모든 확산 화염에서 생성되는 아주 미세한 검댕의 입자에 의하여 흡수되고 방사되어 특징적으로 노란색 광휘의 원천이 된다. 화재의 경우 화염이 매우 고온이기 때문에 화염으로부터 벽면이나 주위의 가연물에 복사열이 전달되어 화염에 접하지 않아도 연소하는 것이 많다. 온도 $T$(K)의 물체에 단위면적당 복사량 $E$($kW/m^2$)를 방출한다. 식 (1.18)에서 $\sigma$ [$5.67 \times 10^{-11}$ ($kW/m^2 \cdot K^4$)]는 스테판 볼츠만의 상수, ε은 복사율로 물체의 온도나 표면 상태에 의해서 정해지는 값이다. 흑체의 경우 $\varepsilon = 1$이 된다.

$$E = \varepsilon \sigma T^4 \tag{1.18}$$

열복사의 전부를 흡수하는 이상적인 물체를 흑체라고 하며, 절대온도가 $T$인 완전 흑체 표면에서 방사되는 열량은 그 물체의 표면적과 절대 온도의 4제곱에 비례한다는 Stefan-Boltzman의 법칙에 따라 식 (1.19)와 같이 표시된다. 따라서 온도가 $T_1$, $T_2$인 2개의 흑체를 서로 마주보게 둘 때, 복사에너지에 의해서 전달되는 열량 $Q_{rad}$는 식 (1.19)와 같이 나타낼 수 있다.

$$Q_{rad} = \sigma A T^4 = \varepsilon \sigma A T^4 \, [kW] \tag{1.19}$$

여기서, $\sigma$ : Stefan-Boltzman 상수 ($5.669 \times 10^{-11}$ $kW/m^2 \cdot K^4$), $A$ : 흑체 표면적[$m^2$], $T$ : 흑체 표면온도[$K^4$], ε : 복사능$[1 - \exp(-\sigma \ell)]$이다.

## 1.5 화재 플룸

건축물의 공간 내에서 가연물은 대부분 화염을 만들며 연소하고, 화염은 부력으로 상승하는 열기류를 생성한다. 화염은 가연물의 열분해로 생긴 가연성 가스가 공기 중에 방출되어 주위의 공기와 혼합해 연소함으로써 형성되는 것이다. 따라서 화염의 형태는 가연성 가스의 발생 속도와 함께 주위 공기와의 혼합 과정에 의해 정해진다. 화염으로 발생하는 연소열 중 일부가 복사되어 주변으로 사라지지만 나머지는 연소 가스의 온도를 높인다. 따라서 연소 가스는 부력을 만들어 상승 기류를 생성한다. 이 상승 기류에는 기체 속에서 점성(난류 점성)에 의한 저항이 작용하면서 기류의 운동량은 점점 주위로 확산되어 주위 공기에 끌려가게 된다.

화원(fire source) 위에서 형성되는 상승 기류를 화재 플룸(fire plume)이라고 부른다. 화재 플룸은 끌려가는 공기에 의해 상승과 함께 희석되어 온도가 저하되는 한편 유량은 증대한다. 이렇게 생기는 연소 가스와 주위 공기 등의 혼합 기체가 초기 화재 단계에서 발생하는 것이 연기(smoke)이다. 화재 플룸은 초기 화재의 성상, 연기층의 하강 속도, 배연 설계, 피난 안전 등에 아주 중요한 영향을 미친다.

### 1.5.1 화재 플룸 유량

건물 화재에서 화재 플룸의 유량은 건물 공간 내에 축적되는 연기층의 발달 속도에 관계되므로 제연 계획과 피난 안전에 있어서 대단히 중요한 요소이다. 따라서 화재 플룸의 유량과 관련된 실험이나 이론적인 연구가 많이 있다. 화재 플룸의 모델링은 [그림 1.8]에 나타낸 바와 같이 점열원에서 그 위로 역 원추형으로 확대하는 기류를 가정하고, 이 수평 단면에서 상승 온도와 수직 방향의 유속이 정규 분포(Gauss 분포)로 된다는 가정을 많이 시용하고 있다. 이에 따라 화재 플룸 수직 방향의 질량 유량(연기층으로 혼입되는 질량 유량) $m_p$(kg/s)는 식 (1.20)과 같이 간단하게 나타낼 수 있다(Heskestad, 1984).

$$m_p = 0.08 Q^{1/3} z^{5/3} \tag{1.20}$$

여기서, $z$ : 점열원에서 연기층 경계까지의 높이(m)

$Q$ : 화원의 발열량(kW)

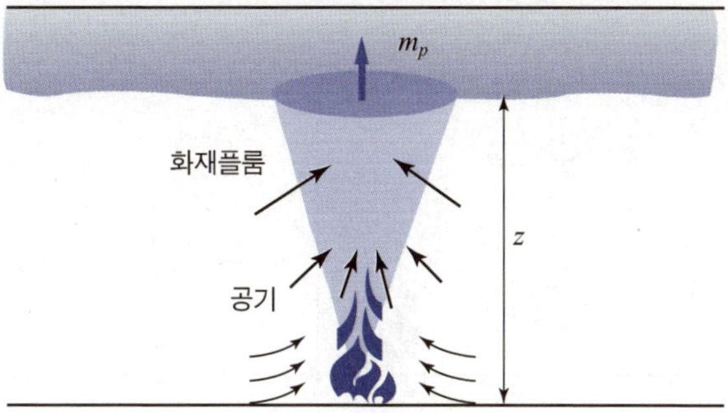


그림 1.8 화재 플룸

식 (1.20)으로부터 화원면에서 상부층의 하단 높이(연기층 높이)까지의 거리를 $z$라고 하면 상부층으로 유입되는 연기의 유량을 구할 수 있다. 식 (1.20)은 연기층이 화염 높이보다 위에 형성되고 있을 때 성립하지만, 연기층이 하강해 화염으로 끌려들어 갈 경우에는 성상이 다르므로 주의할 필요가 있다.

**예제 1.2**

[그림 1.8]에서 화원의 발열량 $Q$=2,000(kW)이고, 이 화원에서 연기층까지의 높이 $z$=2.5(m)에서의 화재 플룸 유량은 얼마가 되겠는가?

**풀이**

식 (1.20)를 이용하여 계산한다.

$$m_p = 0.08Q^{1/3}z^{5/3} = 0.08 \times 2{,}000^{1/3} \times 2.5^{5/3} = 4.64 \text{ kg/s}$$

## 1.5.2 가상 점열원

화재 플룸의 점열원을 시작점으로 하여 수식화하는 경우, 그것을 어느 높이로 설정하느냐에 따라 화재 플룸의 유량이 달라진다. 일반적으로 연소 영역은 점은 아니기 때문에 그 높이의 설정 방법이 필요하지만, 다음 가상 점열원의 위치를 사용하면 비교적 잘 예측할 수 있게 된다.

가상 점열원의 많은 연구가 있지만, Heskestad(1984)에 의하면 가상 점열원의 위치 $z_0$는 식 (1.21)과 같다.

$$z_0 = 1.02D - 0.083Q^{2/5} \tag{1.21}$$

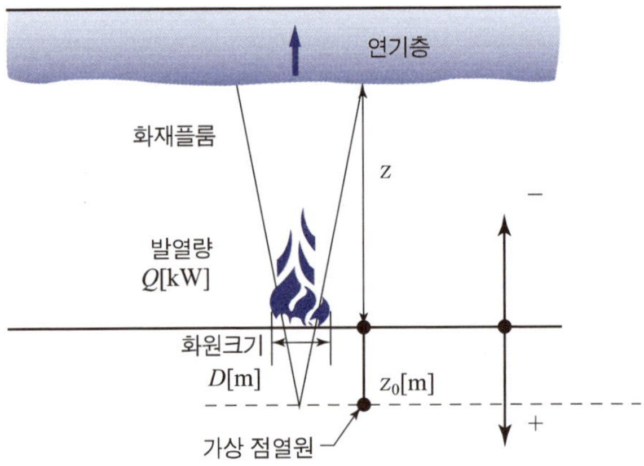


그림 1.9 가상 점열원

식 (1.21)에서 $D$는 화원의 크기(m)(연소면이 원형인 경우 그 직경에 같다), $Q$는 발열량(kW)이다. $z_0$를 식 (1.20)의 $z$에 더하면 $m_p$를 구할 수 있다. 또한 $z_0$는 $D$와 $Q$의 균형에 따라 양수(+)나 음수(−)가 된다. 또한 천장높이가 높은 경우 가상 점열원의 위치는 그다지 중요하지 않으므로 $z_0$를 무시하고 연소면의 높이에서 화재 플룸의 유량을 구해도 괜찮다.

### 1.5.3 화재 발열량

화재로부터 발생한 발열량 $Q$ (kW, MJ)는 화재 플룸 유량, 연기 발생량, 연기 하강 시간 등을 결정하는 데 필요한 인자로 사용된다. 화재 발열량 $Q$는 ① 연소에 의한 열방출량, ② NFPA 92B에서 제시한 $t^2$ 화재의 발열량, ③ 화재하중에 의해 결정하는 방법 등이 사용되고 있다. 연소에 의한 열방출량은 연소에 의한 기체의 손실 질량으로 화재실의 환기 조건에 따라 다르고 화재실로 유입되는 공기의 연소조건에 따라 다르기 때문에 정확한 화재 발열량을 결정하기란 그다지 쉽지 않다. 따라서 NFPA 92B(2006)에서 제시한 방법과 화재하중에 의한 방법을 이용하고 있다.

NFPA 92B(2006)에서 제시한 화재 발열량 $Q$(kW)는 시간 $t$(s)의 2승에 비례하여 증가하는 $t^2$ 화재인 $Q = \alpha t^2$를 적용하고 있다. 화재 성장률 $\alpha$(kW/s$^2$)는 가연물 및 마감재에 따라 결정된다. 일반적으로 화재 성장률은 화재 성장이 매우 빠름(ultra-fast)인 경우 $\alpha = 0.2$, 느린(slow) 경우 $\alpha = 0.001$ 정도이고, 대부분 가연물의 화재 성장률 $0.001 < \alpha < 0.2$의 범위에 들어간다. NFPA 92B(2006)에서는 각종 가연물의 연소 성장 속도에 따라 4단계에 대한 발열량을 [그림

1.10]과 같이 제시하였다.

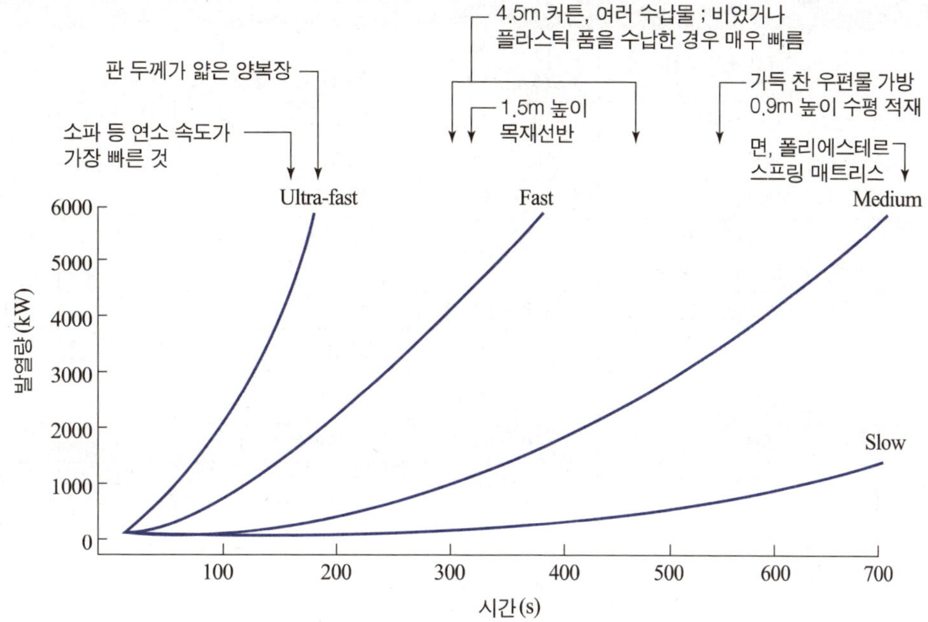


그림 1.10 $t^2$ 화재의 발열량

일반적으로 건물 화재에서 화재의 온도, 화재 지속 시간, 연기 발생량 등을 지배하는 가장 큰 요인은 화재 발열량으로, 화재 발열량은 가연물의 양에 좌우된다. 따라서 화재안전설계에서 설계하고자 하는 건물 내 가연물의 양을 정확하게 파악하는 것이 중요하다. 가연물의 양을 화재실의 바닥면적으로 나눈 값을 화재하중이라고 한다. 건물 내의 가연물을 크게 나누면 고정 가연물과 적재 가연물 두 가지로 나눌 수 있으며, 고정 가연물은 바닥, 벽, 천정과 내장재료 등의 건축 시에 축조된 가연물이며, 적재 가연물은 가구, 서적, 의류, 침구 등의 건축 후에 사용되는 가연물이다.

적재 가연물량은 가연물이 적재되어 있는 가구 등의 재질과 수납량(밀도)에 따라 연소율이 달라지기 때문에 정확한 적재 가연물량의 평가가 곤란하고 아직까지 정확하게 파악되지 않고 있다. 그러나 최근 생활양식의 변화와 철재 가구 등의 보급에 의해 사무실의 적재 가연물량이 대폭 감소하고 있는 경향이 있다. [표 1.3]은 일본건축학회에서 제시한 용도별 적재 가연물량을 나타낸 것이다.

표 1.3 용도별 적재 가연물량(일본건축학회, 1987)

| 건물용도 | 실용도 | 적재가연물량(kg/m²) | | | 조사수 | |
|---|---|---|---|---|---|---|
| | | 범위 | 평균치 | 표준편차 | 동수 | 실수 |
| 사무실 | 사무계사무실 | 14.4～34.9<br>(14.4～54.2) | 25.7<br>(30.1) | 6.5<br>(11.3) | 7<br>(8) | 8<br>(10) |
| | 기술계사무실 | 30.8～42.4 | 35.6 | 5.0 | 5 | 6 |
| | 행정사무실 | 68.3～78.6 | 74.9 | 4.2 | 1 | 5 |
| | 설계실 | 44.5～61.4 | 55.4 | 6.6 | 4 | 5 |
| | 대기실, 회의실, 응접실, 고용원실 | 2.5～15.5 | 7.8 | 4.6 | 6 | 13 |
| | 자료실, 도서실 | 66.8～185.8 | 115.8 | 38.3 | 7 | 10 |
| | 창고 | 209.5～369.0 | 285.2 | 80.1 | 2 | 3 |
| | 로비 | 4.2～19.4 | 12.3 | 6.6 | 4 | 4 |
| 호텔 | 객실 | 7.9～13.3 | 10.5 | 1.5 | 2 | 15 |
| | 연회실 | 2.9～6.8 | 4.4 | 1.5 | 1 | 6 |
| | 로비 | | 2.8 | | 1 | 1 |
| 체육관 | 구기장 | | 0.2 | | 1 | 1 |
| | 유도장 | | 4.8 | | 1 | 1 |
| | 기구고 | 13.0～42.3 | 26.8 | 14.7 | 1 | 3 |
| | 탈의실 | 1.8～3.3 | 2.6 | | 1 | 2 |
| | 현관홀 | | 5.8 | | 1 | 1 |
| | 클립실 | 6.2～10.0 | 8.8 | 1.5 | 1 | 4 |
| 극장 | 대도구제작실 | | 43.6 | | 1 | 1 |
| | 대도구창고 | 56.9～75.3 | 66.1 | | 1 | 2 |
| | 밑바닥 | | 10.2 | | 1 | 1 |
| | 무대 | | 4.5 | | 1 | 1 |
| | 무대 | 20.6～21.1 | 20.9 | | 1 | 2 |
| 창고 | 종이창고 | 844.6～1,261.0 | 1,061.4 | 142.6 | 1 | 6 |
| 백화점 | 매장 | 9.3～31.0 | 19.2 | 8.6 | 1 | 6 |

주) ( ) 내는 광보관계의 2실을 포함하였을 때

화재 발열량을 동일 발열량의 목재 중량으로 환산한 값을 등가 가연물량이라고 하며, 연기 발생량이나 연기 하강 시간을 계산할 때 등가 가연물량을 사용하면 편리하다. 식 (1.22)에 나타낸 등가 가연물량의 값을 화재하중($q$)이라고 하고, 화재성상을 규명할 때에 기본적인 요소로 사용된다.

$$q = \frac{\Sigma(G_i \times H_i)}{H_o \times A} = \frac{\Sigma Q_i}{H_o \times A} \tag{1.22}$$

여기서, $q$ : 화재하중(kg/m$^2$)

$G_i$ : 가연물의 중량(kg)

$H_i$ : 가연물의 단위 발열량(MJ/kg)

$H_o$ : 목재의 단위 발열량(17.4 ~ 18.2 MJ/kg)

$A$ : 화재구획의 바닥면적(m$^2$)

$Q_i$ : 화재구획 내 가연물의 전체 발열량(MJ)

**예제 1.3** A호텔의 면적 520 m$^2$의 연회장에서 화재가 발생한다고 가정할 때, 화재로 인해 연회장에서 발생하는 화재 발열량은 어느 정도가 되겠는가?

**풀이**

[표 1.3]에서 화재하중은 평균 $q = 4.4\ \mathrm{kg/m^2}$이므로, 식 (1.22)로부터

$$\Sigma Q_i = H_o \times q \times A = 17.8\,\frac{\mathrm{MJ}}{\mathrm{kg}} \times 4.4\,\mathrm{kg} \times 520\ \mathrm{m}^2 = 40{,}726.4\ \mathrm{MJ}$$

이때 $H_o$는 17.4 ~ 18.2 MJ/kg의 평균값인 17.8 MJ/kg으로 하였다.

## 1.6 천장 제트

화재 플룸이 천장에 충돌하면 기류는 [그림 1.11]과 같이 천장을 따라 동심원으로 퍼지는데 이것을 천장 제트라고 한다. 천장 제트의 성상은 감지기나 스프링클러의 작동과 관계가 있고, 많은 연구들이 발표되고 있다. 그 중에서도 Alpert(1972)는 단부가 벽 등에 둘러싸지지 않은 개방 천장에 대한 천장 제트의 온도 $\Delta T$(K) 및 유속 $w$ (m/s)의 최대값을 단순히 계산할 수 있는 식을 식 (1.22)와 (1.23)과 같이 제시하였다. 여기서 $r$ (m)은 기류의 중심축으로부터 수평 거리이고, $H$(m)는 천장 높이이다. 하지만 화염이 천장에 직접 충돌할 정도로 커지면 식 (1.23)과 (1.24)의 성상은 달라진다.

**상승온도**

$$\Delta T(H,r)=\begin{cases}16.9\left(\dfrac{Q^{2/5}}{H}\right)^{5/3} & \left(\dfrac{r}{H}\leq 0.18\right) \text{ 정체영역} \\ 5.38\left(\dfrac{Q^{2/5}}{H}\right)^{5/3}\left(\dfrac{r}{H}\right)^{-2/3} & \left(0.18<\dfrac{r}{H}\right) \text{ 천장제트영역}\end{cases} \tag{1.23}$$

**유속**

$$w(H,r)=\begin{cases}0.96\left(\dfrac{Q}{H}\right)^{1/3} & \left(\dfrac{r}{H}\leq 0.15\right) \text{ 정체영역} \\ 0.195\left(\dfrac{Q}{H}\right)^{1/3}\left(\dfrac{r}{H}\right)^{-5/6} & \left(0.15<\dfrac{r}{H}\right) \text{ 천장제트영역}\end{cases} \tag{1.24}$$

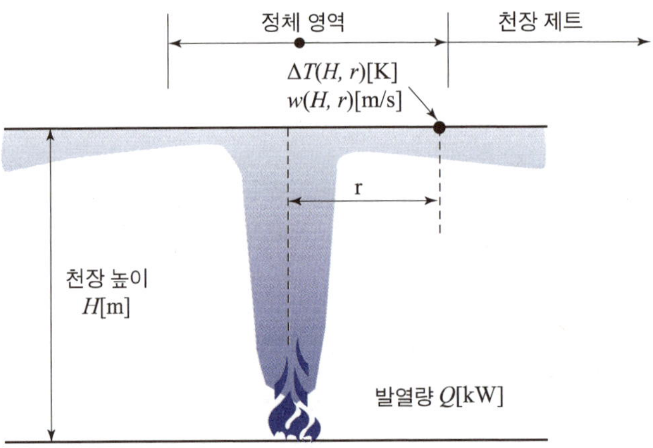


그림 1.11 천장 제트

## 1.7 중성면

건축물의 공간 내에서 화재가 발생하면 연소열에 의해 기체의 온도가 상승함으로써 부력에 의해 실의 천장으로 상승하는 흐름이 발생하여 고온의 기체가 천장으로 가서 축적되고, 온도가 높아짐으로써 기체가 팽창하여 실내와 실외가 서로 달라지는데 대체적으로 공간의 천장은 실내가 실외보다 정압이 높은 경향을 보인다.

따라서 [그림 1.12]와 같이 공간 어딘가에는 실내외의 정압이 같게 되는 면이 있는데 그 면을 중성면(neutral plane)이라고 한다. 그러므로 중성면의 위쪽은 실내 정압이 실외보다 높아 실내에서 실외로 기체가 유출되고 중성면 아래쪽에는 실외에서 실내로 기체가 유입되는데 자칫 기체의 유출입 현상에만 집착하여 실내 천장의 고온가스와 바닥의 찬 공기와의 경계가 중성면인 것으로 오해할 수 있는데 그것은 중성면이 아니라 열역학적 불연속선(thermal discontinuity)이다.

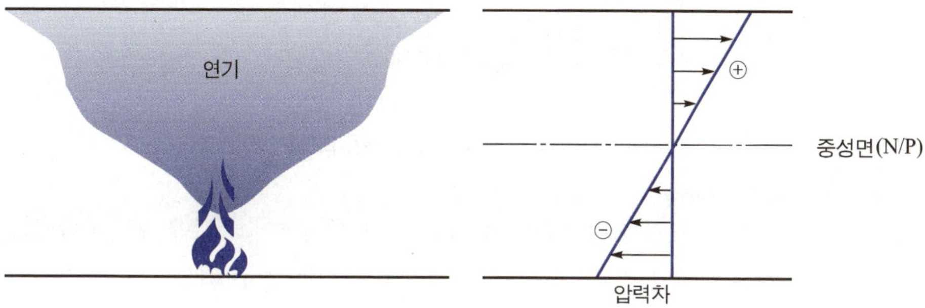


그림 1.12 중성면(Neutral plane)

### 1.7.1 중성면의 형성

중성면은 압력에 의해 정의되지만, 화재 시 상부와 하부의 압력차가 대기 중에서의 압력차보다 큰 것은 화재실의 온도가 대기 온도보다 높기 때문이며 화재실의 온도는 화재실 상부의 고온 기체층의 온도에 따라 좌우된다. 실내와 실외의 정압차이는 고온 기체층의 온도가 높을수록 커지며 고온 기체층의 온도는 연소열에 의한 것이므로 정압차이가 커질수록 실내의 연소 속도가 크다는(실내의 화재가 격렬하다는) 것이 되며, 실험 결과에 의하면 최대 정압차이가 50~55 Pa로서 플래쉬오버 직후인 것으로 나타났다.

화재 시 실내 온도가 높아지면 높아질수록 중성면의 위치는 낮아지며 중성면이 낮아지면 외부로부터의 공기 유입이 적어진다. 따라서 연소가 활발하게 되지 못하며 열발생 속도가 완만해져 실온이 내려가 중성면은 다시 높아지고 하는 과정이 반복됨으로써 화재 시 실온이 무한정 상승하는 것이 아니라 어떤 한계 값을 갖게 된다.

중성면은 화재 시 실내외의 정압차이에 의해 발생하는 현상으로 [그림 1.13]은 화재 발생 시 고층 건물의 중성면을 나타낸 것이다. [그림 1.13]과 같이 중성면의 위쪽으로는 연기가 실외로 유출되고 아래쪽으로는 공기가 실내로 유입된다.

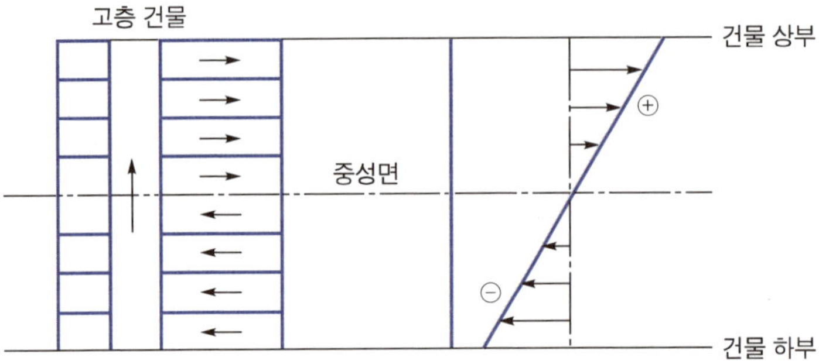


그림 1.13 화재 발생 시 고층 건물의 중성면

화재현장에서 창문으로 연기가 분출되는 상태를 보면 중성면이 어디에 형성되어 있는가를 알 수 있다. 즉, 화재실 창문의 전체에서 연기가 분출하고 있는 경우 중성면은 그 창문의 하단보다 아래쪽에 있으며, 어딘가에는 공기가 유입되고 있는 개구부가 반드시 있다. 그러나 창문의 어떤 일정 높이에서만 연기가 분출되고 있다면 연기가 분출되고 있는 면 최하단이 중성면의 위치이며 그 아래로는 공기가 실내로 유입되고 있으며 다른 쪽에 개구부가 없거나 있더라도 닫혀 있는 상태라고 보아야 한다. 배연을 할 경우 중성면 위쪽에서 배연을 하는 것이 효과적이며 배연과 아울러 공기의 유입이 증가하여 화세가 격렬해지기도 한다.

### 1.7.2 압력차와 중성면

정지 기체로 채워진 공간의 기준 높이에서 압력을 $P(0)$로 하면, 기준 높이에서 $h$(m) 위쪽에 있는 점의 압력 $P(h)$는

$$P(h) = P(0) - g\int_0^h \rho(h)\, dh$$

만약 공간의 온도가 $0 \sim h$에서 일정하고, $\rho$가 높이에 따라 변화하지 않는다면

$$P(h) = P(0) - \rho g h \tag{1.25}$$

식 (1.25)에서 압력 $P(0)$은 절대값을 취할 수도 있지만, 연기 유동의 계산에서는 기준 높이

의 바깥 공기의 압력을 뺀 압력차로 취하는 편이 편리하므로 다음의 경우에서도 이와 같은 압력차를 이용할 수 있다.

[그림 1.14]와 같이 온도가 일정한 서로 인접한 2개의 공간 $i$, $j$에서 기체의 밀도는 $\rho_i$, $\rho_j$ 및 기준 높이에서 압력이 $P_i(0)$, $P_j(0)$라고 하면, 높이 $h$에서의 압력 $P_i(h)$, $P_j(h)$는 식 (1.25)를 이용하면 다음과 같다.

$$P_i(h) = P_i(0) - \rho_i gh$$
$$P_j(h) = P_j(0) - \rho_j gh$$

임의의 높이 $h$에서 양쪽 공간 사이에는 식 (1.26)과 같은 압력차를 형성한다.

$$\Delta P(h) = P_i(h) - P_j(h) = P_i(0) - P_j(0) - (\rho_i - \rho_j)gH_n \tag{1.26}$$

[그림 1.14]에서 양쪽 공간의 압력차가 0이 되는 높이의 수평면을 중성면이라고 하고, 중성면 높이 $H_n$은 식 (1.26)에서 $\Delta P(h) = 0$이므로 식 (1.27)과 같이 나타낼 수 있다. 식 (1.27)은 '4.7장 중성면의 위치'를 계산하는 데 활용된다.

$$H_n = \frac{P_i(0) - P_j(0)}{(\rho_i - \rho_j)g} \tag{1.27}$$

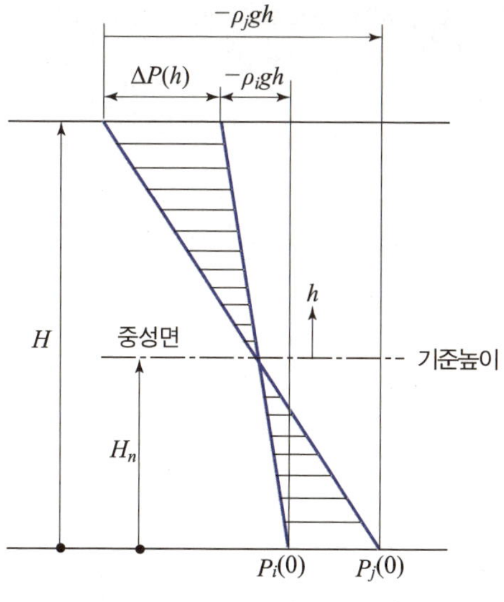


그림 1.14 공간의 압력차와 중성면

기준 높이에 의한 각 공간의 압력 $P(0)$를 이미 알고 있는 상태에서 중성면의 높이와 개구부의 유량 계산 방법을 나타냈다. 압력은 연기 유동에 관계되는 건물 내의 각 공간에 대한 질량 및 에너지 보존식을 고려해야한다.

연기 유동과 관계되는 건물 내의 공간이 $N$개 있을 때, $N$개의 압력 조건을 동시에 만족해야 한다. 만일 비정상일 경우, 질량이 더해져 공간에 가해지는 무게의 열량과 관계되는 식으로 된다. 하지만 정상일 경우 단순히 임의의 공간에서 질량 지수가 0이 된다는 조건으로 단순화된다. 또한 어떤 경우든지 압력이 만족되는 조건식을 해석적으로 해결하는 것은 제한된 단순한 경우를 제외하고는 불가능하므로 수치 해석법을 이용하는 것이 일반적이다.

**예제 1.4**

[그림 1.14]의 두 공간 $i(1)$, $j(2)$에서 온도가 각각 23℃와 15℃이고, 압력이 −0.8Pa과 0.5 Pa이라고 할 때, 바닥에서 6 m 높이의 압력차와 두 공간의 압력이 같아지는 중성면의 높이는 얼마인가?

**풀이**

1) 식 (1.28)로부터

$\Delta P(h) = P_i(h) - P_j(h) = P_i(0) - P_j(0) - (\rho_i - \rho_j) g H_n$이 되고,

식 (1.14)로부터 각 공간의 밀도를 계산할 수 있다.

$$\rho_1 = \frac{353}{23+273} = 1.19 \text{ kg/m}^3$$

$$\rho_2 = \frac{353}{15+273} = 1.23 \text{ kg/m}^3$$

$$\Delta P(6) = P_1(6) - P_2(6) = -0.8 - 0.5 - (1.18 - 1.23) \times 9.8 \times 6 = 1.64 \text{ Pa}$$

2) 식 (1.29)로부터

$$H_n = \frac{P_1(0) - P_2(0)}{(\rho_1 - \rho_2) g} = \frac{-0.8 - 0.5}{(1.18 - 1.23) \times 9.8} = 2.65 \text{ m}$$

# 1장 연습문제

**01** 다음 그림과 같이 가로 8m × 세로 6m × 높이 4 m인 화재실에서 상부 개구부를 통해 자연 배기가 이루어지고 있다. 연기의 유출 속도의 식을 유도하고 속도를 구하시오. 연기의 밀도는 0.4 $kg/m^3$이고 외기의 밀도는 1.2 $kg/m^3$이다. 이때 연기의 흐름은 비압축성 정상 유체의 흐름으로 가정하고, 외부의 풍속은 없는 것으로 한다.

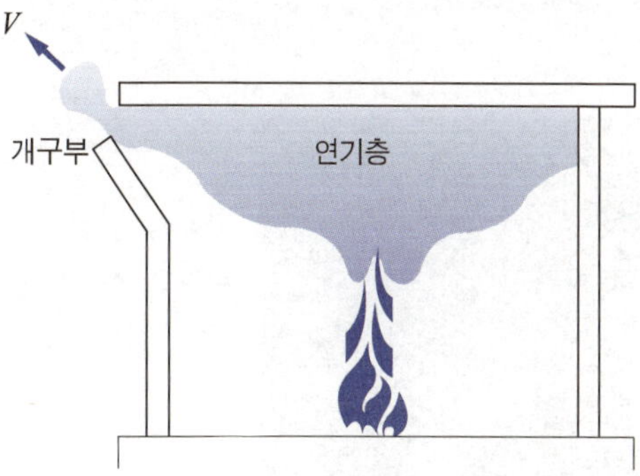


**답** 베르누이 방정식을 이용하여 식을 유도하고 계산하면 유출 속도 $V = 12.52$ m/s

**02** 거실에서 화재가 발생하였을 때, 열이동 현상을 화재 열전달 메커니즘을 설명하시오.

**03** 화재 플룸과 화재 발열량에 대해 설명하시오.

**04** 화재의 발열량 $Q = 1{,}000$ kW의 화원에서 상승하는 화재 플룸이 높이 $H = 8$ m의 주위가 개방된 수평천장에 충돌해서 천장 제트가 형성되었다. 수평 거리 $r = 4$ m에서 천장 아래 기류의 최대 온도 상승 $\Delta T$와 유속 $w$를 ① 정체 영역과 ② 천장 제트 영역의 값을 계산하시오.

**답** ① 식 (1.22)와 식 (1.23)으로부터 $\Delta T = 52.8$ K, $w = 4.8$ m/s
② 식 (1.22)와 식 (1.23)으로부터 $\Delta T = 26.7$ K, $w = 1.74$ m/s

**05** 중성면에 대해 설명하시오.

**06** 압력차와 중성면의 관계를 설명하시오.

**07** 두 공간 $i$ (1), $j$ (2)에서 온도가 각각 25℃와 10℃이고, 압력이 −1.2 Pa과 0.8 Pa이라고 할 때, 바닥에서 6 m 높이의 압력차와 두 공간의 압력이 같아지는 중성면의 높이는 얼마인가?

**답** ① 식 (1.26)으로부터 $\Delta P(6) = 2.12$ Pa, ② 식 (1.29)로부터 $H_n = 2.92$ m

2장

# 연기의 발생 및 특성

Production and Characteristics of Smoke

화재 발생으로 인해 환경에는 여러 가지 변화가 생기고, 이러한 주위 조건의 변화를 화재 징후라고 한다. 화재 시에는 연소 반응에 의해 발생하는 연소 물질은 일반적으로 연기, 수증기, 이산화탄소, 일산화탄소 및 또 다른 유독성과 부식성 가스 등의 연소된 미립자를 포함한다. 연기라는 용어는 에어로졸 또는 연소생성물에 포함된 응축상태의 성분으로 정의한다.

연기는 공기와 혼합되어 건물의 누설 경로를 통하여 끌려가거나 다른 방법으로 섞여져 아트리움이나 대규모 공간에서 화재－연기 제어에 대한 논의를 촉진시키기도 한다. 연기에 대한 위험성 자료는 보호 공간으로 이동하는 연기의 영향을 평가하는데 유용하다. 독성가스와 고온에 노출되면 생명에 직접적인 위험을 주지만, 연기의 불명료도(obscuration)에 의한 가시도의 감소는 간접적인 위험이 될 수 있다.

## 2.1 연기의 정의

목재계의 재료나 플라스틱 등의 가연물이 가열되면 열분해를 일으키고 가연성 가스를 발생시킨다. 이것이 공기와 혼합되어 산소 비율의 범위 내에 있을 때 가연성 혼합 기체가 되고, 여기에 착화 에너지가 주어지면 인화하여 연소한다. 이 연소에 의해 발생한 열이 가연물로 피드백(feed back)되고, 가연물의 열분해와 동반하여 열발생을 촉진시키는 연쇄 반응이 일어날 때 화원이 확대되어 화재로 발전한다.

유기물의 열분해 및 연소 중의 화학 반응은 복잡하고 온도나 산소 농도에 따라 다양 하며, 중간 생성물의 발생 과정도 다르다. 화재 시에 발생하는 열분해 물질 및 가연성 가스, 연소 가스, 공기 등의 혼합 기체를 일반적으로 「연기(smoke)」라고 한다. 연기는 대기 중의 공기 성분을 제외한 나머지를 「순수 연기」라고도 한다. 따라서 순수 연기는 완전 연소 생성물, 불완전 연소의 중간 생성물, 미연소의 분해 생성물, 연소에 관여했던 공기 중 불활성 가스 성분으로 구성된다.

NFPA 92A(2006)에서는 공중에 부유된 고체 및 액체 미립자와 어떤 물질이 열분해 또는 연소에 영향을 받을 때 발생되는 가스, 그 덩어리 속에 혼입되어있거나 다른 방법으로 섞여 공기와 함께 구성된 연소 물질로 정의하고 있다.

연소 과정에서 아주 많은 수의 고체와 액체의 작은 알맹이, 즉 입자가 대기 중에 방출된다. 이 입자의 크기는 $5 \times 10^{-4} \sim 10\ \mu m$ 범위로 아주 작은 크기이다. 공기 중에 섞인 이 입자를 에

어로졸이라 부르고 불로 생길 때, 이것을 연기라고 한다. 1965년 Walter Haessler는 연기의 기본성질은 그 자체의 불안정성에 있다고 정의하고 다음과 같이 설명하였다.

> 연기는 불완전 연소 시 발생되는 낮은 증기압을 가진 입자로 구성된 기체 확산체계이며, 고체의 탄소 입자가 연소열로 파괴·희석되어 고분자 탄소화물의 미립자를 만든다. 연기의 기본성질은 그 자체의 불안정성(unstable)이다.
> 활발한 Brownian 운동(유체 중에 미립자 운동상태에서 구름 입자(cloud collide)는 서로 충돌하여 덩어리를 이룬다) 과정에서 입자의 수가 상당한 수준으로 감소하고 큰 덩어리가 될 때까지 계속된다. 좀 더 안정된 큰 덩어리의 연기는 드물고 대부분 1 $m^3$당 1 g 미만이다. 큰 덩어리가 되면 침전작용으로 연기는 사라진다.

## 2.2 연기의 성분

화재 위의 뜨거운 가스 플룸은 수많은 연소 생성물을 가지게 되고, 일반적으로 3개 그룹으로 구분된다.

① 타고 있는 재료에서 방출되는 뜨거운 증기와 가스
② 타지 않고 분해되어 응축된 물질(검게 채색되고 그을린 빛으로 변한)
③ 화재에 의해 가열되고 상승 플룸에 운반된 공기의 양

연기는 이들 3개의 그룹과 잘 혼합된 화합물로 구성되어 있고 연기는 가스, 증기 및 분산된 고체 미립자로 구성된다. 생성된 연기의 밀도와 유독성은 타는 연료에 달려있지만, 생성된 연기의 전체 양은 화재와 화재가 발생한 건물의 규모에 달려있다. 화재의 규모는 연료가 타고 있고 연료가 타는 비율에 의존되는 한 연료의 특성은 생성된 연기의 양에 영향을 미친다.

### 2.2.1 연기

화재 시 발생하는 연기는 빛의 산란 특성에 따라 두 가지로 구분할 수 있다. 0.3$\mu$m 미만의 입자는 빛을 산란시키지 않으므로 보통 보이지 않는 연기(invisible smoke)라 부르고, 그 이상 크기의 입자는 빛을 산란시키므로 보이는 연기(visible smoke)라 부른다. 눈에 보이(visible)는

것이라는 것은 상대적 용어이다. 물체가 우리 눈에 보이는 것은 그 물체 표면에서 반사하는 빛 때문이다. 빛의 반사는 표면의 광학적 특성(색, 반사 능력)에 따라 다르다. 작은 입자에서 빛의 파장과 입자의 직경의 비율도 중요한데, 이 비율을 $\alpha(\lambda/d)$로 표기한다. $\alpha < 1$인 입자의 경우 빛의 산란이 충분하지 않아 볼 수 없다. 이는 0.3 $\mu$m 이하의 입자는 볼 수 있는 주어진 파장의 범위의 빛을 쬐더라도 보이지 않는다는 것을 뜻한다.

연소 생성물의 뜻은 화재 시 발생되는 연기, 열, 빛 에너지 및 가스 등이 포함된 모호한 의미이다. 화재가 발화되기 이전 단계에서 물질의 가열 과정에서 $5 \times 10^{-4} \sim 10$ $\mu$m 크기의 아주 미세한 입자가 만들어진다. 이 입자들은 발화점 이하에서 생긴다. 또한 눈에 보이지 않는 연기가 다량 발생한다. 예를 들면, 가로 2.28 m, 세로 2.28 m, 천장높이 2.71 m 방에서 2.8 g의 종이를 태울 때, 최대 $m^3$당 $1.3 \times 10^6$개의 입자가 발생한 한다고 한다. 발화점 가까이 온도가 상승함에 따라 눈에 보이지 않는 연기가 응축되면 더 큰 입자의 발생을 재촉한다. 이러한 과정이 진행되어 입자의 크기는 일반 입자의 크기인 $0.1 \sim 1$ $\mu$m 범위가 된다. 0.1 $\mu$m 미만의 입자들은 뭉치거나 기화로 없어지고 1 $\mu$m 이상의 입자는 Stokes 법칙(유체 속을 운동하는 구(球)와 그것에 작용하는 저항 법칙)으로 침전에 의하여 없어진다.

후자 크기 범위의 연기는 아주 안정 상태이고 눈에 보이는 입자, 눈에 보이지 않는 입자를 모두 포함한다. 눈에 보이는 연기의 발생은 발화 이전에 발생할 수 있고 이때 온도는 열분해 온도보다는 상당히 높다. 연소 시험 결과 훈소가 화염 연소보다 큰 입자를 생성하는 것으로 밝혀지고 있다. 이는 중요한 점이지만 두 가지 화재 유형에서가장 많은 입자의 응축은 0.3 $\mu$m보다 작은 크기의 입자 범위에서 발생한다. 화재시의 연기란 보통 연기 입자만을 구분해서 다루는 것이 아니라 연기 입자를 포함한 열기류 전체를 뜻한다.

### 2.2.2 열에너지

아세틸렌과 기타 고 불포화 탄화수소를 제외한 탄화수소 입자에서 나오는 적외선은 입자가 4.4 $\mu$m (탄산가스 때문임)와 2.7 $\mu$m (수증기 때문)일 때 특히 강하다. 이것이 방출에너지의 대부분을 차지한다. 화재 시 발생된 대류 열에너지는 주위의 공기 온도를 상승시킨다. 대류 열에너지는 일반적으로 연기, 유독가스가 생명에 위협을 주는 상태에 도달된 이후에 나타난다.

### 2.2.3 가스

화재 중에 주위 대기에는 여러 가지 변화가 일어난다. 이 변화는 발화지점 주위와 화재 지점과 떨어진 곳에서 자주 발견된다. 대부분 이러한 대기 가스의 변화는 평상시에는 일어나지 않는다. 이 변화를 통하여 가스가 발생한다. 화재 시 일어나는 변화 중 하나는 산소 감소(oxygen depletion)라 할 수 있다. 화재 시에 물, 일산화탄소, 이산화탄소, 염화수소, 시안화수소, 불화수소, 황화수소, 암모니아, 산화질소 등과 같은 가스가 발생한다. 이러한 가스들은 연료에 따라 다르고, 화재에서 발생하는 어떤 기체의 양은 연소하는 연료량에 비례하여 상대적으로 일정한 값을 보인다. 이것을 항복 수율(yield fraction)이라 하는데 가스를 발생시킨 연소체의 수율을 의미한다. 이 항복 수율은 연료의 특성에 따르며 산화물에서 연소에 필요한 공기량에 따라 결정된다.

일산화탄소는 거의 모든 화재에서 존재한다. 일산화탄소의 방출량은 연료의 종류, 환기량, 화재가 훈소인가, 불꽃 화재인가에 따라 다르다. 일산화탄소의 항복 수율은 환기 상태가 양호한 환경에서 불과 미미한 퍼센트이지만 플래쉬 오버 상태에서는 30～50%로 높아진다. 훈소에서 느린 연소 속도로 인하여 항복 수율은 아주 높지만 발생된 일산화탄소량은 적다.

## 2.3 연기의 생성과 이동

### 2.3.1 연기 생성

화재에 공급된 공기의 일부는 분해된 연료에 의해 가스의 연소에 필요한 산소를 공급하게 되고 화염을 생성하게 된다. 하지만 플룸의 온도가 충분히 높지 않고 산소의 혼합이 완전하지 않으면 이들 가스의 연소는 불안전하고 연기에 그을림이 생성되어 고체 미립자를 분산시키게 된다.

화재에서 고체 연료의 연소는 대체로 타는 인접 재료나 그 연료 자체에 열을 수반한다. 뜨거운 휘발 가연성의 증기가 나오고, 화재에 화염 기둥과 뜨거운 연기가 나는 가스가 발생하도록 발화하며, 낮아진 가스의 밀도 때문에 주변의 차가운 공기보다도 위로 상승하게 된다. 따라서 연기는 [그림 2.1]에 나타낸 것처럼 상승 기류와 혼합되어 이동·상승하게 된다. 화염의 가장 끝 부분에서 상승하는 뜨거운 가스의 기둥은 항상 필요로 하는 것보다 더 많은 공기를 포함하거나 연료 가스의 연소를 위해서 사용되지만, 과잉 공기량은 그 시간까지 가열되고 연기와 같은 뜨거운 연소 생성물과 잘 혼합되어 대다수 분리할 수 없는 연기를 생성한다.

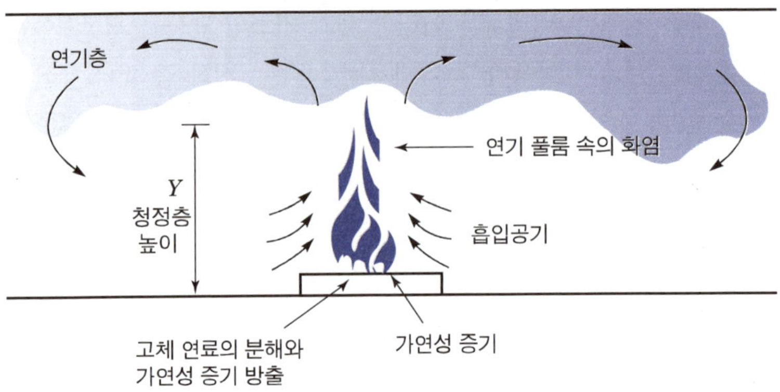


그림 2.1 연기 생성 과정

연기 생성은 주로 화재의 크기와 관계가 있기 때문에 화재 규모와 연기 상승의 높이에 영향을 미치는 것을 제외하고는 직접적으로 건물의 층 면적과 구획 크기와는 관계가 없다.

연기의 양과 질은 관측하는 위치에 따라 다르다. 이것은 화원에서 발생한 후 유동·확산하는 과정에서 공기가 혼입되어 질량이나 밀도를 변화시키기 때문이다. 처리해야 할 연기는 물질의 연소에 의해 발생되는 연기(순수 연기와 연소에 관여하지 않았던 공기와의 합)와 연기가 전파되어 나가는 과정에서 혼입된 공기를 합한 것이 된다. 따라서 피난이나 소방 활동을 위해 처리해야 하는 연기의 양은 연기 제어를 해야 하는 위치에 따라 다르다.

화재로부터 생성된 연기는 뜨거운 연기로서, 뜨거운 연기의 온도(약 600~800℃)는 연기 자체에 부력을 생기게 한다. 이와 더불어 깨끗한(또는 적어도 덜 오염된) 공기가 연기보다 낮은 부분을 통하여 안으로 끌어들이는 동안 뜨거운 연기는 천장으로 이동하게 된다. 화재에 의하여 생성된 에너지와 개방 문과 같은 연결 개구부의 개구율 크기에 따라 뜨거운 연기는 인접한 실이나 복도 등의 다른 구역으로 이동하게 된다. 특히, 뜨거운 연기는 부력을 가지기 때문에 공장과 창고와 같은 곳에서 연기 및 열의 환기는 효과적인 연기 제어의 한 방법이 된다.

화재 구역으로부터 이동된 연기는 공기에 혼입되면서 즉, 연기 자체에서 주변 벽과 천장으로 전달되는 열과 모든 주변으로 전달되는 복사에너지의 손실에 의해 냉각된다. 화재로부터 발생된 연기가 비교적 큰 개구부를 통하여 흐를 때 이웃 냉각 공기의 혼입으로 연기를 아주 빠르게 냉각시키고, 또 작은 틈새나 균열을 통하여 일어날 때 공기는 연기 이동의 질량과 비교하여 혼입이 작아 연기는 서서히 냉각된다.

공기의 혼입과 다른 열전달의 형태에 의해 연기의 온도가 상당히 줄어든 구역에서는 부력의 영향이 현격히 줄어든다. 이와 같이 부력이 줄어든 차가운 연기는 상승력이 부족하게 되고, 이때 연기의 이동은 굴뚝 효과, 바람, HVAC이나 다른 공기 이동시스템과 같은 연기 이동력(힘)에 주로 영향을 받게 된다. 이들 연기 이동력은 연기 이동에 영향을 주는 힘을 제어하는 1차 제어가 된다. 따라서 차가운 연기의 이동은 어떤 다른 오염 물질의 이동과 본질적으로 동일하다.

뜨거운 연기가 건물의 임의 한 지역에서 제한된 통로를 통하여 풍도(duct), 샤프트(shaft), 또는 계단실과 같은 다른 구역에까지 이동될 때, 공기의 혼입에 의한 냉각은 거의 없다. 이 같은 경우에는 샤프트를 통하여 이동하는 연기는 열전도에 의한 열손실이 제한되므로 냉각은 제한을 받게 된다. 종종 이 같은 손실은 아주 적절하고, 그리고 뜨거운 연기는 이러한 제한된 통로에 의해 최소한의 냉각으로 특정 거리를 이동할 수 있게 된다.

### 2.3.2 연기 이동

가연물이 연소하면 그 연소열에 의한 부력으로 상승 기류를 발생시키고, 상승과정에서 공기를 끌어들이게 되며 상승에 따라 질량 유량이 증가한다. 이 상승 기류를 화재 플룸(fire plum)이라고 부른다. 또한 발열 속도의 증가에 따라서도 유량이 증가하는 것으로 실험에 의해 입증되었다.

[그림 2.2]에 나타낸 바와 같이 화재 플룸에 의해 상승한 연기는 천장에 도달한 후 수평으로 흐름의 방향을 바꾸게 되고, 이 같은 연기의 흐름을 천장 제트라고 한다. 천장 제트는 화재 플룸과 마찬가지로 공기를 끌어들이면서 수평으로 전파한다. 벽에 충돌하면 아래쪽으로 방향을 바꾸지만 부력 때문에 다시 상승하여 공간 상부에 연기가 쌓이며, 이것을 연기층이라고 한다. 연기층으로부터 공간의 아래쪽 연기에 오염되지 않은 공간을 공기층이라고 한다. 화재 플룸에 의해 연기층은 점차적으로 두께가 두꺼워지고, 연기층 아래쪽이 개구부 상단까지 하강하면 인접 실로 연기가 유출된다.

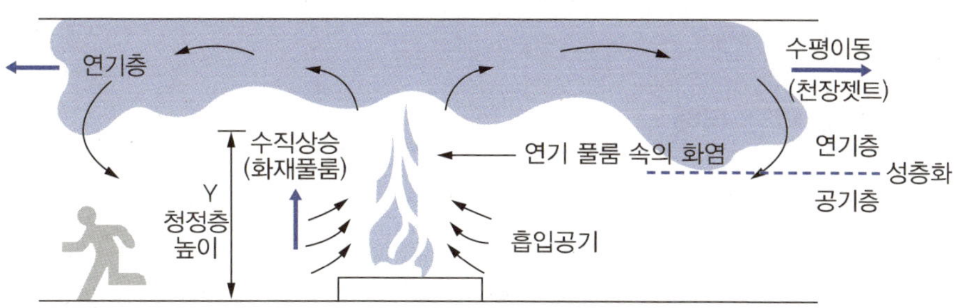


그림 2.2 연기 이동

유출된 초기의 연기는 온도가 높은 동안은 하부 층의 공기와 두 층으로 성층화되어 전파된다. 전파하는 과정에서 주변 벽으로 열전달, 열방출, 공기의 혼입에 따라 연기층의 온도가 떨어지게 되고, 하부 층의 공기와 혼합하여 연기의 체적이 증가함과 동시에 연기층이 하강하게 된다.

예를 들면 겨울철에는 건물 내부의 온도가 외부보다 높아 건물 내부의 공기 밀도가 외부보다 낮아진다. 따라서 건물의 상층부에서는 건물 내부의 압력이 외부보다 높아 건물 내부의 따뜻한 공기가 외부로 유출되고, 하층부에서는 건물 내부의 압력이 낮아 외부로부터 공기가 유입되어 유출입의 균형을 이룬다. 이때 건물 내부의 수직 공간에서는 아래에서 위로 기류를 이동시킨다. 이와 같은 기류의 이동을 굴뚝 효과[1](stack effect)라고 하며, 대표적인 연기 이동의 메커니즘 중 하나이다. 굴뚝 효과를 발생시키는 샤프트나 계단에 연기가 유입되면 연기의 부력과 굴뚝 효과에 의해 상승 기류가 생성되어 위층으로 연기의 급속한 확산을 초래하게 되고, 건물 전체로 다량의 연기가 급속히 확산된다. 따라서 수직 공간으로 연기의 유입 방지를 도모하는 것이 매우 중요하다. 그밖에 외부 바람에 의한 풍압이나 건물 내에서의 공조 설비(HVAC system)에 의해 형성되는 내부 기류 등이 연기 확산에 영향을 미친다.

## 2.4 연기가 인체에 미치는 영향

화재 징후로부터 우리 인체에 미치는 영향은 연기 외에도 열기류 속에 포함된 열에너지, 유독 가스, 산소 감소 등에 영향을 받는다. 이들 영향은 가시도 저하에 따른 시각적 장애, 극도의 불안감, 공포심에 따른 심리적 장애 및 일산화탄소 등의 중독과 산소 결핍에 따른 호흡 장애, 심신의 기능 장애, 생리적인 장애 등을 받게 된다.

### 2.4.1 연기에 의한 피해

연기는 사람에게 몇 가지 악영향을 주는 화재 생성물에서 발생한다. 연기는 대부분이 유기산, 알데히드, 염화수소와 같은 자극성 물질을 흡수한 탄소 입자로 되어 있다. 석유의 그을음 속에 개(犬)를 노출시킨 실험에서 호흡에 나쁜 영향을 주지 않는 것으로 나타났다. 실험 대상

1) 4.4.1장 굴뚝효과 참조

의 개는 그을음의 대부분을 24시간 안에 토해냈다. 이 실험은 나무의 연기에 포함된 알데히드는 기도를 붓게 하고, 자극하여 악영향을 미치는 것으로 밝혀졌다. 이러한 생성물을 마시면 호흡이 곤란하고, 격렬한 기침, 가슴과 기도가 타는 듯 한 기분, 눈의 자극 등이 뒤 따른다. 이외에 정신적인 영향, 눈에 보이는 연기가 빛을 흡수·산란시켜 시야에 장애를 준다. 정신적 변화, 주위환경의 변화는 공포, 흥분, 방향감의 상실로 공포(panic)를 일으키는 결과가 된다. 화재시의 공포는 사람을 비정상적인 행동으로 인해 길을 잃고 막힌 복도나 옷장 속에 갇히게 한다. 극단적으로 사람을 무력하게 하여 살고자 하는 행동을 앗아간다.

### 2.4.2 열에너지의 영향

화재에서 발생한 열로 인해 사람은 화상을 입게 된다. 동물 실험 결과 100℃에서 2분 안에 사망, 59℃에서 30분 내에 사망하였다. 다른 실험(Dupont, 1960년)에서 147℃에서 2분, 389℃에서 45초로 나타났다. 표피 화상 외에 고온 가스와 연기의 흡입은 호흡기 계통에 치명상을 준다. 고온에서의 노출은 혈액이 피부 표면에서 울혈(blood pool)을 만들어 피부를 냉각하려 하기 때문에 심장 마비를 일으킬 수 있다.

#### 1) 고열 기체

사람이 장시간 고열에 노출되면 눈에 띄는 외상은 없더라도 폐 속으로 들어간 열로 인해 혈압 강하와 혈액 순환 장애로 사망할 수 있으며, 그 외에는 장시간의 노출로 인해 체온이 상승함으로써 뇌신경 중추에 손상을 입게 되어 일사병과 동일한 결과가 초래되어 사망하는 경우도 있다.

#### 2) 복사열

대규모 건물 화재, 석유 탱크 화재 등 강한 복사열을 받는 환경에서 소화 활동을 할 경우는 복사열에 대하여 반사성, 단열성이 있는 방수복을 착용하지만 장시간 진화 작업을 하면 열을 많이 받고 피로가 가중됨과 동시에 신체의 열이 외부로 퍼져 나가고 탈수와 체온 상승에 의한 현기증, 구역질, 두통, 허탈감, 경련, 실신 등에 의한 열중증이 되고 심한 경우에는 사망에 이른다.

### 2.4.3 유독 가스의 영향

#### 1) 자극성·독성 가스

가연물이 연소하면서 발생하는 연기 속에 포함된 인체에 치명적인 피해를 주는 대표적인 독성 가스로 일산화탄소(CO), 시안화수소(HCN), 그밖에 염소($Cl_2$), 염화수소(HCl), 포스겐($COCl_2$), 이산화탄소($CO_2$) 등을 들 수 있다. 염화수소(HCl) 가스를 사람이 흡입하면 가공할 만큼 감각을 마비시키는 자극성 독성 가스이다. 이 가스는 금속을 부식시킬 뿐만 아니라 호흡기도 부식시킨다. 사람이 짧은 시간 내에 염화수소가스가 50 ppm (0.005%) 정도 있는 곳에 있으면 치명적은 아니나 사람의 행동은 그 자리에서 정지되어 도피할 수 있는 능력을 상실한다.

일산화탄소는 산소의 210~250배의 친화력에서 혈중에 헤모글로빈과 결합하고 산소 헤모글로빈의 결합을 방해하기 때문에 생체 조직에 대해서는 산소 결핍이 되고 결과적으로는 질식과 같은 상태가 된다. 또한 연기의 매개체와 자극물을 다량으로 흡입하고 기관, 기관지, 폐가 경련을 일으켜서 정상적으로 호흡을 방해하여 산소의 섭취를 원활하게 할 수 없게 한다.

이산화탄소 그 자체는 일산화탄소처럼 인체에 대해 생화학적 영향을 줄 정도의 유독성을 가진 것은 아니지만 화재 시 대량으로 발생함으로써 공기 중의 산소 부족에 따른 질식 효과를 보여주기 때문에 인명을 죽음에 이르게 할 수가 있다. 이산화탄소의 농도가 2%(체적 농도)가 되면 호흡심도(呼吸深度)는 1.5배 정도 증가하고, 3%의 농도에 이르면 약 2배 정도의 호흡 심도를 보여주는 것을 알려져 있다. 5% 농도에서는 호흡이 과중해지고 사람에 따라서는 심한 고통을 느끼게 되고, 약 1시간 정도 견딜 수 있는 것으로 알려져 있다.

#### 2) 최면·마취성 가스

케톤(ketone)류는 보통 폐에는 거의 영향을 주지 않는다. 그러나 호흡기를 통해 신경에 도달하면 정신 착란, 심지어는 의식 불명까지 불러일으킨다. MEK와 isobutyl ketone은 지독한 냄새를 가지며 이를 흡입하면 곧 의식을 상실한다. 황화수소($H_2S$) 가스 역시 폐에 자극을 주기 전에 신경 계통에 충격을 가한다. 방염 물질로 쓰이는 할로겐 화합물도 어느 정도 이런 성질이 있다.

#### 3) 감지할 수 없는 독성 가스

질소 산화물은 냄새가 없으므로 폐에 그 가스가 가득 차서 호흡 장애를 일으킬 때까지는 이 가스에 침해당하고 있음을 알지 못한다. $CCl_4$ (사염화탄소)나 trichloroethylene과 같은 염화탄화수소도 우리의 오감으로 감지할 수 없기 때문에 증상을 느껴서 조치를 취하고자 할 때에는 이미 생명은 구하기에 늦은 때이다. 카드뮴을 비롯해서 독성을 느끼지 못하는 복합물들은 많다. 이러한 가스 중에서 가장 흔하게 피해를 주는 것은 일산화탄소인데 이는 무색·무미·무취가스로서 화재 시 발생되는 으뜸가는 살인마이다.

#### 4) 그 밖의 유독 가스

고무, 동물의 털과 가죽 및 고기 등과 같은 물질에는 유황 성분이 포함되어 있어, 화재 시에는 이들의 불완전 연소로 인해 황화수소가 발생한다. 약 0.04% 농도의 황화수소 분위기 속에서 30분 이상 호흡하면 위험할 뿐 아니라, 0.08% 정도의 농도에서는 치명적인 위험 상태에 빠질 수가 있다.

아황산가스는 자극성이 있어 눈 및 호흡기 등의 점막을 상하게 하기 때문에 약 0.05%의 농도에 단시간 노출되어도 위험하다. 암모니아는 눈, 코, 인후 및 폐에 매우 자극성이 큰 유독성 가스로서 사람들이 그 분위기로부터 본능적으로 피하고자 할 정도로 역한 냄새가 난다. 암모니아는 상공업용의 냉동 시설에서 냉매로 널리 사용되기 때문에 이런 시설의 화재 발생시 잘못 누출되면 큰 위험을 초래할 수 있다. 대체로 0.25～0.65%의 농도를 가진 암모니아의 분위기 속에서 30분 정도 노출되면 대개 사망하기 쉬우며 또한 그렇지 않게 된 경우라도 생체의 내부 조직에 심한 손상을 입게 되어 매우 위험하게 된다.

### 2.4.4 산소 감소의 영향

화재가 발생하면 불은 산소를 소비한다. 보통 우리가 호흡하는 공기 중에 21%의 산소가 포함되어있다. 화재가 발생하면 이러한 공기의 산소의 비율이 급격히 낮아진다. 17% 이하로 낮아지면 그 공기를 마신 사람은 의식이 흐려지고 손발이 제대로 말을 듣지 않는다. 이런 상태에서 사람은 패닉으로 이성을 잃고 제멋대로 행동하므로 대피가 더 어렵게 된다. 공기 중 산소 농도가 10%에서 6%로 떨어지면 호흡이 멎어 뇌사 상태가 된다.

## 2.5 연기에 의한 인간의 행동

### 2.5.1 가시도 저하

연기가 꽉 찬 공간은 눈과 폐에 자극이 있는 것 외에 피난 경로나 유도 표지의 인식이 곤란하게 되어 피난에 지장을 준다. 빛을 차단하여 시인(視認)성을 떨어뜨리는 연기의 본질은 주로 연기에 포함된 입자에 달려있다. 연기가 검으면 빛의 흡수가 많아 어두워져 보이기 어려워진다. 흰 연기에서는 빛의 산란이 많아 대상을 판별할 수 없게 된다. 이 둘을 합쳐서 빛이 소산(흩어짐)된다고 한다. 소산 정도는 연기 입자의 성질 및 입자의 수, 크기에 따라 변한다.

화재시에 발생한 연기에 의해 가시도가 저하되어 건물 내부의 재실자(거주자)가 피난하는데 장애 요소가 될 뿐만 아니라 화재를 진압하는 소방 대원의 활동에도 장애가 된다. 가시도는 연기를 통해 물체를 인식할 수 있는 최대 거리인 한계 가시거리 $L_v$로 나타낸다. 가시도의 저하는 연기의 농도가 짙어질수록 더욱 저하된다.

$$L_v = \frac{C_v}{C_s} \tag{2.1}$$

여기서, $C_v$ : 물체 조명도에 의존되는 계수(1～4)

$C_s$ : 감광 계수

연기 밀도로 표시된 수치는 연기를 통해 사람들이 얼마나 멀리 볼 수 있느냐에 관한 것이고, 이것은 주어진 연기량에 의해 발생되는 위험성을 결정하는 중요한 수치가 된다. 가시도(visibility)란 대기의 혼탁 정도를 나타내는 척도를 말하며, 연기 속에서 가시도는 연기의 특성과 주변 환경, 관찰자의 특성에 의존된다. 이들 특성은 다음과 같다.

① 연기의 특성 : 연기의 색, 연기의 입자크기, 연기의 밀도, 연기의 생리적 영향(자극성, 마취성 등), 연기의 흡수 및 산란계수

② 주변 환경 : 관찰되는 목표물의 크기와 색, 목표물의 조도(조명등의 강도, 전방 조명 또는 후방 조명), 빛의 파장

③ 관찰자의 특성 : 관찰자의 물리적 또는 정신적 상태(정상 상태와 패닉 상태), 개인의 명암(明暗) 순응 여부

화재로 인해 건물의 재실자가 피난을 할 때 비상구 표지판, 출입문, 창문 등의 가시도는 화재에서 생존하려는 피난자에게는 매우 중요하다. 특정 사물을 보기 위해서는 해당 사물과 배경 간에 어느 정도 수준의 밝기 대비가 형성되어야 한다. 관련 특성이 균일한 대형 배경에 존재하는 고립된 사물의 경우 가시도를 대비값 $C$로 정의하고, 그 값은 식 (2.2)와 같다.

$$C = \frac{B}{B_0} - 1 \tag{2.2}$$

여기서, $B_0$ : 해당 사물의 밝기

$B$ : 배경의 휘도

백색 배경에 존재하는 흑색 사물을 바라보는 주간 일조 상황에서 배경에 대한 사물을 구분할 수 있는 대비 경계 값으로 $C = -0.02$의 값을 사용하는 경우가 많다.

가시도에서 조명의 밝기는 매우 중요한 변수가 되며, 가시도 측정은 목표물의 전방 조명과 후방 조명의 경우로 나눌 수 있다.

| ① 전방 조명의 경우 | ② 후방 조명의 경우 |
|---|---|
| 가시도 $= \dfrac{1}{\text{단위미터 당 광학밀도}}$ | 가시도 $= \dfrac{2.5}{\text{단위미터 당 광학밀도}}$ |

## 2.5.2 연기에 의한 공포

연기가 예상치 않은 곳에서 갑자기 몰려들면 누구나 당황하여 평소에는 잘 나타나지 않은 행동 반응을 보이게 되는 것이 일반적이다. 그렇듯 흔히 화재 시 화염이나 연기를 보고 놀라서 평소에는 잘하지 않는 행동을 하거나 아니면 아무것도 하지 못하고 굳어 버리는 경우를 공포(panic) 현상이라고 하는데 연기를 보고 놀라서 전후 사정을 가리지 않고 무조건 창밖으로 뛰어 내리거나 하는 것도 다 그런 이유 때문이다. 이 같은 연기의 공포로 인해 행동의 제약을 받게 된다.

연기 속에서 인간의 행동에 대해서는 과거의 화재 사례 연구, 심리학적인 연구 및 연기 속에서 심리적인 동요도 실험 등으로부터 일부 정성적 연구 결과가 나오기는 했지만 실제 화재에 의한 행동의 정량적 파악은 곤란하다.

또한 화재와 같은 비상 시 인간 행동의 특성으로 일상 동선 지향성, 귀소성(온 길로 다시 돌아감), 추종성(다른 사람을 따라), 쉽게 보이는 경로 선택성, 가까운(지근) 거리 선택성 등이 지적되고 있고, 이것들을 반드시 반영하지 않은 피난 유도 계획에는 실제 피난 행동에서 심리적 상황이 주는 영향에 대한 불확실성이 크다.

## 2.6 연기이동에 따른 영향

### 2.6.1 연기에 의한 연소

실내에 축적된 고온의 연기에 따라 실내 연소 상황이 달라지며, 이 같은 이유로 불꽃이 닿지 않더라도 고온의 연기가 눈에 잘 띄지 않는 인접실과 틈을 통해 스며들어 발화하거나 연기가 풍도 등을 통해 배출되면서 풍도의 온도가 상승하여 주위 가연물이 발화할 수 있다.

또한 연기 안에는 가연성 성분이 있기 때문에 경우에 따라 연기 폭발을 일으킬 수도 있으며, 불꽃을 내지 않고 연소하는 물질 예를 들면, 담배나 쌀겨 등은 화재 시 더욱 유의해야 한다.

### 2.6.2 연기 배출과 공급 공기

연기는 부력을 가진 뜨거운 가스로서 근본적으로는 오염된 뜨거운 공기이다. 그러므로 연기는 유체 역학의 기본 법칙에 따른다. 연기 배출 시스템은 보호 구역으로 연기를 밀어 내거나 빨아 들여서는 안 되며, 단지 연기 자체의 부력에 의해 배출구로 이동된 연기만을 배출해야 한다.

연기 배출 시스템에 의해 제거된 연기는 그에 상당하는 보충 공기의 양으로 대체되어야 한다. 이 공기는 연기 층이 겹치는 곳에서는 아주 낮은 속도로 들어가야 하고, 만약 공기가 높은 속도로 들어간다면 공기는 난류를 유발할 수 있다. 따라서 공기는 안정되게 연기층으로 공급되어 혼합되도록 해야 하며, 연기층 아래에서 혼합하는 원인이 된다. 주어진 높이로 연기층을 유지하기 위하여 연기층 속으로 들어가는 공기의 유량은 그 층으로부터 배출되는 연기의 유량과 같아야 한다.

배출 시스템 중 어떤 유형은 연기의 부력에 의존하므로 연기는 매우 큰 저장고 속에서 연기를 식힐 수도 있고 부력을 잃을 수도 있기 때문에 연기가 배출될 수 있는 저장고의 크기는 제한해야 한다. 그러므로 대규모 공간의 구역은 연기 배출 구역을 제한된 구역으로 분리하여 나누기도 한다.

화재에 의해 생성된 연기의 양은 동일한 화재에서 화재의 크기뿐만 아니라 시간에 의해서도 다양하게 변한다. 연기는 그 자체의 크기(열방출)와 연기 이동  통로와 함수 관계에 있다. 특히, 연기의 크기는 발생하는 연기 플룸의 크기 즉, 연기의 주변과 높이에 관계가 있다. 이것은 연기가 발생하면서 발생 플룸의 주위에 난류가 주변의 공기를 끌어들이기 때문이다. 그 다음에 이 공기는 플룸 속에서 결합되고, 연기의 전체 체적을 증가시키지만 연기의 온도와 농도는 감소하게 된다. 반대로 천장 아래에 형성되는 비난류 연기층(non-turbulent smoke layer)은 과도한 수평 이동이 발생하지 않는 한 많은 양의 공기를 끌고 가지 않는다.

### 2.6.3 연기의 성층화

연기가 배출되어 연기가 희석되면 감지기나 스프링클러 헤드 감열부의 작동이 되지 않을 수 있다. 이러한 상황은 화재 초기 단계에서 연기 발생량이 적고 플룸이 약할 경우 연기가 쉽게 외부로 배출되어 연기 감지기로부터 멀어질 경우에 많이 발생하고, 대부분 환기 교환율이 높은 강제 환기 시스템에서 많이 발생한다.

플룸 내의 온도가 주변공기와 같게 되고 화재로부터 발생되는 열에너지가 연기를 상승시키는데 부족한 경우가 생기면 연기는 더 이상 상승되지 않는다. 또한 연기가 평형점에 도달하면 연기층은 천장 높이에 상관없이 추가 에너지가 공급되기 전까지 화재 위에 그 높이가 유지되어 성층을 이루게 된다. 이것을 연기의 성층화(stratification)라고 한다. 성층화 현상으로 감지기나 스프링클러 헤드의 작동 불량이 생길 수 있다. 성층화 효과는 연기 희석에 대한 공기 흐름의 영향과는 달리 식 (2.3)의 대류 열전달량에 의해 계산할 수 있다.

$$Q_{\mathrm{conv}} > 0.352\ H^{5/2}\ T_s^{3/2} \tag{2.3}$$

여기서, $Q_{\mathrm{conv}}$ : 대류에 의한 열전달량(W)

$H$ : 연료에서 천장까지의 거리(m)

$T_s$ : 가스 온도(℃)

# 2.7 연기 농도와 피난 행동

## 2.7.1 연기 농도

연기의 위험성에 대한 설계 기준은 연기 농도를 근거로 정한다. 또한 연기를 통한 가시도는 볼 수 있는(조명, 유도등) 연기의 유형과 목표물의 특성은 연기의 농도에 좌우된다. 시계(視界)를 감소시킬 정도의 연기 농도는 거주자를 건물 내에 가두고, 피난을 방해하며 독성 가스와 자극성 가스에 장시간 노출되게 된다. 광학적 농도의 설계값 상한은 건물 내의 사람들이 공포에 빠지지 않고 견디기 어려운 눈의 자극도 없고, 거의 무제한으로 그 장소에 있을 수 있는 정도가 되어야 한다.

연기의 농도를 나타내는 표시 방법은 그 평가 목적에 따라 단위체적 당의 연기 중량으로 나타내는 연기 중량 농도(mg/m$^3$), 단위체적 당 연기입자수로 나타내는 연기 입자 농도(개/cm$^3$), 연기 속에서의 투과량에 관한 광학적 농도인 감광 계수(1/m) 등이 있다. 이중 전자는 연기의 농도를 절대값으로 나타내려는 것인데. 건축 방화상의 연기 대책을 의논하는 경우에는 연기에 의한 투과 정도를 표현하는 감광 계수로 연기 농도를 나타내는 경우가 많다. 감광 계수는 연기 농도(smoke concentration)의 의미에서 $C_s$라는 기호로 표현된다. Lambert-Beer의 법칙을 이용해 다음 식과 같은 관계가 성립된다.

$$I_x = I_0 \cdot \exp(-C_s L) \tag{2.4}$$

여기서, $I_0$ : 연기가 없을 때 빛의 강도(lux)

$I_x$ : 연기가 있을 때 빛의 강도(lux)

$L$ : 빛이 통과하는 연기층의 두께(m)

$C_s$ : 감광 계수(1/m)

따라서 감광 계수 $C_s$는 식 (2.4)로부터 다음과 같이 정의할 수 있다.

$$C_s = \frac{1}{L} \cdot \log_e\left(\frac{I_0}{I_x}\right) \tag{2.5}$$

감광 계수($C_s$)의 단위는 1/m (= m$^2$/m$^3$)이며 단위체적 당 포함되는 연기에 의한 빛의 흡수 단면적 즉, 감광의 크기라는 의미가 포함되어 있다. 연기층이 없는 투명한 공기이면 감광은 없으며 $C_s = 0$이 되며, 연기층이 있으면 그 농도가 커짐에 따라 $C_s$는 커진다.

연기 농도는 [그림 2.3]에 나타낸 것처럼 빛이 투과해 지나가는 경로의 길이 $X$를 지날 때, 빛의 감소량에 의해 측정된다. 이때 빛은 광원이나 레이저로부터 낼 수 있다. 대기 중에 연기가 없을 때, 빛이 통로를 통과하여 지난 후 남아있는 빛의 강도는 통로를 지나기 전의 빛의 강도와 똑같게 되고, 빛의 투과율은 정확하게 1이 된다. 보이는 연기를 통과해 지나는 빛의 투과율은 1보다 작다.

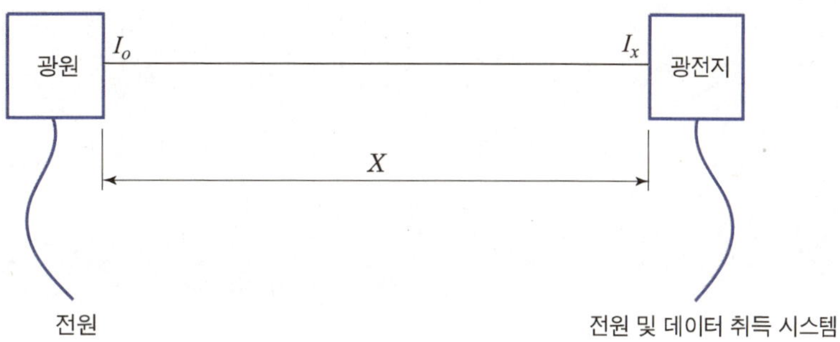


그림 2.3 연기 농도 측정

### 2.7.2 연기 밀도

연기 밀도는 가시도를 줄이고 피난자의 피난을 방해하기 때문에 연기의 특성을 나타내는데 중요한 인자가 된다. 연기 입자는 빛을 산란·흡수하여 빛(광선)의 강도를 감소시킴으로써 가시도를 떨어뜨린다. 따라서 빛이 연기층을 통과할 때 광선의 강도가 감소되는 것을 이용하여 연기를 측정한다.

#### 1) 암흑도

암흑도(Light obscuration)는 연기에 의해 빛이 차단되는 정도를 나타내는 광선 차단성을 의미하며, 이것은 빛이 연기층을 통과할 때 감쇠된 양만큼의 빛의 강도와 입사광에 대한 비를 백분율로 나타낸다.

$$S_x = 100\left(\frac{I_0 - I_x}{I_0}\right) = 100\left(1 - \frac{I_x}{I_0}\right) \tag{2.6}$$

여기서, $S_x$ : 암흑도(%)

$I_0$ : 연기가 없는 상태의 빛의 강도

$I_x$ : 연기를 통과한 후의 빛의 강도

### 2) 광학 밀도

연기를 통과한 빛의 감소를 자연 대수 법칙에 따라 연기 속의 고체나 액체의 광학적인 밀도(Optical density) $D_x$(1/m)를 나타낸 것이다. 광학 밀도 1.0은 입사광의 90%가 차단되었음을 의미한다.

$$D_x = \log_{10}\left(\frac{I_0}{I_x}\right) = -\log_{10}\left(\frac{I_x}{I_0}\right) \qquad (2.7)$$

광학 밀도와 암흑도는 연기 밀도를 측정하는 서로 다른 방법이지만, 이들 두 가지는 식 (2.8)과 같은 관계가 있고 상관관계의 값은 [표 2.1]과 같다.

$$D_x = 2 - \log_{10}(100 - S_x) \qquad (2.8)$$

표 2.1 암흑도와 광학밀도

| 암흑도(%) | 광학밀도(dB) |
|---|---|
| 10 | 0.046 |
| 50 | 0.3 |
| 90 | 1.0 |
| 95 | 1.30 |
| 99 | 2.0 |

### 3) 비광학 밀도

비광학 밀도(Specific optical density) $D_s$는 연기가 건물의 다른 구획실이나 어떤 용적으로 팽창될 때 연기의 광학 밀도를 측정하는데 사용할 수 있다. 비광학 밀도의 특성값은 사용된 샘플의 두께와 열적 노출 조건 하에서 어떤 생성물의 연기생성 성질을 나타낸다. 또는 다른 연소 생성물들의 연기 생성 잠재력을 산출하는 근거로 사용된다.

$$D_s = D \times \frac{V}{A} \qquad (2.9)$$

여기서, $D$ : 광학밀도

$V$ : 측정용기의 부피($m^3$)

$A$ : 시료의 면적($m^2$)

### 2.7.3 연기 농도와 피난 한계

화재로 인해 발생하는 연기는 가시거리의 저하를 초래하여 피난 행동에 큰 영향을 준다. 유도 표식이 잘 안 보이는 것 이외에 평소에 알고 있던 건물공간에 대해서도 피난 경로와 피난 방향을 몰라 피난 행동을 취할 수 없게 된다. 또 연기의 존재는 그 독성과 호흡 곤란에 의한 피난자의 생리적 영향 이외에 실리적 불안을 초래하여 피난 행동에 영향을 준다. 피난 한계가 되는 가시거리는 물리적인 연기 농도에 따른 영향뿐만 아니라 그 건물을 잘 알고 있는지 어떤지와 같은 인적 요인도 포함된다. 따라서 건물을 잘 알고 있는 사람과 그렇지 않은 사람은 차이가 있다. 일반적으로 전자의 경우에는 3～5 m, 후자의 경우에는 15～20 m가 필요하다. 또 피난자가 심리적으로 동요하기 시작하는 연기 농도에도 개인의 차가 있다. 일반인의 경우 감광계수가 0.15 (1/m)에 이르기까지 대부분의 사람이 동요하기 시작하는 것에 비해, 연기에 익숙한 경우에는 감광 계수가 0.4～0.5 (1/m)에서 대부분의 사람이 동요하기 시작한다는 보고가 있다(神 忠久, 1980).

연기 농도의 표시 방법은 앞서 설명한 감광 계수($C_s$, 1/m) 외에 투과율과 가시도가 있다. 투과율은 연기가 없는 무연(無煙)상태의 투시 자유 상태에서 연기에 의해 투시가 불가능한 상태까지 10단계로 나누고, 연기가 없는 무연의 상태를 100%로 하고 각 단계를 퍼센트로 나타낸다.

가시도는 관측자의 위치에서 보이는 위치까지의 거리(m)를 말하며, 이때 이 거리는 전방의 목표물을 식별할 수 있는 거리인 가시거리($L$)를 의미한다. 가시거리는 $L$로 나타내고, 가시거리는 목표물의 유형에 따라 다음과 같이 계산한다.

(a) 반사형 표지 및 문짝 : $$L = \frac{2 \sim 4}{C_s} \text{m}$$

(b) 발광형 표지 및 주간의 창 : $$L = \frac{5 \sim 10}{C_s} \text{m}$$

가시도 4 m에서 눈을 자극하고 호흡이 곤란하기 때문에 과거에는 이것을 내연(耐煙)한계라고 한다. 이것은 투과율 40%, 감광 계수 0.7에 해당하며, 또한 일반적으로 사람들은 가시도가 8 m가 되지 않으면 연기 속을 계속해서 가기를 꺼린다. 복도와 같은 피난로에서는 10 m (0.1 dB/m 광학 농도)의 가시도가 최소한으로 고려되어야 한다. 길을 찾기 어려운 공공건물과 큰 공간에서는 출구를 확인할 있도록 보다 높은 기준의 가시도를 확보하도록 요구되고 있다. 최근에는 피난 가능한 한계 가시거리($L_c$)로 건물 내부를 잘 알고 있는 경우 감광 계수 0.3 (가시도 5 m), 건물 내부를 잘 알고 있지 못한 경우 감광 계수 0.1 (가시도 30 m)이 제안되고 있다.

[표 2.2]는 감광계수와 가시거리의 관계를 나타낸 것이며, 가시거리($L$)와 감광 계수($C_s$)의 관계는 $C_s \cdot L = \text{Const.}$로 일정하다.

표 2.2 감광 계수에 따른 가시거리

| 감광 계수(l/m) | 가시거리(m) | 상 황 |
|---|---|---|
| 0.1 | 20~30 | - 건물 내부에 익숙치 못한 사람의 피난한계농도<br>- 연기감지기가 작동할 정도의 농도 |
| 0.3 | 5 | 건물 내부에 익숙한 사람의 피난한계농도 |
| 0.5 | 3 | 어두침침함을 느낄 정도의 농도 |
| 1.0 | 1~2 | 거의 앞이 보이지 않을 정도의 농도 |
| 10 | 0.2~0.5 | 최성기 화재 때의 농도 |
| 30 | – | 화재실에서 연기가 분출할 때의 농도 |

## 28 연기의 독성

화재 사망의 원인 분석에 관한 연구에 의하면 CO의 중독이 대략 전체 재난의 2분의 1 이상인 것으로 나타났다. 나머지 반은 직접적인 연소, 폭발 압력, 추가된 여러 가지 다른 독성 가스에 의한 것이다. 비록 화재 피해자들 중 혈액 속에 시안화물(시안화수소 노출)의 분석이 검시 데이터에서 가끔 보고되고 있지만, CO에 노출되면 혈액 속으로 카르복시 헤모글로빈(carboxyhemoglobin)이 침투된다는 데이터가 종종 제시되고 있다.

독성 가스에 의한 산소 결핍은 특별한 경우이다. 산소 결핍에 대한 데이터에 의하면, 어떠한 다른 혼합 가스의 영향이 없고 산소가 약 10%로 떨어질 때 무기력해지는 것으로 나타났다. 통상 CO, $CO_2$ 및 다른 독성가스와 함께 산소가 약간 감소한다. 감소된 산소의 영향은 유효 증상(fractional effective does = FED)으로 설명할 수 있다.

$$\mathrm{FED} = \frac{m[\mathrm{CO}]}{[\mathrm{CO_2}]-\mathrm{b}} + \frac{\mathrm{HCN}}{\mathrm{LC_{50}(HCN)}} + \frac{21-[\mathrm{O_2}]}{21-\mathrm{LC_{50}(O_2)}} + \frac{[\mathrm{HCN}]}{\mathrm{LC_{50}(HCl)}} + \frac{[\mathrm{HB_r}]}{\mathrm{LC_{50}(HBr)}} \tag{2.10}$$

이 식은 유효 증상(FED) > 1일 때, 혼합기체 기류에 30분 노출 또는 노출 후 14일 동안 유효하다(FED = 무력이나 사망을 일으키는 시간 및 증세). 여기서 $CO_2$는 CO의 중독을 예측하려고 인용한 것으로 자체의 중독성은 없다. 일산화탄소, 이산화탄소의 증가와 산소의 감소와 관련된 호흡 속도의 증가 효과는 화재로 발생한 연기의 자극 영향과 기타 소량 독성 가스의 상승작용을 추가하면, 이러한 상황에 처한 사람들이 급격히 절망 상태에 빠지리라는 것을 쉽게 예측할 수 있다.

## 2장 연습문제

01 연기의 성분에 대해 설명하시오.

02 연기 발생과 특성을 설명하시오.

03 연기의 생성과 이동에 대해 설명하시오.

04 연기에 의한 인간의 행동에 대해 설명하시오.

05 연기 농도와 피난 행동의 영향을 사례를 들어 설명하시오.

# 3장

# 제연 계획

Plane of Smoke Management

건축물의 화재 안전을 위한 방재 계획은 화재로부터 인명보호를 첫 번째 목적으로 계획하는 것이 원칙이다. 이러한 방재 계획은 출화 방지, 내장재의 불연화, 신속한 감지·통보, 초기 소화, 확대 방지, 안전 구획의 설정, 피난 계획 등 각기 관련되는 복수의 소방 시스템으로 구성된다.

제연 시스템은 소방 시스템 중 피난의 보조 시스템으로서 화재에 의해 발생한 연기가 피난을 방해하는 일이 없도록 일정 구획 내에 가두어 연기를 배제하거나 피난 경로로 연기의 침입을 막아 연기로부터 피난 안정성을 확보하는 것이다. 또한 공기의 흐름을 조절하여 연기를 원하는 방향으로 유도하여 사람과 재산을 보호하고, 가연성 가스를 배출시켜 연소나 폭발을 방지하는 효과도 있다. 소방법 및 건축법에서는 일정규모 이상의 지하층, 무창층, 지하가, 특별 피난계단 및 비상용 승강기 승강장 또는 터널 등에 제연 시스템을 설치하도록 규정하고 있다. 따라서 제연 시스템은 철저한 제연 계획으로부터 설계되고 설치되어야 한다.

제연[1] 계획에 앞서 첫 번째로 답해야 하는 질문은 “이 시스템의 목적은 무엇입니까?”이다. 이것은 다음과 같은 세 가지 기본 원칙을 실현하고자 하는 것이다.

① **인명 안전** : 제연 시스템은 건물의 거주자들이 사용하고 있는 동안 피난 경로와 다른 구역에서 연기로부터 방어할 수 있는 조건을 지속적으로 유지할 수 있도록 계획하고 설계되어야 한다.

② **소방관 접근과 재산 보호** : 제연 시스템은 소방관을 위해 시계를 확보할 수 있도록 계획·설계되어야 하고 화열(火熱)로부터 노출되는 것을 막아야 하며, 따라서 이러한 것들이 보다 앞서 선행되어야 하고 화재에 의한 위협적인 공격이 적도록 해야 한다. 이와 같이 제연 시스템이 소방관의 효율을 증대시킴으로써 재산 피해를 줄이는데 도움을 줄 것이다.

③ **연기 제거** : 제연 시스템은 화재가 제압된 후에도 건물에서 연기를 정화할 수 있도록 계획되어야 한다.

위 세 가지 목적을 결정하는 것이 필요하고 이들 목적의 결합은 제연 계획을 시작하기 전에 이루어져야 한다. 그러나 인명 안전을 위해 설계된 제연 시스템은 대체로 인명 및 재산 보호와 소방관 보호의 함수라는 관점에서 2차적인 편익을 제공하게 된다.

1) 배연은 화재실에서 발생한 연기나 인접실로 유입되는 연기의 배출 또는 신선한 공기의 급기로 희석된 연기를 배출하는 것으로 연기 농도의 상승을 막는 것이며, 방연은 화재실에서 비화재실 및 그 밖의 부분으로 연기의 유출을 방지하거나 연기를 방어하는 것이다.

## 3.1 제연의 개념 및 원리

건축물 화재 시 발생하는 연기로부터 안전을 확보하기 위해 이루어지는 제연은 화재 성장 시간 변화를 파악하고, 화재 시 건물 내부에서 생기는 연기와 신선한 공기의 움직임을 제어하는 것이다. 기류는 압력이 높은 쪽에서 낮은 쪽으로 흘러감으로 기류의 물리적 제어는 건물 내부의 압력 상태를 제어하는 것이다. 예를 들면, 온도가 다른 기체가 서로 맞닿으면 부력에 의해 위아래로 압력차가 생기고, 이 압력차에 의해 개구부로부터 연기를 유출하게 된다. 하나의 개구부에도 개구부의 위아래에서는 연기 배출과 공기 유입이 동시에 발생하기도 한다. 따라서 제연은 건물 내부 또는 실의 압력을 어떻게 제어 하느냐가 중요한 관건이다.

성장기 화재에 대해서는 방화·방연의 구획이 화재 기간의 어느 시점까지 성능을 유지할 수 있는지를 결정해야 하고, 때로는 구획 형성의 보존·유지나 유리창 등의 파손을 고려해야 한다. 무창층 공간 등의 유리창 파손을 가정할 수 없는 경우도 고려해야 하고, 그 경우에도 화재층 전체로 외부에서 유입되는 신선한 공기와 유출되는 연기의 양쪽 경로에 대해서도 고찰해야 하며, 제연을 실시할 때 제연 조건들이 잘 유지되고 있는지를 확인할 필요가 있다. 내부 개구부의 개폐 상태에 대해서는 일반적으로 개개의 건축물 특성에 의존해야 하는 것이지만, 상식적인 범위에서 불리한 가정을 하거나 소방 활동 중에 형성되는 개구 조건을 가정하는 것도 필요하다. 화재실과 복도 사이의 출입문이 개방될 경우 화재실에서 복도로 유입되는 연기 문제, 또는 폐쇄될 경우 배연 시 개구부에서의 압력차가 과대하게 되는 문제 등을 생각할 수 있고, 출입문의 개방과 폐쇄 양쪽 모두를 가정해 검토할 필요가 있다. 또한 자연 배연구의 개방이나 창문의 파손 시에는 외부 바람에 영향을 받기 쉽기 때문에 그 지역의 표준 외부 바람에 의한 제연 시스템의 효율성을 고려하는 것이 바람직하다. 이처럼 제연 설계뿐만 아니라 화재 안전 설계에 대해 획일적인 조건이 아니라 최악의 상태나 설계 조건의 타당성에 대한 검토가 필요하다.

화재는 성장 과정에 따라 특징적인 양상을 나타낸다. 연기의 상태는 화재 양상과 인간의 대응에 영향을 주기 때문에 화재 상황, 피난 상황에 따라 제연을 고려할 필요가 있다. 일반적으로 화재의 진행 상황에 따라 피난 상황 등에서 고려해야 할 3가지 단계가 있다.

① 화재 초기에 화재실에서 피난(화재실 피난) 안전을 확보하는 단계
② 화재실에서 화재가 확대되는 경우 화재층에서 피난(화재층 피난) 안전을 확보하는 단계
③ 화재층의 화재를 제어하지 못한 성장기(盛長期)화재의 경우 건물 전체에서 피난 안전 확보와 함께 소방 활동의 안전성을 고려하는 단계

표 3.1 화재 조건과 안전성 판정

| | 화재조건 | 가정해야 할 항목 | 안전성 확인 |
|---|---|---|---|
| ① 화재실 피난 | - 화재실의 적절한 화원(면적 및 규모)을 설정한다.<br>- 피난 안전 검증에 의하여 화원을 예상한다. | 화재실의 연기층 하단 높이 또는 연기층 온도 | 피난 예측에 의한 화재실 피난 완료 시점까지 연기층 하단 높이가 허용 높이까지 하강 하지 않는 것을 확인한다. 다만, 건축물의 특수성에 따라 허용 높이보다 연기의 하강이 있어도 연기층 농도가 허용값 이하일 때는 안전한 것으로 판단해도 좋다. |
| ② 화재층 피난 | - 화재실의 화재 상태를 예상한다.<br>- 피난 안전 검증에 의하여 화원을 예상한다. | 피난 경로의 연기층 하단 높이 또는 연기층 온도 | 피난 예측에 의한 화재층 피난 완료 시점까지 화재실과 층 피난을 위한 경로(예를 들면, 복도 등의 일차 안전 구획) 사이의 출입문이 개방된 상태에서도 피난 경로에 연기가 유출되지 않을 것(차연되고 있을 것) 또는 피난 경로의 연기층 하단 높이가 허용 높이까지 하강하지 않는 것을 확인한다. 다만, 건축물의 특수성에 따라 허용 높이보다 더 연기의 하강이 있어도 연층 농도가 허용치 이하 때에는 안전한 것으로 판단해도 좋다. |
| ③ 건물 전체에서 피난 · 소방 활동 | 화재실은 성장기 화재 상태로 한다. 표준 예상 조건은 다음과 같다.<br>- 화재실은 환기 지배형 화재로 가정한다. 화재실에 창문이 있는 경우에는 창문의 파손을 가정한다. 밀폐도가 높은 공간의 경우, 연소 상태를 고려하여 화재실의 온도를 예측한다.<br>- 실 온도의 시간 변화 예측을 위해서 이용하는 초기 온도 조건은 계절이나 지역 특성을 고려한다. 굴뚝 효과에 의한 위층의 영향을 고찰하는 경우에는 기준은 동절기로 예상한다.<br>- 출입문은 연기 침입 방지를 확인하기 위해서 개방 때와 과잉 압력에 의한 개방 장해를 조사하기 위해 폐쇄시의 양쪽 모두를 예상한다.<br>- 외부 바람은 지역 특성, 건물 형상을 고려한다. 표준으로는 화재실 외벽이 바람이 불어오는 쪽을, 가압 장소로부터 누기에 불리하게 되는 쪽을 바람이 불어가는 쪽으로 한다. | - 부속실 출입문 바로 옆의 온도<br>- 경우에 따라서는 출입문의 개폐에 대응한 압력 | 마지막까지 보호되어야 할 부속실이나 수직 공간이 연기에 오염되어 있지 않은가(출입문 위치에서 차연되고 있는지 또는 충분한 배연을 하고 있는지)를 확인한다. 출입문이 폐쇄되는 경우 개방력이 일정 이하가 되는 것을 확인한다. |

앞 3단계에서 고려해야 할 조건, 예측을 해야 할 필요가 있는 항목 및 안전성 판정을 [표 3.1]에 제시하였다.

제연의 원리는 화재실의 개구부로부터 비화재실이나 피난로로 연기가 침입·확산되어 연기로 채워지는 것을 막기 위해 [그림 3.1]에서 점선으로 나타낸 것과 같이 연기의 압력 분포를 개구부에 유지하도록 하는 것이다. 이를 위해 화재실에선 연기를 배출(배연)하거나 피난로에 신선한 공기를 유입 또는 급기(방연)를 실시하면, [그림 3.1]의 점선과 같이 압력 분포가 형성되어 화재실에서 비화재실 및 그 밖의 부분으로 연기의 유출을 방지하거나 연기의 침입·확산을 막을 수 있다. 만약 중성면이 개구부의 중간 높이에 있다면 연기는 피난로 방향으로 유출하게 된다. 이와 같이 제연은 화재 시 건물 내부에서 발생하는 기류에 대한 물리적인 또는 합리적인 제어를 행하는 것이다. 기류는 압력이 높은 곳에서 낮은 곳으로 이동하므로 기류의 물리적인 제어란 건물 내부의 압력 분포(압력 상태)를 제어하는 것이다. 따라서 화재 양상의 각 단계에 대응한 제연이 이루어져야 안전을 확보할 수 있다.

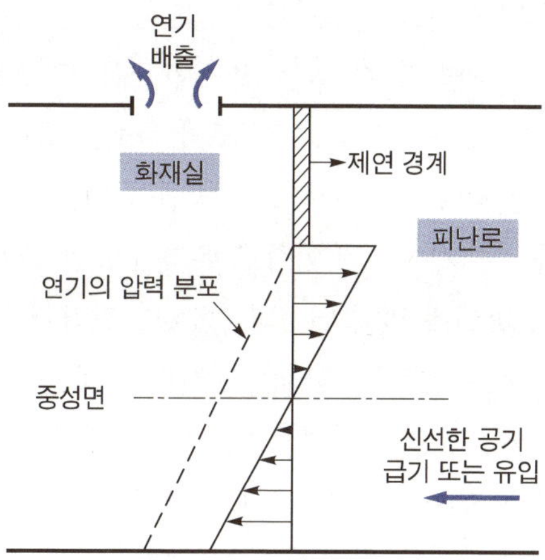


그림 3.1 제연의 원리

## 3.2 제연 계획

화재 시 연기에 대한 대응 목적은 피난 안전 확보, 소방 구조 활동의 지원 및 건물 내의 물품이나 장비를 보호하는 것이다. 연기의 영향에는 열에 의한 것과 독성·유해성에 의한 것이 있고, 이것들의 허용 범위로 표시되는 것은 연기에 대한 대책의 기본 방침이다. 또한 연소 범위의 확대에 비해 연기에 의한 오염 범위의 확대가 빠르고, 한편 광범위하며 연소 규모가 작아도 연기 발생량이 많을 경우 피해가 확대되는 등 연기에 대한 대응을 고려할 필요가 있다. 화재 시 연기에 대한 대응은 다음과 같이 정리할 수 있다.

① 연기의 발생을 방지한다.
② 발생한 연기에 대처한다.

이를 바탕으로 두 가지 차이점을 생각한다. ①번은 연기발생 그 자체를 예방하는 것이며, ②번보다 한 차원 높은 개념이다. 연기를 발생시키지 않도록 하는 것은 타지 않는 재료를 사용하는 것이다. 그러나 주변을 살펴보면 알 수 있는 것이지만 현실적으로는 불가능하다. 이 상황에서 스프링클러 등에 의한 초기 소화 또는 화재 규모의 축소를 통해 조금이라도 연기의 발생을 억제하는 것이 중요하다. 또한 방염 제품이 반드시 방연이 되는 것은 아니고, 연소하기 어려운 것과 연기가 나지 않는 것과는 별개이므로 이점에 유의해야 한다. ②번은 발생한 후의 연기를 제어하는 입장이며, 배연이나 방연에 의해 연기의 확산 및 침입 방지하기 위한 연기 제어, 피난 및 소방 활동에 중요한 공간으로 연기의 침입을 방지하는 것을 목표로 한다.

발생한 연기를 모두 연기가 발생한 부분에서 해결할 수 있다면 연기가 발생한 부분 이외에 연기의 확산을 고려하지 않아도 된다. 그러나 화재 성장과 함께 구획이 파손될 수도 있다. 또한 법규대로 제연 시스템을 설치하더라도 화재의 진전에 따라 제연 시스템의 작동이 정지되거나, 자연 배연 시스템의 경우에는 풍향이나 강풍 등의 외부 기상 변화에 따라 영향을 받기도 한다. 이와 같이 법규에서 정한 제연 기준이 발생된 모든 연기를 처리할 수 있는 것은 아니다.

연기가 발생 부분에서 연기를 충분히 처리할 수 없는 경우, 다른 부분으로 연기가 확산될 수 있다. 이 경우에는 조금이라도 더 연기의 확산을 지연시키고 동시에 연기가 확대되는 것으로 가정하는 대책이 요구된다. 즉, 오염된 공간의 구획화와 모든 피난 경로에 방연 시스템을 설치하는 것이다. 이점에서 피난 시 경로의 중요성을 순차적 단계별로 계획해 구획화하는 안전 구획을 생각할 수 있고, 고차의 안전 구획은 연기에 오염되지 않도록 계획해야 한다.

## 3.3 제연 방식

구획화, 배연, 차연, 가압 방연, 축연 등에 의해 연기의 확산 및 침입 방지, 연기의 하강 방지, 희석의 목적을 달성하고 피난의 안전성을 위해 건축적 및 시스템적 기법을 이용하여 연기를 제어하게 된다. 연기 제어 방법은 크게 다음 4가지 방법으로 나눌 수 있고, 화재의 각 단계에 대응하고, 다음 연기 제어 방법을 이용하여 안전 확보를 도모하는 것이 건축물의 제연 계획이다.

① 연기 폐쇄(밀폐 방식)
② 연기 배출(배연 방식)
③ 연기 침입 방지(차연 및 가압방식)
④ 연기 모으기(축연 방식)

제연 방식은 연기 제어의 4가지 방법을 이용한 밀폐 방연, 자연 배연, 스모크 타워 배연, 기계 배연, 차연, 가압 방연, 축연에 의한 방연이 있고, 이들 방식 모두 화재실이나 피난경로의 연기 농도 상승을 억제하여 연기에 의한 피해를 막는 것이다. 또한 앞서 설명했듯이 제연은 배연과 방연을 포함하고, 이들 제연 방식을 배연과 방연으로 나누어 설명하면 다음과 같다.

화재가 발생했을 때 연기를 제어하는 방식에는 여러 가지가 있지만, 소방법상 주요하게 쓰이는 방식은 기계적인 제연 방식이다. 배연과 방연의 각 방식을 연기 제어 시스템에 적용하면 배연 시스템(배연 설비)과 방연 시스템(방연 설비)이 된다.

### 3.3.1 배연

배연(Smoke ventilation)은 부력을 이용한 자연 배연과 배출기의 기계적인 강제력을 이용하여 연기를 직접 또는 희석하여 옥외로 배출하는 방식이다. 이 방식에는 자연 배연, 스모크 타워 배연, 기계(급배기, 흡인) 배연이 있다. 배연 방식으로 시스템을 설치할 경우 각 구획 공간의 출입문에 작용하는 압력은 반드시 피난 방향으로 작용하도록 하고, 공기는 고압측의 안전 구획에서 저압측의 안전 구획으로 흐르도록 설계해야 하며, 이때 배출량과 압력의 검토를 위해 연기 거동의 분석이 필요하다. 어떤 배연 방식이든지 무조건 시스템을 설치한다고 좋은 것이 아니고, 제연 구획에 따라 연기의 확산을 막은 다음 예상되는 구획의 연기 성상에 적합한 설계가 필요하다.

### 1) 자연 배연

자연 배연은 [그림 3.2]에 나타낸 것처럼 연기의 고온으로 인한 부력이나 풍력(風力) 등의 자연의 물리적인 힘을 이용하여 연기를 제어해야 할 실의 천장이나 외벽에 설치한 개구부(직접 외부와 접하는 배연창이나 배출구) 또는 배출 풍도로부터 연기를 직접 외부로 배출하는 방법으로 연기 제거, 연기 하강 방지, 희석 등의 효과가 기대된다. 배연량을 증가시키기 위해서는 배출구의 면적 및 배출구에서의 압력차를 크게 한다. 배출구에서의 압력차는 연기의 온도가 높아질수록 또 배출구와 급기구의 높이의 차이가 클수록 커지고 배출 능력은 증가한다.

일상 사용하는 창문 등의 이용도 가능하며 천장이 높아 배출구를 높은 위치에 배치하는 등 연기의 흐름에 따라 설치한다면 신뢰성이 높은 우수한 제연 방식이 되기도 하지만, 외부 바람의 영향을 많이 받기 때문에 화세가 강하게 되어 상층부로 연소가 확대되는 단점도 있다. 그밖에 연기의 온도, 여름과 겨울철에는 굴뚝 효과, 배출구에 작용하는 바람 등의 불확정적인 요소가 많기 때문에 자연 배연은 건축물의 형태나 용도 등을 충분히 검토하여 결정하지 않으면 안 된다.

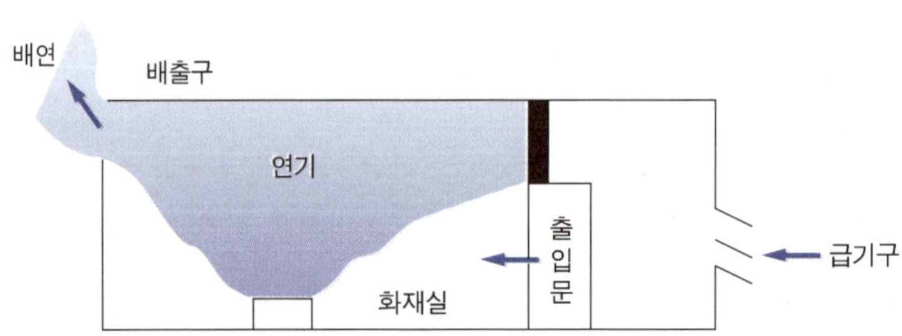


그림 3.2 자연 배연

기구가 간단하고 동력원도 필요하지 않기 때문에 보수 관리상 유지하기 쉬운 방식이지만, 개구부에서 연기 흐름이 온도차, 풍향 풍속, 건축물의 형상이나 주변의 상황 및 건축 내부의 구획, 수직 관통부의 기밀성 등에 좌우되며 연기가 배출되지 않고 외기를 유입하는 경우도 발생할 수 있기 때문에 이 방식을 이용할 경우 충분한 고려가 필요하다.

자연 배연은 천장 높이가 높고 배출구의 설치 위치가 외부 풍향이나 풍속에 영향을 받지 않는 경우에는 유효하게 동작하지만, 피난 거점으로써 비교적 장시간 체류할 것이 예상되는 경우에는 제연 구획이 확실하게 구성되어있어야 자연 배연 방식을 채용할 수 있다. 이 방식의 장점과 단점은 다음 [표 3.2]와 같다.

**표 3.2** 자연 배연의 장점과 단점

| 장점 | 단점 |
|---|---|
| ① 배출기를 설치하지 않으므로 동력원이 불필요하고 정전에 의한 기능 정지의 염려가 없다.<br>② 천장이 높아 배출구를 높은 위치에 설치하면 배연 능력이 향상된다.<br>③ 연기 온도가 높을수록 부력의 효과가 커져 배연 능력이 향상된다.<br>④ 풍도를 사용하지 않으므로 화재시 풍도의 탈락 위험이나 방화 구획을 관통하지 않는다.<br>⑤ 기존 창문 등의 이용이 가능하다. | ① 연기의 흐름을 의도적으로 제어할 수 없다.<br>② 풍향에 따라 배연 효과가 다르다. 특히, 고층 건축물에서 바람 등의 영향이 크므로 충분한 검토가 필요하다.<br>③ 고층 건축물에서 하부층의 배출구를 개방할 경우, 난방시에는 굴뚝 효과에 의해 외기가 배출로 유입할 위험이 있다.<br>④ 스팬 드럴(spandrels)이 충분히 설치되지 않으면 개구부에서 상층으로 연소 위험이 있다.<br>⑤ 상부의 공기 온도가 높으면 성층화로 인해 화재 초기에 연기가 상승하지 못하고 도중에 확산된다. |

### 2) 스모크 타워 배연

스모크 타워(smoke tower) 배연은 자연 배연의 한 방법으로 화재 시 연기의 온도에 의해 발생한 부력이나 냉난방 등에 의한 건물 내외부의 온도차이로 제연 시스템의 최상부에 설치된 루프 모니터 등의 외부의 공기에 의한 흡인력에 의해 배연하는 방식으로 고층 건물에 적합하며 장치는 간단하고 고온의 연기를 배출할 수 있는 이점이 있다. 특히, 스모크 타워 배연은 기계를 사용하지 않기 때문에 장치가 간단하고 신뢰성이 높으며 샤프트(배출 풍도)의 내열성을 고려하

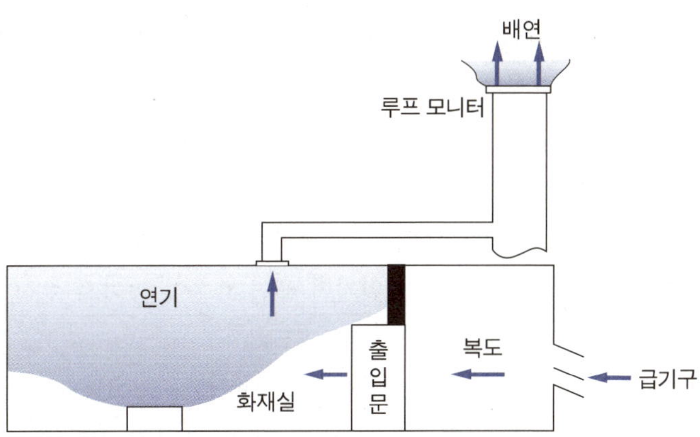


그림 3.3 스모크 타워 배연

면 어느 정도의 온도를 가지는 연기까지도 배연할 수 있고, 또한 유지 관리도 간단한 장점이 있다. 그러나 배연 효과는 실내외의 온도나 외부 바람에 영향을 받는다. 또한 배출량을 확보하는데 기계 배연보다 단면적이 큰 샤프트가 필요하며, 동시에 급배기간의 압력 균형을 맞춰서 부속실이 계단이나 복도보다 큰 압력차가 발생하지 않도록 할 필요가 있다. 급기구는 하층부에 설계하여 급기와 배연이 확실하게 이루어질 수 있도록 신중하게 계획할 필요하기 때문에 현재는 거의 사용되지 않는다.

스모크 타워 샤프트는 밀폐성을 충분히 갖도록 하여 샤프트에서 연기 누설을 방지함과 동시에 연기가 부력을 잃지 않도록 단열하거나 설치 장소를 외벽보다 실내 쪽으로 하는 것이 바람직하며, 각 층의 배출구도 충분한 기밀성이 있는 것을 사용한다.

### 3) 기계 배연

자연 배연만으로 연기 제어가 어려울 때 기계 배연의 사용을 고려해야 한다. 기계 배연은 화재 시 발생한 연기를 기계적인 힘을 이용하여 연기를 흡입·배출하는 방식으로 배출기 작동 중에는 실의 내압이 낮아짐으로 연기 제거뿐만 아니라 실 사이의 개구부에서 차연 효과도 기대할 수 있다. 또한 천장이 높은 공간의 급기구에서 기류가 연기층에 영향을 주지 않도록 하면 연기층의 하강 방지에도 효과가 있다. 화재 초기에 연기 온도가 별로 상승하지 않는 경우나 외부 공기에 접한 배출구를 사용할 수 없는 경우 등에 유효한 방법이다. 이 시스템은 배출구(배연구), 배출 풍도(duct), 배출기로 구성된다.

방화 구획을 관통하는 배출 풍도는 관통 부분에 방화 댐퍼를 설치해 온도가 설정 값보다 크게 될 때에는 폐쇄해 풍도를 통한 연소 전파를 방지해야 한다. 그러나 소방 활동 중에도 배연 효과를 얻고자 할 경우, 댐퍼를 계속 개방하지 않으면 안 되며 연소 방지나 열에 의한 배연 정지를 방지하기 위한 아이디어가 요구된다. 기계 배연에서는 1개의 풍도가 담당토록 하고, 복수의 배연 구획은 가능한 면적을 같게 하는 것이 바람직하다. 면적에 큰 차이가 있는 경우 압력 장해를 일으킬 수 있다.

연기층이 얇은 경우 연기뿐만 아니라 아래쪽의 공기를 흡입함으로써 배연의 효율성이 떨어질 수 있다. 한편, 연기층의 두께가 두꺼워지면 배연 효율이 높아져 수직  방연 벽의 깊이나 방연 구획 면적과 배연 풍량은 밀접한 관계를 갖는다.

기계 배연은 배출기의 기계적인 강제력에 의해 배연하는 것이므로 건축적 요인이나 환경 요인 등에 영향을 받는 일이 적고, 동시에 비교적 정량의 연기 배출을 기대할 수 있다. 그러나 배출구의 위치나 개방수에 따라 배출량이 변화하기 쉽기 때문에 풍도 설계에는 이러한 점들을 고려할 필요가 있고, 화재실 이외의 실에서 배출구를 개방할 경우 화재실보다 연기를 더욱 많이 흡인하기 때문에 배출구의 개방에도 세심한 주의를 필요로 한다.

넓은 면적의 구획과 좁은 면적의 구획을 공용 배출기로 공동 배연을 할 경우, 좁은 면적에서 현저한 압력 저하가 일어나기 쉽다. 따라서 공동 배연은 동일 계통으로 통합하여 가능한 한 구획을 균일하게 하는 것이 좋다. 또한 급기 경로를 확보하고 구획의 압력차가 현저하게 커지지 않도록 할 필요가 있다.

배출기를 확실하게 동작시키기 위한 비상용 예비 전원의 확보와 보수 관리를 완벽하게 할 필요가 있다. 배출구나 배출기는 평상시에는 자주 사용하지 않으므로 정기 점검이나 시운전을 주기적으로 행하지 않으면 화재 시 사용할 수 없는 경우가 있다. 이 방식의 장점과 단점은 [표 3.3]과 같다.

표 3.3 기계 배연의 장점과 단점

| 장 점 | 단 점 |
|---|---|
| ① 필요 배출량의 설정으로 안정적인 성능을 확보할 수 있고, 화재실의 압력 강하로 연기 확산을 막을 수 있다.<br>② 바람 등 외부 환경의 영향이 적다.<br>③ 외부와 접하지 않는 공간에도 배연이 가능하다.<br>④ 저온의 연기도 제거가 가능하다.<br>⑤ 구획 공간의 차압이 계획적으로 설정되므로 차연을 행하기 쉽다. | ① 기계적인 장치를 이용하기 때문에 신뢰성을 높이기 위해서는 적절한 유지 관리가 필요하다.<br>② 장치의 내열성을 고려하지 않으면 화재 초기에만 유효하다.<br>③ 소요 성능의 발휘를 위해서는 풍도의 구역화, 경로, 방화 구획의 관통, 크기 등의 상세한 검토가 필요하다.<br>④ 급기 경로를 적절하게 확보하지 않으면 출입문의 폐쇄 장해를 일으킬 수 있다. |

**① 급배기 기계 배연**

화재가 발생한 실이나 인접 구역의 급기구에 송풍기를 설치하여 신선한 공기를 화재실로 급기하고, 화재실 상부에 설치된 배출구에 배출기를 설치하여 실내에 충만되어 있는 연기를 옥외로 배출하도록 하는 급배기 방식이다. 이 방식은 화재실의 연기가 누출되지 않도록 하여 부속실 등의 피난로를 확보할 수 있는 장점은 있으나 급기와 배기 모두 기계적인 장치에 의존하기 때문에 장치가 복잡하다. [그림 3.4]는 급배기 기계 배연을 나타낸 것이다. 이 방식은 안전 구획의 압력 균형을 맞출 필요가 있을 때 이용한다. 연기의 배출과 동시에 배출량에 상당하는 외부 공기를 송풍기로 급기하기 때문에 배출량과 급기량의 균형을 잘 조절하지 않으면 화세를 키우거나 비화재실로 연기를 확산시킬 염려가 있기 때문에 이들 풍량 조절에 세밀한 주의를 기울어야 한다. 적정하게 설계된 경우에는 외부 온도나 외부 바람 등의 자연 조건에 영향을 받지 않아 안정된 연기 제어를 할 수 있지만 시스템이 복잡해지는 경향도 있다.

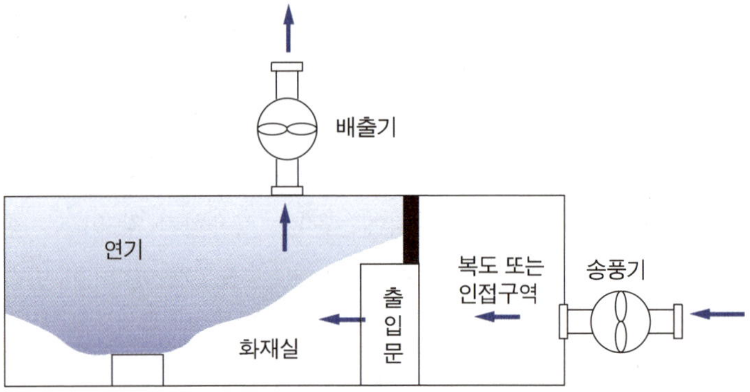


그림 3.4 급배기 기계 배연(급기량 ≥ 배출량)

② **흡인 기계 배연**

화재실의 상부에 설치된 배출구에 배출기를 설치하여 화재실 내에 충만되어 있는 가연 물질의 연소 생성물인 연기를 강제로 건축물의 외부로 배출시키는 흡인 배연 방식이다. 이 방식은 화재실의 천장 등에 제연 스크린(방연 스크린)을 수직으로 설치하여 연기의 수평 이동을 막아 배출기의 흡인력을 증대시키기도 한다. 그러나 화재가 진행되어 연기량이 증가되면 전량을 흡인할 수 없는 경우가 발생하고, 배출기의 내열성은 한계가 있으므로 연기의 온도 상승에 따라 퓨즈 댐퍼를 설치하여 배연을 중지할 필요가 있다. [그림 3.5]는 흡인 기계 배연을 나타낸 것이다.

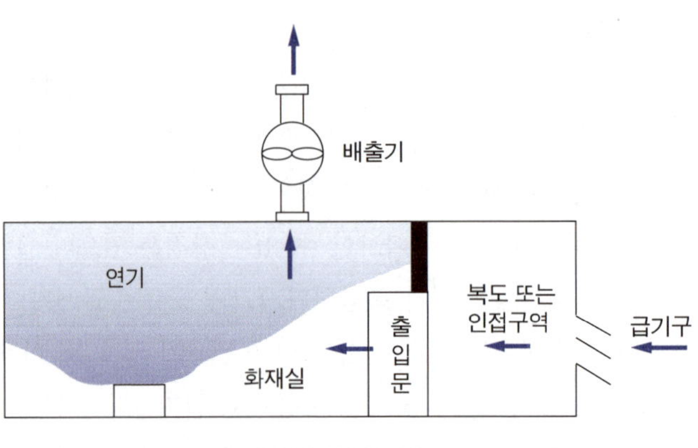


그림 3.5 흡인 기계 배연

이 방식은 주로 거실 배연에 사용된다. 화재실의 경우 발생한 연기를 배출기의 강제력에 의해 배출하기 때문에 배출기 동작 중에는 화재실의 압력이 낮아져 연기 누출의 위험성이 적고 화재실은 감압 방연의 효과가 생기지만, 비화재실의 경우 화재실에서 새어 나온 연기를 끌어들일 위험성이 있다.

화재가 성장함에 따라 연기량이 증가하여 배출기의 용량을 초과하기 때문에 일반적으로 화재 초기에만 유효하고, 출입문이 개방되면 화재실을 부압으로 유지하기 어렵기 때문에 연기가 누출된다. 하지만 출입문을 닫으면 밀폐 방연이 되어 화재실은 부압이 되고, 연기의 누출을 방지할 수 있는 장점이 있다.

한편, 화재실의 인접 구획(제1차 안전 구획)에서 급기 계통을 확보하지 않고 화재실의 출입문을 개방한 상태로 배출기 동작시키면, 화재실로부터 연기를 불러들여 오히려 위험한 상태가 된다. 비화재실에서는 안전 구획마다 피난 경로 출입문의 개폐상태와 배연 시스템과의 관계를 충분히 검토한 뒤에 안전한 조작 방법을 결정할 필요가 있다.

배연 풍도에 화염이 들어가거나 풍도가 화재실 이외의 부분을 관통하는 수도 있으므로 기밀성을 높임과 동시에 적절한 내열 조치를 하여 배연 시스템 자체가 화재 확산의 모체가 되지 않도록 충분히 고려해야 한다.

### 3.3.2 방연

방연(Smoke defence)은 피난 및 소방 활동 등에서 중요한 공간(피난로 등)으로 연기의 침입을 허용하지 않다는 입장에서 연기 침입의 방지를 명확하게 하는 것이 전제가 된다. 이에 앞서 예상되는 화재의 상태에 따라 대책을 생각해야 한다. 그러나 연기의 침입을 허용하지 않는 공간은 연기의 침입을 고려하지 않아 좋은 공간이라는 것이 아니고, 안전(fail-safe) 측면에서 만일의 침입에 대비한 대책을 강구하는 것이 필요하다는 것을 의미한다.

방연은 연기를 일정 공간의 구획 내에 가두어 연기의 확산을 방지하는 밀폐, 연기를 저장 공간에 모으는 축연, 두 실 사이의 압력차를 이용하는 차연 및 피난 경로를 신선한 공기로 가압시켜 피난 경로의 공간 압력을 높여 연기가 침투하지 않도록 하는 가압 방연이 있다. 방연 방식에 의해 제연 시스템을 설치할 경우 급기 공기에 의해 화재의 규모를 키우거나 과다 압력에 의해 출입문의 개폐 장해와 급기 경로의 오염에 따른 다른 공간의 오염 확대 등의 문제가 있을 수 있다.

### 1) 밀폐 방연

압력차가 일정하다면 공기나 연기의 통과량은 개구부의 크기에 비례한다고 볼 수 있다. 방화 구획, 천장에서 바닥까지 칸막이 벽이나 폐쇄된 출입문의 틈새는 작기 때문에 통과량은 작다. 이로 인해 구획 밖으로의 연기 유출 방지 및 피난 경로를 연기 오염으로부터 보호할 수 있다.

일반적으로 화재의 확대 억제를 위한 방화 구획과 제연 구획 두 종류의 구획이 이용된다. 방화 구획은 해당 구획을 넘어서는 화재의 확대 방지를 목적으로 하고, 제연 구획은 연기의 확대 방지 및 지연을 목적으로 하고 있다. 제연 구획은 반드시 화재 그 자체를 대상으로 하지 않기 때문에 화재에 대응하는 방화 구획보다 성능적으로 뒤떨어지는 경우에도 허용된다.

유리를 포함하는 불연 벽이나 천장면에 수직 벽을 설치해도 제연 구획의 성능을 기대할 수 있다. 그러나 방연 수직 벽에 의한 구획은 제연 구획으로서 자리매김 되고 있다고 해도 연기가 구획을 넘어 확대될 수 있기 때문에 천장에서 바닥까지 설치된 칸막이 벽과 동일한 성능이라고 생각할 수 없다. 방연 수직 벽은 배연 시스템의 배연 효율 향상이나 확대 지연 및 감지기의 작동 속도를 앞당기기 위한 대책이며 확대 방지 성능을 확보한 구획이 아님을 유의할 필요가 있다.

밀폐 방연은 화재시 벽이나 출입문 등으로 공간을 밀폐하여 연기의 외부 유출 및 외부의 신선한 공기의 유입을 막는 방식이다. 구획화를 철저히 해 통과량을 감소시키면 연소를 지속시키는 공기의 공급을 차단할 수 있어 연기의 확대 방지뿐만 아니라 연소를 억제시킬 수 있다. 그러나 공기 유입이 억제된 상태가 계속되는 화재실에서 출입문을 개방하는 순간에 신선한 공기가 유입되면 백 드래프트(back draft)나 플래시 오버(flash over)현상과 같은 급격한 연소 증가를 초래할 수 있기 때문에 상황 확인이나 초기 소화, 소방 활동 시 출입문의 개방에 주의가 필요하다. 밀폐 방연은 주택이나 호텔 등의 제연 구역을 작게 하는 건물에 적합하다.

### 2) 차연

차연(confinement)은 화재 공간에서 연기층의 하강 방지가 전형적인 연기 제어 수단인 것에 비해 화재 공간과 비화재 공간의 두 공간 사이에 소요 차압(압력차)을 형성하여 개구부나 틈새를 사이에 두고 연기의 확산 및 침입을 방지하는 방식이다. 두 공간 사이에 소요 차압은 배연이나 급기 등의 기계적인 환기 수단을 이용해 두 공간 사이의 압력차를 형성시킬 수 있다.

차연은 복수 공간으로 이루어진 건축물 내에서는 화재 구획에서 연기를 내보내지 않거나 피난 경로 등 연기로부터 보호해야 되는 공간으로 연기가 들어가지 않도록 하는 방식으로 일종의 방연이라고 볼 수 있다.

두 공간 사이의 압력차를 형성시키기 위해서는 차연 조건을 고려하는 것이 중요하다. 차연 조건은 특정 공간에 연기 침입을 막기 위해 또는 오염된 공간으로부터 연기의 유출을 방지하는 데 필요한 개구부에서의 압력 분포 조건을 말한다. [그림 3.6]은 공간 전체가 연기로 균일하게 오염된 상태(완전 혼합 또는 one layer zone)와 연기층과 공기층으로 분리된 성층화(two layer zone) 상태에 대한 차연 조건을 나타낸 것이다. 차연을 위한 압력은 개구부의 상단에서 압력차가 없을 때 최소가 되며, 이것을 단순히 차연 조건이라고 하는 경우가 많다.

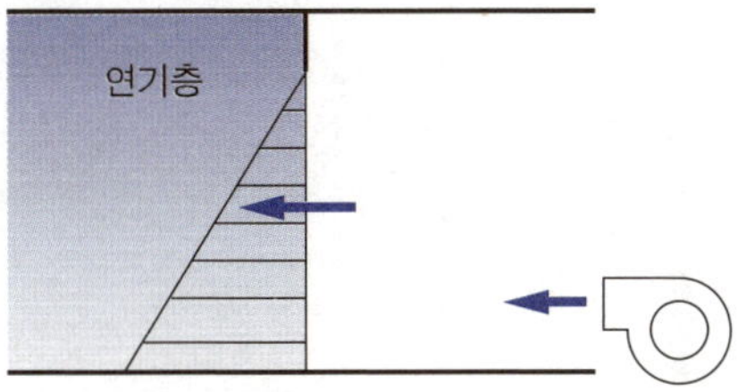


(a) 완전 혼합 상태의 압력 분포

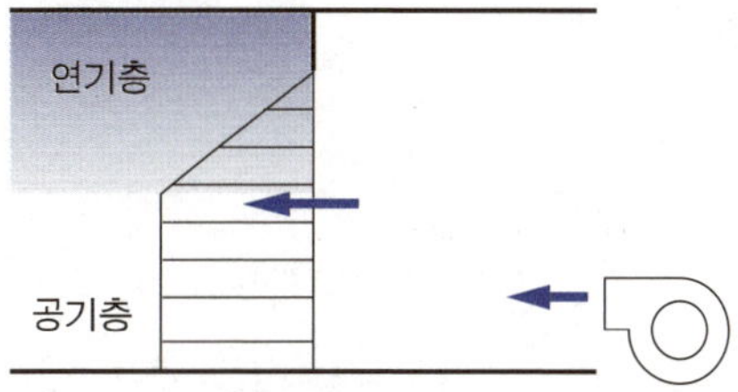


(b) 성층화 상태의 압력 분포

**그림 3.6** 차연 조건

일반적으로 초기 화재에 거실 피난, 층 피난, 성장기 화재까지 예상되는 최종적인 건물 전체에 대한 피난 시나리오를 생각하여 모든 시나리오에서 차연해야 할 위치를 명확하게 해야 하고, 모든 차연 조건을 달성하는 데 필요한 급기량을 선정해야 한다. 소방 활동에 따라 소방용 호스가 통과하기 때문에 출입문이 조금 열린 상태를 가정하여 필요 급기량을 결정하지만, 다른 한편으로 급기량이 그대로 공급되면 출입문이 폐쇄되었을 때에는 압력차가 커져 출입문의 개폐 장해가 발생하여 부속실과 복도 사이에 방화 댐퍼와 압력 조절 장치의 설치를 고려해야 한다.

### 3) 가압 방연

가압 방연(pressurization for smoke defence)은 연기의 침입을 방지해야 할 공간에 신선한 공기를 공급하여 개구부에서 압력을 제어하는 것으로 특정 공간(피난로)에 연기의 침입을 방지하는 연기 제어 방식이다. 즉, 화재 시 피난로가 되는 복도, 부속실, 계단 등 연기로부터 방호해야 하는 공간과 엘리베이터 샤프트 등에 외부로부터 신선한 공기를 송풍기로 공급하여 그 부분의 압력을 화재 구역의 압력보다 높게 하여 연기가 침투하지 못하도록 하는 방식이다. 이 방식을 가압 방연, 가압 또는 급기 가압이라고도 한다.

가압 방연은 송풍기(급기 팬)가 열에 의해 정지하지 않고, 장시간 연기 제어를 기대 하거나 공간 점유 측면에서 우수한 것이 설계에 큰 장점이다. 반면에 적정한 압력을 제어하지 않으면 화재실에 과다한 공기의 공급으로 화세 확대, 과도한 압력차에 의한 출입문의 개폐 장해, 비화재 공간으로의 연기 침투 등 위험한 상황이 발생할 수 있다. 따라서 이들을 충분히 주의하여 계획해야 한다.

송풍기는 외부 공기를 다루기 때문에 장시간의 운전에 견딜 수 있어야 하고, 부속실, 계단실 등과 같은 비교적 작은 면적을 방호할 목적으로 하는 경우에는 적은 풍량으로 방연 효과를 얻을 수 있는 반면에 연기 배출구가 없다면 급기 효과를 얻을 수 없다. [그림 3.7]은 가압 방연을 나타낸 것이다.

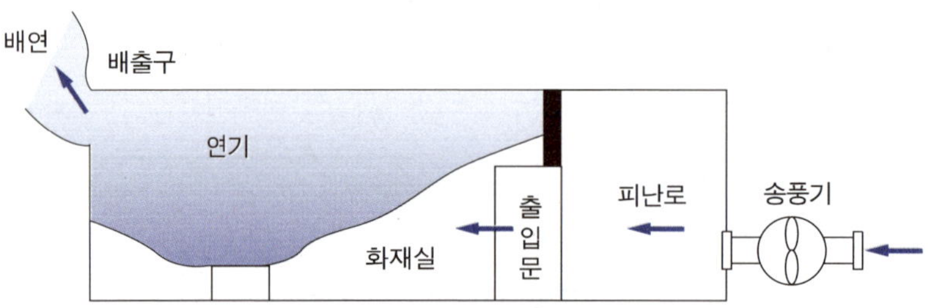


그림 3.7 가압 방연

### 4) 축연

축연 방식은 화재 초기에 공간의 높은 천장과 큰 체적을 이용하여 연기를 천장에 저장해서 연기층이 위험 영역에 까지 하강하지 않고 피난의 안전성을 확보할 수 있는 경우에 사용되는 방식이다. 그러나 축연은 일반적으로 과도적인 상태를 대상으로 하며, 배연을 하지 않는 한 연기가 공간 전체를 오염시키고 인접한 공간으로 연기를 유출시키게 된다. 이 때문에 대규모 아트리움이나 돔 공간 이외의 공간에서는 배연을 할 경우 일정 높이의 연기를 유지해야 하므로 유의하지 않으면 안 된다. 또한 소방 활동은 장시간에 걸쳐 이루어지는 경우가 많기 때문에 연기로 인한 가시성 저하에 따른 활동 효율이 떨어질 우려가 있는 경우에는 이 방법은 적합하지 않다. 또한 청정층 높이를 유지하기 위해서는 배연과 급기구의 개구를 고려해야 한다.

천정이 높고 큰 공간의 체적을 가지는 공간, 즉 체간 용적이 크기 때문에 연기 하강 시간이 길어지는 것을 이용하는 것이다. 예를 들면, 야구장이나 상품 전시회 시설 등 대규모 공간 시설, 아트리움이나 로비 등 높은 천정을 가지는 공간 등에 적용한다. 또는 가연물이 아주 적은 공간(피난 경로가 되는 복도, 부속실 제외), 예를 들면 현관 로비, 회의실 등은 연기 발생량이 적기 때문에 연기 하강 시간이 길어지는 것을 이용하는 것이다.

| 장 점 | 단 점 |
|---|---|
| ① 건물 공간의 크기를 이용하는 수동적인 제연 방식이며, 기계 작동이나 인간 행동 및 건물 이용 상황 등에 영향을 받는 곳이 적기 때문에 신뢰성이 높은 연기 제어 방법이다.<br>② 비용 측면에서도 양호한 편이다. | ① 적용 범위가 비교적 좁다.<br>② 천정이 높은 공간이나 가연물이 아주 적은 공간 등에 제한되는 경우가 많다. |

## 3.4 공간 특성에 따른 제연 계획

최근 사무용 건물이나 점포 등에 아트리움이나 갤러리 등이 병설되고, 또한 전시장이나 다목적 홀과 같은 대공간도 다수 출현하고 있다. 연기의 유동 양상은 공간 특성에 따라 달라지기 때문에 각 공간 특성에 적합한 연기 제어를 채택하지 않으면 충분한 제연 효과를 기대할 수 없다.

### 1) 천장이 높고, 용적이 큰 공간(아트리움, 돔, 대형 극장 등)

천장 부근에 사람이 없고 연기가 모이는 체적을 충분히 확보할 수 있는 경우, 배연 시스템을 마련하지 않고 축연에 의해서도 피난 시간을 확보할 수 있다. 그러나 아트리움이라고 모두 축연에 적합하다고 결론을 지어서는 안 된다.

화재 플룸이 상승하는 만큼 유입 공기량은 증가하여 연기량이 증가되기 때문에 천장이 높고 화재 초기에는 천장면에서 연기의 하강이 급속하게 되어 천장 부근의 복도나 거실이 접하고 있는 경우에는 위험이 크다. 이러한 경우에는 초기 연기 온도가 낮은 것을 고려하면 유리 스크린 등에 의해 천장에서 바닥까지 연기 유출 방지 대책이 유효하고, 농도가 옅은(낮은 온도) 연기에 노출되는 것을 허용할 수 있다. 그러나 좋은 계획이나 피난 경로에 대한 이해 등이 동시에 평가되어야 하며, 이 개념을 도입하는 것은 바람직하지 않다.

### 2) 천장이 낮고, 면적이 큰 공간(사무실)

공간의 면적이 클수록 연기 하강이 늦어지기 때문에 피난 시간이 길어도 안전할 수도 있지만 실제로는 초기에 천장면을 따라서 확산하는 연기가 광대한 면적 전체로 성층화 된다는 보장은 없다. 연기 온도의 저하나 실내 기류의 영향에 의해 도중에 연기가 하강하는 경우도 있으므로 큰 공간의 면적에 대해서는 주의가 필요하다.

### 3) 천장이 낮고, 면적이 작은 공간 (주택, 호텔 객실 등)

천장 높이가 일정하다면 면적이 작을수록 연기층의 하강은 빨라진다. 따라서 공간의 면적이 작더라도 피난 안전성을 검증하면 피난 불가능으로 평가되는 경우도 많다. 면적이 작은 공간이라도 충분한 제연 효과를 얻을 수 있도록 제연 계획을 수립한다.

### 4) 천장이 높고, 면적이 작은 공간(샤프트 등)

천장이 높고, 면적이 작은 공간을 상승하는 연기는 상승 도중에 주변의 벽에 방해되어 피스톤 형태의 흐름이나 벽면을 따라 복잡한 흐름 등을 일으킨다. 따라서 자유 공간에서 플룸 모델을 적용하지 않으므로 수평 단면적에 대해서도 주의해서 제연 계획을 실시한다.

## 3.5 화재 구역 특성과 제연 계획

건물이 대형화되고 용도가 복잡해짐에 따라 대규모의 구획되지 않은 생산 시설이나 판매 구역이 일반화 되고 어떤 상황에서는 건물의 효율적 사용 측면에서 가장 중요한 것이 되기도 한다. 이 경우 방화벽의 사용이나 화재와 연기의 확산을 제한하는 전통적인 방법이 허용되지 않을 수 있다. 이 같은 건물에서는 연기와 뜨거운 가스를 높은 위치에서 제거하는 것이 화재와 연기의 수평 확산을 방지하는 방법이 되며, 어떤 상황에서는 이 방법이 벽으로 나누는 것보다 효과적일 수 있다. 특히, 이 방법은 가연성 천장이 있는 경우에 가치가 있다.

단층 건물에서는 연기와 뜨거운 가스를 방출하기 위해 지붕 배연구를 이용할 수 있으나 고층 건물에서는 기계적인 배출 시스템의 사용을 위해 그 원리를 확대 적용할 수 있다. 건물의 내용물들은 가연성이 있고 분산되어 있기 때문에 진화 작업이 이루어지기도 전에 건물 전체로 화재가 급속히 확산된다면 배기가 화재 확산을 막는데 크게 도움이 되지는 않는다. 한편 가연물의 화염이 낮은 위치에서 확산되어 주로 천장 아래 연기나 뜨거운 가스로부터 하향 열복사에 기인되도록 배치되어 있을 때 배기가 아주 유효한 방법이 된다.

### 3.5.1 환기 시스템

화재로부터 생성된 고온의 연기와 가스가 건물 내부를 돌아 이동하는 양상은 화재 크기, 건물의 크기·모양·높이, 건물을 출입하는 개구부의 크기와 위치 등의 요인들에 의존된다. 그러나 이들 요소의 대부분은 해당 건물의 기능에 대한 것이므로 설계를 위해 알려진 값으로 생각할 수 있고 일반적으로 고정값이다. 다만 알 수 없는 요소는 화재의 규모이다. Hinkley와 Thomas (Butcher and Parnell, 1979)는 이들 세 가지의 상관관계에 대해 다음과 같이 제시하였다.

#### 1) 화재 성장

화재 초기 단계에서 연기와 고온 가스는 지붕에 적절하게 배치한 배기구를 통해 모두 제거될 수 있을 정도이다. 하지만 화재가 성장해감에 따라 가스와 연기의 양은 증가하게 되고, 이때 소요 배기 면적은 실제 배기 면적보다 커져 지붕 배연구를 통해 모든 연기를 배출하는 것은 불가능하다.

결국 연기층은 천장 아래에 형성하게 된다. 이 연기층이 제한을 받지 않는다면 상당히 넓은 지역으로 확산하게 되고 화재가 더욱 진행됨에 따라 연기층의 깊이는 증가하게 된다. 연기층 깊이의 증가에 따라 두 가지 영향이 나타나게 된다. 첫째, 배기구를 통해 연기를 배출시키는 데 필요한 높은 압력의 이용이 가능하고, 둘째, 화재 상부에 연기가 없는 자유 공간의 높이가 감소됨에 따라 공기 유입률 및 화재 성장률의 감소를 초래하게 된다. 환기 시스템의 설계 과정에서 화재로부터 생성된 연기가 연기층으로 흘러 들어가는 양은 배기구를 통해 나가는 연기의 양과 균형을 이루어 연기층 깊이가 증가하지 않도록 해야 하며, 연기층의 최대 깊이는 설계 과정에서 또는 천장 아래 연기 저장소를 만듦으로써 사전에 결정할 수 있다.

#### 2) 화재 크기

환기 시스템을 설계할 때 화재 크기를 가정해서 계산해야 한다는 점이 큰 어려움 중의 하나다. 이 문제를 해결하기 위한 가장 효율적인 방법은 스프링클러 시스템을 설치하는 것이다. 스프링클러 설치의 성능 기록에 의해 화재 크기는 합리적으로 확실하게 가정할 수 있으며, 이에 따라 화재 크기를 제한할 수 있고 정확한 화재 크기는 스프링클러 헤드 간격에 의존된다. 그러나 대부분의 제연 계산에서 스프링클러를 설치하는 건물의 경우, 화재의 크기는 3×3 m로 제한 가정된다.

설계 시 화재 크기는 다음 사항을 고려하여 결정한다.

① 스프링클러 시스템이 설치되어 있는 경우, 화재는 3×3 m 크기로 제한되는 것으로 가정할 수 있다(스프링클러 헤드 간격이 이와 크게 다른 경우는 제외).

② 스프링클러가 설치되지는 않았지만 상점이나 공장 바닥의 가연물이 여러 가지 방법으로 간격이 명확하게 구역으로 나누어져 있다면, 최소 화재 크기는 격리된 가장 큰 적재 가연물보다 작아서는 안 된다. 이러한 적재 가연물로는 포장 상자의 더미, 사용 물질이나 저장물의 더미, 가연성 액체 취급 기계나 탱크 등을 들 수 있다.

③ ②에서와 같이 화재 경계가 정의될 수 없을 때는 효과적인 진압 행위가 이루어지기 전에 화재가 도달할 수 있는 크기로 산정되어야 한다. 이것은 사실상 매우 어렵다. 왜냐하면 화재 확산 속도는 감지되었을 때 화재 크기 및 소방대의 도착 시간에 의존하기 때문이다. 이들 요소 중 두 가지는 합리적으로 잘 알려진 것이다. 화재 감지기가 설치되어 있다면 화재 감지기에 의해 감지되었을 때 화재 크기를 산출할 수 있고 소방대의 도착 시간은 보통 개략적으로 알려져 있다. 그러나 화재 확산 속도는 전체 화재 하중, 가연물의 특성, 건물 내에 분포되어 있는 가연물의 상태에 따라 크게 변한다.

④ ③에 설명된 기법을 고려한 후에도 화재 크기의 평가가 어렵다면 다른 접근법도 가능하다. 바닥으로부터 청정 공기층(청정층)의 최소 허용 높이를 결정하고 그 건물에서 제안된 환기 시스템에 고려될 수 있는 화재 크기를 산출한다. 청정층의 최소 허용 높이($Y$)는 2m 또는 주변으로 연결되는 개구부 상부까지의 높이로 한다.

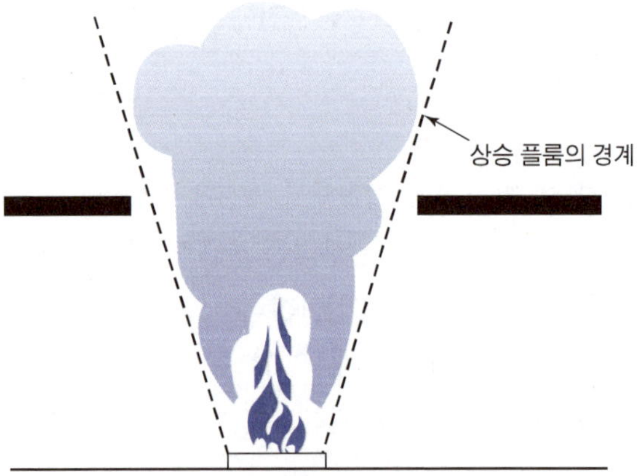


그림 3.8 지붕 환기구를 통과하는 뜨거운 플룸

환기구의 크기는 [그림 3.8]과 같이 모든 뜨거운 연기 또는 거의 모든 연기가 환기구를 통해 직접 배출될 수 있도록 해야 한다. 지면의 화재가 건물 높이에 비해 아주 작을 경우, Yih(1951)가 발표한 자료에 의하면 열발생률과 상관없이 약 90%의 뜨거운 연기는 건물 높이 1/3 정도 크기의 직경을 갖는 환기구를 통해 곧바로 나간다. 따라서 6 m 높이 건물에서 작지만 심각한 화재의 경우 대부분 뜨거운 연기가 곧바로 나가려면 화재 바로 위에 2 × 2 m보다 큰 환기구가 필요하며, 큰 화재의 경우에는 비록 연소가 빠르지 않더라도 큰 환기구가 필요하다. 하지만 이것은 다음 두 가지 이유에서 실제로는 가능하지 않다.

① 경제성면에서 보면 환기구가 너무 크다.

② 화재의 위치는 알 수 없는 것이기 때문에 환기구를 항상 화재 바로 위에 위치할 수 없다.

[그림 3.9]에서와 같이 시스템 설계에서 연기와 뜨거운 가스의 층이 천장 아래에 형성되면 환기구를 통하여 연기 배출이 증가되는 것은 그 층이 연기 배출을 돕는 압력 수두가 형성되기 때문이고, 동시에 화재 위의 청정층 높이가 감소되므로 연기 생성률이 감소된다. 어떤 단계에서 연기 배출이 연기 생성과 같아질 때 평형에 도달하게 되고, 이것이 지붕 환기 시스템 설계의 기초가 된다. 만약 적절한 양의 차가운 공기가 배출되는 뜨거운 연기를 대체하기 위해 건물의 낮은 위치로부터 끌어 들여진다고 가정하면, 이때 개구부가 충분히 크지 않으면 지붕 환기구에서 최고 배기 용량은 최대로 되지 않는다.

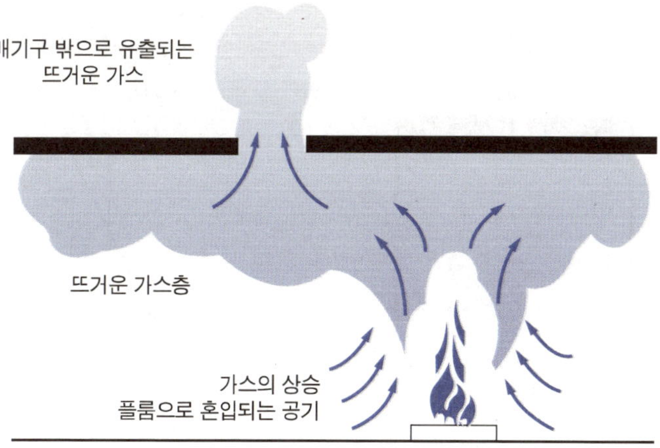


그림 3.9 천장에 뜨거운 가스층의 형성

### 3) 크지만 완전 성장되지 않은 화재

소규모 화재란 건물 바닥 면적의 작은 부분만 관계되는 화재와 건물 높이에 비해 짧은 화염의 화재가 속하며, 이것은 거의 모든 화재에서 나타난다. 소규모 화재가 성장되면 그 면적은 증가하고 화염은 길어져 천장에 거의 도달하게 된다. 이때 화염을 점열원으로 간주할 수 없게 된다. 천장 아래 형성되는 연기층에 대한 연기 거동은 화염으로 유입되는 공기 유입을 바탕으로 계산해야 된다. 이렇게 전개된 계산은 아주 큰 규모의 화재를 제외한 모든 화재에 적용된다. 그러나 이것이 적용되는 화재의 절대 크기에 대한 상한이 있다. 이는 공기 유입이 일어나는 화염 경계의 수직 면적이 화재 면적과 비교하여 작아질 때 발생된다. 여기서 수직 면적은 완전히 화재에 포함되는 건물의 낮은 위치의 개구부 면적이거나 아니면 청정층 높이에 화재 경계를 곱한 것이 된다.

### 4) 완전 성장 화재

건물 전체 또는 건물의 어떤 구획된 부분이 완전히 화재에 휩싸일 때 환기구가 진화 작업이나 구조를 위해 사람들이 들어갈 수 있는 청정층의 높이를 유지하기 위한 역할은 할 수 없게 된다. 그러나 화염과 고온 연기가 환기구를 통해 배출되는 동안 다른 모든 개구부를 통해 공기가 건물 내부로 확실하게 유입되도록 하는데 이용될 수 있다. 화재에 완전히 휩싸인 건물에서 압력은 [그림 3.10]에 나타낸 바와 같이 중성면을 기준으로 분포된다. 중성면 아래 바닥 부근에서는 압력이

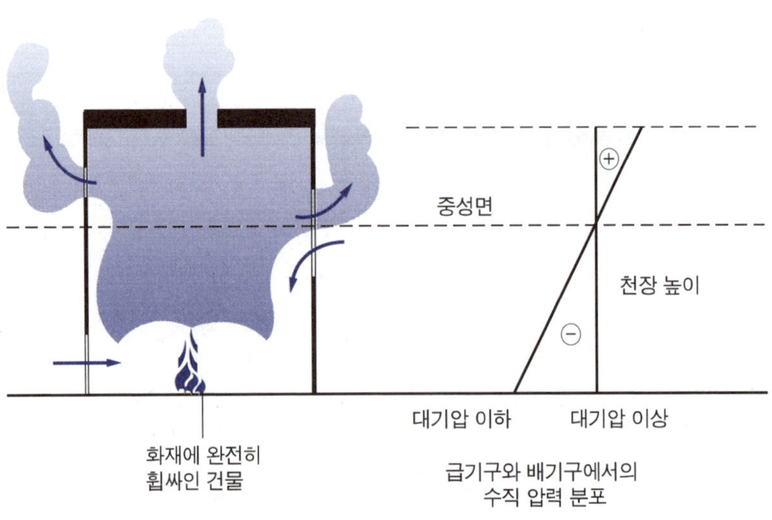


그림 3.10 작은 개구부 건물의 이상적인 압력 분포

대기압 이하가 되어 공기는 실내로 유입되고, 중성면 위 천장 부근에서는 대기압 이상이 되어 연기와 화염은 실외로 배출하게 된다. 이러한 두 레벨 사이의 어떤 지점(중성면)에서는 화재실 내의 압력이 대기압과 같아져 공기와 연기의 흐름이 없게 된다.

환기구는 중성면을 끌어 올리게 되고, 낮은 위치의 개구부는 중성면을 낮게 만든다. 따라서 설계·계획 단계에서 낮은 위치의 개구부 크기를 조정할 때 화염이나 연기가 건물을 여러 개의 작은 구획으로 나누는 데 이용되는 내화벽에 있는 개구부를 통해 인접 구획으로 흘러 들어가지 않도록 해야 한다. 인접 구획과 연결된 누설 부위뿐만 아니라 배기 부분의 누설 부위도 포함되도록 모든 낮은 위치의 개구부를 고려하는 것이 중요하다.

### 3.5.2 기타 요소

#### 1) 연기층의 온도

화재시 연기층의 온도를 산출하는 것은 아주 중요하며, 이 온도로 연기층이 건물 재료에 미치는 영향을 파악할 수 있다. 예를 들면, 피복되지 않은 철강제의 사용과 천장이 가연물로 되어 있을 경우 연기층에 의한 영향은 달라진다.

화재 크기가 작고 연기층의 아랫부분이 화염 상층부보다 상당히 위에 있을 때 그 연기층의 온도는 화재로부터 열방출률과 연기층 아랫부분 및 화재의 유효점 열원간의 거리에 의존하게 된다. 연기층의 온도는 연기 플룸으로 유입되는 차가운 공기의 부피를 계산하여 유도할 수 있다.

#### 2) 공기 유입구

차가운 공기가 건물로 들어가서 연기를 대체하게 되므로 연기가 환기구를 통해 배출되지 않으면 환기 시스템은 효율적이지 않기 때문에 공기 유입구가 반드시 설치되어야 한다. 공기의 전체 유입 면적이 너무 작으면 환기구는 마치 그 크기가 작은 것처럼 작용하게 된다. 연기의 배기 효율이 적어도 계산값의 90%가 되기 위해서는 공기의 유입 면적은 연기의 배기 면적에 대해 다음 비율이 되도록 한다.

① 천장 아래 가스층이 차가울 경우 2배 이상
② 가스층의 온도가 대기 온도보다 250℃ 정도 높을 경우 1.5배
③ 가스층의 온도가 대기 온도보다 800℃ 정도 높을 경우 1배

따라서 연기층의 예상 온도는 화재 크기, 건물 크기, 연기층 높이, 공기 유입구의 크기에 따라 평가된다. 가장 이상적인 것은 공기 유입구가 가능한 한 고온 연기층의 아랫부분보다 아래 지면에 가깝게 위치하도록 한다. 그 이유는 공기가 연기층으로 흘러 들어가는 것을 억제함으로써 연기층의 유입 연기 형성을 방지하고 지면까지 연기가 내려오는 것을 막기 위해서 이다. 이러한 공기 유입구는 건물 전체에 잘 분포되도록 하는 것이 바람직하다. 한 두 곳의 환기구만 개방되는 화재초기 단계에는 출입문이나 창문을 통해 들어가는 공기의 자연 누설만으로도 충분하겠지만 화재가 성장해감에 따라 더 큰 공기 유입 면적이 필요하게 된다.

### 3) 환기구 크기

설계에서 주어진 환경에 대해 필요한 배기 면적을 결정하게 되지만 이것은 전체 면적과 관계가 있다. 일반적으로 [그림 3.11]에 나타낸 것처럼 환기는 큰 배기구 하나보다 여러 개의 작은 배기구를 사용하는 것이 바람직하며, 그 이유는 다음과 같다.

① 배기구가 크다면 그 크기가 연기층의 깊이와 비슷하게 되어 외부로 배출되는 연기의 흐

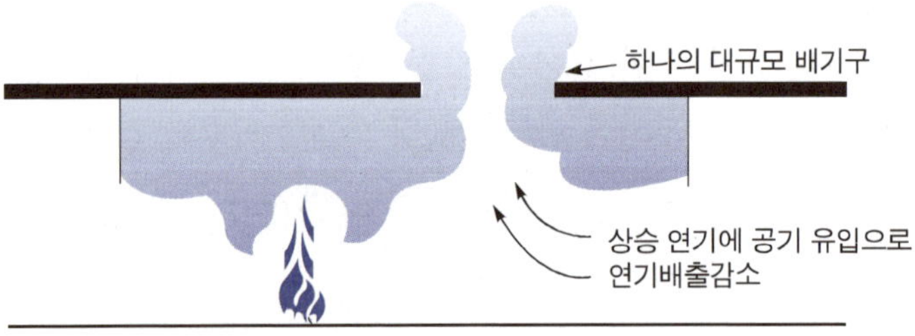


(a) 하나의 큰 배기구

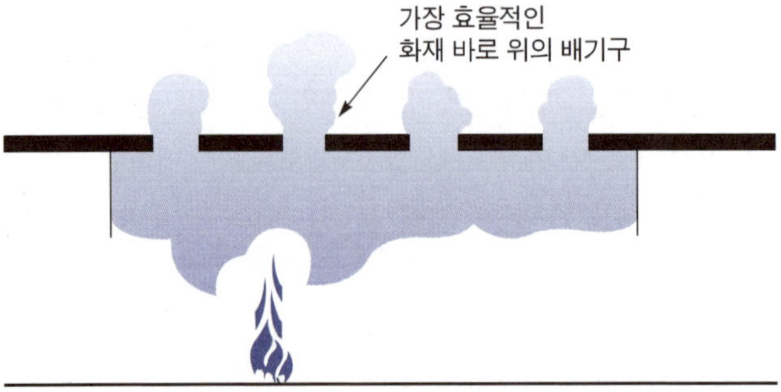


(b) 여러 개의 작은 배기구

그림 3.11 지붕 배기구

름이 연기층을 교란시켜 공기가 상승 연기 속으로 유입되고 이로 인해 배출 효율을 감소시키게 된다.

② 화재 바로 위의 배기구는 화재로부터 떨어져 있는 배기구들보다 매우 효율적이고 효과가 크다. 연기가 뜨거울수록 아주 빠르게 배출되며, 많은 양의 연기가 배기구를 통해 나가게 한다. 그러나 화재의 정확한 위치를 알 수 없기 때문에 배기구를 가능한 한 모든 화재 지역에 분포시켜 적어도 한두 개의 배기구가 화재로부터 가까운 위치에 있게 하여 화재 초기 단계에 연기가 효과적으로 배출되도록 하는 것이 바람직하다.

③ 화재가 성장하여 화염이 배기구를 통해 배출되는 돌출 단계가 되면, 작은 배기구가 큰 배기구보다 돌출된 화염 길이가 작게 되어 외부 지붕 재료나 인접 건물은 노출 화재에 의한 피해가 감소된다.

### 4) 천장이나 지붕 아래의 공간 분할에 의한 연기의 수평 확산 제한

일반적으로 환기 시스템을 설계할 때 천장이나 지붕 아래 연기 저장소를 설치 할 것을 권하고 있다. 작은 건물에서는 저장소가 불필요하겠지만 큰 건물에서는 천장 아래 연기의 수평 확산을 제한하는 것이 좋으며, 그 이유는 다음과 같다.

① 연기의 온도가 높으면 연기가 확산되어 손상을 입히거나 천장 마감재나 서비스를 위한 기타 구성품을 발화시킬 수 있기 때문에 수평 확산을 제한하는 것이 바람직하다.

② 온도가 그다지 높지 않을지라도 수평 이동 과정 중 공기와 혼합하기 때문에 연기층이 비교적 차갑고 엷게 되며, 이로 인하여 지붕 환기가 비효율적으로 된다.
이때 배출 연기는 온도가 높고 배기구 아래 연기층이 상당히 깊어지므로 연기를 배기구로 밀어낼 수 있는 압력차가 형성되어야 가장 효과적이다.

천장 아래의 부분을 나누어 연기 저장소를 만들 때 그 나누어진 구역의 크기는 다음의 세 가지 요소에 의존된다.

① 화재 크기
② 연기층의 깊이
③ 건물의 높이

어떤 건물에서는 ②와 ③의 요소는 고정되므로 주요한 요소는 화재 크기가 된다. 연기 저장소 크기를 결정하기 위한 충분한 자료가 부족할 경우 일반적으로 최대 크기는 60×60 m를 사용하도록 제안되고 있다. 연기 저장소에 스크린을 구성할 경우 첫째, 지붕이나 천장 아래에 연기 저장소를 만드는 스크린은 불연성으로 연기 누설이 되지 않도록 해야 하고, 둘째, 스크린은 지붕의 부재들만큼 화재 영향에 대한 저항성이 있는 것이 좋으며, 셋째, 스크린의 작은 누설부나 틈새(예를 들면, 배관 또는 기타 서비스 라인의 관통부)의 크기가 작고 많지 않다면 그다지 중요한 것은 아니다. 스크린은 가능한 한 깊게 만들어서 환기 효율을 향상시키고 큰 화재가 갇히도록 해야 하며 연기가 인접 구획으로 확산될 때까지 최대한 지연이 되도록 만들어져야 한다.

연기가 저장소로부터 확산될 때 위험 지역으로부터 멀리 또는 연기에 의한 손상을 피하는 방향으로 유도하는 것이 유익하다. 따라서 깊이가 깊은 스크린을 위험 지역과 접하는 저장소 측면에 설치함으로써 달성될 수 있다.

### 5) 역풍의 영향

배기구와 공기 유입구의 위치를 설정할 때 외풍 조건의 영향을 신중하게 고려해야 한다. 바람에 의한 압력은 뜨거운 연기를 환기구로부터 나가게 하거나 공기를 들어가게도 하고 배출되어야 할 연기와 함께 기류를 이동시키는 어떤 압력보다도 상당히 클 수 있다. 이렇게 되면 연기는 건물 내에서 아래 방향으로 이동하게 되고 하부에서 연기가 머무르게 될 수도 있다.

바람에 의한 환기구에서의 압력은 배기구의 개구, 지붕 위의 배치, 하부 공기 유입구의 위치에 의존된다. 예를 들면, 지붕 배기구에서 수직 또는 거의 수직으로 연기가 배출될 경우 지붕을 가로질러 부는 바람의 영향은 보통 흡인 결과를 초래하여 배기를 돕게 된다. 그러나 약 40도 이상의 경사 지붕에서는 바람이 부는 방향의 경사부 압력은 배출 평면이 지붕 표면과 평행일 경우 배기구를 통해 배출되는 연기의 흐름과 반대 방향이 된다.

낮은 위치 개구부를 통해 부는 바람은 건물 내에서 압력을 발생시키며 연기가 배기구를 통해 나가는 것을 돕는 역할을 한다. 이와 유사하게 순풍측의 측면에 있는 개구부는 흡인 효과를 나타내고, 지붕 배기구의 역할과 반대로 작용하게 된다. 이러한 이유 때문에 하부의 공기 유입구는 건물에 분산 배치되어야 하며, 이러한 개구부를 철저히 관리하여 바람이 부는 방향에 있는 개구부만 개방하면 이것이 분산 배치의 장점이 된다.

### 6) 조기 환기의 중요성

건물에서 연기 배출은 여러 가지 방법에 의해 달성될 수 있다. 예를 들면, 소방대가 지붕을 파괴하는 방법, 수동으로 지붕 배기구를 개방하는 방법, 화재에 의해 용융 링크가 자동으로 제어하는 배기구, 약한 플라스틱 지붕을 내려앉게 하는 방법 등이 있다. 이들 방법의 선택은 특정 건물의 개별적 환경에 의존되지만 어떤 건물이든지 조기에 배기가 이루어지는 것이 좋으며, 일반적으로 자동 개방 배기구를 사용하는 것이 가장 유용하다. 조기 환기의 특징은 다음과 같다.

① 건물에 연기가 차는 것을 방지하는 것이 연기가 완전히 채워진 후 연기를 배출하여 공간을 깨끗하게 하는 것보다 훨씬 쉽다. 왜냐하면 화재 발생 후 쇠퇴기에서는 연기 이동이 느리게 되고 정체되기도 하며 이 단계에서는 배기구를 개방해도 연기 형성이 잘 발달되는 초기 단계보다 효과적이지 못하다.

② 환기가 되지 않은 건물에서 화재가 크거나 장시간 연소되고 있을 때 부분적으로 연소되거나 미연소 가연성 가스는 천장 아래나 연기 저장소에 모이게 된다. 이때 배기가 일어나면 이들 가스에 강력한 발화가 일어나 위험할 가능성이 크다. 조기 환기는 불완전 연소에 의한 가연성 생성물의 축적을 방지할 수 있다.

③ 화재로 인한 손상이 단일 지붕 구획으로 제한된다면 그 구획의 지붕 배기구는 그 구획이 연기로 가득 차거나 연기와 뜨거운 가스의 주변 구획으로 넘쳐나기 전에 개방되어야 한다.

④ 조기 환기로부터 거주자가 없는 상태의 건물에서 화재를 조기에 감지할 수 있게 되고 열 방출로 인해 화재 확산이 최소화된다.

### 7) 배기구와 스프링클러

배기구를 스프링클러의 대용으로 생각해서는 안 된다. 배기구는 배연의 한 방편이 되지만 스프링클러는 소화의 기능을 가지고 있다. 스프링클러 시스템은 화재를 진압하지만 그 이전에 발생한 많은 양의 연기 배출(연기 중 열방출)에 이롭게 작용해야 한다. 스프링클러가 화재 확산을 제어하게 되면 스프링클러 시스템은 그 목적을 충실히 이행한 것이 되며, 이때 생성된 연기의 배출은 필수적으로 이루어져야 한다.

천장 아래에서 확산되는 화염은 냉각되지 않고 스프링클러에서 방출되는 물을 통과해 지나갈 수도 있다. 이 결과 화재에 영향 받는 지역에서 멀리 떨어진 곳의 스프링클러 헤드를 작동시키게 할 수도 있다. 그러나 지붕 스크린과 배기구를 사용하면 연기와 화염의 수평 확산을 제한하게 되고 멀리 떨어진 곳에 설치된 스프링클러 헤드의 불필요한 개방을 방지하게 된다.

지붕 스크린의 사용으로 영향을 받은 스프링클러 헤드는 개방이 촉진되겠지만, 배기구의 개방은 초기에 천장 아래 온도를 떨어뜨리고 이에 따라 스프링클러 헤드의 작동을 지연시킬 수 있다. 이런 이유로 한 건물에서 스프링클러와 자동 개방 지붕 배기구가 모두 사용될 때, 스프링클러 헤드가 배기구 개방 전에 작동되도록 설계되어야 한다. 동시에 스프링클러에서 방출되는 물이 배기구 작동에 이용되는 용융 링크 위에 떨어지는 것은 방지되어야 한다. 또한 스크린으로 분무되는 물로부터 용융 링크를 방호할 수 있어야 한다.

## 3.6 구조적으로 불완전한 피난로의 제연 계획

복합 상가 건물의 경우 많은 상점들은 용도가 다르지만 유사한 용도를 그룹화하면 전형적인 개념의 피난 방법을 적용할 수 있다. 그러나 이러한 방법을 공용 부분에도 일률적으로 적용할 수는 없다. 문제는 이러한 공용 부분에 많은 사람들이 있을 수 있고 화재가 발생하면 이들에 대한 위험이 더 크고 공포에 빠질 수밖에 없다.

실제로 이들 공용 부분에서 화재 발생의 위험은 작으며 통상적으로 이 구역 내 어떤 가연물 요소나 내용물에 대해서는 제한하고 있다. 그러나 복합 상가 건물에서 화재가 발생하면 연기가 화재 구역에서 공용 부분으로 빠르게 확산되므로 이들 부분의 제연 설계는 신중하게 고려할 필요가 있다. 여기서 침투되는 연기가 신속하게 대기로 배출되고 천장의 연기층을 상당히 높은 위치에 가두어지게 하여 이 구역에서 대피하려는 누구에게나 가시도와 통로가 확보되도록 해야 한다.

건물 피난로 설계의 통상적인 개념은 거주자가 구획된 부분에서 화재로부터 멀리 이동할 수 있도록 하고 방호(벽, 바닥, 천장이 내화 구조)된 피난로로 유도되는 출입문에 도달할 수 있도록 해야 한다. 거주자가 피난로로 들어오면 규정된 시간 동안은 화재의 영향으로부터 안전해야 한다. 그러나 복합 상가와 같은 건물에서는 기능상의 이유 때문에 주 피난로가 내화 구조에 의해 방호될 수 없는 곳이 많다. 그럼에도 불구하고 보행자 전용로가 복합 상가 건물에서는 주 피난로가 되며 화재시 그 곳은 수많은 사람들이 쉽게 위험에 처할 수가 있다. 따라서 사람들이 대피·이동하는 데 상당한 시간이 소요되므로 전용로는 사람들이 대피에 사용할 수 있도록 유지되어야 한다. 그러므로 보행자 전용로의 효과적인 연기 제어가 건물을 설계할 때 고려해야 하는 사항 중 필수적인 요소이다. 배연에 대한 일반적인 원리는 '3.5장 화재 구역 특성과 제연 계획'에서 설명된 원리가 이용되어야 한다.

이러한 종류의 건물에서 고려해야 할 제연 문제의 접근에는 다음 두 가지 방법이 있다.

① 제연 시스템을 모든 상점에 설치하고 보행자 전용로로 연기가 전혀 나오지 않도록 설계하는 것이 가장 이상적인 해결 방법이다.

② 상점 내 화재로부터 연기가 보행자 전용로로 퍼져 나온다는 개념을 바탕으로 연기가 전용로에서 멀리 이동하지 않도록 하고, 연기가 높은 위치에 머무르게 하여 보행자가 안전하게 이동할 수 있도록 전용로에 제연 시스템을 설치해야 한다.

위의 각 방법을 채택하는 것이 언제나 가능하지 않기 때문에 두 시스템을 조합하여 고려하기도 한다.

### 3.6.1 부양성 연기와 정체

일반적인 제연 시스템의 개념은 상점 내 화재로부터 발생되는 연기가 충분히 뜨거워져서 낮은 위치의 청정 공기와 혼합이 없어도 천장 아래에 안정된 층을 형성하는데 충분하다는 것이다. 동시에 연기는 이 층으로부터 배기 또는 유입·유출에 의해 제거될 수 있고 가능하다면 연기층이나 그 아래 청정 공기층에서 정체 구역이 형성되는 것을 피하는 것이 중요하다. 이러한 현상은 배기 또는 유입·유출이 부적절하게 분포되거나 전용로에 막힌 끝이 있을 때 일어날 수 있다.

만일 연기층이 정체 상태이면 냉각되어 아래 공기와 혼합되기 쉽다. 연기층 아래 공기 공간이 정체 상태로 되면 밀도가 높은 뿌연 연기로 채워지는데 이 같은 효과는 다음 이유에서 발생한다. 예를 들면, 정체 공기가 연기-공기 접촉부에서 빠르게 더워지는 이유, 연기와의 혼합을 허용하는 이유(특히, 위의 연기가 정체 상태라면), 연기가 연기층이 접촉하는 부분에서 냉각되어 측면 벽에서 아래로 내려갈 수 있다는 이유 등을 들 수 있다. 따라서 설계 요소는 다음과 같다.

① 배기와 유입·유출은 연기층 또는 연기 저장소 내에서 적절히 분산·배치되어야 한다.
② 하부의 공기 유입구도 적절히 분산되어 유입되는 공기가 하부의 맑은 공기를 가능한 한 많이 퍼지도록 하여야 한다.

실제로 이러한 조치를 할 수 없을 경우에는 다른 시도를 할 수 있으며, 2차 유입·유출 방법을 도입하거나 위의 두 번째 방법에 적용될 수 있는 막다른 끝이 되는 구역에 공기를 공급하는 방법을 들 수 있다.

### 3.6.2 스프링클러의 영향

일반적으로 화재로 인해 생기는 연기의 양은 많으며 제연 시스템의 설계에서 발생 가능한 화재 크기에 대한 가정이 먼저 이루어져야 한다. 건물의 피난로는 장시간 이용이 가능한 상태로 유지되어야 하고, 화재 크기가 제한되도록 제연 시스템은 성장하는 화재에 압도되지 않도록 해야 한다. 따라서 화재가 발생할 수 있는 모든 구역에 스프링클러를 설치하는 것이 필수적이다. 또한 쇼핑센터의 정상적인 운영 시간 동안 어떤 단계에서도 가연물이 보행자 전용로에 놓일 가능성이 있다면 그 전용로도 포함해야 한다.

발생 화재의 크기를 제한하기 위해서는 스프링클러가 필수적이기 때문에 연기층과 스프링클러 작동간의 상호 작용에 대해서도 고려할 필요가 있다. 스프링클러가 연기에 미칠 수 있는 영향은 다음과 같다.

① 연기층으로 물을 분무시킴으로써 연기를 낮은 위치로 끌어 내릴 수 있다.
② 연기를 냉각시킴으로써 부양성을 감소시키고 연기가 좀 더 천천히 지붕 배기구를 통해 나가도록 한다.

### 3.6.3 보행자 전용로에 직면한 상점

#### 1) 화재 발생 상점 내에서의 제연

일반적으로 상점 전면이 내화 구조로 되어 있고 출입문도 자동 폐쇄형의 방화문으로 되어야 하지만 기능적인 측면에서 적용하기 어렵고, 비록 가능할지라도 연기를 높은 위치에서 유지시키기 위해 상점 내에서 제연을 하는 것이 추천되고 있다. 상점의 수가 많고 건물 배치에 익숙하지 않은 거주자가 대피하는 경우 거주자에게 보다 안전한 조건을 만들어 줄 수 있다([그림 3.12] 참조).

상점 내에서 제연의 목적은 연기를 수평 확산만으로 제한하고 연기층 아래에서 대피하는 피난자의 머리보다 상당히 높은 위치에 연기층을 유지시키는 것이다. 이러한 연기층의 높이는 상

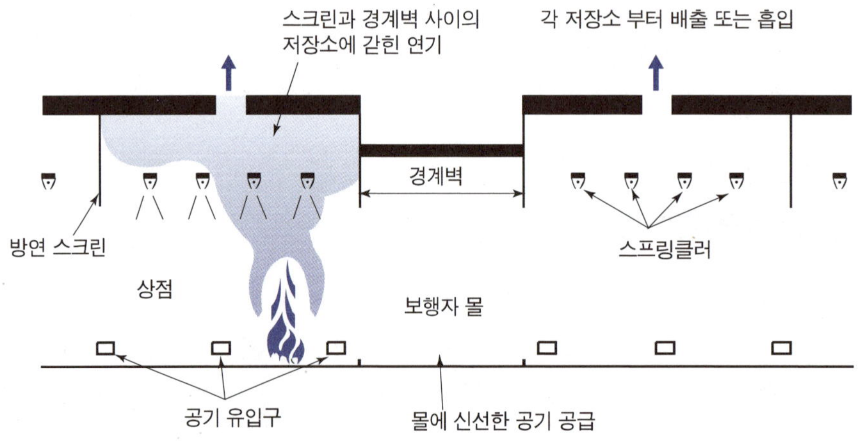


그림 3.12 화재 구역에 갇힌 연기

점의 높이에 따라 달라지지만 적어도 바닥으로부터 2.5 m 이상은 되어야 한다. 상점에 대한 제연 시스템의 설계 기준은 다음과 같다.

① 화재 크기가 3 × 3m로 제한될 수 있도록 스프링클러가 상점 내에 설치되어야 한다.

② 천장 아래의 공간은 천장에 설치된 제연 스크린(제연 경계)을 이용하여 여러 개의 연기 저장소로 분할되어야 한다. 제연 스크린은 적어도 바닥으로부터 2.5 m 이상 높이가 되어야 하며, 깊이는 최소 1m는 되어야 한다. 또한 연기 저장소의 최대 면적은 1,000 $m^2$가 되어야 한다. 기계적 흡출을 이용할 때는 이 면적 한계를 지키지 않아도 가능하지만 1,300 $m^2$는 넘지 않아야 한다.

③ 연기 저장소만으로는 장시간 제연의 목적을 달성할 수는 없고 연기의 유입·유출 또는 배기 시스템이 각각 함께 구비되어야 한다. 단층 건물일 경우에는 지붕 배기가 그 역할을 할 수 있으며, 고층 건물인 경우에는 자연 배기를 하려면 위층으로 통과하는 수직 풍도가 있어야 하기 때문에 경제성면에서 바람직하지 못하다. 따라서 이 경우에는 기계적인 배출 시스템이 하나의 해결책이 될 수 있다.

### 2) 보행자 전용로의 연기 배출

화재시 쇼핑센터의 보행자 전용로는 장시간 사용이 가능한 상태로 유지해야 한다. 이는 전용로가 상점과 개방 공간 사이에 연결부를 형성하여 상점을 이용하는 많은 수의 일반 군중을 위한 주 피난로가 되기 때문이다. 화재시 연기가 상점으로부터 흘러나와 보행자 전용로로 들어가는 것이 어쩔 수 없다면 수평 확산을 제한시켜 연기가 보행자 머리 위의 높은 위치에 유지되도록 하고 보행자는 연기층 아래에서 이동하며 어디로 가는지를 알 수 있어야 한다. 연기는 상점에서 전용로로 이동하면서 냉각되며, 이동하는 동안 더 많은 공기와 혼합하게 된다. 따라서 상점에서 배기 또는 흡출을 위해 제안된 수치들은 전용로의 경우에는 적용될 수 없다. 보행자 전용로의 제연 설계 기준은 다음과 같다([그림 3.13] 참조).

① 상점에는 반드시 스프링클러가 설치되어야 하며 전용로에도 전시물이나 가연물이 있을 수 있다면 스프링클러가 설치되어야 한다. 이것은 제연 설계가 화재 크기 3 × 3m를 일반적인 기준으로 하기 때문에 반드시 필요하다.

② 보행자 전용로의 천장은 전용로에 제연 스크린을 설치하고 각 상점 앞은 제연 스크린과 같은 깊이의 패시어(fascia)판을 설치한다. 이렇게 형성되는 연기 저장소의 길이는 최대 60 m이어야 하며 최대 넓이는 상점의 경우와 마찬가지로 1,000 $m^2$이어야 한다. 깊이의 기준은 앞 단원에서 설명한 상점의 경우와 동일하다.

③ 연기가 들어오는 공기의 양과 같은 양으로 제거되지 않으면 연기 저장소의 연기층 높이를 제어하기 쉽지 않다. 연기 제거는 천장 배기구를 통한 자연 배기(특히, 단층 보행로의 경우) 또는 강제 배기로 이루어질 수 있다.

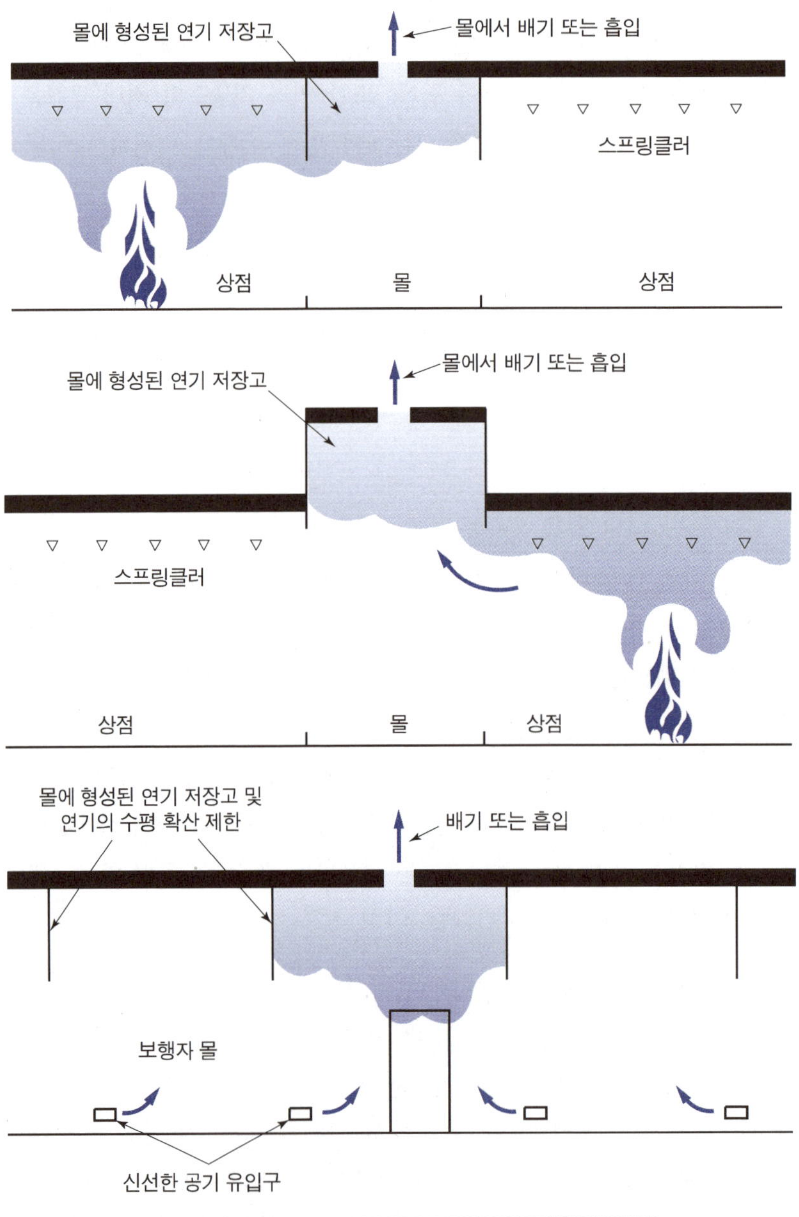


그림 3.13 보행자 전용로에 대한 제연의 일반 원리

## 3.7 피난 경로의 제연 계획

방호된 피난로 내에서 피난자가 안전한 마지막 장소까지 도달하기 위해 이동해야 하는 거리에는 제한이 없으며, 그 통로는 화재가 발생하지 않은 위치에 있는 사람들이 잘 이용하게 할 필요가 있다. 따라서 피난로는 화재가 발생한 동안 비교적 장시간 사용이 가능한 상태로 유지되어야 하며, 피난로 구획 내에는 연기가 전혀 없거나 있더라도 아주 최소한의 양만 있도록 해야 한다.

화재 구역과 피난로 사이를 분리하는 요소는 출입문이다. 이들 출입문 둘레의 경계 부분에는 연기가 흘러나가기에 충분한 크기의 틈새를 가지고 있고, 때로는 열리기도 한다. 방호된 통로에 어떤 형태의 제연 시스템이나 환기 시스템이 설치되지 않으면 연기에 의해 오염되는 것은 불가피하다. 따라서 연기가 피난로로 들어오는 것을 방지하는 것은 필수적이며, 그렇지 않으면 피난로를 희석하여 가시도나 독성의 문제가 생기지 않도록 해야 한다. 일반적으로 피난로의 가시도는 적어도 5 m를 확보해야 한다.

각 나라의 소방 법규와 관련 규정에서는 부속실, 계단실, 승강장, 복도, 방호된 피난로에 자연 배연 방식이나 기계 배연 방식을 적용하기도 하지만, 대부분 가압 방연 방식을 적용하고 있다.

피난로의 연기 이동을 제어하기 위해 자연 배연 방식이 계획될 경우, 연기는 첫째, 연기 자체의 부양성, 둘째, 기후 조건(건물 내외의 바람과 온도의 차이)에 따른 건물 내부의 공기 이동, 셋째, 기계력에 의한 강제 배기 또는 HVAC 시스템에 의한 공기 이동에 의존되기 때문에 연기 이동의 효율적인 제어가 어렵다.

자연 배연 방식으로 효율적인 연기 이동의 제어가 어렵게 될 때 기계 배연 방식을 사용한다. 하지만 피난로로 들어오는 연기를 제거하기 위해 기계식 배출 시스템을 사용해도 만족스럽지 못한 경우가 있다. 이것은 배출 시스템의 작동으로 피난 경로(계단실, 승강장, 복도 등)의 압력을 떨어뜨릴 수 있기 때문이다. [그림 3.14]와 [그림 3.15]의 경우는 더 많은 연기를 피난로로 들어오게 하여 가시도를 향상시키기보다는 오히려 떨어뜨릴 수 있다. [그림 3.16]과 같이 피난로에 급기 가압을 실시하면 연기의 침입을 막을 수 있다.

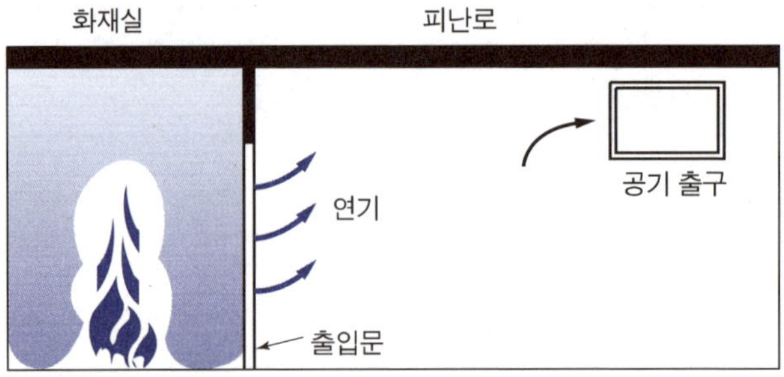


그림 3.14 기계 배연 (a) 공기 배출 : 연기가 피난 경로로 들어옴

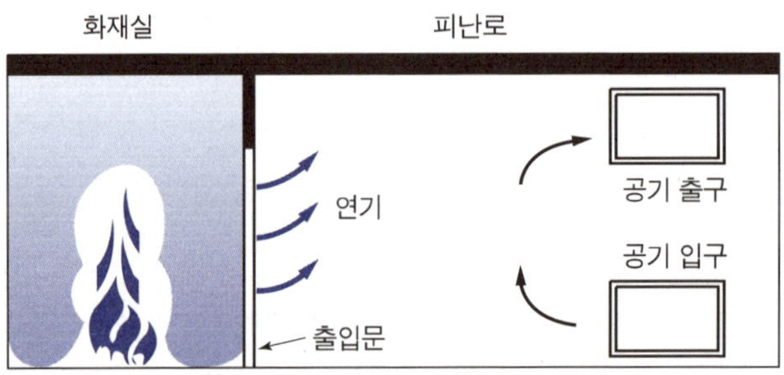


그림 3.15 기계 배연 (b) 배출과 급기 : 연기가 피난 경로로 들어감

그림 3.16 급기 가압 : 연기가 피난 경로에 들어오지 못함

피난 경로의 만족스러운 제연 계획은 연기가 피난로로 들어오지 못하도록 완벽하게 막는 것이며, 연기가 피난로로부터 멀리 흐르도록 적절하게 신선한 공기를 흐르게 함으로써 달성할 수 있다. 이렇게 하기 위해서는 신선한 공기가 계단실이나 승강장(또는 두 곳 모두)으로 공급되어야 하는데 신선한 공기가 출입문 틈새를 통해 누설되고, 또한 화재 지역을 이동하여 창문의 틈새나 특별히 만들어진 개구부를 통해 건물로부터 나가버리게 된다. 이때 필요한 공기 흐름을 만들어 내기 위해 피난로의 압력을 건물의 다른 구역보다 높게 유지해야 하며, 이러한 시스템을 급기 가압 시스템이라고 한다.

피난로의 가압은 보호 공간으로 공기를 불어넣음으로써 이루어지며, 이때 보호 공간과 인접 공간 사이에는 압력차(차압, pressure differential)이 형성된다. 만약 형성된 가압이 충분히 크다면 화재 구역에서 보호 구역으로 이동하는 연기를 제한시킬 수 있다.

차압을 형성하는 방법은 양(+)과 음(−) 가압(pressurization) 두 가지 유형이 있다. [그림 3.17]은 신선한 공기를 보호 공간에 강제로 공급하는 양(+) 가압의 유형이다. 이 방법은 일반적으로 계단실을 보호하기 위해 사용되거나 엘리베이터 샤프트의 가압에 사용된다. [그림 3.18]은 화재 구역에서 발생한 연기를 강제로 배출하는 음(−) 가압의 유형이며, 연기의 강제 배출에 의해 보호 공간과 화재 구역 사이에는 차압이 형성되어 공기 유동이 발생한다. 이 방법은 주로 엘리베이터 샤프트를 보호하는 데 사용된다.

공기 이동은 출입문 주위, 건축물의 균열과 열린 출입문의 출구를 경유하여 이동한다. 이들 두 가지 가압 유형 중 하나 또는 두 가지 모두를 건물에 적용할 수 있다. 계단실의 양(+) 가압 목적은 출구가 연기로부터 보호되도록 압력을 설정하는 것이며, 화재 상황에서 출구가 건물의 다른 구역보다 압력이 높게 유지되게 하는 것이다. 또한 화재 시 보호 계단실과 승강장, 복도 등 모두가 동시에 압력이 일정하게 유지되도록 계획되어야 하며, 제연 시스템은 다음 사항의 구성들을 포함한다.

① 기계적인 방법에 의한 공기 공급은 압력이 가해지는 공간(계단실, 승강장 또는 복도 등)에 직접 또는 풍도를 통하여 공급한다.

② 배출 또는 다른 압력은 압력이 가해지는 공간에서 설계 압력을 유지하기 위하여 장치를 조절할 수 있어야 하며, 출입문의 열림과 닫힘의 다양한 조합을 고려해야 한다.

③ 자동 제어 시스템은 연기 제거 시스템과 통합되고 화재 경보와 화재 진압 시스템은 서로 접속되어 있어야 한다.

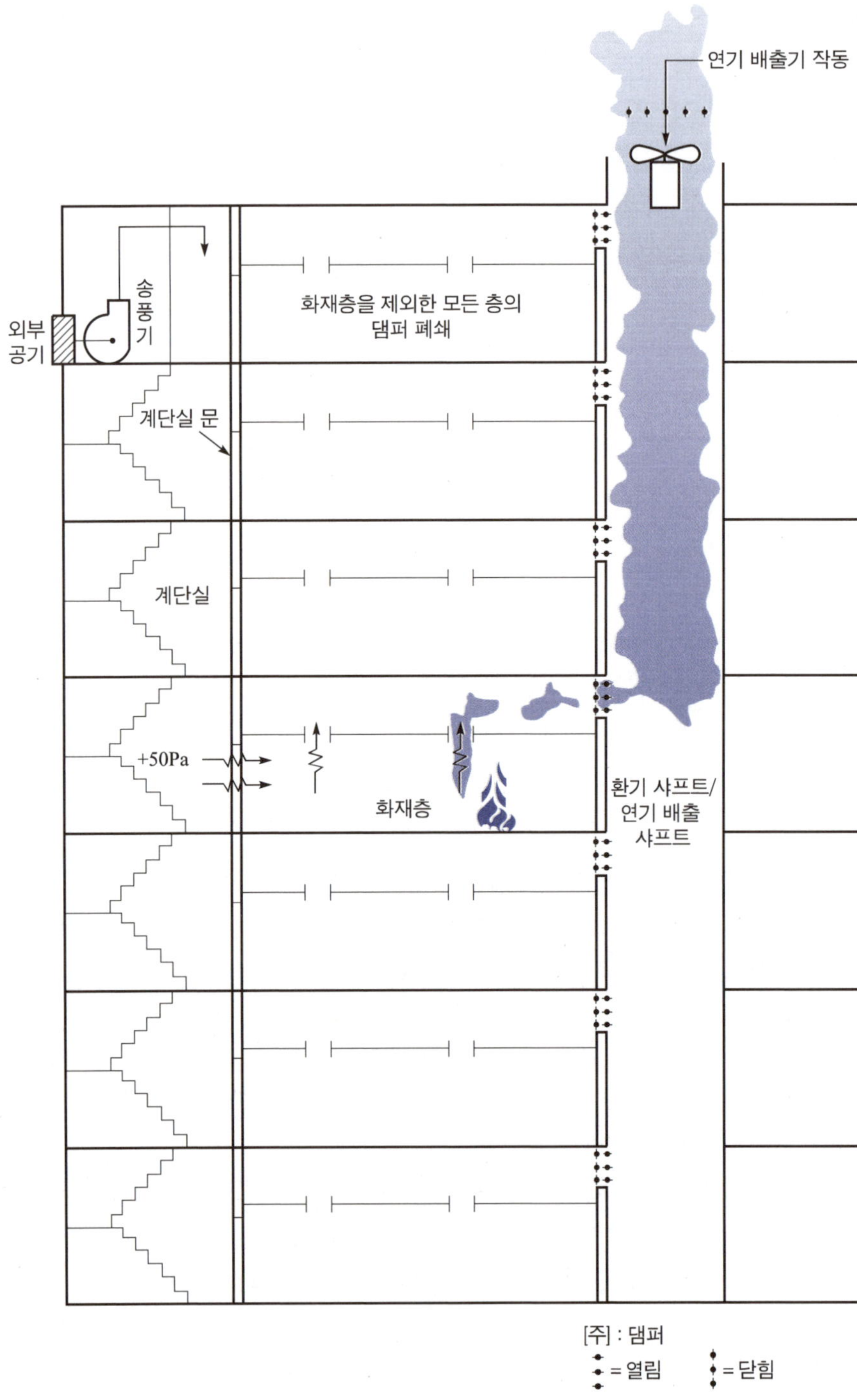


그림 3.17 +(양) 가압(positive pressurization)

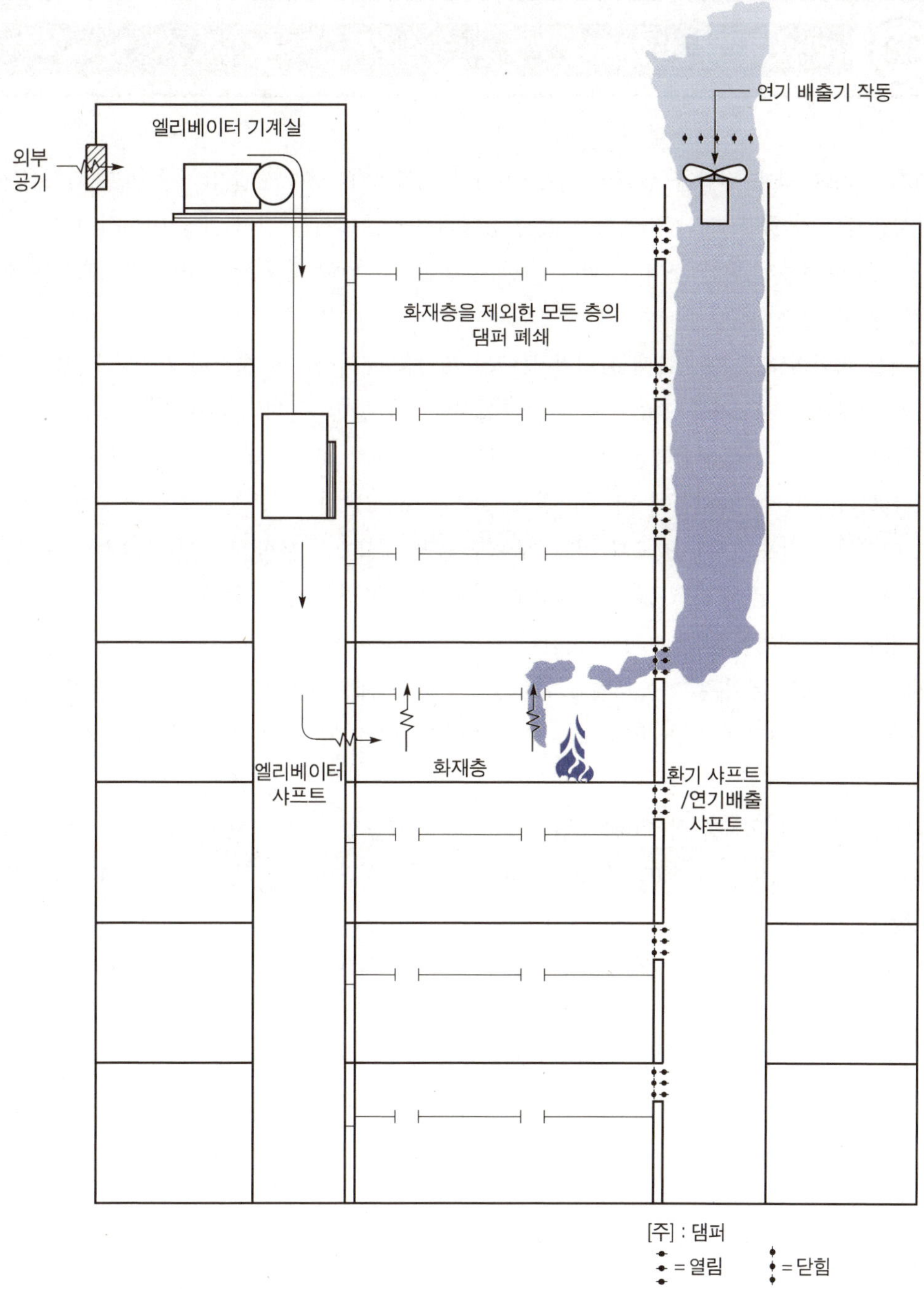


그림 3.18 －(음) 가압(negative pressurization)

## 3.8 피난과 제연 계획

화재 초기에 화재 진압을 실패할 경우 연기에 휩싸이기 전에 재실자(거주자)를 화재실에서 피난시킬 필요가 있다. 피난은 연기가 없는 상태에서 이루어지는 것이 가장 이상적이며 제연은 이 조건을 달성하기 위한 것이다. 피난 시간을 확보하기 위해 화재실과 피난 경로에서는 제연을 실시해야 한다.

화재실 이외의 재실자는 화재 감지가 늦어져 피난을 개시하는데 시간이 걸리므로 오랜 시간 동안 연기로부터 재실자를 지킬 수 있도록 설계되어야 한다. 특히, (초)고층 건축물이나 복합 건축물 등과 같은 재실자가 많은 건축물의 경우, 건물 전체 피난 시간은 1시간 이상 걸리는 경우도 흔하다. 피난이 장시간에 이르는 경우 발화실 또는 발화 구획 전체가 화재에 이르렀다고 해도 안전한 피난을 할 수 있도록 피난 계획과 제연 계획에 충분한 검토가 필요하다. 또한 구획에 따라 피난 시간이 다소 많이 걸린다고 해도 구획에 의한 연기 확산 방지 효과가 커서 제연이 유효하게 이루어진다면, 피난 시간이 보다 길어지는 편이 유리하다.

이와 같이 제연 계획은 피난 계획과 합리성을 가지기 때문에 화재 시 피난자의 움직임 및 연기 거동을 시간 경과에 따라 고려하고, 각 단계에서 피난자가 항상 연기로부터 지켜지도록 해야 한다. 따라서 재실자의 특성, 건축물의 사용 방법, 안전 구획의 방안, 피난 방향, 피난 경로 등 피난 계획상의 요점을 잘 이해한 뒤 피난 계획상 중요한 경로 또는 구역은 그 장소의 중요성에 따른 제연 계획을 행하고, 어느 정도의 제연 지속 시간이 요구되는가 하는 시간적 측면도 고려할 필요가 있다.

이와 같이 "장소"와 "시간"의 2가지 측면에서 충분히 검토된 제연 계획에 의해 피난의 안전을 도모해야 한다. 또한 비상시 제연을 유효하게 하기 위해서는 재실자가 제연 계획의 의도를 이해하는 것이 바람직하고, 이런 의미에서 제연 계획은 단순히 기술적, 기능적 관점에서만이 아니라 재실자, 피난자가 알기 쉽도록 이루어지는 것이 바람직하다.

제연에서 인간은 제어 대상으로서의 인간과 제어 주체로서의 인간으로 구분할 수 있다. 제어 대상으로서 인간의 거동은 제어 목적이나 본연의 자세와 밀접하게 관계하고 있다. 한편, 제어 주체로서의 인간 거동은 제어의 신뢰성과 밀접한 관계가 있다. 따라서 연기 제어에 관한 인간의 거동에 대하여 대상 면에서는 화재 시 피난 행동에 중점을 두고 주체 면에서는 화재시의 행동 능력에 중점을 두어 고찰하여야 하며, 또한 방재 시스템의 유지 측면에서 피난 시스템의 신뢰성에 대해서도 염두에 두어야 한다.

### 3.8.1 피난 안전 계획

피난 행동 시에는 건물 내 피난 경로의 안전성이 문제가 된다. 안전성의 검토는

| | |
|---|---|
| ① 피난 계획 문제 | - 피난 경로는 알기 쉬운가?<br>- 피난 장소까지 빠르게 이동할 수 있는가?<br>- 피난 행동이 안전하게 이루질 수 있는가? |
| ② 피난 유도 문제 | - 피난 유도 방법은 적절한가? |
| ③ 제연 문제 | - 피난 경로는 연기에 오염되지 않는가? |
| ④ 구조 문제 | - 충분한 내화성능이 있는가? |

등에 대한 것이 필요하다. 인간 행동을 고려할 경우에는 fail-safe와 fool-proof의 관점에서 대응이 필요하다. 비상시에는 피난자가 냉정을 잃고 평상시에는 상상할 수 없는 행동을 취하는 것이 예상되기 때문에 fool-proof 관점에서 충분한 대책이 요구된다. 또한 피난 경로의 안전 확보를 위해 연기 농도가 위험한 범위까지 오염되지 않도록 제연을 실시하고, 건물의 전체 재실자에게 화재 발생을 통보하여 피난할 수 있도록 해야 한다. 대규모 건축물의 경우 일제히 피난을 시작하면 계단실의 혼잡에 의해 화재층에서는 계단으로 피난이 어렵게 되고, 출입문이 폐쇄되지 않는 데 따른 제연에 주는 영향도 크기 때문에 각 층에서 피난 순서를 조정하여 혼란을 방지하는 것도 중요하다.

현재 피난에 필요한 시간은 얼마나 걸릴 것인지, 피난 중 연기가 피난 경로를 오염시키지 않는지 등에 대한 공학적인 예측·평가가 필요하다. 그러나 현재 피난 행동의 예측은 원활한 피난을 계산하는 것이며, 이를 위해 피난 경로가 연기에 오염되지 않는 것을 전제로 한다. 이런 의미에서도 피난 대책과 제연 대책과는 서로 밀접한 관계가 있다.

### 3.8.2 제연과 피난 안전성 평가

피난 경로에 연기가 없는 무연(non-smoke)의 상태에서 피난을 하는 것이 이상적이며 피난 시 제연은 이 조건을 달성하기 위한 것이다. 피난 설계의 목표 중 하나는 재실자의 특성이나 인원수에 따라 적절한 피난 경로를 확보하는 것이며, 구획에 의한 화재 및 연기의 확대 방지를 확실하게 하는 것이 중요하고, 제연에 의한 안전 보강은 fail-safe나 fool-proof 시스템을 제공하기 위한 것이다.

제연은 소화 시스템이나 구획화의 fail-safe 시스템이기는 하지만, 이러한 상위 시스템이 잘 작동하지 않을 경우를 고려해서 평가해야 한다. 피난 안전 설계는 건축물에서 피난 경로가 어떤 상태에 있는지 고려해야 하고, 이것을 충족시킬 수 있는 다양한 각종 시스템의 성능을 평가하는 성능 기준도 도입되어야 하며, 예상되는 화원에 대한 적절한 제연 시스템의 능력을 설계자가 선택할 수 있어야 한다.

제연 구역과 제연 시스템이 연기의 확산 범위를 억제한다는 의미에서 상호 보완적으로 기능을 하는 각종 대책은 상호 반비례 관계에 있고, 건물 특성이나 공간 특성에 따라 합리적으로 설계되어야 한다. 그러나 제연 구역에 요구되는 성능이나 기술적 평가 기법 등의 기술적 결과에 따르지 않고, 현재 소방법에서는 바닥 면적에 따라 제연 구역을 설정하는 등 사양 규정이라는 현실성이 문제로 대두되고 있다.

피난 안전성은 피난 완료 시간과 연기가 재실자에게 피해를 미칠 때까지 시간을 공학적으로 예측하고, 각각의 시간을 비교하여 피난 경로의 유효성과 피난 경로를 연기로부터 보호하는 제연의 효율성을 평가하고 있다. 그러나 피난이 화재의 어느 시점에서 시작되어야 하는가는 기술적으로 불명료한 점도 있다. 또한 단순히 피난과 연기 유동의 예측 시간을 비교하는 작업에 전념해서 계산 결과에만 집착하는 경향이 있다.

피난 안전성 평가는 심사숙고된 피난 계획 및 제연 계획을 전제로 해야 한다. 예를 들면, 기계 배연을 하는 경우 배연구가 동시에 많은 수가 개방되면 배연 능력이 저하되어 필요한 배연량이 나오지 않을 수 있고, 배출기의 작동이나 가압에 따른 과도한 압력차로 출입문 개폐의 어려움도 있다. 또한 피난으로 인해 구획 형성이 불완전한 경우 배연 효과, 화재나 연기의 확산에 따른 처리 용량의 증가, 가압 등의 제연에 대한 여러 가지 검토해야 할 점이 많다. 다소 피난 개시가 늦어지더라도 충분히 대응할 수 있는 효과적인 제연 계획을 감안할 때 제연의 한계에 대해서도 염두에 두는 것이 중요하다.

건물의 모든 재실자(거주자)는 플래시 오버(flash over) 이전에 피난을 완료해야 하며 피난 설계의 진행 순서는 [그림 3.19]와 같다.

건물의 모든 공간에서 대피 공간으로 피난하는데 걸리는 시간은 생명을 위협하는 공간에서 주변 환경이 생명을 위협하게 되는 시간보다 작기 때문에 안전 여유가 포함되어야 한다.

$$t_{ev} + t_s < t_{lt} \tag{3.1}$$

여기서, $t_{ev}$ : 발화에서부터 피난시간

$t_{lt}$ : 발화에서부터 생명이 위협되는 시간

$t_s$ : 안전여유 시간

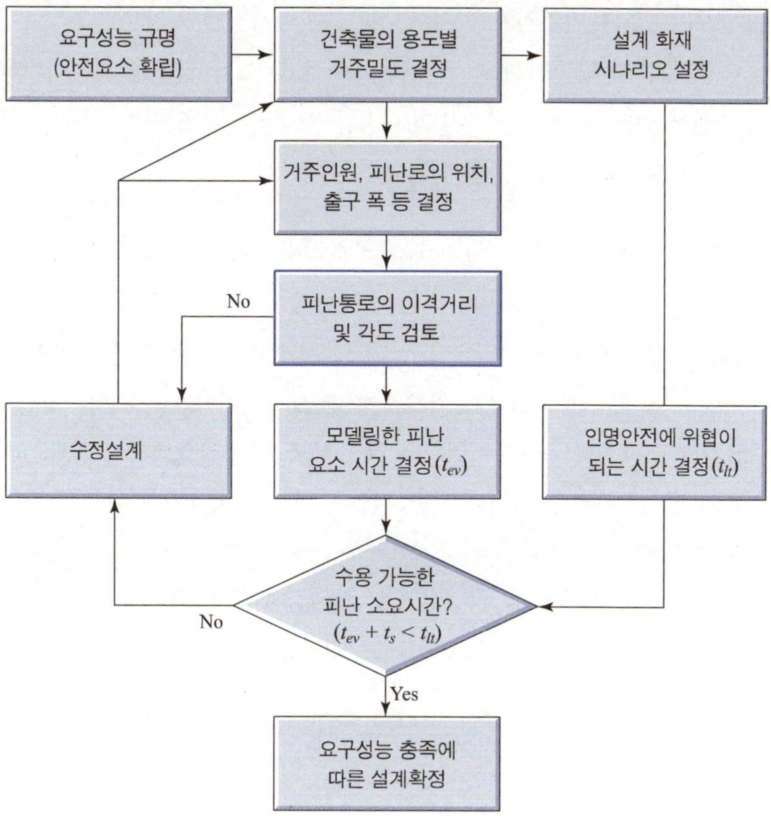


그림 3.19 피난 설계의 진행 순서

$t_{lt}$는 건물의 붕괴, 독성 물질의 치사 농도 초과, 높은 연기 농도로 피난로의 식별 불가능 상황 등을 의미하며, 식 (3.1)이 만족되면 피난은 성공적으로 이루어진다. 피난 시간은 거주자의 본능과 이동성에 달려있다.

식 (3.1)에서 안전 여유는 피난 시간과 거주자가 피난해야 하는 시간 사이에 추가적인 안전율을 제공하는 것이며, 안전 여유는 적당한 피난과 방어 시간, 피난로를 찾는 어려움 그리고 또 다른 예측하지 못한 환경을 추정하는 불확실성에 대한 것을 포함한다. 또한 피난 시간과 생명이 위협되는 조건에 대한 시간은 모두 발화 시간으로부터 측정된다. 그리고 피난 시간 $t_{ev}$는 식 (3.2)와 같이 주어진다.

$$t_{ev} = t_d + t_a + t_o + t_i + t_t + t_q \tag{3.2}$$

여기서, $t_d$ : 발화에서부터 화재 인지(거주자 또는 자동 탐지기)까지의 시간

$t_a$ : 감기지로부터 경보기가 소리를 낼 때까지의 시간

$t_o$ : 경보기로부터 거주자가 의사 결정을 할 때까지의 시간

$t_i$ : 거주자가 화재를 살피고, 소지품을 챙기고, 소화 활동을 하는데 걸리는 시간

$t_t$ : 안전한 곳에 도달할 때까지 피난로를 이동하는데 걸리는 실제 시간

$t_q$ : 출구 또는 다른 장애물에서의 대기 시간

이때 $t_a$은 경보 시스템이나 인간의 행동 특성으로부터 예측할 수 있고, $t_d$와 $t_o$는 지각 상태에 의존되지만 $t_t$와 $t_q$는 개인의 민첩성, 건물의 기하학적 구조 및 화재 생성물로부터 영향을 받는 정도 등 많은 요소들에 의해 결정된다. $t_t$와 $t_q$ 시간의 감소가 피난의 관건이라 할 수 있지만 건물의 지리를 잘 모르거나 건물의 기하학적 구조에 따라 피난 시간은 상당히 길어질 수 있다. 대부분 화재로 인한 인명 피해는 연기와 독성 가스의 흡입으로 발생한다. 따라서 제연은 재실자나 피난자가 연기로부터 보호되고 피난 시간의 확보와 피난에 여유를 줄 수 있도록 계획되고 설계되어야 한다.

피난 안전성 검증은 식 (3.1)의 총 피난 시간($t_{ev}+t_s$)과 연기 하강 시간($t$)은 식 (3.3)의 조건으로 판단하게 되고, 식 (3.3)의 조건을 만족할 때 피난 안전성은 확보된다.

$$\text{피난 시간}(t_{ev}+t_s) \le \text{연기 하강 시간}(t) \tag{3.3}$$

### 1) 피난 시간-NFPA

NFPA(SFPE Fire Protection Handbook, 2002)에서는 Pauls(1980)가 고층 사무용 건물(8~15층)에서 실시한 화재 훈련 피난 자료의 분석을 통해 얻은 경험식을 바탕으로 피난 시간을 식 (3.4) 및 (3.5)와 같이 계산하고 있다. 하지만 두 식은 계단실의 유효 단위 폭당 체류 인원 $p_m$(man/m)을 바탕으로 설정된 경험식으로서 건물과 재실자의 특성 등의 데이터를 사용하지 않고 피난 시간을 계산하기 때문에 결과에 대한 신뢰도가 떨어진다.

A. 유효 계단 폭당 800명 초과

$$t_{\min} = 0.70 + 0.0133\,p_m \tag{3.4}$$

여기서, $t_{\min}$ : 최소 피난 시간(min)

$p_m$ : 계단실 체류 인원(man/m)

B. 유효 계단 폭당 800명 이하

$$t_{\min} = 2.0 + 0.0117\,p_m \tag{3.5}$$

### 2) 피난 안전 검증법-일본

일본은 건축기준법 시행령과 건설성 고시 제1441호에서 제시하는 피난 안전 검증법을 이용하여 피난 안전성을 판정한다. 화재 시 건물의 피난 안전 검증은 ① 화재실 피난(그림 3.20), ② 화재층 피난(그림 3.21), ③ 건물 전체에서 피난(그림 3.22)으로 분류하고, 3가지 유형 모두 피난 시간 $t_{escape}$와 연기 하강 시간 $t$가 식 (3.6)을 만족할 때 피난은 안전한 것으로 판정된다. 피난 시간 $t_{escape}$은 식 (3.7)과 같고, 연기 하강 시간 $t$는 '4장 연기 하강 시간'을 참조하기 바란다.

$$t_{escape} \le t \tag{3.6}$$

$$t_{escape} = t_{start} + t_{travel} + t_{queuw} \tag{3.7}$$

**① 화재실의 피난 안정성 (日本建築センタ, 平成 21年)**

A. 화재실 피난 시간 : $t_{escape}$

B. 피난개시시간($t_{start}$)

$$t_{start} = \frac{\sqrt{\Sigma A_{area}}}{30}$$

$A_{area}$ : 해당 거실 및 경유 거실의 바닥 면적($m^2$)

C. 보행시간($t_{travel}$)

$$t_{travel} = \max\left(\Sigma \frac{l_l}{v}\right)$$

$l_l$ : 해당 거실 등의 각 부분으로부터 해당 거실의 출구에 도달하는 보행 거리(m)

$v$ : 보행 속도(m/sec)

D. 출구 통과 시간($t_{queue}$)

$$t_{queue} = \frac{\Sigma p_p A_{area}}{\Sigma N_{eff} B_{eff}}$$

$p_p$ : 거주자 밀도(man/$m^2$)

$N_{eff}$ : 유효 유동 계수(man/min · m)

$B_{eff}$ : 유효 출구폭(m)

E. 연기 하강 시간($t$)

F. 피난 안전성 판단 : $t_{escape} \le t$

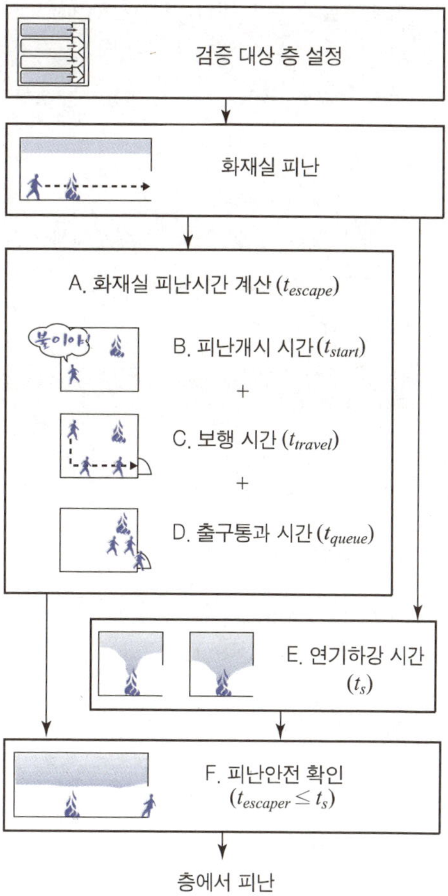


그림 3.20 화재실 피난

### ② 화재층의 피난 안전성(日本建築センタ, 平成 21年)

A. 화재층 피난 시간 : $t_{\text{escape}}$

B. 피난개시시간($t_{\text{start}}$)

$$t_{\text{start}} = \frac{\sqrt{\Sigma A_{\text{area}}}}{30} + 5(3)$$

5 : 공동 주택, 호텔 그 외의 유사한 용도(병원, 진료소 및 아동 복지 시설 등 제외)

3 : 기타 용도(병원, 진료소 및 아동 복지 시설 등 제외)

$A_{\text{area}}$ : 해당 층의 각 실 및 해당 층에 설치된 직통 계단의 출구를 통과하지 않으면 피난할 수 없는 건축물 부분의 바닥 면적 합계($m^2$)

C. 보행시간($t_{\text{travel}}$)

$$t_{\text{travel}} = \max\left(\Sigma \frac{l_l}{v}\right)$$

$l_l$ : 해당 층의 각 실 등의 각 부분에서 직통 계단의 출구에 도달하는 보행 거리(m)

$v$ : 보행속도(m/sec)

D. 출구 통과 시간($t_{\text{queue}}$)

$$t_{\text{queue}} = \frac{\Sigma p_p A_{\text{area}}}{\Sigma N_{eff} B_{eff}}$$

$p_p$ : 거주자 밀도($man/m^2$)

$N_{eff}$ : 유효 유동 계수(man/min · m)

$B_{eff}$ : 유효 출구 폭(m)

E. 연기하강시간($t$)

F. 피난 안전성 판단 : $t_{\text{escape}} \leq t$

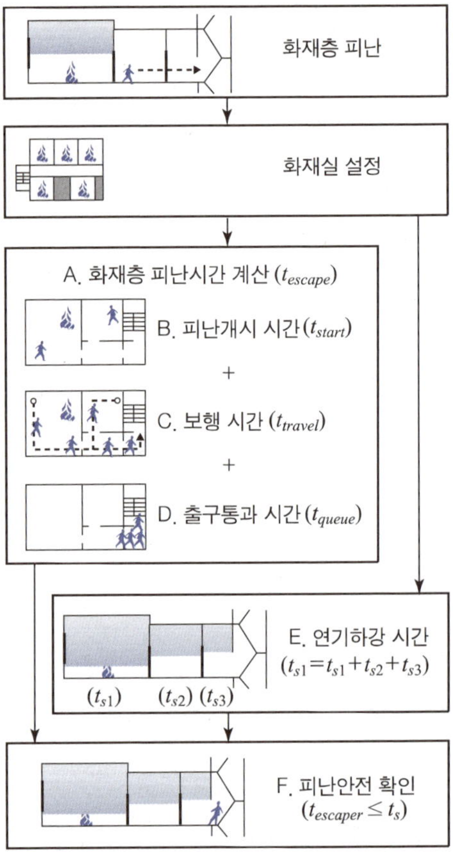


그림 3.21 화재층 피난

### ③ 건물 전체에 대한 피난 안전성(日本建築センタ, 平成 21年)

A. 건물에서의 피난 시간 : $t_{\text{escape}}$

B. 피난개시시간($t_{start}$)

$$t_{\text{start}} = \frac{2\sqrt{\Sigma A_{\text{floor}}}}{15} + 5(3)$$

5 : 공동 주택, 호텔 그 외의 유사한 용도(병원, 진료소 및 아동 복지 시설 등 제외)

3 : 기타 용도(병원, 진료소 및 아동 복지 시설 등 제외)

$A_{\text{floor}}$ : 해당 층의 각 실 및 해당 층을 통과하지 않으면 피난할 수 없는 건축물의 부분의 바닥 면적의 합계($m^2$)

C. 보행시간($t_{\text{travel}}$)

$$t_{\text{travel}} = \max\left(\Sigma \frac{l_l}{v}\right)$$

$l_l$ : 건축물의 각 실 등의 각 부분에서 지상의 출구에 도달하는 보행 거리(m)

$v$ : 보행속도(m/sec)

D. 출구 통과 시간($t_{\text{queue}}$)

$$t_{\text{queue}} = \frac{\Sigma p_p A_{\text{area}}}{\Sigma N_{eff} B_d}$$

$p_p$ : 거주자 밀도($\text{man/m}^2$)

$N_{eff}$ : 유효 유동 계수(man/min · m)

$B_d$ : 피난층 이외의 층으로부터 주된 피난 경로인 지상의 출구 폭(m)

E. 연기하강시간($t$)

F. 피난 안전성 판단 : $t_{\text{escape}} \leq t$

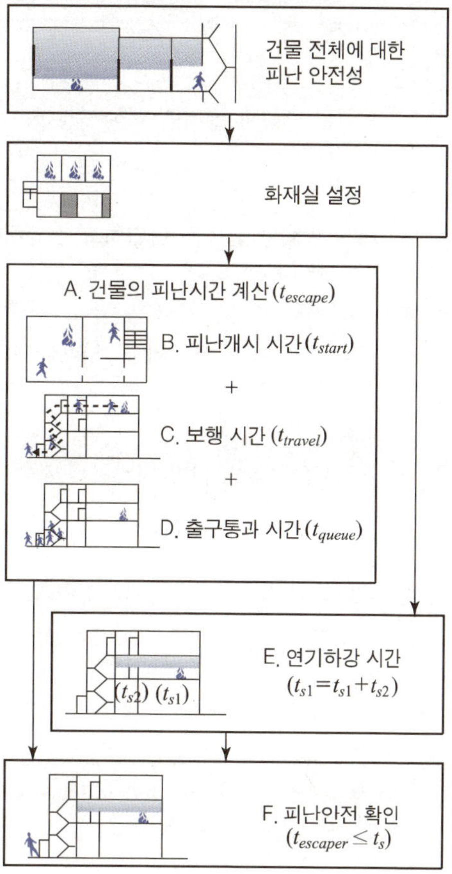


그림 3.22 건물 전체에 대한 피난 안전성

# 3장 연습문제

**01** 제연의 개념과 원리에 대해 설명하시오.

**02** 제연 방식의 종류를 나열하고 설명하시오.

**03** 지붕 환기 시스템의 제연 계획에 대해 설명하시오.

**04** 구조적으로 불완전한 피난로의 제연 계획에서 스프링클러의 영향을 설명하시오.

**05** 피난로의 제연계획에 대해 설명하시오.

**06** 피난과 제연 계획의 관계를 설명하시오.

# 4장

# 연기 이동

Smoke Movement

(초)고층 또는 대규모 건축물의 화재에서 수많은 희생자가 나올 때마다 반드시라고 해도 좋을 만큼 연기가 주요 원인이다. 연기는 연소 가스가 유동 과정에서 혼합되는 공기에 의해 희석된 것으로 화염이나 연소 직후의 가스보다 위험성은 낮지만 인명 피해에 가장 중대한 원인이 되는 것은 연기가 직접적인 연소 부분과 비교해 훨씬 빠르고 광범위하게 확산되기 때문이다. 따라서 연기 확산 형태의 파악이 필요한 경우에는 제어 수단을 강구하는 것이 건물 화재에서 인명 안전의 도모를 위해 반드시 필요하다.

제연 구역 사이에 연기 이동을 막는 것을 연기 제어 또는 제연이라고 한다. 건물 화재에서 연기는 화재 공간으로부터 멀리 떨어진 장소로 이동한다. 제연 시스템에 거는 주된 기대는 연기를 건물 내부의 규정된 한 쪽 공간으로 귀속시키는 것이다. 이때 공간은 수평 또는 수직 공간일 수 있으며 대체로 건물의 구조 특징에 따라 단순하게 규정된다.

예를 들면, 벽이나 층은 개구 공간이 된다. 만약 연기가 공간의 경계 사이를 이동한다면 제연 시스템뿐만 아니라 많은 시스템들은 파손 단계에 이르게 된다. (초)고층 건물에서 연기는 공간의 경계를 넘을 수 있고 실제 그 경계를 넘는다. 연기는 실제 화염보다도 건물의 많은 이동 경로를 통하여 이동할 수 있다.

## 4.1 연기의 이동

화재로 발생한 고온의 연기는 부력으로 인해 천장으로 수직 상승과 더불어 수평 이동을 하게 되고 실내 공기 온도가 상승하게 되면 하강하게 된다. 개구부에서 누설이있다 하더라도 화재의 규모가 충분히 크면 연기는 실내를 채우게 된다. 연기가 충진되고 누설되는 동안 압력은 양압(+)으로 유지되어 실외로 이동하게 된다. 화재가 산소 부족으로 꺼지게 되면 냉각이 일어나고 압력은 부압(−)이 되지만 공기가 인입되면 화재는 다시 살아나 연기는 계속 발생하게 된다.

연기는 자체의 열에너지로 인해 이동하는 속도, 실이나 복도와 같은 곳에서의 수평 이동 속도는 0.3~1.0 m/s 정도가 되고, 계단이나 샤프트와 같은 곳에서의 수직 이동 속도는 굴뚝 효과와 같은 연기 이동력으로 인해 3~5 m/s 정도가 된다. 사람(건강한 남자)이 피난할 때 수평 이동의 피난 속도는 1.0 m/s 정도이고 수직 이동의 피난 속도는 0.5 m/s 정도가 된다. 사람의 피난 속도와 연기의 이동 속도를 비교해 보면 수평공간에서는 비슷하지만 수직 공간에서는 연기가 사람보다 6~10배 빠르게 이동함을 알 수 있다. 이와 같이 연기는 빠른 속도로 상층부로 이동·확산하기 때문에 연기의 이동을 제한시켜야 한다.

건물 화재로부터 발생한 연기의 이동을 결정짓는 중요한 두 가지 변수는 첫째, 연기는 주변 공기의 밀도보다 낮고 뜨거운 가스들로 구성되어 기동성이 있다. 둘째, 건물의 영향을 받은 부분에서 영향을 받지 않은 부분까지 연기를 이동시킬 수 있는 정상적인 공기의 이동(화재와는 전혀 관계가 없다)이다.

이와 같이 연기의 이동으로 계단과 엘리베이터 샤프트는 연기로 꽉 찰 수 있고, 이로 인해 연기는 피난과 소방 활동을 방해할 수 있다. 건물 화재에서 연기를 이동시키는 이동력과 연기의 이동 경로에 대한 대책이 절대적으로 필요하다.

저층 건축물에서 연기 이동 및 확산은 화재 자체에서 발생되는 열에너지에 의한 대류 열전달과 화재로 인한 압력 상승 등이 연기 이동을 일으키는 주요 원인으로 작용하며 굴뚝 효과 등의 구조적인 영향은 적게 받는다.

고층 건축물에서는 건물 내부와 외부 공기와의 온도차, 밀도차 등이 샤프트를 통한 수직적인 공기의 자연 유동을 일으켜 저층 건축물과는 달리 연기 이동에 많은 변화와 양상을 가져온다. 고층 건축물에서 연기를 이동시키는 힘인 굴뚝 효과는 열에너지에 의한 대류 열전달과 화재로 인한 압력 상승 등에 많은 영향을 주어 저층 건축물과는 확연히 다른 연기의 이동 및 확산 형태를 보이게 된다. 고층 건축물에서 연기 이동을 일으키는 주요 인자로는 부력(buoyancy), 굴뚝 효과(stack effect), 팽창(expansion), 바람 영향(wind effect), HVAC 시스템, 엘리베이터 피스톤 효과(piston effect) 등이 있다. 이들 인자가 연기를 이동시키는 힘(이동력)이 되며, 연기 이동에서 1차로 제어해야 할 인자가 된다.

## 4.2 연기의 이동 경로

[그림 4.1]은 건축물에서 연기가 이동하는 여러 가지 이동(누설)경로를 나타낸 것이다. 연기가 가지고 있는 고유 부력은 건물 자체와 계단실, 엘리베이터 샤프트 등을 통하여 빠르게 상승하고 가시성을 줄이며 공포 현상과 같이 보다 위험한 화재 상황을 만든다. 일반적으로 건축물에서 연기의 이동 경로는 다음과 같다.

① 층을 연결하는 공기 풍도
② 주방, 화장실 등의 배출 풍도
③ 엘리베이터 샤프트
④ 계단실
⑤ 서비스 풍도
⑥ 유리 벽 커튼과 바닥 사이의 틈새 등

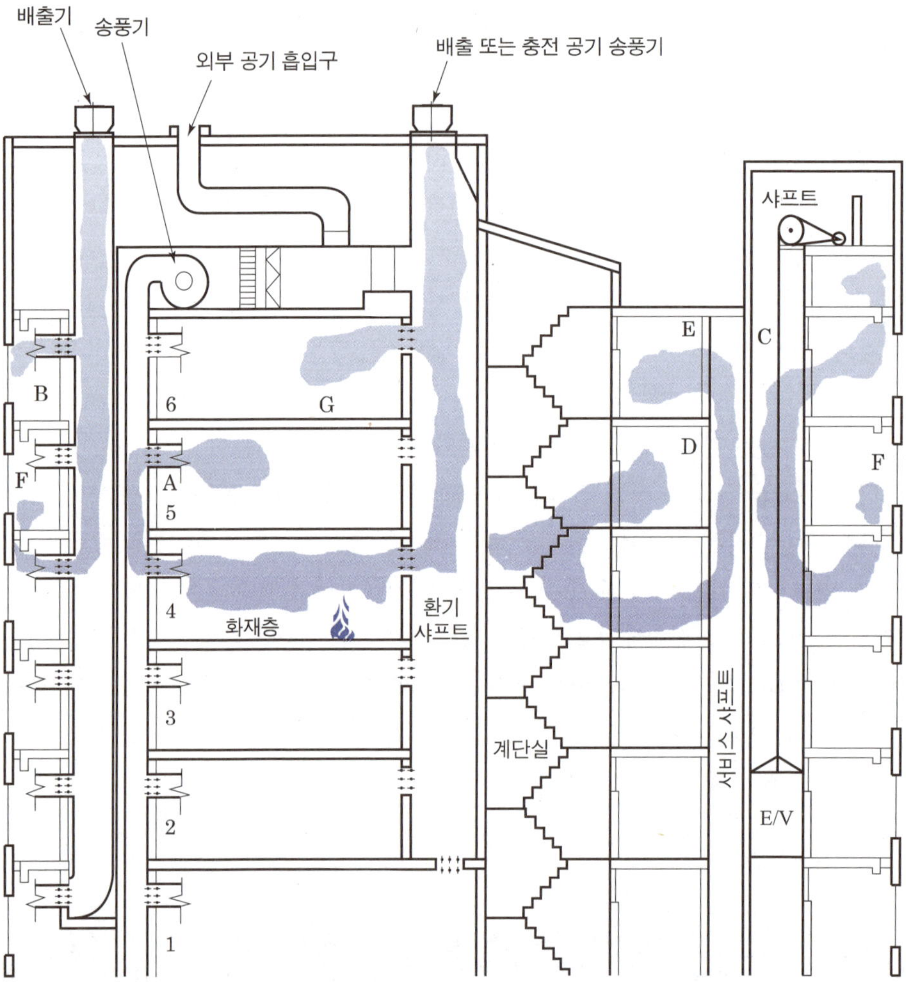


이동 경로

A : 층 사이를 경유하는 공기 풍도
B : 화장실 배기와 같은 층 사이를 경유하는 풍도
C : 층 사이를 경유하는 엘리베이터 샤프트
D : 화재층과 화재층의 계단을 통한 위층으로 누설
E : 층 사이를 경유하는 서비스 풍도나 샤프트
F : 층 사이를 경유하는 허술하게 실링된 스팬 드럴
G : 층 사이를 경유하는 공기의 배출 또는 환기 경로

그림 4.1 전형적인 연기 이동 경로

# 4.3 연기 발생량

화재에 공급된 공기 체적과 비교해 볼 때 연료 가스의 체적은 상대적으로 작으므로, 화재에 의해 발생되는 연기 발생량은 뜨거운 가스와 화염의 상승기둥에 의해 동반되는 공기량과 거의 같다고 볼 수 있다. 이때 공기량은 ① 화재의 둘레, ② 화재의 방출 열, ③ 바닥과 뜨거운 연기층의 하부 및 천장 아래 형성되는 뜨거운 연기 사이의 거리에 의존된다.

또한 연기 발생량을 계산할 때 광학적 발연량을 이용하기도 한다. 광학적 발연량(發煙量)은 어떤 재료가 연소했을 때 발생하는 연기의 체적과 감광 계수와의 곱이 된다. 단위 중량 재료의 연소에 의한 광학적 발연량을 발연 계수라 하고, 이 값이 클수록 다량의 연기가 발생한다. 단위 시간 당의 광학적 발연량은 재료의 연소 속도와 발연 계수와의 곱으로 표현된다.

## 4.3.1 Hinkley 식 : 화재 둘레에 의한 계산

Hinkley(1971)는 Yih(1951)로부터 유도된 연기층으로 유입되는 화재 플룸 유량 $m_p$(kg/s)의 식 (4.1)을 바탕으로 연기 배출 실험을 하고, [그림 4.2]와 같이 연기가 생성·배출되고 바닥에서 연기층까지의 높이(청정층 높이)를 $Y$라고 할 때 연기 발생량 $m_s$(kg/s)를 식 (4.2)와 같이 유도하였다.

$$m_p = 0.15\,\rho_0 \left( \frac{gQ}{\rho_0 c_p T_0} \right)^{1/3} Z^{5/3} \tag{4.1}$$

여기서, $Q$ : 화재로부터 발생되는 열량(kW)

$\rho_0$ : 공기 밀도(kg/m$^3$)

$T_o$ : 외기 온도(K)

$c_p$ : 공기 정압비열(1.0 kJ/kg · K)

$Z$ : 가상 점열원에서 연기층까지의 높이(m)

$g$ : 중력 가속도(9.81 m/s$^2$)

$$m_s = 0.096 P_f \rho_0 Y^{3/2} \left( g \frac{T_0}{T_f} \right)^{1/2} \tag{4.2}$$

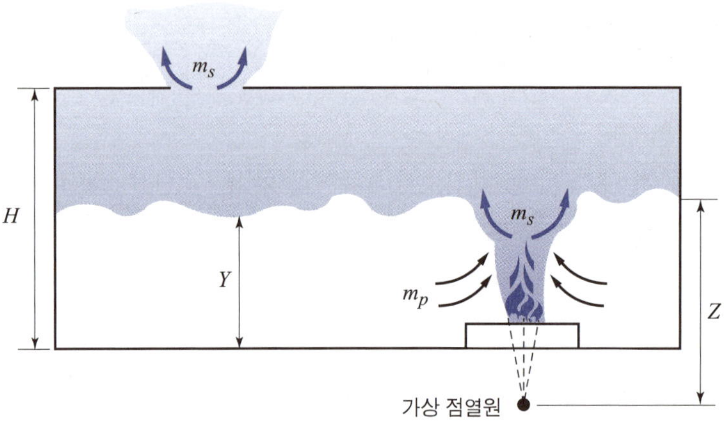


그림 4.2 연기 발생량

여기서, $P_f$ : 화재 둘레(m)

$Y$ : 바닥과 천장 아래의 연기층 하부 사이의 거리(=청정층 높이)(m)

$\rho_0$ : 공기 밀도(17℃일 때 1.22 kg/m$^3$)

$T_o$ : 외기 온도(290K)

$T_f$ : 연기 플룸에서 화염 온도(1100K)

$g$ : 중력 가속도(9.81 m/s$^2$)

식 (4.2)에 공기의 밀도 $\rho_0 = 1.22\ \text{kg/m}^3$, 외기의 온도 $T_o = 290\ \text{K}$ (17℃), 화염의 온도 $T_f = 1{,}100\ \text{K}$ (827℃), 중력 가속도 $g = 9.81\ \text{m/s}^2$을 대입하고 정리하면 연기 발생량은 식 (4.3)과 같이 줄여 쓸 수 있다.

$$m_s = 0.188 P_f Y^{3/2} \tag{4.3}$$

Hinkley는 실험에서 화재 규모(크기)를 스프링클러가 설치된 건물 화재에서 화재의 최대 크기를 스프링클러 헤드에 의해 소화되는 범위인 내부 한 변의 길이 3 m의 정사각형으로 제한함에 따라 식 (4.3)의 화재 둘레($P_f$)는 최대 12 m (=3m × 4)로 제한된 것이다.

하지만, Hinkley(1986)는 바닥면적 $A$ (m$^2$)와 바닥에서 연기층까지의 거리 $Y$(m)의 비에 따라 $A^{1/2}/Y > 0.5$이면 대형 화재로, $A^{1/2}/Y < 0.5$이면 소형 화재로 구분하고 화재 규모에 따라 식 (4.2)는 대형 화재에도 적합함을 실험으로 다시 입증하였다. 이 실험에서 화재 규모는 열유속(단위면적 당 방출열량) 34 ~ 1,800 kW/m$^2$와 화재둘레 0.7 ~ 16.2 m로 실험을 하고, 식

(4.3)이 $A^{1/2}/Y > 0.1$의 대규모 화재에도 적용됨을 입증하였다.

식 (4.3)에서 연기 발생량은 화재의 크기($P_f$)에 비례하고 청정층의 높이($Y$)에 종속됨을 의미한다. Butcher와 Parnell (1979)은 연기 발생량을 [그림 4.3]에 나타낸 것처럼 연기의 온도가 500℃일 때, 화재 둘레($P_f$)와 청정층 높이($Y$)에 의해 구할 수 있도록 하였다.

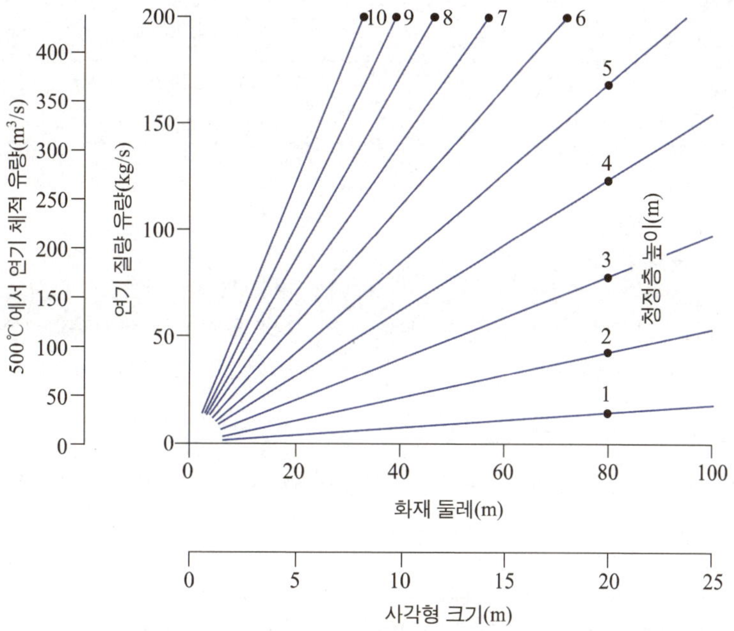


그림 4.3 화재 둘레에 따른 연기 발생량

Butcher와 Parnell (1979)은 식 (4.2)에서 단위체적 당 연기발생량은 연기 밀도에 따라 계산되어야 한다고 주장하고, 연기의 온도에 따른 연기 밀도를 계산할 수 있도록 식 (4.4)를 제시하였다. 식 (4.4)는 17℃에서 공기의 밀도 $\rho_0 = 1.22\ \mathrm{kg/m^3}$ 및 온도를 $T_a$℃라고 할 때 연기 밀도 $\rho_s(\mathrm{kg/m^3})$를 간편하게 계산하는 식이다.

$$\rho_s = \rho_0 \times \left(\frac{290}{T_a + 273}\right) = 1.22 \times \left(\frac{290}{T_a + 273}\right) \tag{4.4}$$

식 (4.4)를 제1장의 식 (1.14)와 같이 표현하면 식 (4.5)와 같고, 식 (1.14)의 값과는 다소 차이가 있으나, 연기의 온도에 따른 연기 밀도의 계산은 식 (1.14) 또는 식 (4.5)를 이용하여 계산해도 큰 차이는 없다.

$$\rho_s T_s \approx 353.8\ (\mathrm{kg \cdot K/m^3}) \tag{4.5}$$

표 4.1 온도에 따른 공기의 밀도 (단위 : $kg/m^3$)

| 온도(℃) | 0 | 10 | 20 | 30 | 40 | 50 | 60 | 70 | 80 |
|---|---|---|---|---|---|---|---|---|---|
| 공기밀도 | 1.29 | 1.25 | 1.20 | 1.17 | 1.13 | 1.09 | 1.06 | 1.03 | 1.00 |
| 온도(℃) | 90 | 100 | 110 | 120 | 150 | 200 | 300 | 400 | 500 |
| 공기밀도 | 0.97 | 0.95 | 0.92 | 0.90 | 0.83 | 0.75 | 0.62 | 0.52 | 0.46 |
| 온도(℃) | 600 | 700 | 800 | 900 | 1,000 | 1,200 | 1,500 | 2,000 | |
| 공기밀도 | 0.40 | 0.36 | 0.33 | 0.30 | 0.28 | 0.24 | 0.20 | 0.16 | |

### 4.3.2 Tanaka 식 : 발열량에 의한 계산

[그림 4.4] 공간에서 화재가 발생했을 경우, 화재 발생 초기에는 연기층의 온도상승이 적기 때문에 연기층을 온도(밀도)에 따라 일정한 것으로 가정하면, 연기 발생량 $m_s$(kg/s)는 연기층으로 유입되는 화재 플룸 유량 $m_p$(kg/s)뿐이므로 질량 보존 법칙에 따라 연기 밀도를 $\rho_s$ (kg/$m^3$), 연기층의 체적을 $V_s$($m^3$)라고 하면 식 (4.6)과 같이 나타낼 수 있다(Yamaguchi and Tanaka, 2005).

$$m_s = \frac{d}{dt}(\rho_s V_s) = \rho_s \frac{dV}{dt} = m_p \tag{4.6}$$

[그림 4.4]에서 연기층의 체적 $V_s$는 식 (4.7)과 같이 되고, $A$($m^2$)는 공간면적, $H$(m)는 천장 높이, $Y$(m)는 연기층까지의 높이이다.

$$V_s = A(H - Y) \tag{4.7}$$

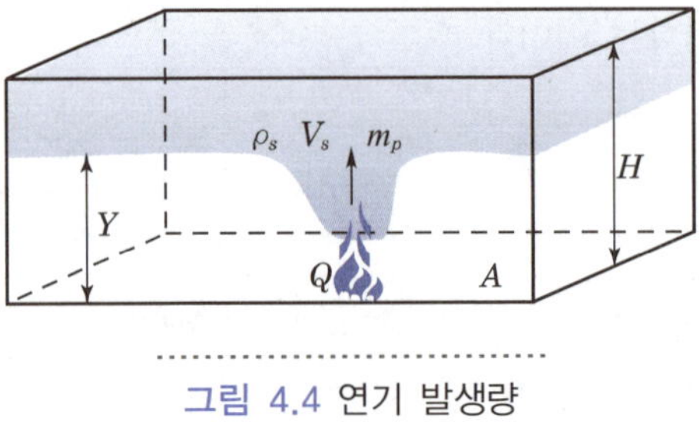


그림 4.4 연기 발생량

식 (4.7)을 식 (4.6)에 대입하면, $H$는 상수이므로

$$-\rho_s A \frac{dY}{dt} = m_p \tag{4.8}$$

연기층 높이 $Y$는 가상 점열원으로부터의 높이가 포함되어야 하지만 가상 점열원의 높이를 무시하면, 연기층으로 유입되는 화재 플룸 유량 $m_p$는 Zukoski 등(1980)이 화재로부터 발생되는 열량 $Q$(kW)와 바닥에서 연기층까지의 높이 $Y$로 제시한 식 (4.9)와 같다. $C_m$은 플룸 계수이며, Zukoski는 $C_m = 0.08$로 제안하였다.

$$m_s = m_p = C_m \, Q^{1/3} \, Y^{5/3} \tag{4.9}$$

식 (4.9)를 식 (4.8)에 대입하고 정리하면 식 (4.10)과 같이 된다. 식 (4.10)은 바닥에서 연기층까지의 높이 $Y$와 연기 하강 시간 $t$를 유도하는데 사용된다.

$$-\frac{dY}{Y^{5/3}} = \frac{C_m Q^{1/3}}{\rho_s A} dt \tag{4.10}$$

## 4.4 연기 하강 시간

### 4.4.1 Hinkley 식 : 화재 둘레($P_f$)에 의한 계산

화재가 발생하였을 때 발생된 연기는 공간 상부로 수직 상승하여 천장에 도달한 후 연기층은 하강하기 시작한다. 즉, 연기층은 화재 플룸에 의해 계속적으로 연기가 공급되기 때문에 순차적으로 그 두께가 증가하여 하부로 내려오기 시작한다. 바닥에서 일정 높이 $Y$(m)까지 내려오는데 걸리는 시간 $t$는 연기 발생량 식 (4.2)로부터 계산할 수 있다. 식 (4.2)를 미소 단위시간 당의 미소 연기 발생량으로 나타내면 다음과 같이 표현할 수 있다.

$$\frac{dm_s}{dt} = 0.096 P_f \rho_0 Y^{3/2} \left( g \frac{T_0}{T_f} \right)^{1/2} \tag{4.11}$$

[그림 4.5]와 같이 바닥면적 $A(m^2)$, 높이 $H(m)$인 화재실에 밀도 $\rho_s(kg/m^3)$인 연기가 바닥으로부터 임의 높이 $Y(m)$까지 축적되는 이론 연기량 $m_s(kg/s)$는 식 (4.12)와 같이 표현할 수 있고, 이때 연기량 $m_s$와 높이 $Y(m)$는 화재 경과 시간에 따라 달라지는 시간 $t$에 대한 함수이므로 식 (4.12)를 시간 $t$에 대한 미분함수로 나타내면 식 (4.13)과 같이 나타낼 수 있다.

$$m_s = \rho_s A(H - Y) \tag{4.12}$$

$$\frac{dm_s}{dt} = -\rho_s A \frac{dY}{dt} \tag{4.13}$$

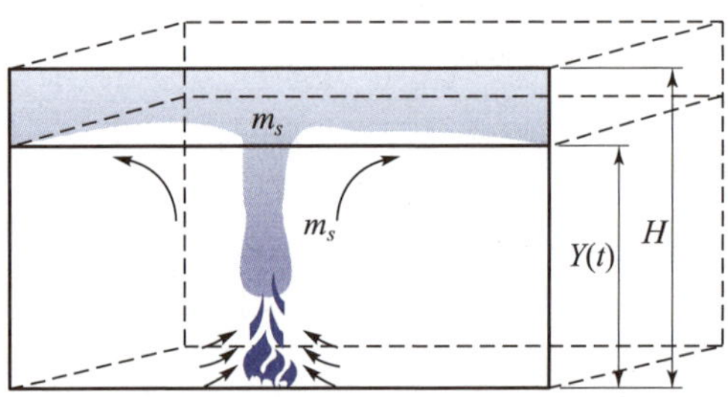


그림 4.5 연기 발생량과 연기 하강 시간

Hinkley의 실험식으로부터 구해진 연기 발생량 식 (4.2)와 이론 연기량 식 (4.13)이 같다고 가정하고, 이를 정리하면 식 (4.14)와 같이 된다.

$$0.096 P_f \rho_0 Y^{3/2} \sqrt{g \frac{T_0}{T_f}} = -\rho_s A \frac{dY}{dt}$$

$$dt = -\frac{\rho_s A}{0.096 P_f \rho_0 Y^{3/2} \sqrt{g \frac{T_0}{T_f}}} dY \tag{4.14}$$

식 (4.14)의 양변을 적분하고 정리하면 식 (4.15)와 같이 된다.

$$\int dt = \int -\frac{\rho_s A}{0.096 P_f \rho_0 Y^{3/2} \sqrt{g \frac{T_0}{T_f}}} dY$$

$$t = \frac{2\rho_s A}{0.096 P_f \rho_0 \sqrt{Y} \cdot \sqrt{g \frac{T_0}{T_f}}} + C \tag{4.15}$$

화재가 발생한 순간 $t=0$일 때, $Y=H$로 즉, 연기 발생량$=0$일 때, 청정층 높이 $Y$는 화재실의 높이가 되므로 식 (4.15)에서 적분상수 $C$는 다음과 같이 계산된다.

$$C = -\frac{2\rho_s A}{0.096 P_f \rho_0 \sqrt{H} \sqrt{g \frac{T_0}{T_f}}} \tag{4.16}$$

적분 상수 식 (4.16)을 식 (4.15)에 대입하고 정리하면 연기가 바닥에서 임의 높이 $Y$(m)까지 내려오는 걸리는 시간 $t$를 계산할 수 있다.

$$\begin{aligned} t &= \frac{2\rho_s A}{0.096 P_f \rho_0 \sqrt{Y} \cdot \sqrt{g \frac{T_0}{T_f}}} - \frac{2\rho_s A}{0.096 P_f \rho_0 \sqrt{H} \cdot \sqrt{g \frac{T_0}{T_f}}} \\ &= \frac{2\rho_s A}{0.096 P_f \rho_0 \sqrt{g \frac{T_0}{T_f}}} \left( \frac{1}{\sqrt{Y}} - \frac{1}{\sqrt{H}} \right) \end{aligned} \tag{4.17}$$

식 (4.17)에서 화염온도 $T_f = 1{,}100$ K (827℃), 외기온도 $T_o = 288$ K (15℃)로 하고, 혼합평균온도 $T_s = 573$ K (300℃)라고 하면, 연기의 밀도는 식 (4.4)로부터

$$\rho_s = \rho_0 \times \left( \frac{T_0}{T_s + 273} \right) = 1.22 \times \left( \frac{288}{573} \right) = 0.614$$

이들 값을 식 (4.17)에 대입하고 정리하면 연기 하강 시간은 식 (4.18)과 같이 표현할 수 있다. 식 (4.18)을 Hinkley 공식 또는 Hinkey 법칙이라고도 한다.

$$t = \frac{20A}{P_f g^{1/2}} \left( \frac{1}{Y^{1/2}} - \frac{1}{H^{1/2}} \right) \tag{4.18}$$

식 (4.18)은 화재 둘레($P_f$)와 바닥면적 $A$와 천장높이 $H$인 구획에서 연소한다는 가정이 필요하며, 또한 연기층이 바닥에서 높이 $Y$를 유지하려면 이 시간 동안 모든 배출구는 열려있어야 한다.

Hinkley 공식으로부터 청정층을 유지하기 위한 연기 배출량 $Q_V$(m$^3$/s)은 식 (4.18)로부터 높이 $Y$에 대해 정리하면 구할 수 있다.

$$\frac{P_f\sqrt{g}}{20A}t=\frac{1}{\sqrt{Y}}-\frac{1}{\sqrt{H}}$$

$$\frac{1}{\sqrt{Y}}=\frac{P_f\sqrt{g}}{20A}t+\frac{1}{\sqrt{H}} \tag{4.19}$$

식 (4.19)의 양변을 시간 $t$에 대해 미분하고, $dY/dt$로 정리하면 식 (4.20)과 같이 된다.

$$-\frac{1}{2}Y^{-\frac{3}{2}}\frac{dY}{dt}=\frac{P_f\sqrt{g}}{20A}$$

$$\frac{dY}{dt}=\frac{-P_f\sqrt{g}}{10A}Y^{\frac{3}{2}} \tag{4.20}$$

식 (4.20)에서 양변에 $A$을 곱하면 $A\frac{dY}{dt}=\frac{-P_f\sqrt{g}}{10}Y^{\frac{3}{2}}$가 되고, $A\frac{dY}{dt}$는 화재실 바닥면적 $A$에 청정층 높이 $dY$를 곱한 것으로 청정층의 미소 체적 $dV_t$가 된다. 식 (4.20)을 미소 체적 $dV_t$의 형태로 바꾸면 식 (4.21)과 같이 된다.

$$dV_t=-\frac{P_f\sqrt{g}}{10}Y^{\frac{3}{2}}dt \tag{4.21}$$

식 (4.21)의 양변을 연기가 천장에서 청정층 높이까지 내려오는 시간 $t_c$에 대해 적분하면 식 (4.22)와 같이 된다.

$$\int dV_t=\int^{t_c}\frac{-P_f\sqrt{g}}{10}Y^{\frac{3}{2}}dt$$

$$V_t=\frac{P_f\sqrt{g}}{10}Y^{\frac{3}{2}}t_c \tag{4.22}$$

따라서 연기 배출량 $Q_V$(m$^3$/s)는 식 (4.22)로부터 시간 $t_c$로 나누면 식 (4.23)과 같이 구할 수 있다. 또한 연기 배출량을 질량 유량 $m_V$(kg/s)으로 나타내려면 식 (4.23)에 연기 밀도 $\rho_s$ (m$^3$/s)를 곱하면 된다.

$$Q_V = \frac{V_t}{t_c} = \frac{P_f\, g^{1/2}}{10}\, Y^{\frac{3}{2}} \tag{4.23}$$

$$m_V = \rho_s \times Q_V$$

청정층 높이 $Y$를 유지하기 위한 연기 배출량은 화재 둘레와 청정층 높이의 3/2승의 곱에 비례함을 알 수 있다.

**예제 4.1** 어떤 구획실의 크기가 가로 6 m × 세로 4 m × 높이 3 m일 때 구획실 내부에서 화재 둘레가 6 m인 가연물에서 화재가 발생하였다. 이때 화재 초기의 연기 발생량을 구하고 바닥에서 1.2 m 높이까지 연기층이 하강하는데 걸리는 시간과 연기 배출량을 계산하라. 단, 연기의 밀도 $\rho_s = 0.4\ \text{kg/m}^3$이다.

**풀이**

1) 식 (4.3)으로부터 연기 발생량은

$$m_s = 0.188 P_f\, Y^{\frac{3}{2}} = 0.188 \times 6 \times 1.2^{\frac{3}{2}} = 1.48\ \text{kg/s}$$

2) 식 (4.18)로부터 연기하강시간은

$$t = \frac{20\,A}{P_f\sqrt{g}}\left(\frac{1}{\sqrt{Y}} - \frac{1}{\sqrt{H}}\right) = \frac{20 \times 24}{\sqrt{9.8} \times 6}\left(\frac{1}{\sqrt{1.2}} - \frac{1}{\sqrt{3}}\right) = 8.57\ \text{sec}$$

3) 연기배출량은

$$Q_V = \frac{m_s}{\rho_s} = \frac{0.188 \times 6 \times 1.2^{\frac{3}{2}}}{0.4} = 3.71\ \text{m}^3/\text{s}$$

### 4.4.2 Tanaka 식 : 발열량에 의한 계산

일반적으로 화재로부터 발생되는 발열량 $Q \propto t^n$으로 시간($t$)에 따라 변하기 때문에 실제 건물 화재의 연기 제어나 피난 계획 등에서 가장 빈번하게 대두되는 문제가 화재의 발열량에 관한 것이다. 즉, 발열량 $Q \propto t^n$에서 $n = 0$인 발열량이 일정한 정상 화재로 할 것인가와 $n = 2$에 증가하는 발열량인 $t^2$의 화재로 규정할 것인가이다. 화재의 발열량에 따라 [그림 4.6]과 같이 다음 3가지로 분류된다.

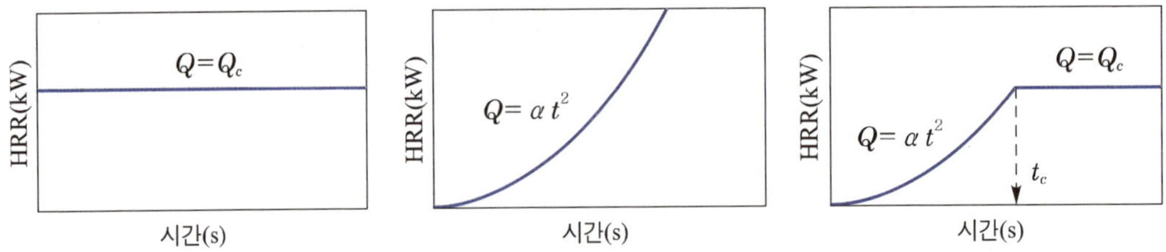


(a) 정상 화재 (b) $t^2$ 화재 (c) $t^2$ −일정 화재

**그림 4.6** 발열량에 따른 화재 분류

① 정상 화재 : 시간에 대해 일정한 화재(그림 4.6(a))

② $t^2$ 화재 : 시간의 제곱에 비례하는 화재(그림 4.6(b))

③ $t^2$-일정화재 : 화재 초기에는 시간의 제곱에 비례하고 그 후 일정한 화재(그림 4.6(c))

다시 말하면, 식 (4.10)에서 발열량은 식 (4.24)와 같이 된다. $\alpha(\mathrm{kW/s^2})$는 화재 성장 시간에 따른 발열량으로 화재 성장 계수이다.

$$Q = \alpha t^n \tag{4.24}$$

따라서 식 (4.24)을 식 (4.10)에 대입하고 시간 $t$에 따라 변하는 연기층까지의 높이 $Y$와 연기하강시간 $t$에 대해 유도하면 식 (4.25)와 식 (4.26)과 같이 된다(Tanaka and Yamana-Part I, 1985). $C_m = 0.08$로 화재풀름계수이다.

$$Y = \left\{ \frac{C_m}{A\rho} \alpha^{1/3} \left( \frac{2}{n+3} \right) t^{1+\frac{n}{3}} + \frac{1}{H^{2/3}} \right\}^{-3/2} \tag{4.25}$$

$$t = \left\{ \left( \frac{n+3}{2} \right) A\rho_s \frac{1/Y^{2/3} - 1/H^{2/3}}{C_m \alpha^{1/3}} \right\}^{3/(n+3)} \tag{4.26}$$

시간에 대해 발열량이 일정한 정상 화재일 경우 연기 하강 시간 $t$와 바닥에서 연기층까지의 높이 $Y$는 식 (4.25)와 식 (4.26)에서 $n = 0$이므로 식 (4.27) 및 식 (4.28)과 같이 된다. 그 밖의 $t^2$ 화재와 $t^2$-일정 화재에 대한 연기 하강 시간 $t$와 바닥에서 연기층까지의 높이 $Y$는 참고문헌 57 (Yamaguchi and Tanaka, 2005)을 참고하기 바란다.

$$Y = \left\{ \frac{2}{3} \frac{1}{A} \frac{C_m Q^{1/3}}{\rho_s} t + \frac{1}{H^{2/3}} \right\}^{-3/2} \tag{4.27}$$

$$t = \frac{3}{2} A \frac{\rho_s}{C_m Q^{1/3}} \left( \frac{1}{Y^{2/3}} - \frac{1}{H^{2/3}} \right) \tag{4.28}$$

식 (4.28)은 $n = 0$인 발열량이 일정한 정상 화재일 때의 연기 하강 속도이고, 일반적인 화재에서 [그림 4.4]와 같이 단순화할 수는 없기 때문에 연기층의 거동은 컴퓨터 시뮬레이션을 이용하지 않으면 안 된다.

연기 하강은 건축물의 공간과의 관계에서 공간 면적의 영향이 크고 면적이 클수록 완만하게 하강한다. 아울러 높이에 따른 수평 단면적이 다른 공간에서 화재의 발열량이 $t^2$인 화재인 경우에는 식 (4.18)을 적용하여 계산하는 것은 곤란하다.

[그림 4.7]과 같이 $n$ 부분으로 구획된 천장 공간이 서로 다른 건축물(아트리움이나 돔)에서 화재가 발생하여 인접실로 연기가 확산되었을 때, 발열량이 일정하다고 가정하고 각 구획의 수평 단면적이 다른 공간을 수평 분할하여 각 공간의 높이에 대해 연기가 하강하는 시간을 식 (4.28)로부터 구하여 더하면 건물 전체에 대한 연기 하강 시간을 계산할 수 있다.

$$t = \frac{3}{2} \frac{\rho_s}{C_m Q^{1/3}} \sum_{i=1}^{n} A_i \left( \frac{1}{Y^{2/3}} - \frac{1}{H_i^{2/3}} \right) \tag{4.29}$$

여기서 $n$은 구획 공간의 수, $A_i(\mathrm{m}^2)$는 각 구획 공간의 단면적, $H_i(\mathrm{m})$는 각 공간의 천장 높이를 의미한다. 이때 $Y \leq H_n$의 조건을 만족해야 한다. 바닥에서 연기층까지의 높이 $Y$는 식 (4.30)과 같이 된다.

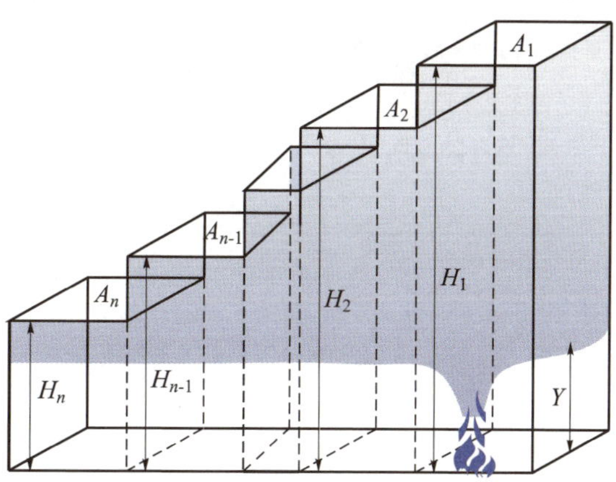


그림 4.7 천장 공간이 불규칙한 건물의 연기 하강

$$Y = \left\{ \frac{1}{\sum_{i=1}^{n} A_i} \left( \frac{2}{3} \frac{C_m Q^{1/3}}{\rho_s} t + \sum_{i=1}^{n} \frac{A_i}{H_i^{2/3}} \right) \right\}^{-3/2} \tag{4.30}$$

이때 식 (4.30)에서 시간 $t$는 식 (4.31)의 관계를 만족해야 한다.

$$t \geq \frac{3}{2} \frac{\rho_s}{C_m Q^{1/3}} \sum_{i=1}^{n} A_i \left( \frac{1}{H_n^{2/3}} - \frac{1}{H_i^{2/3}} \right) \tag{4.31}$$

**예제 4.2**

다음 그림과 같이 천장 높이가 $H_1 = 10$ m, $H_2 = 6$ m이고 각 단면적은 $A_1 = 200$ m$^2$, $A_2 = 400$ m$^2$인 2단계로 구성된 구획실에서 발열량 $Q = 2{,}000$ kW의 정상 화재가 발생하였다. 이때 2.5m 높이까지 연기층이 하강하는데 걸리는 시간을 계산하시오. 단, 연기의 온도 600℃, $\rho_s = 0.4$ kg/m$^3$, $C_m = 0.08$ 이다.

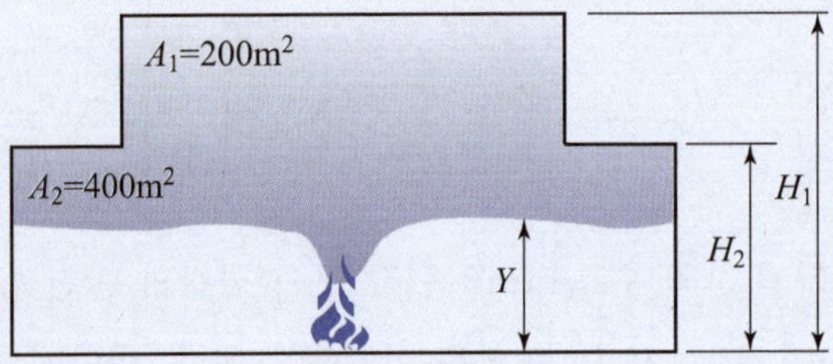


**풀이**

식 (4.29)로부터 연기 하강 시간은

$$t = \frac{3}{2} \frac{\rho_s}{C_m Q^{1/3}} \sum_{i=1}^{n} A_i \left( \frac{1}{Y^{2/3}} - \frac{1}{H_i^{2/3}} \right)$$

$$= \frac{3 \times 0.4}{2 \times 0.08 \times 2{,}000^{1/3}} \left\{ \left( \frac{1}{6^{2/3}} - \frac{1}{10^{2/3}} \right) \times 200 + \left( \frac{1}{2.5^{2/3}} - \frac{1}{6^{2/3}} \right) \times 400 \right\}$$

$$= 67.56 \text{ sec}$$

## 4.5 유효 유동 면적

건물에서 연기의 이동 경로는 하나 이상의 병렬, 직렬 또는 병렬과 직렬 경로가 혼합되어 구성될 수 있다. 건물에서 연기를 이동시키는 유동 유효 면적(effective flow areas)은 전체 유동 경로에 동일한 압력차로 가해질 때 동일한 유량을 발생시키는 전체 면적을 의미한다. 유효 유동 면적의 계산은 전기 저항계를 흐르는 전류의 계산과 유사하다. 다음에 정의되는 식들은 각 유동 경로(이동 경로)에 대한 동일한 유량 계수와 일정한 공기 온도에 대한 것이다. 유량 계수와 온도의 변화에 대한 것은 뒷부분에서 다시 설명할 것이다. 유효 유동 면적의 개념은 연기 이동과 제연 시스템의 해석에 매우 유용하게 사용된다.

### 4.5.1 병렬 경로

각 경로의 압력차 $\Delta P$(Pa)는 각 경로 면적에서 동일하게 작용하는 경로의 배치가 병렬 경로이며, 가압 공간에서 외부로 유출되는 공기만 있을 때 병렬 경로로 다룬다. 이때 임의의 경로 $i$에서 압력차 $\Delta P$(Pa)는 같기 때문에 식 (1.7)에 의해 경로의 유량 $m_i$(kg/s)는 유량 계수를 $C$라고 하면 식 (4.32)와 같이 나타낼 수 있다. 두 공간 사이의 $n$개의 경로가 있다면, 전체 유량 $m_T$(kg/s)은 식 (4.33)과 같이 나타낼 수 있다.

$$m_i = CA_i\sqrt{2\rho\Delta P} \tag{4.32}$$

$$m_T = \sum_{i=1}^{n}(CA_i)\sqrt{2\rho\Delta P} \tag{4.33}$$

[그림 4.8]에 나타낸 바와 같이 3개의 병렬 경로가 있는 가압 공간을 예로 설명하면, 가압 공간에 대한 전체 유량 $m_T$는 식 (4.34)와 같이 병렬 경로를 통하여 흐르는 유량의 합이 된다.

$$m_T = m_1 + m_2 + m_3 \tag{4.34}$$

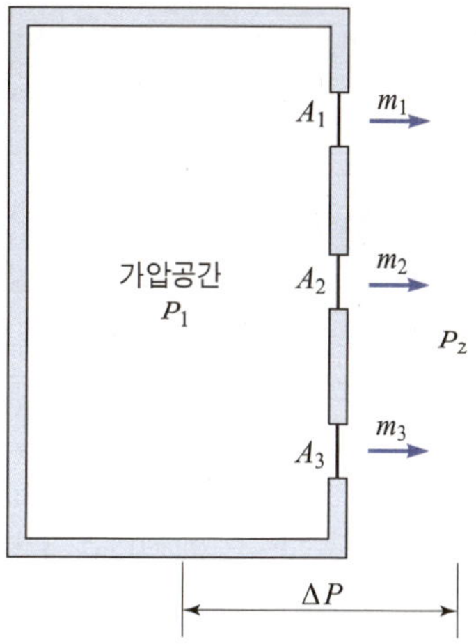

그림 4.8 병렬 경로

[그림 4.8]에서 전체 유효 유동 면적 $A_e$($m^2$)의 경로를

통과하는 연기량은 식 (4.32)로부터 각 경로의 유량 $m_1$, $m_2$와 $m_3$를 구하고, 이들 모두를 합한 총 유량 $m_T$을 구한 후 각 경로의 유동 면적에 대한 식으로 정리하면 구할 수 있다. 따라서 전체 유량은 식 (4.35)와 같이 나타낼 수 있다.

$$m_T = CA_e\sqrt{2\rho\Delta P} \tag{4.35}$$

경로의 유동 면적 $A_1(\mathrm{m}^2)$을 통과하는 유량은 식 (4.32)로부터 식 (4.36)과 같이 나타낼 수 있다.

$$m_1 = CA_1\sqrt{2\rho\Delta P} \tag{4.36}$$

유량 $m_2$와 $m_3$도 식 (4.36)과 같은 방법으로 구할 수 있다. 식 (4.34)에 $m_1$, $m_2$와 $m_3$를 대입하고 같은 항끼리 묶으면 식 (4.37)와 같이 구할 수 있다.

$$m_T = C(A_1 + A_2 + A_3)\sqrt{2\rho\Delta P} \tag{4.37}$$

식 (4.37)과 식 (4.35)로부터 개구부의 유효 유동 면적 $A_e(\mathrm{m}^2)$는 식 (4.38)과 같이 나타낼 수 있다.

$$A_e = A_1 + A_2 + A_3 \tag{4.38}$$

식 (4.38)은 경로를 임의의 수만큼 확장될 수 있음을 의미하고, 병렬 경로가 $n$개인 전체 유효 유동 면적은 각 유동 면적의 합한 것과 같게 된다.

$$A_e = \sum_{i=1}^{n} A_i \tag{4.39}$$

**예제 4.3** 다음 그림과 같이 부속실과 계단실에 급기 가압을 하고 복도 출입문과 엘리베이터 문의 틈새를 통해서 가압 공기가 누설될 때, 전체 유효 유동 면적은 얼마인가? 이때 계단실과 부속실의 압력은 같다고 가정한다. 단, 각 경로의 누설 면적은 $A_1 = A_2 = 0.10\ \mathrm{m}^2$, $A_3 = A_4 = 0.05\ \mathrm{m}^2$이다.

**풀이**

식 (4.39)로부터 유효 유동 면적 $A_e(\mathrm{m}^2)$는

$$A_e = A_1 + A_2 + A_3 + A_4 = 0.1 + 0.1 + 0.05 + 0.05 = 0.3\ \mathrm{m}^2$$

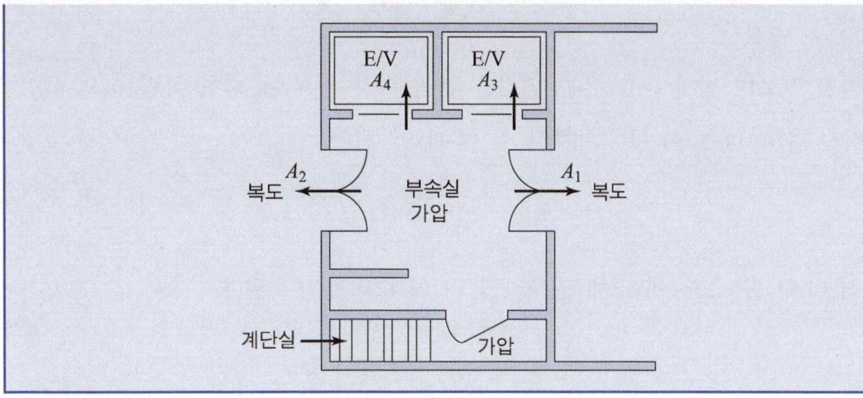


## 4.5.2 직렬 경로

### 1) 공간의 온도가 동일한 경우

[그림 4.9]에 나타낸 바와 같이 3개의 직렬 경로가 있는 공간을 예로 설명한다. [그림 4.9]와 같이 공간으로 유입되는 공기와 외부로 유출되는 공기가 있을 때 직렬 경로 다루고, 식 (1.1)의 질량 보존 법칙을 적용하여 전체 유효 유동 면적 $A_e$를 유도하게 된다.

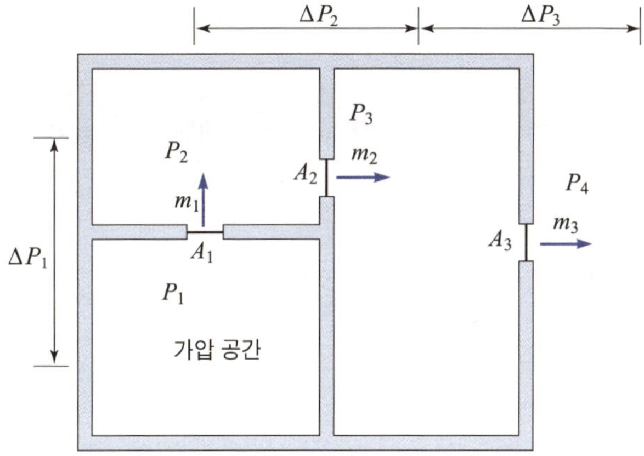


그림 4.9 직렬 경로

따라서 질량 유량 $m$(kg/s)은 각 누설 면적에서 동일한 것으로 가정하고, 공간으로부터 외부에서 가해지는 전 압력차 $\Delta P_T$는 식 (4.40)과 같이 각 유동 면적 $A_1$, $A_2$와 $A_3$에 작용하는 압력차 $\Delta P_1$, $\Delta P_2$와 $\Delta P_3$의 합과 같다.

$$\Delta P_T = \Delta P_1 + \Delta P_2 + \Delta P_3 \tag{4.40}$$

직렬 경로의 전체 유효 유동 면적은 전 압력차 $\Delta P_T$에 대한 유량 $m$의 유동 면적이 된다. 따라서 유량 $m$는 식 (1.7)로부터 식 (4.41)이 된다.

$$m = C A_e \sqrt{2\rho \Delta P_T} \tag{4.41}$$

식 (4.41)을 $\Delta P_T$에 대해 전개하면 식 (4.42)와 같이 된다.

$$\Delta P_T = \frac{1}{2\rho}\left[\frac{m}{C A_e}\right]^2 \tag{4.42}$$

$A_1$에 대한 압력차 $\Delta P_1$은 식 (4.24)와 같은 형태로 식 (4.43)과 같이 나타낼 수 있다.

$$\Delta P_1 = \frac{1}{2\rho}\left[\frac{m}{C A_1}\right]^2 \tag{4.43}$$

또한 압력차 $\Delta P_2$와 $\Delta P_3$도 같은 형태로 나타낼 수 있다. 식 (4.40)에 압력차 $\Delta P_1$, $\Delta P_2$와 $\Delta P_3$를 대입하고 정리하면 유효 유동 면적 $A_e(\mathrm{m}^2)$은 식 (4.44)와 같이 된다.

$$A_e = \left[\frac{1}{A_1^2} + \frac{1}{A_2^2} + \frac{1}{A_3^2}\right]^{-1/2} \tag{4.44}$$

식 (4.44)를 임의의 경로 수만큼의 갖는 직렬 경로에 대한 전체 유효 유동 면적 $A_e(\mathrm{m}^2)$으로 나타내면 식 (4.45)와 같이 다시 쓸 수 있다.

$$A_e = \left[\sum_{i=1}^{n} \frac{1}{A_i^2}\right]^{-1/2} \tag{4.45}$$

여기서 $n$은 직렬 누설 면적 $A_i$의 개수이다. 만약 임의의 공간이 2개의 직렬 경로를 갖는다고 가정하면, 전체 유효 유동 면적 $A_e(\mathrm{m}^2)$는 식 (4.46)과 같이 된다.

$$A_e = \frac{A_1 A_2}{\sqrt{A_1^2 + A_1^2}} \tag{4.46}$$

임의 직렬 경로 $k$에서의 유량은 식 (4.41)과 같으므로, 전체 직렬 경로에서의 압력차 $\Delta P_T$와 경로 $k$에서의 압력차 $\Delta P_k$의 두 압력차 관계는 식 (4.47)과 같이 나타낼 수 있다.

$$m = CA_e\sqrt{2\rho\Delta P_T} = CA_k\sqrt{2\rho\Delta P_k}$$

$$\frac{\Delta P_k}{\Delta P_T} = \left(\frac{A_e}{A_k}\right)^2 \tag{4.47}$$

**예제 4.4** 면적이 0.02 $m^2$로 같은 두 직렬 개구부의 전체 유효 유동 면적을 계산하면 얼마인가?

**풀이**

식 (4.45)로부터 유효 유동 면적 $A_e(m^2)$는

두 경로의 면적은 같으므로 $A = A_1 = A_2$

$$A_e = \frac{A_1A_2}{\sqrt{A_1^2 + A_1^2}} = \frac{(0.02 \times 0.02)}{\sqrt{(0.02)^2 + (0.02)^2}} = 0.0145\ m^2$$

**예제 4.5** 두 개의 면적이 다른 직렬 개구부의 전체 유효 유동 면적을 계산하면 얼마인가? 단, 각 경로의 면적은 $A_1 = 0.09\ m^2$, $A_2 = 0.06\ m^2$이다.

**풀이**

식 (4.46)으로부터 유효 유동 면적 $A_e(m^2)$는

$$A_e = \frac{A_1A_2}{\sqrt{A_1^2 + A_2^2}} = \frac{(0.09 \times 0.06)}{\sqrt{(0.09)^2 + (0.06)^2}} = 0.0499\ m^2$$

**예제 4.6** 다음 그림과 같이 계단실에 급기 가압을 하고 계단실의 3개 출입문과 복도 출입문의 틈새를 통해서 가압 공기가 누설될 때, 전체 유효 유동 면적은 얼마인가? 단, 각 경로의 누설 면적은 $A_1 = A_2 = 0.00929\ m^2$, $A_3 = A_4 = 0.0929\ m^2$이다.

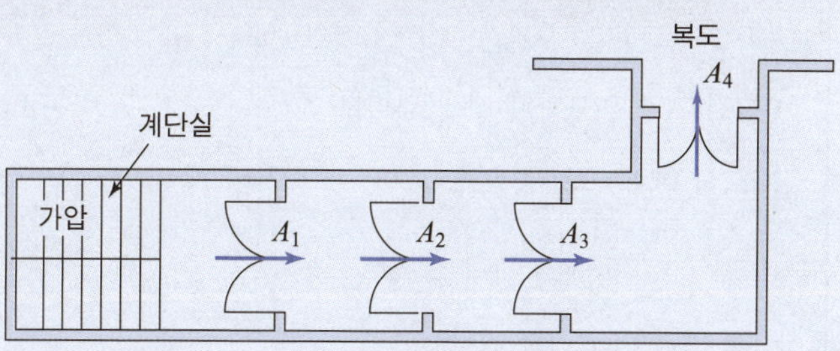


**풀이**

식 (4.45)로부터 유효 유동 면적 $A_e(m^2)$는

$$A_e = \left[\sum_{i=1}^{n}\frac{1}{A_i^2}\right]^{-1/2} = \left(\frac{1}{0.00929^2} + \frac{1}{0.00929^2} + \frac{1}{0.0929^2} + \frac{1}{0.0929^2}\right)^{-1/2} = 0.00654\ m^2$$

**예제 4.7** 다음 그림과 같이 3개의 공간이 $A_1 = 2.0\,\text{m}^2$, $A_2 = 1.8\,\text{m}^2$, $A_3 = 1.0\,\text{m}^2$인 3개의 개구부로 연결되어 있고, A 공간에 $m = 3.0\,\text{kg/s}$의 공기가 송풍기에 의해 공급된다. 각 공간 사이의 압력차 $\Delta P_1$, $\Delta P_2$, $\Delta P_3$, $\Delta P_T$는 얼마인가? 단, 유량 계수 $C = 0.65$, 공기 밀도 $\rho = 1.2\,\text{kg/m}^3$이다.

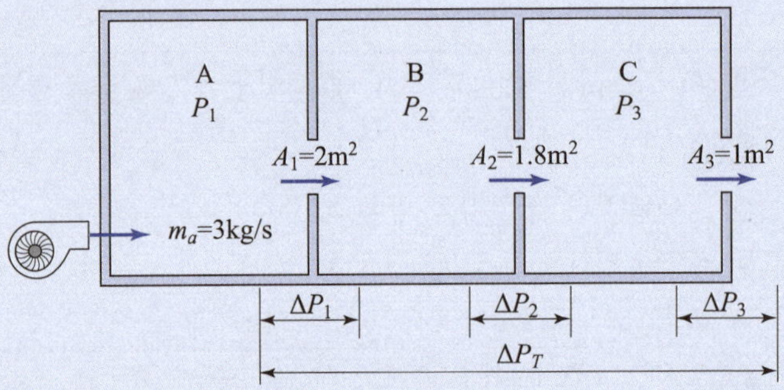


**풀이**

1) 식 (4.45)으로부터 개구부 3개의 전체 유효 유동 면적 $A_e(\text{m}^2)$

$$A_e = \left[\frac{1}{A_1^2} + \frac{1}{A_2^2} + \frac{1}{A_3^2}\right]^{-1/2} = \left[\frac{1}{(2.0)^2} + \frac{1}{(1.8)^2} + \frac{1}{(1.0)^2}\right]^{-1/2} = 0.8\,\text{m}^2$$

2) 식 (4.43)로부터 각 공간의 압력차 $\Delta P_{1-3}$

$$\Delta P_1 = \frac{1}{2\rho}\left[\frac{m}{CA_1}\right]^2 = \frac{(3.0)^2}{2\times 1.2\times(0.65\times 2)^2} = 2.2\,\text{Pa}$$

$$\Delta P_2 = \frac{1}{2\rho}\left[\frac{m}{CA_2}\right]^2 = \frac{(3.0)^2}{2\times 1.2\times(0.65\times 1.8)^2} = 2.7\,\text{Pa}$$

$$\Delta P_3 = \frac{1}{2\rho}\left[\frac{m}{CA_3}\right]^2 = \frac{(3.0)^2}{2\times 1.2\times(0.65\times 1.0)^2} = 8.9\,\text{Pa}$$

3) 공간 A와 외부와의 전체 압력차 $\Delta P_T$

① 식 (4.42)으로부터

$$\Delta P_T = \frac{1}{2\rho}\left[\frac{m}{CA_e}\right]^2 = \frac{(3.0)^2}{2\times 1.2\times(0.65\times 0.8)^2} = 13.8\,\text{Pa}$$

② 식 (4.40)으로부터

$$\Delta P_T = \Delta P_1 + \Delta P_2 + \Delta P_3 = 2.22 + 2.74 + 8.86 = 13.8\,\text{Pa}$$

### 2) 공간의 온도가 다른 경우

화재가 발생하여 연기의 이동으로 [그림 4.9]에 나타낸 공간의 온도가 각각 다를 경우, 각 공간의 밀도 $\rho$는 온도에 따라 달라지기 때문에 식 (4.40)의 압력 관계는 변하지 않지만 각 공간의 압력차 $\Delta P$는 서로 달라진다. 따라서 식 (4.43)에 의한 압력차는 각 공간의 밀도 $\rho_1$, $\rho_2$, $\rho_3$에 따라 달라진다.

$$\Delta P_1 = \frac{1}{2\rho_1}\left[\frac{m}{CA_1}\right]^2$$
$$\Delta P_2 = \frac{1}{2\rho_2}\left[\frac{m}{CA_2}\right]^2 \tag{4.48}$$
$$\Delta P_3 = \frac{1}{2\rho_3}\left[\frac{m}{CA_3}\right]^2$$

식 (4.48)를 식 (4.40)에 압력차 $\Delta P_1$, $\Delta P_2$와 $\Delta P_3$를 대입하고 정리하면 공간의 온도가 다를 때의 전체 유효 유동 면적 $A_e$(m$^2$)는 식 (4.49)와 같이 되고, $n$개의 직렬 경로가 있을 경우 유효 유동 면적 $A_e$(m$^2$)는 식 (4.50)과 같이 된다.

$$\sqrt{\rho_1}\,A_e = \left(\frac{1}{\rho_1 A_1^2} + \frac{1}{\rho_2 A_2^2} + \frac{1}{\rho_3 A_3^2}\right)^{-1/2} \tag{4.49}$$

$$\sqrt{\rho_1}\,A_e = \left(\frac{1}{\rho_1 A_1^2} + \frac{1}{\rho_2 A_2^2} + \cdots + \frac{1}{\rho_n A_n^2}\right)^{-1/2} \tag{4.50}$$

만약 직렬 경로가 두 개인 경우, 유효 유동 면적은 식 (4.50)으로부터 구할 수 있고, 밀도 $\rho$는 온도 $T$의 함수이므로 식 (4.51)과 같이 나타낼 수 있다.

$$\sqrt{\rho_1}\,A_e = \left(\frac{1}{\rho_1 A_1^2} + \frac{1}{\rho_2 A_2^2}\right)^{-1/2} \quad \text{또는} \quad A_e = \left(\frac{T_1}{A_1^2} + \frac{T_2}{A_2^2}\right)^{-1/2} \tag{4.51}$$

직렬 경로의 경우 각 경로에서의 질량 유량은 같기 때문에 전체 질량 유량 $m$(kg/s)는 식 (4.52)와 같이 되고, 전 압력차 $\Delta P_T$는 식 (4.40)과 같다.

$$m = CA_e\sqrt{2\rho_1 \Delta P_T} \tag{4.52}$$

임의의 직렬 경로 $k$에서 압력차 $\Delta P_k$는 식 (4.52)의 질량 유량과 같으므로, 전체 직렬 경로에서의 압력차 $\Delta P_T$와 경로 $k$에서의 압력차 $\Delta P_k$의 두 압력차 관계는 식 (4.54)과 같다.

$$m = C A_e \sqrt{2\rho_1 \Delta P_T} = C A_k \sqrt{2\rho_k \Delta P_k} \tag{4.53}$$

$$\frac{\Delta P_k}{\Delta P_T} = \frac{\rho_1 A_e^2}{\rho_k A_k^2} \tag{4.54}$$

**예제 4.8**

다음 그림과 같이 3개의 실이 $A_1 = 2.0\ \mathrm{m}^2$, $A_2 = 1.8\ \mathrm{m}^2$, $A_3 = 4.0\ \mathrm{m}^2$인 3개의 개구부로 연결되어 있고, 각 실의 온도는 화재로 인해 각각 $T_1 = 21℃$, $T_2 = 120℃$, $T_3 = 900℃$이다. 이때 공간 $A$의 압력을 대기보다 12 Pa 높이려면 공간 $A$에 공급되어야 할 공기량(kg/s)은 얼마인가? 단, 유량 계수 $C = 0.7$이다.

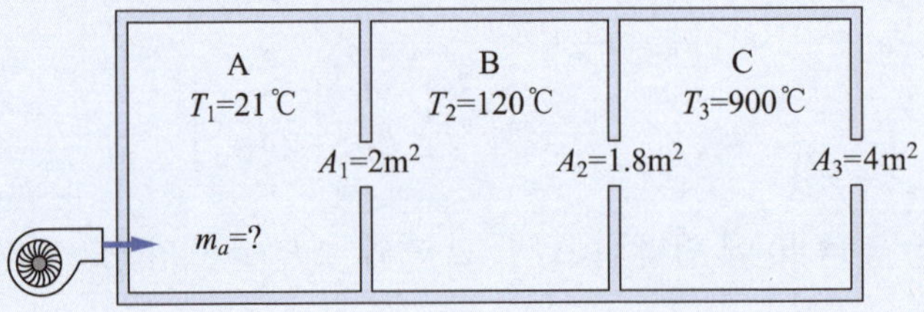


**풀이**

1) 식 (4.4)로부터 각 공간의 밀도

$$\rho_A = 1.22 \times \left(\frac{290}{T_s + 273}\right) = 1.22 \times \left(\frac{290}{21 + 273}\right) = 1.2\ \mathrm{kg/m^3}$$

$$\rho_B = 1.22 \times \left(\frac{290}{120 + 273}\right) = 0.90\ \mathrm{kg/m^3}$$

$$\rho_C = 1.22 \times \left(\frac{290}{900 + 273}\right) = 0.3\ \mathrm{kg/m^3}$$

2) 식 (4.49)로부터 유효유동면적

$$\sqrt{\rho_1} A_e = \left(\frac{1}{\rho_1 A_1^2} + \frac{1}{\rho_2 A_2^2} + \frac{1}{\rho_3 A_3^2}\right)^{-1/2}$$

$$= \left(\frac{1}{1.2 \times 2.0^2} + \frac{1}{0.9 \times 1.8^2} + \frac{1}{0.3 \times 4.0^2}\right)^{-1/2} = 1.15\ \mathrm{m}^2$$

3) 식 (4.52)로부터 공급 공기량 $m_a$

$$m_a = C A_e \sqrt{2\rho_1 \Delta P_T} = 0.7 \times 1.15 \sqrt{2 \times 12} = 3.94\ \mathrm{kg/s}$$

4) 식 (4.54)로부터 각 공간의 압력차

$$\Delta P_1 = \frac{1.15^2 \times 12.0}{1.2 \times 2.0^2} = 3.3\ \mathrm{Pa}, \quad \Delta P_2 = \frac{1.15^2 \times 12.0}{0.9 \times 1.8^2} = 5.44\ \mathrm{Pa}$$

$$\Delta P_3 = \frac{1.15^2 \times 12.0}{0.3 \times 4.0^2} = 3.3\ \mathrm{Pa}$$

### 4.5.3 병렬과 직렬의 혼합 경로

병렬과 직렬 경로를 모두 갖는 공간 경로의 유효 유동 면적 $A_e(\mathrm{m}^2)$는 병렬 경로와 직렬 경로를 하나로 결합하면 구할 수 있다. [그림 4.10]에 제시한 공간을 예로 설명한다.

[그림 4.10]에서 면적 $A_2$와 $A_3$는 병렬이므로, 유효 유동 면적은 다음 식과 같이 된다.

$$A_{23e} = A_2 + A_3$$

면적 $A_4$, $A_5$와 $A_6$ 역시 병렬이므로, 유효 유동 면적은 다음 식과 같이 된다.

$$A_{456e} = A_4 + A_5 + A_6$$

이들 두 개의 유효 유동 면적은 $A_1$과 직렬이다. 따라서 공간 개구부의 전체 유효 유동 면적은 다음 식과 같이 주어진다.

$$A_e = \left[\frac{1}{A_1^2} + \frac{1}{A_{23e}^2} + \frac{1}{A_{456e}^2}\right]^{-1/2}$$

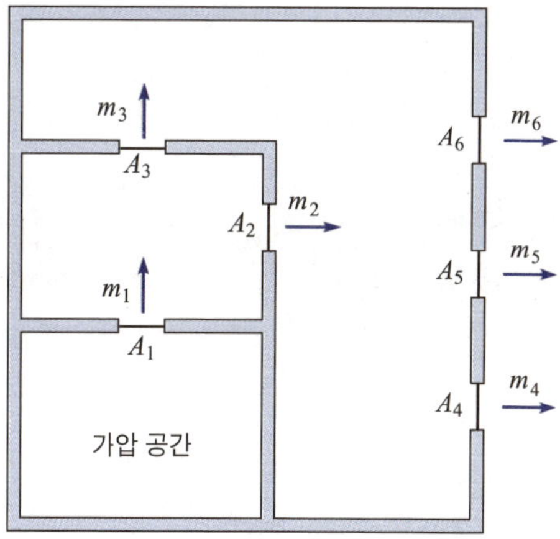


**그림 4.10** 병렬과 직렬의 혼합 경로

**예제 4.9** [그림 4.10] 병렬과 직렬 혼합 경로의 전체 유효 유동 면적 $A_e(\mathrm{m}^2)$을 계산하라. 각 경로의 면적은 $A_1 = A_2 = A_3 = 0.02\ \mathrm{m}^2$, $A_4 = A_5 = A_6 = 0.01\ \mathrm{m}^2$이다.

**풀이**

앞 식으로부터

$$A_{23e} = A_2 + A_3 = 0.04\ \text{m}^2$$
$$A_{456e} = A_4 + A_5 + A_6 = 0.03\ \text{m}^2$$
$$A_e = \left[\frac{1}{A_1^2} + \frac{1}{A_{23e}^2} + \frac{1}{A_{456e}^2}\right]^{-1/2} = 0.016\ \text{m}^2$$

### 4.5.4 온도 및 유량 계수의 보정

제연과 관련된 대부분의 계산에서 일정 온도와 균일 유량 계수로 가정하여 적용하고 있지만, 이들 변수들의 결과를 고려해볼 때 일부 사례에서는 바람직하지 못한 것으로 나타나고 있다. 따라서 병렬과 직렬 경로의 유효 유동 면적을 계산할 때 온도 및 유량 계수는 보정되어야 한다(Klote and Milke, 2002). 이들을 고려한 병렬과 직렬 경로의 전체 유효 유동 면적 $A_e(\text{m}^2)$에 대한 식은 식 (4.55) 및 (4.56)과 같다.

$$A_e = \frac{T_e^{1/2}}{C_e} \sum_{i=1}^{n} C_i A_i T_i^{-1/2} \quad : \text{병렬경로} \tag{4.55}$$

$$A_e = \frac{T_e^{1/2}}{C_e} \left[\sum_{i=1}^{n} T_i (C_i A_i)^{-2}\right]^{-1/2} \quad : \text{직렬경로} \tag{4.56}$$

여기서, $A_e$ : 공간의 유효 유동 면적(m$^2$)
$T_e$ : 유효 경로의 절대 온도(°K)
$C_e$ : 유효 경로에 대한 유동 계수
$T_i$ : 경로 $i$의 절대 온도(°K)
$A_i$ : 경로 $i$의 경로 면적(m$^2$)
$C_i$ : 경로 $i$의 유량 계수

만약 유량 계수가 동일한 직렬 경로가 두 개이고 이들 공간의 밀도가 서로 다른 경우, 밀도 $\rho$는 온도 $T$의 함수이므로 전체 유효 유동 면적 $A_e(\text{m}^2)$를 식 (4.51)과 같은 형태로 나타내면 식 (4.57)과 같다.

$$A_e = T_e^{1/2} \left[\frac{T_1}{A_1^2} + \frac{T_2}{A_2^2}\right]^{-1/2} \tag{4.57}$$

**예제 4.10** 두 개의 직렬 경로를 갖는 공간에서 한쪽 공간의 온도는 21℃이고 다른 한쪽 공간의 온도는 38℃인 두 경로의 유효 유동 면적은 얼마인가? 두 경로의 면적은 모두 0.02 $m^2$ 이고, 전체 유효 유동 경로의 온도 $T_e$는 21℃이다.

**풀이**

$T_e = T_1 = 21 + 273 = 294\ \text{K}$

$T_2 = 38 + 273 = 311\ \text{K}$

$A_1 = A_2 = 0.02\ \text{m}^2$

1) 식 (4.57)으로부터

$$A_e = T_e^{1/2}\left[\frac{T_1}{A_1^2} + \frac{T_2}{A_2^2}\right]^{-1/2} = (249)^{1/2}\left[\frac{294}{0.02} + \frac{311}{0.02}\right]^{-1/2} = 0.0142\ \text{m}^2$$

2) 두 온도가 같을 경우 공간의 유효 유동 면적은 식 (4.44)로부터, 두 경로의 면적은 같으므로 $A = A_1 = A_2$

$$A_e = \frac{A_1 A_2}{\sqrt{A_1^2 + A_1^2}} = \frac{(0.02 \times 0.02)}{\sqrt{(0.02)^2 + (0.02)^2}} = 0.0145\ \text{m}^2$$

## 4.6 연기 이동력

연기 이동은 공기를 따라 이동하게 된다. 연기 이동의 원인이 되는 주된 이동력에는 굴뚝 효과, 부력, 팽창, 바람, HVAC 시스템, 엘리베이터 피스톤 효과가 있다. 일반적으로 화재에서 연기 이동은 이들 이동력의 결합에 의해서 발생되고 지배를 받는다. 제연 시스템은 연기 이동의 원인이 되는 이동력들이 시스템 설계에서 과잉 동력이 되지 않도록 설계해야 한다. 그 이유는 연기 이동과 제연의 중요한 개념 이해가 실질적인 제연 설계의 선행 조건이 되기 때문이다.

### 4.6.1 굴뚝 효과

(초)고층 건물에는 재실자나 사용자의 상하 이동을 위해 계단실, 엘리베이터 샤프트 등의 공간을 설치할 수 있다. 이들 공간은 건물의 난방과 화재에 의한 연기 침투로 외부 공기의 온도보다 높아지면 굴뚝 효과(stack effect)라고 부르는 현상이 발생한다.

건물 외부가 추울 때, 계단실, 엘리베이터 샤프트, 소화물용 엘리베이터 샤프트, 기계식 샤프트, 우편물 투하 장치 등과 같은 건물 샤프트의 내부 공기는 가끔 위로 이동한다. 건물 내부의 공기는 외부 공기보다 더 따뜻하고 밀도가 낮기 때문에 부력을 가지게 된다. 부력은 공기가 건물 샤프트 내에서 상승하는 원인이 되기도 한다. 이 같은 현상은 연돌(煙突)이 연기를 배출하는 것과 같은 메커니즘(연기 굴뚝 또는 연돌에서 가스가 위로 흐르는)으로 굴뚝 효과, 굴뚝 작용, 연돌 효과와 같은 여러 가지 이름으로 부른다. 그러나 외부가 없고 공기 조화 설비가 설치된 건물에서는 공기가 아래로 흐른다. 이와 같이 굴뚝 효과에 의한 연기 이동은 자연적으로 발생하거나 연소 가스의 부력에 의해 일어난다.

통상 굴뚝 효과는 낮은 외부 온도와 고층 건물의 샤프트에서 주로 나타나지만, 단층 건축물에서도 나타날 수 있다. 외부 공기가 건물 내부의 공기보다 따뜻할 때, 종종 아래쪽으로 향하는 기류가 샤프트에서 나타나기도 한다. [그림 4.11]에 나타낸 바와 같이 상승 기류를 정상 굴뚝 효과(normal stack effect)라 하고, 하강 기류를 역 굴뚝 효과(reverse stack effect)라 한다.

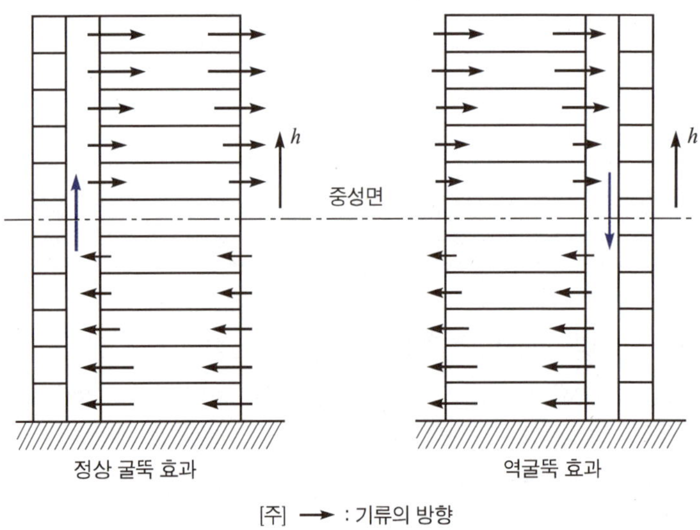


그림 4.11 정·역 굴뚝 효과에 의한 공기 이동

대부분 건물 내 샤프트는 비교적 큰 단면적을 가지고 있고, 건물을 수직으로 관통하고 있다. 대부분 샤프트에서 굴뚝 효과를 유발시키는 인자 중 기체 유동에 의한 마찰 손실은 부력에 의해 발생하는 압력과 비교해보면 무시해도 좋을 정도다.

샤프트 내부의 미소 압력은 유체의 정적인 힘에 의한 것이기 때문에 식 (4.58)과 같이 표현할 수 있다. 따라서 굴뚝 효과는 일반적으로 건물의 내부와 외부 사이에 존재하는 기압으로 생각할 수 있다.

$$dP_s = -\rho_s g\, dh \tag{4.58}$$

여기서, $P_s$ : 샤프트 내부의 공기 압력(Pa)

$g$ : 중력 가속도(9.8 m/s$^2$)

$h$ : 높이(m)

$\rho_s$ : 샤프트 내부의 공기 밀도(kg/m$^3$)

건물의 높이에 대한 중력 가속도는 일정하기 때문에 밀도가 일정하다면, 식 (4.58)을 적분하면 식 (4.59)로 나타낼 수 있다.

$$P_s = P_a - \rho_s\, g\, h \tag{4.59}$$

$P_a$는 $z=0$에서 압력이고, 해석을 단순화하기 위해 $h=0$에서 $P_s = P_o$로 가정한다. 바람의 영향이 없다면, 외부 압력 $p_o$는 식 (4.60)과 같이 된다. 식 (4.60)에서 $\rho_o$(kg/m$^3$)는 샤프트 외부의 공기 밀도이다.

$$P_o = P_a - \rho_o\, g\, h \tag{4.60}$$

정상 굴뚝 효과에 대한 샤프트 내부와 건물 외부의 압력을 [그림 4.12]에 나타냈다. 이 그림에서 정(+) 압력차는 샤프트 압력이 외부 압력보다 높은 것을 나타내고, 음(−) 압력차는 그 반대를 의미한다. 또한 이 그림에는 건물의 내부 압력이 제시되었다. 샤프트 내부와 건물 외부의 압력차 $\Delta P_{so}$는 식 (4.61)과 같이 나타낼 수 있다.

$$\Delta P_{so} = P_s - P_o = (\rho_o - \rho_s)\, g\, h \tag{4.61}$$

건물 내부의 압력 변화는 대기압에 비해 매우 작기 때문에, 대기압 $P_{atm}$은 기체 상태 방정식으로부터 공기의 밀도로 나타낼 수 있다.

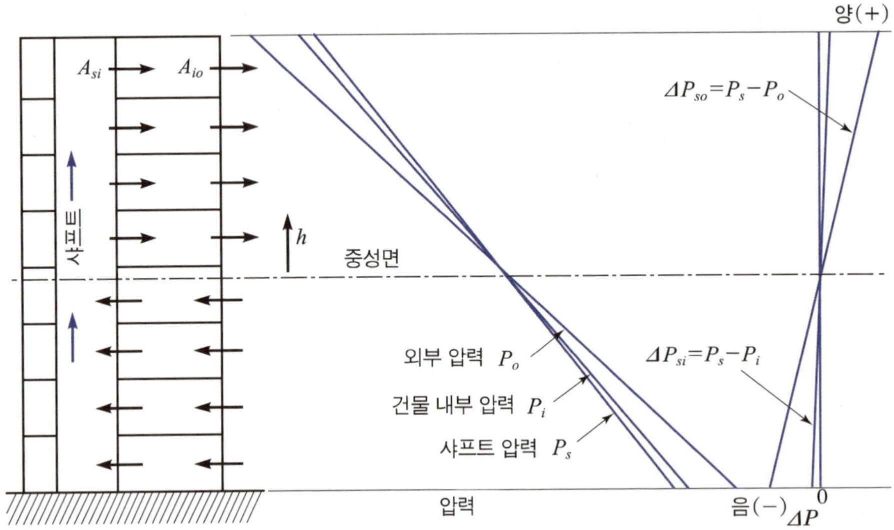


그림 4.12 정상 굴뚝효과가 발생하는 동안 압력과 압력차

$$\rho = \frac{P_{atm}}{RT} \tag{4.62}$$

여기서, $P_{atm}$ : 대기압(101,325 Pa)

$R$ : 공기의 기체 상수(287 J/kg · K)

$T$ : 공기 온도(K)

$\rho$ : 공기 밀도(kg/m$^3$)

식(4.61)에 식 (4.62)을 대입하고 정리하면 식 (4.63)과 같이 된다.

$$\Delta P_{so} = \frac{g P_{atm}}{R}\left[\frac{1}{T_o} - \frac{1}{T_s}\right]h \tag{4.63}$$

여기서, $T_o$ : 외기의 온도(K)

$T_s$ : 샤프트 내부 온도(K)

식 (4.63)은 샤프트가 외부로 연결된 것으로 가정하고 전개한 것이다. 앞서 설명한 바와 같이 중성면은 내부와 외부 압력이 같은 $h=0$에 위치한 수평면이다. 만약 중성면의 위치를 알고 있다면, 식 (4.63)은 건물의 누설 변화나 다른 샤프트의 변화에 관계없이 내부와 외부의 압력차를 결정하는데 사용할 수 있다. 식 (4.63)에 표준 대기압일 때, 공기의 기체 상수, 중력 가속도의 값을 대입하고 정리하면 식 (4.63)은 식 (4.63a)와 같이 된다.

$$\Delta P_{so} = 3,460\left[\frac{1}{T_o} - \frac{1}{T_s}\right]h \tag{4.63a}$$

여기서, $\Delta P_{so}$ : 샤프트와 외기와의 압력차(Pa)

$T_o$ : 외기 온도(K)

$T_s$ : 샤프트 내부 온도(K)

$h$ : 중성면으로부터의 거리(m)

**예제 4.11** 내부와 외부 온도가 각각 21℃와 −18℃이고 높이가 185m인 건물에서 중성면이 건물의 중간 높이에 위치한다고 가정하면, 건물 샤프트의 최상부와 외부 사이의 굴뚝 효과에 의한 압력차는 얼마가 되겠는가?

**풀이**

$T_o = -18 + 273 = 255\ \text{K}$, $T_s = 21 + 273 = 294\ \text{K}$

중성면이 건물 중간에 위치하기 때문에 $h = 92.5\ \text{m}$

식 (4.63a)로부터

$$\Delta P_{so} = 3,460\left[\frac{1}{T_o} - \frac{1}{T_s}\right]h = 3,460 \times \left[\frac{1}{255} - \frac{1}{294}\right] \times 92.5 = 166.5\ \text{Pa}$$

이것은 샤프트의 최상부가 외부보다 166.5 Pa 더 높다는 것을 의미한다.

[그림 4.12]는 굴뚝 효과에 의한 모든 수직 기류는 샤프트 내에서만 발생하고 있음을 보여주고 있다. 물론 실제 건물의 층 사이에서는 약간의 누설이 있을 수 있고, 이들 층 사이를 통과하는 기류가 있다. 해석의 단순화를 위해 건물의 층에 대한 압력차를 해석하기 위해 층 사이에서 누설이 없는 이상적인 건물 이 모델로 사용된다. 하지만 일반 건물의 경우, 층 사이를 통과하는 기류는 샤프트를 통과하는 기류보다 훨씬 더 적다.

[그림 4.12]에서 층 사이의 누설을 0으로 이상화하고, 층별 샤프트와 외기 사이의 전체 유효 유동 면적 $A_e(\text{m}^2)$은 식 (4.64)와 같이 직렬 경로로 나타낼 수 있다.

$$A_e = \left[\frac{1}{A_{si}^2} + \frac{1}{A_{io}^2}\right]^{-1/2} \tag{4.64}$$

여기서, $A_e$ : 샤프트와 외기 사이의 전체 유효 유동 면적($\text{m}^2$)

$A_{si}$ : 층별 샤프트와 건물 내부 사이의 누설 면적($\text{m}^2$)

$A_{io}$ : 층별 건물과 외기 사이의 누설 면적($\text{m}^2$)

각 층에서 누설되는 질량 유량 $m$은 식 (1.7)과 같고, 일반적으로 유량 계수 $C = 0.6 \sim 0.7$범위이다. 샤프트에서 외기로 누설되는 양은 직렬 경로의 흐름이기 때문에 샤프트에서 건물 내부로 누설되는 양 $m_{si}$(kg/s)과 건물 내부에서 외기로 누설되는 양 $m_{so}$(kg/s)은 식 (4.65)와 (4.66)과 같이 된다. 샤프트에 설치된 개구부의 형상과 중성면의 위치에 따른 누설량(질량 유량) $m$(kg/s)은 '4.7장 중성면과 개구부 유량'을 참조하기 바란다.

$$m_{so} = C A_e \sqrt{2\rho \Delta P_{so}} \tag{4.65}$$

$$m_{si} = C A_{si} \sqrt{2\rho \Delta P_{si}} \tag{4.66}$$

질량 보존의 법칙에 따라 식 (4.65)와 식 (4.66)은 같으므로, 이들 두 식을 정리하고 양변 제곱과 식 (4.64)를 대입하여 정리하면 식 (4.67)과 같이 된다.

$$\Delta P_{si} = \frac{\Delta P_{so}}{1 + (A_{si}/A_{io})^2} \tag{4.67}$$

직렬 경로의 경우 하나의 경로에 대한 압력차는 해당 경로의 유동 면적에 대한 건물의 유효 유동 면적 비의 제곱에 비례하고 압력차를 곱한 것과 같다. 따라서 샤프트와 건물 내부 사이의 압력차는 식 (4.47)과 같은 형태인 $\Delta P_{si} = \Delta P_{so}(A_e/A_{si})^2$이 된다.

일반적으로 면적비 $A_{si}/A_{io}$는 약 1.7～7까지 변한다(Klote and Milke, 1992). [표 4.4]에 의하면 샤프트와 건물 내부 사이의 압력차는 샤프트와 외기 사이의 압력차에 비해 매우 작다. 이 같은 결과로부터 화재로 인해 화재 층에서 많은 유리창이 깨지면, $A_{si}/A_{io}$ 값은 매우 작게 되며, $\Delta P_{si}$는 $\Delta P_{so}$에 가까워지게 된다. 따라서 화재 층에서 많은 유리창이 깨질 때 샤프트와 건물 내부와의 압력차와 샤프트와 외기 사이의 압력차는 거의 같아지게 된다.

식 (4.67)에서 각 층의 높이에 따른 압력차는 균일한 것으로 고려되었고, $h$값에 종속인 식 (4.63a)에 의해 계산될 수 있는 최대 압력차는 층 사이의 거리가 같은 경우이다. 식 (4.67)를 건물 내부의 압력 $P_i$로 나타내면 식 (4.68)과 같이 다시 쓸 수 있다.

$$P_i = P_s - \frac{\Delta P_{so}}{1 + (A_{si}/A_{io})^2} \tag{4.68}$$

모든 샤프트의 압력이 동일하고 모든 샤프트가 시작과 끝의 높이가 같다면 건물 내부의 압력을 결정하기 위한 직렬 유동의 해석 방법은 다중 샤프트와 건물에도 사용할 수 있다(Tamura and Wilson, 1966; Tamura and Klote, 1988). 또한 굴뚝 효과의 이론은 모든 샤프트의 시작과 끝의 높이가 같지 않은 건물에 대해도 유용하게 적용할 수 있다. 외부에 계단실이 있는 밀폐된 건물에서 역 굴뚝 효과는 비록 외기 온도가 낮을 때도 관찰된다. 이 같은 상황에서 외부 계단실의 온도는 건물 온도보다 상당히 낮으며, 이때 계단실 공기는 대부분 차가운 공기 기둥으로 형성되어있고 건물 내부의 다른 샤프트들은 따뜻한 공기 기둥을 형성했기 때문이다.

[그림 4.13]은 외기 온도가 −11℃, −3℃와 7℃일 때 건물 높이에 따라 굴뚝 효과로 인한 압력차를 측정값과 계산값을 비교한 것이고, [그림 4.14]는 $A_{si}/A_{io}$의 비가 1.7, 2.4와 7일 때 건물 높이에 따라 압력차를 측정값과 계산값을 비교한 것이다(Tamura and Klote, 1988). 이들 두 그림은 외부에 접한 계단실에서 외부의 온도가 건물 내부의 온도보다 낮은데도 불구하고 역 굴뚝 효과가 발생하는 경우도 있음을 의미하고, 이러한 이유는 외기에 접한 계단실의 공기 온도가 낮고 계단실 주위의 인접 샤프트 내부의 공기 온도가 높아 계단실에서 건물 내부로 하강 기류가 발생하기 때문이다.

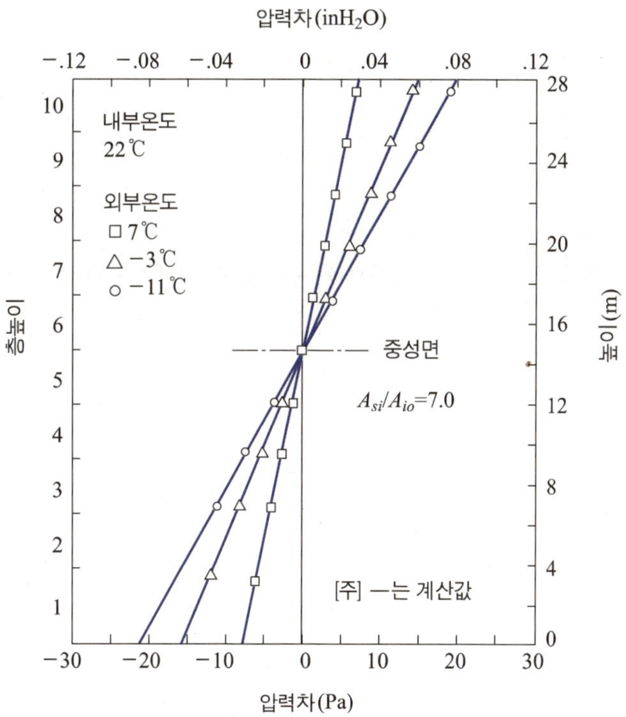


그림 4.13 외부 온도와 건물 높이에 따른 압력차(Tamura and Klote, 1988)

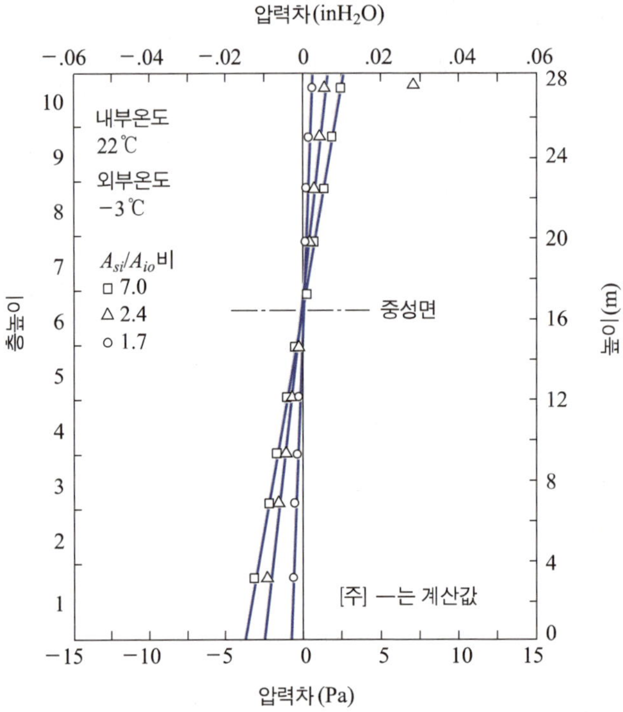


그림 4.14 누설 면적비와 건물 높이에 따른 압력차(Tamura and Klote, 1988)

[그림 4.13]에 나타낸 것처럼 건물의 내외부의 온도차가 클수록 압력차가 커지기 때문에 외국에서는 건물 내외부의 온도차를 인위적으로 줄이도록 설계하고 있다. 예를 들면, 북미에서 겨울철의 외부 온도가 0℃ 아래로 떨어지면 실내 온도를 인위적으로 약 20℃로 유지하도록 하고, 오스트레일리아에서는 외부 온도가 40℃을 초과하면 내부 온도를 22℃에서 23℃을 유지하도록 하고 있다.

건물 화재에서 연기 이동은 굴뚝 효과에 의해 좌우된다. 정상 굴뚝 효과(그림 4.11)가 발생하는 경우 화재가 중성면 아래에 있으면 연기는 샤프트 내부로 유입되어 샤프트 외부로 건물 기류와 함께 이동한다. 이와 같이 상승 연기는 화재의 온도에 의한 부력에 의해 더욱 가속된다. 한편, 중성면 위로 상승한 연기는 [그림 4.15(a)]에 나타낸 것처럼 샤프트를 빠져나와 건물 위층으로 유입된다. 층 사이의 누설이 화재층의 위층으로 연기를 이동시키는 원인이 된다.

만약 층 사이의 누설을 무시해도 좋다면, 화재층을 제외한 중성면 아래층은 무연(smoke free)의 상태로 전혀 연기에 오염되지 않는다. 층사이의 누설이 심각한 경우, 화재층 바로 위층은 [그림 4.15(a)]에 나타낸 것처럼 중성면 아래 다른 층보다 연기가 더 많게 된다. 중성면 위쪽에서 화재가 발생할 경우, 정상 굴뚝 효과로 인해 건물 기류는 연기 이동을 제한하는 경향이 있다. 샤프트에서 화재층으로 흐르는 기류가 이들 샤프트로 침투하는 연기를 막을 수도 있지만 (그림 4.15(b)), 층사이의 누설이 약간의 연기 이동을 일으킬 수 있다. 만약 고온 연기의 부력이 샤프트에 작용하는 굴뚝 효과보다 크다면, 연기는 샤프트로 침투할 수 있고 또 상층부로 이동할 수 있다(그림 4.15(c)).

역 굴뚝 효과의 기류(그림 4.11)는 정상 굴뚝 효과와 반대로 연기의 냉각 정도에 따라 영향을 받는다. 고온 연기의 경우, 부력이 커질 수 있기 때문에 연기가 역 굴뚝 효과를 일으키는 동안에도 심지어 윗방향으로 흐를 수 있다.

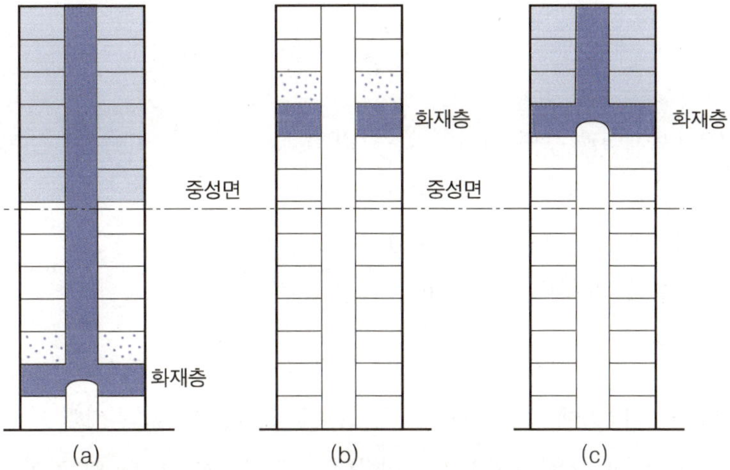


(a) 중성면 아래의 화재, (b) 중성면 위의 화재, (c) 뜨거운 화재 가스의 부력에 의해 화재층에서 샤프트로 들어가는 연기와 중성면 위의 화재

그림 4.15 굴뚝 효과에 의한 연기 이동

### 4.6.2 부력

화재로부터 발생된 고온의 연기는 밀도의 자체 감소로 인해 부력을 가진다. 임의의 공간이 화재에 완전히 감싸여 있는 동안 발생하는 압력을 나타내면 [그림 4.16]과 같고, 이들 압력은 굴뚝 효과의 압력 해석과 동일한 방법으로 해석할 수 있다. 화재실과 그 주변 사이의 압력차 $\Delta P_{fo}$는 굴뚝 효과에서 전개된 식 (4.63)과 같은 방법으로 식 (4.69)와 같이 전개할 수 있다.

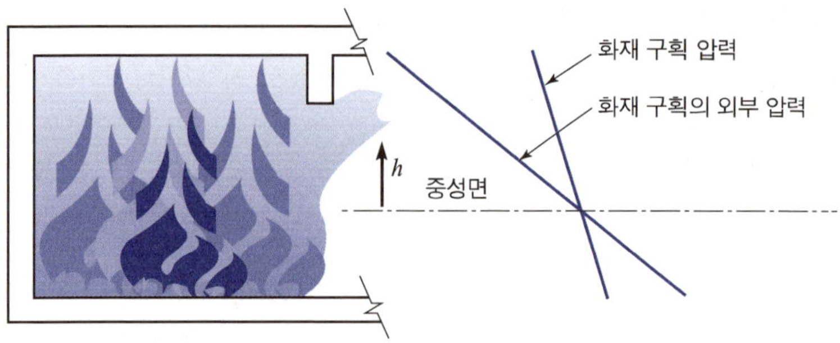


그림 4.16 화재에 완전히 감싸여 있는 동안 발생하는 압력

$$\Delta P_{fo} = \frac{g P_{atm}}{R}\left[\frac{1}{T_o} - \frac{1}{T_f}\right]h \tag{4.69}$$

여기서, $\Delta P_{fo}$ : 화재실과 주변 사이의 압력차(Pa)

$T_o$ : 화재실 주변의 공기 온도(K)

$T_f$ : 화재실 내부의 가스 온도(K)

$h$ : 중성면으로부터의 거리(m)

중성면은 화재실의 내부 압력과 외부 압력이 같은 수평면이다. 식 (4.69)는 화재실의 온도가 일정한 경우이다. 식 (4.69)에 표준 대기압 $P_{atm}$(101,325 Pa)일 때, 공기의 기체 상수 $R$ (287 J/kg · K), 중력 가속도의 값을 대입하고 정리하면 $\Delta P_{fo}$는 식 (4.69a)와 같이 된다.

$$\Delta P_{fo} = 3,460\left[\frac{1}{T_o} - \frac{1}{T_f}\right]h \tag{4.69a}$$

Fang(1980)은 여러 차례 대규모 실물 화재 실험에서 화재에 의해 형성되는 압력차(부력)를 연구하고, 이 실험으로부터 화재실의 온도가 925℃일 때 최대 압력차(부력)는 천장근처의 벽에서 약 16 Pa 정도가 된다고 제시하였다.

[표 4.4]를 살펴보면, 화재실에서는 굴뚝 효과와 대조적인 부력이 연기 이동의 주된 이동력이라는 것을 알 수 있다. 유리창이 깨지지 않았다면, 화재실의 부력은 중성면으로부터 대부분 임의의 위치에서 누설 면적의 비 $A_{si}/A_{io}$값에 크게 지배된다. 중성면에서 멀리 떨어진 위치에서 $A_{si}/A_{io}$값이 작을 경우, 유리창이 파손되지 않았을 때의 부력보다 굴뚝 효과가 더욱 위압적이다. 화재실 내외부의 온도 차이가 아주 클 때는 굴뚝 효과는 위압적인 이동력이 된다.

**예제 4.12** 화재실의 온도가 800℃일 때, 중성면에서 1.83 m 높이의 부력에 의한 압력차는 얼마가 되겠는가? 단, 외기의 온도는 21℃이다.

**풀이**

$T_o = 21 + 273 = 294$ K, $T_f = 800 + 273 = 1{,}073$ K

식 (4.69a)로부터

$$\Delta P_{fo} = 3{,}460\left[\frac{1}{T_o} - \frac{1}{T_f}\right]h = 3{,}460 \times \left[\frac{1}{294} - \frac{1}{1{,}073}\right] \times 1.83 = 15 \text{ Pa}$$

**예제 4.13** 만약 화재실의 온도가 700℃일 때, 중성면에서 10.7 m 높이의 부력에 의한 압력차는 얼마가 되겠는가? 단, 외기의 온도는 21℃이다.

**풀이**

$T_o = 21 + 273 = 294$ K, $T_f = 700 + 273 = 973$ K

식 (4.69a)로부터

$$\Delta P_{fo} = 3{,}460\left[\frac{1}{T_o} - \frac{1}{T_f}\right]h = 3{,}460 \times \left[\frac{1}{294} - \frac{1}{973}\right] \times 10.7 = 88 \text{ Pa}$$

화재실 천장에 누설 경로가 있는 건물의 경우, 부력에 의해 유발되는 압력은 화재층의 상층부로 연기를 이동시키는 원인이 된다. 게다가 이 압력은 방화 구획의 벽이나 문 주변의 누설 경로를 통하여 연기를 이동시키는 원인된다. 연기는 화재로부터 멀리 이동하기 때문에 연기의 온도는 열전달과 희석에 의하여 떨어지게 된다. 그러므로 부력의 영향은 일반적으로 화재로부터 멀리 떨어질수록 줄어든다.

화재실의 연기를 부력에 의해 배출할 경우 연기 배출량 $m_s$(kg/s)는 '5.3장 자연 배연과 5.4장 기계 배연'을 참고하기 바란다.

### 4.6.3 팽창

부력뿐만 아니라 화재로부터 방출되는 에너지는 연소 가스를 팽창시킴으로 연기이동의 원인이 될 수 있다. 건물에 하나의 개구부만 있는 경우 공기는 화재실로 유입되고 고온의 연기는 화재실 밖으로 유출된다. 기류와 비교하여 추가된 작은 연료의 질량을 무시하고 공기의 특성과 같이 연기의 열적 특성을 고려하면, 체적 유량비는 기체 상태 방정식으로부터 절대 온도의 비로 나타낼 수 있다.

$$\frac{Q_{out}}{Q_{in}} = \frac{T_{out}}{T_{in}} \tag{4.70}$$

여기서, $Q_{out}$ : 화재실에서 유출되는 연기의 체적 유량($m^3$/s)

$Q_{in}$ : 화재실로 유입되는 공기의 체적 유량($m^3$/s)

$T_{out}$ : 화재실에서 유출되는 연기 온도(K)

$T_{in}$ : 화재실로 유입되는 공기 온도(K)

연기의 온도가 600℃일 경우 식 (4.70)에 의해 연소 가스는 처음 체적에 약 3배 정도 팽창된다. 만일 화재실로 유입되는 공기가 1.5 $m^3$/s이면, 이때 화재실에서 유출되는 연기는 4.5 $m^3$/s가 된다. 이것은 가스가 처음 체적보다 3배로 팽창되었음을 의미한다. 구역 제연과 같이 배기에 종속되는 밀폐 공간의 화재에서 팽창은 연기를 이동시키는데 그 영향이 매우 크게 작용한다.

화재실에서 상승된 압력을 막기 위해서는 기계 배연 또는 자연 배연을 실시해야 팽창을 줄일 수 있다. 만약 목적이 화재실에서 인접 공간으로 누출을 막는 것이라면 대부분의 구조물은 화재로 유발되는 압력을 줄일 수 있을 정도의 개구부가 있지만, 기계 배연 시스템은 화로부터 유발되는 가스 팽창을 조절할 수 있어야 한다.

출입문이나 창문이 열려 있는 화재실의 경우, 팽창으로 인한 이들 개구부 사이의 압력차는 큰 유동 면적에 포함되었기 때문에 무시해도 좋다. 그러나 출입문이나 창문이 열려있지 않은 화재 공간의 경우 팽창으로 인한 압력차는 매우 중요하다. 화재로부터 방출된 에너지에 의해 연소 가스의 팽창에 의해 상승되는 압력 $P_E$(Pa)는 식 (4.71)과 같이 나타낼 수 있다.

$$P_E = \frac{180(BHA)^2}{C_d A_V^2 (T_o + \Delta T)^3} \tag{4.71}$$

여기서, $B$ : 온도 상승율[K/s]

$A$ : 화재실의 면적($m^2$)

$H$ : 화재실의 높이(m)

$C_d$ : 유출 계수(0.6)

$A_V$ : 누설 면적($m^2$)

$T_o$ : 화재실 초기온도[K]

$\Delta T$ : 상승 온도(K)

**예제 4.14** 어떤 공간의 바닥 면적은 1000 $m^2$이고 높이가 10 m인 화재실의 개구부와 누설 틈새를 포함한 전체 누설 면적이 5 $m^2$이다. 이 공간에서 화재가 발생하여 평균 온도가 대기(25 ℃)보다 200 K 높게 형성되었고, 온도 상승율이 4 K/s라고 한다. 이때 팽창에 의한 압력 상승은 얼마가 되겠는가?

**풀이**

식 (4.71)로부터

$$P_E = \frac{180(B\,HA)^2}{C_d A_V^2 (T_o + \Delta T)^3} = \frac{180(4 \times 10 \times 1{,}000)^2}{0.6^2 \times 5^2 \times (298+200)^3} \fallingdotseq 45\ \text{Pa}$$

화재로 인한 연소 가스는 팽창에 의해 45 Pa의 압력이 상승한다.

### 4.6.4 바람의 영향

많은 화재 사례에서 알 수 있듯이 바람은 건물 내 연기를 이동시키는 중요한 인자 중의 하나로서 연기 이동에 뚜렷한 영향을 미친다. 화재로 인해 파열된 유리창이 바람이 부는 정면인가 뒷면인가에 따라 화재에 대한 영향이 상당히 크다. 풍압은 연기를 이동시키는 힘에 가중되어 화재층은 물론 다른 층의 재실자들에게도 심각한 위험을 줄뿐만 아니라 소방관의 화재 진압에도 방해를 줄 수 있다.

[그림 4.17]은 건물의 4개 측면과 지붕에 대한 공기 압력 분포를 나타낸 것이다. 평면도에서 바람이 불어오는 쪽의 벽은 건물 내부로 압력을 받게 되고, 반면에 바람이 불어가는 쪽의 벽

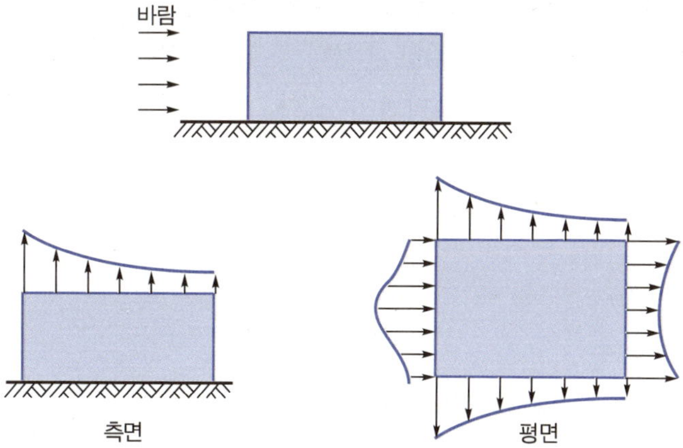


그림 4.17 바람에 의한 건물 측면과 지붕의 압력 분포

과 나머지 두 면의 벽은 건물 외부로 압력을 받게 된다. 또 지붕은 지붕 위쪽으로 압력을 받게 되고 바람이 불어오는 가장 자리가 가장 큰 압력을 받게 된다. 이들 압력은 건물의 상부와 주위에서 많은 공기를 이동시키는 원인이 된다. 저층의 폭이 넓은 건물은 지붕 위로 많은 공기를 이동시키게 되고, 폭이 좁은 고층 건물에서는 지붕보다 측면에서 많은 공기를 이동시킨다.

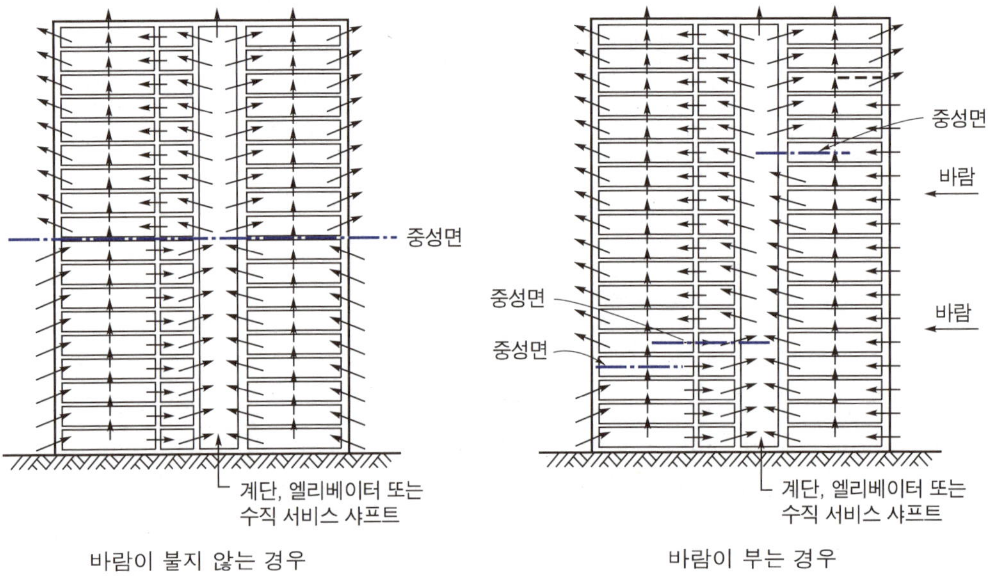


**그림 4.18** 바람에 의한 건물 내부의 기류 이동

[그림 4.18]에 나타낸 것처럼 바람은 풍압과 건물 내 자연 기류의 방향을 바꾸고 중성면의 위치를 바꾸기도 한다. 풍압은 풍속과 지형, 건물의 구조에 영향을 받는다. 바람이 건물에 미치는 압력 $P_w$(Pa)는 식 (4.72)와 같이 나타낼 수 있다.

$$P_w = \frac{1}{2} C_w \rho_0 V^2 \tag{4.72}$$

여기서, $P_w$ : 풍압(Pa)

$C_w$ : 압력 계수

$\rho_o$ : 외부 공기 밀도(kg/m$^3$)

$V$ : 풍속(m/sec)

공기 밀도가 1.20 kg/m$^3$인 경우 식 (4.72)은 식 (4.72a)와 같이 된다.

$$P_w = 0.6 C_w V^2 \tag{4.72a}$$

제연 시스템의 평가나 연기 이동의 분석에서 풍속은 평균 풍속을 사용한다. 따라서 식 (4.72)의 풍속은 평균 풍속값을 의미한다. 일반적으로 압력 계수 $C_w$는 $-0.8 \sim 0.8$ 범위 내에 있고, 바람이 불어오는 쪽은 양(+)의 값을 갖고 바람이 불어가는 쪽은 음(−)의 값을 갖는다. 압력 계수는 건물의 기하학적 형상과 국지성 바람을 일으키는 장애물의 위치에 따라 다르고, 또한 압력 계수는 벽면의 위치에 따라 변한다. 일반적으로 풍속은 접지면의 가장 가까운 경계층의 높이에 따라 증가한다. 압력 계수값 $C_w$는 벽면적에 대한 평균값이고, 장애물이 없는 사각형 건물에 대한 $C_w$값을 [표 4.2]에 제시하였다.

**표 4.2** 사각형 건물의 벽에 대한 평균 압력 계수(ASHRAE, 2003)

| 건물 높이비 | 건물 평면비 | 높이 | 평면 | 바람각도 $\alpha$ | 표면에 대한 $\overline{C_w}$ A | B | C | D |
|---|---|---|---|---|---|---|---|---|
| $\frac{h}{w} \le \frac{1}{2}$ | $1 < \frac{l}{w} \le \frac{3}{2}$ | 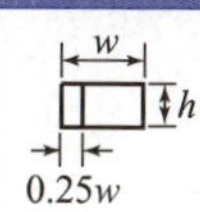 | 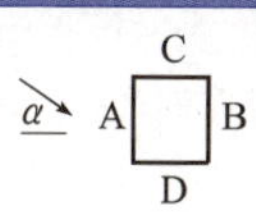 | 0°<br>90° | +0.7<br>−0.5 | −0.2<br>−0.5 | −0.5<br>+0.7 | −0.5<br>−0.2 |
| | $\frac{3}{2} < \frac{l}{w} < 4$ | 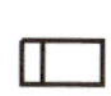 | 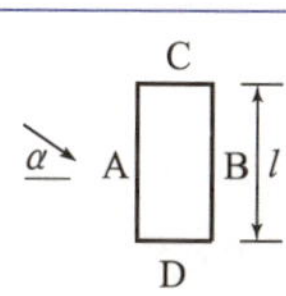 | 0°<br>90° | +0.7<br>−0.5 | −0.25<br>−0.5 | −0.5<br>+0.7 | −0.5<br>−0.1 |
| $\frac{1}{2} < \frac{h}{w} \le \frac{3}{2}$ | $1 < \frac{l}{w} \le \frac{3}{2}$ |  | 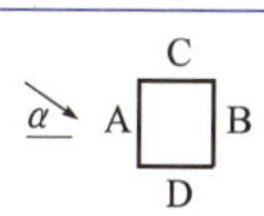 | 0°<br>90° | +0.7<br>−0.6 | −0.25<br>−0.6 | −0.6<br>+0.7 | −0.6<br>−0.25 |
| | $\frac{3}{2} < \frac{l}{w} < 4$ |  | 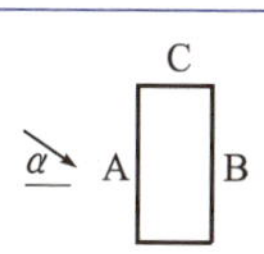 | 0°<br>90° | +0.7<br>−0.5 | −0.3<br>−0.5 | −0.7<br>+0.7 | −0.7<br>−0.1 |
| $\frac{3}{2} < \frac{h}{w} < 6$ | $1 < \frac{l}{w} \le \frac{3}{2}$ | 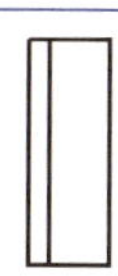 | 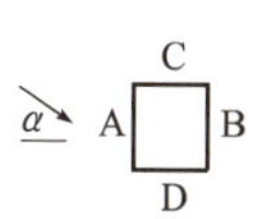 | 0°<br>90° | +0.8<br>−0.8 | −0.25<br>−0.8 | −0.8<br>+0.8 | −0.8<br>−0.25 |
| | $\frac{3}{2} < \frac{l}{w} < 4$ |  | 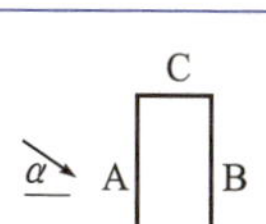 | 0°<br>90° | +0.7<br>−0.5 | −0.4<br>−0.5 | −0.7<br>+0.8 | −0.7<br>−0.1 |

바람에 의한 건물 한 면에 대한 다른 면의 압력차 $\Delta P_w$(Pa)는 식 (4.73)과 같이 나타낼 수 있다.

$$\Delta P_w = \frac{1}{2}(C_{w1} - C_{w2})\rho_o V^2 \tag{4.73}$$

여기서, $C_{w1}$ : 바람이 불어오는 쪽의 벽에 대한 압력 계수
$C_{w2}$ : 바람이 불어가는 쪽의 벽에 대한 압력계수

공기 밀도가 1.2 kg/m$^3$인 경우 식 (4.73)은 식 (4.73a)와 같이 된다.

$$\Delta P_w = 0.6(C_{w1} - C_{w2})V^2 \tag{4.73a}$$

바람의 영향은 높은 풍속과 유리창이 깨졌을 때 매우 심각하다. 즉, 출입문과 창문이 모두 닫쳐있고 밀폐 상태가 양호한 빈틈이 없는 건물 내에서는 공기 이동에 의한 바람의 영향은 대수롭지 않다. 하지만 개방문과 창문으로 건축된 건물과 출입문과 창문이 개방된 건물에서는 바람의 영향은 아주 심각하게 작용될 수 있다. 대체로 발생하는 기류는 복잡하고 실제적인 목적을 달성하기 위해서는 컴퓨터 해석이 필요하다.

지면에서 고도가 높아질수록 바람은 고도에 따라 일정하게 되며, 이것을 바람 구배(winds gradient)라고 한다. 지면에서 바람 구배까지의 유동은 [그림 4.19]에 나타낸 것처럼 풍속은 지면에서 0이 되고 점점 바람 구배의 속도까지 증가하는 대기 경계층으로 고려할 수 있다. 경계층에서 유동은 지표면과 나무와 건물과 같은 장애물에 의해 불규칙하게 영향을 받는다. 장애물이 있는 건물 근처의 바람은 와류와 여러 방향의 2차 유동으로 불규칙하게 된다.

일반적으로 풍속은 식 (4.74)와 같이 지수 식으로 표현되며 지면에서 높을수록 증가한다.

$$V = V_r\left(\frac{z}{z_r}\right)^n \tag{4.74}$$

여기서, $V$ : 풍속(m/s)
$V_r$ : 특정 높이에서의 속도(m/s)
$z$ : 알고자 하는 높이(m)
$z_r$ : 특정 높이(m)
$n$ : 바람 지수

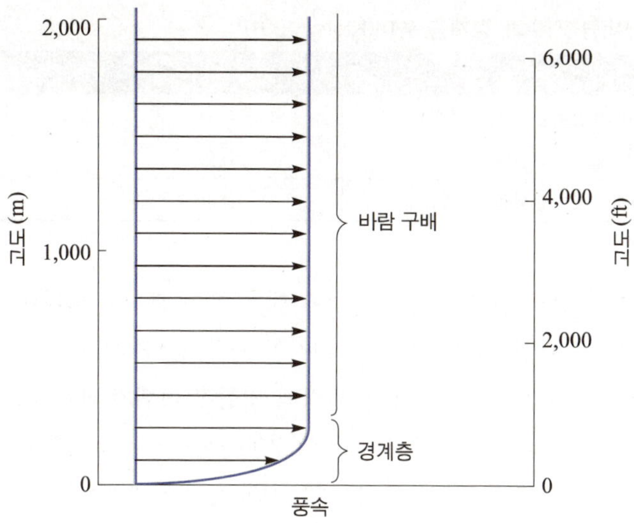


그림 4.19 바람 구배와 바람 경계층(Klote, 1991)

바람에 대한 데이터는 공항이나 기상청에서 통상 지면으로부터 약 10 m 정도의 높이 $z_r$에서 기록한다. 이것은 지표면 가까이에서 바람의 속도 형상을 설명하는데 아주 적절하다고 한다. 이때 데이터는 건물가까이에 국지성 바람을 만들 수 있는 어떤 큰 장애물도 없는 것으로 가정하고 기록된다.

만일 주변에 이러한 장애물이 있는 건물의 경우, 전문 풍동 실험장을 이용하여 바람의 압력을 결정하는 것이 바람직하다. 평평한 지역인 경우, 바람 지수 $n$은 약 0.16 정도가 된다. 지역이 점점 더 거칠어질수록 바람 지수는 증가하고, 도시 지역과 같은 곳은 0.4가 된다. [표 4.3]은 각 지형별로 바람 지수와 경계층 높이를 나타낸 것이며, 그 이상의 자세한 자료는 풍동 공학에 대한 문헌들을 참조하기 바란다. 지붕 높이가 일정한 도시 지역의 경우, 풍속은 식 (4.75)와 같다.

$$V = V_r \left( \frac{z - y}{z_r} \right)^n \tag{4.75}$$

여기서, $V$ : 풍속(m/s)

$V_r$: 특정 높이에서의 속도(m/s)

$z$ : 알고자 하는 높이(m)

$z_r$ : 특정 높이(m)

$y$ : 평균 지붕높이(m)

$n$ : 바람 지수

표 4.3 지형별 바람 지수와 경계층 높이(Klote, 1991)

| 지형 | 바람 지수($n$) | 경계층 높이(m) |
|---|---|---|
| 평평한(잔잔한 호수, 바다, 공항) | 0.16 | 275 |
| 거친(나무가 있는 도시나 교외) | 0.28 | 400 |
| 아주 거친(대규모 도시의 중앙) | 0.40 | 520 |

[그림 4.20]은 서로 다른 지형의 바람 지수에 대한 풍속 분포를 나타낸 것이고, [그림 4.21]은 건물과 인접 건물에 대한 건물 주위의 전형적인 기류 양상을 나타낸 것이다. [그림 4.21]에 나타낸 것처럼 건물에 따라 기류의 양상과 바람의 영향이 바뀌기 때문에 이들 변화에 대한 보정을 위해서 건물에서 조작하는 가압 시스템은 작동을 잘 조절할 필요가 있다.

만약 창문이 화재나 바람의 영향에 의해 깨진다면 건물 전역에 걸쳐서 공기의 이동이 크고 위압적일 수 있다. 만약 창문이 바람이 불어 가는 쪽에 있다면 바람으로 인해 생긴 부압은 화재실로부터 연기를 배출하는 원인이 된다. 이러한 현상은 건물 전체에 걸쳐 연기 이동을 크게 감소시킨다. 그러나 만일 파손된 창문이 바람이 불어오는 쪽에 있다면 바람은 화재층은 물론 다른 층에까지도 연기가 확산될 수 있다. 이러한 상황은 건물 거주자의 생명을 위태롭게 하고 진화 작업을 방해한다. 이 같은 상황에서 바람에 의해 유발되는 압력은 상대적으로 커질 수 있고 쉽게 건물 전역에 걸쳐 공기 이동을 지배하게 된다. 옥외 급기구 역할을 하는 지붕창과 연기 배출 지붕창은 바람 영향을 피할 수 있도록 이들의 위치를 조심스럽게 설정해야 한다.

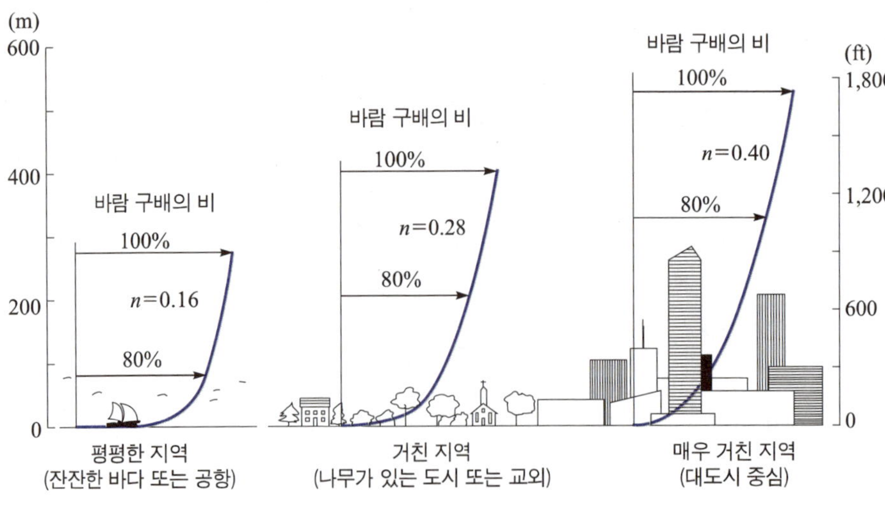


그림 4.20 각 지역에 대한 풍속 양상

또한 외부 출구를 가지고 있는 계단과 엘리베이터 샤프트는 바람 영향이 보상되도록 세심한 주의가 필요가 하다. 통풍이 멈춘 로비는 샤프트에서 발생하는 압력차로부터 바람의 영향을 막는데 사용되기도 한다.

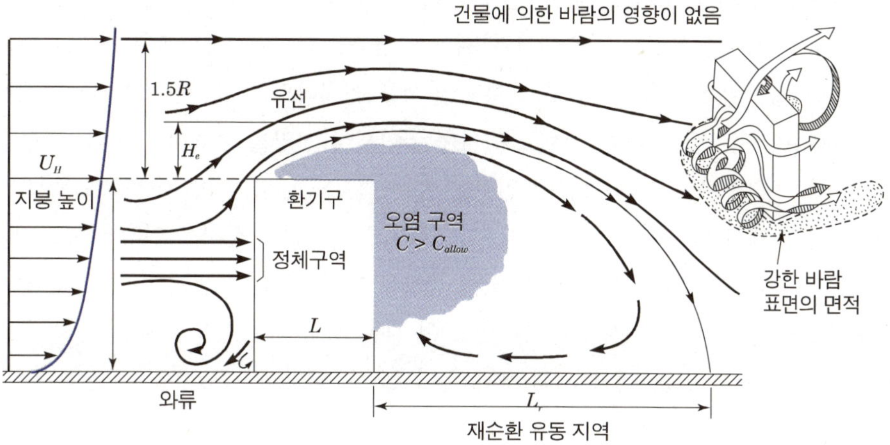


그림 4.21 건물 주변의 기류 양상

**예제 4.15**

평균 지붕 높이가 18 m인 도시에 위치한 180 m 높이의 건물 최상부 근처의 풍속은 얼마나 되겠는가? 단, 그 지역의 공항에서 측정된 풍속은 4.5 m/s이다.

**풀이**

1) 매우 불규칙한 지역의 경우 [표 4.3]에 의하면 바람지수 $n = 0.4$

2) 공항에서 풍속을 측정하였기 때문에 $z_r = 10$

3) 식 (4.75)로부터

$$V = V_r \left( \frac{z-y}{z_r} \right)^n = 4.5 \times \left( \frac{180-18}{10} \right)^{0.4} = 13.7 \text{ m/s}$$ 가 된다.

**예제 4.16**

[예제 4.15]의 건물 최상부에서 벽에 가해지는 풍압은 얼마가 되겠는가? 단, 압력 계수는 0.8이다.

**풀이**

식 (4.72a)로부터

$$P_w = C_w K_w V^2 = 0.8 \times 0.6 \times (13.7)^2 = 90.1 \text{ Pa}$$ 된다.

### 4.6.5 강제 환기 시스템

제연의 개념이 정립되기 전에는 화재 감지와 동시에 HVAC (heating ventilation and air conditioning) 시스템의 작동이 정지되었다. HVAC 시스템은 종종 건물 화재 시 연기를 다른 장소로 이동시킨다. 화재 초기 단계에서는 HVAC 시스템이 화재 감지를 돕는 역할을 할 수도 있다. 건물 내부에 사람이 없는 장소에서 화재가 발생하면 HVAC 시스템은 연기를 다른 장소로 이동시켜 사람들이 연기를 냄새 맡고 화재 발생을 인지하도록 해준다. 그러나 화재가 진행됨에 따라 HVAC 시스템은 다른 장소로 연기를 확산시켜 인명을 위협하게 된다. 또한 HVAC 시스템은 화재 공간으로 공기를 공급해 연소를 돕는 역할도 한다. 이런 이유로 HVAC 시스템은 통상적으로 화재가 발견되면 작동을 멈춘다. HVAC 시스템의 정지로 인해 화재로 공급되는 공기는 막을 수 있지만, 굴뚝 효과, 부력, 바람 등으로 인한 공급 및 환기용 공기 풍도, 샤프트, 기타 개구부를 통한 연기 이동은 막을 수 없다. 이 같은 연기 이동을 막는데 방연 댐퍼(일본 소방법에서는 280℃에서 방연 댐퍼 폐쇄)가 도움이 될 수 있다.

HVAC 시스템이 층 사이의 연기 이동 경로가 된다는 것은 자명한 사실이다. HVAC 시스템은 화재 또는 연기 감지로부터 송풍기를 일시 정지시키거나 특별한 제연 작동 모드로 전환되도록 설계해야 한다.

HVAC 시스템을 이용한 제연 시스템에는 많은 종류가 있지만 제9장에 제시된 세 가지 기본 시스템의 범위 내에 있고, 강제(기계)식 환기 시스템에는 다음과 같은 4가지 유형이 있다.

① 정풍량－단일 구역 시스템
② 말단 재열의 정풍량 시스템
③ 가변 풍량(VAV) 시스템
④ 이중 풍도 시스템

#### 1) 단일 구역-정풍량 시스템

[그림 4.22]는 단일 송풍기의 정풍량 시스템을 나타낸 것이다. 정풍량의 의미는 시스템이 일정하거나 일정한 공기의 체적 유량을 나타내는 시스템을 말한다. 이 시스템은 주로 주택과 소규모 상가에서 사용된다. 예를 들면, 주택에서의 환기는 필터와 팬과 코일에 의해 끌어들이고 주택의 뒤로 배출시킨다. 이 시스템은 냄새 조절을 위해 벽, 창문과 문 주위의 균열을 통하여 흐르는 충분한 공기 누설이 있는 곳에 적용된다.

HVAC 제어 구역이 하나뿐인 시스템을 단일 구역 시스템(그림 4.23)이라 한다. 일반적으로 이 시스템은 온도와 습도 조건을 유지하기 위해 on/off 동작만을 하는 두 개의 제어 시스템을 가지고 있다.

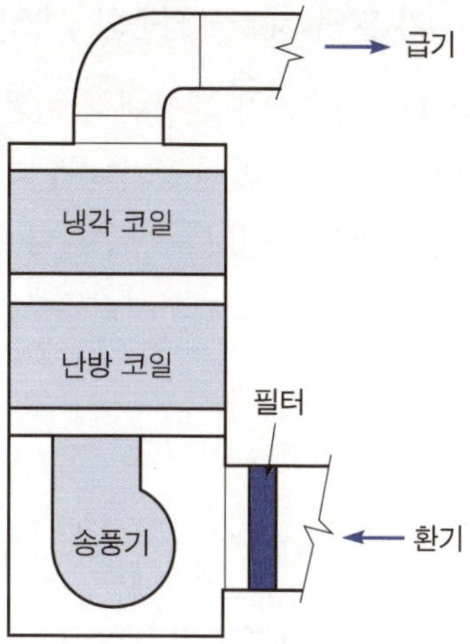


그림 4.22 단일 송풍기 시스템

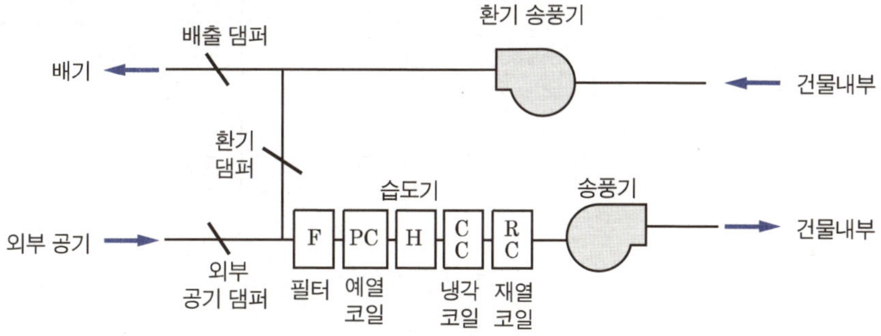


(a)

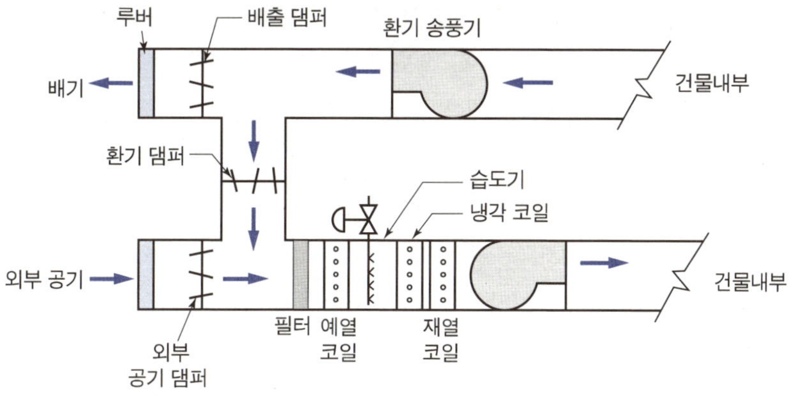


(b)

그림 4.23 단일 구역-정풍량 시스템

### 2) 말단 재열-정풍량 시스템

[그림 4.24]에 나타낸 것처럼 말단 재열-정풍량 시스템은 HVAC 제어 구역에 주로 사용한다. 이 시스템의 송풍기는 구역의 안정 조건을 유지하는데 필요한 온도로 재열해야 하는 각 구역에 냉각된 공기를 제공한다. 시스템을 통과하는 공기량은 일정하며, 각 재열 코일로 들어오는 공기를 열로 변화시킬 수 있다. 이 시스템은 각 구역의 온도와 습도를 조절하는 능력이 있다.

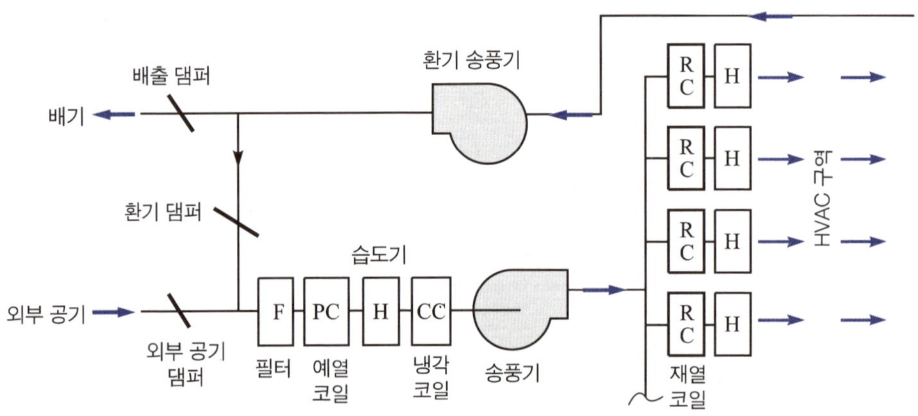


그림 4.24 말단 재열-정풍량 시스템

### 3) 가변 풍량 시스템

가변 풍량(variable air volume) 시스템은 안정 조건을 유지하기 위해 공간에 대한 조화 공기의 공급비가 변한다. 게다가 이 시스템은 실 온도에 맞추어 급기량을 바꾸기 때문에 공급 공기의 온도가 변하고 실의 압력이 변한다. 예를 들어, 냉방시 화재가 발생하면 화재에 의한 공기 온도의 상승으로 급기량이 최대가 되어 화재 구역의 압력이 다른 공간보다 높아지는 경우가 발생한다. 이 상태로 시스템이 계속해서 운전되면 연기가 주위 공간으로 확산된다.

[그림 4.25]에 나타낸 시스템에서 각 구역으로 흐르는 유량은 VAV 장치의 댐퍼나 다른 유량 제어 장치에 의하여 제어된다. 이 장치를 VAV 단자함이라고 한다. 일반적으로 공급 공급 송풍기와 환기 송풍기는 가변 유량의 능력이 있고 정압 센서에 의해 제어된다. 송풍기에 의한 가변 유량을 이루기 위해 응용된 가변 피치 입구 베인, 송출 댐퍼, 가변 피치 모터 시브, 와전류 이음, 변속 DC 모터, 가변 주파수 AC 모터 속도 제어기 등이 있다. 정풍량 시스템과 같이 VAV 시스템은 건물을 가압되도록 설계할 수 있다.

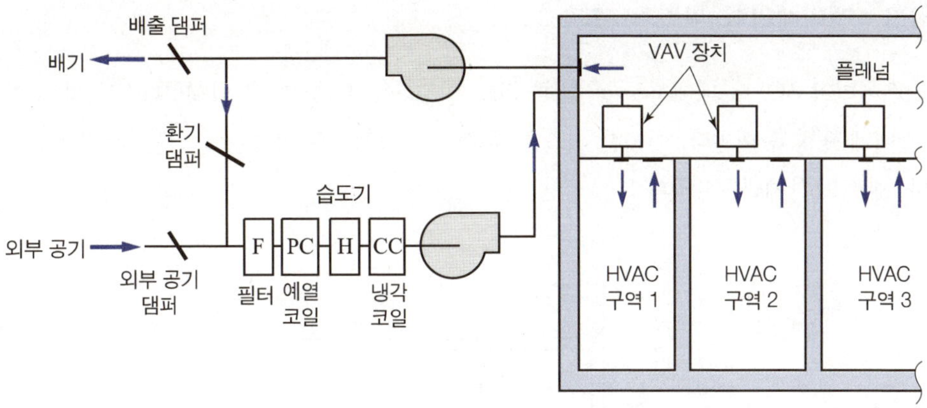


그림 4.25 가변 풍량(VAV) 시스템

#### 4) 이중 풍도 시스템

이중 풍도 시스템은 중앙에서 모든 공기를 조절하고 두 개의 병렬 공급 풍도를 통해 조절을 필요로 하는 공간으로 공기를 분배한다. 한쪽 풍도에서는 차가운 공기를 다른 한쪽에서는 따뜻한 공기를 공급한다([그림 4.26]).

각 구역의 혼합 상자는 안정 조건을 이루기 위해 적당한 비율로 두 개의 공기 흐름을 결합시킨다. 이들 시스템은 고효율의 난방과 냉방 부하의 변화를 조정하기 위해 다중 실의 건물에 사용된다.

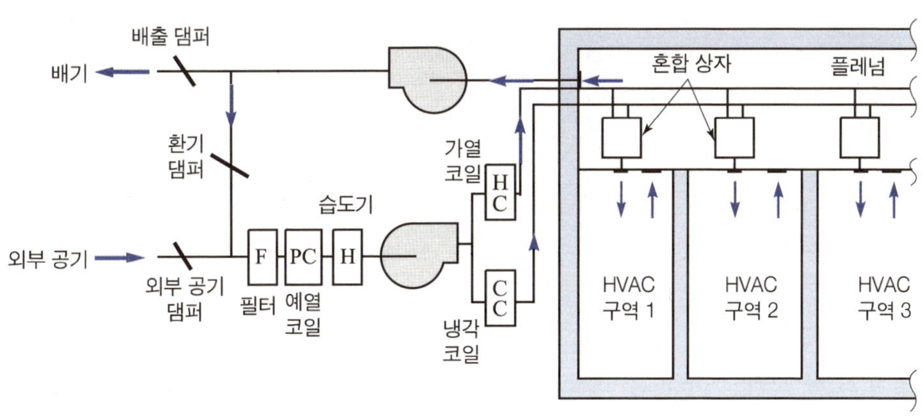


그림 4.26 이중 풍도 시스템

### 4.6.6 엘리베이터 피스톤 효과

엘리베이터가 샤프트 내에서 이동할 때 과도 압력(피스톤 효과)이 발생한다. 이 과도 압력은 연기 제어에 영향을 미친다. 이러한 피스톤 효과는 정상적으로 가압된 공기를 엘리베이터 승강장이나 샤프트로 빼낼 수 있다.

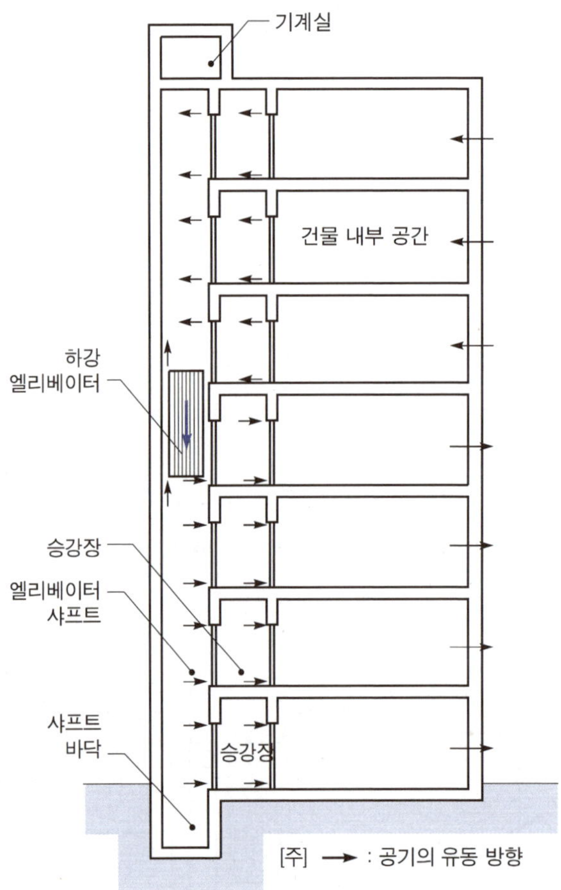


그림 4.27 엘리베이터 이동에 따른 공기 이동

[그림 4.27]에 나타낸 바와 같이 엘리베이터가 아래 방향으로 이동할 경우 엘리베이터 샤프트 아래에서는 공기를 밖으로 강제로 내보내고, 엘리베이터 샤프트 위에서는 공기를 안쪽으로 강제로 끌어들인다. 이때 샤프트 내부의 압력은 거의 일정하므로 샤프로 들어가는 질량 유량과 샤프트에서 나가는 질량 유량은 같다고 생각할 수 있다. 엘리베이터 샤프트 윗부분의 체적을

$V_a$라고 하면, $V_a$로 유입되는 질량 유량과 공간 내부에서 변화되는 질량 유량은 질량 보존 법칙에 따라

$$m_{oa} + m_{ba} = \frac{d}{dt}(\rho V_a)$$

여기서, $m_{oa}$ : 외부에서 엘리베이터 윗부분으로 유입되는 공기의 질량 유량(kg/s)

$m_{ba}$ : 엘리베이터 아래에서 윗부분으로 유입되는 공기의 질량 유량(kg/s)

$$\frac{dV_a}{dt} = A_a V$$

여기서, $A_a$ : 엘리베이터 윗부분의 샤프트 단면적(m$^2$)

$V$ : 엘리베이터의 이동 속도(m/s)

샤프트 내부의 공기 밀도 $\rho$ (kg/m$^3$)가 일정하다면, $d(\rho V_a)/dt = \rho A_a V$가 된다. 일반적으로 엘리베이터의 최대 속도 10 m/s, 가속도 1.2 m/s$^2$로 층높이가 36 m인 건물에서 엘리베이터가 이동하는 시간은 약 4~5초 걸린다. 대부분 엘리베이터는 한 개 층의 거리에서 규정 속도로 가속한다. 가속 시간이 짧고 피스톤 효과에 미치는 영향은 작기 때문에 엘리베이터의 이동에 따른 유량 변화는 일반적으로 고려하지 않는다.

만약 샤프트의 개구 면적이 동일하고 건물 내에서 수직 방향의 기류는 엘리베이터 샤프트 내부에서만 생긴다고 가정하면, 각 질량 유량은 식 (1.7)의 개구부를 통과하는 유량으로부터 구할 수 있다. 이를 근거로 Klote(1988)는 엘리베이터 피스톤 효과에 의해 발생하는 엘리베이터 샤프트 윗부분과 외부 사이의 압력차 $\Delta P_{so}$(Pa)에 대한 해석 식을 식 (4.76)과 같이 제시하였다.

$$\Delta P_{so} = \frac{\rho}{2}\left[\frac{A_s V}{N_a C A_e + C_c A_a [1 + (N_a/N_b)^2]^{1/2}}\right]^2 \tag{4.76}$$

여기서, $\rho$ : 샤프트 내부의 공기 밀도(kg/m$^3$)

$A_s$ : 샤프트의 단면적(m$^2$)

$V$ : 엘리베이터의 이동 속도(m/s)

$N_a$ : 엘리베이터 윗부분의 층 수

$N_b$ : 엘리베이터 아랫부분의 층 수

$C$ : 건물 누설 경로에 대한 유량 계수

$A_e$ : 샤프트와 외기 사이의 층당 유효 유동 면적(m$^2$)

$C_c$ : 엘리베이터 주변 유동에 대한 유량 계수
$A_a$ : 엘리베이터를 제외한 샤프트의 자유 유동 면적($m^2$)

Klote(1988)는 실험을 통해 두 개의 엘리베이터 샤프트에서 엘리베이터가 한 대만 움직일 경우 유량 계수 $C_c=0.94$이고, 두 대가 나란히 같이 움직일 경우 유량 계수 $C_c=0.83$ 정도라고 제시하였다. 식 (4.76)은 해석의 단순화를 위해 부력, 바람, 굴뚝 효과, HVAC의 영향을 생략한 것이며, 굴뚝 효과를 생략한 것은 건물 내부의 공기 온도와 외기의 온도가 같다고 규정한 것이다.

[그림 4.27]에서 샤프트에서 승강장으로, 승강장에서 건물 내부로, 건물 내부에서 외부로 공기를 밀어내는(엘리베이터 아랫부분) 3개의 직렬 경로에 대한 층당 유효 유동 면적 $A_e$ $m^2$는 식 (4.77)과 같이 된다.

$$A_e=\left[\frac{1}{A_{rs}^2}+\frac{1}{A_{ir}^2}+\frac{1}{A_{oi}^2}\right]^{-1/2} \tag{4.77}$$

여기서, $A_{rs}$ : 샤프트와 승강장 사이의 누설 면적($m^2$)
$A_{ir}$ : 승강장과 건물 내부 사이의 누설 면적($m^2$)
$A_{oi}$ : 건물 내부와 외기 사이의 누설 면적($m^2$)

굴뚝 효과에서 전개했던 방법으로 승강장과 건물 내부의 압력차를 전개하면 식 (4.78)과 같이 나타낼 수 있다.

$$\Delta P_{ri}=\Delta P_{so}(A_e/A_{ir})^2 \tag{4.78}$$

여기서, $\Delta P_{ri}$ : 승강장과 건물 내부 사이의 압력차(Pa)
$\Delta P_{so}$ : 샤프트와 외기 사이의 압력차(Pa)
$A_e$ : 샤프트와 외기 사이의 유효 유동 면적($m^2$)
$A_{ir}$ : 승강장과 건물 내부 사이의 누설 면적($m^2$)

이러한 직렬 경로의 해석에는 계단실과 소화물용 엘리베이터와 같은 다른 샤프트의 영향은 포함되지 않는다. 만약, 이들 다른 샤프트의 누설 면적이 $A_{oi}$와 비교하여 상대적으로 적다면, 식 (4.77)은 창문이 열린 건물 개방 층의 $A_e$를 계산하는데 적합하다. 밀폐된 층에 대해서도 식 (4.78)은 적절하게 응용될 수 있고, 만일 모든 이동 경로가 직렬이라면 엘리베이터 샤프트에서 건물 외부로 이동하는 수직 유동은 무시해도 좋다. 혼합 이동 경로를 갖는 건물이라면, 앞 단원에서 논의된 유효 유동 면적 기법을 사용해서 평가한다. 이를 검증하기 위한 실험이 Klote(1988)에 의해 수행되었다.

**예제 4.17** 단일 샤프트에서 엘리베이터가 3.05 m/s로 하강할 때 압력차는 얼마나 생성되겠는가? 건물의 높이는 20층이고 18층에 엘리베이터가 있다. 단, $N_a=2$, $N_b=17$, $C=0.65$, $C_c=0.83$, $\rho=1.20\ \text{kg/m}^3$이다. 각 단면적은 다음과 같다.

$A_{rs}=0.149\ \text{m}^2$, $A_{ir}=0.039\ \text{m}^2$, $A_{oi}=0.050\ \text{m}^2$, $A_s=5.61\ \text{m}^2$, $A_a=1.80\ \text{m}^2$

**풀이**

1) 식 (4.77)로부터

$$A_e=\left[\frac{1}{A_{rs}^2}+\frac{1}{A_{ir}^2}+\frac{1}{A_{oi}^2}\right]^{-1/2}=\left[\frac{1}{0.149^2}+\frac{1}{0.039^2}+\frac{1}{0.05^2}\right]^{-1/2}=0.0302\ \text{m}^2$$

2) 식 (4.76)으로부터

$$\Delta P_{so}=\frac{\rho}{2}\left[\frac{A_s V}{N_a C A_e+C_c A_a[1+(N_a/N_b)^2]^{1/2}}\right]^2$$

$$=\frac{1.2}{2}\left[\frac{5.61\times3.05}{2\times0.65\times0.0302+0.83\times1.8\times[1+(2/17)^2]^{1/2}}\right]^2=75\ \text{Pa}$$

3) 식 (4.78)로부터

$$\Delta P_{ri}=\Delta P_{so}(A_e/A_{ir})^2=75\times(0.0302/0.039)^2=45\ \text{Pa}$$

또한 식 (4.78)에 식 (4.76)을 대입하면 승강장과 건물 내부 사이의 압력차 $\Delta P_{ri}$(Pa)는 식 (4.79)와 같이 구해진다.

$$\Delta P_{ri}=\frac{\rho}{2}\left[\frac{A_s V(A_e/A_{ir})}{N_a C A_e+C_c A_a[1+(N_a/N_b)^2]^{1/2}}\right]^2 \tag{4.79}$$

식 (4.79)는 하강하고 있는 엘리베이터 윗부분에서 생기는 압력차 $\Delta P_{ri}$를 엘리베이터 속도, 건물 내부 유동 경로의 특성, 엘리베이터 위치를 나타낸 것이다. 식 (4.79)에서 $\Delta P_{ri}$는 엘리베이터 윗부분의 층수 $N_a$가 0일 때 식 (4.80) 이상을 넘어서는 안 된다는 것을 의미한다. 식 (4.80)은 건물 내부와 승강장 사이의 압력차 $\Delta P_{ri}$의 상한 값을 나타낸 것이며, $(\Delta P_{ri})_u$는 압력차의 상한 값이다.

$$(\Delta P_{ri})_u=\frac{\rho}{2}\left[\frac{A_s A_e V}{A_a A_{ir} C_c}\right]^2 \tag{4.80}$$

엘리베이터 피스톤 효과가 건물 내부에서 작용하는 유일한 공기 이동의 추진력이 되고, 수직 유동은 엘리베이터 샤프트에서만 이루어진다고 가정한 것이다. 엘리베이터 뒷부분의 부압은 엘리베이터 샤프트의 제일 윗부분 또는 가장 아랫부분에서 운행이 시작될 때 최대가 된다.

식 (4.79)는 하강하고 있는 엘리베이터의 윗부분에 대해 유도한 것이지만 상승하는 엘리베이터의 아랫부분에 대해서도 적용할 수 있다. 식 (4.80)은 엘리베이터 샤프트 내부에 배출구가 없거나 배출구가 닫혀져 있는 경우를 가정한 것이다.

[그림 4.28]은 엘리베이터 샤프트가 1개일 때, 2개일 때 및 4개일 때 엘리베이터 샤프트에서 1대의 엘리베이터가 움직일 경우 $(\Delta P_{ri})_u$와 $V$의 관계를 나타낸 것이다. $(\Delta P_{ri})_u$는 엘리베이터 샤프트가 1대일 때 가장 큰 것으로 나타났다.

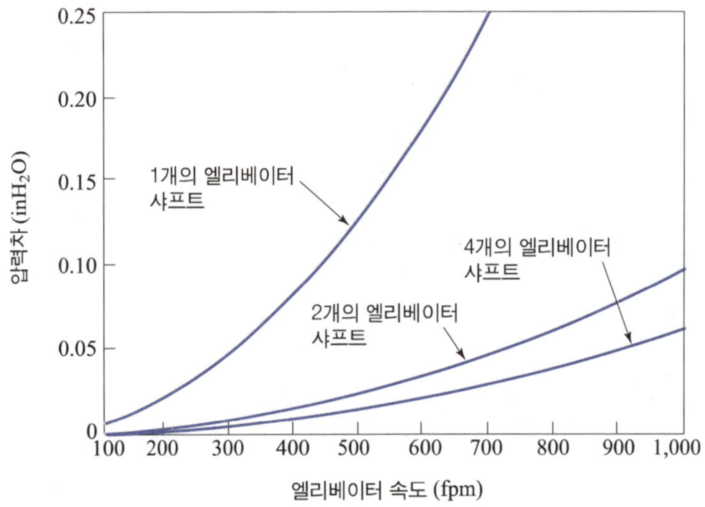


그림 4.28 피스톤 효과에 의한 건물 내부와 승강장 사이의 압력차$(\Delta P_{ri})_u$의 상한계 (Klote and Milke, 1992)

**예제 4.18**

1) [예제 4.17]로부터 1개의 엘리베이터 샤프트에서 엘리베이터가 이동할 때 압력차의 상한계는 얼마인가? 계산에 이용될 값들은 다음과 같다.

$V = 3.05$ m/s, $C_c = 0.83$, $\rho = 1.20$ kg/m$^3$,

$A_e = 0.0302$ m$^2$, $A_{ir} = 0.039$ m$^2$, $A_s = 5.61$ m$^2$, $A_a = 1.8$ m$^2$

**풀이**

식 (4.80)으로부터

$$(\Delta P_{ri})_u = \frac{\rho}{2}\left[\frac{A_s A_e V}{A_a A_{ir} C_c}\right]^2 = \frac{1.2}{2}\times\left[\frac{5.61\times0.0302\times3.05}{1.8\times0.039\times0.83}\right]^2 = 47.2\text{Pa}$$

2) 만약 엘리베이터 샤프트가 2개 또는 4개 있을 경우 압력차의 상한계는 얼마가 되겠는가?

① 엘리베이터 샤프트가 2개인 경우? 단, $A_s$ =11.22 m$^2$, $A_a$ =7.41 m$^2$

② 엘리베이터 샤프트가 4개인 경우? 단, $A_s$ =22.44 m$^2$, $A_a$ =18.63 m$^2$

**풀이**

식 (4.80)으로부터

① 엘리베이터 샤프트가 2개인 경우

$$(\Delta P_{ri})_u = \frac{\rho}{2}\left[\frac{A_s A_e V}{A_a A_{ir} C_c}\right]^2 = \frac{1.2}{2}\times\left[\frac{11.22\times0.0302\times3.05}{7.41\times0.039\times0.83}\right]^2 = 9.0\text{ Pa}$$

② 엘리베이터 샤프트가 4개인 경우

$$(\Delta P_{ri})_u = \frac{\rho}{2}\left[\frac{A_s A_e V}{A_a A_{ir} C_c}\right]^2 = \frac{1.2}{2}\times\left[\frac{22.44\times0.0302\times3.05}{18.63\times0.039\times0.83}\right]^2 = 5.5\text{ Pa}$$

[표 4.4]는 연기를 이동시키는 여러 가지 이동력에 대한 압력차를 비교한 것이다.

**표 4.4** 연기 이동력에 의한 압력차 비교(Klote and Milke, 1992)

| 이동력 | $\Delta P$의 위치 | 조건 | $\Delta P$ in$H_2O$(Pa) |
|---|---|---|---|
| 굴뚝 효과<br>식 (4.63a) | 샤프트에서 외부로 | [주] 모든 굴뚝 효과에 대해<br>$T_s = 2℃$, $T_o = -18℃$일 때<br>$h = 9.25$ m<br>$h = 92.5$ m<br>$h = 305$ m | <br><br>17<br>160<br>550 |
| 식 (4.67) | 샤프트에서 건물로 | $A_{si}/A_{io} = 1.7$일 때<br>$h = 9.25$ m<br>$h = 92.5$ m<br>$h = 305$ m | <br>5<br>42<br>140 |
| | | $A_{si}/A_{io} = 7$일 때<br>$h = 9.25$ m<br>$h = 92.5$ m<br>$h = 305$ m | <br>0.2<br>2<br>10 |

| 이동력 | $\Delta P$ 의 위치 | 조건 | $\Delta P$ $inH_2O$(Pa) |
|---|---|---|---|
| 연소가스의 부력<br>식 (4.69) | 화재실에서 인접실 천장 | $T_f = 870$℃, $T_o = 21$℃일 때<br>$h = 1.71$ m | 15 |
| | | $T_f = 700$℃, $T_o = 21$℃일 때<br>$h = 10.7$ m | 87 |
| 바람의 영향<br>식 (4.73) | 바람이 불어오는 쪽의 벽에서 바람이 불어가는 벽쪽의 건물 | [주] 모든 바람의 영향에 대해<br>$\rho_o = 1.2$ kg/m$^3$,<br>$C_{wl} = 0.8$, $C_{w2} = -0.8$일 때<br>$V = 2.24$ m/s<br>$V = 4.47$ m/s<br>$V = 11.2$ m/s<br>$V = 22.4$ m/s | <br><br><br>5<br>20<br>120<br>470 |
| 환기 시스템 | 제연 시스템의 장벽 사이 | [주] 실험에 의한 값 | 12～75 |
| 엘리베이터<br>피스톤 효과<br>식 (4.76)과<br>식 (4.78) | 엘리베이터 승강장에서 건물로 | [주] 엘리베이터가 이동할 때 압력차 상한계<br>$\rho = 1.20$ kg/m$^3$<br>$A_{rs} = 0.149$ m$^2$<br>$A_{ir} = 0.039$ m$^2$<br>$A_{oi} = 0.0502$ m$^2$ | |
| | | 엘리베이터 샤프트 1개<br>$C_c = 0.83$,<br>$A_s = 5.61$ m$^2$, $A_a = 1.87$ m$^2$일 경우<br>$V = 2.03$ m/s<br>$V = 3.56$ m/s | <br><br><br>20<br>65 |
| | | 엘리베이터 샤프트 2개<br>$C_c = 0.94$,<br>$A_s = 11.22$ m$^2$, $A_a = 7.4$ m$^2$일 경우<br>$V = 2.03$ m/s<br>$V = 3.56$ m/s | <br><br><br>5<br>12 |

# 4.7 중성면과 개구부 유량

연기 이동의 이동력이 되는 굴뚝효과와 부력은 중성면의 위치에 따라 그 값들이 달라진다. 이 단원에서는 단지 외부로 연결된 단일 샤프트에 대해서만 중성면의 위치를 결정하는 방법이 설명되었지만, 여러 형태의 개구부가 있는 샤프트에 대해서는 '4.5장 유효 유동 면적'을 참조하면 응용 해석할 수 있다. 중성면 위치를 사용하면 건물을 통과하는 유량과 압력을 계산할 수 있다.

## 4.7.1 연속 개구부가 있는 샤프트

샤프트의 최상부에서 바닥까지 일정한 폭을 갖는 연속 개구부가 외부로 연결된 단일의 샤프트에 대한 유동과 정상 굴뚝효과에 의한 압력을 [그림 4.29]에 나타냈다. 샤프트와 외기의 압력차는 식 (4.63)에 의해 나타낼 수 있다. 중성면 아래 샤프트의 미소 거리 $dh$를 통하여 흐르는 미소 질량 유량 $dm_{in}$은 식 (4.81)과 같이 된다.

$$dm_{in} = CA' \sqrt{2\rho_o \Delta P_{so}}\, dh = CA' \sqrt{2\rho_o b h}\, dh \tag{4.81}$$

여기서, $b = \dfrac{gP_{atm}}{R}\left[\dfrac{1}{T_o} - \dfrac{1}{T_s}\right]$, $A'$: 단위높이 당 개구부의 면적($m^2$)

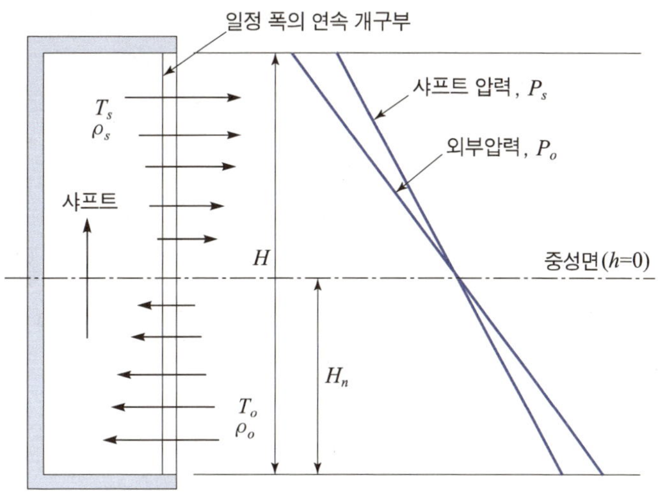


그림 4.29 연속 개구부를 갖는 단일 샤프트

샤프트로 유입되는 질량 유량 $m_{in}$(kg/s)은 중성면($h=0$)에서 샤프트의 바닥($h=H_n$)까지 식 (4.81)을 적분하면 식 (4.82)와 같이 구할 수 있다.

$$m_{in}=\frac{2}{3}CA'H_n^{3/2}\sqrt{2\rho_o b} \tag{4.82}$$

샤프트에서 유출되는 질량 유량 $m_{out}$(kg/s)도 같은 방법을 이용하면 식 (4.81)과 같이 구할 수 있고, 여기서 $H$(m)는 샤프트 전체 높이이다.

$$m_{out}=\frac{2}{3}CA'(H-H_n)^{3/2}\sqrt{2\rho_s b} \tag{4.83}$$

정상 유동일 경우 샤프트 내부로 들어가는 질량 유량과 나가는 질량 유량은 같다. 따라서 식 (4.82)와 식 (4.83)은 같으므로 같은 항은 소거하고 정리하여 식 (4.63)을 대입하면 식 (4.84)를 얻을 수 있고, 식 (4.84)로부터 중성면의 위치를 구할 수 있다.

$$m_{in}=m_{out}\equiv m$$

$$\frac{H_n}{H}=\frac{1}{1+(T_s/T_o)^{1/3}}=\frac{1}{1+(\rho_o/\rho_s)^{1/3}} \tag{4.84}$$

여기서, $H_n$: 샤프트 바닥에서 중성면까지의 거리(m)

$H$ : 샤프트의 높이(m)

$T_s$ : 샤프트 내부의 공기 온도(K)

$T_o$ : 외기 온도(K)

$\rho_s$ : 샤프트 내부의 공기 밀도(kg/m$^3$)

$\rho_o$ : 외기 밀도(kg/m$^3$)

따라서 식 (4.84)에서 알 수 있듯이 샤프트 내부의 온도가 높아지면 중성면의 위치는 낮아지지만, 만약 $T_s \approx T_o$로 샤프트 내부의 온도와 외기의 온도가 거의 같다면, 중성면의 높이는 샤프트의 중앙 높이에 형성되게 된다. 또한 $m_{in}=m_{out}\equiv m$의 관계와 식 (4.82)와 식 (4.84)로부터 유량 $m$(kg/s)은 식 (4.85)와 같이 나타낼 수 있다.

$$m=\frac{2}{3}CA'\sqrt{2g\rho_o\Delta\rho}\,H_n^{3/2}\left\{\frac{1}{1+(T_s/T_o)^{1/3}}\right\}^{3/2} \tag{4.85}$$

여기서, $\Delta\rho=|\rho_o-\rho_s|$(kg/m$^3$)

**예제 4.19** 층의 누설이 일정하고 샤프트의 높이가 30.5 m인 건물에 대한 중성면의 위치를 계산하고, 샤프트와 외기의 압력차 $\Delta P$는 얼마가 되겠는가? 이때 샤프트의 내부 온도는 22℃이고, 외기 온도는 −18℃이다.

**풀이**

1) 식 (4.84)로부터 중성면의 높이

$$H_n = \frac{H}{1+(T_s/T_o)^{1/3}} = \frac{30.5}{1+(295/255)^{1/3}} = 14.9\ \text{m}$$

건물 바닥에서 14.9 m의 높이에 중성면이 위치한다.

2) $\Delta T = T_s - T_o = 295 - 255 = 40$ K로부터 압력차 $\Delta P$

$$\Delta P \approx \Delta\rho g \frac{H}{2} = \rho_s \frac{\Delta T}{T_o} g \frac{H}{2} = \frac{353.8}{295} \times \frac{40}{255} \times 9.8 \times \frac{30.5}{2} = 28\ \text{Pa}$$

샤프트 공간의 밀도 $\rho_s$는 식 (4.4)로부터 구한다.

## 4.7.2 상하 두 개의 개구부가 있는 샤프트

상하 두 개의 개구부를 갖는 샤프트에 대한 유동과 정상 굴뚝효과에 의한 압력을 [그림 4.30]에 나타냈다. 이들 개구부는 실제 건물에서 계단실 출입문, 거실 출입문, 건물 외벽의 창문과 같은 개구부 등이 포함된다. 샤프트와 외기의 압력차는 식 (4.63)에 의해 나타낼 수 있다.

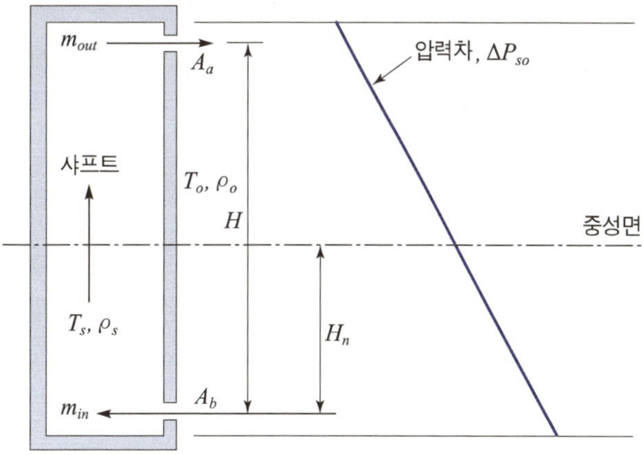


그림 4.30 상하 두 개의 개구부를 갖는 샤프트

해석을 단순화하기 위해 개구부 사이의 거리 $H$는 어느 한쪽 개구부의 높이보다 높은 것으로 가정한다. 따라서 개구부의 높이에 따른 압력 변화는 무시할 수 있고, 샤프트로 유입되는 질량 유량 $m_{in}$(kg/s)은 식 (4.86)과 같고, 샤프트에서 유출되는 질량 유량 $m_{out}$(kg/s)은 식 (4.87)과 같다.

$$m_{in} = CA_b \sqrt{2\rho_o b H_n} \tag{4.86}$$

$$m_{out} = CA_a \sqrt{2\rho_s b (H - H_n)} \tag{4.87}$$

식 (4.86)과 (4.87)에서 $A_a$(m$^2$)와 $A_b$(m$^2$)는 상하 개구부의 면적이다. 이들 두 개구부의 유량을 같다고 하면, 식 (4.84)를 전개한 방법과 같은 방법으로 전개하면 중성면의 위치는 식 (4.88)과 같이 된다.

$$\frac{H_n}{H} = \frac{1}{1 + (T_s / T_o)(A_b / A_a)^2} = \frac{1}{1 + (\rho_o / \rho_s)(A_b / A_a)^2} \tag{4.88}$$

여기서, $H_n$ : 샤프트 하부 개구부에서 중성면까지 거리(m)

$H$ : 샤프트 높이(m)

$T_s$ : 샤프트 내부의 공기 온도(K)

$T_o$ : 외기 온도(K)

$\rho_s$ : 샤프트 내부의 공기 밀도(kg/m$^3$)

$\rho_o$ : 외기 밀도(kg/m$^3$)

$A_a$ : 상부 개구부 면적(m$^2$)

$A_b$ : 하부 개구부 면적(m$^2$)

중성면의 위치는 면적비 $A_b/A_a$에 크게 영향을 받는다. $A_b/A_a$가 영(0)에 가까워지면, $H_n$은 $H$에 접근한다. 만일 하부 개구부의 면적이 상부 개구부의 면적과 비교하여 아주 작다면, 중성면은 상부 개구부에 있거나 가까이에 있다는 것을 의미한다. 다시 말하면 중성면의 위치가 높아지는 것을 의미한다. 식 (4.88)은 유동 면적과 온도의 함수가 된다. 아울러 굴뚝 효과는 건물 내외의 온도차가 클수록 또는 수직 샤프트가 높을수록 커진다.

상하 두개의 개구부는 직렬 경로로써 이 두개의 개구부를 식 (4.50)의 유효 유동 면적 $A_e$(m$^2$)로 나타내면 식 (4.89)와 같고, 식 (4.89)의 유효 유동 면적을 이용한 개구부의 질량 유량 $m$(kg/s)은 식 (4.90)과 같이 된다.

$$\sqrt{\rho_o}\,A_e = \left(\frac{1}{\rho_s A_a^2} + \frac{1}{\rho_o A_b^2}\right)^{-1/2} \tag{4.89}$$

$$m = C A_e \sqrt{2\rho_o b H} \tag{4.90}$$

**예제 4.20** 샤프트의 상하부에 두 개의 누설 면적이 같은($A_b = A_a$) 높이 30.5 m 샤프트의 중성면의 위치는 얼마인가? 이때 샤프트의 내부 온도는 22℃이고 외기 온도는 −18℃이다.

**풀이**

식 (4.88)로부터

$$H_n = \frac{H}{1+(T_s/T_o)(A_b/A_a)^2} = \frac{30.5}{1+(295/255)(1)^2} = 14.14\ \text{m}$$

**예제 4.21** 상부 개구부의 면적 $A_a = 1.6\ \text{m}^2$이고 하부 개구부의 면적 $A_b = 2.2\ \text{m}^2$인 초고층 건물의 계단실 높이 $H = 30.5$ m의 중성면의 위치, 계단실 내부의 유동 유량 및 상하 개구부에서의 계단실과 외기의 압력차 $\Delta P_s$, $\Delta P_o$는 얼마가 되는가? 이때 계단실 내부 온도는 25℃이고 외기 온도는 0℃이며, 유량 계수 $C = 0.7$이다.

**풀이**

1) 식 (4.88)로부터 중성면의 위치

$$H_n = \frac{H}{1+(T_s/T_o)(A_b/A_a)^2} = \frac{30.5}{1+(298/273)(2.2/1.6)^2} = 9.96\ \text{m}$$

2) 식 (4.89)와 계단실 내부의 유동 유량

식 (4.4)로부터 계단실과 외기의 밀도

$\rho_s = 1.185\ (\text{kg/m}^3)$와 $\rho_o = 1.293\ (\text{kg/m}^3)$

식 (4.89)로부터

$$\sqrt{\rho_o}\,A_e = \left(\frac{1}{1.185\times 1.6^2} + \frac{1}{1.293\times 2.2^2}\right)^{-1/2} = 1.43\ \text{m}^2$$

식 (4.90)으로부터 계단실의 질량 유량

$$b = \frac{g P_{atm}}{R}\left[\frac{1}{T_o} - \frac{1}{T_s}\right] = \frac{9.8\times 101{,}325}{287}\left[\frac{1}{273} - \frac{1}{298}\right] = 1.063$$

$$m = C A_e \sqrt{2\rho_o b H} = 0.7\times 1.43\sqrt{2\times 1.063\times 200} = 20.64\ \text{kg/s}$$

3) 상하 개구부에서의 계단실과 외기의 압력차

$$\Delta P_s = \frac{m^2}{2\rho_s (CA_b)^2} = \frac{20.6^2}{2 \times 1.185 \times (0.7 \times 1.6)^2} = 142.7 \text{ Pa}$$

$$\Delta P_o = \frac{m^2}{2\rho_a (CA_a)^2} = \frac{20.6^2}{2 \times 1.293 \times (0.7 \times 2.2)^2} = 69.2 \text{ Pa}$$

$$\Delta P_{so} = \Delta P_s - \Delta P_o = 142.7 - 69.2 = 73.5 \text{ Pa}$$

$$\Delta P_T = \Delta P_s + \Delta P_o = (\rho_o - \rho_s) gH \fallingdotseq 211.9 \text{ Pa}$$

### 4.7.3 배기구가 있는 샤프트

배기구와 연속 개구부에 의해 외부로 연결된 샤프트에 대한 유동과 정상 굴뚝효과의 압력을 [그림 4.31]에 나타냈다. 이 샤프트는 중성면 상부에 배기구가 있는 경우이지만, 중성면의 아래에도 유사한 배기구가 설치될 수 있다. 샤프트로 유입되는 질량 유량 $m_{in}$(kg/s)은 식 (4.82)와 같다.

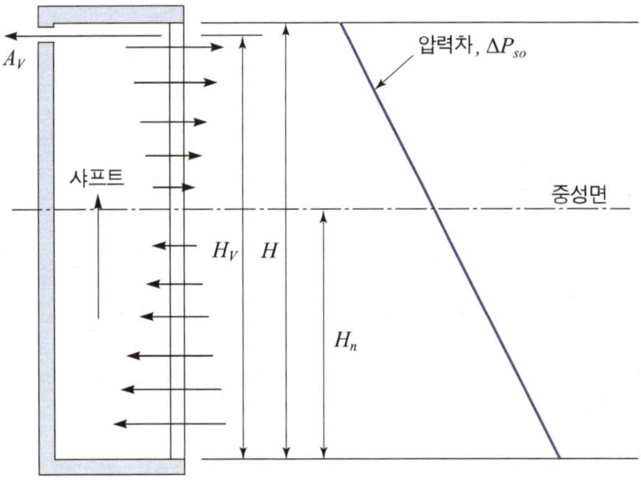


그림 4.31 배기구와 연속 개구부를 갖는 단일 샤프트

해석을 단순화하기 위해 배기구의 높이 $H_V$는 샤프트 높이 $H$와 비해 낮은 것으로 가정한다. 따라서 일정한 압력차는 배기구를 통한 유동을 설명하는데 사용될 수 있다. 샤프트에서 유출되

는 질량 유량 $m_{out}$(kg/s)은 연속 개구부에서 외부로 유출되는 유량과의 합한 값이 되므로 샤프트에서 유출되는 질량 유량은 식 (4.83)과 같이 되고, 샤프트 바닥에서 $H_V$의 높이에 위치한 배기구 면적 $A_V$로 유출되는 유량에 샤프트에서 유출되는 질량 유량을 더하면 식 (4.91)과 같이 된다.

$$m_{out} = \frac{2}{3} CA' (H - H_n)^{3/2} \sqrt{2 \rho_s b} + CA_v \sqrt{2 \rho_s b (H_V - H_n)} \tag{4.91}$$

샤프트에 대한 질량은 연속 방정식을 적용하면 식 (4.92)와 같이 쓸 수 있다.

$$\begin{aligned} m_{out} &= \frac{2}{3} CA' (H - H_n)^{3/2} \sqrt{2 \rho_s b} + CA_v \sqrt{2 \rho_s b (H_v - H_n)} \\ &= \frac{2}{3} CA' H_n^{3/2} \sqrt{2 \rho_o b} \end{aligned} \tag{4.92}$$

같은 항을 정리하고 식 (4.63)을 대입하면 식 (4.93)과 같이 된다.

$$\frac{2}{3} A' (H - H_n)^{3/2} + A_V (H_V - H_n)^{1/2} = \frac{2}{3} A' H_n^{3/2} \left( \frac{T_s}{T_o} \right)^{1/2} \tag{4.93}$$

식 (4.93)에서 $A_V = 0$일 때, 식 (4.84)와 같은 형태로 축소해서 쓸 수 있다. 이를 다시 정리하면 식 (4.94)와 같이 된다.

$$\frac{2A' H (H - H_n)^{3/2}}{3 A_V H} + \frac{(H_V - H_n)^{1/2}}{H} - \frac{2A' H H_n^{3/2} T_s^{1/2}}{3 A_V H T_o^{1/2}} = 0 \tag{4.94}$$

상대적으로 배기구가 클 경우, $A'H/A_V$ 비는 0에 가깝다. $A'H/A_V$가 영에 가까워지면 식 (4.94)의 첫 번째와 세 번째 항은 영에 가까워지고, $H_n = H_V$가 된다. 따라서 배기구 면적이 연속 개구부의 면적($A'H$)보다 크다면, 중성면은 배기구에 있거나 가까이에 있게 된다. 식 (4.88)과 같이 식 (4.94)는 유동 면적과 온도의 함수가 된다. 배기구가 중성면보다 위 또는 아래에 있는 것과 관계없이 중성면은 배기구가 없는 샤프트에서 설명된 식 (4.84)의 높이와 배기구 높이 $H_V$ 사이에 위치하게 될 것이다. 만약 $A'H/A_V$의 값이 아주 작다면, 중성면은 $H_V$에 더 가까워진다.

### 4.7.4 압력차 분포가 서로 다른 공간

건물 화재에서 인접 공간과의 온도차가 큰 경우가 아주 많다. 공간을 가로막고 있는 벽에 개구부가 있을 때, 개구부를 통과하는 유량 계산에서 상하 방향의 압력차 분포를 무시할 수 없는 경우가 많다. 또한 중성면은 개구부의 상하 또는 중간에 형성되고, 개구부 상하에서 흐르는 방향이 바뀌는 것도 볼 수 있다. 일반적으로 화재는 연소와 관련하여 건물의 각종 개구부에서 유동을 일으킬 가능성이 있고, 이때 다양한 조건이 발생할 수 있으므로 중성면은 반드시 개구부 높이에 위치한다고 단정할 수는 없다. [그림 4.32]는 두 공간의 온도(밀도)가 서로 다르고 개구부가 있는 샤프트에서 개구부 높이에 따른 개구부의 유속과 압력차 분포를 나타낸 것이다.

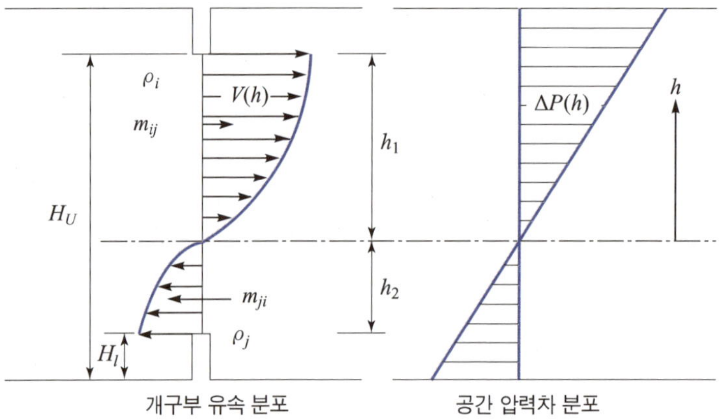


그림 4.32 압력차 분포가 서로 다른 공간

공간 $i$와 공간 $j$의 온도(밀도)의 관계를 $\rho_i < \rho_j (T_i > T_j)$라고 가정하면 압력 분포는 [그림 4.32]와 같이 되고, 또한 $\rho_i > \rho_j$라고 가정하면 압력 분포는 [그림 4.32]와 반대로 된다.

기준 높이를 중성면 높이로 하면 중성면 위의 높이 $h$(m)에서 압력차 $\Delta P(h)$(Pa)는 식 (4.95)와 같이 된다.

$$\Delta P(h) = -(\rho_i - \rho_j) gh \tag{4.95}$$

이 위치에 개구부가 공기는 공간 $i$에서 $j$로 흐르게 된다. 따라서 식 (1.5)에 의해 높이 $h$에서 속도 $V(h)$(m/s)는 식 (4.96)과 같이 나타낼 수 있다. 식 (4.96)에서 $\Delta\rho \equiv |\rho_i - \rho_j|$(kg/m$^3$)이다.

$$V(h) = \sqrt{\frac{2\Delta P(h)}{\rho_i}} = \sqrt{\frac{2\Delta \rho g h}{\rho_i}} \tag{4.96}$$

일반적으로 중성면의 높이는 화재 상황에 따라 개구부의 상단보다 높은 위치가 될 수도 있고 개구부의 하단보다 낮아질 수도 있지만, [그림 4.32]와 같이 중성면이 개구부의 상단과 하단의 사이에 있다고 가정한다. 개구부 양쪽 공간의 온도가 서로 다를 때 공간 $i$에서 개구부를 통과해서 공간 $j$로 흐르는 질량 유량 $m_{ij}$(kg/s)는 중성면에서 개구부 상단까지 적분하면 구할 수 있다.

$$\begin{aligned} m_{ij} &= CB\int_0^{h_1} \rho_i v(h)\,dh = CB\sqrt{2\rho_i \Delta\rho g}\int_0^{h_1} dh \\ &= \frac{2}{3}CB\sqrt{2\rho_i \Delta\rho g}\,(h_1)^{3/2} \end{aligned} \tag{4.97}$$

여기서, $B$ : 개구부의 폭(m)

$h_1$ : 중성면에서 개구부 상단까지의 높이(m)

또한 공간 $j$에서 공간 $i$로 역방향으로 흐르는 중성면 아랫부분의 질량 유량 $m_{ji}$(kg/m$^3$)는 중성면에서 개구부 하단 $h_2$( < 0)까지 적분하면 구할 수 있다.

$$m_{ji} = \frac{2}{3}CB\sqrt{2\rho_j \Delta\rho g}\,(-h_2)^{3/2} \tag{4.98}$$

샤프트의 개구부 높이에 따른 개구부의 유속과 압력차 분포가 [그림 4.32]와 같고 개구부 양쪽 공간의 온도가 서로 다를 때, 개구부의 공간 $i$에서 $j$로 흐르는 유량 $m_{ij}$와 중성면 아래쪽의 공간 $j$에서 $i$로 역방향으로 흐르는 유량 $m_{ji}$를 중성면 높이와 밀도의 관계로 [표 4.5]에 나타냈다(田中味義, 1979, 1989). [표 4.5]의 유량과 앞서 기술한 내용을 이용하면 각 조건에 따른 중성면의 위치를 쉽게 구할 수 있다.

식 (4.97)과 식 (4.98)에서 기준 높이를 중성면의 높이가 아닌 공간의 바닥 높이 등의 다른 높이로 할 경우, 개구부의 상단 높이 $H_u$ 및 하단 높이 $H_l$, 중성면의 높이를 $H_n$이라고 하면 $h_1 = H_u - H_n$, $h_2 = H_l - H_n$이 된다.

**표 4.5** 압력차 분포가 서로 다른 공간의 개구부 유량(단위 : kg/s)

| 판별 조건 | | 형상 | 유량 |
|---|---|---|---|
| $\rho_i = \rho_j$ | $P_j \leqq P_i$ | 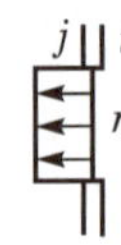 | $m_{ij} = CB(H_u - H_l)\sqrt{2\rho_i \Delta P}$<br>$m_{ji} = 0$ |
| | $P_i > P_j$ | 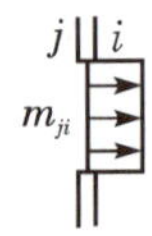 | $m_{ji} = 0$<br>$m_{ji} = CB(H_u - H_l)\sqrt{2\rho_j \Delta P}$ |
| $\rho_j > \rho_i$ | $H_n \leqq H_l$ | 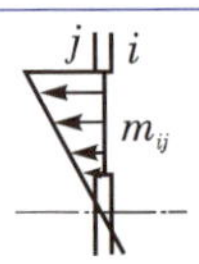 | $m_{ij} = \frac{2}{3}CB\sqrt{2g\rho_i\Delta\rho} \times \{(H_u - H_n)^{\frac{3}{2}} - (H_l - H_n)^{\frac{3}{2}}\}$<br>$m_{ji} = 0$ |
| | $H_l < H_n < H_u$ | 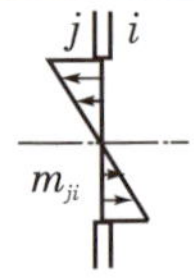 | $m_{ij} = \frac{2}{3}CB\sqrt{2g\rho_i\Delta\rho} \times (H_u - H_n)^{\frac{3}{2}}$<br>$m_{ji} = \frac{2}{3}CB\sqrt{2g\rho_j\Delta\rho} \times (H_n - H_l)^{\frac{3}{2}}$ |
| | $H_n \geqq H_u$ | 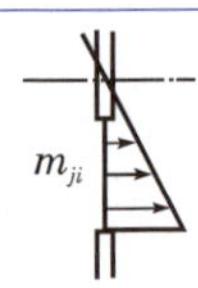 | $m_{ij} = 0$<br>$m_{ji} = \frac{2}{3}CB\sqrt{2g\rho_j\Delta\rho} \times \{(H_n - H_l)^{\frac{3}{2}} - (H_n - H_u)^{\frac{3}{2}}\}$ |
| $\rho_j < \rho_i$ | $H_n \leqq H_l$ | 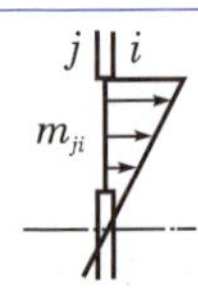 | $m_{ij} = 0$<br>$m_{ji} = \frac{2}{3}CB\sqrt{2g\rho_j\Delta\rho} \times \{(H_u - H_n)^{\frac{3}{2}} - (H_l - H_n)^{\frac{3}{2}}\}$ |
| | $H_l < H_n < H_u$ | 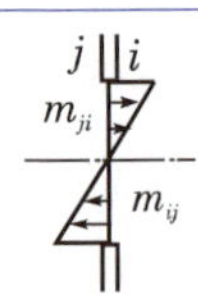 | $m_{ij} = \frac{2}{3}CB\sqrt{2g\rho_i\Delta\rho} \times (H_n - H_l)^{\frac{3}{2}}$<br>$m_{ji} = \frac{2}{3}CB\sqrt{2g\rho_j\Delta\rho} \times (H_u - H_n)^{\frac{3}{2}}$ |
| | $H_n \geqq H_u$ | 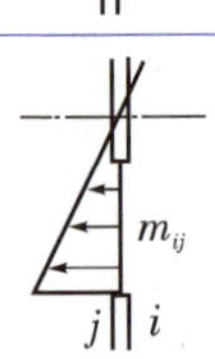 | $m_{ij} = \frac{2}{3}CB\sqrt{2g\rho_j\Delta\rho} \times \{(H_n - H_l)^{\frac{3}{2}} - (H_n - H_u)^{\frac{3}{2}}\}$<br>$m_{ji} = 0$ |

$H_n$ : 중성면 높이(m), $H_n = (P_i - P_j)/(\rho_i - \rho_j)g$, $C$ : 유량 계수(0.7), $P$ : 압력(Pa),
$H_u$, $H_l$ : 개구부의 상단 및 하단 높이(m), $B$ : 개구부의 폭(m), $\rho$ : 밀도(kg/m$^3$)
$\Delta P = |P_i - P_j|$, $\Delta\rho = |\rho_i - \rho_j|$

**예제 4.22** 공간 A와 공간 B의 온도가 각각 $T_A = 27$ ℃와 $T_B = 0$℃인 두 공간 사이의 개구부 상단 높이 $H_u = 2.0$ m 및 하단 높이 $H_l = 0.5$ m, 폭 $B = 1.0$ m이다. 만일 중성면의 높이 $H_n = 1.0$ m라고 하면 개구부의 질량 유량(kg/s)은 얼마가 되고, 중성면의 높이 $H_n = 0$ m라고 하면 개구부의 질량 유량(kg/s)은 얼마가 되겠는가? 단, 유량계수 $C = 0.7$이다.

**풀이**

두 공간의 밀도를 식 (4.4)로부터 구하면 $\rho_A = 1.178$ kg/m$^3$과 $\rho_B = 1.293$ kg/m$^3$이 되고, 밀도차 $\Delta\rho = |\rho_A - \rho_B| = 0.115$가 된다.

공간 A의 온도가 높으므로 개구부의 상부에서는 공간 A에서 공간 B로 흐름이 형성되고, 하부에서는 공간 B에서 공간 A로 흐름이 형성된다. [표 4.5]에서 $\rho_i > \rho_j$에 해당하므로 유량 $m_{AB}$와 $m_{BA}$은

1) 중성면의 높이 $H_n = 1.0$ m일 때

$$m_{AB} = \frac{2}{3} CB\sqrt{2\rho_A \Delta\rho g}\,(H_u - H_n)^{3/2}$$

$$= \frac{2}{3} \times 0.7 \times 1.0 \times \sqrt{2 \times 1.178 \times 0.115 \times 9.8 \times}\,(2.0 - 1.0)^{3/2}$$

$$= 0.76 \text{ kg/s}$$

$$m_{BA} = \frac{2}{3} CB\sqrt{2\rho_B \Delta\rho g}\,(H_n - H_l)^{3/2}$$

$$= \frac{2}{3} \times 0.7 \times 1.0 \times \sqrt{2 \times 1.293 \times 0.115 \times 9.8 \times}\,(1.0 - 0.5)^{3/2}$$

$$= 0.28 \text{ kg/s}$$

2) 중성면의 높이 $H_n = 0$ m 일 때

$$m_{AB} = \frac{2}{3} CB\sqrt{2\rho_A \Delta\rho g}\,(H_u - H_n)^{3/2} - (H_l - H_n)^{3/2}$$

$$= \frac{2}{3} \times 0.7 \times 1.0 \times \sqrt{2 \times 1.178 \times 0.115 \times 9.8 \times}\,(2.0^{3/2} - 0.5^{3/2})$$

$$= 1.88 \text{ kg/s}$$

## 4.8 평균 압력차

'4.7.4장 압력차 분포가 서로 다른 공간'에서 설명한 것처럼 온도차가 있는 두 공간사이의 개구부에서는 압력차의 구배로 인해 복잡한 계산식을 이용하여 유량을 계산하게 된다. 예를 들면, 화재 시 건물의 각 공간은 온도가 서로 다른 비등온 상태가 되기 때문에 개구부에도 상하 압력차 분포가 다르게 나타나기 때문에 개구부 유량 계산이 복잡하게 된다. 특히 여러 개의 복수 공간으로 구성되는 건물의 유량 계산은 컴퓨터 프로그램을 이용하지 않으면 계산이 어렵다.

가압 방연에서 유량 계산은 질량 보존 법칙으로부터 압력차를 계산해야 하는 경우가 많다. 가압 방연과 같이 공간(실) 사이의 압력차가 크고 중성면이 개구부 상부에 있는 것이 확실한 경우 평균 압력차를 이용하면 간단하게 계산할 수 있다(久次米真美子, 松下敬幸, 田中哮義, 2000).

### 4.8.1 정의

개구부 전체가 균일한 압력차를 가진다고 가정하면, 비등온 조건에서 발생한 정미 유량과 동일한 유량 $m_{net}$(kg/s)을 갖는 압력차 $\overline{\Delta P}$ (Pa)는 식 (4.99)와 같이 된다. 이때 압력차 $\overline{\Delta P}$를 평균 압력차라고 한다.

$$\overline{\Delta P} = \frac{m_{net}^2}{2\rho(CA)^2} \tag{4.99}$$

여기서, $\rho$ : 유출되는 공간의 기체 밀도(kg/m$^3$)

[그림 4.33]에서 두 공간의 온도가 서로 다르기 때문에 [그림 4.33(a)]와 같이 개구부 높이 방향으로 압력차 분포가 생기고 [그림 4.33(b)]와 같은 유량 분포가 형성된다. 이때 총 유량이 같아지도록 유량 분포를 균일화하면 본래의 유량 분포와 교차하는 높이가 형성된다. 이 높이에서의 압력차가 평균 압력차가 된다. 이때 평균 압력차는 압력차 분포를 균일하게 평균한 압력차가 아니므로 엄밀하게 계산하고자 할 때는 주의해야 한다.

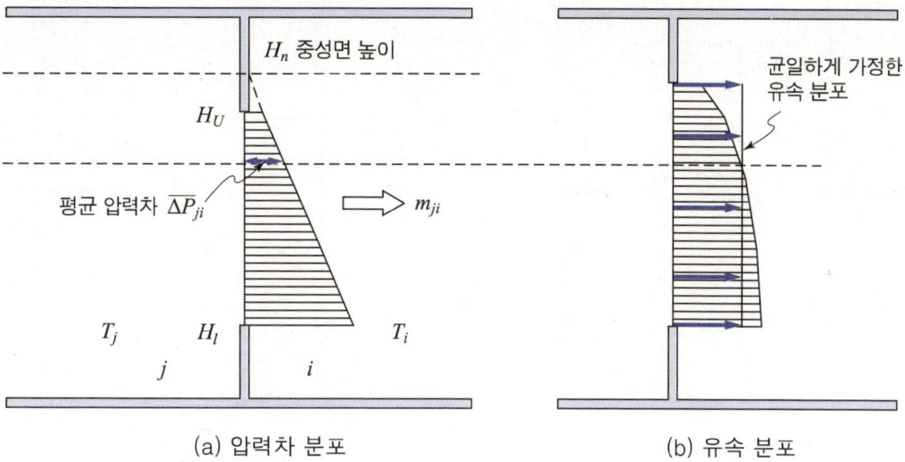


그림 4.33 압력차 분포가 서로 다른 공간

### 4.8.2 압력차와 유량

평균 압력차와 유량은 [그림 4.33]을 예로 들어 설명한다. [그림 4.33]의 형상은 [표 4.5]에서 $\rho_j < \rho_i$와 $H_n \geq H_u$의 조건에 해당하므로 유량 $m_{ji}$(kg/s)는 식 (4.100)과 같다.

$$m_{ji} = \frac{2}{3} CB\sqrt{2g\,\rho_j|\rho_i - \rho_j|}\left\{(H_n - H_l)^{3/2} - (H_n - H_u)^{3/2}\right\} \tag{4.100}$$

식 (4.100)에서 $S = (H_n - H_l) - (H_n - H_u)$라고 하면, 식 (4.100)은 [그림 4.34]와 같이 개구부 높이 $H$(m)에 대한 중성면의 높이 $H_n$(m)의 비 $S$의 크기에 따라 나타낼 수 있다.

#### 1) $S$>1인 경우

[그림 4.34(a)]에서 개구부로 유입·유출되는 유량 $m_{net}$(kg/s)은 식 (4.100)으로부터

$$m_{ji} = m_{net} = \frac{2}{3} CB\sqrt{2g\,\rho_j|\rho_i - \rho_j|}\,H^{3/2}\left\{S^{3/2} - (S-1)^{3/2}\right\} \tag{4.101}$$

식 (4.99)에서 $\rho = \rho_j$라고 하고, 식 (4.99)와 식 (4.101)부터 평균 압력차 $\overline{\Delta P}$(Pa)는

$$S^{3/2} - (S-1)^{3/2} = \frac{3}{2}\sqrt{\frac{\overline{\Delta P}}{|\rho_i - \rho_j|\,gH}}$$

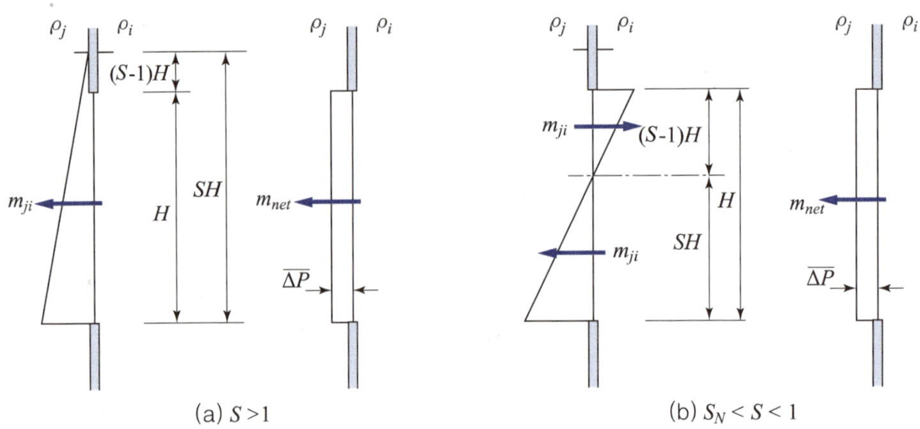


그림 4.34 평균 압력차와 유량

$$\overline{\Delta P} = \frac{4}{9}\Delta\rho g h\{S^{3/2} - (S-1)^{3/2}\}^2 \tag{4.102}$$

여기서, $\Delta\rho = |\rho_i - \rho_j|$(kg/m$^3$)

### 2) $S_N < S < 1$인 경우

[그림 4.34(b)]에서 개구부로 유입·유출되는 유량 $m_{net}$(kg/s)은 식 (4.100)으로부터

$$m_{net} = m_{ji} = m_{ij} \tag{4.103}$$

$$= \frac{2}{3} CB\sqrt{2g\rho_j|\rho_i - \rho_j|}\, H^{3/2}\{S^{3/2} - (\rho_j/\rho_i)^{1/2}(S-1)^{3/2}\}$$

식 (4.99)와 식 (4.101)로부터 평균 압력차 $\overline{\Delta P}$(Pa)는

$$S^{3/2} - (\rho_j/\rho_i)^{1/2}(S-1)^{3/2} = \frac{3}{2}\sqrt{\frac{\overline{\Delta P}}{|\rho_i - \rho_j|\, gH}}$$

$$\overline{\Delta P} = \frac{4}{9}\Delta\rho g H\{S^{3/2} - (\rho_j/\rho_i)^{1/2}(S-1)^{3/2}\}^2 \tag{4.104}$$

여기서, $\Delta\rho = |\rho_i - \rho_j|$(kg/m$^3$)

$$S_n = \frac{1}{1+(\rho_i/\rho_j)^{1/3}}$$

식 (4.103)을 $S_N$으로 나타내면 식 (4.105)와 식 (4.106)과 같이 된다.

$$m_{ji} = \frac{2}{3} CB \sqrt{2 g \rho_j |\rho_i - \rho_j|}\, H^{3/2} {S_N}^{3/2} \tag{4.105}$$

$$m_{ij} = \frac{2}{3} CB \sqrt{2 g \rho_j |\rho_i - \rho_j|}\, H^{3/2} (1 - S_N)^{3/2} \tag{4.106}$$

### 3) $S=1$인 경우

두 공간 사이의 개구부에서 방연 조건을 위해 중성면의 높이가 개구부 상단보다 위에 있는 것이 좋다. 즉, [그림 4.34]에서 $S \geq 1$하는 것이 좋다. $S=1$인 경우, 평균 압력차와 유량은 다음 식과 같다.

$$\overline{\Delta P} = \frac{4}{9} \Delta \rho g H \tag{4.107}$$

$$m_{net} = \frac{2}{3} CB \sqrt{2 g \rho_j |\rho_i - \rho_j|}\, H^{3/2} \tag{4.108}$$

# 4장 연습문제

**01** 연기 이동을 결정하는 두 가지 변수를 설명하시오.

**02** 연기 이동 경로를 그림을 그리고 설명하시오.

**03** 길이 6m × 폭 4m × 높이 2.5m인 호텔 객실의 바닥에서 0.5m × 0.5m 크기의 화재가 발생하였다. 이때 생성되는 연기의 발생량을 구하고 객실 바닥으로부터 0.7 m 높이의 침대까지 연기가 도달하는 시간과 높이 0.7 m를 유지하기 위한 연기배출량($Q_V$)를 구하시오. 단, 실내 에어컨 및 환기장치는 작동하지 않는 것으로 하고, 연기 온도는 550℃이고 연기의 밀도는 0.45 kg/m$^3$이다.

**답** 식 (4.18)과 식 (4.23)으로부터
도달시간 $t=43.13$초, 연기발생량 $m_s=13.2$ kg/min, 연기배출량 $Q_V=29.4$ m$^3$/min

**04** 바닥 면적이 $A$(m$^2$)이고 천장 높이가 $H$(m)인 사무실에서 직경이 $P_f$(m)인 석유통에 화재가 발생하였을 때, $t$초 후 청정층 높이 $y$가 유지되기 위해서는 사무실의 상부에서 분당 얼마의 만큼의 연기를 배출시켜야 하는가. Hinkley식을 이용하여 유도하시오.

**답** 식 (4.18)로부터 연기 배출량 $Q_V=\dfrac{V_t}{t}=\dfrac{(H-Y)\,P_f\,g^{1/2}}{20\,g\left(\dfrac{1}{Y^{1/2}}-\dfrac{1}{H^{1/2}}\right)}$

**05** 다음 그림과 같이 천장 높이가 $H_1=10$ m, $H_2=7.5$ m, $H_3=5$ m이고 각 단면적은 $A_1=100$ m$^2$, $A_2=200$ m$^2$, $A_3=400$ m$^2$인 3단계로 구성된 공간에서 발열량 $Q=2{,}000$ kW의 정상 화재가 발생하였다. 이때 2.5m 높이까지 연기층이 하강하는 데 걸리는 시간을 계산하라. 단, 연기의 온도 600 ℃이고 밀도는 $\rho_s=0.4$ kg/m$^3$이다.

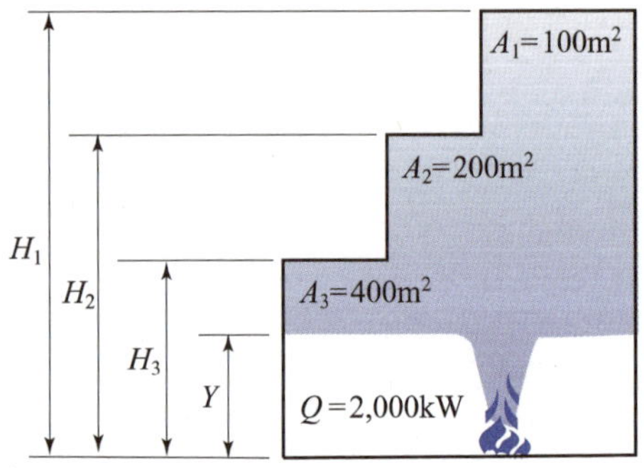


**답** 식 (4.29)로부터 연기 하강 시간 $t=60.19$ sec

**06** 다음 그림과 같이 3개의 실이 $A_1 = 2.0\ m^2$, $A_2 = 1.8\ m^2$, $A_3 = 4.0\ m^2$인 3개의 개구부로 연결되어 있고, 각 실의 온도는 화재로 인해 각각 $T_1 = 21℃$, $T_2 = 120℃$, $T_3 = 900℃$이다. 이때 공간 $A$의 압력을 공간 $C$의 압력보다 50 Pa 높이려면 공간 A에 공급되어야 할 공기량 $m_a$ (kg/s)을 계산하시오? 단, 유량 계수 $C = 0.7$이다.

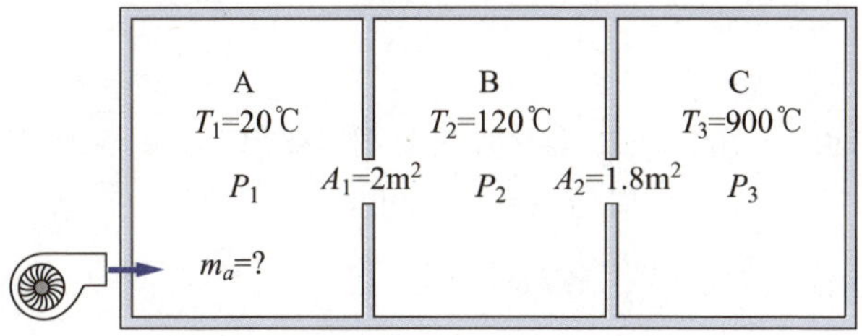


**답** 1) 식 (4.4)로부터 각 공간의 밀도 계산

$\rho_A = 1.2\ kg/m^3$, $\rho_B = 0.90\ kg/m^3$, $\rho_C = 0.3\ kg/m^3$

2) 식 (4.49)로부터 유효 유동 면적 계산 $\sqrt{\rho_1} A_e = 1.15\ m^2$

3) 식 (4.52)로부터 공급 공기량 계산 $m_a = 11.38$ kg/s

**07** 다음 그림은 인접한 3개 실의 평면도를 나타낸 것이다. 전체 유효 유동 면적을 계산하시오. 각 출입문의 면적은 모두 0.01 $m^2$이다.

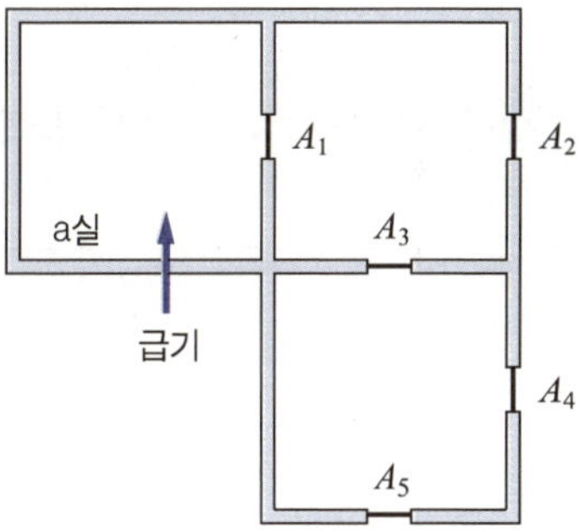


**답** 병렬과 직렬의 혼합 경로의 계산 $A_e = 0.00843\ m^2$

**08** 연기 이동력의 종류를 나열하고 설명하시오.

**09** 30층 아파트 계단실의 내부 온도는 15℃, 외부 온도가 32℃로 측정되었다. 아파트의 높이가 92 m이고 중성면이 아파트의 중간 높이에 위치한다고 가정하면, 아파트 계단실과 외부 사이의 굴뚝 효과에 의한 압력차를 계산하시오. 또한 계산 결과에 대한 굴뚝 효과의 의미를 설명하시오.

**답** 식 (4.63a)로부터 $\Delta P_{so} = -30.8$ Pa이며, 음(−)값의 압력차는 [그림 4.11]에 나타낸 것처럼 역 굴뚝 효과의 현상을 보이게 된다.

**10** 화재실의 온도가 700℃이고, 부력에 의한 압력차 $\Delta P_{fo} = 55$ Pa 일 때, 화재실의 중성면 위치를 계산하시오. 단, 외기의 온도는 20℃이다.

**답** 식 (4.69a)로부터 $h = 6.7$ m

**11** 바람의 영향에서 구배바람과 바람의 경계층에 대해 설명하시오.

**12** 연기의 온도에 따라 연소 가스가 처음 체적에 3배가 됨을 설명하시오.

**13** 건물의 외부에서 부는 바람의 풍속이 10 m/s이고, 건물의 각 위치에 따라 압력 계수가 다음 그림과 같을 때 건물의 각 위치에 작용하는 풍압을 계산하시오. 단, 공기 밀도 $\rho_o = 1.2$ kg/m$^3$이다.

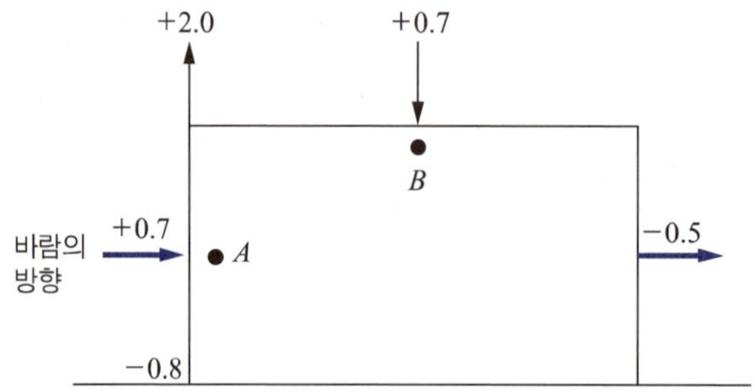


**답** 식 (4.73a)로부터 $\Delta P_{wA} = 72$ Pa, $\Delta P_{wB} = 90$ Pa

**14** 강제 환기 시스템이 연기이동에 미치는 영향을 설명하시오.

**15** 엘리베이터의 피스톤 효과를 설명하시오.

**16** 연속 개구부를 갖는 샤프트에서 중성면의 위치 계산식을 유도하시오.

$$\frac{H_n}{H} = \frac{1}{1 + (T_s / T_o)^{1/3}}$$

**17** 다음 그림과 같이 고층 건물 거실 $i$에서 화재가 발생하여 열기류가 화재실 출입문을 거쳐 샤프트 $S$의 높이 $H$ 위치에 있는 개구부를 통해 외부로 유출된다. 각 공간의 온도가 다르다고 가정할 때, 샤프트의 높이 $H$ 위치에 있는 개구부를 통과해 외부로 유출되는 열기류의 유량 식을 유도하시오. 단, 화재실의 공기 밀도와 온도 $\rho_i$(kg/m$^3$)와 $T_i$(K), 샤프트 공간의 공기 밀도와 온도 $\rho_s$(kg/m$^3$)와 $T_s$(K), 외기 밀도와 온도 $\rho_j$(kg/m$^3$)와 $T_j$(K), 화재실 출입문의 단면적 $A_1$(m$^2$), 샤프트 개구부의 단면적 $A_2$(m$^2$)이다.

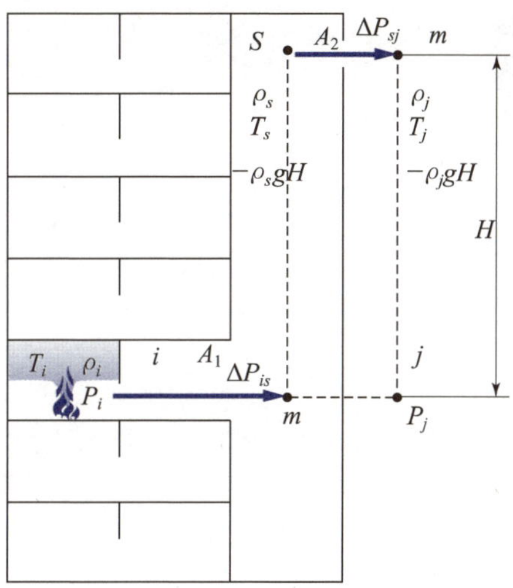


**답** ① 출입문에서 화재실과 샤프트 사이의 압력차($P_i - P_S$)의 평균 압력차 $\Delta P_{is}$

② 개구부에서 샤프트와 외기 사이의 압력차($P_S - P_j$)의 평균 압력차 $\Delta P_{sj}$라고 하면

③ 전체 압력차 $\Delta P = \Delta P_{is} + \Delta P_{sj} = P_i - P_j + (\rho_j - \rho_k) gH$ (Pa)

④ 유효 유동 면적 $A_e$(m$^2$) (직렬 경로)

⑤ 유량 $m = CA_e\sqrt{2\rho_i \Delta P}$ (kg/s)

# 5장

# 제연 설계

Design of Smoke Management

건물의 화재 안전에 대한 각 나라의 법규나 규정은 연기로부터 생명의 위험을 인식하고, 연기의 이동을 막을 수 있도록 건축물이 설계되어지고 동작되기를 요구하고 있다. 재실자(거주자)의 안전은 효율적인 연기 제어와 제연 시스템을 제공함으로써 크게 개선될 수 있다. 제연 시스템은 연기의 확산을 제한함으로써 인명 및 재산피해를 줄일 수 있고, 또한 보다 좋은 가시성을 제공함으로써 소방관들이 화재 구역에 손쉽게 접근할 수 있도록 해준다.

## 5.1 제연 설계의 목적

실내 공기가 어느 정도 정체된 상태로 유지될 경우 화재로 발생한 연기는 해당실의 상부에 연기층을 형성하면서 서서히 재실자에게 피해를 줄 수 있는 높이까지 하강한다. 한편, 연기의 온도가 낮은 경우나 공조 설비 등에 의해 실내 공기가 교반될 경우 연기는 확산되고 실내에 충만되면서 연기 농도는 서서히 상승한다. 또한 어떤 경우에는 공간에 틈새나 개구부가 있으면 연기 자체가 갖는 부력과 굴뚝 효과 등에 의해 연기를 화재실 밖으로 배출되고 건물 내에 확산된다. 그 결과 다른 공간의 재실자에게 피해를 준다거나 복도와 계단 등의 피난로에 침입하여 피난을 불가능하게 한다.

따라서 제연 설계의 목적은 다음 두 가지 목적을 이루는 것이다.

① 건물 내의 재실자가 외부 등의 안전한 공간으로 피난할 때까지 화재실이나 화재실 이외의 거주 공간 및 피난에 필요한 복도와 계단을 피난에 지장을 주지는 않는 상태로 연기의 농도를 유지하는 것이다.

② 건물 내에서 소화 활동을 하는 소방관 또는 일시적으로 피난자가 체류하는 동안 공간(비상용 승강기 승강장이나 특별 피난 계단의 부속실 등)의 연기 농도를 제반 활동에 지장이 없도록 장시간 안전한 상태로 유지하는 것이다.

화재 시 연기로부터 안전을 확보하기 위해 제연 설계는 계획 단계에서부터 공학적 설계의 폭넓은 범위를 종합적으로 고려해야 한다. 하지만 현행 화재안전기준은 사양 규정에만 만족하도록 하는 법률 조항으로서 적합성만 확인하면 되도록 되어있다. 이것은 최소한의 안전으로 요구되는 것이 무엇인지를 생각하지 않고 설계하게 되어 바람직하지 않고 성능 위주 설계에도 어긋난다.

건축물은 개성을 가지고 있기 때문에 각각의 건물에 적합한 설계를 할 필요가 있다. 본래 제연 설계는 획일화되는 것이 아니라 각 건물에서 일어날 수 있는 각종 화재 사건에 대해 요구되는 안전 성능을 만족하도록 설계해야 하며 다양한 기법을 이끌어내는 것이다. 설계의 타당성을 검증하기 위해 우리나라도 성능 위주 설계가 도입되었다. 그러나 제연 설계에서 계산의 판정 결과만을 추구하면 좋은 설계로 이어질 수 없고, 제연 설계는 제연 계획과 피난 계획을 충분히 검토하고 반영되어야 한다.

아울러 건축물을 보다 안전하고 합리적으로 설계하려면 법의 범위 내에서 허용되는 제연 설계에 대한 지식과 동시에 동등 이상의 안전성을 확보할 수 있는 제연 설계에 관한 지식을 얻는 것이 중요하다.

## 5.2 제연 설계의 기본 개념

제연 설계의 목적을 달성하기 위한 제연 설계의 기본 개념은 연기의 확산·침투 방지를 위한 구획화와 연기 방어, 연기 농도의 제어를 위한 희석, 연기 하강 방지를 위한 배연 및 축연 등으로 효율적인 연기 제어를 하는 것이다.

제연은 재실자 또는 소방관에게 편익을 제공하고 재산 피해를 줄이기 위해 독립적으로 또는 복합적으로 연기 이동을 변화시키는데 사용될 수 있는 모든 방법을 포함한다. 장벽, 연기 배출 및 배연 샤프트의 이용은 연기 제어의 전형적인 방법이다. 연기 이동을 제한하는 장벽의 효과는 해당 장벽의 누설 경로와 장벽 사이의 압력차에 따라 달라진다. 누설 경로는 배관이 벽이나 바닥을 통과하면서 생긴 구멍, 벽과 바닥이 만나는 지점의 균열, 출입문 둘레의 틈새와 같은 것이 있다. 이러한 장벽 사이의 압력차는 굴뚝 효과, 부력, 바람, 강제 환기 시스템에 따라 달라진다.

연기 배출 및 배연 샤프트의 효과는 화재에 대한 접근성, 연기의 부력 및 연기 이동력의 존재 여부에 따라 달라진다. 또한 연기가 냉각될 경우 배출구 및 배연 샤프트의 효과는 크게 감소한다. 화재 시 엘리베이터 샤프트는 배연 샤프트의 역할을 하기 때문에 화재 시에는 엘리베이터를 피난 용도로 사용하지 못하도록 하는 이유가 되었을 뿐만 아니라 엘리베이터 샤프트는 화재로부터 멀리 떨어진 다른 층으로 연기를 확산시키는 경우도 많았다. 특수 설계된 배연 샤프트(화재층을 제외한 다른 층으로는 연기의 누설이 일어나지 않도록 설계된)는 화재가 발생하지 않은 다른 층으로 연기가 확산되는 것을 방지하는 역할도 한다.

전형적인 연기 방어의 한계를 극복할 목적으로 송풍기에 의한 가압 방법이 사용되었다. 제연 시스템은 공간 형상과 건물 높이 등에 따라 달라진다. 구획화, 희석, 기류, 가압 그리고 부력의 메커니즘이 화재 시 건물 내에서 발생한 연기가 유동 또는 확산되지 않도록 연기를 제어하기 위해 독립적으로 또는 복합적으로 사용된다.

### 5.2.1 구획화

화재에 노출되어 있는 동안 지속적인 효력을 낼 수 있도록 충분한 내화성을 갖는 장벽은 화재가 확산될 때 화재로부터 보호되도록 장시간의 방호 능력을 가지고 있다. 이 같은 화재 구획화에 있어서 벽, 칸막이, 층, 문 그리고 또 다른 장벽은 화재로부터 대응해야 하는 공간에서 연기로부터 보호될 수 있도록 일정 기준이 제공되어야 한다. 이와 같이 공간을 벽과 수직 벽으로 구획함에 따라 연기의 확산과 침투를 방지할 수 있으며, 이것이 연기 제어의 기본이 되는 방안이다. 수직 벽에 의한 구획으로도 화재 초기에 연기 확산을 지연시키는 것이 가능하며, 내화 성능과 불연 성능의 벽에 의해 안전하게 구획하면 연기 확산은 상당히 방지된다.

NFPA 101(2006) 화재 안전 인명 코드와 같은 수많은 코드들은 이들 장벽의 출입문과 방연 댐퍼를 포함하는 연기 장벽의 구성에 대한 특별 규정을 제시하고 있다. 이러한 장벽으로 누설되는 연기의 양은 누설 경로의 크기와 형상 그리고 경로의 압력차에 좌우된다.

연기로부터 보호되어야 하는 구역에서 장벽을 통과하는 연기 누설량을 결정하고 위험 정도를 결정하기 위한 해석 방법으로 수식화된 것은 그다지 많지 않다. 장벽을 통한 연기 누설은 화염과 연기 이동 모델을 사용하여 나타낼 수 있다. 누설량을 구하는 첫 번째 방법은 개구부, 누설 면적, 출입문 주변의 틈새와 같은 경로의 치수 계산과 유효 유동 면적의 계산 과정에 유동 방정식을 적용하면 구할 수 있다. 이러한 누설량이 미치는 모든 영향을 평가하기 위해서는 보호된 공간에서 연기 독성 및 허용 연기 농도의 가상 설계값에 대한 지식을 필요로 한다. 결과적으로 연기 제어의 충분한 이점을 얻으려면 가장 근본적인 방법으로부터 현재까지 예측되지 않은 방법과 충분한 해석으로 피난 장벽의 성능을 판단하는 것이 필요하다.

구획화(compartmentation)는 밀폐 방연과 같이 방화·방연구획에 의해 연기 확산을 방지하는 방연 방식이다. 밀폐 방연에서 구획화는 화재실로부터 연기의 유출에 관점을 두고 있는 반면에 차연과 가압 방식에서 구획화는 보호되어야 할 공간에 연기의 침입을 막기 위한 것이다. 특히, 피난이나 소방 활동상의 중요한 경로가 될 뿐만 아니라 굴뚝 효과 등에 의해 건물 전체로 연기가 확산하는 경로가 될 수 있는 수직 공간(계단, 에스컬레이터, 엘리베이터 샤프트)에서는 연기의 침입을 허용해서는 안 되며 구획화에 의한 방연이 필수적이다.

### 5.2.2 희석

연기의 희석(dilution)은 연기 정화(smoke purging), 연기 제거(smoke removal), 연기 배출(smoke exhaust)에 의해 이룰 수 있다. 이들 의미에서 알 수 있듯이 희석 효과를 높이려면 배연 효율을 높여야 한다.

희석은 화재의 인접 공간부터 연기 침투를 받는 공간에서 가스와 미립자의 농도를 허용할 수 있는 정도로 유지하기 위해 사용된다. 만약 연기 누설 비율이 보호 공간의 전체 체적 또는 그 공간으로 공급된 공기와 그 공간으로부터 제거된 연기의 정화 비율보다 낮다면 효과적일 수 있다. 또한 희석은 화재가 진화된 후 연기를 제거하면 소방 업무에도 유리하다. 출입문이 열려 있을 경우 연기가 보호 지역으로 흘러들어갈 수 있지만, 이론적으로는 이 같은 개구부를 통한 연기 침투는 피난 시간동안의 짧은 기간에만 발생한다. 화재로부터 멀리 떨어진 공간으로 흘러 들어간 연기를 희석하기 위해서는 외부 공기를 공급함으로써 정화할 수 있다.

연기가 어느 정도 존재해도 농도가 낮아져 피난이나 소화 활동에 지장이 없는 수준으로 유지된다면, 제연의 목적은 달성된다. 제연 설계에서 이 개념을 도입하면 발생 또는 침투한 연기량을 정확하게 측정해야 한다. 그러나 제연 시스템의 대부분은 부수적 효과로 희석을 기대할 수 있고, 화재 안전 기준에 정해진 특별 피난 계단 부속실의 제연 시스템에 의해서도 희석 효과를 기대할 수 있다.

화재가 발생하지 않은 공간에 대한 연기 희석의 해석은 다음과 같이 간단하다. 시간이 $t=0$일 때, 공간이 약간의 연기에 오염되고, 공간으로 더 이상 연기가 흐르지 않거나 공간에서 연기가 더 이상 발생되지 않는 경우이다. 또한 오염 물질은 공간에 균일하게 분포되는 것으로 가정한다. 공간에 대한 오염 물질의 농도는 식 (5.1)과 같다.

$$\frac{C_t}{C_o} = e^{-at} \tag{5.1}$$

식 (5.1)을 희석율과 시간으로 나타내면 식 (5.2), 식 (5.3)과 같다.

$$a = \frac{1}{t}\log_e\left[\frac{C_o}{C_t}\right] \tag{5.2}$$

$$t = \frac{1}{a}\log_e\left[\frac{C_o}{C_t}\right] \tag{5.3}$$

여기서, $C_o$: 오염 물질의 초기 농도

$C_t$: 시간 $t$에서 오염 물질의 농도

$a$ : 분당 공기 교체 수에 대한 희석률

$t$ : 공간으로 유입되는 연기가 멈춘 후의 시간 또는 연기 발생을 멈춘 후의 시간(min)

$e$ : 2.718

농도 $C_o$와 $C_t$의 단위는 같고, 이들 두 농도는 임의의 특정 오염 물질의 농도를 계산하는데도 사용할 수 있다. 만약 어떤 공간의 오염 물질 농도가 인접 화재 지역의 농도와 비교하여 약 1% 이내라면, 그 공간은 연기 농도에 대하여 안전한 것으로 생각할 수 있다. 또한 희석으로 독성 성분의 가스 농도도 줄어들게 된다.

실제적으로 오염 물질의 농도가 공간 전체에 걸쳐 균일하다고 확신할 수 없다. 부력때문에 짙은 농도의 가스가 천장가까이에 있을 수 있다. 그러므로 천장의 연기를 배출하고 바닥 근처에서 공기를 공급하면 아마도 식 (5.1)과 (5.2)에 제시한 것보다 더 빨리 연기를 희석시킬 수 있다. 짧은 희석의 순환 과정으로부터 공급 공기가 배출구로 빨려 들어갈 수 있기 때문에 급기와 배기 위치를 잘 조절해야 한다.

**예제 5.1**

1) 소방관이 화재를 진화한 후 연기가 빠르게 제거하기 위해 공조(HVAC) 시스템으로 화재실을 시간당 6회의 공기로 교체하여 희석시킨다고 가정하면, 연기 농도를 초기값의 1%로 줄이는 데 얼마나 오래 걸리겠는가?

**풀이**

희석률 $a$는 분당 0.1 변하고 $C_0/C_t$는 100이 된다.

초기값의 1%로 줄이는 데 필요한 시간은 식 (5.3)으로부터

$$t = \frac{1}{a}\log_e\left[\frac{C_o}{C_t}\right] = \frac{1}{0.1}\log_e[100] = 46\ \text{min}$$

2) 만약 화재실이 10분 내에 정화되길 원한다면, 희석률은 얼마가 되어야 하는가? 단, 시간($t$)는 10분이고, $C_o/C_t$는 100이다.

**풀이**

식 (5.2)로부터

$$a = \frac{1}{t}\log_e\left[\frac{C_o}{C_t}\right] = \frac{1}{10}\log_e[100] = 0.46$$

희석률은 분당 0.46회, 시간당 약 28회 교체해야 한다.

**예제 5.2** 어떤 공간이 방화벽과 출입문에 의해 화재로부터 격리되었고, 출입문이 닫혔을 때 어떤 구획으로도 연기가 들어가지 않는다고 가정한다. 그러나 출입문이 열릴 때 연기는 열린 출입문을 통해 공간으로 흘러간다. 만약 공간의 오염 농도가 화재실의 20%일 때 출입문이 닫혀있고, 6분 후의 농도가 화재실 농도의 1%가 된다면 희석률은 얼마가 되어야 하는가?

**풀이**

시간($t$)는 6분이고, $C_o/C_t$는 20이 된다. 식 (5.2)로부터

$$a = \frac{1}{t}\log_e\left[\frac{C_o}{C_t}\right] = \frac{1}{6}\log_e[20] = 0.5$$

희석률은 분당 약 0.5회, 시간당 30회 공기를 교체해야 한다.

### 5.2.3 연기 하강 방지

연기의 하강 방지(prevention of smoke drop down)는 피난 시간을 확보하기 위해 화재실에서 연기를 제어하는 것이다. 아울러 연기 하강 시간은 피난 안전성 평가에서 반드시 검토되어야 하고 피난 계획에서 피난 완료 시간과 연기 하강 시간을 비교하여 피난자의 안전성이 확보되도록 해야 한다.

화재실의 천장에 체류된 연기는 배연이나 축연으로 하강을 막을 수 있다. 화재 초기에는 화재 규모도 비교적 작고 국소적인 범위에 머무르고 있기 때문에 화재실의 면적이 크고 천장이 높은 경우에는 연기를 천장에 축적(축연, storage)하여 피난 시간을 확보할 수 있다. 축연만으로 피난 시간이 부족한 경우에는 화재실에서 배연이 이용된다. 화재실의 배연은 화재 초기에 화재실내 연기 하강을 늦추어 화재실에서 피난에 도움을 준다.

공간 상부에 연기가 체류되어 연기가 거주 구역이나 인접한 공간 사이의 개구부까지 하강하지 않는다면 연기 확산은 방지되고 피난 장해도 없다. 이 방안은 연기층이 명확하게 형성되어야 하며 연기층이 흩어질 때에는 성립되지 않는다. 따라서 연기 배출구를 공간 최상부에 설치함과 동시에 급기구를 하부에 설치하여 급기구에서 유입 공기가 확실하게 하부 공기층으로 공급되게 해야 한다. 급기가 연기층으로 유입되면 연기량을 증대시키거나 연기층을 흩어지게 하는 원인이 된다.

### 5.2.4 연기 방어

연기 방어는 제연 계획에서 설명한 방연의 개념으로 피난 및 소방 활동 등에서 중요한 공간으로 연기의 침입과 화재실의 연기가 다른 공간으로 확산되는 것을 막는 것이다. 방연은 연기를 일정 공간 내에 가두어 연기의 확산을 방지하는 밀폐, 연기를 저장 공간에 모으는 축연, 두 공간 사이의 압력차를 이용하는 차연과 피난 경로에 신선한 공기로 가압시켜 피난 경로의 공간 압력을 높여 연기가 침투하지 못하도록 하는 가압 방연이 있다.

#### 1) 밀폐

밀폐는 화재의 범위를 제한하여 인접 공간의 화재 피해를 줄이기 위해 설계되는 것이 많지만, 화재와 동시에 연기의 확산 범위를 제한하여 비화재실의 안전성을 크게 향상시킬 수 있는 매우 중요한 방화 대책이다. 그러나 설계 측면에서 제연보다는 방화 구획 기술에 해당하기 때문에 이 단원에서는 설명하지 않는다.

#### 2) 차연

차연은 공간 사이의 압력차를 제어하는 방법으로 2개의 공간 사이에 온도차가 있으면 공간 사이에는 압력차(차압)가 생겨 공간 사이의 개구부에서는 자연 대류에 의해 공간 상호간에 공기의 유출입이 생긴다. 이 자연대류에 저항하기 위한 압력을 강제적으로 부여하면 기류는 압력이 높은 공간에서 낮은 공간으로 흐르게 된다. 이와 같이 차연의 개념은 공간 내에 소요 차압을 부여하여 개구부나 틈새를 사이에 두고 연기의 확산·침투를 방지하는 것이다.

차연은 공간 내에 차압을 부여하는 것이 목적이므로 배기나 급기로도 이 목적은 달성된다. 하지만 공간 사이에 차압이 형성되기 위해서는 두 공간 사이에 공기의 흐름이 필요하고 한쪽 공간은 두 공간 사이의 개구부 이외에 공기의 유입·유출이 없는 상태에서는 다른 공간에 배기나 급기를 행해도 두 공간 사이에는 한 방향의 공기 흐름은 형성되지 않는다. 두 공간의 차압은 공간의 온도차와 부력에 의한 압력차만으로 형성되기 때문에 개구부에서 차연을 달성하는 것은 불가능하다. 이와 같이 차연을 달성하기 위해서는 압력이 높은 공간에서는 강제 급기나 외부에 급기구, 압력이 낮은 공간에서는 강제 배기나 외부로 배기구를 각각 설치하는 것이 필요하다. 배연으로도 인접 공간에 급기구를 설치하여 급기 경로를 확보하면 공간 사이에 차압이 형성되고 차연이 달성된다. 일부 국가에서는 차연이 급기 공간과 배연 공간 등 여러 공간에 설계되고 있다.

### 3) 가압 방연

가압 방연은 화재실로부터 복도나 승강장 그리고 계단실까지 차례로 압력이 증가되게 하여 피난자가 이들 공간을 통과하여 계단실로 대피할 때 연기로부터 영향이 없도록 하는 것이다. 일반적으로 가압 공간(계단실이나 승강장 등)이 다음의 4가지 조건을 충족한다면 화재 시 방호될 수 있다.

① 가압 공간의 기밀도 유지
② 가압 시스템의 완전성 유지
③ 기류는 출입문이나 기타 개구부를 통하여 외부로 이동
④ 공기는 비가압 공간을 통해 외부로 배출

아울러 가압 방연 시스템은 제연의 목적을 위해 설치되지만 가압 공간의 정상적인 환기의 요구사항을 충족시키기 위해서도 이용될 수 있다. 이 경우 가압 시스템이 건물에서 사용되고 있는 동안에는 낮은 압력으로 지속적인 운전을 할 수 있다.

이 시스템은 높은 압력의 가압과 연계되어 비상시에만 작동되게 할 수도 있다. 비록 하나의 압축 공기 플랜트와 분배 시스템으로 계단실이나 승강장으로 급기 할 수 있지만 가압 시스템은 각 계단실마다 별도로 설치되어야 한다. 이것은 한 계단실이 다른 계단실의 가압에 영향을 미치는 영향(예를 들면, 출입문의 개방)을 피하기 위해서이다.

가압 방연 시스템에서 요구되는 압축 공기 발생 장치의 용량은 가압 공간으로부터 공기 흐름 모두가 외부로 향하는 지속적인 흐름의 요구량으로부터 결정된다. 이러한 조건은 가압 공간과 비가압 공간 사이의 문이나 기타 개구부를 통한 압력차가 바람이나 화재 조건 때문에 반대 상황이 되어도 양의 값이 될 때 만족된다.

### 5.2.5 소방 활동 지원

화재 건물의 소화·구조 등의 소방 활동에서 특히 중요한 공간은 화재층이나 인접 층에서의 안전한 소방활동 거점(그림 5.1 참조)의 확보와 건물 입구에서 그 활동 거점 사이에 연속된 통로이다.

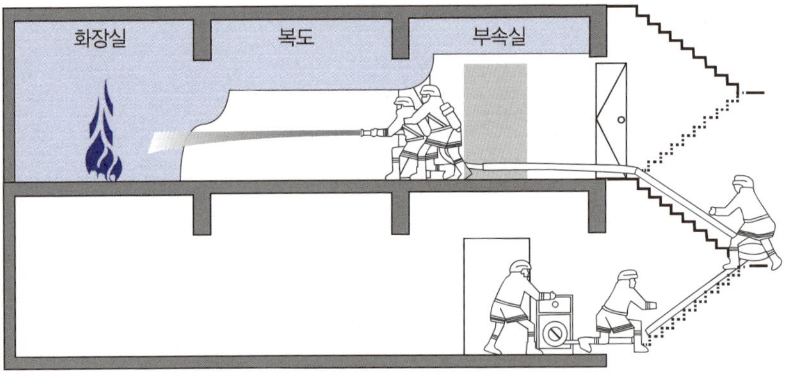


그림 5.1 소방활동거점(日本建築學會, 2011)

일반적으로 안전한 활동 거점은 특별 피난 계단실이나 비상 엘리베이터 승강장이 해당한다. 또한 연속 경로는 특별 피난 계단등의 수직 샤프트가 해당한다. 화재층에서는 이들 공간을 거점으로 화재실의 화재 진압 활동 및 화재층의 잔류물을 검색하는 것이 일반적인 전술이다. 소방 활동 중에 대원의 교대, 구출자의 임시 체류장소 등도 있기 때문에 이들 거점을 화재와 연기로부터 보호하는 것이 제연에서 해야 할 또 하나의 중요한 역할이다.

건물 화재에서 차이는 있지만 특히 지하층을 대표하는 무창층에서 화재가 발생했을 경우, 연기는 소방 진입로에 몰려 소화·구조 활동을 현저하게 억제시킬 뿐만 아니라 소방관의 신체·생명을 위험하게 한다. 따라서 소방 활동 지원이라는 관점에서도 배연 설계가 이루어져야 한다.

소방 활동을 위해서 소방관이 화원으로 진입할 때 신선한 공기가 들어오는 것은 퇴로의 안전 확보를 의미하는 것이므로 소방관은 안도감 가질 수 있으므로 연기 침입 방지와 신선한 공기 공급이라는 두 가지 측면에서 가압은 중요하다. 그러나 충분한 소방 활동 시간을 확보하기 위해서는 피난과 비교해 고온의 연기를 처리했더라도 작동을 멈추지 않는 배연 기능을 마련해야 한다.

## 5.3 자연 배연

### 5.3.1 원리 및 특징

[그림 5.2]와 같이 화재실에서 화재의 열로 고온의 연기층이 형성되면 공기의 밀도차에 의해 화재실과 외기 사이에는 압력차 즉, 연기의 부력이 발생한다. 이 압력차에 의해 화재실의 윗부분에서는 연기를 외부로 배출하는 힘(이동력)으로 작용하고, 반대로 아랫부분에서는 공기를 화재실로 유입하는 힘이 작용한다. 이러한 힘을 이용하는 것이 자연 배연의 원리이다. 자연 배연은 연기의 부력을 이용하여 연기를 배출하기 때문에 배연 효과는 실내외의 온도, 개구부의 높이나 형상 그리고 외부 바람 등에 영향을 받는다.

화재실의 하부에 급기구가 있는 경우와 없는 경우에는 중성면이 생기는 높이에 큰 차이가 생긴다. [그림 5.2]는 배출구만 있는 경우와 배출구와 급기구가 있는 화재실에서 연기가 부력만으로 자연 배연될 경우 개구부에 생기는 압력 분포와 중성면의 위치를 나타낸 것이다. [그림 5.2(a)]와 같이 급기구가 없는 경우에는 중성면은 배출구의 중간 위치에 형성되고, 중성면의 상부에서는 연기를 배출하고 하부에서는 외부 공기를 유입하게 된다. 이 때문에 연기를 배출하는 이동력이 되는 압력차는 별로 크지 않다. 한편, [그림 5.2(b)]와 같이 화재실의 하부에 충분한 크기의 급기구가 설치되어있으면 중성면은 배출구와 급기구 사이에 배출구와 급기구 사이에 형성되어 압력차가 그 만큼 커지기 때문에 배출량 또한 커진다.

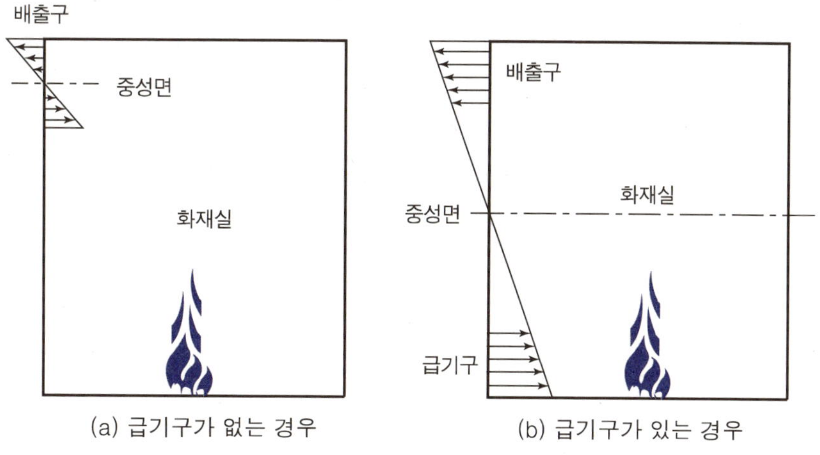


**그림 5.2** 개구부의 압력 분포와 중성면

따라서 급기구는 배연 효율의 상승에 크게 기여한다. 이 때문에 배출구의 크기는 물론 급기구의 크기와 위치에 따라서도 배연 능력에 미치는 영향이 크다. 다시 말하면 배연구는 크고 가능한 높은 위치에 설치하고, 급기구는 배연구와 같은 크기로 하고 유입 공기는 하부 공기가 들어갈 수 있도록 낮은 위치에 설치하게 되면 배연 효율을 높일 수 있다. 다만, 유입 공기는 연소량 증가에 영향을 주기 때문에 화세에 미치는 영향을 고려해야 한다.

자연 배연은 화재 상황에 의존하는 연기의 부력만을 이용한 배연 방법이기 때문에 안정성 측면에 있어 불확실한 측면도 있다. 그러나 천장이 높아 배출구를 높은 위치에 마련하고 연기의 흐름을 고려한다면 효율적인 배연 시스템이 된다. 자연 배연은 재실자가 안전한 공간으로 피난할 수 있을 때까지 연기가 하강하지 않도록 외부로 연기가 배출되어야 하고, 피난 완료 후에는 화재실 외부로 연기가 누출되지 않도록 해야 한다. 자연 배연 시스템은 수동적인 시스템으로 구획이 확실하게 되지 않으면 효과가 적다.

자연 배연에 적합한 건물은 건물의 저층부에서 외부 바람의 영향을 받기 어려운 경우, 천장 높이가 비교적 높고 배출구를 높은 위치에 설치할 수 있는 경우, 피난이나 소화 활동을 위해서 장시간의 배연이 필요한 경우와 같은 건물에 적용된다.

### 5.3.2 설계 시 주의할 점

#### 1) 화재실의 온도에 의한 영향

자연 배연의 효과는 배출구의 위치·크기에 영향을 받지만 계절의 영향을 포함한 실내외의 온도에도 더 많이 영향을 받는다. [그림 5.3]의 왼쪽과 같이 실내 온도가 외기 온도보다 낮은 경우(여름에 냉방기를 가동하고 있는 공간 등) 실내외의 압력 분포가 왼쪽 그림과 같이 되어 화재 초기에는 자연 배연의 효과가 현저하게 떨어진다. 이 문제는 자연 배연의 원리부터 근본적인 해결은 곤란하지만 계속되는 연소에 의해 화재실 온도가 상승하면 [그림 5.3]의 오른쪽과 같이 압력 분포가 대칭으로 되어 서서히 배연을 시작된다.

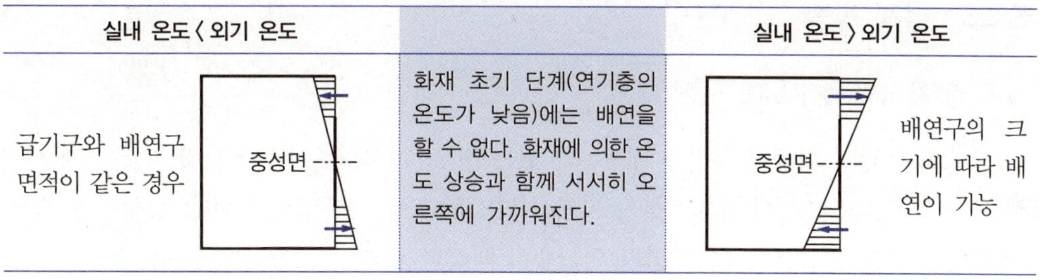


그림 5.3 압력 분포와 온도에 따른 배연 방향

### 2) 급기구의 위치 및 크기에 의한 영향

배출구의 크기는 사실상 설계의 주된 관심 대상이 되지만, 급기구의 유무·크기뿐만 아니라 배연 성능에 영향을 주므로 검토가 필요하다. 배출구가 설치되어 있어도 실내에 급기 경로가 작으면 실내에 유입 공기량을 확보하지 못하고 결과적으로 연기를 유효하게 배출할 수 없게 된다. 일반적으로 화재실에서 피난을 하고 있는 동안에는 출입문이 열려있기 때문에 이러한 급기 부족이라는 불합리한 상황이 일어나기 어렵지만 기밀성이 높은 건물은 거실의 피난 출구가 개방되는 것만으로 급기구가 확보되는 것은 아니다. 이러한 건물의 경우 확실하게 급기구와 급기 경로를 계획해야 한다.

### 3) 굴뚝효과에 의한 영향

고층 건물의 냉난방에 의해 엘리베이터 샤프트나 계단실 샤프트 등의 수직 공간에는 실내외의 온도차에 의한 건물 전체에 굴뚝 효과가 생기게 한다. 예를 들면, 난방 시 하부층에서 화재가 발생했을 경우 중립면의 아래층에서 배연을 위해 창문을 열면 공기가 유입하는 경우가 있다. 이것은 실내의 압력이 외기보다 낮기 때문이다. 이러한 조건에서는 자연 배연의 성능을 발휘하기 어렵기 때문에 이 같은 상황을 고려해야 한다.

### 4) 바람의 영향

바람이 건물로 세차게 불어올 때 배연을 위해서 창문을 열면 공기가 유입될 수 있다. 이와 같은 상황에서 배출구를 개방하면 배출구로 연기를 배출하지 않을 뿐만 아니라 반대로 연기가 되밀려 건물 내부로 연기가 넓게 확산되는 위험한 상황이 된다. 자연 배연은 풍속이나 풍향 등에 영향을 받는다.

### 5.3.3 설계 방법

#### 1) 공간 측벽의 개구부에 의한 배연

[그림 5.4]와 같이 화재실 측벽에 개구부가 있는 경우, 화재로부터 발생된 연기량은 개구부를 통해 연기가 배출되므로 어느 일정한 높이에서 연기층의 하강은 멈추게 된다. 중성면은 개구부에 형성되고 온도가 같은 높이 $Y$까지 연기층이 하강한 상태로 정상 상태를 유지한다고 가정하면, 실내외의 온도차에 따라 [그림 5.4]의 오른쪽 그림과 같이 중성면을 기준으로 압력 분포가 형성되게 된다.

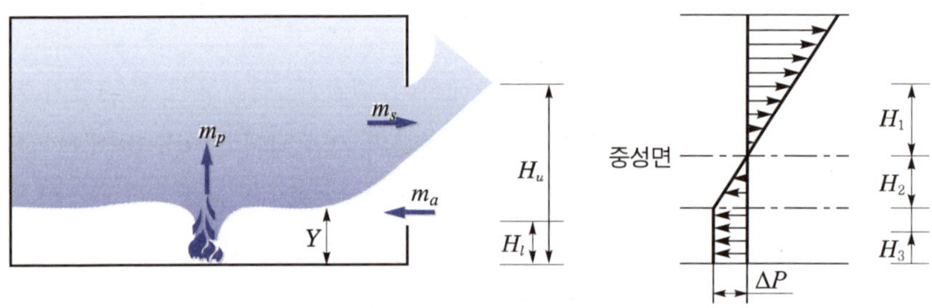


그림 5.4 측벽 개구부에 의한 연기 배출량과 압력 분포

중성면 아랫부분 개구부에서 유입되는 공기 유입량 $m_a$(kg/s), 중성면 윗부분 개구부에서 배출되는 연기 배출량 $m_s$(kg/s), 연기층으로 유입되는 화재 플룸 유량 $m_p$(kg/s)는 질량 보존의 법칙에 따라 식 (5.4)와 같이 된다.

$$m_a = m_s = m_p \equiv m \tag{5.4}$$

연기층의 하강이 멈추는 높이를 $Y$(m)라고 하면 연기층으로 유입되는 화재 플룸 유량 $m_p$(kg/s)는 식 (5.5)와 같이 나타낼 수 있다. 높이 $Y$(m)는 엄밀하게 가상 점열원으로부터 높이지만 간략화를 위해 가상 점열원의 거리를 무시한다.

$$m_p \approx 0.08\, Q^{1/3}\, Y^{5/3} \tag{5.5}$$

여기서, $Q$ : 화재 발열량(kW)

연기 하부층의 온도 $T_a$(K)가 외기 온도 $T_o$(K)와 같다고 가정하면, 개구부에는 [그림 5.4]의 오른쪽에 나타낸 것처럼 압력 분포가 형성된다. 실내외 압력차를 $\Delta P$(Pa)라고 하고 연기 밀도를 $\rho_s$ (kg/m$^3$), 공기 밀도를 $\rho_a$ (kg/m$^3$)라고 하면, 중성면에서 개구부 상단까지의 거리 $H_1$(m), 중성면에서 개구부 하단까지의 거리 $H_2$ (m)와 연기층의 하강이 멈추는 높이 $Y$(m)와 개구부 하단까지의 거리 $H_3$(m)는 식 (5.6)과 같이 나타낼 수 있다.

$$H_1 = H_u - Y - \left(\frac{\Delta P}{\Delta \rho g}\right) \text{(m)}$$

$$H_2 = \frac{\Delta P}{\Delta \rho g} \text{ (m)} \tag{5.6}$$

$$H_3 = Y - H_l \text{ (m)}$$

여기서, $\Delta \rho = \rho_a - \rho_s$

$H_u$ : 개구부의 상단 높이(m)

$H_l$ : 개구부의 하단 높이(m)

따라서 개구부에서의 연기 배출량 $m_s$와 공기 유입량 $m_a$는 [표 4.5]의 $\rho_i > \rho_j$와 $H_l < H_n < H_u$ 조건에 해당하므로 식 (5.6)에 제시한 개구부의 상하단 거리를 적용하면 각각 식 (5.7)과 식 (5.8)과 같이 나타낼 수 있다(Tanaka and Yamana-Part II, 1985).

$$m_s = \frac{2}{3} CB_d (2g\rho_s \Delta\rho)^{1/2} H_1^{3/2} \tag{5.7}$$

$$m_a = CB_d H_3 (2\rho_a \Delta P)^{1/2} + \frac{2}{3} CB_d (2g\rho_a \Delta\rho)^{1/2} H_2^{3/2} \tag{5.8}$$

여기서, $B_d$ : 개구부의 폭(m)

$C$ : 개구 계수(0.6~0.7)

중성면의 위치는 식 (5.6)이나 식 (5.7)과 식 (5.8)로부터 구할 수 있고, 실내외의 압력차 $\Delta P$는 식 (5.7) 및 $m_s = m_p$의 관계로부터 식 (5.9)에 의해 구할 수 있다.

$$\Delta P = \Delta\rho g (H_u - Y) - \left(\frac{3\rho_s \Delta\rho g m_s}{CB_d}\right)^{2/3} \tag{5.9}$$

[그림 5.3]의 배연은 온도가 상승한 연기층의 부력에 의한 것이므로 연기층의 열에너지 보존을 고려하면 연기층의 온도를 예측할 수 있다. 하지만 예측 대상을 화재 초기로 한정하기 때문에 주위 벽의 온도 상승을 무시하기로 한다. 연기층이 주변으로 전달되는 열전달량 $Q$는 복사

에 의한 열전달과 대류 열전달의 혼합 열전달량으로 에너지 보존 법칙에 의해 식 (5.10)과 같이 되고, 또한 식 (5.11)에 의해 연기층의 온도를 구할 수 있다.

$$Q = c_p m_s (T_s - T_a) + hA_w (T_s - T_a) \tag{5.10}$$

$$T_s = T_a + Q/(c_p m_s + hA_w) \tag{5.11}$$

여기서, $A_w$ : 천정이나 주위 벽이 연기층과 접촉하는 면적($m^2$)

$h$ : 대류 열전달 계수(0.01 ~ 0.02 kW/$m^2$)

$c_p$ : 공기 정압 비열(1.0 kJ/kg · K)

$T_a$ : 외기 온도(K)

$T_s$ : 연기 온도(K)

### 2) 공간 상부의 배출구에 의한 배연

[그림 5.5]와 같이 화재실의 천정 또는 주위 벽 상부에 배출구를 설치하고 하부에 급기구를 설치하면 급기구로부터 외부 공기의 유입이 생겨 연기층의 높이를 일정한 높이 이상으로 유지할 수 있다.

[그림 5.5]에서 연기층의 높이 $Y$(m), 배출구의 높이 $H_v$(m), 배출구의 면적 $A_v$($m^2$), 급기구의 면적 $A_a$($m^2$), 실내외의 압력차 $\Delta P$(Pa)라 하고, 연기 밀도 $\rho_s$(kg/$m^3$), 공기 밀도 $\rho_a$(kg/$m^3$)라고 하면, 급기구로부터 유입되는 공기량 $m_a$(kg/s)는 식 (5.12)와 같이 되고, 급기구에서의 압력차 $\Delta P$는 식 (5.4)의 조건과 식 (5.12)로부터 식 (5.13)과 같이 나타낼 수 있다.

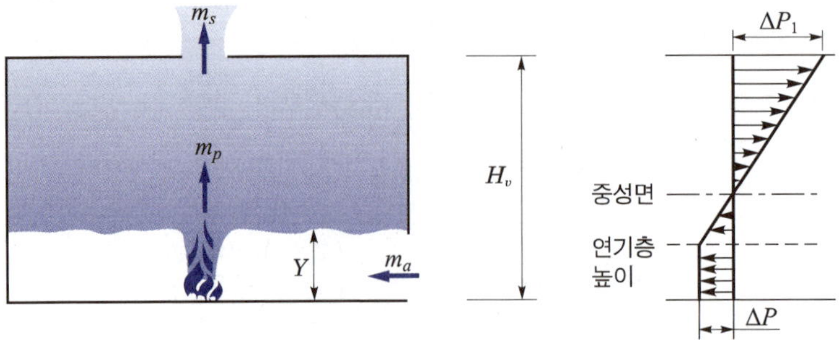


그림 5.5 상부 개구부에 의한 연기 배출량 및 압력분포

$$m_a = CA_a(2\rho_a \Delta P)^{1/2} \tag{5.12}$$

$$\Delta P = {m_a}^2 / 2\rho_a (CA_a)^2 \tag{5.13}$$

배출구 높이 $H_v$에서 실내외의 압력차 $\Delta P_1 = -\Delta P + (\rho_a - \rho_s)g(H_v - Y)$이 되고, 배출구에서 배출되는 연기 배출량 $m_s$(kg/s)는 식 (5.14)와 같이 되고, 배출구의 면적 $A_v$(m$^2$)는 식 (5.14)로부터 구할 수 있다. 또한 식 (5.15)를 이용하면 급기구의 면적 $A_a$(m$^2$)도 구할 수 있다 (Tanaka and Yamana-Part II, 1985).

$$m_s = CA_v[2\rho_s - \Delta P + (\rho_a - \rho_s)g(H_v - Y)]^{\frac{1}{2}} \tag{5.14}$$

$$A_v = \frac{m_s}{C\,[2\rho_s - \Delta P + (\rho_a - \rho_s)g(H_v - Y)]^{\frac{1}{2}}} \tag{5.15}$$

배연 설계에서 중요한 것은 피난이나 소방 활동을 위해 필요하므로 설정된 높이(연기층)로 유지하기 위해서는 배출구나 급기구를 어느 정도의 높이로 해야 하는가 이다. 이는 연기 하강 시간과 피난 시간의 관계를 고려하여 결정해야 한다.

자연 배연은 화재의 발열에 의한 실내외의 압력차를 이용하는 방식이기 때문에 화재의 초기 단계나 천정이 낮아 배출구를 높은 위치에 설치하지 않으면 배연 효과가 떨어진다.

## 5.4 기계 배연

### 5.4.1 원리 및 특징

기계 배연은 발생한 연기를 배출기의 기계적인 힘에 의해 강제적으로 배출하는 방식이다. 배출기 작동 중 직접 효과인 연기의 배출과 함께 간접 효과로서 화재실의 내압이 낮아져 연기를 다른 실로 확산 방지 또는 억제하여 재실자가 안전하게 피난할 수 있도록 해준다. 하지만 기계 배연은 배출량에 대한 급기량의 확보와 공동 제연 구역의 연기를 배출할 경우 배출 풍도의 안정된 배연 확보 및 배출 풍도와 배출기의 내열성이나 누설 등 많은 검토가 따라야 한다.

기계 배연의 배연 능력은 배기 능력과 배연 효율 두 가지 요인에 영향을 받는다. 배기 능력은 배출기의 성능에 좌우되고, 배연 효율은 배출 풍량에 얼마만큼의 연기 성분이 효과적으로 배출되느냐에 달려 있다. 또한 배기 능력은 배출기의 기본 능력 외에 배연 계통의 배기측과 급기측의 환기 저항으로부터 정해진다. 이들 요인 중 배출기의 능력이나 배출 풍도의 저항은 의식하지만 급기 경로의 환기 저항은 의식하지 않는 경우가 더 많다. 실제 건물에서 배연에 대한 급기구가 설치되지 않은 경우에도 외벽의 틈새나 화재실의 열에 의해 파손된 유리창, 피난 경로의 출입문 등을 통해 실질적으로 급기 경로가 확보되는 경우도 많지만, 지하층이나 기밀성의 높은 건물에서는 급기 경로가 거의 없는 경우도 있기 때문에 이러한 경우에는 배연에 대한 급기 경로를 염두에 두고 설계할 필요가 있다.

연기층의 두께가 얇으면 배출구에서 연기와 함께 공기도 배출되어 배연 효율이 떨어지는 경우도 있다. 배연 설계에서 배연 효율을 인식하지 않는 경우가 더 많다. 천장 높이가 낮은 공간에서는 일반적으로 배연 효율도 낮아지는 경우가 많다.

기계 배연은 일반 사무실이나 점포 등의 공간에 가장 많이 사용되는 제연 시스템으로 자연 배연을 적용하기 어려운 건물에 많이 적용한다.

### 5.4.2 설계 시 주의할 점

기계 배연에서 배출 풍량이 예상보다 적으면 배연 효과를 기대할 수 없고 반대로 지나치게 커도 화세를 키우거나 피난 중 배출 풍량에 비해 급기량이 부족하면 부압으로 출입문이 열리지 않게 되고 피난에 지장을 초래하게 된다.

기계 배연이 유효하게 이루어지려면 적절한 급기가 확보되어야 하고 화재실과 피난 경로 사이에 있는 출입문은 폐쇄 조건(피난이 종료된 후 순차적으로 출입문을 닫아 밀폐 방연이 되게 하여 연기의 침입을 막는)을 충족시켜야 된다. 일반적으로 화재실, 복도, 부속실, 계단실과 이어지는 피난 경로는 급기 경로가 되기 때문에 피난 중에는 이들 경로를 확보하여 배연을 유효하게 실시할 수 있도록 배연 설계가 효과적으로 이루어져야 한다.

### 1) 거실(화재실) 배연

거실 배연은 화재실에서 연기층의 하강를 억제하고 화재실 밖으로 연기의 유출을 방지하는 것이 목적이다. 거실은 다음 사항들을 고려하여 배연 설계를 실시해야 한다.

① 화재실에서 재실자가 피난하고 있는 동안 출입문은 개방되기 때문에 급기량을 확보할 수 있지만, 배출량이 큰 실의 경우에는 피난 시간이 길어져 거실과 복도 사이의 출입문이 열려 있어도 피난 후 출입문이 폐쇄되면 급기가 확보되지 않을 수도 있기 때문에 주의한다.
② 피난 종료 후에는 화재실의 출입문을 닫아 밀폐 상태로 하여 화재실을 부압으로 만듦으로서 인접 실로 연기가 침투되는 것을 방지한다. 출입문이 많이 열려있거나 다른 개구부가 있으면 실내는 감압되지 않고 중성면의 높이가 낮아져 연기는 화재실 밖으로 유출된다.
③ 배연을 하기 전에 화재실에서 피난이 종료된 경우에는 화재실의 출입문을 닫아 밀폐 방연이 되도록 한다.

### 2) 안전구획(복도 등) 배연

복도 배연의 목적은 화재실 문틈에서 새어나오는 연기를 배출시켜 연기층이 낮아지지 않도록 하는 것이다. 복도는 다음 사항들을 고려하여 배연 설계를 실시해야 한다.

① 피난 중 피난계단의 출입문이 개방되어 급기가 되기 때문에 배연을 달성할 수 있다. 출입문이 연기 감지기와 연동되어 닫히더라도 피난 완료까지 개방되어 있는 것으로 고려한다. 배출량에 비해 급기량이 적은 경우 복도가 부압이 되어 화재실로부터 연기를 끌어들이기 때문에 급기 경로를 고려하는 것이 보다 중요하다.
② 피난 완료 후 계단실의 출입문을 닫아 화재층을 밀폐 방연으로 한다.
③ 화재실에서 복도로 빠져 나오는 연기의 양에 따라 필요 배출량을 결정한다.

### 3) 상층부 배연

상층부에서의 배연은 화재층으로부터 연기가 누설되는 것을 전제로 고려된 것이지만 흡인 배연을 하는 것은 매우 위험하다. 화재층과 동일한 배연 계통인 경우 상층부의 배출구를 개방함에 따라 화재층의 배연 능력이 떨어질 수 있고, 배출 풍도 내에 방화 댐퍼가 폐쇄되지 않은 상태에서 배출기가 정지했을 때에는 연소와 연기의 누설 경로가 될 수 있다. 예를 들어, 배연 시스템을 화재층과 분리하여 설치할 경우에도 상층부을 부압으로 유지하는 것은 화재층으로부터 연기를 더 많이 끌어들인다.

## 5.4.3 설계 방법

### 1) 연기 배출량

[그림 5.6]과 같이 배출기에 의해 연기를 배출할 경우에도 급기구에서 유입되는 공기 유입량 $m_a$(kg/s), 배출기에서 배출되는 연기 배출량 $m_s$(kg/s), 연기층으로 유입되는 화재 플룸 유량 $m_p$(kg/s)는 식 (5.4)의 질량 보존의 법칙과 급기구의 공기 유입량 식 (5.12)가 성립된다. 화재실의 어느 일정한 높이에서 연기층이 하강을 멈추고 일정 높이를 유지하는 필요한 연기 배출량 $m_s$는 화재 플룸을 통해 연기층에 유입되는 공기 질량 $m_p$(kg/s)는 식 (5.5)와 같게 된다 (Tanaka and Yamana-Part II, 1985).

$$m_a = m_s = m_p \equiv m \tag{5.4}$$

$$m_s = m_p \approx 0.08\, Q^{1/3}\, Y^{5/3} \tag{5.5}$$

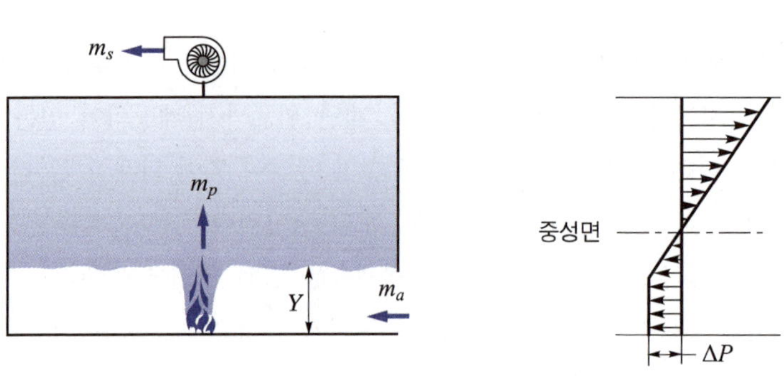


그림 5.6 기계 배연에 의한 연기 배출량 및 압력분포

식 (5.5)는 급기구의 크기에 의존되지 않기 때문에 연기 배출량 $m_s$(kg/s)는 급기구로부터 유입되는 공기 유입량 $m_a$(kg/s)와 같게 된다. 따라서 연기 배출량 $m_s$(kg/s)는 식 (5.12)와 같게 되고, 압력차 $\Delta P$(Pa)는 식 (5.13)과 같게 된다.

$$m_s = m_a = CA_a(2\rho_a \Delta P)^{1/2} \tag{5.12}$$

$$\Delta P = m_s^2 / 2\rho_a (CA_a)^2 \tag{5.13}$$

식 (5.13)의 압력차가 커지면 출입문의 개방이 어렵게 되어 피난을 할 수 없을 수도 있기 때문에 과도한 압력이 생기지 않도록 해야 한다. 연기의 밀도를 $\rho_s$(kg/m$^3$)라고 할 때 연기 배출량 식 (5.12)를 식 (5.15)와 같이 체적 유량 $Q_s$(m$^3$/s)로 나타낼 수 있다.

$$Q_s = m_s / \rho_s \tag{5.15}$$

### 2) 연기층 두께

기계 배연에서 연기층 두께 $Y_s$(m)는 배출기의 단위시간 당 배출용량(m$^3$/h)에 따라 에 달라진다. 따라서 연기층 두께는 시간 변화 $dt$에 대한 연기 배출량 $dm_s$가 된다. 연기층으로 유입되는 양은 $m_p$(kg/s)뿐이며 유출되는 양은 $m_s$(kg/s)뿐이다. 연기층 두께 $Y_s$는 식 (5.16)으로 표현된다(建築振興研究會, 2003).

$$\frac{dY_s}{dt} = \frac{m_p - m_s}{\rho_s A} + \frac{1}{T_s}\left\{\frac{Q - Q_w - C_p m_p (T_s - T_a)}{C_p \rho_s A}\right\} \tag{5.16}$$

여기서, $Y_s$ : 연기층 두께(m)

$m_p$ : 연기층으로 유입하는 연기의 유입량(kg/s)

$m_s$ : 배연에 의한 연기층의 유출량(kg/s)

$A$ : 화재실 바닥 면적(m$^2$)

$\rho_s$ : 연기 밀도(kg/m$^3$)

$t$ : 시간(s)

$Q$ : 화재 발열량(kW)

$Q_w$ : 연기층이 주변 벽으로 손실되는 열량(kW)

$T_s$ : 연기층 온도(K)

$T_a$ : 공기층 온도(주변 온도$= T_0$)(K)

$C_p$ : 공기 정압 비열(kJ/kg · K)

### 3) 연기층 온도

연기층 온도 $T_s$(K)도 배출기의 단위시간 당 배출용량(m$^3$/h)에 따라 달라지므로 연기층 온도는 시간 변화 $dt$에 대한 연기층의 온도 변화량 $dT_s$가 된다. 연기층 온도 $T_s$는 식 (5.17)과 같이 표현된다(建築振興硏究會, 2003). 연기층 온도 $T_s$(K)는 식 (5.11)에 의해서도 간단히 구할 수 있다.

$$\frac{dT_s}{dt} = \frac{Q - Q_w - C_p m_p (T_s - T_a)}{A Y_s C_p \rho_s} \tag{5.17}$$

여기서, $T_s$ : 연기층 온도(K)

$T_a$ : 공기층 온도(K)

$Q$ : 화재 발열량(kW)

$Q_w$ : 연기층이 주변 벽으로 손실되는 열량(kW)

$m_p$ : 연기층으로 유입되는 연기의 유입량(kg/s)

$Y_s$ : 연기층 두께(m)

$A$ : 화재실 바닥 면적(m$^2$)

$\rho_s$ : 연기층 밀도(kg/m$^3$)

$C_p$ : 공기 정압 비열(kJ/kg · K)

### 4) 주변 벽으로 손실되는 열량

연기층이 주변 벽으로 손실되는 열량 $Q_w$(kW)는 McCaffrey가 제시한 유효 열전달률 $h_k$를 이용하면 식 (5.18)과 같이 표현된다(McCaffrey, 1981).

$$Q_w = h_k A_c (T_s - T_0) \tag{5.18}$$

$$h_k = \begin{cases} \dfrac{k}{\delta} & (t > \dfrac{\delta^2}{4\alpha}) \\ \left(\dfrac{k\rho c}{t}\right)^{1/2} & (t \le \dfrac{\delta^2}{4\alpha}) \end{cases} \tag{5.19}$$

여기서, $Q_w$ : 연기층이 주변 벽으로 손실되는 열량(kW)

$h_k$ : 유효 열전달률(kW/m$^2$·K)

$A_c$ : 주변 벽의 열전달 면적(=천장 면적 + 연기층과 접하는 벽의 면적)(m$^2$)

$T_s$ : 연기층 온도(K)

$T_a$ : 공기 온도(K)

$k$ : 주변 벽의 열전도율(kW/m·K)

$\delta$ : 벽 두께(m)

$\rho$ : 벽 밀도(kg/m$^3$)

$c$ : 벽 비열(kJ/kg·K)

$\alpha$ : 벽의 열확산 계수 $=k/\rho c$(m$^2$/s)

$t$ : 시간(s)

**예제 5.3**

가로 40m × 세로 10m × 높이 3.0m의 제연 구역에서 화재가 발생하여 다음 그림과 같이 기계 배연을 하려고 한다. $Y=2$ m 높이에서 연기층의 하강을 멈추게 하려면 배출량(m$^3$/s)을 얼마로 해야 하는가? 이때 화재 발열량 $Q=1{,}000$ kW, 대류열전달계수 $h=0.01$ kW/m$^2$, 공기의 정압 비열 $c_p=1.0$ kJ/kg·K, 공기 온도 $T_a=17$℃이다.

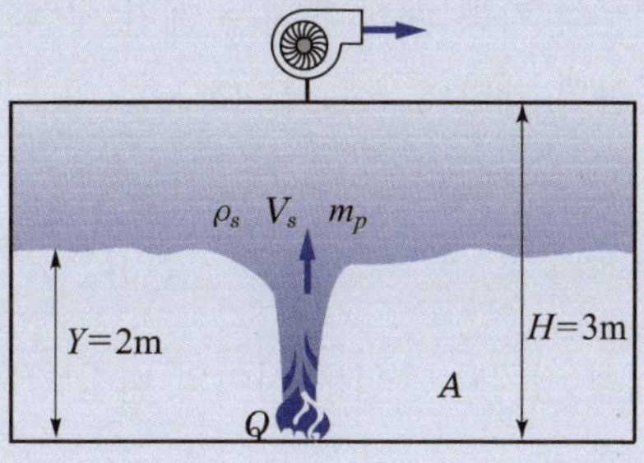


**풀이**

1) 식 (5.5)로부터 연기의 배출량

$$m_s = 0.08\,Q^{1/3}\,Y^{5/3} = 0.08 \times 1{,}000^{1/3} \times 2^{5/3} = 2.62 \text{ kg/s}$$

2) 식 (5.11)로부터 연기의 온도

$$T_a = 17 + 273 = 290 \text{ K}$$

$$A_w = \text{천정의 면적} + (\text{연기층이 접촉하고 있는 주위 벽} \times \text{연기층 높이})$$

$$= (40 \times 10) + [2 \times (40 + 10) \times (3.0 - 2.0)] = 500 \text{ m}^2$$

$$T_s = T_a + Q/(c_p m + hA_w) = 290 + 1{,}000/(1.0 \times 2.62 + 0.01 \times 500)$$

$$= 421.23 \text{ K} = 148.23 \text{ ℃}$$

3) 식 (4.4)로부터 연기 밀도

$$\rho_s = 1.22 \times \left( \frac{290}{T_s + 273} \right) = 1.22 \times \left( \frac{290}{421.23} \right) = 0.84 \text{ kg/m}^3$$

4) 식 (5.15)로부터 연기의 체적유량

$$Q_s = \frac{m_s}{\rho_s} = \frac{2.62}{0.84} = 3.12 \text{ m}^3/\text{s} = 11{,}232 \text{ m}^3/\text{hr}$$

#### 5) 출입문 개폐

화재 발생으로 인해 화재실에서는 배연을 하게 되고 피난경로(부속실, 복도, 계단)에는 급기 가압을 하게 된다. 배연이나 가압을 하게 되면 출입문을 사이에는 압력차가 발생되고, 또한 고층 건물에서는 연기 이동력 중의 하나인 굴뚝 효과에 의해서도 출입문 사이에는 압력차가 발생하게 된다. 이 압력차가 커지게 되면 피난을 할 때 출입문을 개방할 수 없어 피난에 지장을 주거나 과도 압력으로 출입문이 닫히지 않을 수 있다.

출입문을 개방하는 필요한 힘은 약 150 N (화재 안전 기준 110 N) 정도가 한계이므로 출입문의 개방이 용이하도록 배연이나 가압 시 출입문 사이의 압력차가 과도하게 되지 않도록 제연 설계를 해야 한다. 출입문의 자동 폐쇄 장치는 제연 구역의 밀폐를 위해 압력차를 견뎌낼 수 있도록 해야 한다. 출입문의 개방력 $F$는 식 (5.20)으로 나타낼 수 있다.

$$F = F_r + \frac{W A \, \Delta P}{2(W - d)} \tag{5.20}$$

여기서, $F_r$ : 자동 폐쇄 장치와 출입문 사이의 마찰력(N)

$W$ : 출입문 폭(m)

$A$ : 출입문 면적(m$^2$)

$\Delta P$: 출입문에 작용하는 차압(Pa)

$d$ : 출입문 손잡이에서 출입문 모서리까지의 거리(m)

# 5.5 천장 챔버

## 5.5.1 원리 및 특징

천장 챔버(chamber) 방식은 배출 풍도의 연기 흡입구를 천장에 설치하고 연기를 천장면에 배치된 흡입구에서 천장의 챔버를 통해 배출구로 유도하는 방법이다. 천장 챔버 방식의 특징은 첫째, 천장 챔버가 천장면에 균등하게 흡입구가 있어 천장 아래 칸막이와 관계없이 항상 균일한 배연을 기대할 수 있고, 둘째, 나중에 칸막이를 변경하더라도 배출 풍도 공사를 하지 않아도 배연을 확보할 수 있다.

## 5.5.2 설계 시 주의할 점

① 천장 챔버 내에서 연기를 흡입하여 실내가 부압을 유지하기 위해 천장 챔버는 건축적으로 기밀을 유지하도록 해야 한다. 특히, 천장 챔버와 풍도가 혼재하는 경우 그 경계의 기밀을 확보할 필요가 있다. 천장은 기초 재료와 마무리 재료를 불연재로 하는 것을 원칙으로 한다.

② 천장 챔버 내에 보 등의 장애물에 의한 저항이 크고 챔버 내 압력 분포가 불균일할 것으로 예상되는 경우, 각 제연 구획의 배출 풍량이 확보되도록 유의하고 극단적으로 불균일한 압력 분포가 되지 않도록 설계해야 한다.

③ 천장 내에 설치된 제연과 관계되는 설비의 전선이나 기구의 내열성을 고려해야 한다. 거실의 피난 시간을 판단했을 때 문제는 없지만 피난에 중요하고 장시간 배연이 요구되는 복도에 챔버 방식을 채용하는 경우에는 전선의 내열성을 고려해야 한다.

④ 배출구가 직접 보이기지 않기 때문에 작동(개방)을 확인할 수 있는 표시 램프 등이 필요하다.

⑤ 특히, 천장면의 흡입구 면적이 큰 경우 천장면에 연기의 모임이 어려울 수 있으므로 화재의 조기 발견, 공조·환기 계통의 조기 정지를 위해 천장 내에 연기 감지기의 설치를 검토해야 한다.

⑥ 천장 아래에 수직 벽을 설치할 경우, 일본 소방법에서는 천장면으로부터 25 cm 이상 할 것을 권하고 있다.

### 5.5.3 풍량 균형과 천장 개구부

천장 전체에서 균일하게 배연하기 위해서는 챔버 내 압력 분포를 균일하게 해야 한다. 따라서 배출 풍도까지 연기의 전체 저항에 대한 천장면의 흡입구 저항의 비율을 높이면 균일화하기 쉽다. 천장 내에 보 등의 저항이 되는 장애물이 있을 경우에는 다음 두 가지 방법에 의해 각 구획의 천장 개구부로부터 흡입 풍량의 균형을 맞춘다.

① 천장면 흡입구의 개구 면적에 의해서 균형을 맞추는 방법
: 그림 5.7과 같이 천장개구부(①~③)와 챔버개구부(④,⑤)를 조절하여 흡입풍량을 맞춤 (배출 풍도 가까운 부분의 흡입구에 폐쇄 판 등으로 저항을 증대시킨다)

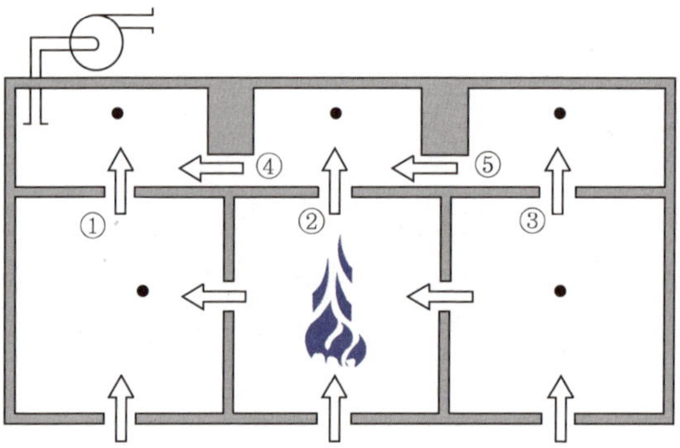


그림 5.7 천장 개구부와 챔버 개구부

② 풍도 작업에 의해서 균형을 맞추는 방법

### 5.5.4 설계 방법

천장면 흡입구의 개구 면적에 의해서 흡입 풍량의 균형을 맞추는 방법에 대해 예를 들어 설명한다. [그림 5.8]과 같이 천장은 3개의 구획으로 나누져 있고 각 구획마다 연기를 흡입할 수 있는 개구부가 천장면에 설치된 공간에서 천장 챔버 방식에 의해 연기를 배출한다. 단, 계산 조건은 다음과 같다.

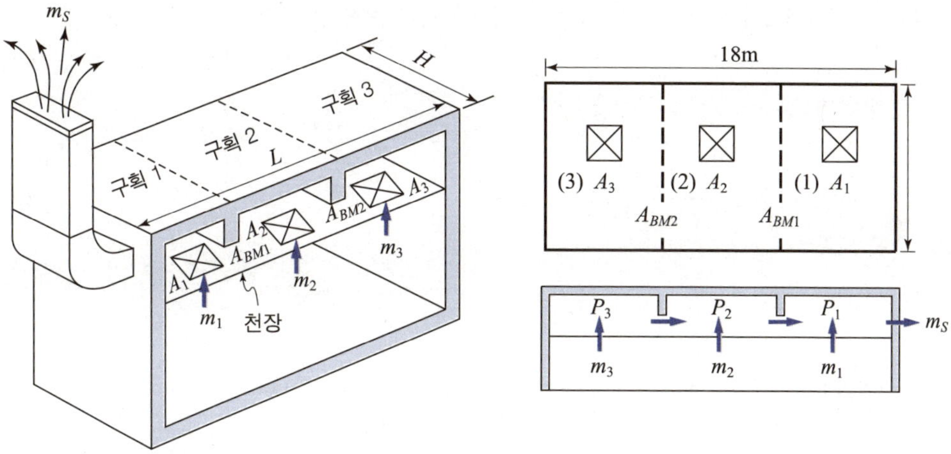


그림 5.8 천장 챔버

〈계산조건〉

| | |
|---|---|
| · 실 형상 : $18\ \text{m} \times 15\ \text{m} = 270\ \text{m}^2$ | · 챔버 내 보의 간격 : 6 m |
| · 보 아래 유효 높이 : 200 mm | · 천장면의 유효 개구율 : 1.0% |
| · 유량 계수 $C = 0.7$ | · 공기 밀도 $\rho_s = 1.2\ \text{kg/m}^3(20℃)$ |

① 연기 배출량 : $270\ \text{m}^3/\text{min} = 4.5\ \text{m}^3/\text{s}$ 이므로 $m_s = 4.5 \times 1.2 = 5.4\ \text{kg/s}$

② 챔버 내 1 구획당 천장 개구 면적 $A_{1\sim3} = 6\ \text{m} \times 15\ \text{m} \times 0.01 = 0.9\ \text{m}^2$

③ 보 아래 개구 면적 $A_{BM1\sim2} = 15\ \text{m} \times 0.2\ \text{m} = 3\ \text{m}^2$

### 1) 천장면 흡입구의 개구 면적이 균일의 경우 각 구획의 흡입 풍량

#### ① 유효 유동 면적

구획(3)의 천장 개구부의 면적 $A_3$와 보 아래의 개구 면적 $A_{BM2}$ 및 구획(2)의 천장 개구부의 면적 $A_2$를 합성하여 유효 유동 면적 $(CA)_e{}'$를 구한다. 다음 유효 유동 면적 $(CA)_e{}'$와 보 아래의 개구 면적 $A_{BM1}$ 및 구획 (1)의 천장 개구부의 면적 $A_1$을 합성하여 유효 유동 면적 $(CA)_e$를 구한다. 천장 개구부와 보 아래의 개구 면적은 직렬 경로이므로 식 (5.22)로부터 유효 유동 면적을 구할 수 있다.

$$\text{병렬의 경우 : } (CA)_e = \sum_{i=1}^{n}(CA_i) \tag{5.21}$$

$$\text{직렬의 경우 : } \frac{1}{(CA)_e^2} = \sum_{i=1}^{n}\frac{1}{(CA_i)^2} \tag{5.22}$$

$$(CA)_e' = (CA)_2 + \frac{1}{\sqrt{1/(CA)_3^2 + 1/(CA)_{BM2}^2}} = 1.23\ \mathrm{m}^2$$

$$(CA)_e = (CA)_1 + \frac{1}{\sqrt{1/(CA)_3'^2 + 1/(CA)_{BM1}^2}} = 1.69\ \mathrm{m}^2$$

#### ② 각 구획의 압력 및 흡입 풍량

유효 유동 면적을 이용해 각 구획의 압력 $P_i$와 천장 개구부에서의 흡입되는 풍량 $m_i$를 계산한다. 또한 챔버 내 한 구획당 천장 개구부의 면적은 0.9 m$^2$로 균일하므로

$$P_1 = -\frac{1}{2\rho_s}\left(\frac{m_s}{(CA)_e}\right)^2 = -4.2\ \mathrm{Pa} \tag{5.23}$$

$$m_1 = (CA)_1\sqrt{2\rho_s(-P_1)} = 2.0\ \mathrm{kg/s} \tag{5.24}$$

$$P_2 = -\frac{1}{2\rho_s}\left(\frac{m_{BM1}}{(CA)_{BM1}}\right)^2 + P_1 = -3.1\ \mathrm{Pa} \tag{5.25}$$

$$m_2 = (CA)_2\sqrt{2\rho_s(-P_2)} = 1.73\ \mathrm{kg/s} \tag{5.26}$$

$$P_3 = -\frac{1}{2\rho_s}\left(\frac{m_{BM2}}{(CA)_{BM2}}\right)^2 + P_2 = -2.8\ \mathrm{Pa} \tag{5.27}$$

$$m_2 = (CA)_3\sqrt{2\rho_s(-P_3)} = 1.65\ \mathrm{kg/s} \tag{5.28}$$

천장 개구 면적이 각 구획마다 균일한 경우, 보 아래 통로 저항의 영향에 의해 배출구에서 가까운 천장 개구에는 흡입량이 많아지고 먼 것은 적게 된다.

#### 2) 풍량 균형을 확보할 수 있는 천장 개구부 산정

한 구획당 배출량을 6 m × 15 m × 1 m$^3$/min · m$^2$ = 90 m$^3$/min = 1.8 kg/s가 되도록 각 구획의 천장 배연 개구부의 면적을 계산한다. 배출구(배연 댐퍼)로부터 가장 먼 구획(3)의 천장 개구율을 1%로 하고, 구획(2), 구획 (1)의 천장 개구부의 면적을 계산한다.

$$A_3 = 6.0 \times 15.0 \times 0.01 = 0.90\ \mathrm{m}^2$$

$$P_3 = -\frac{1}{2\rho}\left(\frac{m_3}{CA_3}\right)^2 = -\frac{1}{2\times 1.2}\left(\frac{1.8}{0.7\times 0.9}\right) = -3.40\ \mathrm{Pa} \tag{5.29}$$

$$P_2 = P_3 - \frac{1}{2\rho_s}\left(\frac{m_{BM2}}{CA_{BM2}}\right)^2 = -3.40 - \frac{1}{2\times 1.2}\left(\frac{1.8}{0.7\times 3.0}\right)^2 = -3.7\ \mathrm{Pa} \tag{5.30}$$

$$A_2 = \frac{m_2}{\alpha\sqrt{2\rho_s(-p_2)}} = \frac{1.8}{0.7\times\sqrt{2\times 1.2\times 3.71}} = 0.86\ \mathrm{m}^2$$

$$P_1 = P_2 - \frac{1}{2\rho_s}\left(\frac{m_{BM1}}{CA_{BM1}}\right)^2 = -3.71 - \frac{1}{2\times 1.2}\left(\frac{1.8+1.8}{0.7\times 3.0}\right)^2 = -4.9\ \mathrm{Pa} \tag{5.31}$$

$$A_1 = \frac{m_1}{C\sqrt{2\rho_s(-P_1)}} = \frac{1.8}{0.7\times\sqrt{2\times 1.2\times 4.9}} = 0.75\ \mathrm{m}^2$$

따라서 폐쇄판 등으로 천장면 흡입구의 개구부 면적을 조정하여 풍량 균형을 맞춘다.

## 5.6 축연

### 5.6.1 특징

축연은 적극적으로 연기 제어를 수행하지 않고, 큰 공간의 용적 특성을 살려 비교적 긴 연기 하강 시간을 화재 시 피난 안전 확보에 이용하는 방식이다. 연기층이 한계 연기층의 하단 높이까지 하강하지 않도록 설계하거나 연기층이 한계 연기층의 하단 높이까지 하강하기 전에 피난을 완료할 수 있도록 설계하는 것이 축연 방식의 안전 목표다.

### 5.6.2 설계 시 주의할 점

① 공간의 천장 높이가 높을수록 축연 체적은 커지지만, 천장 높이가 높으면 화원으로부터 상승하는 플룸의 공기 유입양도 커짐으로 유의해야 한다. 일반적으로 천장 높이가 높을수록 연기 하강 시간은 길어지지만 천장 높이에 비례해 길어지는 것은 아니다.

② 천장이 높은 공간에서는 바닥면 부근까지 연기층이 하강하는 시간이 길어지기 때문에 유리하기는 하지만, 아트리움, 돔 등의 공간에서 피난자가 발코니 바닥면보다 높은 위치에 있으면 연기 하강 시간이 짧아지므로 주의해야 한다.

③ 적용 공간에 온도 성층(태양열 등에 의해 열이 쌓이는 층)이 생길 경우 연기가 상승하지 못하고 열기류 아래에서 축연하기 때문에 연기 하강 시간이 앞당겨지거나 연기를 감지하지 못하는 경우도 발생한다.

### 5.6.3 설계 방법

축연 방식의 설계은 성능 위주 설계에 의한 간단한 계산 예를 이용해서 설명한다. 화원을 설정해 플룸량을 구하고 실의 상부에서부터 차례차례 연기가 쌓인다고 가정하면, 한계 연기층 높이까지 연기가 하강할 때까지의 시간을 계산한다.

### 1) 연기 하강 시간

축연 방식은 연기층으로 유입하는 기체는 화재 플룸뿐이므로 단순화하면 연기 하강 시간을 계산할 수 있다. 화재 강도는 $Q=\alpha t^2$이고, 또한 공간은 높이가 일정하고 연기 온도가 높지 않은 화재 초기 조건이라면 연기 하강 시간 $t$(s)는 식 (5.32)로부터 구할 수 있다(Yamaguchi and Tanaka, 2005).

$$t=\left\{\frac{5}{2}A\frac{\rho_s}{C_m Q^{1/3}}\left(\frac{1}{Y^{2/3}}-\frac{1}{H^{2/3}}\right)\right\}^{3/5} \tag{5.32}$$

여기서, $Q$ : 화재 발열량(kW)

$A$ : 화재실의 면적($m^2$)

$C_m$ : 플룸 계수(0.08)

$Y$ : 연기층까지의 높이(m)

$H$ : 천장 높이(m)

$\rho_s$ : 연기 밀도($kg/m^3$)

### 2) 연기 하강과 피난 안전

[그림 5.9]와 같은 화재실의 연기 하강 시간에 대한 피난 안전을 예를 들어 설명한다(日本建築學會, 2011). 단, 계산 조건은 다음과 같다.

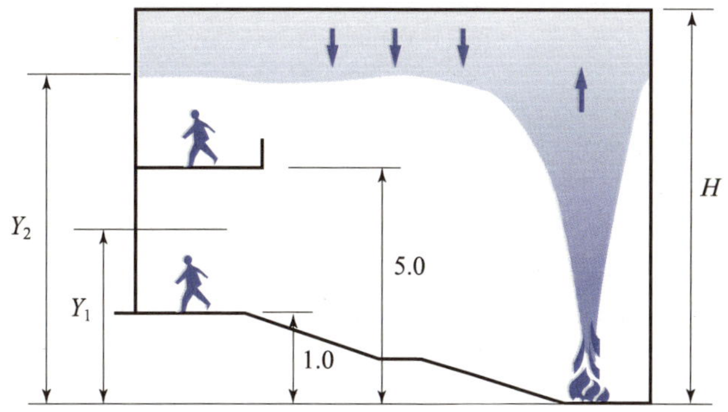


그림 5.9 화재실의 축연

화재실의 면적 $A=1{,}000\ \mathrm{m}^2$, 천장 높이 $H=8.0\ \mathrm{m}$, 1층 좌석의 한계 연기층 하단 높이 $Y_1=2.8\ \mathrm{m}$, 2층 좌석의 한계 연기층 하단 높이 $Y_2=6.8\ \mathrm{m}$, 화원의 발열량 $Q=0.1\ \mathrm{kW}$, 연기층 밀도 $\rho_s=1.0\ \mathrm{kg/m^3}$, 1층의 피난 시간 $t_{ev1}$ =3분, 2층의 피난 시간 $t_{ev2}$ =1.5분이다.

① **1층 좌석의 안전확인**

$$t=\left\{\frac{5}{2}A\frac{\rho_s}{C_m Q^{1/3}}\left(\frac{1}{Y_1^{2/3}}-\frac{1}{H^{2/3}}\right)\right\}^{3/5}$$

$$=\left\{\frac{5}{2}\times\frac{1{,}000\times1.0}{0.08\times0.1^{1/3}}\times\left(\frac{1}{2.8^{2/3}}-\frac{1}{6.8^{2/3}}\right)\right\}^{3/5}=346\ \mathrm{s}=5.7\,\mathrm{min}$$

따라서 1층의 피난 시간 $t_{ev1}$ =3분 < 연기하강시간 $t$ =5.7분이므로, 1층 좌석의 피난은 안전한 것으로 판단된다.

② **2층 좌석의 안전확인**

$$t=\left\{\frac{5}{2}A\frac{\rho_s}{C_m Q^{1/3}}\left(\frac{1}{Y_2^{2/3}}-\frac{1}{H^{2/3}}\right)\right\}^{3/5}$$

$$=\left\{\frac{5}{2}\times\frac{1{,}000\times1.0}{0.08\times0.1^{1/3}}\times\left(\frac{1}{6.8^{2/3}}-\frac{1}{8^{2/3}}\right)\right\}^{3/5}=93\ \mathrm{s}=1.6\ \mathrm{min}$$

따라서 2층의 피난 시간 $t_{ev2}$ =1.5분 > 연기하강시간 $t$ =1.6분이므로, 2층 좌석의 피난은 안전한 것으로 판단된다.

## 5.7 차연

차연은 압력을 높여 복도, 부속실, 계단 등의 연기로부터 보호해야 되는 공간으로 연기가 들어가지 않도록 하는 일종의 방연 방식이다.

### 5.7.1 차연 조건

화재실 등 연기로 확산된 공간과 피난 경로 등 연기로부터 보호해야 될 공간 사이에서 연기를 차단하려면 구획상 양쪽 공간 사이에 있는 개구부를 사이에 두고 보호해야 될 공간의 압력을 높일 필요가 있다. 연기의 누출을 방지하기 위해 필요한 압력차나 개구부 유량의 최소값을 차연 조건이라고 한다. 개구부에서 비화재실과 화재실 압력차의 분포는 [그림 5.10]과 같이 완전혼합(one layer)과 초기 화재처럼 두 층(two layer)으로 성층화된 경우인지에 따라 다르다.

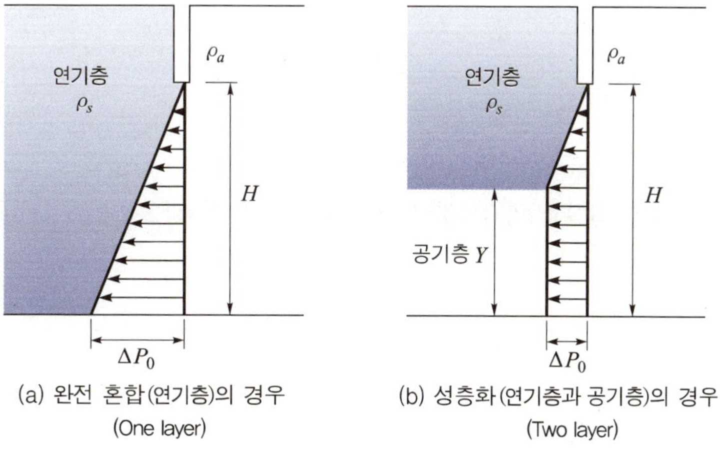


그림 5.10 개구부에서 차연 조건

[그림 5.10]으로부터 각각의 경우 바닥의 높이에서 유지해야 되는 압력차 $\Delta P_0(\mathrm{Pa})$는 식 (5.33)와 식 (5.33a)와 같다.

① 완전 혼합의 경우 $$\Delta P_0 > (\rho_a - \rho_s)gH \tag{5.33}$$

② 두 층으로 성층화된 경우 $$\Delta P_0 > (\rho_a - \rho_s)g(H - Y) \tag{5.33a}$$

여기서, $\rho_s$(kg/m$^3$) 및 $\rho_a$(kg/m$^3$)는 연기와 공기의 밀도, $H$(m)는 개구부의 높이, $Y$(m)는 화재 공간에서 연기층의 경계높이다.

[그림 5.10]과 같이 압력차가 생길 때, 이에 대응한 공기는 보호해야 될 공간에서 화재 공간으로 흐르게 된다. 이때 개구부 폭을 $B$(m)로 하면 각 경우의 개구부의 유량 $m_a$(kg/s)는 식 (5.34)와 식 (5.34a)와 같이 된다.

**① 완전혼합의 경우**

$$m_a = \frac{2}{3} CB \left\{ 2g\rho_a(\rho_a - \rho_s) \right\}^{1/2} H^{3/2} \tag{5.34}$$

**② 두 층으로 성층화된 경우**

$$m_a = CB \left\{ 2g\rho_a(\rho_a - \rho_s)^{1/2} \right\} \left\{ \frac{2}{3}(H - Y)^{3/2} + Y(H - Y)^{1/2} \right\} \tag{5.34a}$$

여기서, $C$는 개구 계수이다. 식 (5.34)와 (5.34a)로부터 개구부가 클수록 또한 양쪽 공간의 온도차가 클수록 차연에 필요한 개구부의 유량도 커진다.

### 5.7.2 차연과 기밀성

차연은 배출 또는 급기 등의 방법을 이용하여 이룰 수 있다. 예를 들어, [그림 5.11]에서와 같이 A실을 화재 공간, B실을 연기로부터 보호해야 될 공간이라 하면, A실과 B실 사이의 개구부에서 차연을 하려면 3가지 경우를 생각할 수 있다.

① A실에서 배연으로 감압한다.
② B실에 급기로 가압한다.
③ A실에서 배연하고 B실에 가압한다.

하지만 ①의 경우 A실의 배연뿐만 아니라 B실에 급기 경로를 확보해야 하고, ②의 경우 B실에 급기뿐만 아니라 A실에 배출 경로를 확보해야 개구부에서 연기 차단에 필요한 압력차를 형성할 수 있다. 따라서 결국 ①, ②, ③ 방법은 본질적인 차이는 없다고 할 수 있다.

개구부에서 차연 효과는 A, B 두 실의 기밀성 정도가 큰 영향을 미친다. A실에서 배출할 경우 감압 효과를 높이기 위해 A실의 개구부는 가능한 한 작은 편이 좋다. 만약 화재로 A실의 유리창이 깨져 외부 공기와의 사이에 큰 개구부가 생겼을 때 배출을 해도 그 개구부에서 유입되는 공기에 의해 감압 효과가 손실된다. 따라서 차연에 필요한 배출량은 상당히 커진다. 한편

B실의 개구부는 급기를 원활하게 하기 위해 가능한 한 크게 확보하는 편이 좋다. 반대로 B실에서 급기하는 경우 B실의 기밀성이 높이고 A실의 개구부를 크게 하면 유리하다.

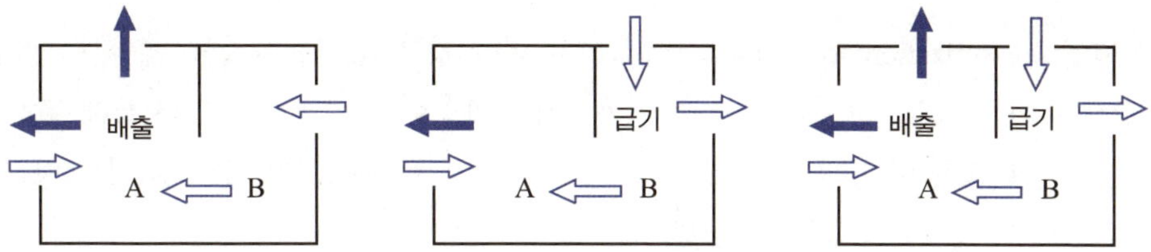


그림 5.11 차연과 공간의 기밀성

**예제 5.4**

다음 그림과 같이 온도 $T_s = 130℃$인 연기가 화재실에서 누출되어 복도에 완전 혼합상태가 되었다. 복도와 부속실에는 높이 2m × 폭 0.9m의 출입문이 있고, 부속실의 공기 온도 $T_a = 20℃$라고 하면 복도의 연기가 부속실로 침투되지 않기 위한 차연의 조건을 계산하라. 단, 개구개수는 0.7이다.

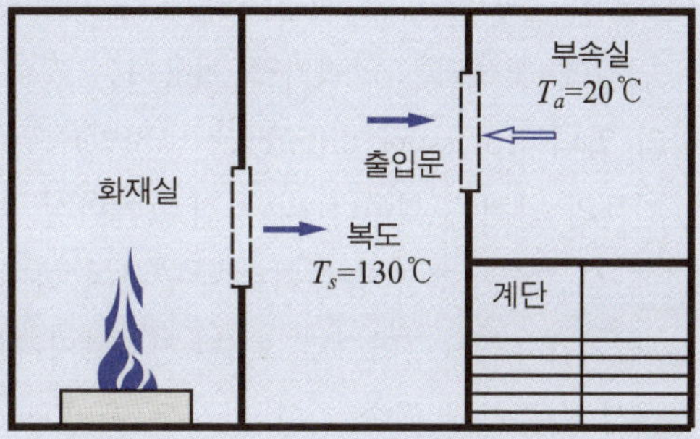


**풀이**

1) 식 (5.33)으로부터 출입문 하단에서의 압력 차이

먼저 공기의 밀도는 식 (4.4)로부터 계산하고 압력차를 구한다.

$$\rho_a = 1.22 \times \left(\frac{290}{T_a + 273}\right) = 1.22 \times \left(\frac{290}{293}\right) = 1.21\ \mathrm{kg/m^3}$$

$$\Delta P_0(0) > (\rho_a - \rho_s) gH = \rho_a \frac{T_s - T_a}{T_s} = 1.21 \times \frac{403 - 293}{403} \times 9.8 \times 2 = 6.44\ \mathrm{Pa}$$

2) 식 (5.34)로부터 개구부의 유량

$$m_a = \frac{2}{3} CB \{2g\rho_a(\rho_a - \rho_s)\}^{1/2} H^{3/2} = \frac{2}{3} \times 0.7 \times 0.9 \{2 \times 1.21 \times 6.44\}^{1/2} \times 2$$
$$= 3.80\ \mathrm{kg/s}$$

# 5.8 가압 방연

가압 방연(pressurization for smoke defence)은 피난 경로(복도나 부속실, 계단실, 엘리베이터 샤프트) 등의 연기로부터 방호해야 하는 공간에 기계적인 힘(송풍기)으로 신선한 공기를 공급하여 실내 압력을 높이고 피난 경로로 연기가 침투하지 못하도록 연기를 제어하는 방식이다. 이 방식을 급기 가압 방식이라고도 한다.

부속실이나 계단실 등과 같이 비교적 작은 면적의 제연 구역에서 방연을 할 경우 적은 풍량으로 방연 효과를 얻을 수 있는 반면에 공기 유출구(누설 경로)가 없다면 급기 효과를 얻을 수 없으며, 급기가 과도하게 되면 출입문의 개폐 장해를 초래하거나 화세가 커질 염려가 있다.

## 5.8.1 원리 및 특징

가압 방연의 원리는 공기 유동과 함께 전형적인 연기 제어에 사용되는 제연 경계(벽, 바닥, 출입문 등)사이의 두 공간에 형성되는 압력차를 이용하는 것이며, [그림 5.12]에 나타낸 바와 같이 제연 경계 사이의 압력차(pressure difference ; 차압)를 이용하여 연기 이동을 제어하는 것이다. 다시 말하면 건물의 안전 구획이나 피난 경로(계단실, 부속실 또는 비상용승강기의 승강장 등)의 제연 구역에 신선한 공기를 송풍기로 주입하여 화재실보다 압력을 높게 하여 화재 시 발생한 연기 또는 열기가 이들 구역으로 확산·침투하지 못하도록 하는 방식이다. NFPA 92A (2006)에서는 기계식 송풍기에 의한 가압 방식을 제연(smoke control)이라고 한다.

[그림 5.12]와 같이 제연 경계에는 출입문이 있고, 출입문의 고압측(안전 구획 또는 피난 경

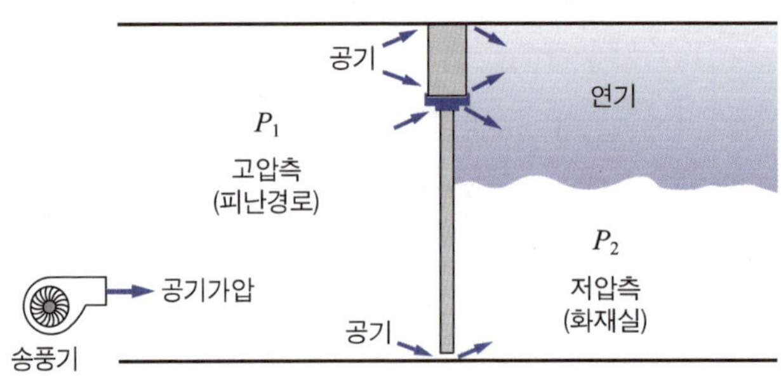


그림 5.12 제연 경계 사이의 차압에 의한 연기 이동 제어

로)의 공기는 화재실 또는 화재로부터 연기에 노출된 저압측은 고압측의 출입문 주위의 균열과 또 다른 건축물의 균열 및 틈새를 통과하는 공기는 고압측으로 연기가 침투하는 것을 막을 수 있다.

차압 $\Delta P$(Pa)은 화재 시 화재실과 제연 구역사이의 압력차로 식 (5.35)와 같이 나타낼 수 있으며, [그림 5.12]에서와 같이 화재실보다 제연 구역의 압력을 높게 가압·유지시킴으로써 차압을 형성시킬 수 있다. 따라서 가압 방연은 제연 구역에 형성된 차압에 의해 연기 제어의 목적을 달성할 수 있다.

$$\text{차압 } \Delta P = \text{제연 구역의 압력 } P_1 - \text{화재실의 압력 } P_2 (\text{Pa}) \qquad (5.35)$$

[그림 5.12]에서 출입문이 열릴 경우, 제연 경계의 출입문이 열려 있을 경우 열린 출입문을 통해 공기의 흐름이 형성된다. 공기의 속도가 낮을 때 [그림 5.13]에 나타낸 바와 같이 연기는 안전 구획이나 피난 경로로 기류를 따라 흐를 수 있다. 반면에 [그림 5.14]에 나타낸 바와 같이 공기의 속도가 충분히 크다면 연기의 역류를 막을 수 있다. 다음 단원의 기류에서 설명한 것처럼 연기의 역류를 막는데 필요한 속도는 화재의 열방출률에 따라 달라진다.

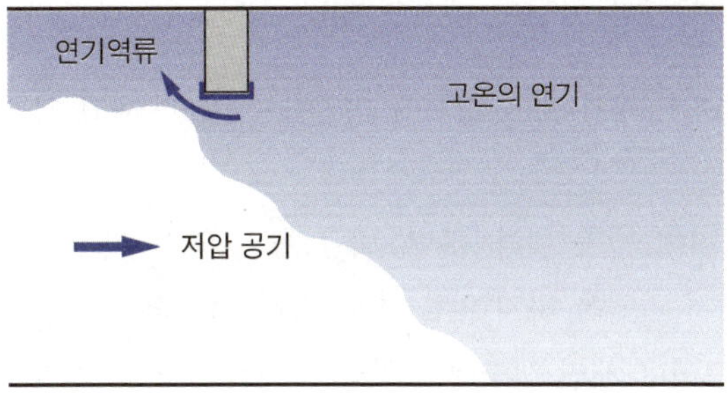


그림 5.13 저속 공기가 개방 출입문을 통과하는 경우-연기 역류

그림 5.14 고속 공기가 개방 출입문을 통과하는 경우-연기 역류 일어나지 않음

[그림 5.13]과 [그림 5.14]에서 알 수 있듯이 연기 제어의 기본 원리는 다음과 같다.

① 공기의 평균 속도가 충분히 크다면 기류만으로 연기 이동을 제어할 수 있다.
② 제연 경계 사이의 공기 압력차는 연기 이동을 제어하는 역할을 할 수 있다.

연기 제어를 위해 제연 경계 사이에 공기의 차압을 사용하는 방식을 가압(pressurization)이라고 한다. 가압은 닫힌 출입문 주위의 작은 틈새와 건축물의 균열에서 높은 기류가 형성되도록 하여 그 기류로 해당 개구부를 통해 연기의 역류가 일어나지 않도록 하는 방식이다. 따라서 엄밀히 물리적인 의미에서 두 번째 원리는 첫 번째 원리의 특수한 경우에 해당한다. 그러나 두 개의 원리를 따로따로 생각하는 것이 제연 설계에서 유리하다. 하나 이상의 대형 개구부를 가진 제연 경계의 경우 공기 속도는 설계 및 인수 시험 양쪽 모두에 적절한 물리량이 된다. 그러나 대형 개구부가 없고 닫힌 출입문 주위에 작은 균열만 있을 때 속도 결정이 어렵고, 설계에서 속도를 포함한다는 것이 사실상 불가능하다. 이런 경우에 실질적으로 평가할 수 있는 물리량이 압력차인 차압이다. 두 원리를 분리해서 적용할 경우 추가로 얻게 되는 부가적인 이점은 출입문이 열리고 닫힘에 대한 차이를 강조할 수 있다는 것이다.

연기 제어는 송풍기에 의해 생성된 공기 속도와 차압에 의존하므로 전형적인 연기 제어 방법과 비교해보면 다음 세 가지 이점을 가지고 있다.

① 가압 방연은 완전히 밀폐된 제연 경계에 의존하지 않고, 제연 경계를 통한 적절한 누설이 허용된다.
② 능동적인 방법에 비해 굴뚝 효과, 부력, 바람 등의 연기 이동력에 압도될 가능성이 상대적으로 낮다. 따라서 가압을 하지 않을 경우 연기 이동력은 누설 경로로 연기를 이동시키는 원인이 된다. 그러나 제연 시스템의 차압과 공기 이동은 연기 이동력을 억제하는 역할을 한다.
③ 공기 이동을 사용해 제연 경계의 개방 출구를 통과하는 연기 이동을 막을 수 있도록 제연 시스템은 설계되어야 한다. 제연 경계의 출입문은 피난하는 동안 열려있을 수 있고, 때로는 화재가 발생하는 동안 열린 상태로 방치되거나 고정될 수도 있기 때문에 가압이 되지 않으면 이들 출입문을 통해 연기 이동은 일어날 수 있다.

제연 시스템은 외부로 연기가 이동할 수 있는 경로를 갖도록 설계되어야 한다. 연기 이동 경로는 화열로 인한 가스 팽창의 압력을 줄이는 역할을 하기 때문에 이 경로는 엘리베이터 샤프트 최상부에 난 개구부와 같이 단순한 형태일 수도 있고, 팽창 압력은 동력 송풍기에 의해서 생성할 수도 있다. 따라서 제연 설계자는 화재 공간의 연기 희석이 제연의 목적을 달성하기 위한 수단으로 인식되지 않도록 주의해야 한다. 다시 말하면 화재 구역에 대량의 공기를 공급하거나 배출시키는 방법으로 연기 이동을 제어할 수는 없기 때문이다.

### 5.8.2 설계 시 주의할 점

가압 방연의 의도는 화재실로부터 복도나 승강장 그리고 계단실까지 차례로 압력이 증가되게 하여 피난자가 이들 공간을 통과하여 계단실을 향해 대피하려 할 때 연기로부터 영향이 없도록 하는 것이다. 통상적으로 가압실이 되는 계단실이나 연결된 승강장 등은 다음 조건이 충족된다면 화재발생 시 방호될 수 있다.

① 가압 공간구조의 기밀도 유지
② 가압 시스템의 완전성 유지
③ 공기 유동은 출입문이나 기타 개구부를 통한 외부로 이동
④ 공기는 비가압 공간을 통해 외부로 배출

가압 시스템의 설치는 일차적인 제연의 목적을 위해 설치되지만 가압 공간의 정상적인 환기와 같은 어떤 환기의 요구사항을 충족시키기 위해서도 이용될 수 있다. 이 경우 가압 시스템이 건물에서 사용되고 있는 동안에는 낮은 압력으로 지속적인 운전을 할 수 있다. 또한 이 시스템은 높은 압력의 가압과 연계되어 비상시에만 작동되게 할 수도 있다. 비록 하나의 압축공기 플랜트와 분배 시스템으로 계단실이나 승강장으로 급기할 수 있지만 가압 시스템은 각 계단실마다 별도로 설치되어야 한다. 이것은 한 계단실이 다른 계단실의 가압에 영향을 미치는 영향(예를 들면, 출입문의 개방)을 피하기 위해서이다. 가압 시스템에서 요구되는 압축 공기 발생 장치의 용량은 가압 공간으로부터 공기의 흐름 모두가 외부로 향하는 지속적인 흐름의 요구량으로부터 결정된다. 이러한 조건은 가압 공간과 비가압 공간 사이의 출입문이나 기타 개구부를 통한 압력차가 바람이나 화재 조건 때문에 반대 상황이 되어도 양의 값이 될 때 만족된다.

#### 1) 가압 공간의 공기 공급

가압 공간의 급기는 기계적인 방법이어야 하며, 통상 풍도로 가압 공간 내 소요 장소로 분배된다. 이러한 공기는 연기에 의해 오염되지 않도록 건물 외부로부터 인입되어야 하며, 반드시 여과되거나 소음을 제거하고 가온될 필요는 없다.

#### 2) 가압 공간의 공기 누설

가압되는 공간은 어떤 건물에서나 불가피하게 둘러싼 표면으로부터의 누설 경로를 갖기 마련이다. 이러한 누설 경로는 출입문 주위의 틈새, 창문 주위의 틈새, 건물 재료를 통한 틈새, 공기 조화 설비의 풍도를 통한 통로를 들 수 있다. 가압 공간과 주변 공간들 사이에 압력차가 유지되려면 공기가 이들 누설 통로를 통해 흘러야 한다. 이러한 누설 경로를 통한 공기 유량이 가압 공간에서 유지되어야 할 압력 수준을 결정한다.

#### 3) 비가압 공간의 배기

가압 공간으로부터 비가압 공간으로 흘러나온 공기는 다시 건물 자체의 누설 또는 특별히 설치된 배출구를 통해 건물외부로 누설되어 나가는 것이 절대적인 필수 요소이다. 누설 경로는 공기 흐름에 대한 저항이 적도록 하며, 이를 통한 차압이 적게 되도록 해야 한다. 이러한 누설 경로가 구비되지 않으면 가압 공간과 건물 다른 부분 사이에 차압 발생이 불가능하게 된다.

### 5.8.3 기류

기류는 지하철, 철도와 고속도로 터널 등의 화재에서 연기를 다루는데 폭 넓게 사용되어왔다. 연기 이동을 제어하는 데는 많은 공기량이 필요하고, 이들 유량은 화재에 추가적인 산소를 공급할 수 있다. 제어의 요구조건이 복잡하기 때문에 건물에서는 기류가 그다지 폭 넓게 사용되지 않는다. 건물에서 연기 제어를 위한 조건은 출입문이 닫힐 때 아주 작은 유량을 가지도록 하면 되고 출입문이 열릴 때는 상당히 증가된 유량을 가지도록 하면 된다. 하지만 기류가 화재에 산소를 공급한다는 것이 큰 문제이다.

이론상으로 기류를 이용해 임의의 공간을 통과하는 연기 이동을 멈추는 데 사용할 수 있지만, 건물에서 연기 이동을 제어하기 위해 공기 속도를 이용하는 장소는 개방 출구와 복도이다.

[그림 5.15]에 나타낸 것처럼 연기는 기류의 접근 방향으로 기울어지는 표면을 형성한다. 분자 확산은 위험성 없는 연기를 이동시킨다고 생각되지만 상층부 연기에서는 냄새가 난다. 연기가 상층부로 흐르는 최소 속도를 임계 속도(critical velocity)라 한다. Thomas(1970)는 복도 상층부로 흐는 연기를 제어하기 위해 임계 속도(방연 풍속)에 대한 실험식을 식 (5.36)과 같이 제시하였다.

**그림 5.15** 기류에 의한 연기 역류 방지

$$V_k = \left(\frac{g\,E}{W\rho\,c\,T}\right)^{1/3} \tag{5.36}$$

여기서, $V_k$ : 연기의 역류를 막기 위한 공기의 임계 속도(m/s)

$E$ : 복도로 유입되는 에너지 방출률(kW)

$W$ : 복도 폭(m)

$\rho$ : 공기 밀도(kg/m$^3$)

$c$ : 하부 가스 비열(kJ/kg℃)

$T$ : 하부 가스 및 연기의 절대 온도(K)

$g$ : 중력 가속도(9.8m/s)

하층부의 특성은 이 부분의 균일한 특성을 위해 화재의 하층부 방향으로부터 멀리 떨어져 있으며 단면 전체에 대해 균일한 것으로 가정하고, $\rho = 1.3$ kg/m$^3$, $c = 1.005$ kJ/kg℃, $T = 27$℃이라고 하면 임계 속도는 (5.36a)와 같이 된다.

$$V_k = 0.292\left(\frac{E}{W}\right)^{1/3} \tag{5.36a}$$

식 (5.36a)는 화재가 복도에서 발생했거나 개방 출구, 공기 이동 그릴, 또는 그 밖의 개구부를 통해 복도로 연기가 유입될 때에도 사용할 수 있다. 식 (5.36)과 (5.36a)로부터 계산된 임계 속도는 0.292값이 근사값으로 사용되었기 때문에 근사값이다. 그러나 식 (5.36a)로부터 계산되는 임계속도는 다양한 크기의 화재에서도 연기 역류를 막는데 필요한 공기 속도를 계산할 수 있다. Thomas의 실험식은 제연 시스템의 경계에서 개방 출입문을 통과하는 연기 역류를 막는 데 필요한 공기 유량(보충량)을 추정하는 데도 사용할 수 있다.

화재 시 스프링클러가 작동되어 상층부 가스와 하층부 공기 사이에 온도차가 작을 경우 식

(5.36)은 적합하지 않다는 주장에 대해 Shaw와 Whyte(1974)는 오염된 공기의 역류를 막는데 필요한 개방 출구의 공기 속도를 온도차가 작은 경우와 자연 대류가 있는 경우에도 적용가능함을 실험을 통해 제시하였다. 예를 들면, 스프링클러가 작동되어 온도차가 2℃ 정도인 화재에 이 방법이 적용하면, 이때 평균 속도는 0.25 m/s로 작지만 이 속도는 출구를 통해 연기의 역류를 막는데 필요한 최저 속도가 된다. 하지만 온도차가 작아도 화재 상황에서는 더 큰 속도가 필요할 수도 있다.

**예제 5.5**

휴지통 화재로 150 kW의 에너지가 방출되었다. 폭이 1.22 m이고 높이가 2.74 m인 복도에서 화재가 발생하였을 경우 연기 역류를 막는데 필요한 공기량은 얼마가 되겠는가?

**풀이**

식 (5.36a)로부터

$$V_k = 0.292\left(\frac{E}{W}\right)^{1/3} = 0.292\times\left(\frac{150}{1.22}\right)^{1/3} = 1.45\ \mathrm{m/s}$$

복도의 횡단면적$= 1.22\times 2.74 = 3.34\ \mathrm{m}^2$

공기량=(복도의 횡단면적×임계 속도)$=(3.34\times 1.45) = 4.7\ \mathrm{m^3/s}$

**예제 5.6**

복도에서 화재가 발생하여 1.5 MW의 에너지가 방출되었다. 연소 중인 복도에서 연기 역류를 막는데 필요한 공기량은 얼마가 되겠는가? 단, 복도의 폭은 1.22 m이고 높이는 2.74 m이다.

**풀이**

식 (5.36a)로부터

$$V_k = 0.292\left(\frac{E}{W}\right)^{1/3} = 0.292\times\left(\frac{1500}{1.22}\right)^{1/3} = 3.13\ \mathrm{m/s}$$

복도의 횡단면적 $= 1.22\times 2.74 = 3.34\ \mathrm{m}^2$

공기량 = (복도의 횡단면적×임계 속도)$=(3.34\times 3.13) = 10.4\ \mathrm{m^3/s}$

**예제 5.7**

공기 1 kg의 산소를 모두 소모하게 되면 약 3.0 MJ의 열이 발생한다고 한다. 유량 7.6 $\mathrm{m^3/s}$에 대한 화재 규모를 계산하면 얼마가 되는가? 공기 중의 산소는 모두 소모되는 것을 한다. 단, 공기 밀도는 1.2 $\mathrm{kg/m^3}$이다.

**풀이**

$$\left(\frac{7.6\ \mathrm{m^3}}{\mathrm{s}}\right)\left(\frac{1.2\ \mathrm{kg}}{\mathrm{m^3}}\right)\left(\frac{3\ \mathrm{MJ}}{1\ \mathrm{kg\ air}}\right) = \frac{27.7\ \mathrm{MJ}}{\mathrm{s}} \fallingdotseq 28\ \mathrm{MW}$$

IBC 2012에서는 [그림 5.16]에 나타낸 것처럼 기류를 이용하면 화재 구역에서 대규모 공간 또는 소규모 공간으로 이동하는 연기를 억제시킬 수 있고, 기류의 사용으로 제연 구역 사이의 고정 개구부를 통한 연기 이동을 허용하고 있다. 이때 개구부의 형상은 난류 효과로부터 연기의 역류를 방지하도록 고려하고, 연기 이동을 억제하기 위한 고정 개구부를 통과하는 공기의 최소 평균 속도(임계 속도=방연 풍속) $V_k$(m/min)는 식 (5.37)보다 커야 한다고 규정하고 있다.

$$V_k = 119.9\left[\frac{h(T_s - T_o)}{T_s}\right]^{1/2} \tag{5.37}$$

여기서, $h$ : 개구부 높이(m)

$T_s$ : 연기 온도(K)

$T_o$ : 외기 온도(K)

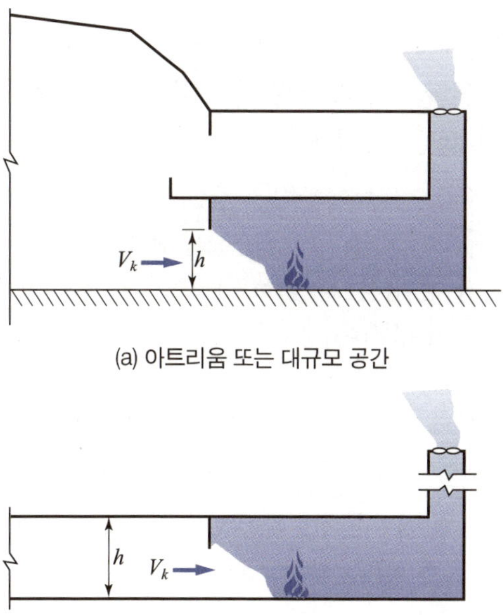


(a) 아트리움 또는 대규모 공간

(b) 복도 또는 소규모 공간

그림 5.16 기류에 의한 연기 역류 방지

**예제 5.8** [그림 5.16(b)]와 같이 거실에서 화재가 발생하여 거실 출입문을 통해 복도로 연기가 유출될 때, 출입문에서 연기를 막는데 필요한 임계 속도(방연 속도)는 얼마가 되겠는가? 단, 출입문의 높이는 2.1 m, 연기 온도는 600℃, 복도의 공기 온도는 20℃이다.

**풀이**

식 (5.37)로부터

$$V_k = 119.9\left[\frac{h(T_s - T_o)}{T_s}\right]^{1/2} = 119.9\left[\frac{2.1\times(873-293)}{873}\right]^{1/2}$$
$$= 141.62\ \mathrm{m/min} = 2.36\ \mathrm{m/s}$$

### 5.8.4 가압

건물의 균열, 틈새, 개구부에서 압력차는 높은 압력에서 낮은 압력으로 기류가 흐르기 때문에 발생한다. 연기 제어를 위해 화재실보다 제연 구역(피난 경로 등의 안전 공간)의 압력을 더 높게 하는 것을 가압(pressurization)이라고 하며, 가압은 두 공간의 압력차(차압) 만큼이 된다. 이때 제연 구역은 가압 공간이 된다. 공기와 연기 유동에 대한 많은 관계식들이 유량과 압력차의 관계로 나타내고 사용해왔다. 건물의 균열이나 개구부에서의 유동은 일반적으로 식 (5.38)과 같이 압력차의 함수로 나타낼 수 있다.

$$Q = f(\Delta P) \tag{5.38}$$

여기서, $Q$ : 유동 경로를 통과하는 유량($\mathrm{m^3/s}$)

$\Delta P$ : 경로 사이의 압력차(Pa)

함수 $f$는 개구부의 기하학적 형상과 레이놀즈수(Reynolds number) $Re = D_h v/\nu$에 의존된다. 레이놀즈수에서 $D_h$는 유동 경로의 수력 직경(m), $v$는 유동 경로에서의 평균 속도(m/s), $\nu$는 동점성 계수($\mathrm{m^2/s}$)이다. 수력 직경은 경로의 단면적을 경로의 둘레 길이(wetted perimeter)로 나누고 그 값에 4배한 것이다. 원형의 수력 직경은 원의 직경이 되고, 정사각형의 수력 직경은 정사각형의 한쪽 면의 길이가 된다. 예를 들어, 출입문 주위 긴 사각형 틈새의 경우 수력 직경은 틈새 두께 $D_h = a$ ($a$는 틈새 두께)가 된다. 각 온도에 대한 공기의 특성은 부록 '4. 공기 특성'에 제시하였다.

식 (5.38)의 압력차는 식 (5.39)와 같이 표현할 수 있다.

$$\Delta P = P_i - P_o + \rho g (H_i - H_o) \tag{5.39}$$

여기서, $P_i$ : 경로 입구의 압력(Pa)

$P_o$ : 경로 출구의 압력(Pa)

$\rho$ : 경로의 가스 밀도(kg/m$^3$)

$H_i$ : 경로 입구의 수두(m)

$H_o$ : 경로 출구의 수두(m)

$g$ : 중력 가속도(9.8 m/s$^2$)

식 (5.38)과 (5.39)는 유동 경로에서 밀도, 입구 압력, 출구 압력, 입구 수두와 출구 수두에서 모두 일정한 경우이다. 이 식들은 고온 가스의 유동에서는 적용이 가능하지만 수두가 크게 바뀐다면 입구와 출구 압력에 대해서는 적절하지 못하다. 그러나 제연 설계에 있어서 유동 해석은 정상적인 건물과 외부온도에 제한되므로 이들 식은 건물 내에서의 공기 유동뿐만 아니라 제연 해석에도 적합하다.

### 1) 동적인 힘에 지배되는 유동

레이놀즈수가 클 경우 유량은 식 (5.38)로부터 압력차의 제곱근에 비례하는 식 (5.40)과 같이 표현할 수 있다.

$$Q = CA\sqrt{\frac{2\Delta P}{\rho}} \tag{5.40}$$

여기서, $Q$ : 경로를 통과는 유량(m$^3$/s)

$C$ : 유량 계수(0.6～0.7)

$A$ : 유동 면적(누설 면적)(m$^2$)

$\Delta P$ : 경로 사이의 압력차(Pa)

$\rho$ : 경로의 가스 밀도(kg/m$^3$)

식 (5.40)의 유동 면적 $A$는 '5.8.5장 누설 면적(횡 단면적)'과는 다르다. 약 2,000보다 크거나 4,000 정도의 레이놀즈수를 갖는 동적인 힘에 지배되는 유동은 기하학적 형상에 좌우된다. 레이놀즈수가 커지면 난류 유동이 된다. 난류 유동의 경우 주어진 임의의 한 점에서의 속도는 불규칙 거동으로 급속하게 변한다.

식 (5.40)을 오리피스 식(equation of orifice)이라 하고, 이 식은 건물의 공기 유동 해석과 제연 시스템의 해석에 사용된다. 이 식은 식 (1.7)과 같은 식으로 제연 시스템 해석에서 유용하게 사용되는 유동 방정식이다.

출입문 주위의 틈새와 건물의 균열을 통과하는 유동의 경우, 일반적으로 유량 계수 $C=0.6$ ~0.7 범위가 된다. 공기 밀도 $\rho=1.20$ kg/m$^3$, $C=0.65$라고 하면 식 (5.40)은 식 (5.40a)와 같이 된다. 식 (5.40a)는 표준 온도 21℃와 대기압 101 kPa일 때의 유량식이 된다.

$$Q = 0.827\,A\,\sqrt{\Delta P} \tag{5.40a}$$

하지만 옥외 계단실 출구에서는 복합 유동 양상이 존재하고 이로 인해 개방 출구를 통과하는 유량은 식 (5.40a)의 유동 면적처럼 출구의 기하학적 면적을 사용하여 계산된 유량보다 상당히 낮을 수 있다(Cresci, 1973). 옥외 계단실의 출입문에 대해 적용할 수 있는 또 다른 방법은 출구의 면적을 그대로 사용하고 유량 계수를 줄이는 것이다.

### 2) 유동 방정식

건물의 균열, 문의 틈새 또는 기타 유동 경로를 통한 유동은 점성에 지배되고 동적인 힘에 지배된다. 이와 같이 점성에 지배되고 동적인 힘에 지배되는 유동의 유량 $Q$(m$^3$/s)는 식 (5.41)과 같이 압력차의 지수 $n$승에 비례한다.

$$Q = C_e\,(\Delta P)^n \tag{5.41}$$

여기서, $C_e$ : 지수 유동식에 대한 유량 계수(m$^3$ s$^{-1}$ Pa$^{-n}$)
$\Delta P$ : 경로 사이의 압력차(Pa)
$n$ : 유동 지수

기하학적으로 고정된 형상을 갖는 유동 경로의 유동 지수 $n = 0.5$~1의 값을 갖는다. 식 (5.41)은 유량과 압력차에만 관계된 근사식으로 $C_e$와 $n$ 값은 $\Delta P$의 범위에 좌우된다. 이 식은 압력차가 낮은 건물에서 작은 균열을 통과하는 유동 평가에 유용하다(Kote and Milke, 1992). 식 (5.41)은 식 (5.40)처럼 유동 경로의 기하학 형상과는 직접적인 관계가 없다.

건물의 기류를 해석할 경우, 내부 경로의 유량 지수는 일반적으로 0.5, 창문 주위나 외벽의 틈새에 대해서는 약 0.6~0.65를 사용한다. 가압 방연의 설계에서 가장 큰 관심사는 내부 경로 사이의 압력차이며, 많은 연구들로부터 모든 유동 경로에 대한 유동 지수는 $n = 0.5$를 사용해도 적절하다(Klote and Fothergill, 1983).

따라서 매우 좁은 균열을 제외한 모든 경로에 대한 유량 지수 $n=0.5$를 적용할 수 있고, $n$ 값을 식 (5.41)에 적용하고 정리하면 유량 $Q$는 식 (5.41a)와 같은 식 (5.41a)가 얻어진다. 식 (5.41a)는 제연 시스템 중 가압 방연에서 제연 구역의 급기량을 계산하는데 활용된다.

$$Q = 0.827\, A_e \sqrt{\Delta P} \tag{5.41a}$$

여기서, $Q$ : 유량($m^3/s$)

$A_e$ : 유효 유동 면적(유효 누설 면적)($m^2$)

$\Delta P$ : 경로 사이의 압력차(Pa)

식 (5.41a)에서 유량 $Q$는 화재실에서 가압 공간으로 침투되는 연기를 방어하기 위해 가압 공간에 설정되는 압력차 $\Delta P$를 형성하는데 필요한 유량이 되고, $A_e$는 출입문, 엘리베이터 문, 창문 등과 같은 개구부와 건물 벽 및 바닥의 균열, 문 주위의 틈새 등을 통해 가압 공기가 누설되는 누설 경로의 전체 면적(유효 유동 면적)이 되며, $\Delta P$는 가압 공간에 가해는 압력차(설정 차압)를 의미한다.

연기 이동을 제어하기 위해서는 가압 공간에 의해 형성되는 압력차는 압력 변동, 굴뚝 효과, 연기 부력 및 바람 등에 의해서 압도되지 않을 만큼 충분히 커야 한다. 하지만 가압 공간에 의해 형성된 압력차가 너무 커지면 피난 시 출입문을 개방하는데 문제가 발생할 수 있으므로 주의해야 한다.

### 5.8.5 누설 면적

가압 방연 시스템의 설계에서 공기의 누설 경로를 정확히 파악하고 평가해야 한다. 하지만 일부 누설 경로는 예를 들면, 닫힌 출입문 주위의 틈새, 개방 출입문, 엘리베이터 문, 창문 그리고 공기 이동용 그릴과 같이 명확한 경우도 있다. 그러나 건물 구조상 벽과 바닥의 균열은 명확하지 않지만 다른 경로 못지않게 중요하다.

이를테면 개방 창문과 같은 대형 개구부의 누설 면적은 쉽게 계산할 수 있지만 균열과 같은 누설 면적을 구하기는 상대적으로 어려움이 많다. 예를 들면, 이들 누설 경로의 면적은 “어떻게 하면 문을 잘 맞추고 또는 어떻게 하면 틈을 잘 막을 것인가?”하는 기술에 달려있다.

EN12101-6(2005)에 의하면 출입문과 창문의 종류에 따른 공기의 누설 데이터를 [표 5.1]과 [표 5.2]와 같이 제시하고 지침용으로만 사용할 것을 요구하고 있다. 누설 면적은 작업 품질에 따라 의존되고, 실제 값은 주어진 범위로부터 상당히 벗어날 수 있다. 건물의 벽과 바닥에 대한 일반적인 누설 면적을 면적비로 [표 5.3]에 제시하였다.

환기구 표면은 보통 루버(louver)나 스크린으로 덮여 있기 때문에 환기구의 누설 면적을 구하기가 쉽지 않다. 루버의 슬레이트(slat)가 가끔 기울어져 있는 경우가 많기 때문에 환기구의 누설 면적은 배기구 면적(배기구의 높이 × 폭)보다 작아지게 된다.

누설 면적은 건축 재료보다 주로 작업자의 숙련도에 따라 결정되며, 경우에 따라 어떤 특정 건축물에 대한 누설 데이터는 앞 표에 나와 있는 값과 다를 수도 있다. 건물 구성 요소를 통과하는 그 밖의 자세한 누설 데이터는 ASHRAE 핸드북을 참고하고, 온도에 따른 조립문의 누설 유량을 측정하고 평가하는 방법은 UL1784 규정을 참고하기 바란다.

표 5.1 출입문에 대한 공기 누설 데이터(EN12101-6, 2005)

| 문의 형태 | 누설 면적($m^2$) | 차압(Pa) | 누설량($m^3/s$) |
|---|---|---|---|
| 가압 공간으로 열리는 단문 | 0.01 | 8 | 0.02 |
| | | 15 | 0.03 |
| | | 20 | 0.04 |
| | | 25 | 0.04 |
| | | 50 | 0.06 |
| 가압 공간에서 외부로 열리는 단문 | 0.02 | 8 | 0.05 |
| | | 15 | 0.06 |
| | | 20 | 0.07 |
| | | 25 | 0.08 |
| | | 50 | 0.12 |
| 쌍문 | 0.03 | 8 | 0.07 |
| | | 15 | 0.10 |
| | | 20 | 0.11 |
| | | 25 | 0.12 |
| | | 50 | 0.18 |
| 엘리베이터 문 | 0.06 | 8 | 0.14 |
| | | 15 | 0.19 |
| | | 20 | 0.22 |
| | | 25 | 0.25 |
| | | 50 | 0.35 |

표 5.2 창문에 대한 공기누설 데이터(EN12101-6, 2005)

| 창문 형태 | 단위길이(m) 당 면적($m^2$) | 차압(Pa) | 누설량($m^3/s$) |
|---|---|---|---|
| 여닫이, 날씨에 관계 없이 해체 | 2.5 | 8 | $0.77\times10^{-3}$ |
| | | 15 | $1.1\times10^{-3}$ |
| | | 20 | $1.4\times10^{-3}$ |
| | | 25 | $1.6\times10^{-3}$ |
| | | 50 | $2.4\times10^{-3}$ |
| 여닫이와 날씨에 따라 해체 | 3.6 | 8 | $0.11\times10^{-3}$ |
| | | 15 | $0.16\times10^{-3}$ |
| | | 20 | $0.19\times10^{-3}$ |
| | | 25 | $0.22\times10^{-3}$ |
| | | 50 | $0.34\times10^{-3}$ |
| 미닫이 | 1.00 | 8 | $0.30\times10^{-3}$ |
| | | 15 | $0.45\times10^{-3}$ |
| | | 20 | $0.54\times10^{-3}$ |
| | | 25 | $0.62\times10^{-3}$ |
| | | 50 | $0.95\times10^{-3}$ |

표 5.3 건물의 벽과 바닥에 대한 누설 면적(ASHRAE, 2003)

| 구조 요소 | 벽의 견고성 | 면적 $A/A_W$ |
|---|---|---|
| 건물의 외벽 (구조물 균열, 문 및 창문, 주위의 균열) | 견고 | $0.50\times10^{-4}$ |
| | 평균 | $0.17\times10^{-3}$ |
| | 느슨 | $0.35\times10^{-3}$ |
| | 아주 느슨 | $0.12\times10^{-2}$ |
| 계단실 벽 (문이나 창문 주위의 균열을 제외한 구조물의 균열) | 견고 | $0.14\times10^{-4}$ |
| | 평균 | $0.11\times10^{-3}$ |
| | 느슨 | $0.35\times10^{-3}$ |
| 엘리베이터 샤프트 벽 (문 주위의 균열을 제외한 구조물의 균열) | 견고 | $0.18\times10^{-3}$ |
| | 평균 | $0.84\times10^{-3}$ |
| | 느슨 | $0.18\times10^{-2}$ |
| | | $A/A_F$ |
| 바닥 (구조물의 균열과 관통 주위 면적) | 견고 | $0.66\times10^{-5}$ |
| | 평균 | $0.52\times10^{-4}$ |
| | 느슨 | $0.17\times10^{-3}$ |

$A$ : 누설 면적($m^2$), $A_W$ : 벽면적($m^2$), $A_F$ : 바닥 면적($m^2$)

### 5.8.6 출입문의 개방력

가압 공간에 의해 형성된 압력차로부터 출입문에 작용하는 힘은 출입문의 개방력과 관계가 있으므로 제연 설계에서 반드시 고려되어야 한다. 출입문의 개방력이 너무 클 경우, 안전구역이나 피난로의 출입문을 여는데 거주자에게 많은 불편을 가져다주거나 출입문을 열수 없어 피난을 할 수 없게 만든다.

[그림 5.17]은 가압 공간의 출입문에 작용하는 힘을 나타낸 것이며, 힌지에 작용하는 모멘트의 합은 식 (5.42)와 같이 된다.

$$M_r + A\Delta P(W/2) - F(W-d) = 0 \tag{5.42}$$

여기서, $F$ : 출입문개방에 필요한 힘(N)

$M_r$ : 자동 폐쇄 장치와 기타 마찰에 의한 저항 모멘트(N-m)

$W$ : 출입문의 폭(m)

$A$ : 출입문의 면적($m^2$)

$\Delta P$: 출입문에 작용하는 압력차(Pa)

$d$ : 출입문의 손잡이에서 출입문의 모서리까지의 거리(m)

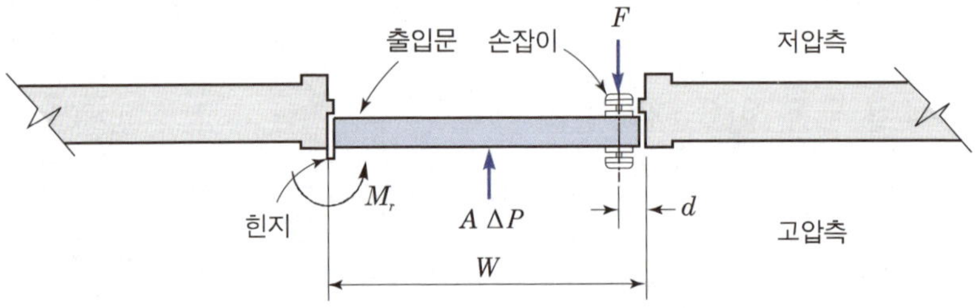


그림 5.17 출입문에 작용하는 힘

자동 폐쇄 장치와 기타 마찰을 이겨낼 수 있는 모멘트는 자동 폐쇄 장치 또는 힌지나 문틀과 출입문에 의한 마찰과 같은 마찰력에 의해 힌지에 작용하는 모든 모멘트로 구성된다. 힌지 마찰을 이겨내는데 필요한 손잡이에 작용하는 힘은 약 2.3～9 N이 된다. 일부 불완전하게 조립된 문에서는 문틀의 마찰력이 커지기 때문에 아주 큰 출입문의 개방력을 필요로 한다. 자동 폐쇄 장치와 기타 마찰력을 이겨내기 위한 손잡이에 작용하는 힘 $F_r$은 다음과 같다.

$$F_r = \frac{M_r}{(W-d)}$$

이 식을 식 (5.42)에 대입하면 식 (5.43)을 얻을 수 있다.

$$F = F_r + \frac{W A \Delta P}{2(W-d)} \tag{5.43}$$

여기서, $F_r$ : 자동 폐쇄 장치와 출입문 사이의 마찰력(N)

$W$ : 출입문의 폭(m)

$A$ : 출입문의 면적($m^2$)

$\Delta P$ : 출입문에 작용하는 차압(Pa)

$d$ : 출입문의 손잡이에서 출입문의 모서리까지의 거리(m)

식 (5.43)에서 출입문의 개방력 $F$(N)는 손잡이에 작용하는 것으로 가정하였고, 힘 $F$(N)는 출입문을 여는데 필요한 힘으로 출입문에 작용하는 압력차와 자동 폐쇄 장치를 이겨내는 힘의 합이다. EN12101-6에서는 건물 임의의 가압 공간에 대해 사용되는 가압은 60 Pa (설계 가압은 50 Pa이 사용됨)를 초과하지 않을 것을 권하고 있다.

자동 폐쇄 장치를 이겨내야 하는 힘은 대체로 13 N보다 커야 하지만, 경우에 따라서는 90 N보다 더 클 수도 있다. 출입문이 닫힐 때 자동 폐쇄 장치에 발생하는 힘은 출입문을 열 때 자동 폐쇄 장치가 이겨내는데 요구되는 힘과 다르기 때문에 자동 폐쇄 장치에 작용하는 힘을 계산할 때는 세심하게 해야 한다. 자동 폐쇄 장치가 완전히 열린 위치에서 출입문이 닫힐 때보다 처음 위치에서 개방 사이클로 갈 때가 힘이 적게 든다. 또한 자동 폐쇄 장치와 기타 마찰을 이겨내기 위한 힘은 출입문이 개방되기 시작할 때의 힘이 된다.

젊은 사람이나 노약자 또는 장애인을 위해 사용되는 건물은 피난로의 가압으로부터 생긴 자동 폐쇄 장치에 결합된 힘과  압력차에 의해서도 출입문이 쉽게 열릴 수 있도록 세심한 배려가 필요하다. 일반적으로 도어 클로저가 사용(단순히 스프링에 의한 힘의 균형)되는 출입문의 효과적인 폐쇄를 위해 최소의 힘으로 조절될 수 있도록 설계자는 압력이 가지는 공간 출구에 자동 폐쇄 장치의 설치를 검토해야 하고 그와 대등하게 해야 한다.

**예제 5.9**

1) 화재실에 발생한 연기를 방어하기 위해 가압 공간에 62 Pa의 압력을 가압했을 때, 가압 공간의 출입문(2.13m × 0.91m)을 열 때 필요한 개방력 $F$는 얼마인가? 자동 폐쇄 장치와 다른 마찰을 이겨내는 힘은 44 N이고, 손잡이는 문 모서리에서 0.0762 m 위치에 있다.

$$F_r = 44\text{ N},\quad W = 0.91\text{ m},\quad A = 2.13\times 0.91 = 1.95\text{ m},$$
$$\Delta P = 62\text{ Pa},\quad d = 0.0762\text{ m}$$

**풀이**

식 (5.43)으로부터

$$F = F_r + \frac{WA\,\Delta P}{2(W-d)} = 44 + \frac{0.91\times(2.13\times 0.91)\times 62}{2(0.91-0.0762)} = 110\text{ N}$$

2) 출입문의 개방력은 133 N이고, 출입문의 마찰력과 폐쇄력이 22 N이라면 가압 공간에 가해진 압력차는 얼마가 되는가? 출입문의 크기는 1)번과 같다.

**풀이**

식 (5.43)으로부터

$$\Delta P = \frac{2(W-d)(F-F_r)}{WA} = 104\text{ Pa}$$

3) 높이 1.98m × 폭 1.0m인 출입문에 압력차 60 Pa이 작용하고, 개방력 $F$=120 N, 출입문 손잡이에서 모서리까지의 거리가 75 mm일 때, 자동 폐쇄 장치에 작용하는 힘 $F_r$은 즉, 클로저가 출입문에 작용하는 얼마가 되겠는가?

**풀이**

식 (5.43)으로부터

$$120 = F_r + 1.0\times\frac{(1.98\times 1.0)\times 60}{2(1.0-0.075)}\text{에서}$$

$$F_r \le 55.8\text{ N}$$

### 5.8.7 설계 인자

가압 방연 설계에서 결정해야 하는 설계 인자는 가압 공간 선택, 허용 차압, 누설 면적, 날씨 관련 데이터, 공기 유동, 개방 출입문의 수이다. 누설 면적은 이미 앞서 설명되었고, 허용 차압과 공기 유동에 영향을 미치는 추가적으로 고려해야 할 사항은 제연 구역의 창문이 파손되었는지 아닌지의 여부이다. 특정 인자에 대한 법적인 요구 사항이 없는 경우 이 단원에서 서술된 내용이 설계자에게 많은 도움이 될 것이다.

#### 1) 가압 공간 선택

가압 방연 시스템이 만족되게 설치되려면 설계 인자가 서로서로 정확한 관계를 이루고 있어야 한다. 제일 먼저 어떤 공간이 가압되어야 하는지 결정해야 한다. 대표적인 가압 공간이 피난 경로이다. 피난경로는 재실자가 화재로부터 안전하게 대피한 후 분산할 수 있는 건물에서 가장 가까운 안전한 위치로 거리, 공지, 공공장소 그리고 인접한 건물과 같은 곳일 수 있다. 건물 재실자에게 안전한 곳으로는 보호 복도(복도), 보호 계단, 건물 내 은신처가 좋다.

적어도 보호 공간이 가압되면 보호 통로를 통해 사람들은 마지막 출구로 안전하게 나아갈 수 있다. 비상 상황에서도 사용할 수 있도록 남아있어야 하는 피난로는 화재와 연소 생성물로부터 보호되어야 한다. 화재에 저항하는 구조 형태에서 수동적인 보호도 보호의 한 부분이 된다. 개방 출입문과 닫힌 출입문에서 누설과 같은 수동적인 보호가 화재 지역으로부터 피난로에 이르기까지 연기 이동을 방해하는 것은 아니다.

앞서 설명한 바와 같이 연기 이동은 굴뚝 효과, 바람 영향, 건물의 강제 환기 시스템 등과 같은 것들에 의해 지배를 받는다. 가압 공간에는 연기 이동의 원인이 되는 인자들에 의해 생성되어진 연기에 대항하고 극복하도록 압력차(차압)을 제공하는 것이다.

이 단원에서는 EN12101-6에서 제시하고 있는 가압 공간을 기준으로 설명한다. EN12101-6에서는 계단실, 부속실, 복도 등을 가압할 때 방호 공간에 최대 압력이 걸리고 방호 공간에서 멀리 떨어진 지역으로 갈수록 압력이 점차 낮아지게 압력 구배(공기 유동)를 설정하도록 하고 있다. 또한 이들 공간을 하나 또는 그 이상이 가압될 수 있지만 직접 가압되는 공간만 충실히 방호되고 인접 공간은 2차적인 방호가 되는 것으로 가정하고 있다.

##### ① 계단실 가압

계단실만 가압하는 경우가 가장 간단한 방법이다. 간단하기는 하지만 제연에는 한계가 있고 일반적으로 각층의 피난 통로 중 수평 부분이 비교적 짧을 때만 이용된다. 이 방법으로 방호되는 공간은 피난 경로가 수직 피난 경로뿐이고, 각 층의 수평 피난 경로에는 별다른 방호가 이루어지지 않는 경우이다. 가압된 계단실이 자연 환기되는 부속실에 의해 화재 구역과 분리되는 경우, 가압은 계단실에만 완전히 국한된다. 부속실이 제연 이외의 다른 수단으로 환기된다면 차압 시스템은 부속실로 연기가 들어오지 못하도록 하는 기능은 하지 못하고, 지속적으로 신선한 외부 공기를 공급하여 부속실로 들어오는 연기를 희석할 뿐이다.

일반적으로 이 방법은 방호가 계단실에만 국한되기 때문에 계단실로 직접 접근하거나 단순히 승강장을 경유하여 거주 구역으로 접근하게 될 때만 사용된다. 만일 단순히 부속실을 경유하여 접근한다면 엘리베이터나 화장실 등에 의한 승강장의 접근은 포함하지 않는다. 그리고 엘리베이터에는 누설 경로가 추가되어야 하고, 기류는 바이 패스시켜 가압 공기가 허용되도록 해야 한다([그림 5.18] 참조). 계단실 가압에는 단일 급기방식과 다중 급기방식이 있다.

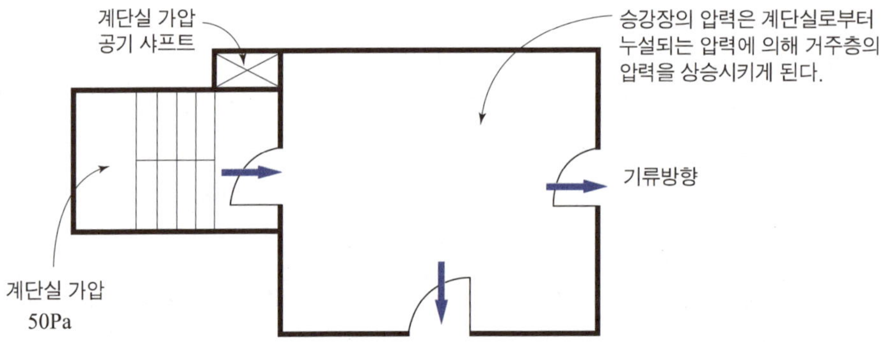


그림 5.18 계단실 가압(EN12101-6 ,2005)

② **계단실과 부속실 가압**

어떤 층에서나 계단실과 거주 구역을 구분해 놓은 부속실이 단순 승강장이 아닌 경우 이 부속실은 화재가 발생할 수 있는 거주 공간과 연결되는 출입문으로부터 연기가 침투하는 걸 막기 위해 계단실과는 별도로 독립적으로 가압되어야 한다.

부속실은 계단실로 공급하는 풍도와 다른 풍도를 통해 급기 가압되어야 하고 계단실의 차압은 [그림 5.19]와 같이 부속실보다 5 Pa 낮게 한다.

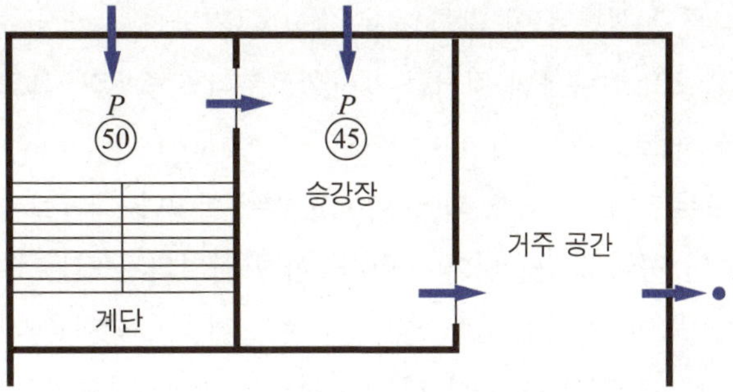


그림 5.19 계단실과 부속실 가압(EN12101-6 ,2005)

③ **계단실, 부속실 및 복도 가압**

건물의 각층에 방호된 피난 경로로 수평 부분이 있는 경우 부속실과 복도에도 가압이 되어야 한다. 이 경우 모든 가압 공간(계단실, 부속실, 복도)에는 각각 공기 공급 시스템이 갖추어 있어야 한다. 이와 같이 하면 화재실이 되는 거실 입구 출입문 앞에까지 방호공간이 된다. 부속실이 피난 경로인 복도 쪽으로 개방된 경우 차압 시스템은 복도를 포함하도록 확장되어야 하고 화재 구역의 출입문에 대해 제연을 실행할 수 있다. 그러나 복도에

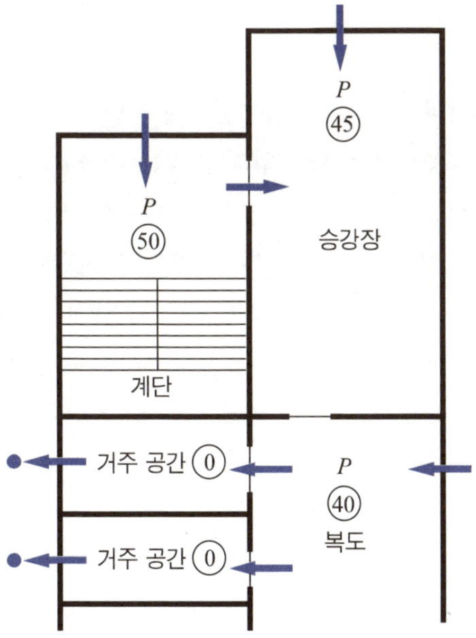


그림 5.20 계단실, 부속실, 복도 가압 (EN12101-6 ,2005)

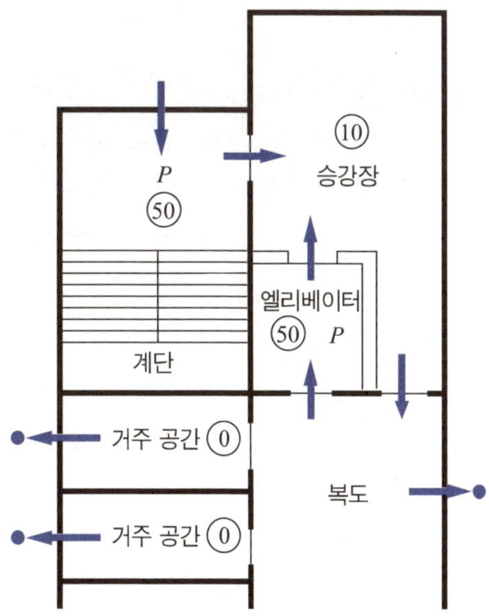


그림 5.21 계단실과 엘리베이터 샤프트 가압 (EN12101-6 ,2005)

복도에 출입문(다른 누설경로)이 많을 경우 소요 급기량이 많아질 수 있다. 이 방법의 설계 목적은 [그림 5.20]에 나타낸 것처럼 계단실로부터 부속실과 복도를 통하여 거주 구역으로 공기가 유동하도록 하는 것이다.

이 방법에서 복도는 방호 복도가 되어야 하고 부속실이나 계단실과는 분리된 풍도(또는 공급원)로부터 가압 공기를 공급받아야 한다. 이때 환기되지 않는 부속실은 계단실로부터 누설되어 나오는 공기로 가압될 수도 있다. 모든 출입문이 닫혔을 때 복도와 거주 공간사이의 출입문들은 [그림 5.20]과 같이 되어야 한다. 공기는 복도에서 외부로 직접 또는 거주 공간을 통하여 적정량의 누설이 이루어지도록 배열한다.

#### ④ 계단실과 엘리베이터 샤프트 가압

가압되지 않은 부속실로 연기가 들어올 경우 엘리베이터 샤프트는 연기를 화재층에서 다른 층으로 전파하는 통로가 된다. 엘리베이터 샤프트를 가압함으로써 연기가 엘리베이터 샤프트를 통하여 화재층에서 다른 층으로 확산되는 것을 제한할 수 있다([그림 5.21] 참조). 엘리베이터 샤프트의 가압은 화재 진압의 목적을 위해서도 필요하다. 비가압 부속실을 통하여 엘리베이터에 접근하는 경우 엘리베이터 샤프트는 연결된 계단실과 같은 정도로 가압한다.

#### ⑤ 부속실과(또는) 복도만 가압

일부 건물에서는 독립적인 가압을 위해 풍도설치의 시공상 어려움 때문에 계단실에 연결된 가압 공간인 부속실 또는 복도에서 누설되는 공기에 의해 가압되는 것을 허용할 수밖에 없다. 이 경우 제대로만 설계된다면 만족스러운 방법이 될 수 있다. 그러나 이 같은 경우에는 부속실만을 가압하는데 필요한 전체 급기량이 계단실과 부속실을 독립적으로 가압할 때보다 급기량이 많아진다. 부속실로부터 공기 누설이 없는 계단실을 가압하는 경우 설계 계산상으로 출입문의 개방 조건을 만족시키는데 필요한 개구부 외에는 배기가 없어야 한다. 또한 비가압 계단실로 연결되는 부속실과(또는) 복도는 부속실로 들어오는 연기가 비가압 계단실로 침투하지 않도록 가압해야 한다.

#### ⑥ 엘리베이터 샤프트 가압

일부 엘리베이터 샤프트는 화재 진압을 목적으로 가압이 필요할 수 있다. 이를테면 병원처럼 노약자, 장애자 등 피난에 지체가 발생할 수 있는 특정 건물에서는 다른 엘리베이터 샤프트도 가압하는 것이 바람하다.

가압된 엘리베이터 샤프트는 일반적인 피난 수단의 대안으로 생각해서는 안 되며 인명 안전의 수준을 개선하기 위한 보조 수단으로 생각해야 한다. 차압 시스템의 설계 단계에서 비소방용 엘리베이터도 소방용 엘리베이터와 같은 수준으로 생각해야 한다.

**⑦ 소방용 샤프트 가압**

차압 시스템은 화재 진압 중 소방 계단이 연기로 심하게 오염될 가능성을 최소화하기 위해 사용된다. 소방 계단과 소방용 엘리베이터의 설계와 건축에 대한 지침은 EN12101-6을 참고한다. 화재 진압 중 완전히 성장한 화재를 진압하기 위해 부속실과 주거 공간사이의 출입문이 열릴 수도 있다. 소방용 샤프트가 부속실, 계단실, 소방용 엘리베이터를 포함할 경우 이들 각 요소는 샤프트의 각 부분이 오염될 가능성을 최소화하기 위해 각각 가압되어야 한다. 가압 공기가 소방 샤프트의 각 부분으로 분리되어 공급될 수 있도록 기계실에서 조절이 가능하다면 하나의 기계실을 사용해도 된다. 만일 소방 샤프트의 어느 한 구역에 급기하는 것을 실패하더라도 소방 샤프트의 나머지 구역에 대해서는 계속해서 급기가 유지되도록 한다.

**⑧ 피난용 엘리베이터 샤프트 가압**

피난용 엘리베이터 샤프트는 거주 환경에 가능하도록 유지되어야 한다. 피난용 엘리베이터의 방호 수준을 높이기 위해 엘리베이터에 차압 시스템을 적용할 수 있다. 거동이 불편한 사람들의 피난을 위한 피난용 승강기의 설계는 EN12101-6을 참고한다. 피난용 엘리베이터는 관련 코드의 각 조항에 적합해야 하고 엘리베이터 그 자체와 각 층마다 방호된 부속실이 있는 방호된 구획 안에 위치해야 한다. 피난용 엘리베이터 샤프트와 비가압 계단실이 같은 부속실에 연결되어 있을 때 엘리베이터 샤프트는 가압되지 않아야한다. 피난용 엘리베이터 샤프트가 가압될 경우 설계 목적상 모든 엘리베이터 문이 닫혀있다고 가정할 수 있고, 또는 연결된 가압 계단실과 같은 수준으로 엘리베이터 샤프트가 가압되거나 다른 엘리베이터로는 통하지 않는 부속실을 통하여 그 엘리베이터로 접근하는 경우 엘리베이터 샤프트와 거주 구역 사이의 차압은 기준 설계 차압(영국의 경우 50 Pa ± 10%) 이상이 되어야 한다.

**⑨ 대피 공간과 중앙 제어실**

화재 발생 후 때로는 사람들에게는 피난을 대기하는 대피 공간과 중앙 제어실이 필요할 수도 있다. 대피 공간과 중앙 제어실은 화재 구역으로부터 내화 구조물로 격리되어야 하며,

층의 출구로 나가는 방호된 경로가 있어야한다. 거동이 불편한 사람들을 위한 대피 공간에 대한 자세한 내용은 EN12101-6을 참고한다. 많은 건물에서 대피 구역은 방호된 피난 경로를 형성하고 있다. 예를 들면, 계단실과 부속실이 가압되고 부속실이 대피 공간으로 사용되는 경우로 이런 경우에는 부속실이 그 목적에 충실하도록 설계를 크게 해야 한다.

중앙 제어실은 화재가 진행되고 있는 도중에 관계인들이 사용할 필요가 있기 때문에 내화구조로 건축되고 층의 출구로 나가는 방호된 경로를 제공하는 것이 필수적이다. 대피 공간 또는 중앙 제어실과 화재 구역 사이의 차압(영국의 경우 25 Pa)은 화재층의 바람과 부력의 영향을 극복하는데 충분한 크기여야 한다([그림 5.22] 참조). 대피 공간이나 중앙 제어실이 건물 내의 다른 층과 직접 연결되지 않으면 굴뚝 효과는 고려할 필요가 없다. 가압 공간도 방화 구획이어야 한다.

임의의 어떤 층에 하나 이상의 시스템이 작동할 경우 누설 경로는 동시에 작동하는 모든 시스템에 대해 비가압 공간을 통한 전체 누설 경로를 고려한다. 어떤 경우에는 일반 공조 시스템이 가압 공간의 급기 수단으로 이용될 수도 있고, 어떤 경우에는 전용 급기 시스템이 사용될 수도 있다. 가압되는 대피 공간이나 중앙 제어실은 비가압 계단실과 연결되지 않아야 하며, 압력은 가압 계단실의 압력보다 높지 않아야 한다.

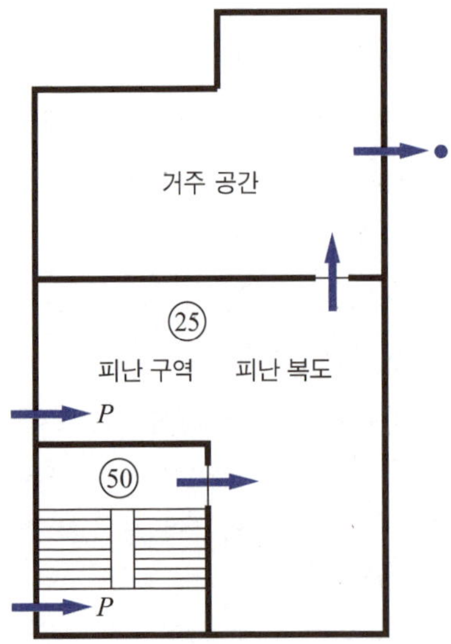


(a) 피난 경로와 통합된 비방호 대피 공간

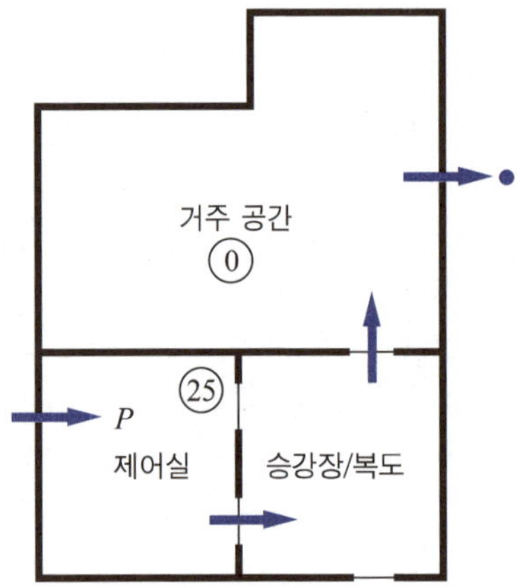


(b) 피난 경로가 있는 방호된 제어실

그림 5.22 대피 공간과 중앙 제어실 가압(EN12101-6 ,2005)

### 2) 허용 차압

제연 구역의 차압은 최소 차압과 최대 차압을 형성하게 되고, 최대 차압과 최소 차압의 차이를 허용 차압이라고 한다. 가압 방연 설계에서 제연 경계사이의 압력차는 최대 및 최소 차압을 모두 고려해야 한다.

#### ① 최소 차압

최소 차압은 화재 시 발생할 수 있는 굴뚝 효과, 바람, 부력 등으로부터 발생할 수 있는 연기의 이동력이 되는 복합 압력을 극복할 수 있는 최소 허용 차압을 말한다.

방화 구획실의 창문이 파손될 경우 바람이나 굴뚝 효과로 인해 화재실과 제연 구역사이의 압력차는 매우 커질 수 있기 때문에 제연 경계 사이의 최소 차압은 바람, 굴뚝 효과, 부력 등에 압도되지 않아야 한다. 이들 차압에 대한 평가는 피난 시간, 화재 성장률, 건물 구성 그리고 화재 진압 시스템의 존재 여부에 달려있다. 또한 해석 방법이 없는 경우 이와 같이 평가 과정은 경험과 공학적인 판단에 바탕을 두고 설계되어야 한다.

고온 연기의 부력을 최소 설계 차압으로 선정할 수 있다. 그 밖의 다른 사항이 없다면 최소 설계 차압은 부력을 사용하고, 누설 경로를 흐르는 질량 유량은 화재가 발생한 동안 일정하게 유지하는 것이 이상적이다. 제연 시스템은 굴뚝 효과와 바람 그리고 건물에 화재가 발생하지 않을 때와 같은 조건 하에서 최소 설계 차압을 유지하도록 설계한다.

NFPA 92A(2006)에서는 제연 구역의 인접 가스 온도가 929℃일 때 최소 설계 차압을 [표 5.4]와 같이 제시하였다. 각 나라마다 최소 차압을 영국은 40 Pa (EN 12101-6, 2005), 미국은 설정 차압 50 Pa ± 10 Pa (NFPA 92A, 2006) 및 스프링클러의 설치여부에 따라 [표 5.4]에 제시된 값과 같이 규정하고 있으며, 화재 안전 기준(NFSC 501A, 2016)에서는 40 Pa(옥내에 스프링클러 설비가 설치된 경우 12.5 Pa) 이상으로 규정하고 있다.

표 5.4 최소 설계 차압(NFPA 92A)[a]

| 건물의 유형[b] | 천장 높이(m) | 설계 차압(Pa)[c] |
|---|---|---|
| AS | 모든 경우 | 12.5 |
| NS | 2.7 | 25 |
| NS | 4.6 | 35 |
| NS | 6.4 | 45 |

(a) 설계 목적을 위해 제연 시스템은 굴뚝 효과 또는 바람의 영향과 같은 조건하에서 이들 최소 차압은 유지되어야 한다.

(b) AS는 스프링클러가 설치된 경우이고, NS는 스프링클러가 설치되지 않은 경우이다.

(c) 영향을 받은 지역이 제연 모드로 있는 동안에 제연 구역과 인접한 공간 사이에서 차압이 측정된 것이다.

스프링클러를 설치하지 않은 공간의 최소 설계 차압은 고온 가스의 부력을 이겨내기 어렵다. 스프링클러 헤드에서 분무되는 물은 건물 화재에서 연기를 냉각시키고 부력에 의한 압력을 감소시킨다. 이러한 경우에는 압력 변화를 고려하는 것이 현명한 방법이다. 일부에서는 5~10 Pa의 범위를 최소 차압으로 제안하기도 한다(Kote and Milke, 1992).

제연 시스템에 의해 가압 공간에 형성되는 차압은 바람, 송풍기의 맥동, 출입문의 개쇄, 그 밖의 인자들에 의해 압력 변화가 발생한다. 최소 설계 차압으로부터 짧은 시간 동안 발생하는 압력 편차가 제연 시스템에 전달되는 정도가 심각하지 않더라도, 이 편차는 완벽하게 제거되어야 한다. 또한 이 편차는 틈새가 없는 문, 틈새가 없는 건물 구조물, 연기의 유독성, 공기 유량, 공간 체적에 달려있다. 최소 설계 차압의 50% 이상을 초과하는 간헐적인 편차는 어떤 경우에서도 수용할 수 있도록 설계되어야 한다.

**② 최대 차압**

최대 차압은 출입문의 개방력이 과도하지 않도록 하기 위해 출입문의 개방에 필요한 힘으로 규정한다. 최대 차압을 출입문의 개방력으로 규정하는 것은 제연 구역의 과도 압력으로 출입문이 개방되지 않으면 재실자(거주자)가 피난을 할 수 없기 때문이다.

하지만 출입문의 개방력을 과도하게 작용하지 않도록 하는 것은 쉽지 않다. 개개인이 출입문을 여는데 필요한 힘은 사람의 힘, 손잡이의 위치, 바닥재와 신발 사이의 마찰 계수 그리고 출입문을 밀거나 당기는 것에 좌우된다. 따라서 개인의 신체상태가 출입문의 개방력을 결정한다(Read and Shipp, 1979).

$$F = F_r + \frac{W A \Delta P}{2(W - d)} \tag{5.43}$$

표 5.5 출입문 사이의 최대 허용 차압(NFPA 92A, 2006)

| 자동폐쇄 장치의 힘 | 출입문의 폭[in(m)] | | | | |
|---|---|---|---|---|---|
| | 32(0.813) | 36(0.914) | 40(1.02) | 44(1.12) | 46(1.17) |
| 26.7 | 112 | 99.5 | 92.1 | 84.6 | 77.1 |
| 35.6 | 102 | 92.1 | 84.5 | 77.1 | 69.7 |
| 44.5 | 92.1 | 84.5 | 74.6 | 69.7 | 64.7 |
| 53.4 | 84.5 | 74.6 | 67.2 | 62.2 | 57.2 |
| 62.3 | 74.6 | 67.2 | 59.7 | 45.7 | 52.2 |

참고) 출입문의 총 개방력은 133 N이고, 출입문의 높이는 2.13 m이다. 다른 크기의 출입문 또는 다른 종류의 출입문인 경우 최대 허용 차압은 [예제 5.9]의 2에서 예시한 것과 같은 방법으로 계산할 수 있다.

출입문의 개방에 필요한 힘에 상당하는 최대 차압의 크기는 식 (5.43)을 이용하면 구할 수 있다. 각 나라마다 최대 차압을 영국은 100N(EN 12101-6, 2005) 이하, 미국은 133N (NFPA 101, 2006) 초과하지 않도록 하고 있으며, 화재 안전 기준(NFSC 501A, 2016)에서는 110 N 이하로 규정하고 있다. 또한 NFPA 101에서는 출입문의 개방력을 133N으로 제한했을 때 출입문의 폭에 대한 최대 허용 차압을 [표 5.5]와 같이 제시하였다.

### 3) 누설량

누설량은 제연 구역의 가압 공기가 제연 구역의 개구부 및 틈새를 통하여 제연 구역으로부터 흘러나가는 공기의 양을 말한다. 개구부와 틈새는 '4.2장 연기의 이동 경로'로 공기의 누설 경로를 의미한다.

건물에서 연기의 이동 경로(공기의 누설 경로)는 하나 이상의 병렬, 직렬 또는 병렬과 직렬 경로가 혼합되어 구성될 수 있다. 건물의 유동 면적에서 유효 유동 면적은 전체 유동 경로에 동일한 압력차로 가해질 때 동일한 유량을 발생시키는 면적을 말한다. 유효 유동 면적은 개구부의 병렬과 직렬에 따라 식 (4.39)와 식 (4.45)로부터 구할 수 있고, 틈새 대한 면적은 '5.8.4장 누설 면적'의 [표 5.1]~[표 5.3]에 의해 구할 수 있다.

$$\text{병렬 : } A_e = \sum_{i=1}^{n} A_i \tag{4.39}$$

$$\text{직렬 : } A_e = \left[ \sum_{i=1}^{n} \frac{1}{A_i^2} \right]^{-1/2} \tag{4.45}$$

누설량은 가압 공간의 차압 $\Delta P$가 설정되면 식 (5.41a)에 의해 건물 전체에서 누설되는 공기량을 구할 수 있다.

$$Q = 0.827\, A_e \sqrt{\Delta P} \tag{5.41a}$$

### 4) 과압 방지

출입문의 원활한 개폐와 차압에 대항할 수 있도록 하기 위해 최대 차압을 압력(영국 60 Pa)이나 출입문의 개방력(100~133 N)로 규정하고 있다. 제연 구역에서 정상적인 가압이 이루어지고 있다면 출입문이 닫혀 있을 때는 차압이 정상적으로 형성되고 출입문이 일시 개방될 때는 기준 풍속 이상의 방연 풍속(0.5~2 m/s)을 갖는 보충량의 공기가 제연 구역으로 유입될 수 있어야 한다.

이와 같은 제연 성능을 발휘하기 위해서는 첫째, 출입문이 닫혀 있을 때는 차압형성을 위한 공기량만 급기되어야 하고, 둘째, 출입문이 일시 개방될 때는 보충량 만큼 급기량이 증가하여야 한다. 이렇게 되더라도 일시적으로 열렸던 출입문은 자동 폐쇄 장치에 의해 곧 바로 닫히게 되어 가압 공간은 처음과 같은 폐공간이 되므로, 이때는 당연히 처음 상태의 차압만 형성되어야 한다.

또한 제연 구역은 사람이 출입할 때마다 이와 같은 방연 풍속 및 차압 형성의 현상도 반복되어져야 한다. 따라서 출입문의 일시적인 개방에 따라 방연 풍속 유지를 위한 보충량(7) 개방 문의 수 참조)으로 인하여 상승된 차압을 정상 상태로 회복시키기 위해 보충량을 곧 바로 제연 구역으로부터 배출시켜 줄 수 있는 릴리프의 기능을 가진 과압 배출(방지)장치(플랩 댐퍼 : flap damper)를 설치해야 한다.

플랩 댐퍼의 기능은 고압 장치 등에서 설치하는 안전 밸브(릴리프 밸브)의 기능 및 원리와 유사하고 구조만 다르다. 플랩 댐퍼의 구조 및 원리는 [그림 5.23]과 같고, [그림 5.23]에서 조정 추(adjustable weight)는 설치할 때 실제 차압의 크기에 따라 개방 상태를 조정한다.

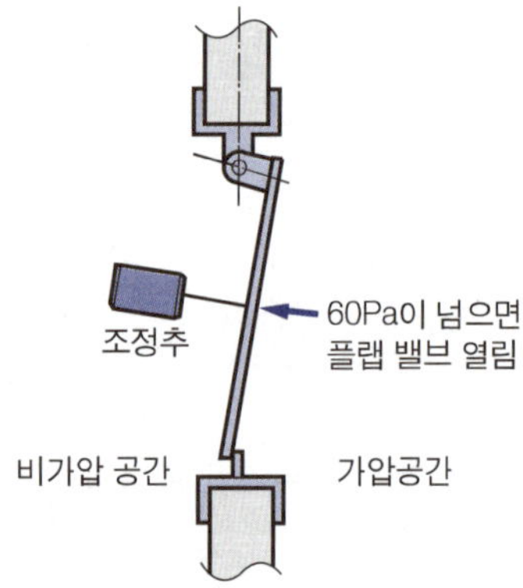


그림 5.23 과압 방지 장치(플랩 댐퍼)

플랩 댐퍼 날개의 크기에 따라 개구부의 크기가 결정되고, 개구부의 크기는 보충량의 크기에 의해 결정된다. 날개의 작동 설계 압력은 설계 기준 차압 50 Pa로 하는 것이 합리적이다. 또한 60 Pa로도 가능할 것으로 생각할 수 있지만, 이론적 요구 차압(설계 차압)이 50 Pa이고 실제 상황에서 오차를 감안하여 플랩 댐퍼의 설계 기준차압은 50 Pa로 하는 것이 현실적으로도 차압 범위를 안정적으로 조절할 수 있다. 플랩 밸브의 면적(크기) $A_f$는 식 (5.41a)로부터 유도할 수 있다.

$$Q = 0.827 \times A_f \times \sqrt{\Delta P} \quad (5.41a)$$

여기서, $Q$ : 보충량($m^3/s$)

$A_f$ : 플랩 댐퍼 면적($m^2$)

$\Delta P$ : 설계 기준 차압(50 Pa)

$$A_f = \frac{Q}{(0.827 \times 50^{1/2})} \fallingdotseq \frac{Q}{5.85} \quad (5.44)$$

식 (5.41a)에서 $\Delta P$는 엄격히 식 (4.99)의 평균 압력차 $\overline{\Delta P}$로 계산해야 한다.

EN12101-6(2005)에서는 압력 센서에 의해 압력이 조절되는 시스템의 경우 가변 풍량 송풍기나 댐퍼는 출입문이 닫히거나 열릴 때, 새롭게 형성되는 체적 유량의 조건을 시스템이 5초 이내에 90%~110% 사이에서 달성할 수 있는 경우가 아니면 사용하지 않을 것을 권하고 있다.

### 5) 날씨 관련 데이터

제연 시스템 설계에서 날씨 데이터를 설정하는데 거의 제한적이거나 고려되지 않고 있는 경우가 더 많다. ASHRAE 핸드북(2003)에서는 겨울철과 여름철의 난방과 냉방에 대한 설계 온도를 권장하고 있다. 예를 들면, 겨울철 설계 온도로 99% 및 97.5%를 규정하고 있다. 이들 값은 난방철 중에는 이들 온도가 같아지거나 또는 초과되는 온도를 의미한다. 난방철은 각 나라마다 다르기 때문에 ASHRAE에서는 3개월 정도로 잡고 있다.

건물 재료의 열적 지연 때문에 저온이 지속되는 이 짧은 주기는 대체로 난방 시스템과 관련된 문제를 일으키지는 않는다. 그렇다고 제연 시스템도 동일하다고 말할 수는 없다. 제연 시스템은 시간 지연이란 존재하지 않는다. 다시 말하면, 제연 시스템은 시스템이 작동하는 시점에서 나타나는 굴뚝 효과와 같은 힘에 종속된다. 만약 외부 온도가 제연 시스템에 적용된 겨울철 설계 온도보다 낮다면, 굴뚝 효과로 인한 문제를 발생시킬지도 모른다. 여름철 설계 온도 및 역굴뚝 효과로 인해 유사한 상황이 발생할 수 있다.

제연시스템에 바람이 미치는 영향을 분석과 풍동 해석을 위한 바람에 대한 데이터가 필요하다. 기상청에서는 제연 시스템의 설계를 위한 바람에 대한 데이터를 제공하고 있다. 일반적으로 가장 바람직한 제연 시스템의 설계는 바람의 영향을 최소로 하는 것이다.

### 6) 공기 유동

제연 경계의 출입문이 개방 상태라면 개방 출입문을 통과하는 기류가 연기 역류를 막을 수 있을 정도로 충분하지 않다면 연기는 피난구역이나 피난로로 흘러 들어갈 수도 있다. 개방 출입문을 통과하는 공기의 설계 속도를 설정하는 하나의 기준은 건물에서 피난을 하는 동안 연기 역류가 발생하지 않아야 한다는 것이다. 이러한 속도의 설정은 피난 시간, 화재 성장률, 건물의 구조, 화재 진압 시스템의 존재여부에 달려있다.

개방 출입문을 통과하는 연기 역류를 억제시키는데 필요한 임계 속도(방연 풍속)는 정확하게 설정되어야 한다. 출구에 대한 특별한 관계가 존재하지 않을 경우 앞서 언급된 기류의 해석 방법을 이용해 근사적 결과를 얻을 수 있다.

[표 5.6]은 식 (5.41a)에 $A = 1(m^2)$을 적용했을 때, 차압의 변화에 대한 연기의 역류를 막기 위한 공기의 임계 속도를 나타낸 것이며, 이들 값은 누설률, 틈새와 대규모 개구부 주위의 차압을 빠르게 결정하는데 사용할 수 있다.

표 5.6 개구부를 통과하는 공기 속도 (EN12101-6 ,2005)

| 차압(Pa) | 공기 속도(m/s) |
|---|---|
| 50.0 | 5.90 |
| 25.0 | 4.20 |
| 8.50 | 2.40 |
| 6.00 | 2.00 |
| 4.00 | 1.70 |

### 7) 개방 출입문의 수

제연 경계 주변의 개방 출입문을 통해 발생하는 공기 속도에 대해 앞 장에서 이미 논의된 바 있다. 가압 방연 시스템 설계에서 고려될 사항은 시스템이 작동 중일 때, 동시에 개방될 수 있는 출입문의 개수가 된다. 모든 출입문이 동시에 개방되는 것을 설계를 통해 허용하고 항상 시스템이 작동하도록 할 수 있지만, 이것은 시스템의 비용을 증가시킬 뿐이다. 따라서 피난을 위하여 제연 구역의 출입문이 일시적으로 개방될 경우 방연 풍속을 유지하기 위해 공기를 제연 구역내로 보충·공급하도록 하는 것이 시스템의 운용 및 설계 측면에서 유용하다.

보충량이란 방연 풍속을 유지하기 위해 제연 구역에 보충해야 할 공기량을 말한다. 보충량은 첫째, 모든 부속실(또는 비상 승강장)의 출입문들 중 동시에 개방해야 할 출입문이 몇 개 층에서 열릴 것인지 예상할 것인가? 둘째, 동일 부속실에서도 계단실과 면하는 출입문까지 동시에 개방되는 상황도 설정해야 할 것인가? 셋째, 출입문이 쌍 여닫이문일 경우 두 문이 모두 열릴 것인가? 넷째, 아니면 한 개만 열릴 수 있는 상황으로 보아야 할 것인가? 등 상황에 따라 크게 달라진다.

이것은 건물 내 피난자의 체류 밀도, 피난 동선의 폭과 길이, 부속실과 직면하는 두 출입문(부속실과 옥내 사이의 출입문 및 부속실과 계단실 사이의 출입문)사이의 거리(부속실의 크기) 등이 주요소가 되므로 어떤 한 가지 상황만을 설정한다는 것은 정확성은 없다. 보충량은 약간의 여유성을 고려하여 다음과 같은 상황 설정을 바탕으로 제시하고 있다.

① 동시 개방 부속실의 수에 대한 구분을 하는데 있어서 20개의 부속실을 기준하여 부속실의 수가 20 이하인 경우 1개의 부속실만이 개방되는 것으로 하고, 부속실의 수가 20을 초과하는 경우 2개의 부속실이 동시에 개방되는 것으로 한다(비상용 승강장의 경우도 동일). 부속실의 수가 20개 이하인 건물에서는 개방 개수를 1개로 한다는 것은 1개의 특정 부속실만이 고정 개방된다는 것이 아니라 동시에 둘 이상의 부속실이 함께 개방될 것으로 간주하지는 않는다는 뜻이며, 실제 상황에서는 부속실들이 번갈아(동시는 아니지만) 개방되었다가 닫히는 일이 발생하게 될 것이라는 것이다.
다시 말하면 임의의 두 개의 부속실이 동시에 함께 개방되는 것으로 간주하지 않을 뿐이다. 그러나 동일 수직선상에서 20개를 초과하는 많은 부속실이 존재하는 경우 확률적으로 보아 두 부속실의 개방 순간이 서로 일치될 수 있는 상황의 존재 가능성을 배제할 수 없다는 관점에서 동시 개방 부속실을 2개로 설정하고 있다.

② 개방되는 부속실마다 옥내와 직면하는 출입문과 계단실과 직면하는 출입문이 동시에 개방되는 것으로 하되 각 출입문마다 한 개의 출입문만이 열리는 것으로 간주한다. 하지만 동시에 개방되는 출입문의 수를 결정하는 주요한 인자는 해당 건축물의 용도이다. 예를 들어, 거주 밀도가 높은 건축물의 경우에는 피난 중 모든 출입문이 동시에 열릴 가능성이 매우 높다. 그러나 계획된 피난 계획이나 피난 구역의 개념이 건물 화재의 비상 계획에 포함되어 있거나 건물의 거주 밀도가 낮다면 화재가 발생한 동안 단지 몇몇 출입문만 동시에 열릴 수도 있다.

**예제 5.10** 다음 건물 평면도에서 A실에 급기 가압하고자 할 때, 조건과 같이 A실에 급기해야 할 풍량($m^3$/sec)은 얼마인가?

[조건]

1) 실 외부 대기압은 절대압력으로 101.3 kPa이다.
2) A실에 유지하고자 하는 가압은 절대압력으로 101.4 kPa이다.
3) 각 실의 출입문의 틈새면적은 0.01 $m^2$이다.
4) A실에 급기가압할 때 그 실의 출입문틈 사이를 통해 누출되는 공기의 양은 다음의 식을 따른다.

$Q = 0.827 \times A \times \Delta P^{1/2}$

여기서, $Q$ : 누설 공기량($m^3/s$)

$A$ : 출입문의 틈새면적($m^2$)

$\Delta P$ : 출입문을 경계로 한 실내외의 압력차(Pa)

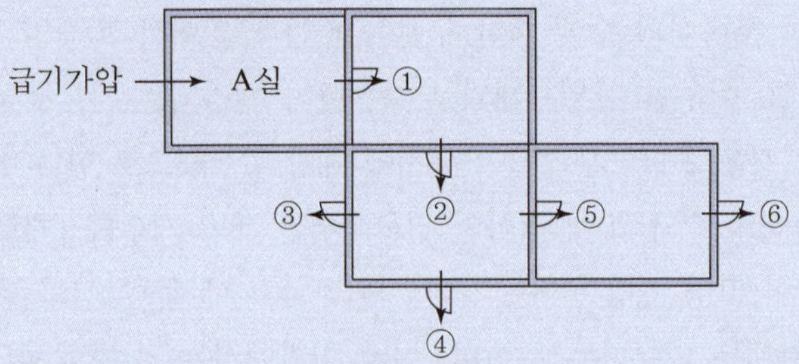


**풀이**

1) A실의 전체 유효 유동 면적($A_e$)

(1) ⑤+⑥의 직렬 경로, 식 (4.45)로부터

$$\frac{1}{\sqrt{\frac{1}{(0.01)^2}+\frac{1}{(0.01)^2}}} = 0.00707\ \mathrm{m}^2 \qquad ⓐ$$

(2) ③+④+ⓐ의 병렬 경로, 식 (4.39)로부터

$$0.01 + 0.01 + 0.00707 = 0.02707\ \mathrm{m}^2 \qquad ⓑ$$

(3) ①+②+ⓑ의 직렬 경로, 식 (4.45)로부터

$$\frac{1}{\sqrt{\frac{1}{(0.01)^2}+\frac{1}{(0.01)^2}+\frac{1}{(0.02707)^2}}} = 0.00684\ \mathrm{m}^2$$

∴ A실의 전체 유효 유동 면적($A_e$) $= 0.00684\ \mathrm{m}^2$

2) 실내의 차압($\Delta P$)

$\Delta P = 101{,}400\,\mathrm{Pa} - 101{,}300\,\mathrm{Pa} = 100\,\mathrm{Pa}$

3) 누설 공기량($Q$)

$Q = 0.827 \times A \times \Delta P^{1/2} = 0.827 \times 0.00684 \times \sqrt{100} = 0.0566\ \mathrm{m}^3/\mathrm{sec}$

4) A실에 급기해야 할 공기량($m^3/sec$)

∴ 급기 공급량 = 누설 공기량 = $0.0566\ \mathrm{m}^3/\mathrm{sec}$

## 5.9 수치 해석

연기 제어와 관련된 일부 계산은 수(手)계산으로도 적절하다. 그러나 경우에 따라서는 많은 시간을 요구하고 시행착오를 거쳐야 하기 때문에 컴퓨터를 활용하지 않으면 안 된다.

수치 유체 해석(computational fluid dynamics, CFD)은 화재 현상뿐만이 아니라 건축, 토목, 기계 분야 등에서 유체의 흐름 및 연소나 폭발 등의 예측에 이용되고 있으며, 적용범위가 넓다. 수치 해석의 모델은 3차원의 질량, 에너지, 운동량에 대한 편미분 방정식(Navie-Stokes 방정식)에 의해 유속이나 온도를 구하게 된다.

상업적으로 이용이 가능한 범용 CFD 소프트웨어는 Phoenics, Ansys 등이 있다. 또한 화재 해석 전용으로 FDS(NIST)나 Smartfire(FSEG)가 있고, 특히 FDS는 무상이고 검증 사례가 많아 취급이 비교적 쉽기 때문에 국제적으로 화재 안전 설계에서 널리 사용되고 있다.

제연 해석을 위한 전용 프로그램은 ASCOS, CONTAMW 등이 있다. 일부 프로그램은 건물에서 발생하는 정상 상태의 기류와 가압의 상태를 계산할 수 있고, 어떤 프로그램들은 화재 발생 시 건축물에서 생성되는 연기 농도도 계산할 수 있다. 이들 프로그램들은 각기 어느 정도의 차이가 있었지만 기본 개념은 모두 같다. 특정 건물은 특정 압력과 온도를 갖는 여러 공간 또는 절점의 네트워크에 의해서 묘사되고 계단실 및 기타 샤프트는 일련의 수직 공간으로서 각 층에 대해 하나의 공간으로 모델링된다.

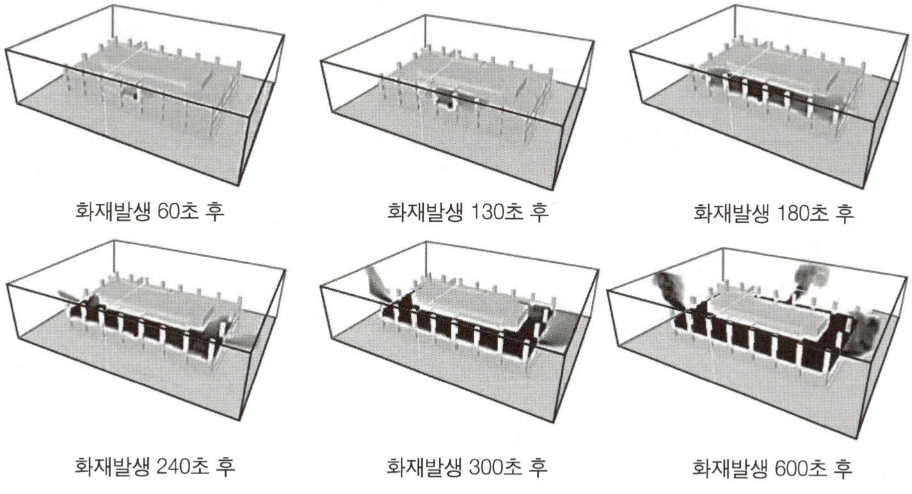


**그림 5.24** 연기 발생량과 연기 하강 시간

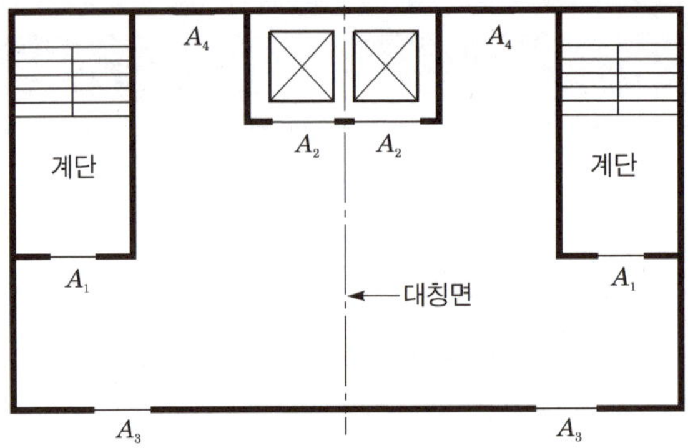


그림 5.25 수치 해석에서의 대칭성

[그림 5.24]는 화재실의 화재 강도가 3.5 MW일 때, FDS와 SMOKEVIEW의 비쥬얼 프로그램으로 화재 발생 후 시간의 변화에 따라 연기 발생량과 연기 하강 시간을 해석한 예이다.

수치 해석에서 대칭성 개념은 문제를 단순화하고 해결을 용이하게 하는데 유용하다. [그림 5.25]와 같이 건물의 평면도로 대칭 평면을 기준으로 반으로 분할할 수 있다. 대칭 평면의 한쪽 유동 면적은 반대쪽의 대응 면적과 같다. 따라서 한쪽의 유량과 압력을 구하면 반대쪽의 유량과 력 또한 구할 수 있다. 건물에 대칭성을 적용하면 모든 층은 대칭 평면을 기준으로 각 층을 분할할 수 있어야 한다. 만약 바람의 영향이 해석에 포함되면, 풍향은 대칭면과 평행되어야 한다. 따라서 건물의 절반만 기류 해석을 해도 충분하다. [그림 5.25]에 나타낸 것처럼 건물이 기하학적으로 대칭을 이룰 필요는 없으며 유동 측면에서 대칭만 성립하면 된다(Klote, 1991).

## 5.10 제연 시스템의 설계 순서

### 5.10.1 배연 시스템

배연 시스템은 건물의 화재 초기 단계에서 발생하는 연기 등을 감지하여 화재실의 연기는 배출 하고 피난 경로인 복도, 계단 등에는 연기가 확산되지 않도록 함으로써 거주자를 연기로부터 보호하고 안전하게 피난할 수 있도록 함과 동시에 소방대가 소화 활동을 할 수 있도록 연기를 제어하는 것이다. 배연 시스템의 설계 순서를 간략하게 표현하면 [그림 5.26]과 같다.

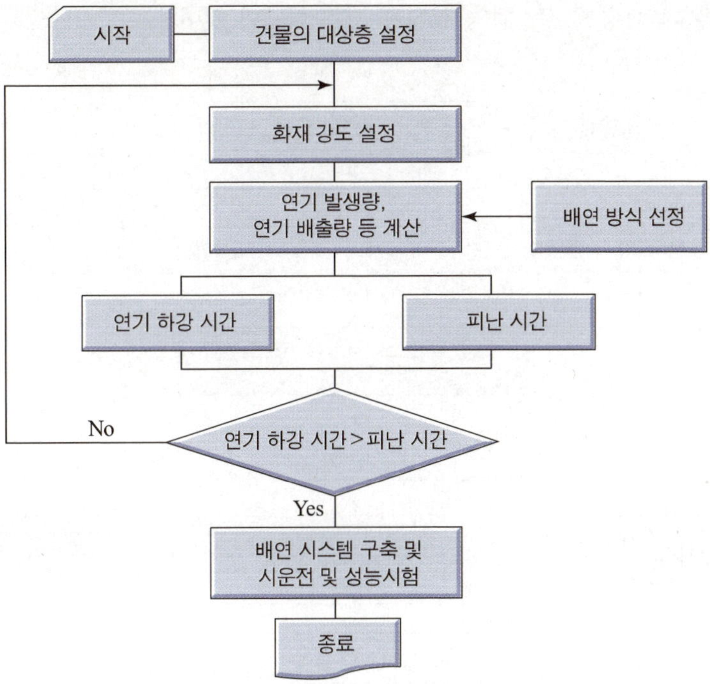


그림 5.26 배연 시스템 설계 순서

## 5.10.2 가압 방연 시스템

가압 방연 시스템은 연기에 포함된 유독 가스가 화재 공간과 방호 공간 사이의 누설 경로(출입문, 틈새 및 균열 등)를 통하여 이동하는 것을 막음으로써 방호 공간이 연소 가스로부터 오염되는 것을 최소화하는 것이다. 이 목적을 달성하기 위하여 방호 공간에 조성되는 차압은 연기를 이동시키는 연기의 이동력(굴뚝효과, 바람, 부력 등)보다 커야 하고 그 방향은 반대쪽이어야 한다. 가압 방연 시스템은 누설 경로 사이의 최대 및 최소 차압을 고려해야 한다. 제연시스템은 궁극적으로 필요한 차압과 공기의 유동율을 확보해야하고, 이들은 급기율에 의해 결정된다. 공간 내부 배치의 변경이나 개방 층의 소규모 분할 또는 전망을 중시하는 건물의 장식은 공기의 배출 경로가 반드시 유지되도록 해야 한다. 가압 방연 시스템의 두 가지 기본 조건은

① 기계적인 방법으로 신선한 공기를 제연 구역으로 공급하여 화재 구역보다 항상 높은 압력을 유지해야 한다.

② 비화재 구역으로부터 외기로 향하는 누설 경로를 확보하고, 제연 구역에서 지속적인 공기의 유출을 유지하여 압력이 같아지는 것을 막아야 한다.

[그림 5.27]은 가압 방연 시스템의 설계 순서를 나타낸 것이다.

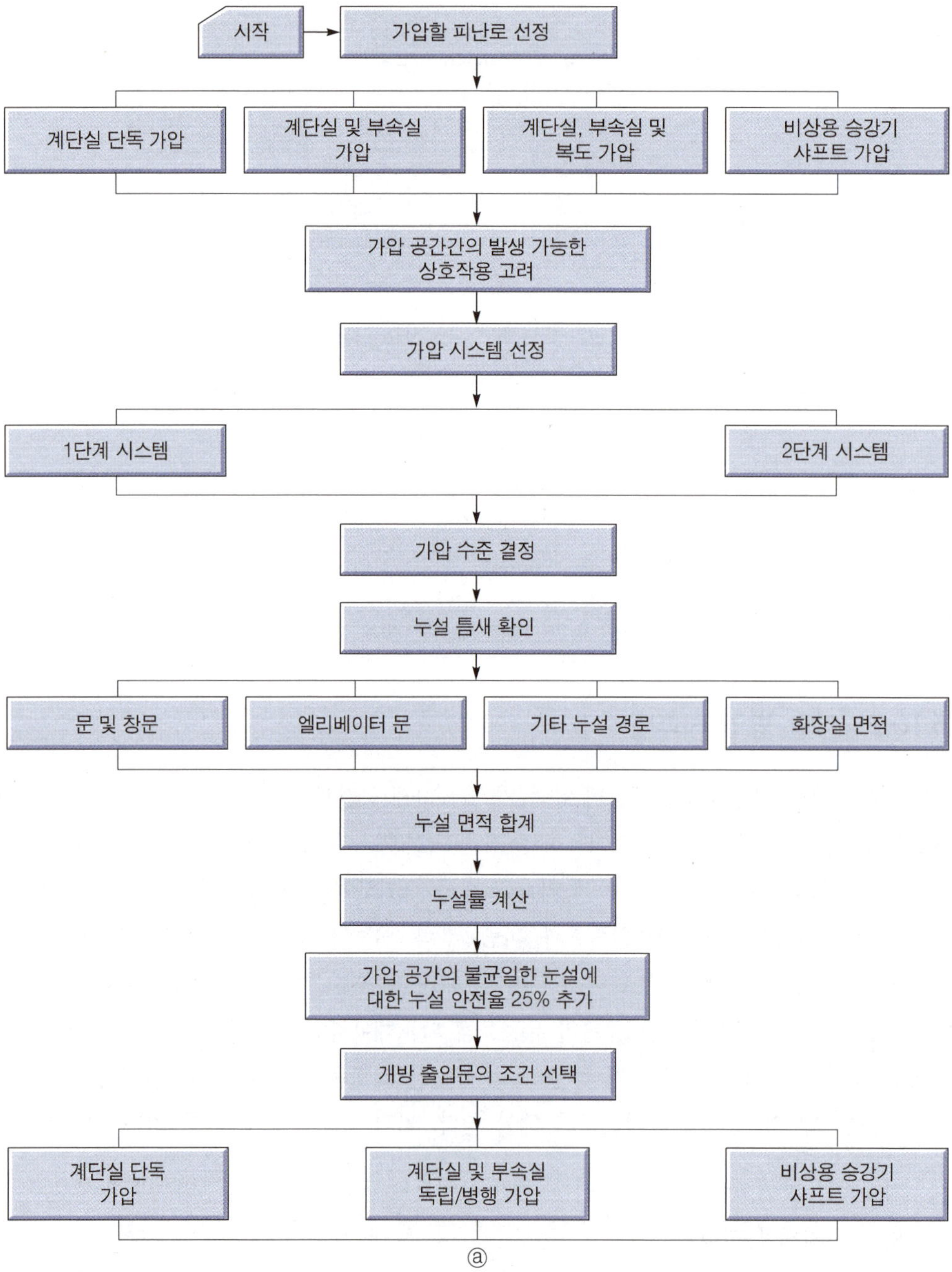

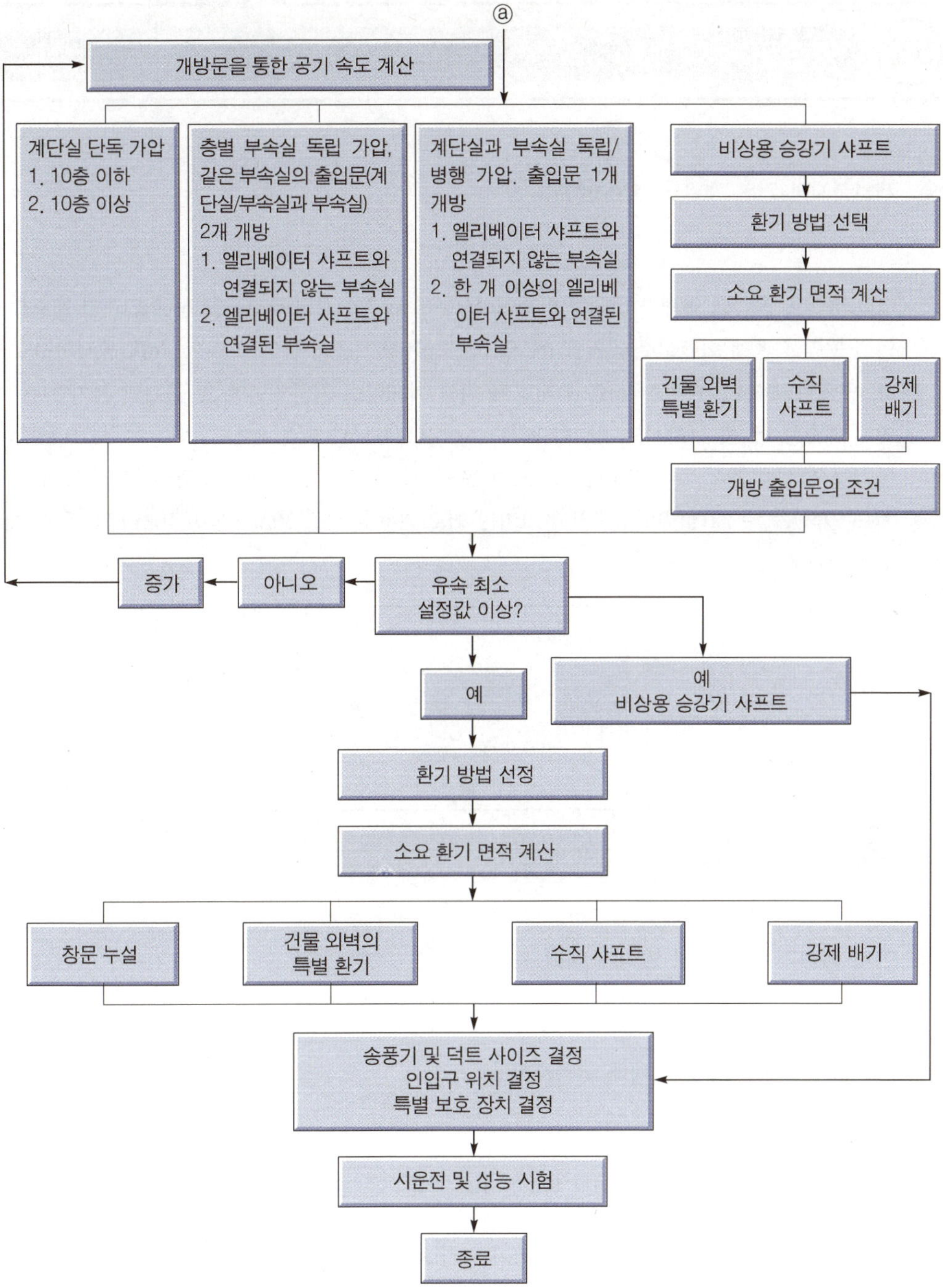


그림 5.27 가압 방연 시스템의 설계 순서

# 5장 연습문제

**01** 제연설계의 기본 개념을 설명하시오.

**02** 다음과 같은 공간에 화재가 발생하여 높이 $H_u = 8$ m에 설치된 배출구를 통해 연기가 배출되고, 인접 공간을 통해 화재실로 급기량 $m_a$를 급기하여 연기층의 높이 $Y = 2.6$ m를 유지하려고 한다. 연기층의 높이 $Y = 2.6$ m를 유지하기 위해 화재실로 공급되어야 할 공기의 급기량 $m_a$와 연기 배출량 $m_s$를 구하시오. 단, 화재강도 $Q = 3{,}000$ kW, 대류 열전달 계수 $h = 0.01$ kW/m$^2$, 공기의 정압 비열 $c_p = 1.0$ kJ/kg·K, 공기 온도 $T_a = 17$℃이다. 배출구 면적 $A_s = 1.5$ m$^2$, 급기구 면적 $A_d = 2.0$ m$^2$이고, 공간의 크기는 가로 20m × 세로 30m × 높이 10m이다. 유량 계수 $C = 0.07$로 한다.

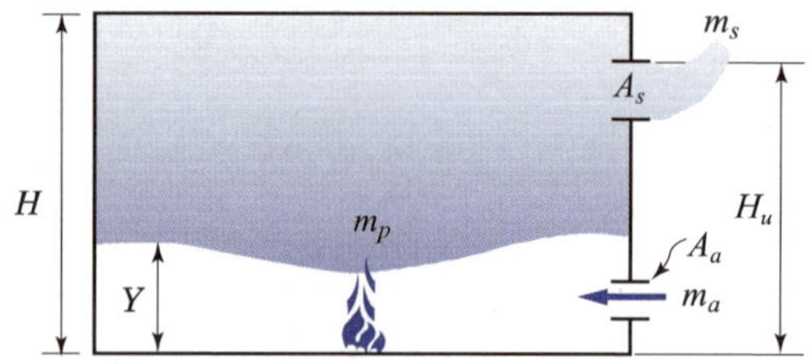


답 $m_s = 5.66$ kg/s, $m_a = 3.46$ kg/s

**03** 기계 배연과 천장 챔버 방식에 대해 설명하시오.

**04** 차연의 조건과 기밀성에 대해 설명하시오.

**05** 화재실의 연기가 복도로 누출되어 복도는 127℃ 연기로 완전 혼합 상태로 되었다. 부속실은 복도와 인접하고 있고 복도 사이에 출입문(폭 0.9m × 높이 2.0m) 있으며, 이 출입문을 통해 복도의 연기가 부속실로 침입되지 않도록 하기 위한 차연 조건을 계산하시오. 단, 부속실의 공기 온도는 25℃이고 유량 계수는 0.7이다.

답 ① 압력차 $\Delta P_0 = 5.92$ Pa, ② 개구부의 유량 $m_a = 3.15$ kg/s

**06** 가압 방연의 원리 및 특징을 설명하시오.

**07** [그림 5.15(a)]와 같이 높이 3.5m × 폭 7.0m의 개구부가 있는 아트리움에서 화재가 발생하여 다른 공간으로 연기가 유출될 때, 개구부에서 연기를 막는데 필요한 임계 속도(방연 속도) $V_k$와 방연 풍량 $Q$를 계산하시오. 단, 연기 온도는 74℃, 공기 온도는 23℃이다.

**답** ① $V_k$ = 88.5 m/min = 1.48 m/s, ② $Q$ = 36.26 m$^3$/s

**08** 다음 그림에서와 같이 체적 $V_1 = 200\ \text{m}^3$인 제연 구역에 80 Pa를 가압시키고 중단하였다. 이때 제연 구역의 가압이 사라져 제연 구역 밖의 압력과 같아지는 시간을 계산하시오.
제연 구역에는 출입문이 하나 설치되어있고, 출입문의 하단부에는 틈새 면적이 0.05 m$^2$이다. 가압 공기는 출입문 하단부를 통해서만 누설되고 다른 틈새는 없는 것으로 한다. 단, 제연 구역 밖의 실외 압력은 101.3 kPa이고, 출입문 하단부의 틈새를 통과하는 공기는 지수 유동으로 가정한다. 가압 전후의 온도는 변화가 없는 것으로 한다.

**답** 1) 다음 그림에서

제연구역의 초기 압력 = $P_1$ (Pa)

제연구역의 체적 = $V_1$ (200 m$^3$)

제연구역에 가해진 압력 = $P_s$ (80 Pa)

가압으로 늘어난 체적 = $\Delta V$ (m$^3$)

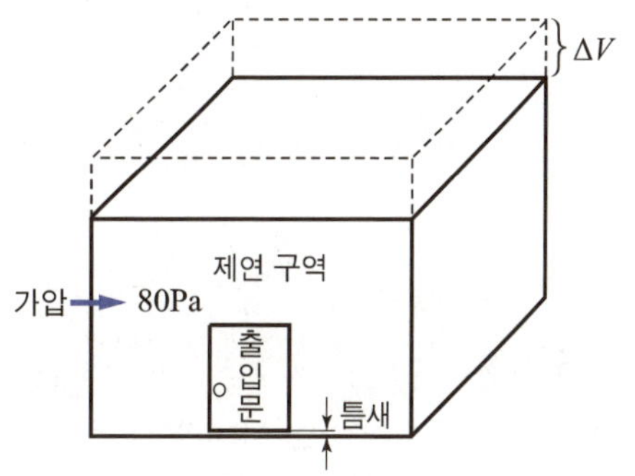


2) 가압에 의한 제연 구역 내부의 공기의 상태 변화는 이상기체 상태 방정식 식 (1.8)로부터 정의할 수 있다. 제연 구역 공기의 압력과 체적의 변화는 서로 반비례하므로

$$(P_1 + P_s)_1 V_1 = P_1(V_1 + \Delta V) \quad (1)$$

$$\therefore\ \Delta V = \frac{P_s V}{P_1} \quad (2)$$

3) 가압 중단 후 제연 구역의 출입문 하단부를 통해 가압이 사라져 제연 구역 밖의 압력과 같아지는 시간은 (1) 식에서 단위시간 줄어드는 압력과 체적의 변과 같으므로

$$\left(P_1 + P_s - \frac{dP_s}{dt}\right)V_1 = P_1\left(V_1 + \Delta V - \frac{dV}{dt}\right) \quad (2)$$

식 (2)를 전개하여 식 (1)을 대입하여 정리하면

$$\therefore \quad V_1 \frac{dP_s}{dt} = P_1 \frac{dV}{dt} \tag{3}$$

식 (3)에서 $\frac{dV}{dt}$는 유량으로 출입문 하단부의 누설 틈새를 통과하는 공기의 유량과 같고, 이때 유동은 지수 유동으로 가정하였으므로 유량은 식 (4.10a)가 된다.

즉, $\frac{dV}{dt} = Q = KA\,P_s^{1/2}$, 여기서 $K$=0.827, $A$ =누설 틈새 면적=0.05 m$^2$, $P_s$ =가압=80 Pa이다. 따라서 식 (3)을 다시 나타내면

$$V_1 \frac{dP_s}{dt} = KA\,P^{1/2} P_1$$

$$dt = \frac{V_1}{P_1 KA} P^{-\frac{1}{2}} dP \tag{4}$$

식 (4)를 적분하면

$$t = \int_0^t dt \;= \frac{V_1}{P_1 KA} \int_{80}^{0} P^{-\frac{1}{2}} dP = \left[ \frac{V_1}{P_1 KA} 2P^{\frac{1}{2}} \right]_{80}^{0}$$

$$= \frac{-2 \times 200 \times 80^{1/2}}{101300 \times 0.827 \times 0.05} \fallingdotseq -0.854\,s$$

∴ 제연 구역과 외부의 압력이 같아지는 시간 $t$=0.854초

**09** 다음 그림에서와 같이 제연 구역의 출입문에 개방에 필요한 힘을 측정하였더니 110 N이었다. 출입문의 높이는 2.0 m이고 폭이 1.0 m라고 하면, 이때 거실과 제연 구역 사이의 차압을 계산하시오. 단, 자동폐쇄장치와 다른 마찰을 이겨내는 힘을 30 N, 손잡이와 출입문 모서리까지의 거리는 0.1 m이다.

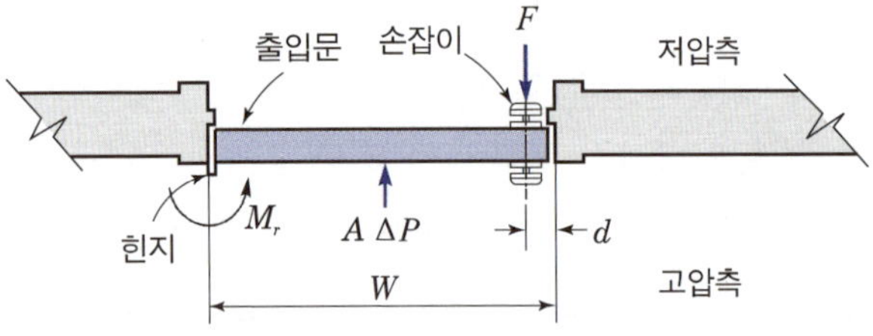


**답** $\Delta P$=72 Pa

**10** 특별 피난계단 부속실을 60 Pa로 가압하였다. 2.1m × 1.2m인 부속실 출입문을 부속실 쪽으로 열 때 몇 뉴턴 이상의 힘 $F$를 계산하시오. 이때 출입문의 폐장치의 마찰력과 힌지의 마찰력은 각각 14.7 N과 1.96 N이다.

**답** $F$=92.26 N 이상의 힘이 필요하다.

**11** 가압 방연 설계에서 가압 공간의 선정 방법과 종류를 나열하고 설명하시오.

**12** 허용 차압에 대해 정의하고 설명하시오.

**13** 제연 구역에 플랩 댐퍼를 설치하고자 한다. 제연 구역에 공급되는 보충량이 2,520 CMH라고 하면, 이때 플랩 댐퍼의 최소 날개 면적을 계산하시오.

**답** 날개 면적=0.1197m$^2$

**14** 제연 구역으로 공급되는 보충량이 4.68 m$^3$/s일 때, 과압 방지를 위해 플랩 댐퍼를 설치하고자 한다. 플랩 댐퍼의 높이 $H$를 구하고, 조정 추의 위치를 결정하시오. 이때플랩 댐퍼의 자중은 19.8 N, 폭은 0.8 m, 조정 추의 질량은 29.4 N이다. 단, 힌지의 작동에 따른 마찰력은 무시한다.

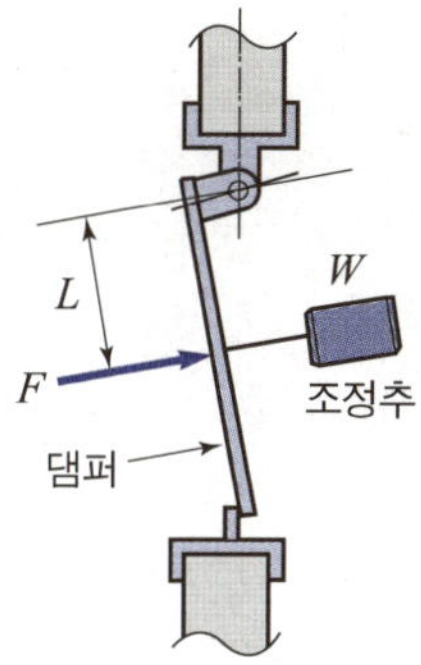


**답** 1) 플랩 댐퍼의 날개 면적=0.8 m$^2$, 높이=1 m

2) 조정 추의 위치=0.604 m

① 날개에 작용하는 힘=차압에 의한 힘 − 밸브의 자중=24.304 N

② 추의 위치는 날개에 작용하는 힘과 추의 위치에 따른 모멘트로부터 계산할 수 있다.

$24.304\ \text{N} \times L_m = 29.4\ \text{N} \times$ 날개 높이의 1/2 m

$\therefore\ L = 0.604\ \text{m}$

# 6장

# 부속실 제연

Smoke Management of Head Room

피난로는 비상 상황에서도 사용할 수 있도록 남아있어야 하는 장소이기 때문에 화재와 연소 생성물로부터 보호되어야 한다. 피난로 가압은 피난 경로를 연기로부터 보호하는 데 유효한 연기 제어 방식이다.

일반적으로 특별 피난 계단에는 가압되거나 가압되지 않는 부속실이 설치되어 있다. 부속실 제연(가압)으로 부속실은 주변의 장벽과 계단실 사이의 연결 개구부에 의해 계단실까지 방연의 실현성을 얻을 수 있고, 또한 부속실 가압으로 인해 부속실이나 복도의 압력을 높임으로써 피난 경로가 연기로부터 노출되는 것을 막을 수 있다.

기계 배연이나 자연 배연은 배연 시스템을 설치하는 구역(공간)만을 계획 대상으로 하고 있는 반면에 부속실 가압은 방연 달성이라는 안전 목표가 명확하고, 화재실에서 피난 경로까지 공간을 하나로 하여 압력 제어를 설계하는 시스템이기 때문에 다른 연기 제어 방식에 비해 안전성이 높다. 또한 가압 방연은 급기를 행하는 방식이기 때문에 기계 배연과 같이 화재실의 연기가 고온이 되어 배연 풍도의 방화 댐퍼가 폐쇄되어 연기 제어 시스템을 정지시킬 위험이 없고, 피난 중에는 물론 소방 활동 단계에 있어서도 피난 경로를 안전하게 유지시킬 수 있다.

피난 해석은 부속실의 양쪽 출입문이 거의 동시에 열릴 경우를 고려해서 이루어져야 한다. 계단실에서 건물 내부로 유효 누설 면적이 사용되는 것을 제외하고, 계단실을 해석하는 방법과 같은 방법을 이용해도 된다. 부속실 가압의 제연 설계는 참고문헌 73～75에서 제시한 건물 모델과 방연 조건, 화재의 단계별 급기량 계산 방법 등을 바탕으로 설명한다.

# 6.1 제연 계획

설계 건물은 [그림 6.1]과 같이 기준 층 평면을 가지는 오피스 빌딩으로 두개의 특별 피난 계단이 있고 복도와 계단실 사이에는 부속실이 설치되어있다. 또한 부속실에는 비상용 엘리베이터가 있고, 복도에는 승강용 엘리베이터가 설치되어있다. 부속실 외에도 승강용 엘리베이터 샤프트에 급기를 하여 엘리베이터 샤프트로 침입되는 연기를 막는 방법으로 설정하였다. 또한 각 사무실에는 기계 배연으로 계획하고 복도는 배연을 하지 않는 것으로 계획하였다.

[그림 6.1]에서 거실인 화재실 $R$, 복도 $C$, 부속실 $L$, 계단실 $S$, 승강용 엘리베이터 $E$, 비상용 엘리베이터 $F$로 표시하였다. 화재실과 부속실, 승강용 엘리베이터 사이의 방연 목표는 평균 압력차 $\overline{\Delta P}$가 다음 조건을 만족하도록 하는 것이다.

$$\overline{\Delta P_{LR}}(Y) > 0$$

$$\overline{\Delta P_{ER}}(Y) > 0$$

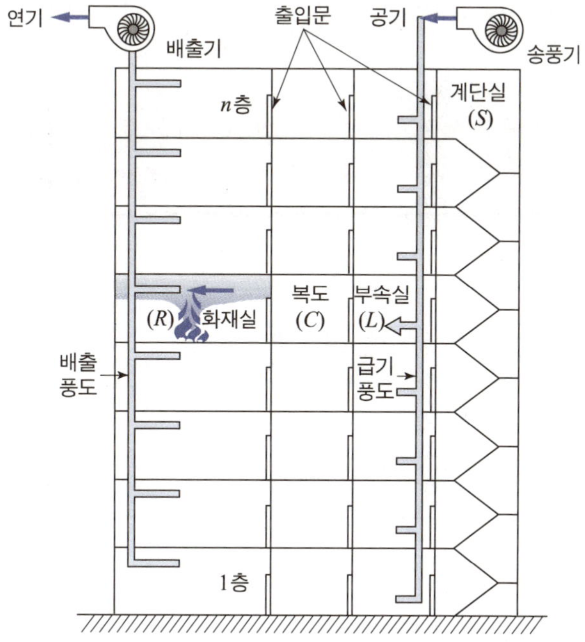


그림 6.1 부속실 가압 개념도

## 6.2 방연 조건

### 6.2.1 초기 화재에서 화재실-복도의 방연 조건

화재 초기 단계에서 화재실은 연기층과 공기층의 두 층(two layer)으로 성층화 상태가 된다. 화재실의 배연은 화재실의 연기층을 높게 유지하여 재실자를 복도로 안전하게 피난시키는 역할을 한다. 화재실과 복도 사이의 개구부(출입문)에서 방연 조건을 고려하면 [그림 6.2]에 나타낸 것처럼 연기층이 출입문 상단보다 높은 위치에 있는 경우([그림 6.2(a)])와 출입문 상단보다 낮은 위치에 있는 경우([그림 6.2(b)]) 두 가지를 생각할 수 있다.

연기층이 개구부 상단보다 높은 위치에 있는 경우에는 화재실과 복도 사이의 방연 조건을 특별히 검토해야 할 필요는 없지만, 낮은 위치에 있는 경우에는 화재실과 복도 사이의 방연 조건을 만족하도록 설계해야 한다. [그림 6.2]에서 $Y$(m)는 연기층 높이고, $H_{CR}$(m)은 개구부 상단의 높이이다.

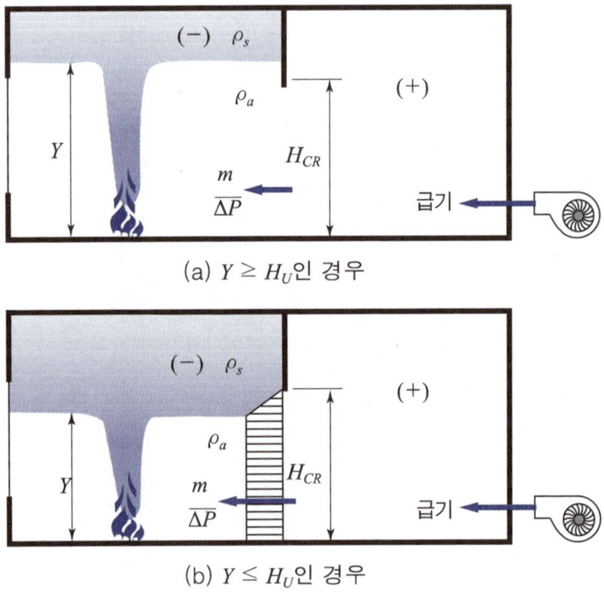


(a) $Y \geq H_U$인 경우

(b) $Y \leq H_U$인 경우

그림 6.2 초기 화재에서 화재실-복도의 방연 조건

### 1) 화재실의 배연량과 연기층 높이

시간 $t$일 때 발열량 $Q$(kW) 및 연기층 높이 $Y$에 대한 화재 플룸량 $m_p$(kg/s)는 다음과 같다.

$$Q = \alpha t^2 \tag{6.1}$$

$$Q = Q_{SP} \tag{6.2}$$

$$m_p = 0.08\, Q^{1/3}\, Y^{5/3} \tag{6.3}$$

여기서, $\alpha$ (kW/s$^2$)는 화재 성장률이다. $t$(s)는 복도로 연기가 누출되지 않는 목표 시간(층의 피난 완료 시간으로 하면 좋다)이다. 스프링클러 설비의 작동을 고려할 경우, 스프링클러 설비를 작동시키기 위해 필요한 최소 발열량 $Q_{SP}$(kW)를 발열량으로 사용해도 좋다.

만일 배연에 의해 연기층 높이가 일정하게 유지된다고 가정하면, 화재실의 유효 배출량 $U_{R(eff)}$(kg/s)는 화재 플룸량 $m_p$가 된다.

$$m_p = U_{R(eff)} \tag{6.4}$$

$Q = \alpha t^2$의 화재일 때, 유효 배출량은 화재 플룸량이 되므로 연기층 높이 $Y$(m)는 식 (6.3) ~(6.6)으로부터 식 (6.7)과 같이 된다.

$$U_{R(eff)} = 0.08\alpha^{1/3} t^{2/3}\, Y^{5/3}$$

$$Y = \left( \frac{U_{R(eff)}}{0.08\alpha^{1/3} t^{2/3}} \right)^{3/5} \tag{6.5}$$

### 2) 연기층 높이 $Y$와 개구부 상단 높이 $H_{CR}$

연기층 높이 $Y$가 개구부 상단 높이 $H_{CR}$보다 높을 경우에는 설정 시간 $t$까지 연기는 복도로 누출되지 않기 때문에 개구부에 대한 방연 조건을 별도로 검토할 필요가 없다. 하지만 안전 목표인 식 (6.1)에 따라 적어도 $\overline{\Delta P(Y)} > 0$을 만족시키도록 해야 한다.

한편 연기층 높이 $Y$가 개구부 상단 $H_{CR}$보다 낮은 경우에는 연기가 복도로 누출되므로 방연 조건에 의한 제연 설계를 실시해야 한다.

### 3) 연기층의 온도와 밀도

연기층 온도는 에너지 보존식에 의해 계산한다.

$$Q = C_p U_{R(eff)}(T_s - T_a) + hA_R + L_R(H_R - Y)(T_s - T_a)$$

$$T_s = T_a + \frac{Q}{C_p U_{R(eff)} + hA_R + L_R(H_R - Y)} \tag{6.6}$$

여기서, $T_s$(K)와 $T_a$(K)는 각각 화재실의 연기층 온도와 공기층 온도이며, $A_R$(m$^2$)은 화재실의 바닥 면적, $H_R$(m)은 화재실의 천장 높이, $L_R$(m)은 화재실이 연기층으로 둘러싸인 둘레이다. 또한 $C_p$(kJ/kg·K)는 기체의 정압 비열이고 $h$(kW/m$^2$·K)는 대류 열전달 계수이다. 또한 연기층 밀도 $\rho_s$(kg/m$^3$)는 식 (1.14)에 의해 구한다.

### 4) 평균 압력차와 개구부 유량

화재 시 건물의 각 공간은 온도가 서로 다른 비등온 상태가 되기 때문에 개구부에서도 상하 압력차 분포가 다르게 나타나므로 개구부 유량 계산이 복잡하게 된다. 특히, 여러 개의 복수 공간으로 구성되는 건물의 유량 계산은 컴퓨터 프로그램을 이용하지 않으면 계산이 어렵다. 개구부에서 방연 조건에 상응하는 평균 압력차 $\overline{\Delta P_{CR}}$(Pa)과 유량 $m_{CR}$(kg/s)은 '4.8장 평균 압력차'에서 정의된 식을 이용하면 쉽게 구할 수 있다.

$$\overline{\Delta P_{CR}} = \frac{4}{9}(\rho_c - \rho_s)g(H_{CR} - Y)\left(1 + \frac{Y}{2H_{CR}}\right)^2 \tag{6.7}$$

$$m_{CR} = CA_{CR}\sqrt{2\rho_c \overline{\Delta P_{CR}}} \tag{6.8}$$

여기서, $\rho_S$ : 연기 밀도(kg/m$^3$)

$\rho_c$ : 복도의 공기 밀도(kg/m$^3$)

$A_{CR}$ : 개구부 면적(m$^2$)

$C$ : 유량 계수

### 6.2.2 성장기 화재에서 복도-부속실의 방연 조건

성장기 화재가 되면 화재실은 균일하게 연기에 덮이는 완전 혼합 상태가 된다. 이 단계에서 복도로 흘러나온 연기도 완전 혼합 상태가 된다. [그림 6.3]에 나타낸 것처럼 복도와 부속실 사이는 방연 조건을 만족해야 한다.

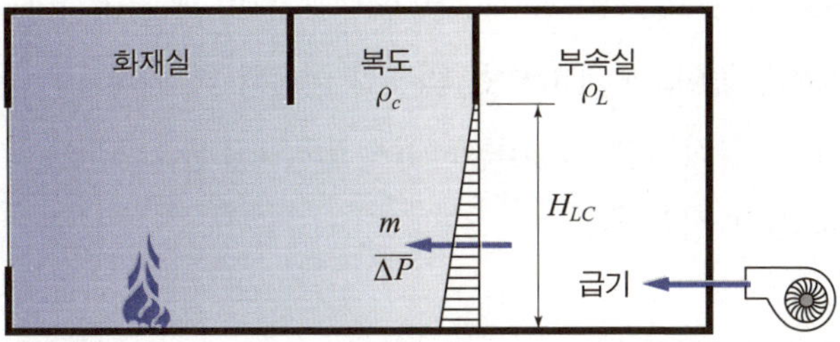


그림 6.3 성기 화재에서 복도-부속실의 방연 조건

#### 1) 화재실 및 복도의 온도

건물 전체 피난 시점에서 화재실은 성장기 화재가 되고, 복도는 화재실로부터 누출된 연기로 오염되는 것을 가정한다. 이 단계에서 복도와 부속실의 방연 조건을 구하기 위해서는 화재실과 복도의 온도를 계산해야 한다. 화재실과 복도의 온도 계산은 다음 식들이 사용된다(佐藤 雅史, 田中 哮義, 若松 孝旺, 1996). 화재실과 복도의 온도 상승 $\Delta T_R$, $\Delta T_C$은 식 (6.9)와 식 (6.10)을 이용해 구할 수 있다.

$$\Delta T_R = 3.0\, K_R^{2/3} F_{OR}^{1/3}\, \tau^{1/6}\, T_a \tag{6.9}$$

$$\Delta T_C = 1.35\, F_{OC}^{1/3} K_R^{4/9}\, F_{OR}^{2/9}\, \tau^{5/18}\, T_a \tag{6.10}$$

식 (6.9)와 식 (6.10)에서 $T_a$는 분위기 온도이고, $K_R$, $F_{OR}$, $F_{OC}$, $\tau$는 다음 식들과 같다.

$$K_R = \frac{A_{RO}\, h_{RO}^{1/2}}{A_{RO}\, h_{RO}^{1/2} + A_{RC}\, h_{RC}^{1/2}} \tag{6.11}$$

$$F_{RO} = \frac{A_{RO}\, h_{RO}^{1/2} + A_{RC}\, h_{RC}^{1/2}}{A_{RW}} \tag{6.12}$$

$$F_{OC} = \frac{A_{RC}\, h_{RC}^{1/2} + A_{CO}\, h_{CO}^{1/2}}{A_{CW}} \tag{6.13}$$

$$\tau = t_{dev}/k\rho c = 0.3t_{dev} \qquad (1/k\rho c = 0.3) \tag{6.14}$$

여기서, $A_{RO}$(m²)와 $h_{RO}$(m)는 화재실과 외기 사이의 개구부 면적과 개구부 높이, $A_{RC}$(m²)와 $h_{RC}$(m)는 복도와 화재실 사이의 개구부 면적과 높이, $A_{CO}$(m²)와 $h_{CO}$(m)는 복도와 외기 사이의 개구부 면적과 높이, $A_{RW}$(m²)는 화재실 둘레의 벽 면적, $A_{CW}$(m²)는 복도 둘레의 벽 면적, $k$(kW/m·K)는 열전도 계수, $\rho$(kg/m³)는 밀도, $c$(kJ/kg·K)는 비열, $t_{dev}$(s)는 성장기 화재에서 안전 목표 설정 시간이다.

### 2) 평균 압력차와 개구부 유량

식 (6.10)의 복도 온도를 이용하면 복도와 부속실 사이의 방연 조건에 상응하는 평균 압력차 $\overline{\Delta P_{LC}}$(Pa)와 유량 $m_{LC}$(kg/s)는 다음 식들로부터 계산할 수 있다.

$$\overline{\Delta P_{LC}} = \frac{4}{9}(\rho_L - \rho_C)gH_{LC} \tag{6.15}$$

$$m_{LC} = CA_{LC}\sqrt{2\rho_L\,\overline{\Delta P_{LC}}} \tag{6.16}$$

엘리베이터 샤프트에 급기 가압하여 화재층 외의 다른 층으로 연기 확산을 방지할 경우, 엘리베이터 샤프트($E$)와 복도($C$) 사이의 방연 조건에 상응하는 평균 압력차 $\overline{\Delta P_{EC}}$(Pa)와 유량 $m_{EC}$(kg/s)은 다음 식들로부터 계산할 수 있다.

$$\overline{\Delta P_{EC}} = \frac{4}{9}(\rho_E - \rho_C)\,g\,H_{EC} \tag{6.17}$$

$$m_{EC} = CA_{EC}\sqrt{2\rho_E\,\overline{\Delta P_{EC}}} \tag{6.18}$$

# 6.3 급기량

## 6.3.1 초기 화재 단계

### 1) 각 공간의 압력과 유량

초기 화재 단계의 연기 제어를 위한 유동 상황을 [그림 6.4]에 나타냈고, 각 공간의 압력을 $P$(Pa), 압력차를 $\Delta P$(Pa), 개구부 유량을 $m$(kg/s) 및 유동 방향은 화살표로 나타냈다. [그림 6.4]에서 사무실($R$), 복도($C$), 부속실($L$), 계단($S$), 비상용 엘리베이터 샤프트($F$), 승강용 엘리베이터 샤프트($E$), 옥외($O$)로 표시하였다. 부속실과 엘리베이터 샤프트에 급기 가압을 하고, 화재실(사무실)은 배연을 실시한다.

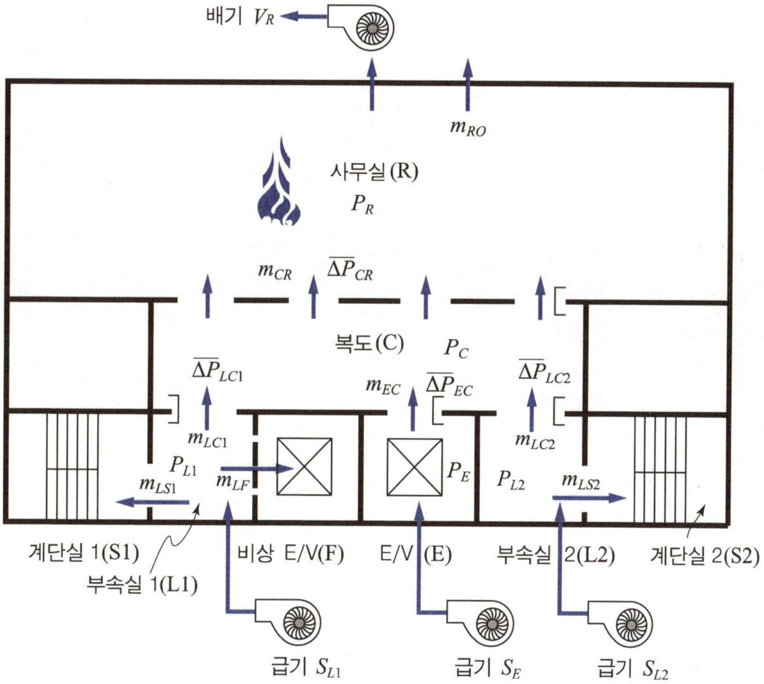


그림 6.4 부속실 가압

① **압력**

각 공간의 압력과 각 개구부에서의 평균 압력차의 관계는 다음과 같다.

$$P_C = P_R + \overline{\Delta P_{CR}} \tag{6.19a}$$

$$P_{L1} = P_C + \overline{\Delta P_{LC1}} \tag{6.19b}$$

$$P_{L2} = P_C + \overline{\Delta P_{LC2}} \tag{6.19c}$$

$$P_E = P_C + \overline{\Delta P_{EC}} \tag{6.19d}$$

② **유량**

각 공간의 유량은 질량 보존 법칙에 의해 다음과 같다.

$$m_{CR} = m_{RO} + V_R \quad \text{(화재실의 질량 보존)} \tag{6.20a}$$

$$m_{LC1} + m_{LC2} + m_{EC} = m_{CR} + m_{CO} \quad \text{(복도의 질량 보존)} \tag{6.20b}$$

$$S_{L1} = m_{LC1} + m_{LS1} + m_{LF} \quad \text{(부속실1의 질량 보존)} \tag{6.20c}$$

$$S_{L2} = m_{LC2} + m_{LS2} \quad \text{(부속실2의 질량 보존)} \tag{6.20d}$$

$$S_E = m_{EC} + m_{EO} \quad \text{(승강용 엘리베이터의 질량 보존)} \tag{6.20e}$$

여기서, $V$(kg/s)은 배출량이고 $S$(kg/s)는 급기량이다.

③ **평균 압력차와 개구부 유량**

$$m_{ij} = CA_{ij}\sqrt{2\rho_i \overline{\Delta P_{ij}}} \tag{6.21}$$

### 2) 필요 급기량

압력과 유량의 관계식을 바탕으로 방연 조건을 만족하는 부속실 및 엘리베이터 샤프트의 급기량은 다음과 같다.

① **화재실 압력**

$$m_{RO} = m_{CR} - V_R \tag{6.22}$$

만약 식 (6.22)의 값이 음(−) 값이 되면, 외부에서 화재실로 공기가 유입하게 된다.

$$P_R(=\overline{\Delta P_{RO}}) = \begin{cases} \dfrac{m_{RO}{}^2}{2\rho_R(CA_{RO})^2} & (m_{RO} \geq 0) \\ -\dfrac{m_{RO}{}^2}{2\rho_O(CA_{RO})^2} & (m_{RO} < 0) \end{cases} \tag{6.23}$$

연기 배출량 $V_R$은 임의로 설정할 수 있지만, 이 값이 작을수록 화재실($R$)의 압력이 높아지기 때문에 연기의 침입을 막기 위해 복도($C$)나 부속실($L$) 등의 압력도 높아져야 하므로 유의해야 한다.

**② 복도 압력**

$$P_C = P_R + \overline{\Delta P_{CR}} \tag{6.24}$$

**③ 복도에서 외부로 누출되는 공기량**

$$m_{CO} = \begin{cases} CA_{CO}\sqrt{2\rho_C P_C} & (P_C \geq 0) \\ -CA_{CO}\sqrt{2\rho_C |P_C|} & (P_C < 0) \end{cases} \tag{6.25}$$

여기서, $A_{CO}$ : 복도와 외부 사이의 유효 개구부 면적

**④ 부속실－복도, 엘리베이터－복도 사이의 유량**

다음 두 식을 만족하는 부속실과 복도 사이 유량 $m_{LC1}$, $m_{LC2}$ 및 엘리베이터 샤프트와 복도 사이 유량 $m_{EC}$를 결정한다.

$$m_{LC1} + m_{LC2} + m_{EC} = m_{CR} + m_{CO} \tag{6.26}$$

$$m_{LC1} > 0,\ m_{LC2} > 0,\ m_{EC} > 0 \tag{6.27}$$

$m_{LC1}$, $m_{LC2}$와 $m_{EC}$의 결정에는 어느 정도가 여유가 있지만, 이들 값은 부속실 및 엘리베이터 샤프트의 압력을 설정하게 되므로 결과적으로 부속실의 급기량 $S_{L1}$, $S_{L2}$ 및 엘리베이터 샤프트의 급기량 $S_E$에 영향을 줌으로 유의해야 한다.

**⑤ 부속실－복도, 엘리베이터－복도 사이의 평균 압력차**

부속실과 복도, 엘리베이터와 복도 사이의 평균 압력차 $\overline{\Delta P_{LC1}}$, $\overline{\Delta P_{LC2}}$, $\overline{\Delta P_{EC}}$는 다

음 식으로부터 구할 수 있다.

$$\overline{\Delta P_{LC1}} = \frac{m_{LC1}^2}{2\rho_L(CA_{LC1})^2} \tag{6.28a}$$

$$\overline{\Delta P_{LC2}} = \frac{m_{LC2}^2}{2\rho_L(CA_{LC2})^2} \tag{6.28b}$$

$$\overline{\Delta P_{EC}} = \frac{m_{EC}^2}{2\rho_E(CA_{EC})^2} \tag{6.28c}$$

**⑥ 부속실의 압력과 누설량**

$$P_{L1} = P_C + \overline{\Delta P_{LC1}} \tag{6.29a}$$

$$P_{L2} = P_C + \overline{\Delta P_{LC2}} \tag{6.29b}$$

부속실1에서 계단실1로 누설되는 공기량 $m_{LS1}$는 다음 식에 의해 구할 수 있다.

$$m_{LS1} = CA_{LSO1}\sqrt{2\rho_L(P_{L1} + |\rho_o - \rho_S|\ gH_{LSO1})} \tag{6.30}$$

$H_{LSO1}$는 부속실1과 계단실1 사이 개구부와 계단실1과 외부 사이 개구부의 높이이고, $CA_{LSO1}$은 두 개구부를 직렬 결합한 유효 유동 면적이며, 다음 식으로부터 구할 수 있다.

$$\sqrt{\rho_L}\,CA_{LSO1} = \frac{1}{\sqrt{\dfrac{1}{\rho_L(CA_{LS1})^2} + \dfrac{1}{\rho_S(CA_{SO1})^2}}} \tag{6.31}$$

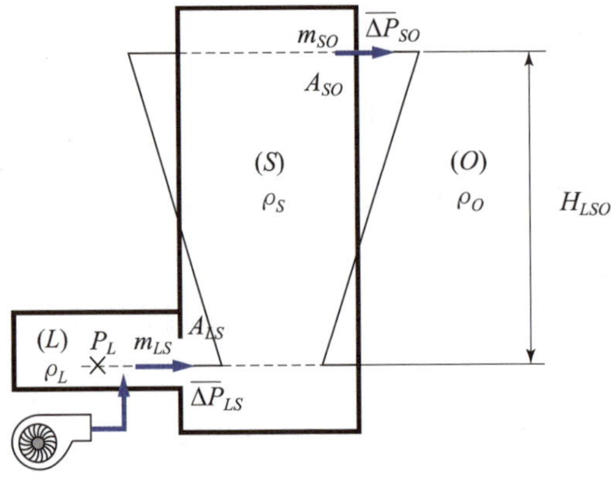


그림 6.5 계단실의 압력과 유량

같은 방법으로 부속실2에서 계단실2로 누설되는 공기량 $m_{LS2}$를 계산한다.

부속실1에서 비상용 엘리베이터 샤프트로 누설되는 공기량 $m_{LF}$는 다음 식으로부터 구할 수 있다.

$$m_{LF} = CA_{LFO}\sqrt{2\rho_L(P_{L1} + |\rho_o - \rho_F|\ gH_{LFO})} \tag{6.32}$$

$CA_{LFO}$는 두 개구부를 직렬 합성한 유효 유동 면적이고, 다음 식으로부터 구할 수 있다.

$$\sqrt{\rho_L}\,CA_{LFO} = \frac{1}{\sqrt{\dfrac{1}{\rho_L(C_{LF}A_{LF})^2} + \dfrac{1}{\rho_F(C_{FO}A_{FO})^2}}} \tag{6.33}$$

또한 $H_{LFO}$는 부속실1과 비상용 엘리베이터 사이 개구부와 비상용 엘리베이터와 외부 사이 개구부의 높이이고, 다음 식에 의해 구할 수 있다.

$$H_{LFO} = \frac{H_F}{(\rho_O/\rho_F)^{1/3} + 1} - H_L \qquad (\rho_F < \rho_O) \tag{6.34}$$

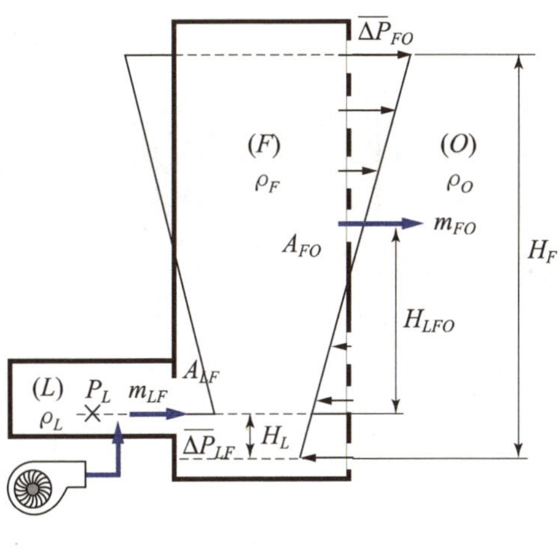


그림 6.6 비상용 엘리베이터 샤프트의 압력과 유량

⑦ **부속실 급기량**

부속실의 급기량 $S_{L1}$, $S_{L2}$는 다음 식으로 구한다.

$$S_{L1} = m_{LC1} + m_{LS1} + m_{LF} \tag{6.35}$$

$$S_{L2} = m_{LC2} + m_{LS2} \tag{6.36}$$

### ⑧ 엘리베이터 샤프트의 압력과 누설량 계산

$$P_E = P_C + \overline{\Delta P_{EC}} \tag{6.37}$$

엘리베이터 샤프트에서 외부로 누설되는 공기량 $m_{EO}$은 다음 식으로 계산할 수 있다.

$$m_{EO} = CA_{EO}\sqrt{2\rho_E(P_E + |\rho_E - \rho_O|\, gH_{CEO})} \tag{6.38}$$

$H_{CEO}$는 복도와 엘리베이터 샤프트 사이 개구부와 샤프트와 외부 사이 개구부의 높이이고, 다음 식에 의해 구할 수 있다.

$$H_{CEO} = \frac{H_E}{(\rho_O/\rho_E)^{1/3}+1} - H_C \qquad (\rho_E < \rho_O) \tag{6.39}$$

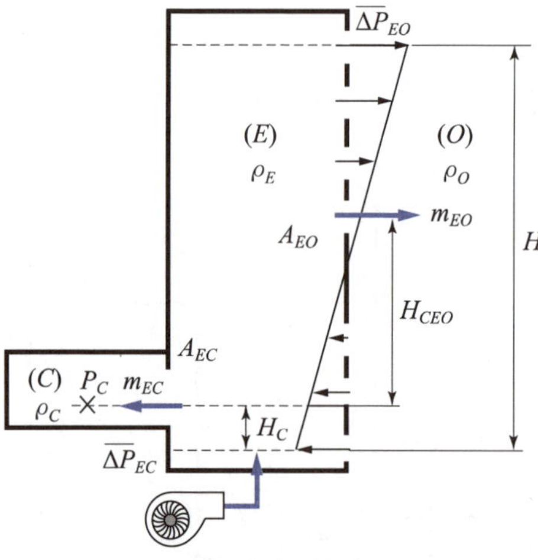


그림 6.7 승용 엘리베이터 샤프트의 압력과 유량

### ⑨ 엘리베이터 샤프트 급기량

엘리베이터 샤프트의 급기량 $S_E$는 다음 식으로부터 구할 수 있다.

$$S_E = m_{EC} + m_{EO} \tag{6.40}$$

### 6.3.2 성장기 화재 단계

#### 1) 각 공간의 압력과 유량

초기 화재 단계와 같은 방법으로 공간의 압력과 유량은 다음과 같다.

**① 압력**

$$P_C = P_R + \overline{\Delta P_{CR}} \tag{6.41a}$$

$$P_{L1} = P_C + \overline{\Delta P_{LC1}} \tag{6.41b}$$

$$P_{L2} = P_C + \overline{\Delta P_{LC2}} \tag{6.41c}$$

$$P_E = P_C + \overline{\Delta P_{EC}} \tag{6.41d}$$

**② 유량**

$$m_{CR} = m_{RO} \tag{6.42a}$$

$$m_{LC1} + m_{LC2} + m_{EC} = m_{CR} + m_{CO} + V_C \tag{6.42b}$$

$$S_{L1} = m_{LC1} + m_{LS1} + m_{LF} \tag{6.42c}$$

$$S_{L2} = m_{LC2} + m_{LS2} \tag{6.42d}$$

$$S_E = m_{EC} + m_{EO} \tag{6.42e}$$

#### 2) 필요 급기량

압력과 유량의 관계식을 바탕으로 방연 조건을 만족하는 부속실 및 엘리베이터 샤프트의 급기량은 다음과 같다.

**① 복도 압력**

$$m_{CR} + m_{CO} = m_{LC1} + m_{LC2} + m_{EC} - V_C \tag{6.43}$$

$$\overline{\Delta P_C} = \frac{(m_{CR} + m_{CO})^2}{2\rho_C (\sum CA_{CO})^2} \tag{6.44}$$

식 (6.43)에서 $U_C$는 복도에서의 연기 배출량이다. 만약 화재실 출입문이 열려있고 복도 온도가 상승하는 경우(280℃ 이상), 복도 배연은 정지하는 것으로 고려한다. 이때 $V_C = 0$으로 복도 압력 $P_C$를 계산한다. 또한 $\sum CA_{CO}$는 복도에서 외기와 연결되는 개구부를 합성하여 구하고자 하는 유효 개구부 면적이며, $CA_{CO}$는 복도와 외기 사이의 유효 개구부 면적, $CA_{CRO}$는 복도－화재실－외기 사이의 직렬 결합 개구부 면적이다.

$$\sum CA_{CO} = CA_{CO} + CA_{CRO} \tag{6.45}$$

$$\sqrt{\rho_C} CA_{CRO} = \frac{1}{\sqrt{\frac{1}{\rho_C (CA_{CR})^2} + \frac{1}{\rho_R (CA_{RO})^2}}} \tag{6.46}$$

**② 부속실 압력과 누설량**

$$P_{L1} = P_C + \overline{\Delta P_{LC1}} \tag{6.47a}$$

$$P_{L2} = P_C + \overline{\Delta P_{LC2}} \tag{6.47b}$$

부속실에서 계단실로 누설되는 누설량 및 비상용 엘리베이터 샤프트로 누설되는 누설량은 식 (6.30)~(6.34)를 이용하면 계산할 수 있다.

**③ 부속실 급기량**

$$S_{L1} = m_{LC1} + m_{LS1} + m_{LF} \tag{6.48}$$

$$S_{L2} = m_{LC2} + m_{LS2} \tag{6.49}$$

**④ 엘리베이터 샤프트 내부 압력과 누설량**

$$P_E = P_C + \overline{\Delta P_{EC}} \tag{6.50}$$

엘리베이터 샤프트에서 외부로 누설되는 누설량 $m_{CO}$는 식 (6.38)과 (6.39)를 이용하면 계산할 수 있다.

**⑤ 엘리베이터 샤프트의 급기량 계산**

$$S_E = m_{EC} + m_{EO} \tag{6.51}$$

## 6.4 평균 압력차와 압력 조절 댐퍼

부속실 등의 급기 가압에 따른 압력차는 출입문을 개폐할 때 장해를 일으킬 수 있다. 이를 방지하기 위해 부속실과 복도 등의 사이에 압력 조절 댐퍼(과압 조절 댐퍼)를 설치하고, 급기 가압된 공기량을 조절하여 출입문의 개폐를 원활하게 해준다. 압력 조절 댐퍼를 설치할 때, 계산의 간략화와 안전 측면에서 다음과 같은 가정을 한다.

① 출입문의 개폐와 상관없이 급기량은 설계 급기량을 유지해야 한다.
② 부속실과 계단실 사이의 출입문은 폐쇄하고 틈새는 무시한다.
③ 부속실과 비상용 엘리베이터 사이의 출입문 틈새는 무시한다.
④ 복도로 유출된 공기는 연기 배출을 통해 외부에 유출되지만, 연기 배출은 충분히 커야하고 이 부분의 환기 저항에 의한 압력차가 전체 압력 균형에 미치는 영향은 작도록 해야 한다.

예를 들어, [그림 6.4]에서 부속실과 계단실 사이의 출입문 및 부속실과 비상용 엘리베이터 사이의 출입문 틈새를 무시하면, 부속실의 급기량은 모두 부속실과 복도 사이의 출입문을 통과하게 된다. 이때 부속실의 설계 급기량 $S_L$(kg/s), 부속실 출입문 폐쇄 시 유효 개구 면적 $A_{LCclose}$($\mathrm{m}^2$), 부속실과 복도 사이의 압력 조절 댐퍼의 유효 개구 면적 $A_{LCdmp}$($\mathrm{m}^2$), $C$를 유량 계수라고 하면, 부속실과 복도 사이의 평균 압력차 $\overline{\Delta P_{LC}}$ (Pa)는 질량 유량으로부터 식 (6.52)와 같이 된다.

$$\overline{\Delta P_{LC}} = \frac{{S_L}^2}{2\rho_L(CA_{LCclose} + CA_{LCdmp})^2} \tag{6.52}$$

평균 압력차 $\overline{\Delta P_{LC}}$는 비등온(非等温) 상태로서 질량 유량과 동일한 유량을 주는 등온계의 압력차이다. 출입문에 가해지는 압력차를 단순 평균한 값은 아니지만 이 값을 근사하게 동일하다고 가정하면, [그림 6.8]에 나타낸 것처럼 출입문을 개방하는데 필요한 힘 $F$(N)는 힌지의 회전 모멘트와 평균 압력차와의 모멘트를 고려하면 식 (6.53)의 조건을 만족해야 한다.

$$\overline{\Delta P_{LC}}\, A_{LC}\frac{B_{LC}}{2} + M_{DC} \le FB_{LC} \tag{6.53}$$

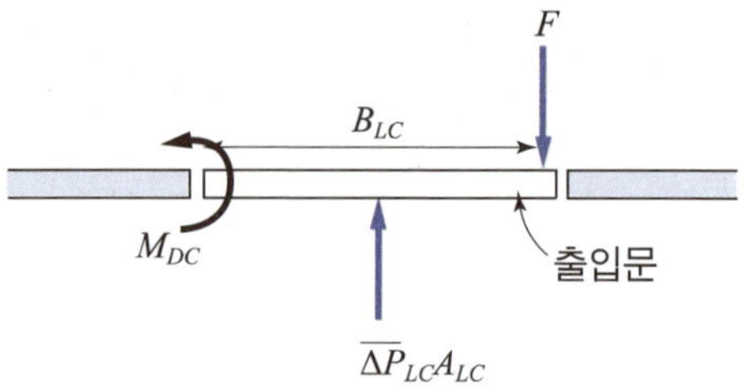


그림 6.8 출입문에 작용하는 힘과 모멘트

여기서, $\overline{\Delta P_{LC}}\,A_{LC}$ : 출입문에 작용하는 힘(N)

$A_{LC}$ : 출입문의 면적($m^2$)

$F$ : 출입문 개방에 필요한 힘(N)

$B_{LC}$ : 출입문의 폭(m)

$M_{DC}$ : 자동 폐쇄 장치의 저항 모멘트(Nm)

식 (6.53)은 식 (5.42)와 같은 식이다. 저항 모멘트 $M_{DC}$는 일반적으로 40~50 (N·m) 정도이고, 힘 $F$는 100~130(N) 정도가 이용되며, 화재 안전 기준(NFSC 501A)에서 110 N을 출입문 개방력으로 규정하고 있다.

식 (6.53)을 평균 압력차에 대해 정리하면, 부속실과 복도 사이의 출입문을 개방할 수 있는 평균 압력차 $\overline{\Delta P_{LC\,door}}$의 범위가 결정된다.

$$\overline{\Delta P_{LC\,door}} \le \frac{2(FB_{LC} - M_{DC})}{A_{LC}\,B_{LC}} \tag{6.54}$$

부속실의 출입문이 폐쇄될 때 출입문의 개폐 장해를 방지하기 위해 부속실과 복도 사이에 설치하는 압력 조절 댐퍼의 유효 개구 면적 $\alpha A_{LCdmp}$는 식 (6.55)와 같이 된다.

$$CA_{LCdmp} \ge \frac{W_L}{\sqrt{2\rho_L\,\overline{\Delta P_{LCdoor}}}} - CA_{LCclose} \tag{6.55}$$

아울러 제5장에서 서술한 과압 방지 장치의 면적(5.8.7장 설계 인자 4) 과압 방지) 계산 식 (5.41a)에서 $\Delta P$는 정확한 계산을 위해 엄격히 평균 압력차 $\overline{\Delta P}$로 계산해야 한다.

# 6.5 필요 급기량 계산 예

## 6.5.1 설계 조건

[그림 6.9]의 특별 피난 계단이 있는 고층 오피스 빌딩에 부속실 가압 방연 시스템을 선정하였다. 2개의 부속실 중 1개는 비상용 엘리베이터 승강장으로 겸용해서 사용하고, 건물 전체 피난의 안전을 위해 승강용 엘리베이터에도 급기 가압을 실시하는 것으로 설계한다(日本建築學會, 2011).

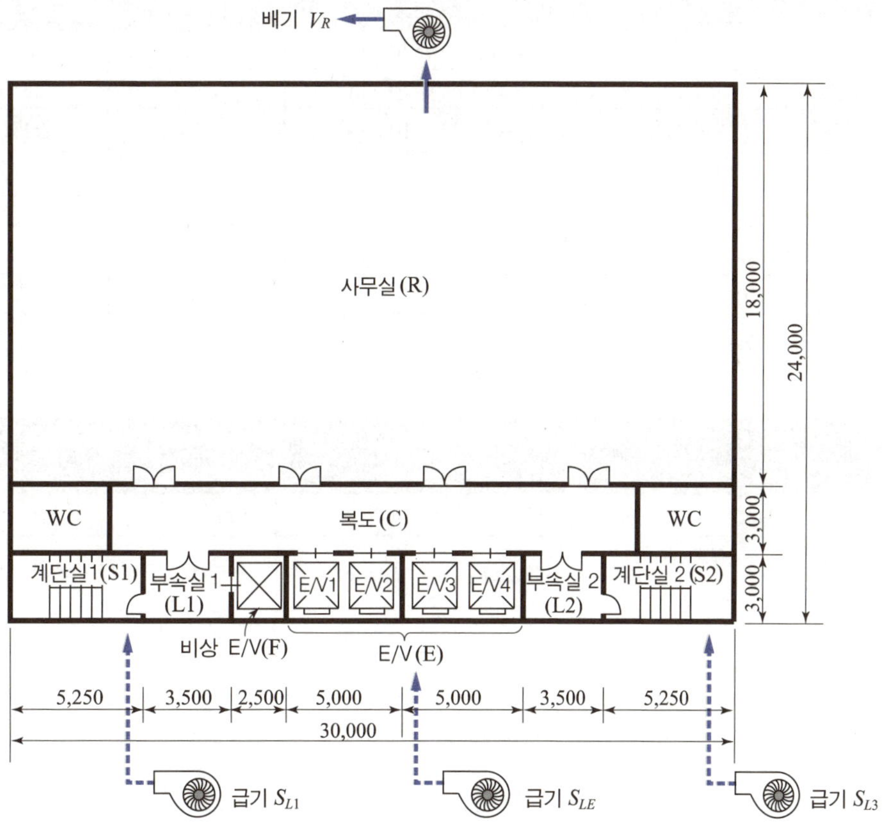


그림 6.9 건물 평면도-부속실 가압

① 사무실 화재는 화재 성장률 $\alpha = 0.1025\ \mathrm{kW/s^2}$인 $t^2$로 가정하고, 화재 성장 시간은 화재층에서 재실자가 피난을 완료하는 시간까지라고 가정한다.

② 사무실 화재로 화재층에서 피난하는데 걸리는 시간($t_{floor}$)과 건물 전체에서 피난하는데 걸리는 시간($t_{evac}$)은 각각 $t_{floor}=150$ s 와 $t_{evac}=900$ s 라고 가정한다.

② 화재층 피난 중 화재실의 연기층 높이($Y$)는 화재실 출입문 상단 근처의 높이 2.185 m에 유지한다고 가정한다.

③ 기계 배연의 효율은 1.0으로 가정한다.

④ 연기의 정압 비열 $C_p=1.0$ (kJ/kg · K)이고 대류 열전달 계수 $h=0.01$ (kW/m² · K)이다.

⑤ 각 공간의 면적과 개구부 등의 치수는 다음 표와 같다.

#### 1) 공간

| | 면적 | 높이 | 초기 온도 |
|---|---|---|---|
| 화재실($R$) | 30×18 = 540.0 m² | 2.7m | 22℃ |
| 복도($C$) | 19.5×3 = 58.5 m² | 2.7m | 22℃ |
| 부속실1($L_1$), 부속실2($L_2$) | 3.5×3 = 10.5 m² | 2.7m | 22℃ |
| 계단($S_1$, $S_2$) | 5.25×3 = 15.75 m² | 70m | 10℃ |
| E/V($E$) | 10×3 = 30.0 m² | 70m | 10℃ |
| 비상용 E/V($F$) | 3×2.5 = 7.5 m² | 70m | 10℃ |
| 외부 공기($O$) | − | − | 0℃ |

#### 2) 개구부

| | 면적 (폭×높이×개수) | 유량 계수 | |
|---|---|---|---|
| | | 초기 화재 | 성장기 화재 |
| 복도 − 화재실(CR) | 1.7×2.2×4 = 14.96 m² | 열림 0.7 | 열림 0.7 |
| 부속실1 − 복도(LC1),<br>부속실2 − 복도(LC2) | 0.9×2.1 = 1.89 m² | 열림 0.7 | 열림 0.35 |
| E/V − 복도(EC) | 1.0×2.2×4 = 8.8 m² | 닫힘 0.01 | |
| 부속실 − 비상용 E/V(LF) | 1.1×2.2 = 2.42 m² | 닫힘 0.01 | |
| 부속실1 − 계단실1(LS1),<br>부속실2 − 계단실2(LS2) | 0.9×2.1 = 1.89 m² | 열림 0.7 | 열림 0.35 |
| 화재실 − 외부(R0) | 33.0×2.0 = 66.0 m² | 닫힘 0.005 | 열림 0.35 |

#### 3) 주변 벽 면적

| | 면 적 |
|---|---|
| 화재실($A_{RW}$) | 540×2 + (30 + 18) ×2×2.7 = 1339.0 m² |
| 복도($A_{CW}$) | 58.5×2 + (19.5 + 3) ×2×2.7 = 238.5 m² |

## 6.5.2 방연 조건

### 1) 피난 시간

사무실 화재 발화 시 화재층 피난 및 건물 전체 피난에 걸리는 시간은 수(手)계산이나 컴퓨터 시뮬레이션으로 계산한다. 설계 조건으로부터 다음 값으로 가정한다.

① 화재층 피난 시간 $t_{floor} = 150\text{ s}$

② 건물 전체 피난 시간 $t_{evac} = 900\text{ s}$

### 2) 초기 화재 단계

**① 피난 완료 시점의 발열량 $Q$**

식 (6.1)로부터 $Q = \alpha t_{floor}^2$, $\alpha = 0.1025\text{ kW/s}^2$으로 가정한다.

$$Q = 0.1025 \times 150^2 = 2{,}306\text{ kW}$$

② 층 피난 중 화재실의 연기층 높이를 화재실 출입문 상단 2.2 m 근처의 높이 2.185 m에 유지한다고 가정한다.

$$Y = 2.185\text{ m} \qquad (z < h_{CR})$$

**③ 기계 배연량 $V_R$**

식 (6.3)으로부터 $m_p = 0.08 Q^{1/3} Y^{5/3}$, 배연 효율은 1.0으로 가정한다.

$$m_p = 0.08 \times 2{,}306^{1/3} \times 2.185^{5/3} = 3.889\text{ kg/s}$$

식 (6.4)로부터 $m_p = V_R$

$$\therefore V_R = 3.889(\text{kg/s})$$

**④ 연기층 온도 $T_s$**

식 (6.6)으로부터 $T_s = T_a + \dfrac{Q}{C_p m_p + h A_W}$, 정압 비열 $C_p = 1.0\,(\text{kJ/kg}\cdot\text{K})$, 대류 열전달 계수 $h = 0.01\,(\text{kW/m}^2\cdot\text{K})$로 한다.

$$A_W = 540 + (30 + 18) \times 2 \times (2.7 - 2.185) = 589.44\text{ m}^2$$

$$T_s = (273+22) + \frac{2,306}{(1.0\times 3.889)+(0.01\times 589.44)} = 530.7\ \text{K} = 257.7℃$$

**⑤ 연기층 밀도**

식 (1.14)로부터 $\rho_s = \frac{353}{T_s}$

$$\rho_s = \frac{353}{530.7} = 0.67\ \text{kg/m}^3$$

**⑥ 복도-화재실 사이의 방연 조건에 상응하는 평균 압력차 $\overline{\Delta P_{CR}}$**

식 (6.7)로부터

$$\overline{\Delta P_{CR}} = \frac{4}{9}(\rho_c - \rho_s)g(h_{CR} - Y)\left(1+\frac{Y}{2h_{CR}}\right)^2$$

$$\overline{\Delta P_{CR}} = \frac{4}{9}\times(1.2-0.67)\times 9.8\times(2.2-2.185)\times\left(1+\frac{2.185}{2\times 2.2}\right)^2 = 0.078\ \text{Pa}$$

**⑦ 복도-화재실 사이의 방연 조건에 상응하는 유량 $m_{CR}$**

식 (6.8)로부터

$$m_{CR} = CA_{CR}\sqrt{2\rho_c\,\overline{\Delta P_{CR}}}$$

$$m_{CR} = 0.7\times 1.7\times 4\times 2.2\sqrt{2\times 1.2\times 0.078} = 4.531\ \text{kg/s}$$

따라서 초기 화재 단계의 화재실 출입문에서 방연 조건을 만족시키기 위해서는 개구부 유량은 4.531 kg/s, 평균 압력차는 0.078 Pa, 화재실의 연기 배출량은 3.889 kg/s (20,900 CMH)로 해야 한다.

### 3) 성장기 화재 단계

**① 화재실과 복도의 온도**

식 (6.11)~(6.14)과 식 (6.9) 및 식 (6.10)으로부터

$$K_R = \frac{A_{RO}\,h_{RO}^{1/2}}{A_{RO}\,h_{RO}^{1/2} + A_{RC}\,h_{RC}^{1/2}} = \frac{33\times 2.0\times 2.0^{1/2}}{33\times 2.0\times 2.0^{1/2} + 4\times 1.7\times 2.2\times 2.2^{1/2}} = 0.8079$$

$$F_{RO}=\frac{A_{RO}\,h_{RO}^{1/2}+A_{RC}\,h_{RC}^{1/2}}{A_{RW}}=\frac{33\times2.0\times2.0^{1/2}+4\times1.7\times2.2\times2.2^{1/2}}{540\times2+(30+18)\times2\times2.7}=0.0863$$

$$F_{OC}=\frac{A_{RC}\,h_{RC}^{1/2}+A_{CO}\,h_{CO}^{1/2}}{A_{CW}}=\frac{4\times1.7\times2.2\times2.2^{1/2}+0}{60\times2+(20+3)\times2\times2.7}=0.0909$$

$$\tau=\ t_{dev}/k\rho c=0.3\,t_{dev}=0.3\times900=270$$

$$\begin{aligned}\Delta T_R&=3.0\,K_R^{2/3}F_{OR}^{1/3}\tau^{1/6}\,T_a\\&=(273+22)+3.0\times0.8079^{2/3}\times0.0863^{1/3}\times270^{1/6}\times(273+22)\\&=1157.5(\mathrm{K})=884.5℃\end{aligned}$$

$$\begin{aligned}\Delta T_C&=1.35\,F_{OC}^{1/3}K_R^{4/9}F_{OR}^{2/9}\tau^{5/18}\,T_a\\&=(273+22)+1.35\times0.0909^{1/3}\times0.8079^{4/9}\times0.0863^{2/9}\times270^{5/18}\times(273+22)\\&=742.5(\mathrm{K})=469.5℃\end{aligned}$$

② **화재실과 복도의 밀도**

$$\rho_R=\frac{353}{T_s}=\frac{353}{1157.5}=0.305\ (\mathrm{kg/m^3})$$

$$\rho_C=\frac{353}{T_s}=\frac{353}{742.5}=0.475\ (\mathrm{kg/m^3})$$

③ **부속실과 복도 및 엘리베이터 샤프트와 복도 사이의 방연 조건에 상응하는 평균 압력차**

식 (6.15)로부터

$$\overline{\Delta P_{LC1}}=\overline{\Delta P_{LC2}}=\frac{4}{9}(\rho_L-\rho_C)gh_{LC}=\frac{4}{9}(1.2-0.475)\times9.8\times2.1=6.63(\mathrm{Pa})$$

$$\overline{\Delta P_{EC}}=\frac{4}{9}(\rho_E-\rho_C)gh_{EC}=\frac{4}{9}(1.25-0.475)\times9.8\times2.2=7.43(\mathrm{Pa})$$

④ **부속실과 복도 및 엘리베이터 샤프트와 복도 사이의 방연 조건에 상응하는 유량**

식 (6.16)로부터

$$\begin{aligned}m_{LC1}&=m_{LC2}=\alpha A_{LC}\sqrt{2\rho_L\,\overline{\Delta P_{LC}}}\\&=0.35\times09\times2.1\times\sqrt{2\times2.1\times6.63}=2.639(\mathrm{kg/s})\end{aligned}$$

$$m_{EC} = \alpha A_{EC}\sqrt{2\rho_L \overline{\Delta P_{EC}}}$$
$$= 0.01 \times 4 \times 1.0 \times 2.2\sqrt{2 \times 1.25 \times 7.43} = 0.397(\text{kg/s})$$

따라서 성장기 화재 단계의 부속실 출입문에서 방연 조건을 만족시키기 위해서는 개구부 유량은 2.639 kg/s, 평균 압력차는 6.63 Pa, 엘리베이터 샤프트에서 방연 조건을 만족시키기 위해서는 개구부 유량은 0.379 kg/s, 평균 압력차는 7.43 Pa로 한다.

### 6.5.3 필요 급기량 계산

1) 초기 화재 단계

**① 화재실 압력**

식 (6.22)와 식 (6.23)으로부터

$$m_{RO} = m_{CR} - V_R = 4.531 - 3.889 = 0.642(\text{kg/s})$$

$$P_R(= \overline{\Delta P_{RO}}) = \frac{{m_{RO}}^2}{2\rho_R(\alpha A_{RO})^2} = \frac{0.642^2}{2 \times 0.67 \times (0.005 \times 33 \times 2.0)^2} = 2.82(\text{Pa})$$

**② 복도 압력**

식 (6.24)로부터

$$P_C = P_R + \overline{\Delta P_{CR}} = 2.82 + 0.078 = 2.90(\text{Pa})$$

**③ 복도에서 외부로 누출되는 공기량**

식 (6.25)로부터

$$m_{CO} = \alpha A_{CO}\sqrt{2\rho_C P_C} = 0\ (\text{kg/s}) \quad (P_C \geq 0)$$

**④ 부속실과 복도, 엘리베이터와 복도 사이의 유량**

식 (6.26)으로부터

$$m_{LC1} + m_{LC2} + m_{EC} = m_{CR} + m_{CO}$$
$$m_{LC1} + m_{LC2} + m_{EC} = 4.531$$

$$m_{LC1} = m_{LC2} = 2.141(\mathrm{kg/s}) > 0$$

$$m_{EC} = 0.250(\mathrm{kg/s}) > 0$$

**⑤ 부속실 – 복도, 엘리베이터 – 복도 사이의 평균 압력차**

식 (6.28a), (6.28b), (6.28c)로부터

$$\overline{\Delta P_{LC1}} = \overline{\Delta P_{LC2}} = \frac{{m_{LC1}}^2}{2\rho_L(\alpha A_{LC1})^2} = \frac{2.141^2}{2\times 1.2\times(0.7\times 0.9\times 2.1)^2} = 1.09(\mathrm{Pa})$$

$$\overline{\Delta P_{EC}} = \frac{{m_{EC}}^2}{2\rho_E(\alpha A_{EC})^2} = \frac{0.250^2}{2\times 1.25\times(0.01\times 4\times 1.0\times 2.2)^2} = 3.23(\mathrm{Pa})$$

**⑥ 부속실의 압력과 누설량**

식 (6.29a), (6.29b)로부터

$$P_{L1} = P_{L2} = P_C + \overline{\Delta P_{LC1,2}} = 2.90 + 1.09 = 3.99(\mathrm{Pa})$$

㉠ 부속실에서 계단실로 누설되는 공기량 $m_{LS1}$, $m_{LS2}$

식 (6.31), (6.32)로부터

$$\sqrt{\rho_L}\,\alpha A_{LSO1} = \sqrt{\rho_L}\,\alpha A_{LSO2}$$

$$= \frac{1}{\sqrt{\dfrac{1}{\rho_L(\alpha A_{LS1})^2} + \dfrac{1}{\rho_S(\alpha A_{SO1})^2}}} = \frac{1}{\sqrt{\dfrac{1}{1.2\times(0.7\times 0.9\times 2.1)^2} + \dfrac{1}{1.25\times(0.2\times 0.9\times 2.1)^2}}}$$

$$= 0.37\ \mathrm{m}^2$$

식 (6.30)으로부터

$$m_{LS1} = m_{LS2} = \alpha A_{LSO1}\sqrt{2\rho_L(P_{L1} + |\rho_o - \rho_S|\,gH_{LSO1})}$$

$$= 0.37\times\sqrt{2\times 1.2\times(3.99 + (1.29 - 1.25)\times 9.8\times 68}$$

$$= 3.173\ \mathrm{kg/s}$$

㉡ 부속실 1에서 비상용 엘리베이터 샤프트로 누설되는 공기량 $m_{LF}$

식 (6.33)으로부터

$$\sqrt{\rho_L}\alpha A_{LFO}=\frac{1}{\sqrt{\frac{1}{\rho_L(\alpha_{LF}A_{LF})^2}+\frac{1}{\rho_F(\alpha_{LF}A_{FO})^2}}}$$

$$=\frac{1}{\sqrt{1.2}}\times\frac{1}{\sqrt{\frac{1}{1.2\times(0.01\times1.1\times2.2)^2}+\frac{1}{1.25\times(16\times0.01\times1.1\times2.2)^2}}}=0.024(\mathrm{m}^2)$$

식 (6.34)로부터

$$H_{LFO}=\frac{H_F}{(\rho_O/\rho_F)^{1/3}+1}-H_L=\frac{68}{(1.29/1.25)^{1/3}+1}=29.82(\mathrm{m}^2)$$

식 (6.32)로부터

$$m_{LF}=\alpha A_{LFO}\sqrt{2\rho_L(P_{L1}+|\rho_o-\rho_F|\,gH_{LFO})}$$

$$=0.024\times\sqrt{2\times1.2\times(3.99+(1.29-1.25)\times9.8\times29.82}=0.147(\mathrm{kg/s})$$

⑦ **부속실 급기량**

식 (6.35), (6.36)으로부터

$$S_{L1}=m_{LC1}+m_{LS1}+m_{LF}=2.141+3.173+0.147=5.461(\mathrm{kg/s})$$

$$S_{L2}=m_{LC2}+m_{LS2}=2.141+3.173=5.314(\mathrm{kg/s})$$

⑧ **엘리베이터 샤프트의 압력과 누설량**

식 (6.37)로부터

$$P_E=P_C+\overline{\Delta P_{EC}}=2.90+3.23=6.13(\mathrm{Pa})$$

식 (6.39)로부터

$$H_{CEO}=\frac{H_E}{(\rho_O/\rho_E)^{1/3}+1}-H_C=\frac{68}{(1.29/1.25)^{1/3}+1}-4=29.82(\mathrm{m})$$

식 (6.38)로부터 엘리베이터 샤프트에서 외부로 누설되는 공기량 $m_{EO}$

$$
\begin{aligned}
m_{EO} &= \alpha A_{EO}\sqrt{2\rho_E(P_E+|\rho_E-\rho_O|\,gH_{CEO})} \\
&= 16\times 0.01\times 4\times 1.0\times 2.2\times\sqrt{2\times 1.25\times(6.13+(1.29-1.25)\times 9.8\times 29.82} \\
&= 9.397(\mathrm{kg/s})
\end{aligned}
$$

**⑨ 엘리베이터 샤프트 급기량 계산**

식 (6.40)로부터

$$S_E = m_{EC}+m_{EO} = 0.250+9.397 = 9.647(\mathrm{kg/s})$$

따라서 초기 화재 단계에서 필요한 부속실 1의 급기량은 5.461 kg/s (15,300 CMH)이고, 부속실 2의 급기량은 5.314 kg/s (14,900 CMH)이며, 엘리베이터 샤프트에 필요한 급기량은 9.647 kg/s (27,000 CMH)이다.

## 2) 성장기 화재

**① 복도 압력**

식 (6.46)으로부터

$$
\begin{aligned}
\sqrt{\rho_C}\,CA_{CRO} &= \frac{1}{\sqrt{\dfrac{1}{\rho_C(CA_{CR})^2}+\dfrac{1}{\rho_R(CA_{RO})^2}}} \\
&= \frac{1}{\sqrt{0.475}}\times\frac{1}{\sqrt{\dfrac{1}{0.475\times(0.7\times 4\times 1.7\times 2.2)^2}+\dfrac{1}{0.305\times(0.35\times 33\times 2)^2}}} \\
&= 9.115(\mathrm{m}^2)
\end{aligned}
$$

식 (6.44)로부터 $m_{CR}+m_{CO}=m_{LC1stop}+m_{LC2stop}+m_{ECstop}-U_C$이므로

$$\overline{\Delta P_C} = \frac{(m_{LC1}+m_{LC2}+m_{EC}-U_C)^2}{2\rho_C(CA_{CRO}+CA_{CO})^2} = \frac{(2.639+2.639+0.379)^2}{2\times 0.475\times(9.115+0)^2} = 0.41(\mathrm{Pa})$$

② **부속실의 압력과 누설량**

식 (6.47a), (6.47b)로부터

$$P_{L1} = P_C + \overline{\Delta P_{LC1}} = 0.41 + 6.63 = 7.04(\mathrm{Pa})$$

$$P_{L2} = P_C + \overline{\Delta P_{LC2}} = 0.41 + 6.63 = 7.04(\mathrm{Pa})$$

㉠ 부속실에서 계단실로 누설되는 공기량 $m_{LS1}$, $m_{LS2}$

식 (6.31)로부터

$$\sqrt{\rho_L}\alpha A_{LSO1} = \sqrt{\rho_L}\alpha A_{LSO2}$$

$$= \frac{1}{\sqrt{\dfrac{1}{\rho_L(\alpha A_{LS1})^2} + \dfrac{1}{\rho_S(\alpha A_{SO1})^2}}} = \frac{1}{\sqrt{\dfrac{1}{1.2\times(0.35\times0.9\times2.1)^2} + \dfrac{1}{1.25\times(0.2\times0.9\times2.1)^2}}}$$

$$= 0.333\ \mathrm{m}^2$$

식 (6.30)으로부터

$$m_{LS1} = m_{LS2} = \alpha A_{LSO1}\sqrt{2\rho_L(P_{L1} + |\rho_o - \rho_S|\, gH_{LSO1})}$$

$$= 0.333\times\sqrt{2\times1.2\times(7.04 + (1.29 - 1.25)\times9.8\times68} = 2.995(\mathrm{kg/s})$$

㉡ 부속실 1에서 비상용 엘리베이터 샤프트로 누설되는 공기량 $m_{LF}$

식 (6.33)으로부터

$$\sqrt{\rho_L}\alpha A_{LFO} = \frac{1}{\sqrt{\dfrac{1}{\rho_L(\alpha_{LF}A_{LF})^2} + \dfrac{1}{\rho_F(\alpha_{LF}A_{FO})^2}}}$$

$$= \frac{1}{\sqrt{1.2}}\times\frac{1}{\sqrt{\dfrac{1}{1.2\times(0.01\times1.1\times2.2)^2} + \dfrac{1}{1.25\times(16\times0.01\times1.1\times2.2)^2}}}$$

$$= 0.024(\mathrm{m}^2)$$

식 (6.34)로부터

$$H_{LFO} = \frac{H_F}{(\rho_O/\rho_F)^{1/3} + 1} - H_L = \frac{68}{(1.29/1.25)^{1/3} + 1} = 29.82(\mathrm{m}^2)$$

식 (6.32)로부터

$$m_{LF} = \alpha A_{LFO}\sqrt{2\rho_L(P_{L1} + |\rho_o - \rho_F|\, gH_{LFO})}$$
$$= 0.024 \times \sqrt{2 \times 1.2 \times (7.04 + (1.29 - 1.25) \times 9.8 \times 29.82} = 0.161(\text{kg/s})$$

**③ 부속실 급기량**

식 (6.48), (6.49)로부터

$$S_{L1} = m_{LC1} + m_{LS1} + m_{LF} = 2.639 + 2.995 + 0.161 = 5.795(\text{kg/s})$$
$$S_{L2} = m_{LC2} + m_{LS2} = 2.639 + 2.995 = 5.634(\text{kg/s})$$

**④ 엘리베이터 샤프트 내부 압력과 누설량 계산**

식 (6.50)으로부터

$$P_E = P_C + \overline{\Delta P_{EC}} = 0.41 + 7.43 = 7.84(\text{Pa})$$

식 (6.39)로부터

$$H_{CEO} = \frac{H_E}{(\rho_O/\rho_E)^{1/3} + 1} - H_C = \frac{68}{(1.29/1.25)^{1/3} + 1} - 4 = 29.82(\text{m})$$

식 (6.38)로부터 엘리베이터 샤프트에서 외부로 누설되는 공기량 $m_{EO}$

$$m_{EO} = \alpha A_{EO}\sqrt{2\rho_E(P_E + |\rho_E - \rho_O|\, gH_{CEO})}$$
$$= 16 \times 0.01 \times 4 \times 1.0 \times 16 \times \sqrt{2 \times 1.25 \times (7.84 + (1.29 - 1.25) \times 9.8 \times 29.82}$$
$$= 9.838(\text{kg/s})$$

**⑤ 엘리베이터 샤프트의 급기량 계산**

식 (6.51)로부터

$$S_E = m_{EC} + m_{EO} = 0.379 + 9.838 = 10.217(\text{kg/s})$$

따라서 성장기 화재 단계에서 필요한 부속실 1의 급기량은 5.795 kg/s (16,200 CMH)이고, 부속실 2의 급기량은 5.634 kg/s (15,800 CMH)이며, 엘리베이터 샤프트에 필요한 급기량은 10.217 kg/s (28,600 CMH)이다.

표 6.1 배출량 및 필요 급기량

| | 배출량($m^3$/h) | 필요 급기량($m^3$/h) | | |
|---|---|---|---|---|
| | 거실 | 부속실 1 | 부속실 2 | E/V 샤프트 |
| 1) 초기 화재 단계 | 28,900 | 15,300 | 14,900 | 27,000 |
| 2) 성기 화재 단계 | – | 16,200 | 15,800 | 28,600 |
| 3) 결정 유량 | 28,900 | 16,200 | 15,800 | 28,600 |

### 6.5.4 부속실 출입문의 압력 조절 댐퍼

부속실 출입문 폐쇄 시 출입문의 개폐 장해를 방지하기 위한 부속실과 복도 사이에 설치하는 압력 조절 댐퍼의 면적을 계산한다.

**① 부속실과 복도 사이의 출입문을 개방할 수 있는 평균 압력차** $\overline{\Delta P_{LCdoor}}$

식 (6.54)로부터

$$\overline{\Delta P_{LCdoor}} = \frac{2(FB_{LC} - M_{DC})}{A_{LC}B_{LC}} = \frac{2\times(100\times0.9-50)}{0.9\times2.1\times0.9} = 47.03(\mathrm{Pa})$$

**② 부속실과 복도 사이의 압력 조절 댐퍼 유효 개구 면적** $CA_{LCdmp}$

$$CA_{LCdmp} \geq \frac{S_L}{\sqrt{2\rho_L \overline{\Delta P_{LCdoor}}}} - CA_{LCclose}$$
$$= \frac{5.795}{\sqrt{2\times1.2\times47.03}} - (0.01\times0.9\times2.1) = 0.527(\mathrm{m}^2)$$

$$A_{LCdmp} = \frac{0.527\ \mathrm{m}^2}{C} = \frac{0.527\ \mathrm{m}^2}{0.07} = 0.753\ \mathrm{m}^2$$

따라서 부속실과 복도 사이의 출입문 개폐 장해를 막기 위한 압력 조절 댐퍼의 유효 개구 면적은 0.527 $m^2$, 실제 면적은 0.753 $m^2$이 된다.

7 장

# 계단실 제연

Smoke Management of Stairwell

건물화재에서 계단실은 주요한 피난 경로라는 점에서 피난하는 동안 안전하게 유지되지 않으면 안 된다. 따라서 가압 계단실은 연기로부터 보호된 피난 경로를 제공할 목적으로 설계되고 건축되었다. 또 다른 목적은 소방관들에게 연기가 없는 집결 지역(현장 지휘 본부)을 제공한다. 계단실 제연은 화재층에서 계단실로 침입하는 연기를 막기 위해 계단실과 닫힌 계단실 출입문 사이에 압력차를 유지하는 것이다.

일반적으로 계단실은 전용 송풍기에 의해 단독으로 가압되지만 하나 이상의 전용 송풍기가 사용될 수도 있다. 또 다른 목적을 위해 통상 사용하고 있는 송풍기로 화재 상황에서 계단실을 가압하는 데 사용될 수도 있다.

HVAC 시스템의 송풍기는 압력차 센서에 의해 제어되는 댐퍼를 조절하고 사용된다. 하지만 계단실 가압에만 필요한 댐퍼와 컨트롤러가 HVAC 시스템을 유지 보수 또는 변경하는 동안 손상될지도 모르기 때문에 제연 설계자들은 동일 송풍기가 HVAC 시스템과 계단실 가압 양쪽 모두에 사용되지 않도록 해야 한다. 따라서 대부분의 계단실 가압은 전용 송풍기를 사용해야 한다.

가압 계단실은 유동 경로와 연관시켜 건물의 한 부분으로 고려하여 해석할 수 있다. 가압 계단실의 성능은 계단실에서 건물까지의 유동 면적, 계단실에서 곧바로 외부로이어지는 임의의 유동 면적과 건물의 또 다른 유동 면적에 따라 좌우된다. 공기는 가압 계단실에서 건물로 흐르고 다른 경로를 통하여 외부로 흐른다. 이들 다른 경로에는 엘리베이터 샤프트, 화장실 환기구, 부엌 환기구, 건물 외벽의 누설 면적들이 포함된다. 또한 아주 견고한 외벽을 갖는 건물이나 지하 건물의 경우에는 특별한 환기나 환기가 건물에 필요할지도 모른다.

건물 화재시 일부 계단실 출입문은 피난 및 진화 작업 중에 간헐적으로 개방되고, 어떤 경우에는 개방 상태로 고정되어 있기도 한다. 이상적인 것은 화재층에서 계단실 출입문이 열려 있다면 연기 역류를 막을 수 있을 정도로 충분한 기류(방연 풍속)가 존재하도록 해야 한다. 이러한 시스템을 설계할 경우 계단실 개방 출입문을 통과하는 기류에 영향을 미치는 날씨 조건과 해당 출입문의 잦은 개폐로 인해 설계가 어려워질 수 있다.

만일 계단실 가압 시스템 외에 다른 가압 시스템이 있다면 모든 가압 시스템을 포함한 건물 전체를 유동 네트워크로 연결하여 해석해야 한다. 예를 들면, 2개의 가압 계단실과 구역 제연 시스템을 갖는 건물인 경우 이들 3개의 모든 제연 시스템이 화재 발생 동안 동시에 작동하는 것으로 고려해야 하고 해석해야 한다. 이런 이유에서 단지 하나만 작동하도록 설계한 분리 시스템을 3 시스템이 모두 함께 작동되도록 실제 설계에서 반영한다고 해도 곧바로 추가시킬 수 있는 것은 아니다.

# 7.1 계단실 가압 시스템

## 7.1.1 단일 급기와 다중 급기

계단실 가압 시스템은 단일 급기 방식과 다중 급기 방식 두 가지로 분류된다. 단일 급기 방식은 하나의 지점에서 계단실로 가압 공기를 공급하는 방식이다. [그림 7.1]에 나타낸 것처럼 단일 급기 방식의 가장 일반적인 급기 지점은 계단실의 최상부가 된다. 이 방식은 가압 송풍기의 유입구를 통하여 가압 계단실로 연기를 역류시킬 가능성이 있다. 따라서 이러한 사고에 대비해서 자동 폐쇄 기능을 고려해야 한다.

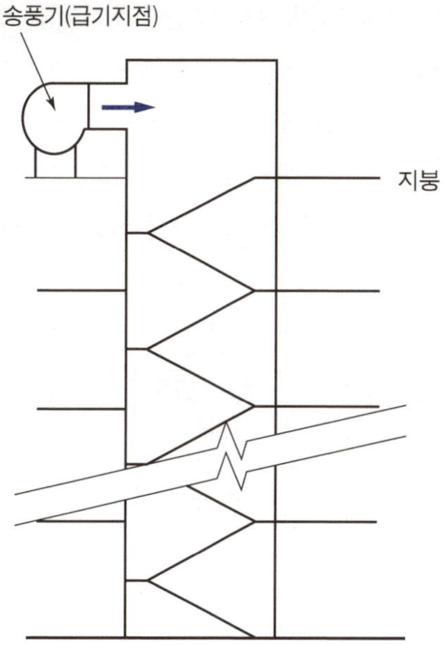


그림 7.1 최상부 급기에 의한 계단실 가압-단일 급기 방식

계단실이 높을 경우, 급기 지점 부근에 일부 출입문이 열려 있을 때 단일 급기 시스템은 그 기능을 상실할 수 있다. 이들의 열려 있는 출입문을 통하여 모든 가압 공기가 빠져나갈 수 있고, 이 경우 가압 시스템은 급기 지점으로부터 아주 멀리 떨어진 출입문에 대해서는 양(+)압을 유지하지 못할 수도 있다. 이것을 막기 위하여 일부 제연 설계자들은 단일 급기 계단실의

높이를 8개 층으로 제한하고 있다. 그러나 일부 설계자들은 이 한계를 12개 층으로 늘리기도 하지만 8개 층을 초과하는 단일 급기 계단실의 경우에는 세심한 설계가 필요하다. 외부 출입문이 열릴 때 하부 급기 방식은 이러한 유형의 기능을 상실할 가능성이 있다. 하부 급기 방식에서 1층 계단실 출입문이 열려 있을 경우에는 기능 상실이 일어날 가능성이 특히 더 높아진다. 이 방식으로 공급 공기의 일부가 개방 출구 밖으로 직접 흘러가는 것을 막을 수 있다. 급기구는 적어도 한층 위에 있거나 외부 출입문 아래에 둘 것을 권하고 있다.

[그림 7.2]와 [그림 7.3]은 단일 급기 방식의 한계를 극복하기 위해 사용되는 여러 가지 다중 급기 방식 중 두 가지 예를 나타낸 것이다(Klote, 1991). [그림 7.2]와 [그림 7.3]에서 급기용 풍도가 독립된 샤프트로 제시되었지만 이들 시스템은 계단실 자체에 급기용 풍도를 배치해 풍도 샤프트의 설치 비용을 줄이고자 제시된 것이다. 만약 풍도가 계단실 내에 설치된다면 풍도가 피난에 장애가 되지 않도록 세심한 주의를 기울여야 한다. 대다수의 다중 급기 방식은 각 층마다 급기 지점을 가지고 있다. 이 방식은 일부 개방 출입문을 통과하는 가압 공기의 손실을 막기 위해 제시된 것으로 많은 급기 지점이 필요한 것은 아니다. 아주 멀리 떨어진 급기 지점이 얼마나 안전하게 배치될 수 있느냐에 따라 의견은 조금씩 다를 수 있다. 8층 거리가 기준에 적합할지라도 급기 지점은 3층을 초과하지 않아야 한다. 설계할 때 일부 개방문을 통과하는 가압 공기의 손실이 계단실 가압의 손실을 초과하지 않도록 설계해야 한다.

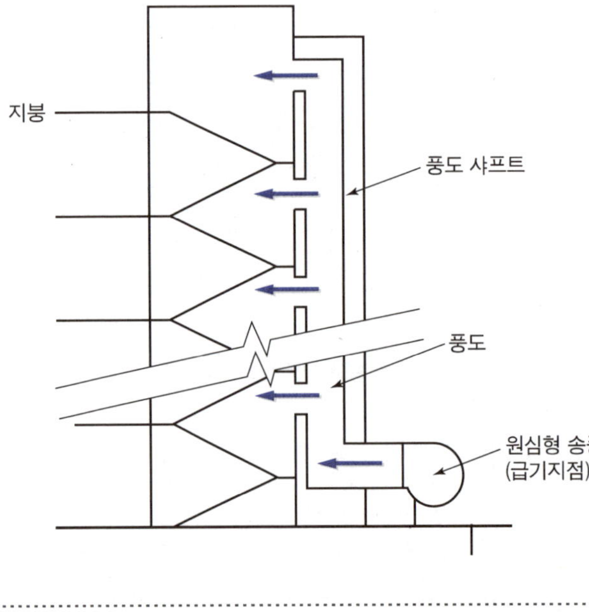


그림 7.2 지면에 설치된 송풍기에 의한 계단실 가압-다중 급기 방식

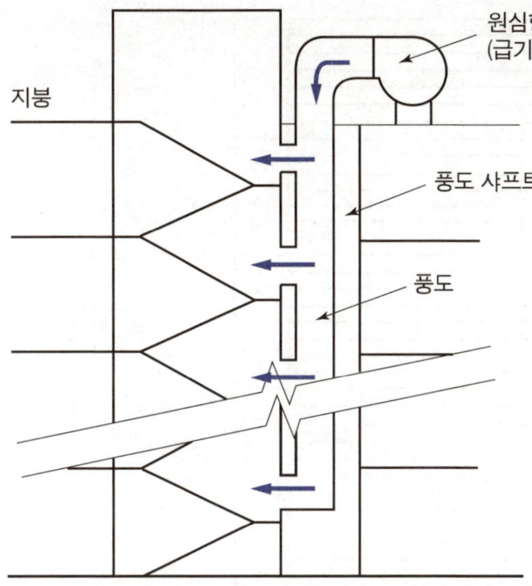


그림 7.3 옥상에 설치된 송풍기에 의한 계단실 가압-다중 급기 방식

### 7.1.2 계단실 구획화

다중 급기 방식의 대안으로 [그림 7.4]에 나타낸 것처럼 계단실을 여러 개의 구획으로 구획화하는 것이다. 계단실을 여러 부분이나 구획화하고 각 구획은 1~8개 층으로 한다. 구획화는 일반적으로 닫힌 출입문이 있는 벽에 의하여 분리된다. 각 구획은 하나의 급기 지점을 갖아야 한다. 구획화의 주된 이점은 (초)고층 건물의 계단실에서 충분한 가압을 얻는 또 다른 방법으로 충분한 가압을 제공해 준다.

구획실 사이의 출입문이 열려 있을 때 구획화의 효과를 잃게 된다. 이러한 이유 때문에 구획화는 건물의 거주자 밀도가 높고 화재 발생시 전적으로 계단실을 통해 피난하도록 계획된 경우에는 적합하지 않다. 그러나 단계별 피난 계획이 적용될 때와 구획실 사이의 출입문이 최대로 열려있을 때도 시스템이 성공적으로 작동되도록 설계된 경우, 구획화는 (초)고층 건물의 계단실 가압을 제공하는 데 효과적인 방법이 될 수 있다.

여기서 구획실 사이에 열리는 출입문의 최대 수는 피난 해석에 의해 결정되어야 한다. 구획 장소에서 계단실 계단 참이의 증가 없이는 구획화가 이루어질 수 없다는 점에서 건축학적 측면으로 볼 때 불리할 수도 있다.

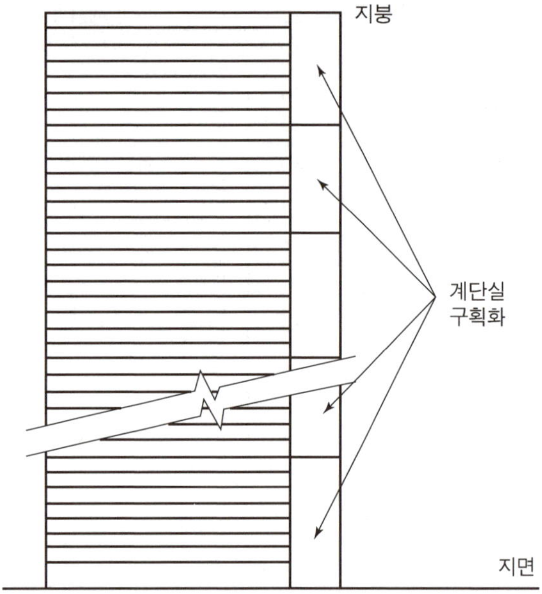


그림 7.4 가압 계단실의 구획화

### 7.1.3 공급 공기 유입구

[그림 7.1], [그림 7.2]와 [그림 7.3]에서 설명하였듯이 가압 시스템의 원심 송풍기는 계단실에 가압 공기를 공급하는데 사용된다. 유입구 주위의 실드(shield)는 바람의 역효과를 줄일 수도 있도록 송풍기의 성능이 고려되어야 한다. 이 실드는 다른 유형의 송풍기보다 바람의 영향을 더 받기 쉬운 프로펠러 송풍기에 대해 특히 중요하다. 지붕 설치형 프로펠러 송풍기는 [그림 7.5]에 나타낸 것처럼 바람막이를 가지고 있어야 한다.

바람의 수평 분력이 일반적으로 수직 분력보다 10배 더 크기 때문에 벽 설치형 프로펠러 송풍기가 바람의 영향을 받기가 더 쉽다. 벽설치형 프로펠러 송풍기는 가능한 경우에만 사용해야 한다. 벽에 설치된 프로펠러 송풍기를 사용할 때 이 송풍기에는 바람막이가 있어야 한다. 이 시스템은 계단실이 높을 경우에는 사용하지 않는다.

급기구(공기 유입구)로 연기의 역류를 일으킬 수 있는 외부 연기 이동은 화재의 장소, 건물의 연기 유출 위치, 바람의 속도와 방향, 연기와 대기 사이의 온도차에 좌우된다.

공기 유입구는 환기구, 연기 샤프트와 지붕의 연기 배출구, 배연구 또는 엘리 베이터 샤프트의 열린 개구부나 화재 발생시 연기를 유출시키는 건물의 또 다른 개구부로 분류할 수 있다.

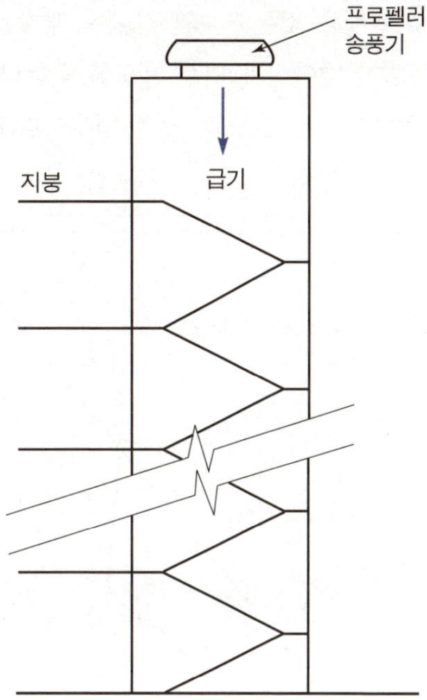


그림 7.5 지붕 설치형 프로펠러 송풍기에 의한 계단실 가압-단일 급기 방식

이들 연기 배출구에는 구역 제연 시스템의 배출구가 포함된다. 고온 연기가 발생하기 때문에 개구부 아래에 급기구를 배치하는 것은 배제되어야 한다.

일반적으로 건물 바닥과 가까운 곳에는 공기 유입구를 설치하고 지붕 위에는 연기 배출구를 설치하는 방법을 사용한다. 또 다른 방법으로 건물 한쪽에는 공기 유입구를 설치하고 반대편과 지붕에는 연기 배출구를 설치하기도 한다.

## 7.2 압력 분포

계단실 사이의 압력차는 계단실의 높이에 따라 변한다. 가압되지 않는 샤프트의 압력 분포 해석은 제4장에서 설명하였다. 이 단원에서 제시된 계단실 압력차의 해석에는 가압이 포함되었기 때문에 좀 더 복잡하다. 쉽게 해석하기 위해 각 층은 동일한 누설 면적을 가진 있는 건물로 제한하였다.

[그림 7.6]은 서로 다른 누설 특성을 갖는 3개의 건물에 배치된 가압 계단실의 압력 분포를 나타낸 것이며, 이들은 모두 동일한 계단실과 외부 온도를 갖는다. 이들 분포는 겨울철을 조건으로 나타낸 것으로 내부 온도보다 외부 온도가 낮은 경우이다(Klote, 1991).

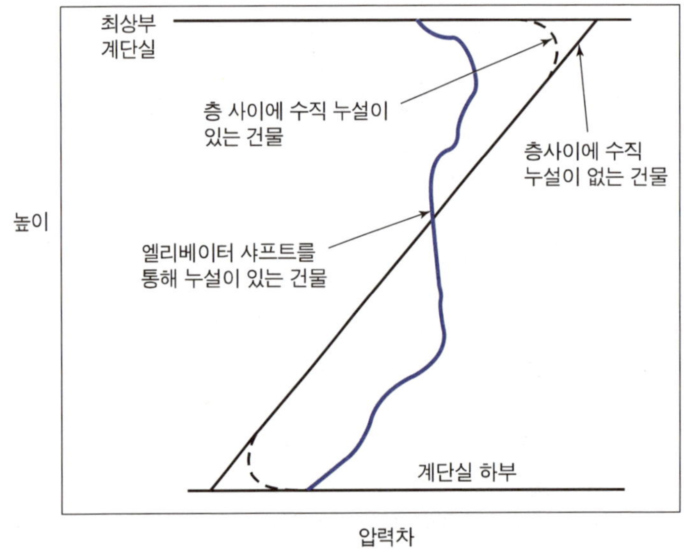


그림 7.6 서로 다른 누설을 갖는 가압 계단실의 압력분포

[그림 7.6]에서 층 사이나 계단실 이외의 샤프트를 통과하는 수직 누설이 없는 건물에서 가압 계단실의 압력 분포는 직선으로 나타난다. 그 직선의 기울기는 계단실과 외부의 온도차와 건물의 누설 면적에 좌우된다. [그림 7.6]은 건물의 최상부와 하부를 제외하고 층 사이에 누설이 있는 건물과 층 사이에 누설이 없는 건물에서 가압 계단실의 전형적인 압력 분포를 나타낸 것이다. 압력 분포는 층 사이의 누설 면적의 크기에 좌우된다. 건물의 온도, 계단실, 외풍과 마찬가지로 압력 분포도 계단실의 건물 누설 면적, 엘리베이터 샤프트 및 외벽에 좌우된다. 이 같은 건물 해석은 복잡하고 일반적으로 컴퓨터의 도움을 받아야만 계산이 가능하다.

임의의 높이에서 계단실 사이의 압력차는 또 다른 높이에서의 압력차보다 더 클 수 있다. 그러므로 설계자는 계단실 사이의 평균 압력차뿐만 아니라 최소와 최대 압력차 모두를 고려해야 한다.

## 7.3 계단실 해석

이 단원에서는 층 사이에 수직 누설이 없는 건물의 가압 계단실에 대한 해석 방법을 제시하였다. 해석은 제4장의 굴뚝 효과의 해석에 사용했던 것과 동일하게 층 누설을 영(zero)으로 이상화하였다. 이 해석 방법을 이용하면 엘리베이터가 없는 건물에 설치된 계단 구획실의 성능을 근사적으로 예측할 수 있으며, 수직 누설이 일어나는 건물에도 유용하게 사용할 수 있다. 수직 누설이나 계단실의 문을 개방하는 경우에는 컴퓨터 시뮬레이션의 활용을 권장한다.

각 층을 통한 누설의 영향을 무시하면, 그 밖의 샤프트는 최소 및 최대 압력차를 가중시키게 된다. 이 해석에서 건물의 가압 계단실 하나만을 고려하지만 제4장에 서술된 대칭성 개념을 사용하면 아무리 많은 계단실에도 확대·적용시킬 수 있다. 이 해석에서는 건물 각 층의 누설 면적이 동일하고 계단실 가압 시스템과 실내와 실외의 온도차에 의한 연기 이동력만을 갖는 건물에 적용한다.

### 7.3.1 압력

계단실 샤프트에서는 마찰 손실이 무시될 수 있을 정도로 작기 때문에 계단 샤프트의 수직 유동은 아주 작다. 이것은 출입문이 닫혀 있는 단순한 계단실의 전형적인 예이다. 따라서 계단실의 압력은 식 (7.1)과 같이 나타낼 수 있다.

$$P_S = P_{Sb} - 9.8\,\rho_S\,h \tag{7.1}$$

여기서, $P_S$ : 높이 $h$에서 계단실 압력(Pa)

$P_{Sb}$ : 계단실 바닥에서 계단실 압력(Pa)

$\rho_S$ : 계단실의 공기 밀도(kg/m$^3$)

$h$ : 계단실 바닥으로부터의 높이(m)

풍속이 0일 경우 외부 공기압 $P_O$는 정수압이 되고 식 (7.2)와 같이 나타낼 수 있다.

$$P_O = P_{Ob} - 9.8\,\rho_O\,h \tag{7.2}$$

여기서, $P_O$ : 높이 $h$에서 공기 압력(Pa)

$P_{Ob}$ : 계단실 바닥에서 계단실 공기 압력(Pa)

$\rho_o$ : 외부의 공기 밀도(kg/m$^3$)

계단실과 외기와의 압력차는 $\Delta P_{SO} = P_S - P_O$는 식 (7.1)과 식 (7.2)에 대입하고 정리하면 식 (7.3)과 같이 된다.

$$\Delta P_{SO} = \Delta P_{SOb} + 9.8\,h(\rho_O - \rho_S) \tag{7.3}$$

여기서, $P_{SO}$ : 높이 $h$에서 압력차(Pa)

$P_{SOb}(= P_{Sb} - P_{Ob})$ : 계단실 바닥에서 압력차(Pa)

식 (7.3)에서 압력차는 높이에 따라 변하지만 밀도 $\rho_S$와 $\rho_O$는 변하지 않는 것으로 가정한다. 사실상 밀도도 높이에 따라 증가하고, 100층 건물의 경우 오차는 약 4% 이하가 된다. 식 (7.3)에 기체 상태 방정식을 대입하면 $\Delta P_{SO}$는 온도의 함수로 나타낼 수 있다.

$$\Delta P_{SO} = \Delta P_{Sb} + bh \tag{7.4}$$

$$b = 3,460\left(\frac{1}{T_O} - \frac{1}{T_S}\right) \tag{7.5}$$

여기서, $b$ : 온도 계수(Pa/m)

$T_O$ : 외기 온도(K)

$T_S$ : 계단실 온도(K)

건물의 계단실에서 외부까지의 유효 유동 면적은 직렬 경로이므로 식 (7.6)과 같이 나타낼 수 있다.

$$A_{SBOe} = \frac{A_{SB}A_{BO}}{\sqrt{{A_{SB}}^2 + {A_{BO}}^2}} \tag{7.6}$$

여기서, $A_{SBOe}$ : 계단실과 외부 사이의 유효 유동 면적(m$^2$)

$A_{SB}$ : 계단실과 건물 사이의 유동 면적(m$^2$)

$A_{BO}$ : 건물과 외부 사이의 유동 면적(m$^2$)

식 (7.6)에서 면적은 층 전체의 면적이 된다. 이 경우 계단실과 건물 사이의 압력차 $\varDelta P_{SB}$는 식 (7.7)과 같이 나타낼 수 있다.

$$\varDelta P_{SB} = \varDelta P_{SBb} + \frac{bh}{1+(A_{SB}/A_{BO})^2} \tag{7.7}$$

압력차 $\varDelta P_{SO}$와 $\varDelta P_{SB}$는 서로 다음과 같은 관계가 있다.

$$\varDelta P_{SB} = \frac{\varDelta P_{SO}}{1+(A_{SB}/A_{BO})^2} \tag{7.8}$$

식 (7.8)을 다시 정리하면 식 (7.8a)와 같이 된다.

$$\varDelta P_{SO} = \varDelta P_{SB}\{1+(A_{SB}/A_{BO})^2\} \tag{7.8a}$$

### 7.3.2 가압 공기

계단실이 화재 초기부터 성장될 때까지 확실하게 가압을 유지할 경우(기류의 방향이 계단실에서 전체 계단실을 지나 외부로 흐르는 경우), 계단실에서 외부로 흐르는 미소 유량은 개구부를 통과하는 유량에서 표현된 식과 같이 압력차 $\varDelta P_{SO}$와 관계가 있으므로 식 (7.9)의 미분 방정식으로 나타낼 수 있다. $Q = CA_{he}\sqrt{2\varDelta P/\rho}$ 로부터

$$dQ = CA_{he}\frac{\sqrt{2\varDelta P_{SO}}}{\rho}dh \tag{7.9}$$

$A_{he}$항은 수직으로 균일하게 분포된 단위높이 당 유효유동면적이다. 이 같이 분포된 유효유동면적은 식 (7.10)과 같이 표현된다.

$$A_{he} = \frac{NA_{SBOe}}{H} \tag{7.10}$$

여기서, $A_{he}$ : 단위높이 당 분포된 유효유동면적($m^2/m$)

$H$ : 계단실 높이(m)

$N$ : 층수

식 (7.10)과 식 (7.4)를 식 (7.9)에 대입하면 식 (7.9a)가 구해진다.

$$dQ = \frac{NCA_{SBOe}}{H}\sqrt{\frac{2(\Delta P_{SO} + bh)}{\rho}}\,dh \tag{7.9a}$$

식 (7.9a)를 $h=0$에서 $h=H$까지 적분하면 건물 계단실에서 외부로 유출되는 전체유량 $Q_{SBO}$를 식 (7.11)과 같이 구할 수 있다.

$$Q_{SBO} = \frac{2}{3}NCA_{SBOe}\sqrt{\frac{2}{\rho}}\left(\frac{\Delta P_{SOt}^{3/2} - \Delta P_{SOb}^{3/2}}{\Delta P_{SOt} - \Delta P_{SOb}}\right) \tag{7.11}$$

여기서, $\Delta P_{SOt}$는 계단실 상부($h=H$)에서 계단실과 외기와의 압력차이다. $\Delta P_{SB}$는 식 (7.8)에 나타낸 것처럼 $\Delta P_{SO}$의 선형 함수이기 때문에 식 (7.11)은 계단실에서 건물까지를 압력항으로 쓸 수 있다. $C=0.65$일 경우 식 (7.11)은 식 (7.11a)와 같이 된다.

$$Q_{SB} = 0.613\frac{N\,A_{SB}}{\sqrt{\rho}}\left(\frac{\Delta P_{SBt}^{3/2} - \Delta P_{SBb}^{3/2}}{\Delta P_{SBt} - \Delta P_{SBb}}\right) \tag{7.11a}$$

여기서, $Q_{SB}$ : 계단실에서 건물 내부까지 공기의 체적 유량($m^3/s$)

$\rho$ : 계단실 공기 밀도($kg/m^3$)

$A_{SB}$ : 계단실 출입문이 닫혔을 때 계단실과 건물 사이의 유동 면적($m^2$)

$N$ : 층수

$\Delta P_{SBt}$ : 모든 계단실 출입문이 닫혔을 때 계단실 최상부에서 계단실과 건물 사이의 압력차(Pa)

$\Delta P_{SBb}$ : 모든 계단실 출입문이 닫혔을 때 계단실 바닥에서 계단실과 건물 사이의 압력차(Pa)

건물 내에서 수직 유동은 없기 때문에 $Q_{SB} = Q_{SBO}$이다. 이것은 계단실 바닥에서 압력차 $\Delta P_{SBb}$와 최상부에서의 압력차 $\Delta P_{SBt}$를 유지하는 데 필요한 계단실로 공급되는 공기의 유량이다.

수직 방향으로 공기 누설이 있는 건물의 경우 정확하게 계산을 하려면 서로 다른 온도에서 3개 또는 더 많은 공기 기둥(column of air)의 영향이 포함되어야 할 것이다. 이러한 해석은 부담이 되고 실제적인 요구에 부합되기 위해서는 컴퓨터 해석이 필요하다. 이러한 이유 때문에 이 단원에 제시된 해석 방법은 수직 누설이 없는 건물을 기준으로 하였다. 수직 누설이 있는 건물에 적용할 때 계단실 온도는 건물의 온도로 대체된다. 따라서 식 (7.5)는 식 (7.12)와 같이 된다.

$$b = 3,460\left(\frac{1}{T_O} - \frac{1}{T_B}\right) \tag{7.12}$$

여기서, $T_O$ : 외기 온도(K)

$T_B$ : 건물 내부의 공기 온도(K)

### 7.3.3 평균 압력차

평균 압력차는 불규칙한 압력 분포와 동일한 전체 유동이 될 때 계단실 높이에 대해 균일 압력차로 정의할 수 있다. 평균압력차의 자세한 내용은 '4.8장 평균압력차'를 참고하기 바란다.

계단실에서 유량 $Q$(m$^3$/s)는 식 (7.13)과 같이 나타낼 수 있다.

$$Q = NA_e C\sqrt{2\overline{\Delta P}/\rho} \tag{7.13}$$

여기서, $\overline{\Delta P}$는 유동 경로 사이의 평균 압력차가 된다. 식 (7.11), 식 (7.11a)와 식 (7.12)를 $\overline{\Delta P}$에 대해 결합하고 풀면 식 (7.14)와 같이 주어진다.

$$\overline{\Delta P} = \frac{4}{9}\left(\frac{\Delta P_t^{3/2} - \Delta P_b^{\ 3/2}}{\Delta P_t - \Delta P_b}\right) \tag{7.14}$$

계단실에서 건물이나 외부까지의 유출 유량을 적용할 수 있기 때문에 아래 첨자 $SB$와 $SO$는 이 식에서 소거되었다. 계단실에서 건물 내부까지의 유량에 식 (7.14)을 적용할 때, $A_e = A_{SB}$, $P_b = \Delta P_{SBb}$, 그리고 $\Delta P_t = \Delta P_{SBt}$가 된다. 계단실에서 외부까지의 유량에 적용할 때는 $A_e = A_{SBOe}$, $P_b = P_{SOb}$, $\Delta P_t = P_{SOt}$가 된다. 따라서 식 (7.14)는 식 (7.15)와 같이 근사식으로 쓸 수 있다.

$$\overline{\Delta P} = \frac{1}{2}(\Delta P_t + \Delta P_b) \tag{7.15}$$

식 (7.15)에서 최대 오차는 $\Delta P_b = 0$일 때 약 6% 정도가 된다.

## 7.4 한계 높이

계단실 가압의 두 가지 문제는 첫째, 최소 압력차로 연기 침투를 방지하기에 압력이 너무 낮을 수 있고, 둘째, 최대 압력차는 출입문의 개방력이 너무 커지게 되어 출입문을 여는데 어려움을 줄 수 있다. 이들 문제는 대부분 외부 온도가 극심하게 변화하는 기간 동안 고층 건물에서 주로 나타날 수 있다.

만족스러운 가압이란 계단실의 어느 위치에서도 최대 허용 압력차보다 높거나 최소 허용 압력차보다 낮은 압력차가 되지 않는다는 것을 의미한다.

수직 누설이 없는 건물의 경우 식 (7.5)를 식 (7.7)에 대입하고 한계 높이 $H_m$에 대해 풀면, 만족스러운 가압이 가능한 한계 높이를 식 (7.16)과 같이 구할 수 있다.

$$H_m = 0.000289 \frac{(\Delta P_{\max} - \Delta P_{\min})}{\left| \dfrac{1}{T_O} - \dfrac{1}{T_B} \right|} \left\{ 1 + \left( \frac{A_{SB}}{A_{BO}} \right)^2 \right\} \tag{7.16}$$

여기서, $H_m$ : 한계 높이(m)

$\Delta P_{\max}$ : 계단실과 건물 사이의 최대 허용 압력차(Pa)

$\Delta P_{\min}$ : 계단실과 건물 사이의 최소 허용 압력차(Pa)

$T_O$ : 외기 절대 온도(K)

$T_B$ : 건물 절대 온도(K)

$A_{SB}$ : 계단실과 건물 사이의 유동 면적($m^2$)

$A_{BO}$ : 건물과 외부 사이의 유동 면적($m^2$)

수직 누설이 있는 건물에 대한 한계높이 $H_m$은 식 (7.16)에서 $T_B$를 $T_S$로 바꾸면 계산할 수 있다. 이러한 건물에서 실제 압력 분포는 서로 다른 온도에서 3개 또는 더 많은 공기 기둥에 의해 좌우된다. 만약 계단실 온도가 외부 온도와 건물 온도 사이에 있다면 식 (7.16)에 의해 한계높이 $H_m$을 구할 수 있다.

겨울철 조건( $T_B > T_O$)과 여름철 조건( $T_O > T_B$) 양쪽 모두에 적용되도록 식 (7.16)에서 온도는 절대값을 사용한다. 대부분의 경우 $A_{SB}$는 $A_{BO}$보다 아주 작으므로 식 (7.16)을 식 (7.17)과 같이 단순화시킬 수 있다.

$$H_m = 0.000289 \frac{(\Delta P_{\max} - \Delta P_{\min})}{\left| \frac{1}{T_O} - \frac{1}{T_B} \right|} \tag{7.17}$$

**예제 7.1** 만약 외부 설계 온도가 $-18$℃라면, 46 m 높이의 계단실에 어느 정도 압력을 가해야 하는가? (단, 최소 허용 압력차 $\Delta P_{\min}$ =12.4 Pa이고 최대 허용 압력차 $\Delta P_{\max}$ =100 Pa이다.)

**풀이**

$\Delta P_{\max} - \Delta P_{\min} = 100\ \text{Pa} - 12.4\ \text{Pa} = 86.6\ \text{Pa}$

$T_O = -18$℃일 때 식 (7.17)로부터 $H_m = 49$ m가 된다.

[예제 7.1]에서 $H_m$이 계단실 높이보다 더 높기 때문에 계단실에는 만족스러운 가압이 가능하다. 만약 $H_m$이 계단실보다 낮다고 가정한다면, 식 (7.17)로부터 $H_m$의 값이 계단실 높이보다 낮다고 해서 만족스러운 가압이 불가능하다는 것을 의미하지는 않는다.

이 같은 경우에는 만족스러운 가압이 외부 온도에 적합하지 않기 때문에 좀 더 정확한 해석을 제시해야 하고, 어쩌면 계단실 구획화를 적용해야 할지도 모른다(7.1.2절 참조).

## 7.5 단순 계단실

단순 계단실은 하나 또는 더 많은 계단실 출입문이 열릴 때 설계 과정에서 가압이 떨어지지 않도록 주의해야 한다. 단순 계단실의 해석은 개방 출입문이 있는 계단실을 해석하기 위한 기초 자료로 제공하였다.

계단실을 이용하여 피난을 할 경우 일부 계단실 출입문은 피난시 열리게 된다. 낮은 가압이 이루어지고 있는 동안의 연기 누설은 피난시 계단실 목적과 반대되는 영향을 미치게 될 것이다. 일부 몇 명의 사람들이 거주하는 건물(예를 들면, 전화 교환국, 호화 아파트)의 경우 계단실 출입문은 화재가 발생했을 때 피난하는 동안만 아주 짧은 간격으로 열리게 된다. 따라서 해석은 방어 조건, 피난 해석과 유동 해석을 고려하는 것이 필요하다.

단순 계단실은 단일 또는 다중 급기 모두 사용할 수 있다. 원심형, 축류형 또는 프로펠러형의 송풍기가 하나 또는 그 이상 사용될 수 있다. 모든 계단실 출입문이 닫힐 때 시스템은 만족스러운 가압을 유지해야 한다. 계단실 출입문이 열릴 때 닫힌 계단실 출입문 사이의 압력차는 일반적으로 낮은 정도의 범위(3 Pa 정도)로 떨어진다. 이 정도 낮은 압력차로는 계단실로 침투하는 연기를 막기에는 충분하지 않으며, 단순 계단실 시스템은 화재시 피난 시간동안에도 계단실 출입문이 거의 모두 닫힌 경우에만 적용이 가능하다.

[예제 7.2]는 22층의 계단실이 있는 건물에 대한 것이다. 하나의 계단실에 대해서만 계산하고 대칭성을 사용하였다. 동일한 방법으로 3개 내지 그 이상의 계단실에 대해서도 적용할 수 있다. 가압 공기의 유량은 누설 면적에 크게 좌우된다. 이러한 이유 때문에 이들 면적은 대부분의 상황에서 거의 개략적으로 평가될 수 있다. 그리고 안전율은 급기 송풍기의 크기에 따라 적용된다. 가압의 허용 정도는 시스템 시운전 동안 얻어질 수 있도록 공급 시스템은 조절 능력이 있어야 한다. 또한 [예제 7.2]의 계산은 겨울철 설계 온도를 기준으로 하였다. 이것은 겨울철 내부와 외부의 설계 온도차가 여름철 외부와 내부의 설계 온도차보다 더 높을 때 적절하기 때문이다. 그렇지 않으면 여름철의 설계 데이터가 사용되어야 한다(Klote, 1991).

ASHRAE 핸드북의 날씨 데이터는 전세계 대부분 장소에 대해 제공된 데이터이고, 단순 계단실 시스템의 설계를 위해 겨울철 설계 데이터가 더 적합함을 나타낸 것이다. 여름철 데이터를 사용해야 하는 곳은 예를 들면, 인도의 Yuma AZ, El Centro CA와 New Delhi 같은 곳이다. 여름철이나 겨울철의 날씨 데이터를 설계 해석에 사용하려면 이들 날씨에 대한 사전 조사를 실시한 후 사용해야 한다.

**예제 7.2** 단순 계단실 시스템에 대한 설계 인자는 $A_{SB}=0.030\ \mathrm{m}^2$, $N=20$, $H=61\ \mathrm{m}$, $T_O=-10℃$ 또는 263K, $T_B=21℃$ 또는 294 K, $\Delta P_{\max}=100\ \mathrm{Pa}$, $P_{\min}=12.4\ \mathrm{Pa}$이다.

건물에는 2개의 계단실에 있으며, 하나의 계단실에 대해서만 해석하고 대칭성 개념을 사용한다. 따라서 이 계산에 사용된 유동 면적 $A_{BO}$는 계산된 전체 건물값에 절반이다. 건물에서 외부까지의 누설 면적은 $0.236\ \mathrm{m}^2$로 계산되었다.

그러므로 $A_{BO}=2.54/2=0.118\ \mathrm{m}^2$가 된다. 이때 단순 계단실 시스템을 설계하라. (단, 출입문이 열릴 때 가압이 떨어지는 영향은 고려하지 않는 것으로 한다.)

**풀이**

1) 식 (7.16)으로부터 한계 높이,

$$H_m=0.000289\frac{(100-12.4)}{\left|\frac{1}{263}-\frac{1}{294}\right|}\left\{1+\left(\frac{0.03}{0.118}\right)^2\right\}=67\ \mathrm{m}$$

2) 식 (7.16)에서 계산된 한계 높이는 계단실의 높이보다 더 높다. 식 (7.5)로부터 온도계수를 계산하면,

$$b=3{,}460\left(\frac{1}{263}-\frac{1}{294}\right)=1.39\ \mathrm{Pa/m}$$

3) $\Delta P_{SBb}=12.4\mathrm{Pa}$로 설정하고, 식 (7.7)로부터 계단실 최상부의 압력차를 계산하면,

$$\Delta P_{SBt}=12.4+\frac{1.39\times 61}{1+(0.03/0.118)^2}=92\ \mathrm{Pa/m}$$

4) 밀도 $\rho=1.2\ \mathrm{kg/m^3}$를 사용하여 식 (7.1la)로부터 계단실에서 건물까지 유량을 계산하면,

$$Q_{SB}=0.613\frac{20\times 0.03}{\sqrt{1.2}}\left(\frac{92^{\frac{3}{2}}-12.4^{\frac{3}{2}}}{92-12.4}\right)=3.6\ \mathrm{m^3/s}$$

5) 유량은 건물의 누설 면적에 크게 좌우된다. 이들 면적을 정확하게 결정하기가 어렵기 때문에 안전율 $SF$를 적용해야 한다. 정상 상태가 불확실할 경우 일반적으로 $SF=1.5$를 권하고 있다. 각 계단실에 대한 설계 유량은 다음과 같다.

$$Q=SF\times Q_{SB}=1.5\times 3.6=5.4\ \mathrm{m^3/s}$$

급기 송풍기의 유량은 시스템을 시운전하는 동안 실제 누설량이 조절될 수 있도록 가압 시스템이 설계되어야 한다.

## 7.6 개방 출입문이 있는 계단실

단순 계단실 가압 시스템에서 계단 출입문이 열릴 때 닫힌 출입문 사이와의 압력차는 상당히 떨어진다. 압력 강하의 가장 큰 원인은 외부 계단실 출입문이 열려 있을 때다. 그 이유는 다른 개방 출구를 통과한 기류가 외부에 도달하기 위해 건물의 다른 경로를 통과해 나가는 동안 외부 출구를 통과한 기류는 외부로 직접 나가기 때문이다. 건물에서 유동 저항이 증가되는 이유는 다른 출구를 통과한 기류가 열린 외부 출구를 통과한 유량보다 작기 때문이다. 외부 출구를 통과하는 유량은 다른 출구를 통과하는 유량에 3배에서 10배까지 될 수 있고 외부 출구를 통과하는 상대 유량은 빈틈없이 건축된 건물에서 가장 크다. 따라서 외부 계단실 출입문이 열리고 닫힘에 따라 계단실의 압력 변동을 일으키는 가장 큰 원인이 된다.

계단실로 침입하는 연기를 막는 방법은 급기 송풍기로부터 계단실로 공기를 공급하고 가압시키는 것이다. 만약 모든 계단실 출입문이 닫혀져 있다면 일정 수준으로 가압을 할 수 있는 시스템을 설계하는 것은 간단하다. 하지만 통상적으로 피난할 때에 계단실 출입문이 열리면 효과적으로 가압할 수 없게 되어 연기가 계단실로 침투하게 된다. 거주 밀도가 높은 건물의 경우 많은 계단실 출입문이 화재시 피난하는 동안에 열릴 것으로 예측할 수 있다. 따라서 건물에서 계단실 가압 시스템은 일부 다수의 출입문이 개방되는 것으로 설계되어야 하고, 이 같이 개방 출입문의 설계수가 피난 계획에 상당히 좌우된다. 한편 열린 출입문에 대처할 수 있을 만큼의 충분한 양의 공기를 공급하면 모든 문이 닫혀져 있는 경우에는 과도하게 가압되어 출입문을 열 수가 없게 된다.

이와 같이 과도한 가압을 막기 위해 계단실 가압 시스템은 피난층의 출입문을 열어두거나 모든 출입문이 닫히거나, 일부 출입문이 개방됨에 따라 가압의 허용 수준을 유지하기 위해 다음 3가지 유형의 방식이 이용되고 있다.

① 정풍량 급기와 시스템의 활성화에 따라 자동으로 열리는 외부 출입문을 갖는 시스템(일명, 캐나다 시스템)
② 정풍량 급기와 조압 댐퍼가 있는 시스템
③ 가변 풍량 급기 시스템

위 3가지 방식 이외에도 화재층을 환기시키거나 화재층을 환기시키는 혼합 방식을 계단실 가압에 이용하는 경우도 있다. 화재층의 배연과 연기 배출구가 가압 계단실의 성능을 개선시킬 수 있다. 외벽 환기구, 배연 샤프트, 동력 배출기에 의해 연기제거를 이룰 수 있다.

외벽 환기구가 연기 제거의 경로를 제공하는 것을 제외하고 화재층에 닫힌 계단실 출입문 사이의 압력차를 증가시키기도 한다. 또한 화재층의 환기는 불이 꺼진 후 연기 정화로 소방관에게 도움을 줄 수도 있다. 화재층의 연기가 샤프트를 통하여 환기되는 것을 제외하고 연기 샤프트는 외벽 환기구와 비슷하다. 환기는 고온 연기의 부력에 의해 이루어진다.

### 7.6.1 정풍량 급기와 외부 출입문이 자동으로 열리는 계단실

정풍량 급기와 시스템의 활성화에 따라 자동으로 열리는 외부 계단실 출입문을 갖는 시스템은 캐나다 건축법규(Supplement to the National Building Code)에서 권장하고 있는 것과 같은 것으로 캐나다 시스템이라고도 한다. 정풍량 급기이지만 급기비가 실제로 일정하지 않고 송풍기의 압력에 따라 어느 정도 변한다. 원심 송풍기의 경우 유량에 의한 변화가 작다.

이 시스템은 급기 송풍기의 작동과 더불어 외부 출입문은 바깥으로 열린다. 송풍기는 피난층의 외부 출입문만 열고, 다른 모든 계단실 출입문은 닫은 상태에서 계단실 출입문 사이의 압력차를 25 Pa ~ 100 Pa 정도 되도록 한다. 이때 공기의 공급 위치는 한 지점일 수도 있고, [그림 7.7]에 나타낸 것처럼 다중 급기일 수도 있다. 시스템이 작동하는 동안 외부 계단실 출입문이 열리고 닫히는 것을 제거하면 이 시스템은 압력 변동의 주원인을 제거할 수 있다. 이 시스템은 설계가 단순하고 상대적으로 비용이 적게 든다.

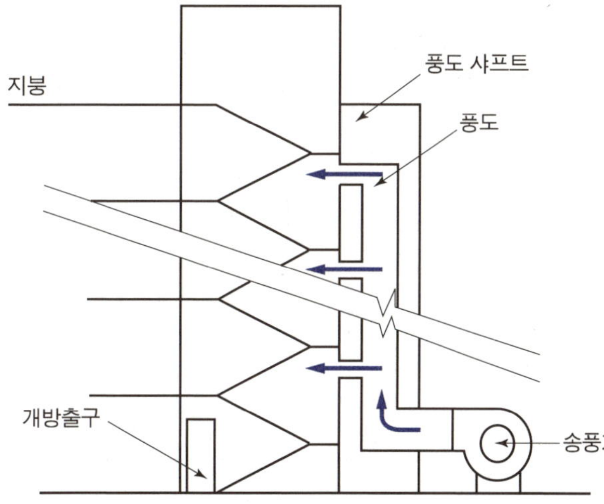


그림 7.7 정풍량 급기와 외부 출입문이 자동으로 열리는 계단실

### 7.6.2 정풍량 급기와 조압 댐퍼가 있는 계단실

이 시스템은 다수의 출입문이 열릴 때도 충분한 공급 공기를 제공한다. 모든 출입문이 닫힐 때 과도 압력의 증가를 막기 위해 환기구를 통해 공급 공기가 방출된다. 이때 과잉 공기는 건물이나 외부로 배출된다.

외부 환기구는 바람에 의한 역영향을 받을 수 있기 때문에 바람막이를 설치해야한다. 설정값 이하로 압력이 떨어질 때 닫히는 조압(압력 조절) 댐퍼는 출입문이 열릴 때 환기구를 통과하는 공기의 손실을 최소화하는 데 사용할 수 있다. 계단실과 건물 사이에 환기구가 설치된 경우 환기구에는 일반적으로 직렬의 하나 또는 그 이상의 방화 댐퍼가 있는 조압 댐퍼를 설치해야 한다. 에너지 보존의 특성에 따라 이들 방화 댐퍼는 가압 시스템이 활성화될 때 정상적으로 닫히고 열린다. 이 배열로 조압 댐퍼에서 발생하는 댐퍼의 떨림 현상을 줄일 수 있다. [그림 7.8]에 나타낸 것처럼 조압 댐퍼는 환기구와 함께 계단벽에 설치되고, 건물의 각 층에서 공기가 배출되는 것을 나타낸 것이다.

[그림 7.8]의 급기 송풍기의 용량은 특정 계단실의 출입문을 개방 상태에서 계단실 출입문의 개구부에서 필요 풍속을 달성할 수 있도록 결정해야 하고, 조압 댐퍼의 크기는 모든 계단실의 출입문을 닫았을 때 과압이 발생하지 않도록 설계해야 한다.

압력 조절용 댐퍼를 설치한 풍도나 배출기를 사용하여 계단실의 과압을 방지할 수도 있지만 부압의 발생으로 계단실에 연기 오염이 발생할 가능성이 있기 때문에 추천하지 않고 있다.

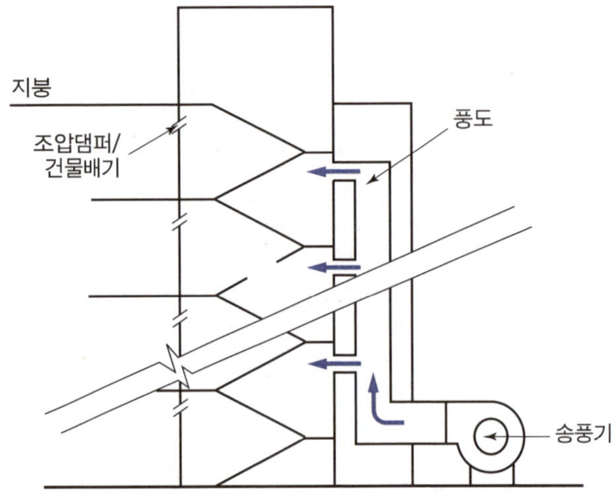


그림 7.8 정풍량 급기와 조압 댐퍼가 있는 계단실

### 7.6.3 가변 풍량 급기식 계단실

가변 풍량 급기식은 과도 압력을 감소시키는 데 사용된다. 가변 풍량을 상용화한 송풍기를 사용하면 가변 풍량의 목적을 달성할 수 있다. 대안으로 풍도와 댐퍼를 이용하여 송풍기로 바이패스시키면 계단실로 공급되는 공기의 유량을 변화시킬 수 있다. 가변 풍량 송풍기는 계단실과 건물 사이에서 압력차를 감지하는 하나 또는 그 이상의 정압 센서에 의해 제어된다. 출입문이 열릴 때 계단실의 압력은 떨어지고 공급 공기의 유량은 최소 설계 가압에 도달하기 위해 증가된다. 모든 출입문이 닫힐 때 계단실 압력은 증가하고 유량은 과도 압력차를 막기 위해 감소된다.

가변 풍량식은 [그림 7.9]와 같고, 송풍기의 용량은 [그림 7.8]과 같이 특정 계단실 출입문이 열렸을 때 계단실 출입문의 개구부에서 필요 풍속을 달성하도록 결정한다. 급기량은 계단실 출입문에서 설계 압력차를 유지할 수 있도록 제어한다. 풍량 제어는 송풍기의 회전수, 인렛 베인 송풍기, 가변 피치 송풍기, 댐퍼가 붙은 바이패스 풍도 등에 의해 이룰 수 있다.

바이패스 방식의 경우 계단실로 공급되는 공기 유량은 바이패스 댐퍼의 조절에 의해 변화되고, 계단실과 건물 사이의 압력차를 감지하는 하나 또는 그 이상의 정압 센서에 의해 제어된다. 이 방식은 과도 압력차를 막기 위해 사용되는 가변 풍량 송풍기와 같은 방법으로 작동하고 최소 설계 압력을 제공해 준다.

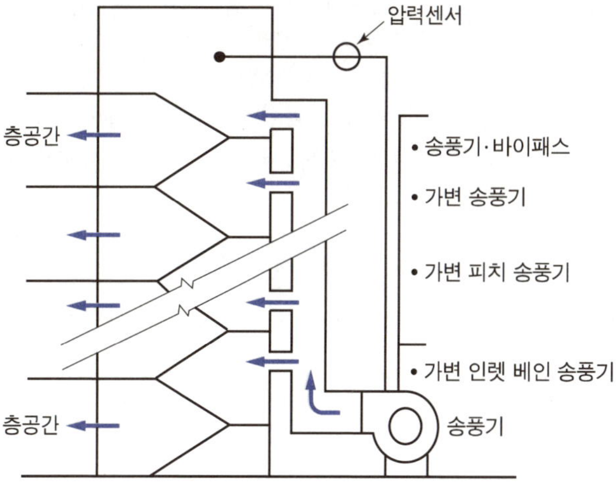


그림 7.9 가변 풍량 급기식 계단실

## 7.7 개방 출입문이 있는 계단실의 해석

만약 계단실의 기류에 의한 마찰을 무시해도 좋다면 단순 계단실 시스템의 해석 방법을 개방 출입문이 있는 가압 계단실에 확대·적용할 수 있다. 마찰 손실은 계단실의 수직 기류를 최소화하기 위해 설계된 다중 급기 방식에 의하여 최소화할 수 있다. 마찰에 의한 압력 손실을 무시하고 식 (7.3), 식 (7.7), 식 (7.8)을 계단실 높이 $h$에 대한 압력차 $\Delta P$로 나타내면 [그림 7.10]과 같다. [그림 7.10]의 (a)와 (b)처럼 모든 출입문이 닫혔을 때 압력차는 선형이다. 압력차는 계단실의 높이에 따라 겨울철에는 증가하고 여름철에는 감소한다. 외부로 출입문이 열릴 때 [그림 7.10]의 (c)와 (d)에 나타낸 것처럼 압력차는 증가한다. 이것은 열린 외부 출구를 통과하는 유량이 상당히 커질 수 있다는 것을 의미하며, 특히 여름철에 커질 수 있다. 이때 압력차는 대부분 외부 출입문이 위치한 샤프트 하부에서 가장 크다([그림 710] (d)). 출입문이 건물쪽으로 열릴 때 [그림 7.12]의 (c)와 (d)에 제시된 것처럼 열린 출구사이의 압력차는 상당히 감소한다. 하지만 열린 출구와 같이 큰 면적을 통과하는 유량은 상당히 커질 수 있다. 겨울철의 경우 열린 출입문 사이의 압력차는 높이에 따라 증가한다. [그림 7.10]의 (e)에 제시된 것처럼 열린 출입문의 설계 수가 계단실 상부의 한 구간에 위치할 때 가장 많은 양의 가압 공기를 필요로 한다. 이것은 겨울철 설계 조건의 전형적인 유형이다. [그림 7.10]의 (f)에 제시된 것처럼 전형적인 여름철 설계 조건은 계단실 하부의 한 구간에 구성된 열린 출입문에 대한 것이다 (Klote, 1991).

식 (7.11)은 계단실과 건물 사이의 유효 유동면적이 각 층에 대해 동일할 때 적용된다. 일부 출입문은 열리고 다른 출입문이 닫힐 때 이 유동 면적은 층과 층 사이에서 변한다. 식 (7.11)과 식 (7.11a)는 수직 계단실 구간에 부분적으로 적용될 수 있다. $A_{SB}$의 값과 $A_{BO}$의 값은 각 층에서 동일하다. 이들 두 면적은 압력차와 유효 유동 면적을 계산하는 데 사용된다. 식 (7.11)과 식 (7.11a)를 $C = 0.65$와 $\rho = 1.20\ \mathrm{kg/m^3}$에 대한 일반적인 형태로 다시 쓰면 식 (7.18)과 같이 된다.

$$Q = GNA_e \tag{7.18}$$

여기서, $Q$ : 임의 단면에서의 체적 유량($\mathrm{m^3/s}$)

$G$ : 유동 계수(m/s)

$N$ : 층수

$A_e$ : 계단실의 층당 유효 유동 면적($\mathrm{m^2}$)

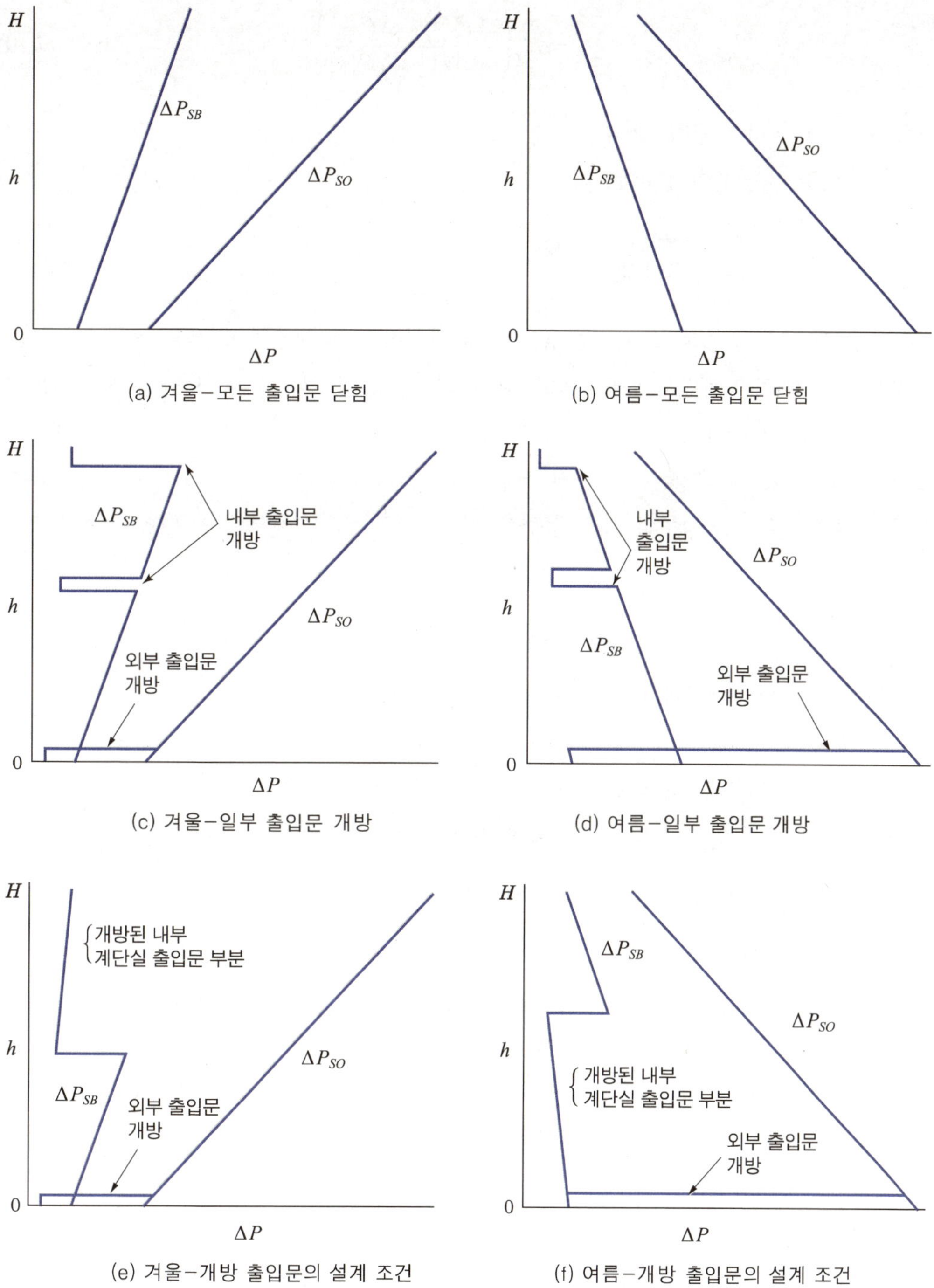


그림 7.10 열림 및 닫힌 계단실 출입문의 압력차

$$G = K_g \left( \frac{\Delta P_t^{3/2} - \Delta P_b^{3/2}}{\Delta P_t - \Delta P_b} \right) \tag{7.19}$$

여기서, $\Delta P_b$ : 하부 압력차(Pa)

$\Delta P_t$ : 상부 압력차(Pa)

$K_g = \frac{K_q}{\sqrt{\rho}} = \frac{0.613}{\sqrt{1.2}} - 0.559$

위의 두 식은 $Q_{SB}$ 또는 $Q_{SBO}$ 둘 중 하나를 계산하는 데 사용될 수 있다. $Q_{SB}$를 계산할 때 $A_e$와 두 압력차는 계단실에서 건물까지로 한다. $Q_{SBO}$를 계산할 때 $A_e$와 두 압력차는 계단실에서 외부까지로 한다.

외부로 직접 흐르는 유량은 외부에서 건물까지 다르게 다룬다. 출입문, 환기구 또는 외부에서 직접 열리는 다른 출입문의 경우, 유량은 식 (7.20)과 같이 나타낼 수 있다.

$$Q_{SO} = CA_{SO}\sqrt{\frac{2\Delta P_{SO}}{\rho}} \tag{7.20}$$

여기서, $Q_{SO}$ : 계단실에서 외부까지의 체적 유량($m^3/s$)

$C$ : 유량 계수

$A_{SO}$ : 계단실과 외부 사이의 유동 면적($m^2$)

$\Delta P_{SO}$ : 계단실과 외부 사이의 압력차(Pa)

$\rho$ : 경로 안의 가스 밀도($kg/m^3$)

압력차가 개구부에서 항상 일정하지 않기 때문에 압력차 $\Delta P_{SO}$는 개구부의 중간 높이에서 평가해야 한다. 정풍량 급기와 외부 출입문이 자동으로 열리는 10층 계단실에 대한 설계 계산 예를 [예제 7.3], [예제 7.4]와 [예제 7.5]에 제시하였다. 이들 예제에서 계단실을 하나만 해석하였지만 대칭성을 적용하면 임의의 수만큼을 갖는 계단실에도 적용할 수 있다(Klote, 1991).

유동 면적 $A_{BO}$는 기본 계단실에 대한 것이다. [예제 7.3]과 [예제 7.4]는 겨울철 설계 온도 −10℃와 여름철 설계 온도 34℃에 대한 가압 공기의 계산 과정을 나타낸 것이다. 두 설계 온도에서 계산된 총 가압 공기가 동일(8.26 $m^3/s$)한 값으로 계산되었다.

[그림 7.10]의 (e)와 (f)에서 예상한 바와 같이 열린 외부 출구의 통과 유량은 겨울철 보다 여름철이 더 크다(여름 4.3 $m^3/s$와 겨울 3.2 $m^3/s$). 계단실이 높은 경우 여름철에 외부 출구를 통과하는 유량은 더 많아 진다.

단순 계단실에서와 같이 안전 계수는 급기 송풍기 또는 송풍기의 용량에 따라 요구되며, 설계 계산에 사용되는 값에 따라 유동 면적의 편차로 설명된다. 계단실에서 건물까지의 누설은 두 개의 유동 면적 $A_{SB}$와 $A_{BO}$에 종속된다.

열린 외부 출구를 통과하는 유량은 하나의 유동 면적 $A_{SO}$에만 종속된다. 따라서 안전 계수는 외부로 직접 흐르는 유량보다 계단실에서 건물로 흐르는 유량이 더 클 것이다.

**예제 7.3**

정풍량 급기와 외부 출입문이 자동으로 열리는 계단실에서 10층의 출입문 중 8개의 내부 출입문이 개방되는 것으로 가정하고 계단실 가압 시스템을 설계하시오.
단, 설계 인자는 $A_{BO}=0.118\ \text{m}^2$, 계단실 출입문 폐쇄시 $A_{SB}=0.030\ \text{m}^2$, 계단실 출입문 개방시 $A_{SB}=0.975\ \text{m}^2$, $T_O=-10$℃(263K), $T_B=21$℃(294K), $\Delta P_{\max}=100$ Pa, $P_{\min}=12.4$ Pa이다. 설계 온도는 [예제 7.2]와 동일하고, 온도 계수는 1.39 Pa/m이다.

**풀이**

계단실은 모든 높이에서 적절하게 가압되는 것으로 가정하고 건물의 계단실 출입문 하부(바닥)의 압력차는 출입문이 닫힐 때 12.4 Pa로 하였다. 대칭성을 적용하면 건물에 임의의 수만큼 있는 계단실에 대해서도 이 해석은 확장·적용될 수 있다. [예제 7.2]와 같이 $A_{BO}$는 기본 계단실의 면적이다.

1) 닫힌 출입문의 구간
겨울철의 설계 조건으로 계단실 최상부 바로 아래 한 구간은 개방 출입문으로 구성되었고, 계단실 바닥 근처의 한 구간은 닫힌 출입문으로 형성되어 있으며, 나머지는 일반 출입문으로 구성되어 있다. 닫힌 출입문이 있는 구간에 대해 계단실에서 건물로 흘러가는 유량을 계산하고, 다음 값들을 사용한다. $N=2$, $y=0$일 때 $\Delta P_b=\Delta P_{SB}$, $y=6.1$ m 일 때, $\Delta P_t=\Delta P_{SB}$, $A_e=A_{SB}$, $\Delta P_b$는 12.4 Pa이다.

① 식 (7.7)로부터,

$$\Delta P_t=12.4+(1.39\times 6.1)/1+(0.03/0.118)^2=20.4\ \text{Pa}$$

② 식 (7.19)로부터,

$$G=0.559\left(\frac{20.4^{3/2}-12.4^{3/2}}{20.4-12.4}\right)=3.40\ \text{m/s}$$

③ 식 (7.18)로부터,

$$Q_{SB}=G\times N\times A_{SB}=3.4\times 2\times 0.32=0.2\ \text{m}^3/\text{s}\ (400\ \text{cfm})$$

2) 열린 출입문의 구간

열린 출입문의 구간에 대해 계단실에서 외부로 흘러가는 유량을 계산하고, 다음 값들을 사용한다. $N=8$, $y=6.1$ m일 때 $\Delta P_b=\Delta P_{SO}$, $y=30.5$ m일 때 $\Delta P_t=\Delta P_{SO}$, $A_e=A_{SBOe}$, 먼저 $\Delta P_{SOb}$를 계산한다.

① 식 (7.8a)로부터

$$\Delta P_{SOb}=12.41+(0.03/0.118)^2=20.4\ \text{Pa}$$

② 압력차 $\Delta P_b$와 $\Delta P_t$는 식 (7.4)로부터

$$\Delta P_b=13.2+1.39(6.1)=21.7\ \text{Pa}$$

$$\Delta P_t=13.2+1.39(30.5)=55.5\ \text{Pa}$$

③ 식 (7.19)로부터,

$$G=0.559\times\left(\frac{55.5^{3/2}-21.7^{3/2}}{55.5-21.7}\right)=5.18\ \text{m/s}$$

④ 식 (7.6)로부터,

$$A_{SBOe}=\frac{0.975\times0.118}{\sqrt{0.975^2+0.118^2}}=0.117\ \text{m}^2$$

⑤ 식 (7.18)로부터,

$$Q_{SO}=G\times N\times A_{SBOe}=5.18\times8\times0.117=4.9\ \text{m}^3/\text{s}\ (10{,}300\ \text{cfm})$$

3) 외부 계단실 출입문

$y=1.5$ m에서 공기 밀도가 $1.20\ \text{kg/m}^3$일 때, 열린 외부 출구를 통과하는 유량을 계산하고, 압력차는 식 (7.8a)로부터

① $\Delta P_{SO}=13.2+1.39\times1.5=15.4\ \text{Pa}$

② 식 (7.20)으로부터,

$$Q_{SO}=1.0\times0.65\times0.975\times\sqrt{2(15.4)/1.20}=3.2\ \text{m}^3/\text{s}\ (6{,}800\ \text{cfm})$$

4) 겨울철에 필요한 총 유량

겨울에 계단실을 가압하는 데 필요한 총 유량은 각 구간 유량의 합계가 된다.

$$0.2+4.9+3.2=8.26\ \text{m}^3/\text{s}\ (17{,}500\ \text{cfm})$$

유량은 안전 계수가 적용된 여름철 설계 온도로 계산하고 샤프트의 마찰 손실은 문제가 되지 않기 때문에 유량은 분리해서 계산한다.

**예제 7.4** 여름철 설계 온도 34℃(308K)에 대한 것을 제외하고 [예제 7.3]을 이용하여 계단실 가압 시스템을 설계하시오.
(단, 식 (7.12)로부터 $b = 3{,}460\{(1/308) - (1/294)\} = -0.510$ Pa/m이고, 계단실 출입문이 닫힐 때 건물 계단실 출입문 최상부에서의 압력차는 12.4 Pa이다.)

**풀이**

1) 열린 출입문의 구간 : 여름철 설계 조건으로 열린 출입문은 8층에 위치하는 것으로 하고, 다음 값들을 사용한다. $N=8$, $y=0$일 때 $\Delta P_b = \Delta P_{SO}$, $y=24.4$ m일 때 $\Delta P_t = \Delta P_{SO}$, $A_e = A_{SBOe}$이다.

   ① 식 (7.8a)로부터
   $$\Delta P_{SOt} = 12.4\{1+(0.03/0.118)^2\} = 13 \text{ Pa}$$

   ② 식 (7.4)로부터
   $$\Delta P_{SOb} = \Delta P_{SOt} - bH = 13 - (-0.51)(30.5) = 28.9 \text{ Pa}$$

   ③ 압력차
   $$\Delta P_b = \Delta P_{SOb} = 28.9 \text{ Pa}$$

   ④ 식 (7.4)로부터
   $$\Delta P_t = 28.9 + (-0.51)24.4 = 16.4 \text{ Pa}$$

   ⑤ 식 (7.19)로부터
   $$G = 0.559 \times \frac{16.4^{3/2} - 28.9^{3/2}}{16.4 - 28.9} = 4.0 \text{ m/s}$$

   ⑥ [예제 7.3]으로부터
   $$A_{SBO} = 0.117 \text{ m}^2$$

   ⑦ 식 (7.18)로부터
   $$Q = 4 \times 8 \times 0.117 = 3.7 \text{ m}^3/\text{s} \ (7{,}900 \text{ cfm})$$

2) 닫힌 출입문의 구간 : 이 구간에서는 계단실 2층 상부의 틈새와 다른 누설 경로를 통과하는 유량을 계산하고 다음 값들을 사용한다. $N=2$, $y=24.4$ m일 때 $\Delta P_b = P_{SB}$, $y=30.5$ m일 때 $\Delta P_t = P_{SB}$, $A_e = A_{SB}$, $P_{SBt}$는 12.5 Pa이다. [예제 7.3]의 계산으로부터 24.4 m일 때 $P_{SO}$는 16.4 Pa이다.

   ① 식 (7.8)을 이용하면
   $$\Delta P_{SBb} = 15.5 \text{ Pa}$$

② 식 (7.19)로부터

$N = 0.559(12.43/2 - 15.53/2)/(12.4 - 15.5) = 3.13\ \mathrm{m/s}$

③ 식 (7.18)로부터

$Q = 3.13 \times 2 \times 0.03 = 0.2\ \mathrm{m^3/s}\,(400\mathrm{cfm})$

3) 외부 계단실 출입문 : $y = 1.5\ \mathrm{m}$에서 공기 밀도가 1.20 kg/m³일 때 열린 외부 출구를 통과하는 유량을 계산한다. 압력차 $\Delta P_{SO}$는 식 (7.8a)로부터 계산되고 다음과 같다.

$\Delta P_{SO} = 28.9 - 0.51 \times 1.58 = 28.4\ \mathrm{Pa}$

식 (7.20)으로부터

$Q_{SO} = 1 \times 0.65 \times 0.975 \times \sqrt{2(28.1)/(1.2)} = 4.3\ \mathrm{m^3/s}\ (9{,}200\ \mathrm{cfm})$

4) 여름철에 필요한 총 유량 : 여름에 계단실을 가압하는 데 필요한 총 유량은 각 구간 유량의 합계가 된다.

$3.7 + 0.2 + 4.3 = 8.26\ \mathrm{m^3/s}\,(17{,}500\ \mathrm{cfm})$

[주] 이 유량은 [예제 7.3]으로부터 겨울철에 필요한 유량과 동일하게 계산된 것이 이상하게 느낄 것이다. [예제 7.5]에서 안전 계수를 적용하여 유량을 계산해 보면 알 수 있고, 겨울철과 여름철의 유량을 분리해서 계산해야 함을 알 수 있다.

**예제 7.5** [예제 7.3]과 [예제 7.4]의 계산으로부터 계단실의 송풍기 용량을 결정하시오. (단, 계단실에서 건물 내부 까지 흘러가는 유량에 대한 안전 계수 1.5, 외부 출구를 통하여 흘러가는 유량에 대한 안전 계수는 1.1을 사용한다.)

**풀이**

겨울철 : 1.5(400 + 10,300) + 1.1(6,800) = 23,500 cfm (11.1 m³/s)

여름철 : 1.5(7,900 + 400) + 1.1(9,200) = 22,600 cfm (10.7 m³/s)

급기량 중 가장 큰 값은 23,500 cfm (11.1 m³/s)이다. 급기량이 실제 건물 누설을 조절하기 위해 시스템이 시운전되는 동안 조절될 수 있도록 가압 시스템은 설계되어야 한다. 또한 마찰 손실을 최소화하기 위하여 공기는 각 층으로 급기되어야 한다. 비록 급기량을 겨울철 유량으로 계산했을지라도 여름철 조건을 기본으로 해야 한다.
1층을 제외하고 각 층의 유량은 12,500 (23,500/22,600) (1/10) = 1,300 cfm (0.6 m³/s)이 된다. 1층에서 유량은 23,500 − 9(1,300) = 11,800 cfm (5.6 m³/s)이 된다.

# 8장

# 엘리베이터 제연

Smoke Management of Elevator

엘리베이터 제연은 아주 다른 두 가지 본질을 가지고 있다. 첫째, 화재 시 엘리베이터가 피난에 사용될 수 있기 때문에 엘리베이터가 연기로부터 보호되도록 제공하는 목적을 가지고 있다. 하지만 대부분의 엘리베이터는 연기로부터 보호되지 않고 있다. 화재 시 소방 및 또 다른 상황에서 피난 수단으로서 엘리베이터가 필요하지 않다고 생각하거나 아니면 엘리베이터가 화재 상황에서 피난에 사용되지 못하도록 설계되고 구성되어 있지 않다. 최근 많은 연구자들에게는 화재 시 피난을 하는 동안 엘리베이터의 사용 문제가 지대한 관심과 논제의 대상이 되고 있고, 특히 초고층 건물에서는 엘리베이터가 피난의 수단으로 이용되기 때문에 엘리베이터는 반드시 제연이 이루어져야 한다. 둘째, 엘리베이터 샤프트를 통하여 다른 층으로 전파되는 연기의 이동을 막는 것이다.

엘리베이터 샤프트를 통한 연기 이동으로부터 발생할 수 있는 제반 문제점은 MGM 그랜드 호텔에서 발생한 화재를 예로 들 수 있다. 화재는 1층에서 발생했지만, 연기는 대부분 소방시설이 설치되어 있는 위층으로 이동하였다. 이 호텔의 엘리베이터 샤프트에는 어떤 특별한 연기 방호 시설을 가지고 있지 않았고, 엘리베이터 샤프트가 위층으로 연기를 이동시키는 주요 경로의 역할을 하였다.

## 8.1 피스톤 효과

'4.6.6장 엘리베이터 피스톤효과'에서 설명했듯이 엘리베이터가 이동할 때 엘리베이터 샤프트 내부에는 피스톤 운동에 의해 엘리베이터 뒤쪽으로 대기압보다 낮은 부압(−)이 생긴다. 엘리베이터가 화재층을 통과할 때, 엘리베이터 샤프트나 인접한 승강장으로 연기를 침투시키지 않기 위한 제연의 효과가 이 부압에 의해 저해될 가능성이 있다.

이런 이유에서 이 같은 메커니즘이나 엘리베이터 승강장 또는 샤프트에 대해 유해한 압력을 일으키는 또 다른 메커니즘에 대해 생각하지 않으면 안 된다. 또한 이 부압은 화재 구획에서 승강장이나 엘리베이터 샤프트로 연기를 침투시킬 가능성이 있기 때문에 이동 중인 엘리베이터에 의해 생기는 부압의 크기를 결정하는 인자들을 정확히 파악해야 한다.

엘리베이터가 샤프트 내에서 이동할 때 발생하는 과도 압력은 엘리베이터 제연에 영향을 미친다. 이때 과도 압력을 피스톤 효과(piston effect)라고 한다. 이러한 피스톤 효과는 정상적으로 가압된 엘리베이터 승강장이나 샤프트로 연기를 끌어들일 수 있다.

이동 중인 엘리베이터 상부에 위치하는 엘리베이터 샤프트 내부의 수축성 검사 체적(control volume)에 대한 연속 방정식을 바탕으로 가압된 엘리베이터 샤프트 내부의 엘리베이터 이동에 의해 발생되는 공기 이동과 압력을 해석할 수 있다(Klote, 1988, 1991).

### 8.1.1 연기 이동 방지

엘리베이터 가압 시스템은 엘리베이터 샤프트를 통과하는 연기 이동을 막기 위한 것이다. 따라서 엘리베이터 가압 시스템은 피스톤 효과를 극복할 수 있는 압력을 엘리베이터 샤프트에 형성시켜야 한다. 피스톤 효과를 극복할 수 있는 한계 압력을 임계 압력차라고 한다. 임계 압력차 $\Delta P_{crit}$는 엘리베이터 샤프트와 건물 사이가 되고, 식 (8.1)과 같이 나타낼 수 있다(Klote, 1991). 다시말하면 임계 압력차는 피스톤 효과가 엘리베이터 가압 시스템에 영향을 줄 수 없는 한계 압력을 말한다. 식 (8.1)은 밀폐된 부속실이 없는 엘리베이터에 대한 식이다.

$$\Delta P_{crit} = \frac{\rho}{2}\left(\frac{A_s A_e V}{A_a A_{si} C_c}\right)^2 \tag{8.1}$$

여기서, $\Delta P_{crit}$ : 임계 압력차(Pa)

$\rho$ : 엘리베이터 샤프트의 공기 밀도(kg/m$^3$)

$A_s$ : 엘리베이터 샤프트의 단면적(m$^2$)

$A_{si}$ : 승강장과 건물 사이의 누설 면적(m$^2$)

$A_a$ : 엘리베이터 둘레의 자유 면적(m$^2$)

$A_e$ : 엘리베이터 샤프트와 외부 사이의 유효 유동 면적(m$^2$)

$V$ : 엘리베이터의 속도(m/s)

$C_c$ : 엘리베이터 주위의 유동에 대한 유량 계수

실험으로부터 다중 엘리베이터 샤프트의 경우에는 유량 계수 $C_c$는 약 0.94 정도이고, 단일 엘리베이터 샤프트의 경우는 0.83 정도이다. 엘리베이터에서 외부로 연결된 유효 유동 면적은 직렬 경로로 식 (8.2)와 같다. 식 (8.2)에서 $A_{io}$(m$^2$)는 외부와 건물 사이의 누설 면적이 된다.

$$A_e = \left(\frac{1}{A_{si}^2} + \frac{1}{A_{io}^2}\right)^{-\frac{1}{2}} \tag{8.2}$$

**예제 8.1** 2대의 엘리베이터가 설치된 엘리베이터 샤프트에서 건물로 12.4 Pa의 최소 압력으로 가압된다. 이 시스템은 엘리베이터 샤프트를 통과하는 연기 이동을 막고, 밀폐된 엘리베이터 승강장은 없다. 엘리베이터의 피스톤 효과에 의한 압력차는 얼마가 되겠는가?
(단, $A_{si}=0.141$, $A_{io}=0.210\ \text{m}^2$, $A_s=11.2\ \text{m}^2$, $A_a=7.43\ \text{m}^2$, $\rho=1.20\ \text{kg/m}^3$, $V=2.54\ \text{m/s}$, $C_c=0.94$)

**풀이**

① 식 (8.2)로부터 $A_e=0.117$

② 식 (8.1)로부터 $\Delta P_{crit}=6.9\ \text{Pa}$

엘리베이터 샤프트는 $\Delta P_{crit}$ 이상으로 압력을 가압해야 된다. 이 결과로부터 피스톤 효과에 의해 엘리베이터 샤프트 안으로 연기를 끌어들이지 않는다.

## 8.1.2 엘리베이터 피난

엘리베이터 가압 시스템을 화재 시 피난에 사용할 경우, 엘리베이터 승강장은 화재로 인한 비상시 엘리베이터를 기다리는 사람들을 보호하고 돕기 위하여 밀폐되어야 한다. 임계 압력차 $\Delta P_{crit}$(Pa)은 샤프트에서 엘리베이터 승강장과 건물까지가 된다.

$$\Delta P_{crit}=\frac{\rho}{2}\left(\frac{A_s A_e V}{A_a A_{ir} C_c}\right)^2 \tag{8.3}$$

여기서, $A_{ir}\,(\text{m}^2)$는 건물과 승강장 사이의 누설 면적이 된다. $\Delta P_{crit}$에 대한 식은 가압되지 않은 엘리베이터 샤프트에 피스톤 효과에 의한 압력차의 상한계 [식(4.80)]과 동일한 식이다. 엘리베이터 샤프트와 외부 사이의 유효 유동 면적은 $A_e(\text{m}^2)$ 식 (8.4)와 같다.

$$A_e=\left(\frac{1}{A_{sr}^2}+\frac{1}{A_{ir}^2}+\frac{1}{A_{io}^2}\right)^{-\frac{1}{2}} \tag{8.4}$$

여기서, $A_{sr}$ : 승강장과 샤프트 사이의 누설 면적($\text{m}^2$)

$A_{io}$ : 외부와 건물 사이의 누설 면적($\text{m}^2$)

**예제 8.2**

1) 2대의 엘리베이터가 설치된 엘리베이터 샤프트에서 건물로 12.4 Pa의 최소 압력으로 가압된다. 엘리베이터의 피스톤 효과에 의한 압력차는 얼마가 되겠는가?
(단, $A_{sr}$ =0.149 m$^2$, $A_{ir}$ =0.039 m$^2$, $A_{io}$ =0.0502 m$^2$, $A_s$ =11.2 m$^2$, $A_a$ =7.43 m$^2$, $\rho$=1.20 kg/m$^3$, $V$= 2.54 m/s, $C_c$ =0.94)

**풀이**

① 식 (8.4)로부터 $A_e = 0.0302\ \text{m}^2$

② 식 (8.3)으로부터 $\Delta P_{crit} = 6.0\ \text{Pa}$

엘리베이터 샤프트는 $\Delta P_{crit}$ 이상으로 압력을 가압해야 된다. 이 결과로부터 피스톤 효과에 의해 연기를 엘리베이터 승강장 안으로 끌어들이지 않을 것이다.

2) 만약 앞 예제에서 엘리베이터 샤프트에 한 대의 엘리베이터가 있다면, 피스톤 효과가 문제되겠는가? (단, $A_s$ =5.61 m$^2$, $A_a$ =1.80 m$^2$, $C_c$ =0.83을 제외하고 위와 동일하며, 유효 유동 면적 또한 동일하다.)

**풀이**

식 (8.3)으로부터 $\Delta P_{crit} = 33\ \text{Pa}$

엘리베이터 샤프트는 $\Delta P_{crit}$ 이하로 압력을 가압해야 한다. 이 결과로부터 피스톤 효과에 의해 연기를 엘리베이터 승강장 안으로 끌어들일지도 모른다. 따라서 가능한 해결 방법은 엘리베이터의 속도를 더 느리게 하고, 엘리베이터 샤프트에 여러 대의 다른 엘리베이터를 사용 하거나 아니면 엘리베이터 샤프트에 가압을 더 높게 한다.

## 8.2 엘리베이터 피난을 위한 제연

화재 상황에서 엘리베이터는 사용되지 않아야 하고 계단실이 피난에 사용되어야 한다는 것은 자명한 이치이다. 또한 이들 엘리베이터를 화재 시 탈출 수단으로 생각해서는 안 되며 화재시 피난용으로 사용해서는 더욱 더 안 된다. 그러나 피난자 중 일부는 육체적인 장애 때문에 계단을 이용할 수 없고, 화재시 피난이 이들에게는 심각한 문제로 대두되기 때문에 계단을 이용할 수가 없다. 또한 초고층 건물에서는 엘리베이터를 이용한 피난을 고려하지 않을 수 없다. 화재시 엘리베이터를 사용하여 피난을 계획할 때, 연기로부터 엘리베이터를 보호할 수 있는 제연 시스템이 갖추어져야 한다. 통상 엘리베이터는 화재 시 피난에 대한 어떤 보호 계획도 가지고 있지 않을 뿐더러 이러한 상황에서 엘리베이터로 피난할 것을 절대로 권해서는 안 된다. NFPA 101(2007)에서는 비상용으로 엘리베이터를 사용 할 때의 많은 문제점을 제시하고 있다.

여기서는 엘리베이터 피난에 대한 여러 가지 개념과 접근 방법을 다루었다. 화재 시 엘리베이터가 1층으로 자동으로 내려가도록 하는 것은 3층 이상의 층에서는 일반적인 공통 사항이다. 소방관들은 피난과 소방 활동을 위해 수동으로 제어하고 있지만 엘리베이터 샤프트로의 연기 침투는 종종 생명을 위협하고 소방관의 엘리베이터 사용을 방해하기도 한다.

그 밖에 고려해야 할 세 가지 사항이 있다. 첫째, 스프링클러나 소화 호스에 의한 물은 누전 또는 전력과 엘리베이터 제어 배선에 또 다른 문제를 일으킬 수 있다. 둘째, 샤프트 가압은 엘리베이터 출입문을 열리지 않게 하고, 엘리베이터의 이동을 제한시킬 수 있다. 셋째, 피스톤 효과는 엘리베이터 승강장이나 엘리베이터 샤프트로 연기를 끌어들일 수 있다.

이 같은 개념에서 비상용 엘리베이터는 다음과 같은 특성을 가져야 한다.

① 엘리베이터의 제어는 안전하고 효율적인 피난이 보장되어야 한다.
② 확실하게 전력이 공급되어야 한다.
③ 엘리베이터 제어, 제어 배선과 전력은 화재나 수해로부터 보호되어야 한다.
④ 엘리베이터 승강장, 엘리베이터 샤프트, 엘리베이터 기계실은 화재와 연기로부터 보호되어야 한다.

앞서 논의된 것처럼 엘리베이터는 화재 경보 시 1층으로 가도록 조절되어야 한다. 1층에서 화재가 발생할 경우, 엘리베이터는 다른 층으로 이동해야 하고 소방서나 다른 공인된 기관의 직원은 피난을 위해 엘리베이터를 사용 할 수 있어야 한다.

출입문을 여는 사람의 힘이 마찰력보다 작을 때 엘리베이터 출입문은 잘 열리지 않을 것이다. 마찰력은 엘리베이터 샤프트에서 승강장 사이의 압력차에 따라 증가한다. 고층 건물의 엘리베이터 출입문은 종종 아주 추운 날씨에는 잘 열리지 않는다. 이것은 압력차를 포함한 굴뚝 효과가 원인이다. 엘리베이터 메커니즘은 일반적으로 출입문이 잘 열리지 않는 것을 막기 위해 출입문의 닫는 힘을 조절할 수 있도록 되어있다. 엘리베이터 제연 시스템이 작동하는 동안 출입문이 잘 열리지 않을 가능성이 있을 수도 있고 없을 수도 있다. 만약 엘리베이터 승강장 문의 누설 면적이 엘리베이터의 출입문보다 작으면, 엘리베이터 출입문 사이의 압력차는 정상적으로 발생할 때보다 작을 수 있다.

### 8.2.1 제연의 개념

엘리베이터로 피난을 할 경우, 제연 시스템은 엘리베이터 승강장, 엘리베이터 샤프트 및 기계실이 연기로부터 보호되도록 제공되어야 한다. 사람들이 엘리베이터를 기다리는 동안 안전한 장소가 제공될 수 있도록 승강장의 보호는 매우 중요하다. 또한 기계실의 보호는 엘리베이터 기계류들의 피해를 막는 데 중요하다.

[그림 8.1]은 엘리베이터 샤프트를 직접 가압하고 엘리베이터 승강장과 기계실을 간접적으로 가압하는 시스템을 나타낸 것이다.

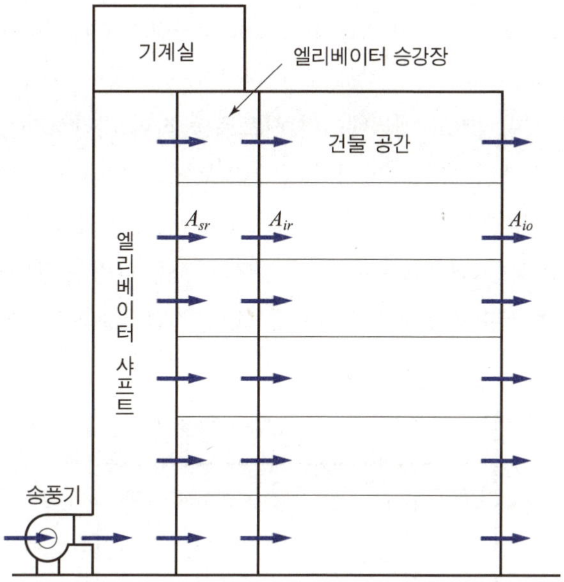


그림 8.1 샤프트 가압에 의한 엘리베이터 제연

가압 공기는 엘리베이터 승강장으로도 공급할 수 있다. 엘리베이터 상대 누설 면적의 검토는 가압 처리한 엘리베이터 샤프트와 승강장 모두를 해결하는 데 통찰력을 제공한다. 엘리베이터 승강장에서 외부까지의 누설을 무시하고 고려하면,

$$\frac{\Delta P_{sr}}{\Delta P_{ir}} = \left(\frac{A_{ir}}{A_{sr}}\right)^2 \tag{8.5}$$

여기서, $\Delta P_{sr}$ : 엘리베이터 샤프트와 승강장 사이의 압력차(Pa)

$\Delta P_{ir}$ : 승강장과 건축물 사이의 압력차(Pa)

$A_{ir}$ : 건물과 승강장 사이의 누설 면적($m^2$)

$A_{sr}$ : 승강장과 샤프트 사이의 누설 면적($m^2$)

일반적으로 엘리베이터 출입문의 틈새가 넓은 경우, Tamura와 Shaw(1976)는 틈새의 누설 면적이 일반적으로 0.05 ~ 0.07 $m^2$ 범위에 있다고 제시하였다. 일반적으로 건물 누설에 대한 $A_{ir}/A_{sr}$는 보통 구조물의 경우 약 0.4이고, 견고한 건물의 경우는 약 0.1이 된다. 식 (8.5)에서 $\Delta P_{sr}/\Delta P_{ir}$은 보통과 견고한 건물의 경우 0.16과 0.01이 된다. 따라서 건물에서 누설이 거의 없다면 엘리베이터 승강장의 압력은 엘리베이터 샤프트의 압력에 가까워진다.

가압 공기가 엘리베이터 승강장으로 공급될 수도 있다([그림 8.2]). 그러나 앞서 설명한 바와 같이 승강장에 직접적인 가압은 [그림 8.1]에 나타낸 것처럼 엘리베이터 샤프트에 공기를 공급하는 것과 같이 가압이 개선되지 않는 것으로 나타났다. 승강장에 직접 가압하는 방법은 승강장에서 소량의 연기를 정화시키고 엘리베이터 샤프트를 직접 가압시키는 것보다 다소 이점을 가지고 있다. 엘리베이터 제연 시스템의 가압 공기 일부는 엘리베이터 샤프트에서 외부로 흘어가고, 나머지는 건물을 통하여 승강장에서 외부로 흘러나간다. 승강장을 직접 가압시키면 이들 총 유량은 둘 다 승강장을 통하여 흐른다. 이와 같이 증가된 유량은 제연을 활성화하기 전이나 사람이 승강장에 들어갔을 때 승강장으로 들어간 소량의 연기를 보다 빨리 정화시킬 수 있다.

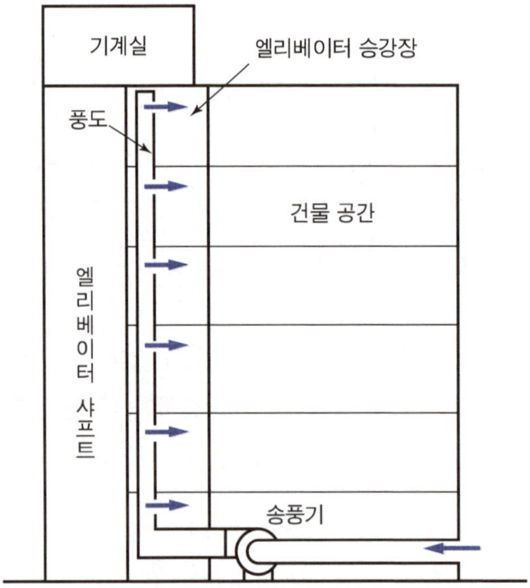


그림 8.2 승강장 가압에 의한 엘리베이터 제연

### 8.2.2 열린 출입문에 의한 압력 변동

엘리베이터 샤르트의 압력은 출입문이 열렸거나 닫혔더라도 설계 차압을 유지하도록 설계되어야 한다. Klote와 Tamura(1986a)는 가압 공간에서 외부까지 존재하는 넓은 이동 경로의 개방이 가압에 중요한 손실을 일으킬 수 있다고 제시하였다. 예를 들면, 엘리베이터 출입문, 엘리베이터 승강장 출입문, 그리고 외부 출입문의 개방은 압력 변동에 별다른 저항 없이 시스템에 대해 7～32 Pa까지 압력 강하를 일으킨다. 화재시 일부 외부 출입문이 열리는 것으로 예측하고 있다. 엘리베이터가 피난에 사용될 때 엘리베이터 출입문은 열리고 닫힐 것이다. 게다가 계단실 출입문도 사람들이 피난을 할 때 열리고 닫힐 것이고, 승강장의 출입문은 제연 시스템에 따라 자동으로 닫힐 것이다. 그러나 승강장의 출입문은 부주의로 막힐 수 있고 폐쇄 장치는 고장이 날 수 있다. 이때 거주자들은 연기에 노출되는 것을 막기 위해 이같이 임의로 개방된 승강장 출입문을 닫을 것으로 예상된다. 어떠한 연기의 위험도 없고 또는 엘리베이터 승강장에 사람들이 대기하고 있지 않은 층에서 출입문이 닫히지 않을 수도 있다. 제연 시스템은 화재로부터 멀리 떨어진 층의 일부 엘리베이터 승강장의 출입문이 열릴 때도 가압을 유지하도록 설계되어야 한다.

### 8.2.3 제연 시스템

엘리베이터 제연 시스템에서는 출입문의 개폐에 의해 발생하는 압력 변동을 다루기 위해 특정 방법들을 조합할 수 있다. 이들 특정 방법에는 압력 방출구, 조압 댐퍼가 있는 방출구, 가변 풍량 송풍기 및 화재층 배출구와 배출기가 포함된다.

#### 1) 압력 방출 시스템

[그림 8.3]에 나타낸 것처럼 이 시스템은 정풍량 송풍기와 압력 방출구(pressure relief vent system)를 가지고 있다. 방출구의 면적은 고정되어 있고, 제연 시스템에서 작동하기 위해 일정 규모의 크기를 갖아야 한다. 만약 방출구가 정상적으로 닫히기를 원한다면, 방출구는 자동 댐퍼와 함께 조립되어야 한다. 공급 비율은 송풍기의 압력에 따라 어느 정도 변하지만 가변 풍량 송풍기와 정풍량 송풍기는 차이가 있으므로 구별해서 사용한다. 방출구는 모든 출입문이 닫힐 때 최대 허용 압력차가 초과되지 않는 범위에서 충분한 양을 방출할 수 있어야 한다. 외부 경로가 열릴 때, 공기는 그 경로를 통과해서 흐르고 엘리베이터 샤프트의 압력은 떨어진다. 설계에서 구성된 일부 경로가 열릴 때, 이 시스템은 적어도 최소 허용 압력차를 유지해야 한다.

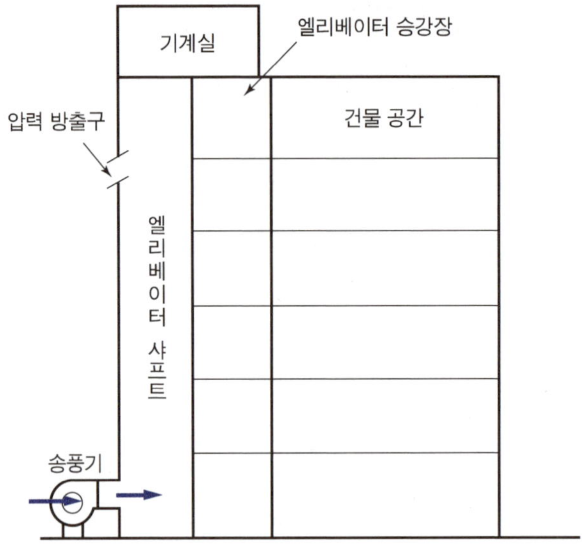


그림 8.3 압력 방출구가 있는 엘리베이터 제연

### 2) 조압 댐퍼 시스템

방출구 대신 압력이 특정값 이하로 떨어질 때 닫히는 조압 댐퍼(barometric damper system)를 구성한 것을 제외하고 이 시스템은 압력 방출 시스템과 유사하다. 이들 댐퍼는 엘리베이터 샤프트에서 경로가 열릴 때 공기의 손실을 최소화하고자 할 경우에 사용되며 가압 송풍기는 상기 시스템보다 규모가 작을 수도 있다. 조압 댐퍼와 평행으로 설치된 자동 댐퍼가 닫힐 때 바람에 의한 떨림 현상의 원인이 되어 댐퍼의 정상 작동을 방해할 수 있다.

### 3) 가변 풍량 시스템

가변 풍량은 가변 유량을 이용하여 상용화된 송풍기 중의 하나를 사용하면 이룰 수 있다. 또 다른 방법으로 풍도와 댐퍼를 송풍기로 바이패스시켜 엘리베이터 샤프트로 공급되는 공기의 유량을 변화시키는 데도 사용될 수 있다. 가변 풍량 송풍기(variable-supply air system)는 승강장과 건물 사이의 압력차를 감지하는 하나 또는 그 이상의 정압 센서에 의해 제어된다. 센서를 사용하는 방법에는 두 가지가 있다. 공기 유량은 센서로부터 입력되는 모든 신호의 평균값으로 제어할 수 있고 또는 화재층의 신호에 의해 제어할 수 있다. 화재가 발생한 곳의 모든 정보를 필요로 하지는 않기 때문에 모든 신호의 평균값을 사용하는 것이 이점이 될 수도 있다.

화재층의 센서 신호를 사용하는 것은 화재 장소의 정보를 필요로 하기 때문이다. 이때 정보는 연기 감지기, 열 감지기, 또는 스프링클러 유수 경보 장치로부터 받을 수 있다. 화재층의 신호를 사용하는 것은 시스템이 가장 위험한 위치에서 고정 압력차를 유지하는 데 이점을 줄 수 있다.

#### 4) 화재층에 배출구 또는 배출기가 있는 시스템

화재층의 연기 배출구와 배출기는 시스템 성능을 향상시킬 수 있다. 배출구 또는 배출기는 승강장에서 화재층까지의 압력차를 증가시킨다. 방출구는 외벽의 벤트(vent)나 비동력 연기 샤프트가 될 수도 있다.

[그림 8.4]는 화재층의 연기를 배출하기 위한 송풍기－풍도 시스템을 그림으로 나타낸 것이다. 화재 또는 연기 감지에 의해 화재층의 댐퍼가 열리고 배출기가 작동된다. 이때 감지 시스템은 화재층을 확인할 수 있도록 구성되어야 한다.

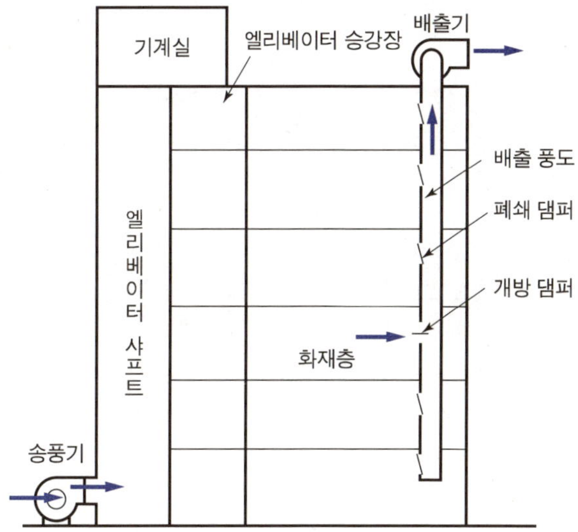


그림 8.4 화재층에 배출기가 있는 엘리베이터 제연

# 8장 연습문제

01 화재 시 엘리베이터 임계 압력차에 대해 설명하라.

02 엘리베이터의 제연에 대한 개념을 설명하라.

03 엘리베이터의 제연 시스템의 종류를 나열하고 설명하라.

04 엘리베이터나 출입문의 개방에 따른 압력 변동에 대해 설명하라.

# 9장

# 구역 제연

Smoke Management of Zone

계단실과 엘리베이터 가압은 이들 계단실과 샤프트로 연기가 침투하는 것을 막는 것이다. 그러나 계단실 가압 설비만 갖추고 있는 건축물의 경우 바닥이나 칸막이의 균열과 가압되지 않은 샤프트를 통해 연기 이동이 일어날 수 있고, 이러한 연기 이동으로 인해 화재로부터 멀리 떨어진 위치에도 불구하고 재산과 인명 피해로 이어질 수 있다.

구역 제연의 목적은 두 가지 제연의 원리를 이용하여 건물 내에서의 연기 이동을 제한하기 위한 것이다. 첫째, 제연 구역의 제연 경계 사이에 압력차를 형성시키는 것이고, 둘째, 신선한 외부 공기를 비제연 구역으로 공급하거나 제연 구역을 환기시키거나 또는 두 가지 방법을 복합적으로 활용하는 것이다(klote, 1991).

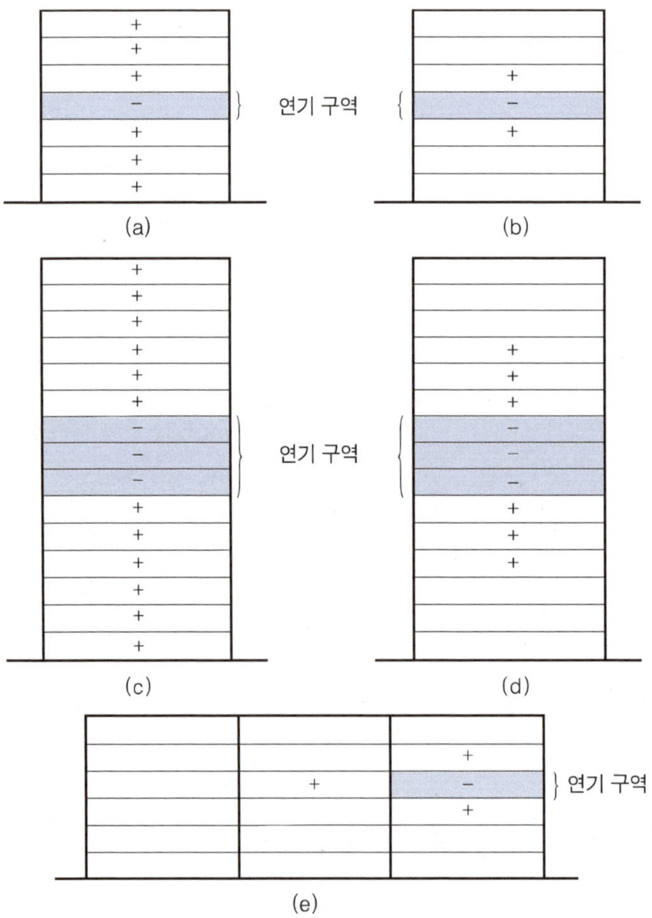


그림 9.1 구역 제연의 배열 방식

## 9.1 구역 제연

구역 제연 방식을 이용할 경우 건물은 여러 개의 제연 구역으로 분할되며, 이때 각 구역은 칸막이, 바닥 및 연기 이동을 막을 수 있는 개폐 출입문에 의해 다른 구역으로부터 분리된다. 화재가 발생할 경우 기계식 송풍기에 의해 생성되는 기류 및 압력차는 발화 구역으로부터 연기가 확산되는 것을 제한하는데 사용된다. 발화 구역 내의 연기 농도를 확인할 수 없기 때문에 건물 내부의 거주자들은 화재 감지 후 가능한 한 빨리 연기 구역을 빠져나가야 한다.

건물의 각 층은 독립적인 제연 구역으로 선정되는 경우가 많다. 그러나 하나의 제연구역이 2개 이상의 층으로 구성되거나 하나의 층이 2개 이상의 제연 구역으로 구성되는 경우도 있다. 제연 구역의 예를 [그림 9.1]에 제시하였다. 화재가 발생할 때, 건물 내의 모든 비제연 구역이나 제연 구역의 인접 구역에만 가압이 가능하다. [그림 9.1]의 (a)와 (b)의 경우처럼 화재층은 환기가 이루어지고 인접층만 가압할 때 이를 압력 샌드위치(pressure sandwich)라고 한다. [그림 9.1]에서 연기 구역은 (−)기호로 표시하였고, 가압 구역은 (+)기호로 표시하였다. 각 층이 하나의 제연 구역(a, b)일 수도 있고, 하나의 제연 구역이 2개 이상의 층으로 구성될 수도 있다(c, d). 건물 내의 모든 비연기 구역을 가압할 수도 있고(a, c), 연기 구역에 인접한 비제연 구역만 가압할 수도 있다(b, d). 연기 구역을 한 개 층으로 제한할 수도 있다(e).

## 9.2 연기 구역의 환기

연기 구역에서 연기를 환기시키는 것은 화재로 인한 가스의 열팽창에 의해 발생하는 높은 과압을 방지하는데 중요하기 때문이다. 하지만 환기는 연기 구역의 연기 농도만을 조금 줄일 뿐이다. 환기는 다음 3가지 방법에 의해 달성될 수 있다.

① 외벽 환기

② 배연 샤프트

③ 기계식 환기(배기)

연기 구역의 환기와 함께 이들 방법을 병행해서 사용할 수 있다. 첫 번째와 두 번째 환기 방법을 사용할 때, 인접한 구역(또는 모든 비제연 구역)을 가압하는 것은 연기 구역의 경계 부분에서 압력차를 유지하는데 중요하다. 세 번째 방법인 기계식 환기는 그 자체가 제연에 충분한 압력차를 형성시킬 수 있다. 하지만 창문 파손이나 제연 구역에서 외부로 난 큰 개구부가 있는 경우, 기계식 환기는 적절한 압력차를 확보하지 못할 수도 있다.

연기 정화, 급기와 환기의 동일 구성비 등은 연기 이동을 제어할 정도로 압력차를 생성하지 않기 때문에 여기서는 고려하지 않았다. HVAC 시스템의 기류를 이용한 연기 정화는 보편적으로 대규모 화재가 발생한 구역의 연기 농도를 충분히 줄일 수 없다.

## 9.3 외벽 환기

외벽 환기는 제연 시스템이 작동될 때 자동으로 열리는 창문이나 패널(panel)로 구성될 수 있다. 외벽 환기 시스템은 기계식 환기와 가압되는 인접 구역이 없이 환기되는 제연 구역으로 구성된다. 바람의 역효과를 최소화하기 위하여 벽의 환기 면적은 모든 외벽 사이에서 균일하게 분배되어야 한다. 폭보다 높이가 더 높은 건물의 경우 환기는 두 개의 긴 측벽에 균일하게 나누어져야 한다.

외벽 환기는 개방층 건물에 가장 적합하고 층을 여러 개의 칸막이로 나눌 때는 적당하지 않다. 외벽 환기구를 통과하는 뜨거운 가스의 유동이 매우 크기 때문에 환기구의 위층으로 전파되는 외부 화재의 가능성을 최소화하도록 외벽을 설계해야 한다.

### 9.3.1 환기 면적

Tamura(1978)는 외벽 환기의 크기를 계산하는 방법을 제시하였다. 해석 방법에서 각 층은 연기 구역이 된다. 여기서 논의된 해석 방법과 다음 단원에서 설명될 해석 방법의 경우와 화재 영향은 최소 설계 압력차에 의해 간접적으로 통합된다(제5장 참조). 이 시스템에 의해 화재층(연기 구역)이 외부로 환기되는 동안 화재층의 송풍기 및 배출기는 정지하게 되고 화재층의 위층과 아래층은 가압하게 된다.

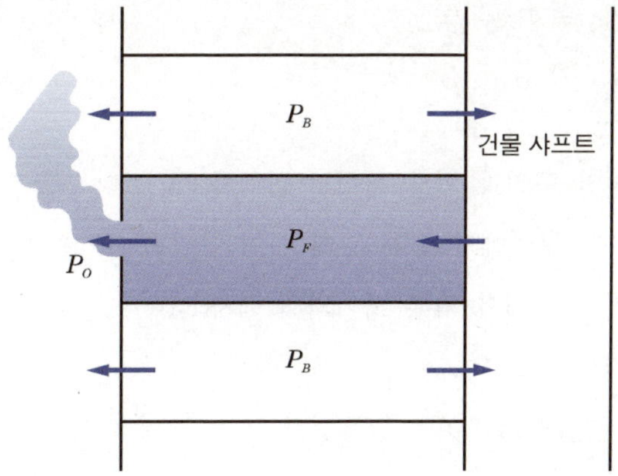


그림 9.2 연기 구역의 환기와 유동 양상

[그림 9.2]에 나타낸 것처럼 공기는 인접층에서 화재층으로 흐르고 환기구를 통하여 완전히 외부로 흘러 나간다. 화재층에서는 송풍기와 배출기가 정지하기 때문에 벽 환기구를 통과하는 총 공기 유량은 제연 구역에서 환기되는 층까지의 총 유량과 같고, 식 (9.1)과 같이 된다.

$$A_v\sqrt{P_F-P_O}=A_e\sqrt{P_B-P_F} \tag{9.1}$$

여기서, $A_v$ : 외벽 환기구의 유동 면적($m^2$)

$A_e$ : 다른 구역에 둘러싸인 연기 구역의 유효 유동 면적($m^2$)

$P_F$ : 연기 구역의 압력(Pa)

$P_O$ : 외부 압력(Pa)

$P_B$ : 비연기 구역의 건물 내 압력(Pa)

유효 유동 면적 $A_e$는 수직 샤프트의 벽, 층 구조물, 연기 구역의 개구(환기와 배기)풍도의 유동 면적을 포함한다. 유효 유동 면적은 제4장을 참조하기 바란다. 식 (9.1)을 정리하면 식 (9.2)와 같이 된다.

$$\frac{P_B-P_F}{P_F-P_O}=\left(\frac{A_v}{A_e}\right)^2 \tag{9.2}$$

$$P_B-P_O=(P_B-P_F)+(P_F-P_O)$$

$$\Delta P_{BO}=P_B-P_O$$

$$\Delta P_{BF} = P_B - P_F$$

$$\Delta P_{FO} = P_F - P_O$$

여기서, $\Delta P_{BO}$ : 비연기 구역과 외부 사이의 압력차(Pa)

$\Delta P_{BF}$ : 비연기 구역에서 연기 구역 사이의 압력차(Pa)

$\Delta P_{FO}$ : 연기 구역에서 외부 사이의 압력차(Pa)

$\Delta P_{BO} = \Delta P_{BF} + \Delta P_{FO}$

$\Delta P_{FO} = \Delta P_{BO} - \Delta P_{BF}$

식 (9.2)를 식 (9.1)에 대입하고 정리하면 식 (9.3)과 같이 된다.

$$\frac{\Delta P_{BF}}{\Delta P_{BO}} = \frac{(A_v/A_e)^2}{1+(A_v/A_e)^2} \tag{9.3}$$

비 연기 구역 층의 계단실 출입문이 열리면 화재층(연기 구역)의 닫힌 계단실 출입문 사이의 압력차는 증가한다. 이것은 유효 유동 면적의 개념으로부터 설명될 수 있다(제4장 참조).

비 연기 구역 층과 연기 구역 층 모두에서 계단실 출입문이 열리면 연기 구역 경계사이에서 감소된 압력차와 동반되어 연기 구역에는 상당한 기류의 변화가 발생한다.

**예제 9.1**

1) $A_v/A_e$의 비가 1이라면, $\Delta P_{BF}/\Delta P_{BO}$의 비는 얼마가 되겠는가?

**풀이** 식 (9.3)으로부터 $\Delta P_{BF}/\Delta P_{BO} = 0.5$

연기 구역의 압력차는 건물과 외부 사이의 압력차에 절반이 된다.

2) $A_v/A_e$의 비가 2라면, $\Delta P_{BF}/\Delta P_{BO}$의 비는 얼마가 되겠는가?

**풀이** 식 (9.3)으로부터 $\Delta P_{BF}/\Delta P_{BO} = 0.8$

3) $A_v/A_e$의 비가 3이라면, $\Delta P_{BF}/\Delta P_{BO}$의 비는 얼마가 되겠는가?

**풀이** 식 (9.3)으로부터 $\Delta P_{BF}/\Delta P_{BO} = 0.9$

### 9.3.2 가압 공기의 유량

연기 구역과 다른 구역 구획벽 사이의 유효 유동 면적 $A_e$는 통상 연기 구역과 다른 비 연기 구역 사이의 유동 면적 합이 되고, 식 (9.4)와 같이 표현된다.

$$A_e = \sum_{i=1}^{n} A_{BFi} \tag{9.4}$$

여기서, $A_e$ : 연기 구역과 다른 구역 구획벽 사이의 유효 유동 면적($m^2$)

$n$ : 인접 비 연기 구역의 수

$A_{BFi}$ : 비 연기 구역 $i$와 연기 구역 사이의 유동 면적($m^2$)

정상 유동 조건을 고려하면, 비 연기 구역으로 유입되는 가압 공기의 질량 유량은 질량 보존의 법칙에 따라 그 구역을 흘러나가는 공기의 유량과 같다.

$$m_{ti} = m_{BFi} + m_{BOi} \tag{9.5}$$

여기서, $m_{ti}$ : 구역 $i$로 유입되는 가압 공기의 질량 유량(kg/s)

$m_{BFi}$ : 구역 $i$에서 연기 구역으로 유입되는 질량 유량(kg/s)

$m_{BOi}$ : 구역 $i$에서 외부로 흘러나가는 질량 유량(kg/s)

구역 $i$에서 연기 구역으로 유입되는 유량은 식 (1.7)로부터 식 (9.6)과 같이 나타낼 수 있다.

$$m_{BFi} = CA_{BFi}\sqrt{2\rho\,\Delta P_{BF}} \tag{9.6}$$

여기서, $m_{BFi}$ : 구역 $i$에서 연기 구역으로 유입되는 질량 유량(kg/s)

$C$ : 유량 계수

$A_{BFi}$ : 비연기 구역 $i$와 연기 구역 사이의 유동 면적($m^2$)

$\rho$ : 유동 경로에서의 공기 밀도($kg/m^3$)

$\Delta P_{BF}$ : 비연기 구역과 연기 구역 사이의 압력차(Pa)

외부로 흘러나가는 질량 유량은 식 (9.7)과 같이 된다.

$$m_{BOi} = CA_{BOi}\sqrt{2\rho\,\Delta P_{BO}} \tag{9.7}$$

여기서, $A_{BOi}$ : 구역 $i$에서 외부로 흘러나가는 질량 유량(kg/s)

$C$ : 유량 계수

$A_{BOi}$ : 비연기 구역 $i$와 외부 사이의 유동 면적($m^2$)

$\rho$ : 유동 경로에서의 가스 밀도($kg/m^3$)

$\Delta P_{BO}$ : 비연기 구역과 외부 사이의 압력차(Pa)

스프링클러가 설치되지 않은 건물 화재의 경우 연기 구역에서 유출되는 가스는 상대적으로 뜨겁다. 그러나 가장 큰 문제는 건물 근처의 온도와 비 연기 구역의 유량 두 가지가 된다.

유동 면적을 근사하게 계산하면 오차가 생기는데 그 오차는 표준 체적 유량으로 계산할 때에 포함되는 오차를 무시할 수 있다. 구역 $i$에서 연기 구역으로 유입되는 체적 유량은 식 (5.40a)의 형태로 사용할 수 있다.

$$Q_{BFi} = 0.827\ A_{BFi}\sqrt{\Delta P_{BF}} \tag{9.8}$$

여기서, $Q_{BFi}$ : 구역 $i$에서 연기 구역으로 유입되는 체적 유량($m^3/s$)

$A_{BFi}$ : 비 연기 구역 $i$와 연기 구역 사이의 유동 면적($m^2$)

$\Delta P_{BF}$ : 비 연기 구역과 연기 구역 사이의 압력차(Pa)

$$Q_{BOi} = 0.827\ A_{BOi}\sqrt{\Delta P_{BO}} \tag{9.9}$$

여기서, $Q_{BOi}$ : 구역 $i$에서 외부로 흘러나가는 체적 유량($m^3/s$)

$A_{BOi}$ : 비 연기 구역 $i$와 외부 사이의 유동 면적($m^2$)

$\Delta P_{BO}$ : 비 연기 구역과 외기 사이의 압력차(Pa)

비 연기 구역에서 압력차는 식 (9.3)으로부터 구할 수 있다.

$$\Delta P_{BO} = \Delta P_{BF} = \left\{ \frac{1 + (A_v/A_e)^2}{(A_v/A_e)^2} \right\} \tag{9.10}$$

여기서, $\Delta P_{BO}$ : 비 연기 구역과 외기 사이의 압력차(Pa)

$\Delta P_{BF}$ : 비 연기 구역과 연기 구역 사이의 압력차(Pa)

$A_v$ : 화재층의 외부 환기의 유동 면적($m^2$)

$A_e$ : 연기 구역과 다른 구역 구획의 유효 유동 면적($m^2$)

비 연기 구역에 공급되는 공기의 계산 방법을 정리하면 다음과 같다.

① 제4장을 이용하여 유효 유동 면적 계산

② $A_v$의 값을 선택($A_v/A_e = 2$의 값 사용 권고)

③ $\Delta P_{BF}$의 적절한 값 선정(NFPA 92 참조)

④ 식 (9.10)으로부터 $\Delta P_{BO}$ 계산

⑤ 식 (9.4)를 이용하여 식 (9.9)에서 적합한 유량 계산

⑥ 계산된 유동 면적과 실제 유동 면적과의 편차 계산을 위해 안전 계수 사용

**예제 9.2** 구역 제연 시스템의 연기 구역은 외벽 환기와 두 개의 인접 비 연기 구역을 가지고 있다. 연기 구역에서 급기와 환기는 닫히고 인접 구역은 가압된다. 비 연기 구역은 $A_{BO1} = A_{BO2} = 0.42\ m^2$와 $A_{BF1} = A_{BF2} = 0.28\ m^2$로 동일한 유동 면적을 갖는다. $A_v/A_e = 2$와 $\Delta P_{BF} = 25$ Pa을 사용한다. 가압 공기가 얼마나 필요한가?

**풀이**

① 식 (9.4)로부터 $A_e = 0.28 + 0.28 = 0.56\ m^2$

② 식 (9.10)으로부터 $\Delta P_{BO} = 25(1+2^2)/(2^2) = 31$ Pa

③ 식 (9.8)로부터 $Q_{BFi} = 0.827(0.28)\sqrt{25} \fallingdotseq 1.2\ m^3/s$

④ 식 (9.9)로부터 $Q_{BOi} = 0.827(0.42)\sqrt{31} \fallingdotseq 2.0\ m^3/s$

안전 계수를 1.5하면, 구역 1로 공급되는 가압 공기의 공급량은
$1.5(1.2+2.0) = 4.7\ m^3/s$ (10,000 cfm)가 된다.

## 9.4 연기 샤프트

연기 샤프트는 화재층에서 지붕 위로 연기가 이동하도록 경로를 제공하는 것이다. 일반적으로 연기 이동의 이동력은 부력이지만, 일부 연기 샤프트를 통한 이동은 기계식 송풍기의 도움을 받는다. 연기 샤프트는 한 층, 임의의 층 또는 건물의 모든 층에 제공될 수 있다. 연기 샤프트는 지붕 위와 연기 샤프트가 제공된 해당 층에 개구부를 가지고 있다. 이들 개구부는 보통 폐쇄 댐퍼와 함께 조립된다. 화재시 화재층의 댐퍼와 꼭대기 외부 댐퍼만이 연기를 외부로 배

출시키기 위해 개방된다. 연기 샤프트는 규정에 맞게 설치되어야 한다. 비 연기 구역의 가압과 관련하여 사용되는 연기 샤프트는 연기 구역의 연기를 제한하기 위해 압력차를 형성시킬 수 있다. 연기 샤프트는 층의 개방 계획에 따라 건물에 사용된다. 정상 굴뚝 효과가 발생하는 동안 연기 샤프트에 의해 이동하는 공기 이동은 화재층의 연기를 연기 샤프트 입구로 끌어당기는 원인이 된다. 샤프트 입구 근처에서 연기는 피난이나 진화 작업을 하는 동안 위험을 주지 않도록 연기 샤프트는 출구 계단실로부터 가능한 한 멀리 설치할 것을 권하고 있다. 그리고 고온의 연기가 천장 가까이에서 종종 층을 이루기 때문에 연기 샤프트 입구는 천장 가까이나 천장에 설치할 것을 권하고 있다.

## 9.5 기계식 환기

연기 구역의 기계식 환기는 전용 환기 시스템이나 HVAC 시스템의 배출기에 의해 달성할 수 있다. 일반적으로 이러한 환기는 비 연기 구역의 가압을 동시에 실시한다. 또한 이들 시스템은 계단실 가압을 포함할 수 있다. 기계식 환기는 스스로 연기를 제어하기 때문에 충분한 압력차를 발생시킨다. 그러나 창문이 파손되거나 연기 구역으로부터 외부로 다른 큰 개구부가 열릴 경우 압력차는 상당히 감소할 수 있다. 이런 이유로 창문 파손이나 연기 구역에서 외부로 개방될 확률이 클 때 기계식 환기에는 적절한 제연 시스템을 구성하지 않으면 안 된다.

연기 구역에서 배출구의 위치 선정은 매우 중요하다. 배출구 근처에서 피난 또는 진화 작업을 하는 동안 연기가 위험을 가중시키지 않도록 이들 배출구는 출구 계단으로부터 멀리 떨어져야 한다.

연기 구역에서 배출되는 공기는 외부로부터 공기를 끌어들이고 또 다른 구역에서 연기 구역으로 공기를 끌어들인다. 연기 구역으로 흐르는 이 공기는 화재에 산소를 공급할 수 있다. 상용 공기 조화 시스템은 대부분 시간당 약 4회에서 6회 정도 공기를 교체하고 있다. 이들 시스템을 제연에 응용할 경우 통상 6회 정도 공기를 교체하는 것이 적당하다.

현재 6회의 공기 교체로 공급되는 산소에 의해 발생하는 역효과가 화재로부터 멀리 떨어진 구역에서 지속적으로 유지할 수 있는 조건의 이점과 비교해 보면 무의미하다는 가설을 근거로 설계가 이루어지고 있다. 따라서 환기에 대한 상한계로 시간당 6회의 공기 교체를 권고하고 있지만 화재 상황에 따라 다를 수 있다. 제연 시스템의 해석에 화재의 부력과 팽창의 영향을 제시하는 것이 필요하다. 이것은 해석의 한 부분으로서 직접적으로나 간접적으로 수행될 수 있다. 간접적인 방법이란 설계 온도에서 연기의 부력으로부터 발생하는 압력을 극복할 수 있는 최소 설계 압력차를 확보하는 것이다. 하지만 해석 시 설계자의 오차, 설계의 다른 양상, 시공과 시운전이 단순하지만은 않다.

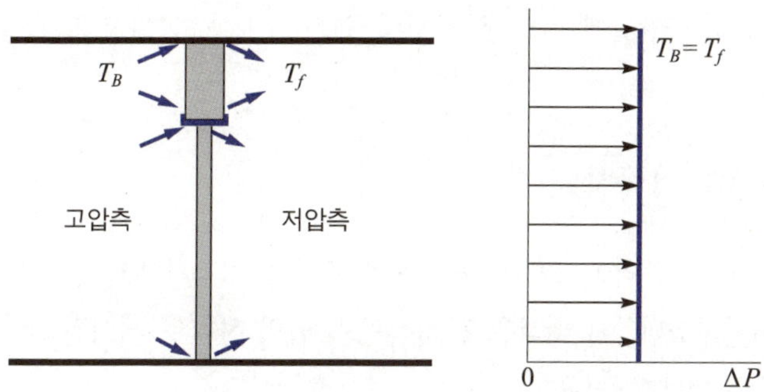


(a) 화재가 발생하지 않은 경우의 압력차

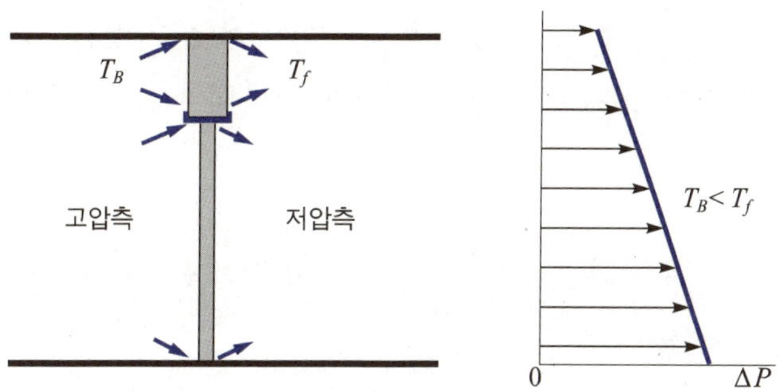


(b) 보호 공간으로 침투하는 것을 막는 제연 시스템

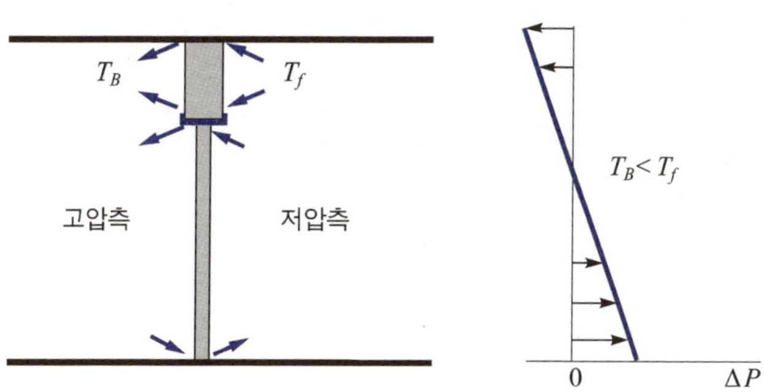


(c) 연기 구역 배출로 줄어든 질량 유량에 의해 보호 공간으로 연기 침투

**그림 9.3** 연기 구역의 제연 경계에서 압력차

연기 구역 경계의 양 측면에서 온도가 동일할 때 경계 사이의 압력차는 경계 벽 높이와 같게 된다. 연기 구역의 가스가 뜨거울 때 고온 가스의 부력은 비 균일 압력차를 형성한다. [그림 9.3(a)]는 최소 설계값에서의 균일 압력차를 나타낸 것이다. 만약 비 연기 구역에서 연기 구역까지 질량 유량의 변화가 없고 연기 구역은 그 구역의 설계 온도를 초과하지 않는다면, 연기 구역의 압력차는 양(+)의 값으로 지속되기 위해 최소값이 선택된다[그림 9.3(b)]. 그러나 질량 유량이 감소하면, [그림 9.3(c)]에 나타낸 것처럼 연기는 보호 공간으로 흐를 수 있다.

### 9.5.1 질량 유량과 압력차

이 단원에서는 단지 한 구역에서만 사용되는 배출기로 연기가 배출될 때 압력차와 질량 유량의 해석 방법을 제시하였다. 이 해석은 간접적인 방법의 하나로 제시된 것이며, 이 해석 방법에서 배출기는 연기 구역에만 사용되는 것으로 하였다.

연기 구역은 많은 실(室)로 구성되어 있고, 각 실은 각각의 평균 온도를 가지고 있다. 화재 발생 동안 질량은 제연 시스템에 의하여 소모되고 질량은 가압 구역으로 들어간다. 질량 보존의 법칙으로부터 연기 구역의 순수 질량 유량은 연기 구역 내의 질량 변화비와 같고 식 (9.11)과 같다.

$$m_i - m_e = \frac{dm}{dt} \tag{9.11}$$

여기서, $m_i$ : 연기 구역 $i$로 들어오는 질량 유량(kg/s)

$m_e$ : 연기 구역을 흘러나가는 질량 유량(kg/s)

$m$ : 연기 구역의 질량 유량(kg/s)

연기 구역의 질량 유량 $m$은 식 (9.12)와 같이 나타낼 수 있다.

$$m = \rho_f V_f \tag{9.12}$$

여기서, $\rho_f$ : 연기 구역 내부 가스의 평균 밀도(kg/m$^3$)

$V_f$ : 연기 구역의 체적(m$^3$)

연기 제어가 이상적으로 이루어지는 동안 연기 구역을 나가는 질량만 배출기를 통과한다. 일정 체적 유량을 1차원으로 고려하여 송풍기를 고려하면 연기 구역에서 질량 유량은 식 (9.13)과 같이 나타낼 수 있다.

$$m_e = \rho_{fan} Q_{fan} \tag{9.13}$$

여기서, $\rho_{fan}$ : 송풍기를 통과해 나가는 가스의 밀도(kg/m$^3$)

$Q_{fan}$: 송풍기의 체적 유량(m$^3$/s)

연기 구역의 질량 유량은 그 구역 모든 실의 여러 경로를 통과하는 유동으로 이루어진다. 만약 평균 압력차가 모든 경로에서 동일하다면 연기 구역의 질량 유량은 식 (9.14)와 같이 나타낼 수 있다.

$$m_i = CA_e\sqrt{2\rho_s\overline{\Delta P}} \tag{9.14}$$

여기서, $m_i$ : 연기 구역의 질량 유량(kg/s)

$C$ : 무차원 유량 계수

$A_e$ : 연기 구역의 경계 면적(m$^2$)

$\rho_s$ : 경로의 가스 밀도(kg/m$^3$)

$\overline{\Delta P}$ : 경로 사이의 평균 압력차(Pa)

평균 압력차는 제7장에서 전개된 계단실과 외부 사이의 평균 압력차의 관계와 유사한 방법으로 계산할 수 있다.

$$\overline{\Delta P} = \frac{4}{9}\frac{\left[\Delta P_h^{3/2} - \{\Delta P_h + (\rho_B - \rho_f)9.8h\}^{3/2}\right]^2}{2\Delta P_h + (\rho_B - \rho_f)9.8h} \tag{9.15}$$

여기서, $\overline{\Delta P}$ : 경로 사이의 평균 압력차(Pa)

$\Delta P_h$: 천장 높이에 따른 압력차(Pa)

$\rho_B$ : 비연기 구역의 공기 밀도(Pa)

$\rho_f$ : 인접 경로에서 연기 구역의 평균 가스 밀도(kg/m$^3$)

$h$ : 천장 높이(m)

바닥 근처의 연기 구역 경계 사이의 압력차 $\Delta P_o$는 식 (9.16)이 된다.

$$\Delta P_o = \Delta P_h + 9.8(\rho_B - \rho_f)h \tag{9.16}$$

### 9.5.2 가스 팽창

화재가 진행됨에 따라 연기 구역의 가스는 뜨거워지고 팽창된다. 팽창에 의해 증가된 가스의 체적은 배출기로 배출된 가스의 나머지가 연기 구역으로 흘러간다. 따라서 연기 구역의 질량 유량은 동일한 양으로 줄어든다. 연기 구역의 유량 감소에 따라 연기 구역 경계 사이의 압력차는 동시에 감소된다. 연기 구역의 경계를 통과하는 유량에 대한 팽창의 영향은 식 (9.17)과 같이 나타낼 수 있다.

$$Q_i = Q_{ir} + \frac{1}{\rho_f}\left(\frac{dm}{dt}\right) \tag{9.17}$$

여기서, $Q_i$ : 연기 구역의 경계를 통과하는 체적 유량($m^3/s$)

$Q_{ir}$ : 화재가 없는 연기 구역의 경계를 통과하는 체적 유량($m^3/s$)

$dm/dt$ : 연기 구역의 가스 질량 변화와 시간 비(kg/s)

$\rho_f$ : 경로 근처의 연기 구역의 가스 평균 밀도($kg/m^3$)

팽창은 연기 구역의 질량 감소와 음(−)의 값 $dm/dt$으로 된다. $dm/dt$의 값은 화재에 따라 변화하고 화재 성장과 열전달에 좌우된다. 일반적으로 $dm/dt$의 값은 약 −0.5 kg/s를 사용한다(Klote, 1991). 따라서 압력차는 식 (9.18)과 같이 체적 유량과 관계가 있다.

$$\overline{\Delta P} = \overline{\Delta P_r}\left(\frac{Q_i}{Q_{ir}}\right)^2 \tag{9.18}$$

여기서, $\overline{\Delta P}$ : 연기 구역 경계 사이의 평균 압력차(Pa)

$\overline{\Delta P_r}$ : 화재가 없는 연기 구역 경계 사이의 평균 압력차(Pa)

공기 변화비는 식 (9.19)와 같이 체적 유량과 관계가 있다.

$$Q = \frac{\alpha V}{3,600} \tag{9.19}$$

여기서, $Q$ : 체적 유량($m^3/s$)

$\alpha$ : 공기 변화비($hr^{-1}$)

$V$ : 공간의 체적($m^3$)

**예제 9.3**

1) 연기 구역의 경계벽 사이의 평균 압력차는 25 Pa이다. 팽창의 최정점에서 20 Pa의 값이 허용되는 것으로 한다. 환기는 시간당 6회 공기 교체를 초과하지 않는다. 최정점 팽창에서 $dm/dt = -0.5$ kg/s일 경우, 1,270 $m^3$인 연기 구역의 허용 압력차는 얼마가 되겠는가?

(단, $\overline{\Delta P_r}=25$ Pa, $\alpha = 6\ hr^{-1}$, $dm/dt = -0.5$ kg/s, $V=1{,}270\ m^3$, $\rho_f = 1.12\ kg/m^3$)

**풀이**

① 식 (9.19)로부터 $Q_{ir} = 6(1{,}270)/3{,}600 = 1.23\ m^3/s$

② 식 (9.17)로부터 $Q_i = 1.23 + 3{,}600(-0.5)/1.12 = 0.998\ m^3/s$

③ 식 (9.18)로부터 $\overline{\Delta P} = 25(0.998/1.23)^2 = 16.4$ Pa

따라서 이 정도의 가압으로는 충분하지 않다.

2) 위 문제에서 2,540 $m^3$인 연기 구역의 허용 압력차는 얼마가 되겠는가?

**풀이**

① 식 (9.19)로부터 $Q_{ir} = 6(2{,}450)/3{,}600 = 4.25\ m^3/s$

② 식 (9.17)로부터 $Q_i = 4.25 + 3{,}600(-0.5)/1.12 = 3.84\ m^3/s$

③ 식 (9.18)로부터 $\overline{\Delta P} = 25(3.84/4.25)^2 = 20.4$ Pa

따라서 이 정도의 가압이면 충분하다. 또한 2,540 $m^3$의 연기 구역에서 −0.5 kg/s의 질량 변화를 일으키는 화재의 압력을 다룰 수 있지만 이보다 더 작은 연기 구역의 동일 화재를 가압하는 데는 충분하지 않다.

### 9.5.3 배출기의 온도

송풍기는 일정 체적 유량 장치의 일종이다. 송풍기를 통과하는 질량 유량은 송풍기를 통과하는 가스의 절대 온도 함수가 된다. 송풍기의 온도가 증가하면 제연 시스템의 가압은 감소되고, 이 감소에 따라 배출기의 질량 유량은 감소하게 된다. 송풍기의 최대 허용 온도는 식 (9.20)과 같이 계산할 수 있다.

$$T_{fan} = T_r/(1-\Phi) \tag{9.20}$$

여기서, $T_{fan}$ : 송풍기를 통과하는 가스의 최대 허용 온도(K)

$T_r$ : 정상 작동시 송풍기를 통과하는 가스의 최대 허용 온도(K)

$\Phi$ : 송풍기를 통과하는 질량 유량의 허용 마찰 감소율

**예제 9.4** 만약 질량 유량의 감소율이 20% 감소된다면, 송풍기 최대 허용 온도는 얼마가 되겠는가? (단, $T_r = 21℃ + 273 = 294\ K$, $\Phi = 0.2$)

**풀이**

식 (9.20)으로부터

$$T_{fan} = 294/(1-0.2) = 367.5\ K = 94.5\ ℃$$

송풍기를 통과하는 질량 유량이 94.5℃에서 20% 줄었다.

대다수의 HVAC 시스템이 연기 제어에 사용될 때, HVAC 시스템은 층의 모든 실 또는 건물 대부분에서 공기를 배출한다. 따라서 멀리 떨어진 실에서는 뜨거운 화재 가스와 아주 낮은 온도의 공기는 섞이고, 송풍기의 온도는 화재 가스의 온도보다 낮게 된다. 또한 환기 풍도에 의한 열전달은 송풍기의 온도를 떨어뜨린다.

냉각 가스를 포함한 뜨거운 가스의 희석을 고려하고 열전달을 무시하면 송풍기에서 가스 온도는 개략적으로 계산할 수 있다. 정적 비열과 송풍기의 온도를 고려하면 식 (9.21)과 같이 나타낼 수 있다.

$$T_{fan} = \frac{\sum_{j=1}^{n} \rho_j Q_j T_j}{\sum_{j=1}^{n} \rho_j Q_j} \tag{9.21}$$

여기서, $\rho_i$ : 공간 $j$에서 가스 밀도(kg/m$^3$)

$Q_j$ : 공간 $j$에서 배출되는 체적 유량(m$^3$/s)

$T_j$ : 공간 $j$의 온도(℃)

$n$ : 공간의 수

[표 9.1]은 공간 화재에 대한 가스 온도와 밀도를 식 (9.21)에서 사용할 수 있도록 하였고, 화재, 통신, 제거 및 분리 공간으로 분류하였다(Klote, 1991). 각 공간 유형의 범위를 결정하기 위한 층 계획은 화재가 발생할 가능성이 있는 위치, 출입문이 개방될 가능성, 그리고 출입문이 닫힐 가능성에 따라 검토되어야 한다. 분리된 공간의 차가운 공기는 다른 공간과 차가운 공간의 뜨거운 가스와 혼합된다. 만약 송풍기의 온도가 너무 높아지면 분리된 공간의 공기는 고온 가스를 더 많이 희석될 수 있도록 구역은 커져야 한다.

**표 9.1** 공간 화재에 대한 가스 온도와 밀도

| 공간의 유형 | 온도(℃) | 밀도(kg/m³) |
|---|---|---|
| 화재 공간<br>: 화재에 완전히 휩싸인 실 또는 복도 | 927 | 0.294 |
| 통신 공간<br>: 개방 출입문이나 다른 대형 개구부에 의해 화재공간과 연결된 실 또는 다른 공간 | 427 | 0.504 |
| 제거 공간<br>① 개방 출입문이나 다른 대형 개구부에 의해 통신 공간과 연결된 실이나 다른 공간<br>② 화재 공간에 연결되어 있지 않거나 또는 이들 공간은 아주 작은 균열이나 틈새에 연결 | 204 | 0.739 |
| 분리 공간<br>: 위 세 가지 공간의 어떤 것과도 연결되어 있지 않는 실이나 다른 공간이며, 또는 이들 공간은 아주 작은 균열이나 틈새에 연결 | 27 | 1.18 |

**예제 9.5**

제연 시스템은 각 공간에서 다음과 같이 환기비를 갖는다.

① 화재 공간 : $0.189\ m^3/s$
② 통신 공간 : $0.378\ m^3/s$
③ 제외 공간 : $0.850\ m^3/s$
④ 분리된 공간 : $2.83\ m^3/s$

이들 공간에 대한 가스 온도와 밀도는 [표 9.1]과 같다. 송풍기 온도가 시스템의 성능에 얼마나 심각한 역효과를 줄 것인가? 단, [예제 9.4]로부터 송풍기 온도는 94.5℃이거나 이보다 낮을 수 있고, 시스템 성능에 미치는 영향은 허용될 수 있는 정도이다.

**풀이**

식 (9.21)을 이용하면,

$$T_{fan} = \frac{0.294(0.89)927 + 0.504(0.378)427 + 0.739(0.850)204 + 1.18(2.83)27}{0.294(0.89) + 0.504(0.378) + 0.739(0.850) + 1.18(2.83)}$$

$$= 83℃$$

따라서 송풍기 온도는 시스템 성능에 역효과를 주지는 않는다.

## 9.6 HVAC 시스템에 의한 제연

NFPA 90A(2007)에서는 HVAC 시스템에 의해 제연을 할 경우, 위험성의 지적에 따라 방화 성능을 유지하기 위해 풍도의 관통부에 방화 댐퍼를 설치하고, 연기가 순환하는 것을 막기 위해 풍도에서 고농도의 연기를 감지했을 때 송풍기를 정지하는 기구를 설치하도록 규정하고 있다.

일부 국가에서는 HVAC 시스템으로 제연을 위해 사용할 경우 화재시 운전 모드를 사전에 변경할 수 있도록 설계하고 있다. 이와 같은 겸용 시스템은 전용 제연 시스템이 고장 났을 때 방치되는 일이 적고 비용도 저렴하고 설치 공간도 작다는 이점이 있다. 단점으로는 시스템 제어가 복잡하고 제어 방법이나 부품을 변경할 경우 제연이 잘 안 되는 사태가 발생하여 연기 오염 문제를 일으킬 수도 있다.

건물에서 HVAC 시스템은 [그림 9.4]에 나타낸 것처럼 여러 구역에 공기를 제공한다. HVAC 시스템은 제연을 할 때 화재 감지에 따라 다음 순서에 의하여 이루어진다.

① 연기 구역의 급기 풍도에 설치된 방연 댐퍼 닫음
② 비연기 구역들의 환기 풍도에 설치된 방연 댐퍼 닫음
③ 만일 시스템에 순환 공기 댐퍼가 설치되어 있다면, 그 댐퍼도 닫음

HVAC 시스템의 사용에 따른 문제점을 해결하기 위해서는 공급 공기 시스템 안으로 연기가 피드백 되는 확률을 최소화해야 한다. 또 공기 배출구는 외부 공기 흡입구로부터 멀리 설치해야 한다. 최근 상가 건물의 대부분은 HVAC 시스템으로 건물 공간 내에서 공기를 재순환시킬 수 있는 능력을 가지고 있다.

정상적으로 HVAC이 작동되는 동안 환기 댐퍼는 건물 공간에서 외부 공기와 혼합되도록 공기를 제공하기 위해 완전히 또는 부분적으로 열린다. 이 혼합물은 건물 공간에서 요구되는 온도와 습도를 유지하기 위해 조절되고 공급된다. 이 과정을 그림으로 나타내면 [그림 9.5]와 같다. 제연 동작이 이루어지는 동안 환기 댐퍼는 [그림 9.6]에 나타낸 것처럼 공급 공기에 의해 연기가 피드백되는 것을 막기 위해 닫혀 있어야 한다.

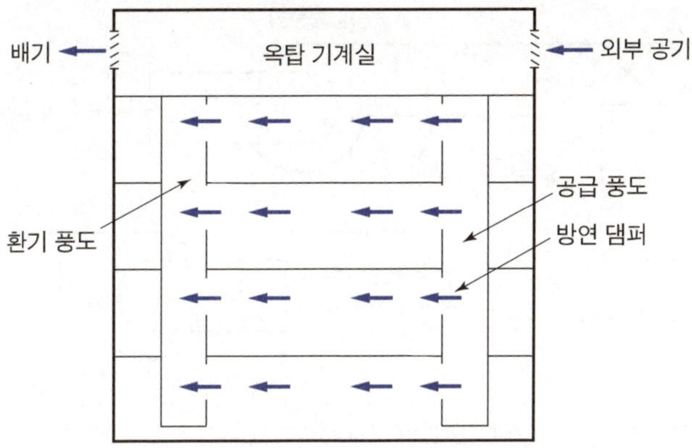


(a) HVAC 정상 작동

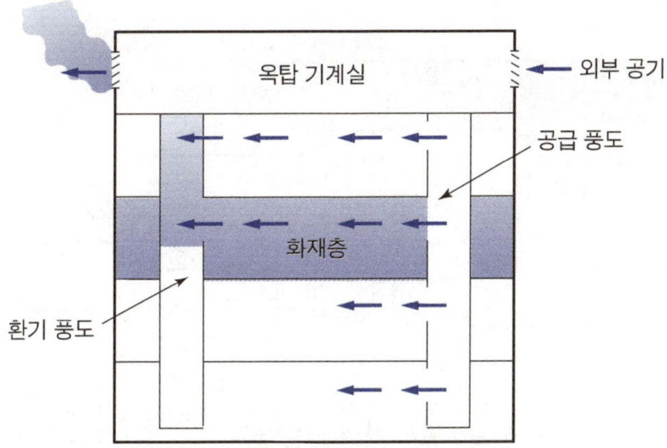


(b) 화재층에서 제연 작동

1. 연기 구역의 급기 풍도에 설치된 방연 댐퍼를 닫고 다른 구역의 환기 풍도에 설치된 방연 댐퍼를 닫음으로써 제연이 이루어진다. 순환 공기 댐퍼(그림에는 생략)는 공기를 끌어들일 때 연기를 막도록 닫혀 있어야 한다.
2. 단순화하기 위해 각 층에 분배된 풍도와 기계실의 장비는 생략한다.

**그림 9.4** HVAC 시스템을 사용한 구역 제연 계통도

제12장에서 설명한 바와 같이 방연 댐퍼는 몇 가지 누설 등급으로 나누어진다. 댐퍼의 상세한 등급은 적용 요구 사항에 따라 분류된다. 예를 들면, [그림 9.4]에 나타낸 것처럼 공급과 환기 풍도의 댐퍼는 제연 시스템의 성능에 불리하게 영향을 주지 않는 한 약간의 누설을 허용할 수 있다. 따라서 설계자는 이 같은 적용에 따라 등급 II, III 또는 IV의 방연 댐퍼를 선택해야 한다. 설계자는 매우 정밀한 댐퍼([그림 9.5]와 [그림 9.6])를 적용해야 하는 경우에는 등급 I을 선택해야 한다.

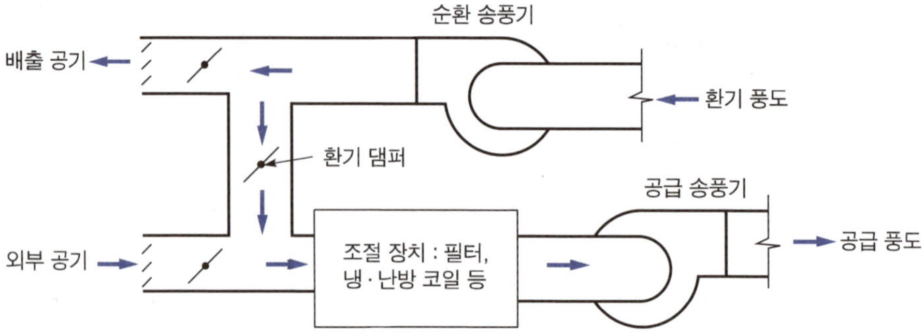


그림 9.5 정상 HVAC 모드에서 재순환 능력이 있는 HVAC 시스템

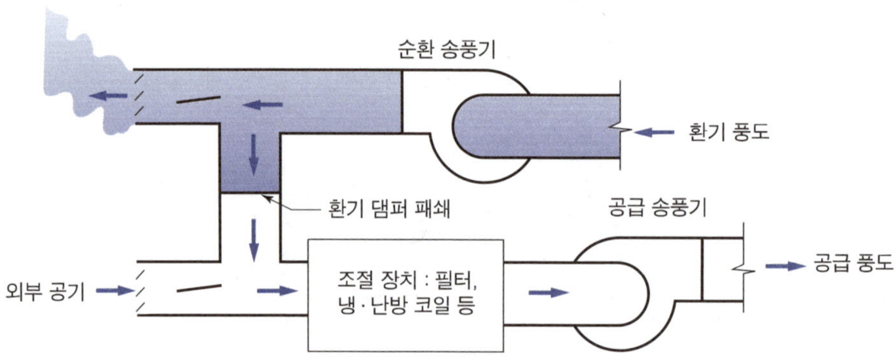


그림 9.6 제연 모드에서 재순환 능력이 있는 HVAC 시스템

설계자들은 설계 결과로 설치된 시스템이 여전히 효과적이라는 잘못된 믿음 때문에 환기 시스템에서 방연 댐퍼를 제외하기도 한다. 이 같은 아이디어는 연기 구역의 공급 쪽 방연 댐퍼가 닫히도록 구성하고, 그 구역에서 유입되는 순환 공기에만 의존한다면 훌륭한 압력차를 생성할 것이다. 그러나 연기 구역에 공기 공급을 차단하면 그 곳의 압력은 떨어지고, 이들 공급-댐퍼-단일 시스템의 경우에는 연기 구역의 순환 공기 유동 또한 줄어든다. 공급-댐퍼-단일 시스템은 추천하지 않고 있다(Klote, 1986). 화재 상황에서 작은 압력차는 고온 연기의 부력, 굴뚝 효과나 또 다른 정상적으로 발생하는 건물 기류에 의해 압도될 수 있다.

[그림 9.7]은 부력이나 굴뚝 효과에 의해 화재층의 위층으로 연기를 이동시키고 연기 이동을 제어하는 공급-댐퍼-단일 시스템의 결함을 설명한 것이다. 연기 이동을 제어하는 데 일반적으로 만족스러운 압력차를 이룰 수 없기 때문에 이 시스템은 추천되지 않고 있다.

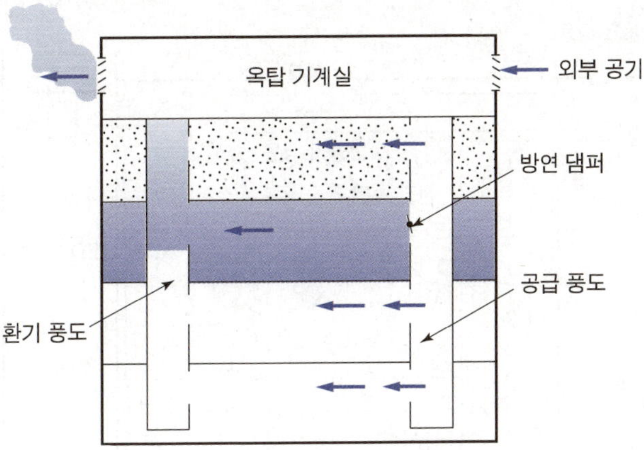


그림 9.7 연기 구역의 급기 풍도에서 방연 댐퍼를 닫는 것만으로 제연을 달성하는 데 실패한 공급-댐퍼-단일 시스템

HVAC 시스템이 하나의 제연 구역만 공급할 경우, 다음 모드에서 HVAC 시스템을 제연에 적용시킬 수 있는 것으로 보고되고 있다.

① **연기 구역** : 환기송풍기 on, 공급송풍기 off, 환기댐퍼 폐쇄, 배기댐퍼 개방(외부공기 댐퍼는 선택으로 폐쇄)

② **비 연기 구역** : 환기송풍기 off, 공급송풍기 on, 환기댐퍼 폐쇄, 외부공기댐퍼 개방(배기댐퍼는 선택으로 폐쇄)

## 9.7 HVAC 시스템에 의한 구역 제연 예

### 9.7.1 중앙 제어형

중앙 제어형 HVAC의 공기 공급과 연기 배출 장치는 [그림 9.8(a)]에 나타낸 것처럼 수직 공급 샤프트와 환기 풍도의 각 층에 설치된 댐퍼를 통해 중앙 제어실에서 조절하는 방식이다. 중앙 제어실은 건물의 규모와 층 면적에 따라 최상부나 하부에 위치할 수 있다.

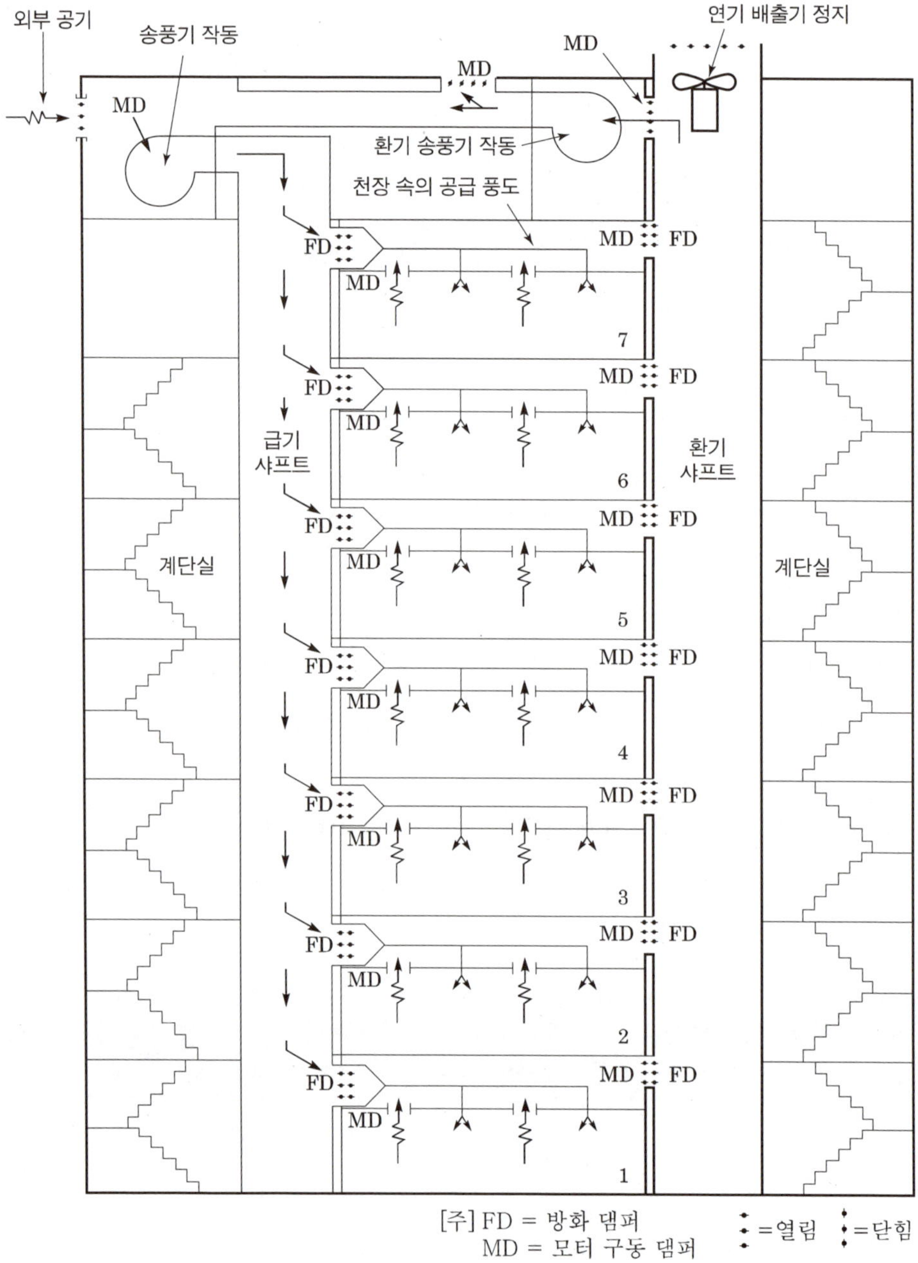


그림 9.8(a) 중앙 제어형 HVAC 시스템

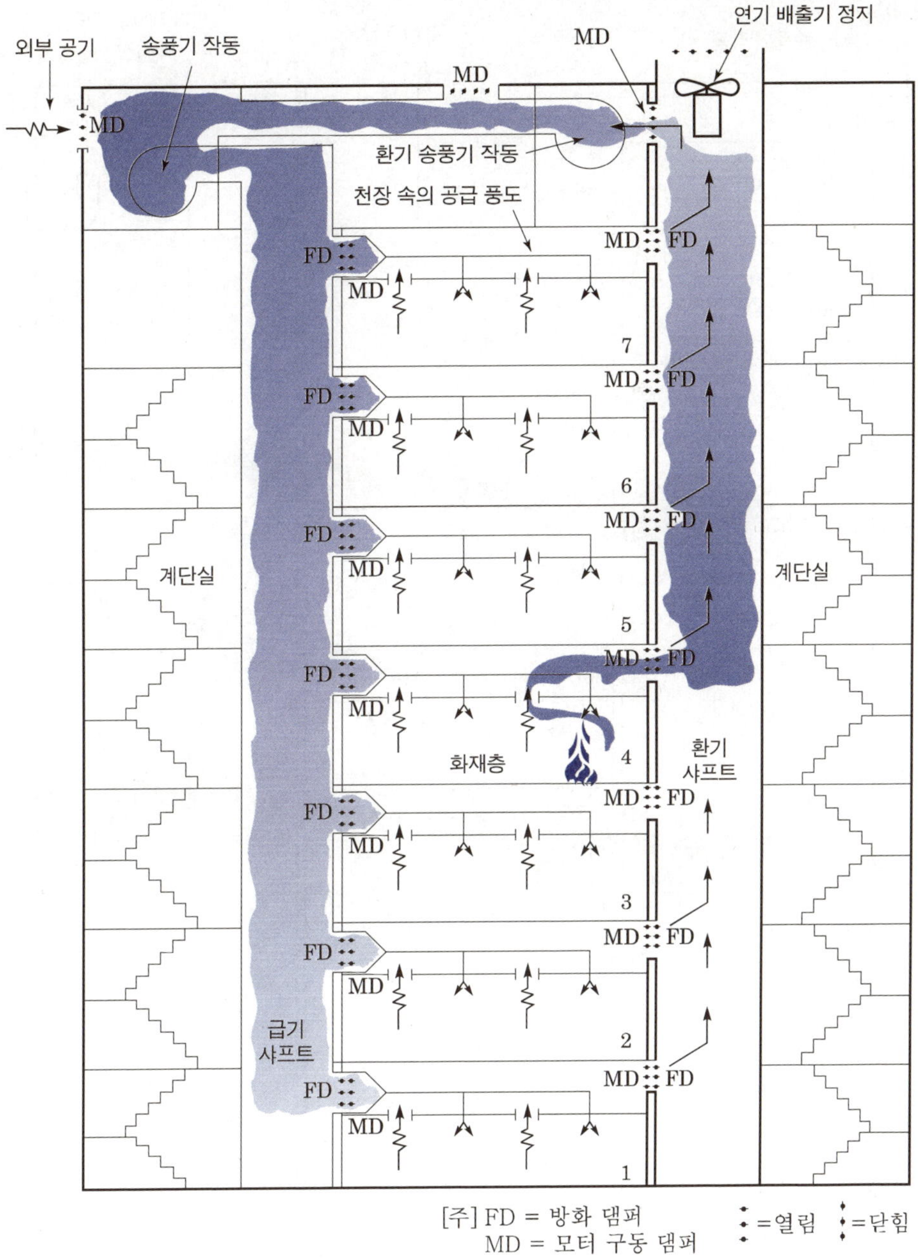


**그림 9.8(b)** 중앙 제어형 HVAC 시스템

중앙 제어형 HVAC 시스템은 여러 층과 층 사이를 잇기 때문에 [그림 9.8(b)]에 나타낸 것처럼 건물의 영향을 받는 구역에서 받지 않는 구역까지 연기의 환기를 위해 이상적인 경로를 제공한다.

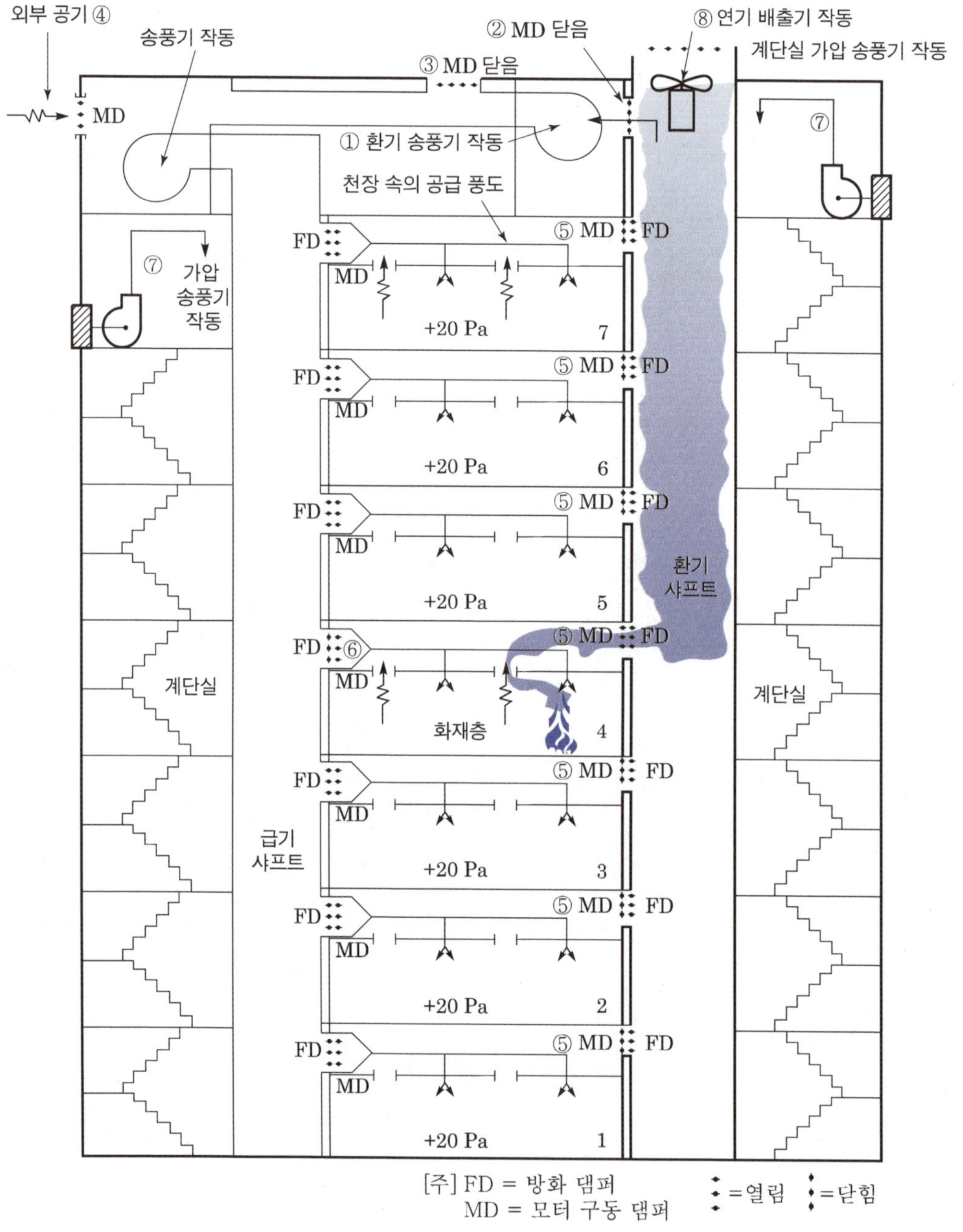


그림 9.8(c) 중앙 제어형 HVAC 시스템 – 화재 모드

화재층의 연기는 공급 공기로부터 공급된 오염되지 않은 깨끗한 공기에 의해 희석되고 연기/혼합물은 배출기를 거쳐 배출된다([그림 9.8(c)] 참조).

[그림 9.8(c)]의 작동 순서는 다음과 같다.

1. 환기 송풍기(①)는 정지시키고, 환기 댐퍼(②) 및 지붕 배출 댐퍼(③)는 닫힌다.
2. 외부 공기(④)는 AHU(air handling unit)에 의해 모든 층에 공급된다.
3. 비화재층의 환기 댐퍼(⑤)는 닫히며, 이때 이들 층은 압력이 상승된다.
4. 화재층의 급기 댐퍼(⑥)는 닫힌다.
5. 계단실 가압 송풍기(⑦)가 설치되었다면 작동된다.
6. 화재층의 댐퍼(⑤)는 열린 상태로 유지하고, 연기 배출기(⑧)는 화재층에서 공기/연기 혼합물이 배출되도록 작동된다.

### 9.7.2 층별 제어형

공기 취급과 조절 장치는 [그림 9.9(a)]에 나타낸 것처럼 각 층별로 설치된다. 각층의 시스템은 [그림 9.9(b)]에 나타낸 바와 같이 동일 층은 영향을 받는 구역에서 받지 않는 구역까지 순환되는 연기가 허용될 수 있다. 연기는 외부 공기 샤프트와 배출기에 의해 화재층에서 제거된다([그림 9.9(c)] 참조).

[그림 9.9(c)]의 작동 순서는 다음과 같다.

1. AHU실 또는 비화재층의 외부 공기 개방 댐퍼(①)는 닫고, 비화재층의 AHU는 닫는다.
2. 외부 공기 시스템(②)을 닫고 옥외 급기 댐퍼(③)도 닫는다.
3. 환기 댐퍼(④)는 화재층만 개방한다.
4. 계단실 가압 처리 송풍기가 설치되어 있다면 작동된다.
5. 배출기의 배출 댐퍼(⑤)가 열리고 배출기(⑥)가 작동된다.

이 시스템은 Tamura(1982)에 의해 수행되었던 연구로서 스프링클러에 의해 화재를 진압하고 화재층에서 시간당 공기 교체와 배출 비율을 6회로 규정하였다. 천장 높이가 2.7 m인 사무실의 경우 이것은 4.5 $\ell$/sec/m$^2$의 배출 비율과 같다.

공급 공기는 계단실과 엘리베이터 샤프트를 통해 들어오고 계단과 엘리베이터 샤프트의 출구에서 강제 기류를 제공함으로써 계단실과 엘리베이터 샤프트로 들어오는 연기를 막는 데 도움이 된다.

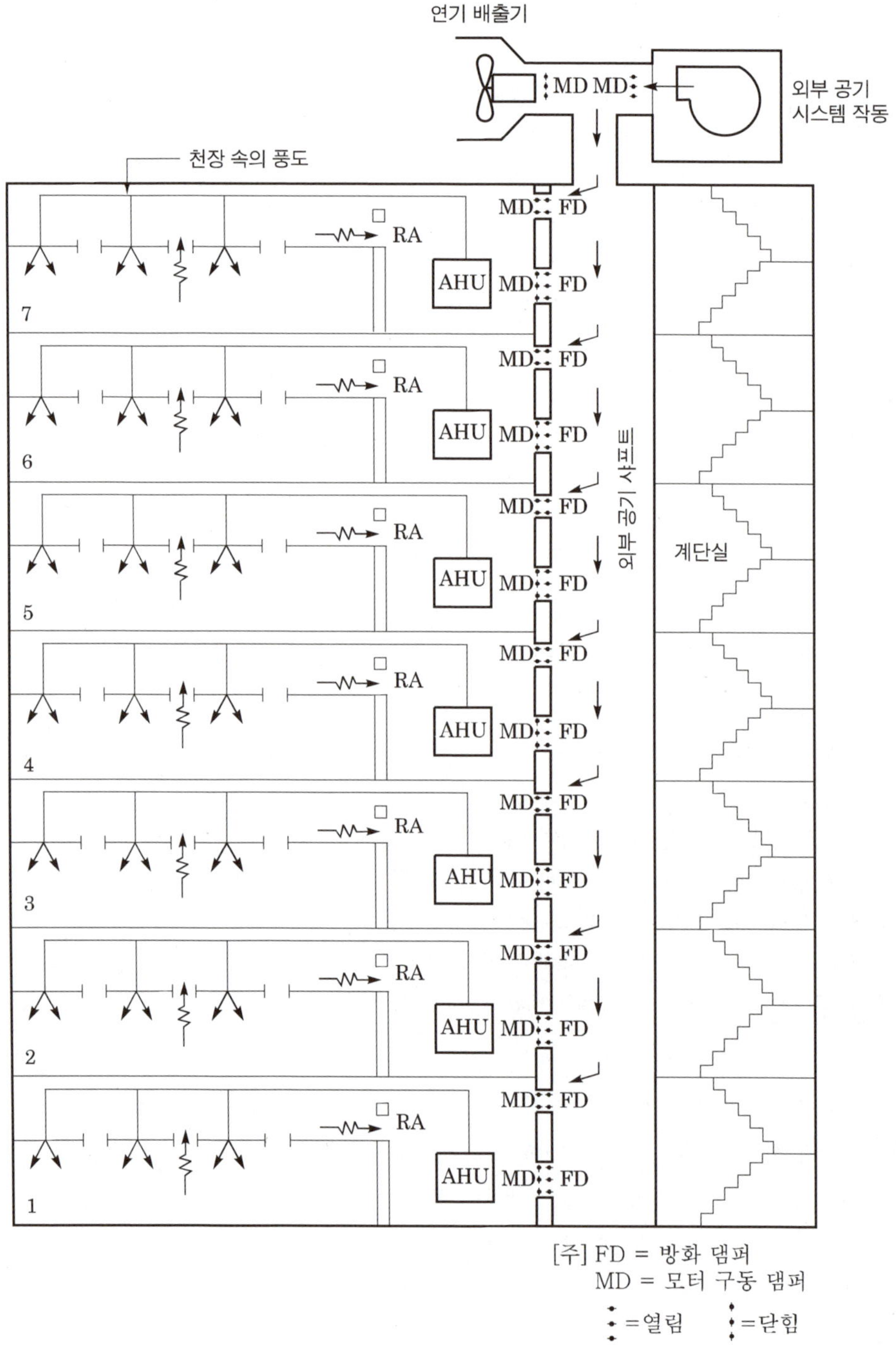


**그림 9.9(a)** 층별 제어형–각 층에 AHU 설치

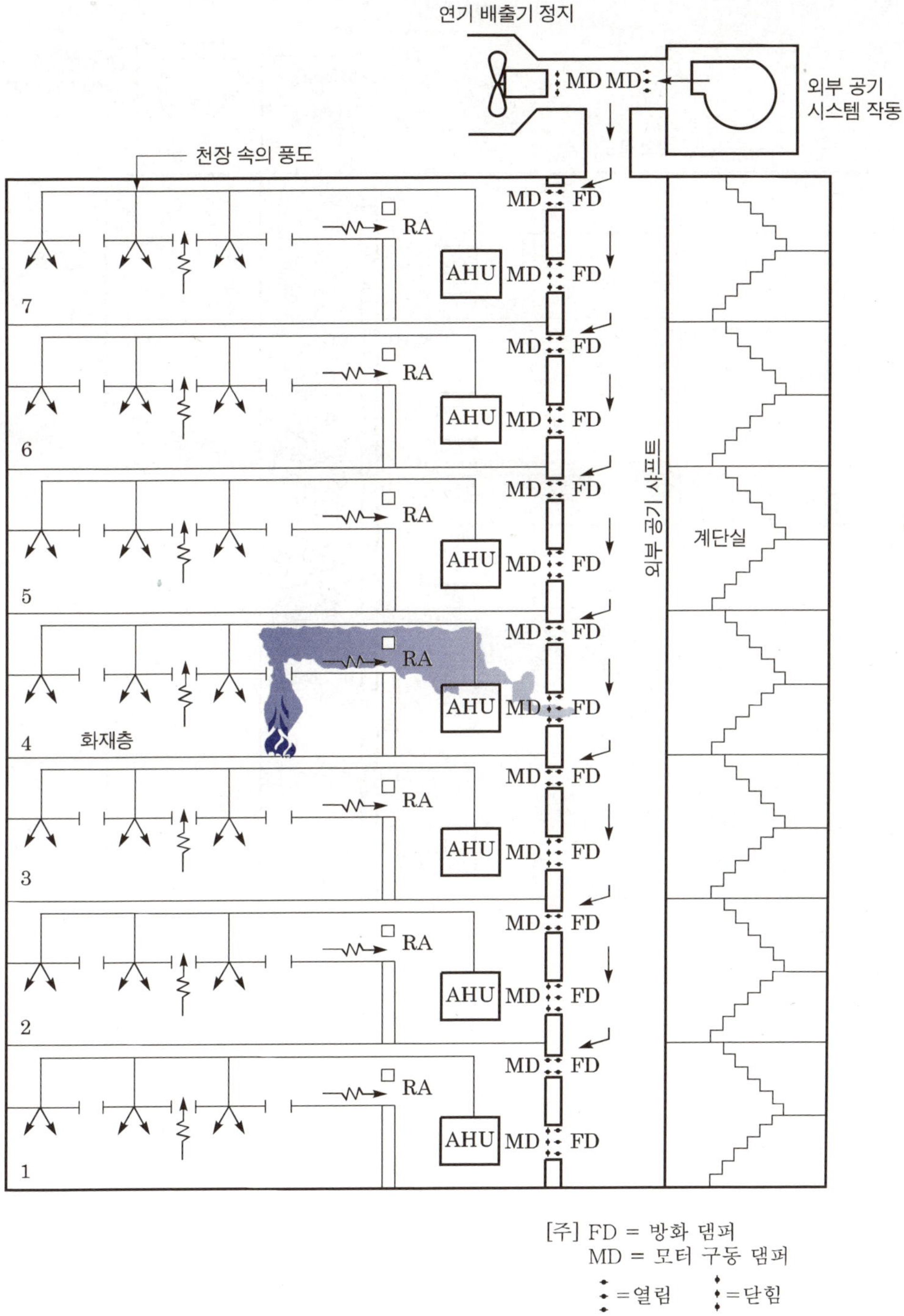


그림 9.9(b) 층별 제어형－각 층에 AHU 설치

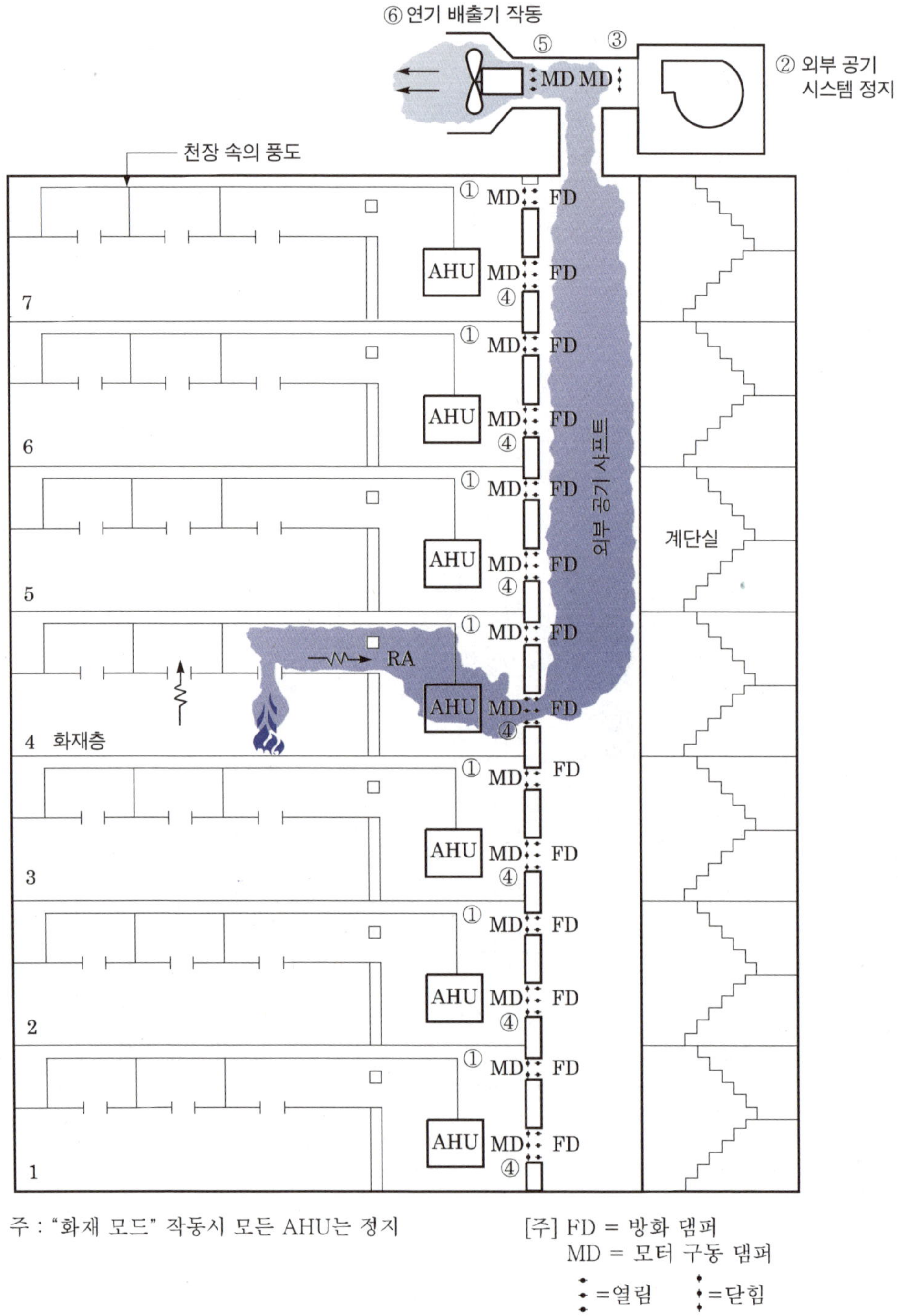


그림 9.9(c) 층별 제어형-화재모드

### 9.7.3 국소 공조 시스템

국소 공조 시스템은 장치가 설치된([그림 9.10(a)]) 각 층에서 공기 취급과 조절 구역까지 공기를 공급하기 위해 천장이나 노출 고정된 팬 코일 또는 수냉 열펌프 시스템을 이용한다. 국소 공조 시스템은 화재시 일반적으로 연기가 동일층([그림 9.10(b)])에 대해 영향을 받는 구역에서 영향을 받지 않는 구역까지 연기의 순환을 돕지 못한다. 연기 제거는 연기 제거 댐퍼를 층과 외부 공기 샤프트 사이에 추가로 설치하면 앞서 언급된 층별 제어형과 유사한 방법을 얻을 수 있다.

이 시스템은 [그림 9.10(c)]에 나타낸 것처럼 비화재층의 공기뿐만 아니라 화재층의 공기와 연기를 빨아들이는 경향이 있다. 풍도는 한 시간에 층당 대략 1회 공기 교체를 규정 환기 (0.75~1.0 ℓ/sec/m$^2$)로 설계하기 때문에 동일 체적으로 연기 배출비를 제한한다.

[그림 9.10(c)]의 작동 순서는 다음과 같다.

1. 팬 코일 유닛(FCU=Fan Coil Units)을 닫는다.
2. 외부 공기 시스템(①)을 정지하고 옥외 급기 댐퍼(②)를 닫는다.
3. 계단실 가압 송풍기가 설치되어 있다면 작동된다.
4. 배출기의 배출 댐퍼(③)가 열리고 배출기(④)가 작동된다.

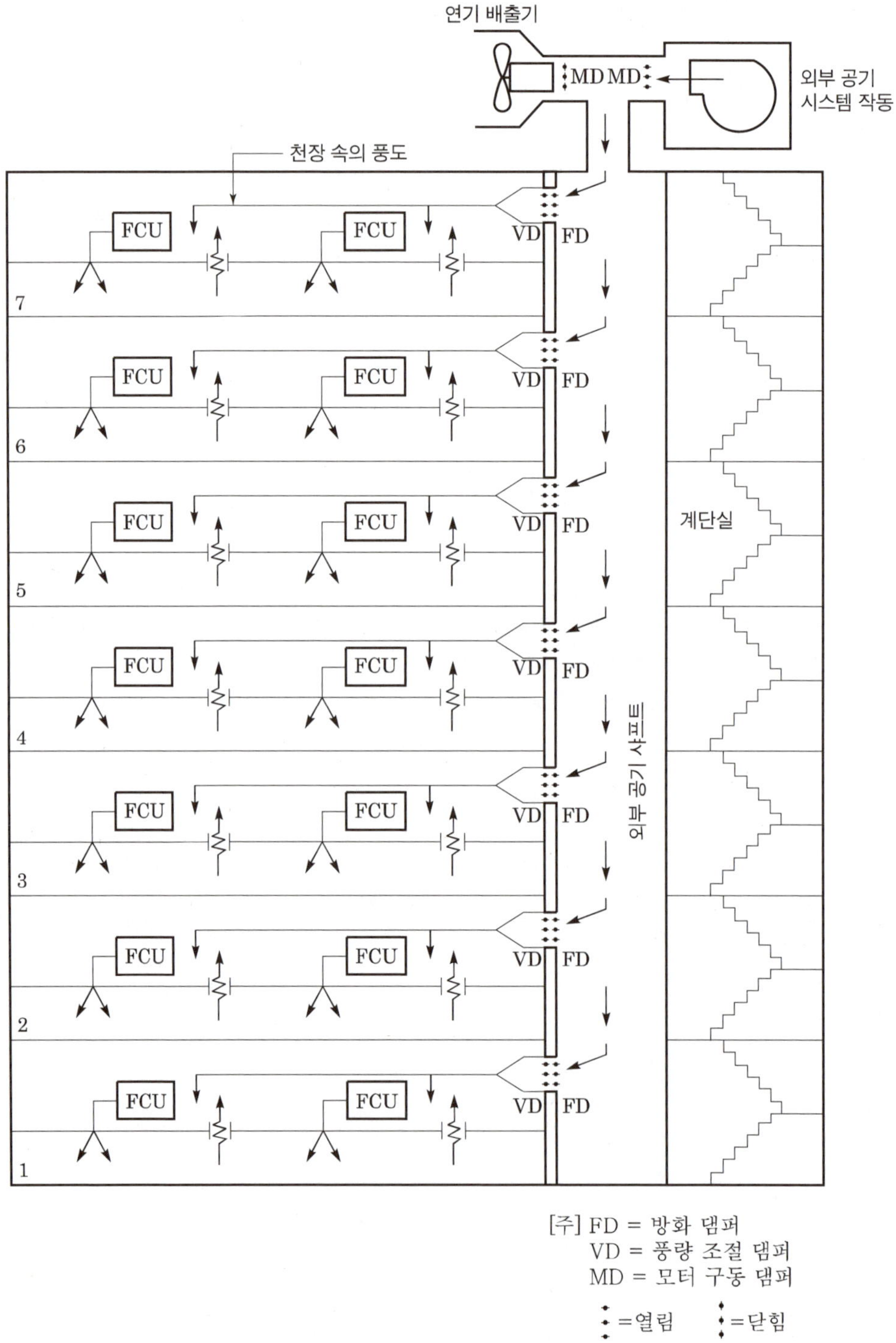


그림 9.10(a) 국소 공조 시스템-팬 코일

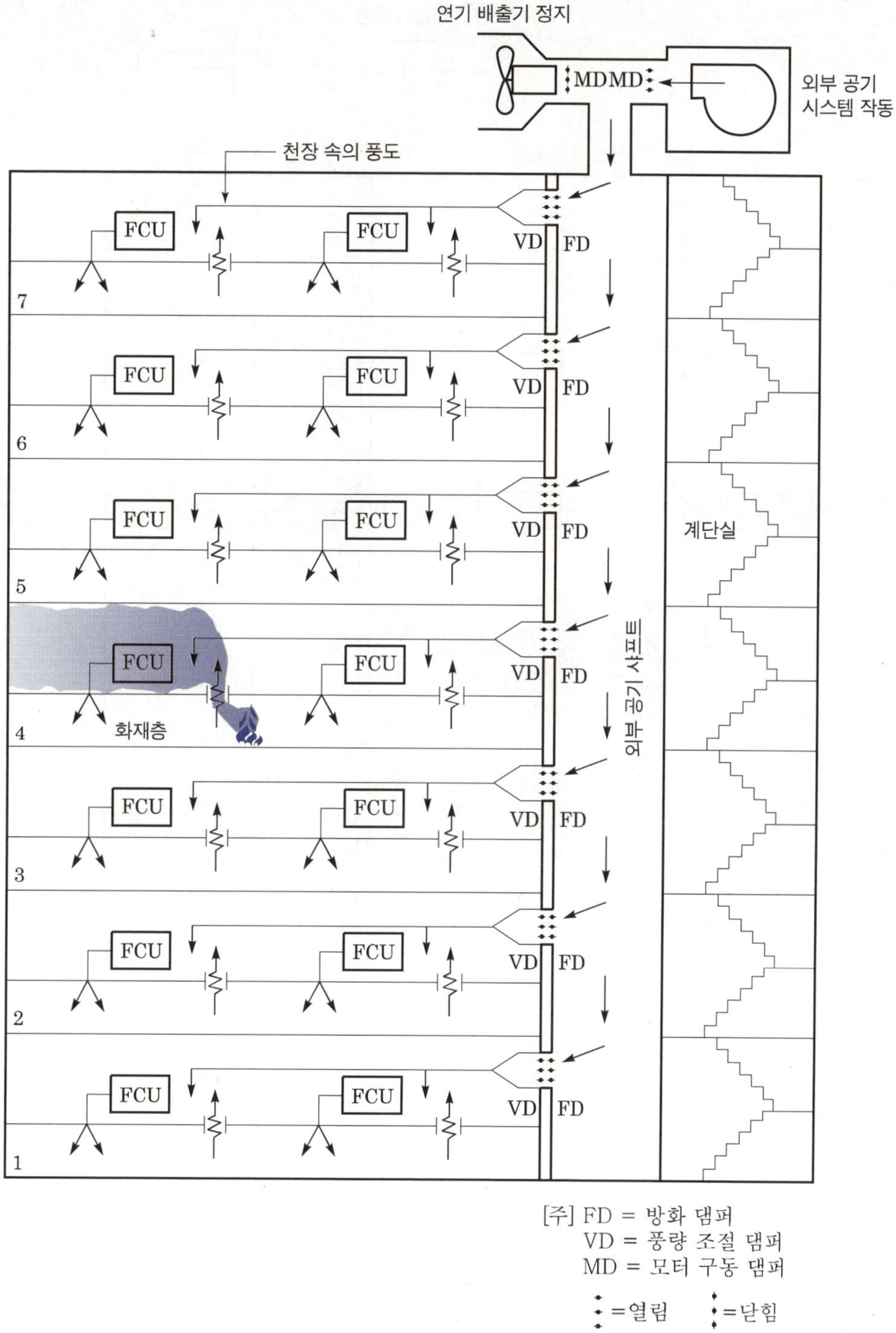


그림 9.10(b) 국소 공조 시스템–팬 코일

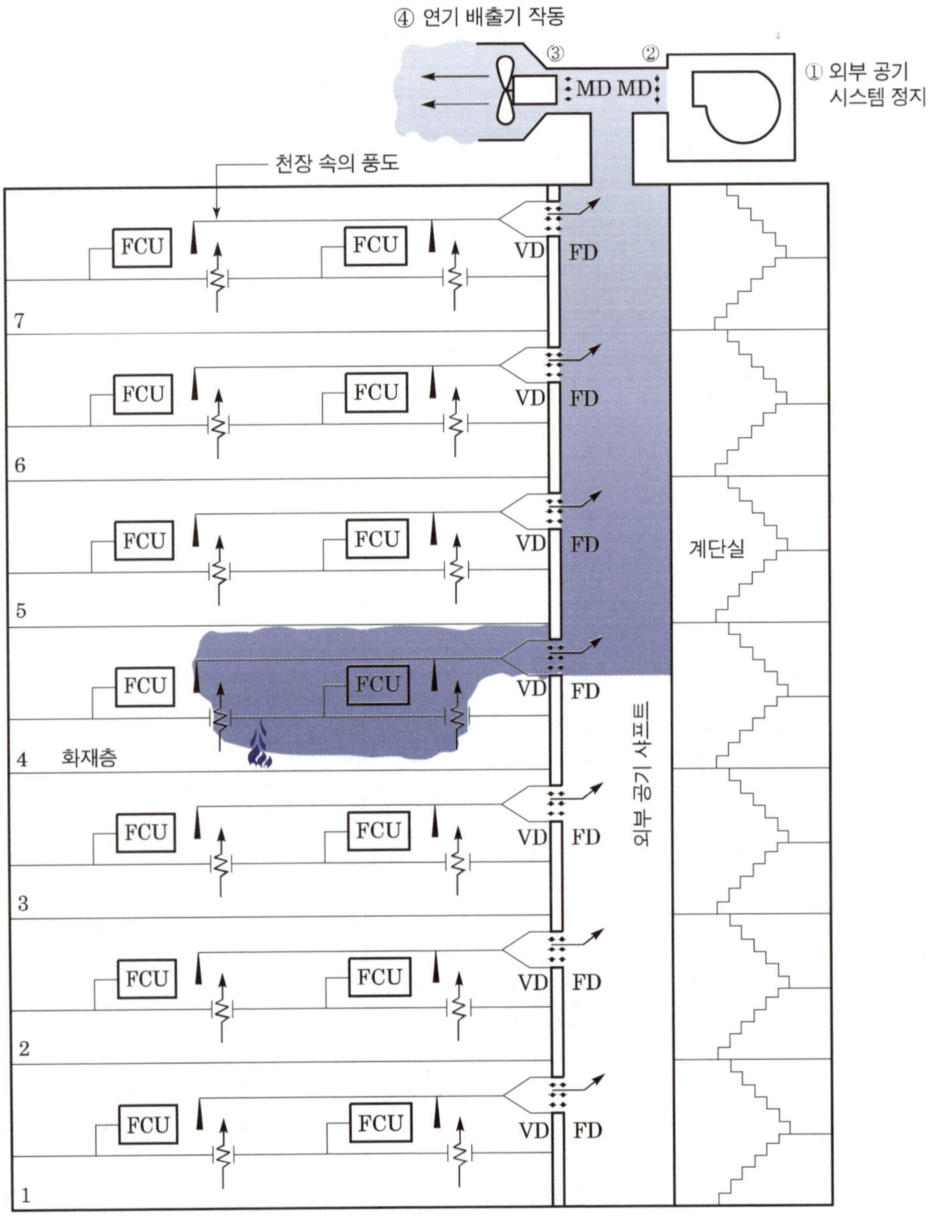


[주] FD = 방화 댐퍼
VD = 풍량 조절 댐퍼
MD = 모터 구동 댐퍼

=열림 =닫힘

그림 9.10(c) 국소 공조 시스템-화재 모드

# 9장 연습문제

01 압력 샌드 위치를 그림으로 그리고 설명하시오.

02 연기 구역에서 과압을 방지하는 방법을 설명하시오.

03 연기 샤프트의 출구를 천장 가까이 설치하는 이유를 설명하시오.

04 연기 구역의 경계 압력차를 그림으로 설명하시오.

05 구역 연기제어에서 HVAC 시스템이 사용될 때 정상 모드와 제연모드에서 작동되는 순서를 예를 들어 설명하시오.

06 HVAC 시스템에 의한 구역 제연의 예를 설명하시오.

# 10장

# 대규모 공간의 제연

## Smoke Management of Large Volume Spaces

대규모 공간에는 아트리움, 지붕이 있는 몰, 회의장, 공항, 터미널, 운동 경기장이나 창고 등이 속한다. 제연 시스템의 설계에 영향을 미치는 공학적 원리의 유사성을 감안할 때 모든 대규모 공간을 지칭하는 의미로 아트리움이라는 용어를 사용하기도 한다. 아트리움은 바닥에 개구부를 설치하고 여러 개의 많은 층을 늘어놓은 넓은 개방 공간을 말한다.

대규모 공간 내부의 제연은 구획화가 잘 이루어진 공간과는 확연히 다르다. 아트리움은 복수층이 서로 접속해있기 때문에 제연의 기본 원리인 구획화에 의해 화염이나 연기가 발화층에서 다른 층으로 확대되는 것을 막기가 어렵다. 특히, 제4장~제9장에서 언급된 압력차나 물리적 장벽을 이용한 제연 방식은 적용이 불가능하다. 물리적 장벽이 없는 경우 연기 확산의 방해물이 없기 때문에 전체 공간으로 연기가 쉽게 확산된다. 대규모 공간의 높은 천장은 연기 발생량 증가와 감지 시간 지연에 따라서 추가적인 문제를 발생시킨다. 그러나 긍정적인 측면에서 대규모 공간과 높은 천장은 수직 및 수평 방향으로 확산되는 연기의 희석 및 냉각을 가능하게 한다. 희석 현상은 연기에 의한 위험 수준을 감소시키는 역할을 한다.

아트리움에서 화재가 발생하면 연기가 가득 차고, 아트리움 내에 있는 엘리베이터나 계단도 연기에 쉽게 둘러싸인다. 또 외벽을 따라 화재가 상층으로 연소하는 것처럼 상층으로 화염이 번져간다. 이 때문에 통상 아트리움에서 인명과 재산 피해를 줄이기 위해 스프링클러 설비의 설치를 의무화하고 있다. 그러나 일반적으로 스프링클러 설비가 화재 진화에 매우 효과적이지만, 20m이상의 높이를 가진 아트리움에서는 반응이 늦어 화재 제어에 충분한 효과를 얻을 수가 없다. 스프링클러 설비에서 나오는 물은 연기의 부력을 감소시키고 연기를 아트리움이나 아트리움에 직면한 실의 하부에 정체시킨다. 또한 연기가 천정보다 훨씬 낮은 곳에서 층을 이룰 경우 연기 플룸이 식어서 스프링클러 설비가 작동하지 않거나 짧은 시간에 아트리움이나 주변 공간으로 연기가 가득 차기도 한다.

아트리움에서 발생하는 위험은 해당 공간의 큰 체적에 의해 완화되는 것이 보통이다. 그러나 위험 수준의 연기가 발생하지 않도록 할 필요가 있다. 아트리움이나 지붕이 있는 몰과 같은 대규모 공간에 대한 제연 시스템 설계의 공학적 원리는 모두 동일하다. 그러나 기능, 형태 및 다른 공간과 연결 상태의 변화를 반영하는 다양한 설계 목표와 화재 시나리오에 따라 대규모 공간의 제연 시스템 설계 방식은 다소 차이가 있을 수도 있다.

# 10.1 위험 인자

일반 건축물뿐만 아니라 대규모 공간에서도 연기는 거주자의 인명 피해 및 재산 피해와 소방관의 소방 활동에 심각한 영향을 미친다. 일반적으로 사람과 사물에 대한 연기의 위협은 오랜 시간 동안 연기에 노출되었을 때 발생한다. 연기에 노출된 사람은 인명피해를 가져올 수 있고, 건물의 각 구성 요소는 연기에 의해 고온의 영향을 받을 수도 있기 때문에 가열된 건물의 각 구성 요소는 내화 성능을 가져야 한다.

## 10.1.1 연기층 경계면

화재 발생 시 연기의 충전 형상은 [그림 10.1]과 같으며, 연기층은 화염의 임의 윗부분에서 연기의 1차 징후가 나타나기 시작하고 그 위에 연기층 경계면이 형성된다. 과도 구역은 연기의 1차 징후와 연기층 경계면 사이가 되고, 실제 화재에서 과도 구역은 차가운 층 가장 아랫부분과 뜨거운 층 가장 윗부분 사이에 단계적으로 형성된다. 연기의 1차 징후에서 천장까지 싸여있는 연기를 연기층이라고 한다. [그림 10.1]의 연기층 경계의 위치는 [그림 10.2]에 나타낸 바와 같이 가연물 상단에서 높이가 $z$(m)인 지점에서 형성된다. [그림 10.2]에서 $d$(m)는 플룸의 직경, $z_1$(m)은 화염 높이, $H$(m)는 연료 표면에서 천장까지의 높이가 된다.

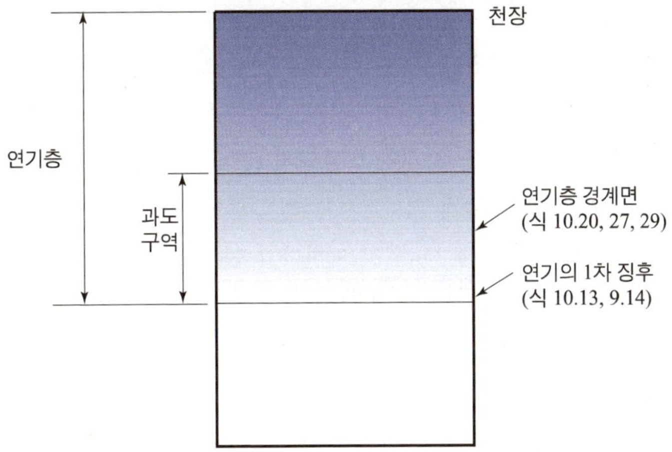


그림 10.1 연기층 경계면

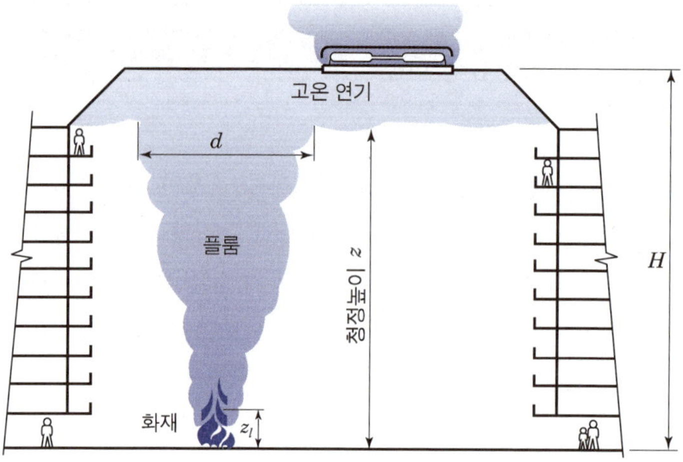


그림 10.2 대규모 공간의 연기 플룸과 연기층

연기층 경계면의 위치 $z$는 연기층에 둘러싸이는 사람들의 위험과 관계가 있다. 위치 $z$를 단독으로 사용하면 위험 정도를 평가할 때, 임의의 연기 농도의 평가에는 부적합한 경우가 많다. 경미한 정도의 연기에 잠길 때 발생하는 생리적 영향은 작을 수도 있지만, 이로 인한 심리적 영향과 대피 시간 연장은 상당히 크게 나타날 수도 있다. 연기에 둘러싸이면 연기의 특성과 상관없이 연기가 위험 수준에 도달하기 전에 대피 속도가 감소할 가능성이 높다.

### 10.1.2 암흑도

연기층 깊이와 마찬가지로 암흑도(light obscuration)는 그 자체는 치명적이지 않지만 암흑도가 증가할 경우 시계가 감소하고, 이때 대피시간과 독성연기에 노출되는 시간이 증가할 가능성이 높다. 많은 화재 사례에서 충분한 시계가 확보되지 않아 대피가 중단되는 경우도가 있다. 또한 암흑도의 증가에 따라 현저한 시계 저하로 아트리움에서 소방관이 부상당하기도 한다. 이러한 이유로 감광 계수의 값을 $0.23 \sim 1.2\ \mathrm{m}^{-1}$로 제한하고 있다. 또한 이 방법 대신 측정 목표물에 대한 최소 가시거리를 기준으로 임계값을 결정하기도 한다. 예를 들면, 실의 반대쪽이나 복도 끝에 설치된 피난구 유도등을 볼 수 있는 빛의 불명료도를 한계로 제시하기도 한다.

### 10.1.3 온도 및 가스농도

위험 인자 중 연기층의 온도와 가스(CO, $CO_2$, HCN 등) 농도 두 가지는 피해에 대한 잠재성과 직결된다. 이 두 인자에 대한 임계 한계는 유효 증상(FED)로 나타낼 수 있다.

## 10.2 제연 설계

아트리움의 제연 시스템은 거주가 피난을 하는 동안 연기에 노출되지 않도록 설계하는 것이 목표이다. 설계 목표는 대규모 공간 및 대규모 공간과 연결되어 있는 분리되지 않은 공간의 연기 제어를 포함하며, 제연 시스템은 다음 두 가지 목표가 이루질 수 있도록 설계 시간을 결정해야 한다. ① 모든 거주자들이 피난 구역 또는 피난 출구에 도착할 때까지 시스템을 유지할 것 ② 결정된 높이기까지 연기 경계층을 유지할 것

### 10.2.1 연기층의 최소 설계 깊이

연기층의 최소 설계 깊이는 바닥에서 천장 높이의 20%이거나 공학적인 해석을 바탕으로 설정한다. 연기층 깊이는 연기 배출량을 결정하는데 사용된다.

### 10.2.2 화재 발열량

화재 발열량은 시간 $t$(s)의 2승에 비례하여 증가하는 $t^2$ 화재의 발열량 $Q$(kW)가 이용됨을 '1.5.3장 화재 발열량'에서 설명하였다. 비정상 화재인 $t^2$ 화재의 발열량 $Q$는 화재 성장률 $\alpha$ (kW/s$^2$)에 따라 화재 성장이 매우 빠름(ultra-fast), 빠름(fast), 느림(slow)으로 구분되고, 각종 가연물의 화재 성장 속도에 대한 발열량은 [그림 1.10]을 참조하기 바란다.

$$Q = \alpha t^2 \tag{10.1}$$

여기서, $\alpha$ : 화재 성장률(kw/s$^2$)

$t$ : 발화 후 경과 시간(s)

성장 시간 $t_g$(s)은 발화 후 발열량 $Q = 1{,}055$ kW에 도달할 때까지 걸리는 시간을 의미하며, [표 10.1]은 화재 발열량 $Q = 1{,}055$ kW에 도달할 때까지 걸리는 성장 시간 $t_g$와 화재 성장률 $\alpha$ (kW/s$^2$)의 나타낸 것이다(NFPA 92B, 2006).

표 10.1 화재 성장 시간과 화재 성장률($Q = 1,055$ kW)

| 화재 성장 속도 | 성장 시간 $t_g$(sec) | 화재 성장률 $\alpha$(kw/s$^2$) |
|---|---|---|
| 매우 빠름(Ultra-fast) | 75 | 0.1874 |
| 빠름(Fast) | 150 | 0.0468 |
| 중간(Medium) | 300 | 0.0171 |
| 느림(Slow) | 600 | 0.0029 |

$t^2$ 화재일 때, 화재 지속 시간 $\Delta t(s)$는 식 (10.2)를 이용하여 계산한다.

$$\Delta t = \left( \frac{m H_c \, t_g^2}{333} \right)^{1/2} \tag{10.2}$$

여기서, $m$ : 소모된 전체 연료량(kg)

$H_c$ : 연료의 연소열(kJ/kg)

$t_g$ : 화재 성장 시간(s)

### 10.2.3 제연 방법

#### 1) 정상 화재

이 방법은 거주자가 아트리움을 피난하는 동안 아트리움 공간에 연기가 충전되는 것을 허용하는 것이며, 연기 충전 시간이 의사 결정과 피난 모두를 충족하는 대규모 공간에만 적용된다. 피난을 하는 동안 피난자의 이동 정보에 대한 자세한 내용은 Nelson과 MacLenman(2002) 및 Pauls(2002)의 연구를 참조하기 바란다. 연기 충전 계산은 정상상태 화재를 근거로 하고, 이들 계산은 컴퓨터를 이용한 존 화재 모델을 이용하거나 정상 상태 화재의 충전식인 식 (10.15)를 이용한다.

#### 2) 비정상 화재

정상 화재는 화재가 비정상적인 경우를 제외하고 적용한 것이다. 연기 충전 계산은 $t^2$ 화재에 의해 계산하고, 계산식은 비정상 상태 화재의 충전식인 식 (10.16)을 이용한다. 정상 화재의 방법처럼 연기 충전 계산은 컴퓨터를 이용한 존 화재 모델을 이용한다.

### 3) 상부 층 배출기가 있는 정상 청정 높이

이 방법은 [그림 10.3]에 나타낸 것처럼 정상 화재에 대해 정상 청정 높이를 유지하기 위하여 아트리움의 상부에 연기 배출기가 설치되어 있다. 연기 충전 계산은 플룸식을 기초로 한 식

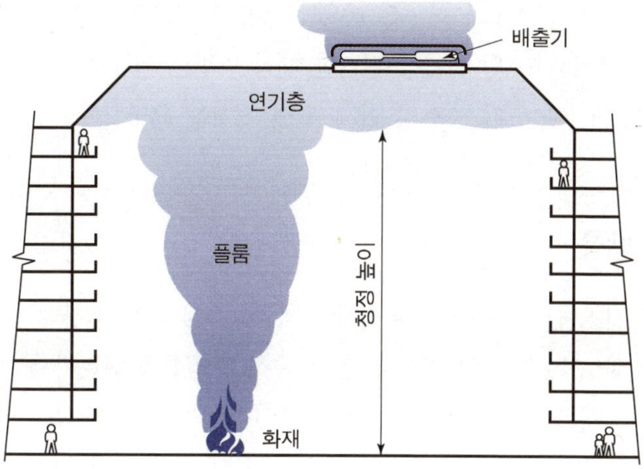


그림 10.3 청정 높이를 유지하기 위한 연기 배출

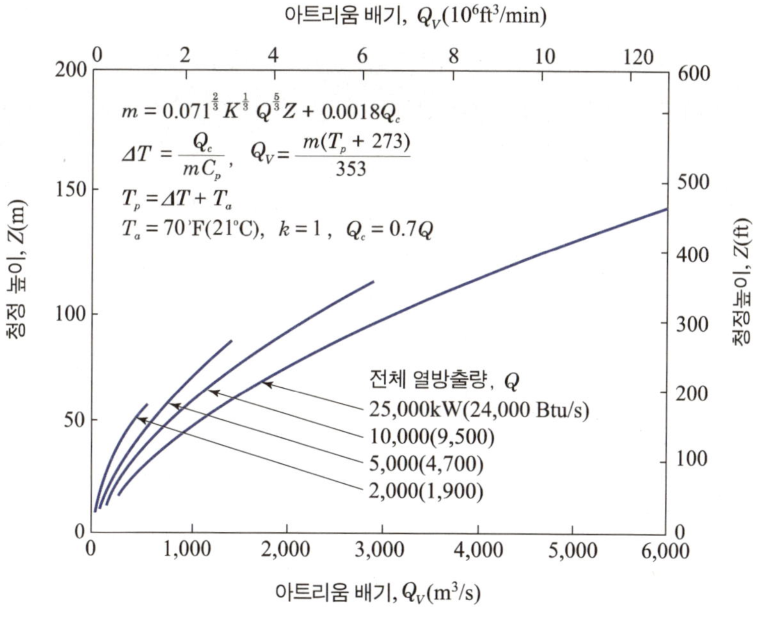


그림 10.4 열방출률에 대한 청정 높이를 유지하기 위한 아트리움 배출(SFPE Handbook, 2002)

(10.22)에 의해 계산하거나 컴퓨터 존 화재 모델을 이용할 수 있다. 벽에서 멀리 떨어진 연료의 경우 배기 가스와 기류의 비율은 [그림 10.4]와 같다.

#### 4) 상부 층 배출기가 있는 비정상 청정높이

이 방법은 거주자가 의사 결정과 피난을 하는데 충분한 시간을 가질 수 있도록 아트리움 상부에 연기 배출기를 구성하고 있다. 가장 편리한 해석 방법은 컴퓨터 존 화재 모델이며, 이 방법은 거주자 이동의 해석과 연기 충전의 화재 모델 해석을 요구한다.

### 10.2.4 제연 방식

아트리움의 제연 시스템은 기하학적 형상 및 치수, 건축물 내부의 상대적 위치, 인접 공간으로부터의 이격 거리와 같은 공간이 가지고 있는 특성에 영향을 받는다.

아트리움에서 제연 목표는 화재 크기의 제한, 물리적 장벽의 설치 및 기계 또는 자연 환기 시스템의 설치 등을 이용하면 달성할 수 있다. 특정 아트리움에 대한 최적의 제연 방식을 선정하기 위해서는 공간의 용도, 크기, 배열 상태 등을 고려해야 한다. 화재 크기를 제한하기 위한 방법으로 가연물의 종류, 양, 배열 특성을 제어할 수 있다. 또한 자동 화재 진압 시스템을 이용하여 화재 크기를 제어할 수 있다.

물리적 장벽은 인접 공간으로 연기가 확산되는 것을 제한하는 역할을 한다. 연기 확산을 제한하는 물리적 장벽의 기능은 장벽의 누설 특성 및 장벽 사이의 압력차에 따라 달라진다. 물리적 장벽은 연기 노출 및 고온 환경에 대한 저항성을 가지고 있어야 한다. 천장이 높은 아트리움의 경우 아트리움에서 형성된 연기층의 온도는 주위보다 약간 높다.

기계 또는 자연 환기를 이용해 아트리움의 연기를 제거할 수도 있다. 아트리움에서 연기를 제거하면 아트리움 내부의 열과 연기 축적을 제한하거나 하강하는 연기층을 고정시킬 수 있다. 기계 환기 방식은 인접 공간으로 연기가 확산되는 것을 제한하기 위해 연기 이동과 반대 방향으로 수행될 수 있다. 자연 배기를 통해 연기를 제거할 수도 있지만, 자연 배기의 성능은 환경 인자들에 의해 떨어질 수도 있다.

## 10.3 해석적 접근

다양한 도구를 이용해 제연 시스템의 적합성을 평가할 수 있다. 대규모 공간의 특성과 설정된 화재 시나리오로부터 측정 도구 선정에 영향을 미치는 인자는 해석에 필요한 정확성과 해석적 도구의 적합성이 된다. 적합성에 영향을 미치는 주요 특징은 다음과 같다.

① 대형 공간의 형상 : 수평 단면적의 변화, 경사형 천장 및 평탄한 천장
② 관심 대상 기간 : 정상 및 비정상 상태 열방출량, 제연 시스템의 작동
③ 화재 성장 : 멱급수 법칙으로 기술되는 열방출량
④ 환경 영향 : 굴뚝 효과, 바람 등
⑤ 시스템의 상호 작용 : 기타 제연 시스템, HVAC 시스템

제연 시스템의 설계 성능을 파악하기 위해 활용할 수 있는 설계 도구는 다음과 같이 분류할 수 있다.

① 존 모델(zone model) : 대수 방정식 또는 컴퓨터 시뮬레이션
② 필드 모델(field model)
③ 스케일 모델(scale model)

아트리움의 연기 조건에 대한 공학적 해석 목적은 물리적 인자 즉, 연기층 경계의 위치, 온도, 일산화탄소 농도, 암흑도를 이용해 위험 정도를 나타내는 것이다. 이들 각 인자의 강도는 여러 가지 공학적 원리를 바탕으로 예측할 수 있다. 위험 정도를 올바르게 파악하기 위해 위험 인자에 대해 임의의 경계값을 적용할 수도 있다(SFPE Handbook Vol.2 ch.6, 2002).

### 10.3.1 스케일 모델

스케일 모델은 특정 공간을 물리적으로 표현하되 그 크기를 축소한 형태이다. 스케일 모델은 불규칙적인 형상을 갖고 있거나 돌출 부분이 많은 아트리움을 다루는데 특히 유용하다. 아트리움 제연 시스템에 대한 설계 보조 수단으로 스케일 모델을 적용하는 방식이다(Milke and Klote, 1998). Froude 수 $F_r$의 값을 유지하는 비례 관계는 $V^2/gl$로 정의되고, 관련 식들의 관계는 다음 식들과 같다.

온도 $$T_m = T_F \tag{10.3}$$

기하학적 위치 $$x_m = x_F\left(\frac{l_m}{l_F}\right) \tag{10.4}$$

압력 $$\Delta P_m = \Delta P_F\left(\frac{l_m}{l_F}\right) \tag{10.5}$$

속도 $$V_m = V_F\left(\frac{l_m}{l_F}\right)^{1/2} \tag{10.6}$$

시간 $$t_m = t_F\left(\frac{l_m}{l_F}\right)^{1/2} \tag{10.7}$$

대류열전달 $$Q_{c,\,m} = Q_{c,\,F}\left(\frac{l_m}{l_F}\right)^{5/2} \tag{10.8}$$

체적유량 $$Q_{V_{fan,m}} = Q_{V_{fan,\,F}}\left(\frac{l_m}{l_F}\right)^{5/2} \tag{10.9}$$

여기서, $T$ : 온도(K)

$x$ : 위치(m)

$l$ : 특정 길이(m)

$\Delta P$ : 압력차(Pa)

$V$ : 특정 속도(m/s)

$t$ : 시간(s)

$Q$ : 대류 열방출량(kW)

$Q_{V_{fan,m}}$ : 체적 유량($m^3$/s)

식 (10.3)~(10.9)에서 아래첨자 $m$, $F$, $fan$은 각각 소규모 스케일 모델(small scale model), 대규모 스케일 건물(full scale building) 및 송풍기를 의미한다.

프라우드 모델링을 바탕으로 하는 시험은 대기압에서 공기로 수행 할 수 있다. 프라우드 모델링은 레이놀즈수를 보존하지 않는다. 그러나 모델 크기의 적절한 설정으로부터 완전 발달 유동을 달성함으로써 이 같은 영향을 최소화 할 수 있다. 축소한 아트리움의 특정 면적에 대해서만 연기 거동을 파악해야 하는 경우 해당 면적에 대해서만 완전 발달 유동에 이르면 된다. 임의의 대상 면적에 대해 최소 0.3 m 이상의 임계 치수를 갖고 있는 스케일 모델이면, 대부분 완전 발달의 난류 유동이 된다. 예를 들면, 대부분의 쇼핑센터와 아트리움에 대한 관심 대상의 임계 치수는 발코니 하나당 천장 높이에 대한 바닥이 된다. 또한 프라우드 모델링은 열전달과 관련된 무차원 변수를 보존하지 않는다. 일반적으로 이러한 한계는 스케일 모델과 실물 규모 시설에 대한 온도가 동일하기 때문에 큰 영향을 미치지 않다. 프라우드 모델링은 온도가 높은 위치와 레이놀즈수가 낮은 위치(화염 주위)에는 적용되지 않는다. 반면, 프라우드 모델링은 화재로부터 멀리 떨어진 연기 이동에 대한 유용한 정보를 제공해준다.

일부 표면 효과는 해당 모델에 대한 건축 재료의 열특성 크기를 조정함으로써 보존할 수 있다. 열특성은 다음 식에 의해 크기를 조정할 수 있다.

$$\text{열특성} \quad (k\rho C_p)_{w,\,m} = (k\rho C_p)_{w,\,F}\left(\frac{l_m}{l_F}\right)^{0.6} \tag{10.10}$$

여기서, $k$ : 열전도율(W/m · K)

$\rho$ : 연기 밀도(kg/m$^3$)

$C_p$ : 비열(kJ/kg · K)

아래 첨자 $w$, $m$, $F$ : 벽, 천정, 바닥

열특성의 크기 조정은 유체 유동에 부과적인 영향만을 미치므로 건축 구조와 유동 가시화를 고려하기 위해서는 해당 모델의 표면 재료 중 일부 또는 모두가 열특성 크기 조정을 바탕으로 선정된 재료와 다를 수도 있다.

**예제 10.1**

다음 그림의 나타낸 아트리움에 대한 평형 연기층 위치를 판정하기 위해 스케일 모델을 적용하였다. 수평 단면적이 높이에 따라 변화하므로, 이 경우에 대해 대수 방정식과 컴퓨터 기반의 존 모델은 제한적이다. 아트리움의 전체 높이가 30.5 m이고 설계 화원은 열방출량이 5 MW인 정상 상태의 화재이다. 배출기의 용량은 142 m$^3$/s로 설계하고자 한다. 비례 관계를 적용해 소규모 스케일 모델을 구성할 경우 해당 모델에 대한 기본 변수는 무엇인가?

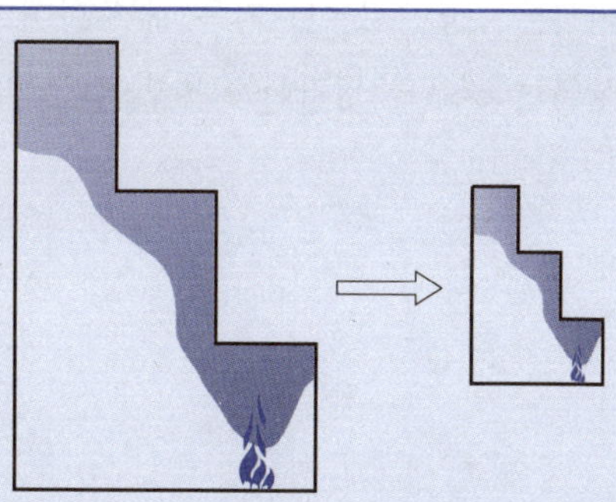

아트리움의 소규모 스케일 모델

**풀이**

① 높이 3.8 m 높이의 모델(축척 : 1/8)

② 화재 크기 : 28 kW

③ 배출기 용량 : 0.78 m$^3$/s

### 10.3.2 해석 모델

해석 모델에는 존 모델과 필드 모델이 있다. 여기서는 필드 모델은 제외한다. 존 모델은 각 구획실을 제한된 수의 검사 체적(상부와 하부 구간)으로 분할한다. 존 모델 접근의 본질적인 특성은 각 구간에 대해 전체를 균일한 특성으로 가정한다. 바닥 면적이 더 클 경우에는 이 가정이 잘 적용되지 않을 수도 있다.

하지만 존 모델 계산이 비교적 용이하기 때문에 해석 목적으로 적용하는 경우가 많다. 존 모델에 의한 계산은 대수 방정식이나 컴퓨터 알고리즘의 형태가 될 수도 있다. 존 모델의 경우 연기는 부력이 있기 때문에 천장으로 상승해 연기층을 형성하는 것으로 가정한다.

존 모델은 단순화 때문에 경우에 따라 적용이 불가능할 때도 있다. 이 같은 예가 스프링클러 헤드가 작동하는 경우이다. 스프링클러 헤드는 해당 층의 온도를 떨어뜨리고 물분무 시 상부층으로부터 연기를 혼입시키면서 하부 구간으로 하강한다. 존 모델 적용이 곤란한 또 하나의 예는 상대적으로 연기가 부력을 상실하면서 천장에 도달하지 않게 되는 경우를 들 수 있다. 이 경우 아트리움 천장 부근의 온도는 바닥보다 높아진다. 세 번째 상황은 단면적이 큰 아트리움으로 여러 조건의 수평 방향 변화가 해석자에게 중요한 의미를 주는 경우를 들 수 있다. 세부적인 조건을 평가해야 할 경우에는 존 모델보다 필드 모델이 더 적합하다.

아트리움 제연의 두 가지 범주는 아트리움 내부 화재, 아트리움의 인접 공간과 개방 공간의 내부 화재이다. 여기서는 아트리움 내부 화재만 다루도록 한다. 인접 공간 내부의 여러 조건을 평가하는 방법으로 아트리움 내부 화재로 인해 발생하는 경우와 기타 인접 공간의 화재로 인해 발생하는 경우를 평가하는 방법이 문헌(Klot and Milke, 1992)에 제시되어있다.

# 10.4 연기 충전

연기층은 플룸이 천장에 도달하고 천장 제트가 수평으로 확산되어 공간의 경계 벽에 도달하면 형성된다. 곧바로 연기층은 하강하기 시작한다. 천장이 낮고 비교적 작은 공간의 경우 곧바로 연기층이 형성된다. 그러나 천장이 높고 큰 공간의 경우 연기층을 형성하는데 소요되는 시간이 상당히 길어질 수도 있다. 연기층 형성이 지연되는 것은 연기 이동이 지연되기 때문이다. 연기 충전 시간은 연기 배출기가 작동되기 전까지 계속된다.

## 10.4.1 플룸 이동 지연

아트리움 제연에서 플룸 이동 지연 시간을 무시하면 연기 충전 시간과 감지기 작동 시간을 고려하지 않는 결과를 가져오게 된다. 감지기 작동 시간 계산에서 지연 시간을 무시하면 감지기 작동 시간을 잘못 평가하는 결과를 가져오고 거주자의 피난 행동 시간이 줄어들게 된다.

이동 지연은 연기층이 천장에 도달하는 시간(플룸 이동 지연)과 천장 제트가 구획벽에 도달하는 시간(천장 제트 이동 지연)으로 구성된다. 이 두 가지 시간을 그림으로 나타내면 [그림 10.5]와 같다.

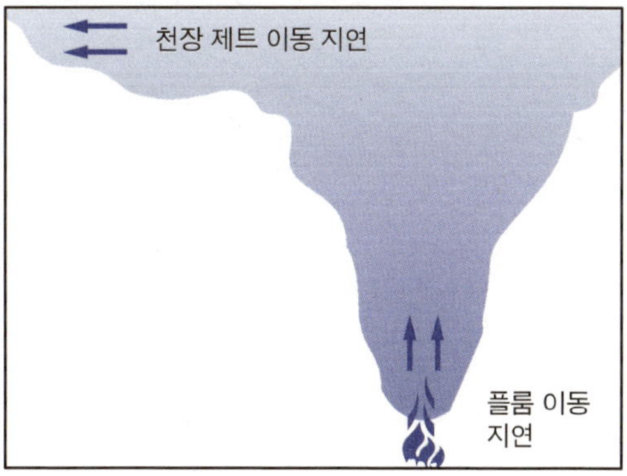


그림 10.5 플룸 및 천장 제트의 이동 지연

대부분의 화재는 정상 상태에 도달하기 전에 성장 기간을 거치게 되므로 정상 화재에 대한 이동 지연의 상관관계는 관련이 없다. 정상 화재와 $t^2$ 화재에 대한 상관관계는 다음과 같다.

정상 화재와 $t^2$ 화재에 대한 플룸과 천장 제트 이동 지연과 관련된 상관관계의 좀 더 자세한 것은 문헌(Milk and Klot, 1998; Mowrer, 1990)을 참조하기 바란다.

$$정상\ 화재 :\ t_{p1} = 0.67H^{4/3}/Q'^{1/3} \tag{10.11}$$

$$t^2\ 화재 :\ t_{p1} = 0.1H^{4/5}t_g^{2/5} \tag{10.12}$$

여기서, $t_{p1}$ : 플룸의 이동 지연 시간(s)

$H$ : 연료 표면에서 천장 최상부까지의 거리(m)

$Q' = \dfrac{1{,}055}{t_g^2}\dfrac{t^3}{3}$(kJ) : $t^2$ 화재

$t_g$ : 성장 시간(s)

식 (10.11)과 (10.12)로부터 얻은 플룸 이동 지연의 결과를 [그림 10.6]에 나타냈다. [그림 10.6]에서 알 수 있듯이 $t^2$ 화재에 대한 가장 짧은 플룸 이동 지연이 빠른 $t^2$ 화재 경우 중간 크기 정상 상태의 값보다 크다(SFPE Handbook, 2002).

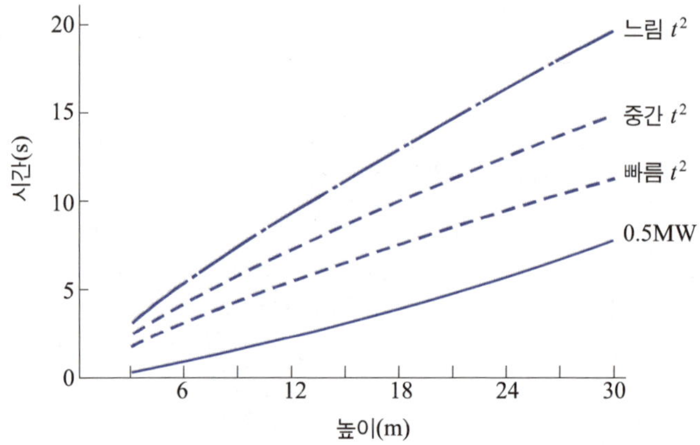


그림 10.6 플룸 이동 지연

정상 화재와 $t^2$ 화재에 대한 천장 제트의 이동 지연 시간의 관계는 다음 식과 같다.

$$정상\ 화재 :\ t_{cj} = \frac{r^{11/6}}{1.2Q^{1/3}H^{1/2}} \tag{10.13}$$

$$t^2 \text{ 화재 : } t_{cj} = \frac{0.72\, r\, t_g^{2.5}}{H^{1.5}} \tag{10.14}$$

여기서, $t_{cj}$ : 천장 제트의 이동 지연 시간(s)

$r$ : 반지름(플룸 중심선에서 수평 거리)(m)

$Q$ : 화재 열방출량(kW)

중간 크기의 정상 화재와 $t^2$ 화재에 대한 천장 제트 지연의 비교 결과를 [그림 10.7]에 나타냈다. 이 경우도 정상 화재에 대한 이동 지연이 임의의 $t^2$ 화재의 경우보다 훨씬 더 적다(SFPE Handbook, 2002).

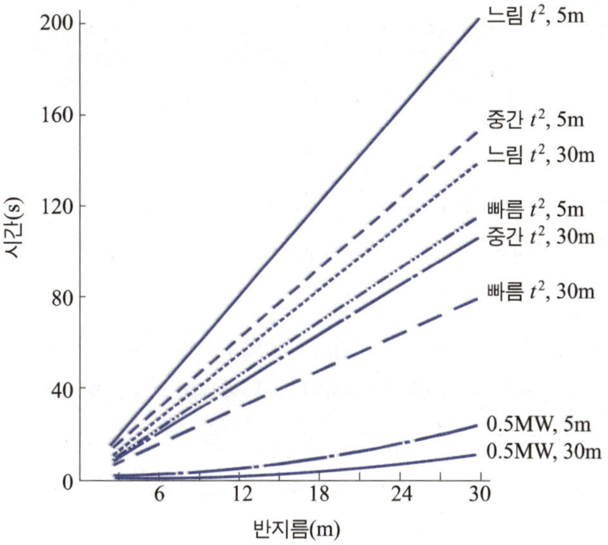


그림 10.7 천장 제트 이동 지연

## 10.4.2 연기층 경계 위치

연기층이 형성되면 연기층의 초기 하강 속도는 매우 빠르고 연기층이 하강함에 따라 하강 속도가 감소한다. 이것은 연기 생성 속도가 가연물의 상단에서 연기층까지의 거리에 따라 달라지기 때문이다.

경험적 상관관계와 이론적 방법을 이용해 존 모델을 이용하면 연기 충전 시간 동안 다양한 조건을 다룰 수 있다. 이론적 방법은 상부층 체적을 결정하는데 질량과 에너지 보존의 법칙을 적용한다. 질량 보존 법칙은 환기 개구부를 통해 그 구역을 벗어나는 임의의 연기와 함께 플룸으로부터 연기층으로 공급되는 연기의 질량을 설명할 수 있다. 에너지 보존의 법칙은 연기층으로부터 발생하는 열손실과 함께 플룸에 의해 공급되는 에너지를 설명할 수 있다.

일반적으로 연기층 경계 위치를 예측할 때 두 해석 방법에는 차이가 있다. 차이가 발생하는 주된 이유는 각 방법마다 연기층 경계의 정의가 다르기 때문이다. 경험적 상관관계는 첫째 연기 표시 결과를 바탕으로 하고 있고, 이때 온도 상승이나 시각적 측정 둘 중 한 가지를 지표로 활용한다. 이론적 접근은 상부와 하부 구간 사이를 경계로 연기층 위치를 정의한다.

### 10.4.3 경험식

Heskestad(1987)에 의해 도출된 경험적 상관 관계는 연기층 경계의 위치를 정상 상태 화재와 $t^2$ 화재에 대한 시간 함수로 나타내고 있다. NFPA 92B(2006)에 포함된 이들 상관관계는 대형 공간에 대한 실험 데이터를 근거로 하고 있다. 실험 결과에 따른 다양한 수단, 시각적 관찰, 최초의 온도변화, 이산화탄소 농도, 또는 흡광도 측정을 이용해 연기층 경계 위치를 결정하기도 한다.

이들 상관관계는 단순 식으로 입력 값을 쉽게 구할 수 있도록 연산을 최소화한 형태이다. 상관관계는 화재와 공간 형상이 단순화된 사례에 적용할 수 있고, 화재는 정상 상태 또는 성장 상태로 $t^2$ 변화 곡선을 따르게 된다. 기하학적 형상은 균일한 단면적을 갖는 공간(속이 찬 직사각형이나 원통 형상)으로 가정하고, 단순화와 환경 인자(굴뚝 효과, 바람 등)와 같은 2차원 변수 및 HVAC 시스템의 영향은 무시한다.

#### 1) 정상 화재

식 (10.15)를 이용해 정상 화재에 대해 연기층 경계 위치를 계산할 수 있다. 식 (10.15)는 체적이 큰 공간 $A/H^2$ 값이 0.9~14인 경우에 발생하는 화재로부터 얻은 실험 데이터를 근거로 하고 있다. 또한 식 (10.15)은 대규모 공간의 단면적 $A$은 연기층 경계까지의 거리 $z$에 대해 변화가 없어야 하며 $z$ 값이 $H$ 값의 20%보다 같거나 클 때 성립된다. 20%보다 큰 경우에는 연기층이 하강하지 않았음을 의미한다.

$$\frac{z}{H} = 1.11 - 0.28 \ln\left(\frac{tQ^{1/3}H^{-4/3}}{A/H^2}\right) \tag{10.15}$$

여기서, $z$ : 청정 높이, 연료 표면에서 연기층 경계까지 높이(m)

$H$ : 연료 표면에서 천장 최상부까지의 높이(m)

$Q$ : 열방출량(kW)

$t$ : 연기 충전 시간(s)

$A$ : 아트리움의 단면적($m^2$)

$0.2 \le z/H \le 1.0$

$0.9 \le A/H^2 \le 14$

식 (10.15)는 무차원의 값이고, $tQ^{1/3}H^{-4/3}$는 발화 이후의 표준 시간을 의미한다. 시간 변수에서 알 수 있듯이 천장 높이가 낮은 아트리움에서 발생하는 짧은 기간의 대형 화재와 천장이 높은 아트리움에서 발생하는 기간이 길고 열방출량이 낮은 화재의 경우 동일한 상대 경계층 높이가 형성됨을 알 수 있다. 다양한 아트리움의 형상은 무차원 형상 계수($A/H^2$)에 의해 결정된다.

연기층을 형성하는 초기 시간이 식 (10.15)에 함축적으로 표현되어 있다. $z/H$ 값이 1.0을 초과하는 짧은 시간에 대해서($z/H > 1$일 경우, 해당 연기층 경계가 천장보다 위에 있음을 의미) 이들 특성을 확인할 수 있다. $z/H > 0.2$는 하한계 값으로 연기층의 최저 높이를 의미한다.

식 (10.15)로부터 연기 충전 시간 $t$을 구하면 식 (10.16)과 같이 된다. 식 (10.16)의 연기 충전 시간 $t$가 지나면 연기는 하강하기 시작한다.

$$t = \frac{A}{H^2}\frac{H^{4/3}}{Q^{1/3}} \exp\left(1.11 - \frac{z}{H}\right) \tag{10.16}$$

**예제 10.2** 아트리움의 높이 $z$=21 m까지 $Q$=5,280 kW인 화재로 연기를 충전하는데 소요되는 시간은 얼마가 되는가? 단, 아트리움의 높이 $H$=30.5 m, 단면적 $A$=9,290 $m^2$이다.

**풀이**

식 (10.16)으로부터

$$t = \frac{A}{H^2}\frac{H^{4/3}}{Q^{1/3}} \exp\left(1.11 - \frac{z}{H}\right) = \frac{9{,}290}{(30.5)^2}\frac{(30.5)^{4/3}}{(5{,}280)^{1/3}} \exp\left(1.11 - \frac{21}{30.5}\right) = 83.3\text{s}$$

### 2) $t^2$ 화재

식 (10.17)은 $t^2$형 곡선을 따르는 화재에 대한 연기층 경계 위치를 계산할 수 있다. 식 (10.17)은 형상 계수 $A/H^2$의 범위가 1.0~23인 공간에 대한 실험 데이터를 근거로 하고 있다. 또한 식 (10.17)은 대규모 공간의 단면적 $A$는 연기층 경계까지의 거리 $z$에 대해 변화가 없어야 하며, $0.2 \le z/H \le 1.0$일 때 성립된다.

$$\frac{z}{H} = 0.91\left[t\,t_g^{-2/5}H^{-4/5}(A/H^2)^{-3/5}\right]^{-1.45} \tag{10.17}$$

여기서, $t_g$ : 성장 시간(s)

식 (10.17)으로부터 연기 충전 시간 $t$를 구하면 식 (10.18)과 같이 된다. 식 (10.18)의 연기 충전 시간 $t$가 지나면 연기는 하강하기 시작한다.

$$t = 0.94\,t_g^{2/5}H^{4/5}(A/H^2)^{3/5}(z/H)^{-0.69} \tag{10.18}$$

식 (10.15)와 (10.17)은 화재가 모두 임의 벽에서 멀리 떨어진 아트리움 바닥의 중심 부근에 위치한다고 가정한 것이다. 연기 생성량은 이와 같이 중심 부근이 최대가 되고 최악의 조건이 된다.

**예제 10.3**

단면적 $A=800\text{ m}^2$이고, 높이 $H=20\text{ m}$인 아트리움에서 발생하는 빠른(fast) $t^2$ 화재에 대한 연기층의 120초 후의 위치는 얼마가 되는가? 단, $A/H^2=2.0$이고, $t_g$는 [표 10.1]로부터 150 s이다.

**풀이**

식 (10.17)로부터

$$\frac{z}{H} = 0.91\left[t\,t_g^{-2/5}H^{-4/5}(A/H^2)^{-3/5}\right]^{-1.45}$$
$$= 0.91\left[120\times(150)^{-2/5}\times(20)^{-4/5}\times(2.0)^{-3/5}\right]^{-1.45} = 0.95$$

$\therefore\ z = 19\text{ m}$

**예제 10.4**

단면적 $A=800\ \mathrm{m}^2$이고, 높이 $H=20\ \mathrm{m}$인 아트리움에서 발생하는 빠른(fast) $t^2$ 화재에 대한 연기층 경계가 바닥으로부터 높이가 15 m인 지점에 도달하는데 걸리는 시간은 얼마가 되는가? 단, $A/H^2=2.0$이고, $t_g$는 [표 10.1]로부터 150 s이다.

**풀이**

식 (10.18)로부터

$$t=0.94\,t_g^{2/5}H^{4/5}(A/H^2)^{3/5}(z/H)^{-0.69}$$
$$=0.94\times(150)^{2/5}\times(20)^{4/5}\times(0.2)^{3/5}\times(15/20)^{-0.69}=140\ \mathrm{s}$$

[예제 10.3]과 [예제 10.4]의 결과로부터 연기층은 약 20초 만에 4 m 하강하게 되고, 빠른 하강 속도는 천장이 높은 공간에서 화재 초기 단계에 생성되는 다량의 연기가 원인이라고 볼 수 있다.

### 10.4.4 이론식

질량 및 에너지 보존의 법칙은 이론적인 연기층 경계 위치를 평가하는데 응용할 수 있다. 식 (10.19)는 상부 연기층에 대한 질량 $m_u$를 의미하며, 이때 연기층에서는 연기 배출이 일어나지 않는 것으로 가정한다.

$$\frac{dm_u}{dt}=m\ \ (\mathrm{kg/s}) \tag{10.19}$$

연기는 고온 공기의 특성을 갖는 이상 기체로 가정하고 주위 압력과 비열이 일정하다고 가정하면, 연기층에 대한 에너지 보존식은 식 (10.20)과 같이 된다.

$$(\rho h)_u\frac{dV_u}{dt}=Q_c+mh \tag{10.20}$$

여기서, $h$ : 엔탈피(kJ)

$Q_c$ : 화재의 대류 열방출량(kW)

$V_u$ : 상부층의 체적($\mathrm{m}^3$)

앞 가정 조건이 주어지면, $\rho h$는 상수가 된다. 체적 유량을 치환하고 식을 정리하면

$$\frac{dV_u}{dt} = \frac{Q_c}{\rho h} + VQ \tag{10.21}$$

식 (10.21)에서 상부층의 성장률은 플룸에 의해 공급되는 체적과 가열에 의한 체적 팽창 등 두 가지 요소에 따라 달라진다. 단면적 $A$가 일정한 아트리움일 경우, $A$는 다음 식을 만족시킨다.

$$\frac{dV_u}{dt} = A\frac{dz_u}{dt} \tag{10.22}$$

연기층의 경계가 화염 구간보다 훨씬 위에 있을 경우, 플룸의 질량 유량 $m$(kg/s)은 식 (10.23)을 이용해 계산할 수 있다.

$$m = 0.071\,Q_c^{1/3}(z - z_o)^{5/3} + 0.0018\,Q_c \tag{10.23}$$

여기서, $z_o$ : 화재 플룸의 가상 점열원 거리(m)

청정 높이가 높을 경우(10 m를 초과할 경우) 몇 가지 단순화가 가능하다. 청정 높이란 가연물 상단으로부터 연기층 하단까지의 거리를 의미한다. 식 (10.23)에서 두 번째 항의 강도는 첫 번째 항에 비해 훨씬 약하다. 일반적으로 $z$값은 $z_o$보다 훨씬 크다. 따라서 플룸에 의해 공급되는 상부층의 체적 증가는 팽창에 의한 증가량에 비해 훨씬 크다. 이러한 단순화와 함께 식 (10.22)와 (10.23)을 식 (10.21)에 대입하면 $dz_u/dt$에 대한 값을 식 (10.24)와 같이 구할 수 있다.

$$\frac{dz_u}{dt} = \frac{k_v Q^{1/3} z^{5/3}}{A} \tag{10.24}$$

여기서, $Q$ : 총 열방출량(kW)

$k_v$ : 체적 혼입 상수(0.065 $m^{4/3}kW^{-1/3}s^{-1}$)

또는 체적 혼입 상수 $k_v$를 식 (10.25)와 같이 정의한다.

$$k_v = 0.071\frac{Q_c}{\rho Q} \tag{10.25}$$

대류 열방출량 $Q_c$은 총 열방출량 $Q$에 대한 열방출량의 비로 0.7～0.8 정도가 된다. 일반적으로 대류 열방출량 $Q_c = 0.7Q$로 한다. 플룸 혼입 상수가 0.071 $kg \cdot kW^{-1/3} \cdot m^{-5/3} \cdot s^{-1}$이고

주변 공기 밀도를 1.2 kg/m$^3$이라고 가정하면, 체적 혼입 상수 $k_v$는 0.053 m$^{4/3}\cdot$kW$^{-1/3}\cdot$s$^{-1}$이 된다.

식 (10.23)과 (10.24)의 차이점은 열방출량의 대류 분율이 식 (10.23)에는 포함되어 있고, 식 (10.24)에는 총 열방출량이 포함되어 있다.

식 (10.11)과 (10.12)를 적분하면, 정상 화재와 $t^2$ 화재의 연기층 위치에 대한 시간 함수의 식을 다음과 같이 각각 구할 수 있다.

$$\frac{z}{H}=\left[1+\frac{2k_v t\,Q^{1/3}}{3(A/H^2)H^{4/3}}\right]^{-3/2} \tag{10.25}$$

$$\frac{z}{H}=\left[1+\frac{4k_v t\,(t/t_g)^{2/3}}{(A/H^2)H^{4/3}}\right]^{-3/2} \tag{10.26}$$

식 (10.15)와 (10.26)의 차이점은 연기층이 형성되는 시간의 지연(이동 지연)과 관련이 있다. 이동 지연은 식 (10.15)에 포함되어 있고, 식 (10.26)에는 연기층이 곧바로 형성되는 것으로 가정한 것이다.

**예제 10.5** 단면적 $A=800$ m$^2$이고, 높이 $H=20$ m인 아트리움에서 발생하는 빠른(fast) $t^2$ 화재에 대한 연기층의 120초 후의 위치는 얼마가 되는가? 단, $A/H^2=2.0$이고, 체적 혼입 상수 $k_v$는 0.053 m$^{4/3}\cdot$kW$^{-1/3}\cdot$s$^{-1}$, $t_g$는 [표 10.1]로부터 150 s이다.

**풀이**

식 (10.27)로부터

$$\frac{z}{H}=\left[1+\frac{4k_v t\,(t/t_g)^{2/3}}{(A/H^2)H^{4/3}}\right]^{-3/2}$$

$$=\left[1+\frac{4\times 0.053\times 120\times(120/150)^{2/3}}{2.0\times(20)^{4/3}}\right]^{-3/2}=0.72$$

$\therefore\ z=14.4$ m

## 10.5 연기 배출 시간

제연 시스템에 배연 기능이 포함되어있고, 연기층으로부터 배출되는 연기의 체적 유량이 연기층에 공급되는 연기의 체적 유량과 동일하다면 연기층의 하강을 막을 수 있다. 팽창의 영향을 무시할 경우, 질량 배기량이 플룸에 의한 질량 유입량과 동일할 때 연기층의 하강은 멈추게 된다. 대수 방정식을 활용하면 다음 인자를 포함하는 연기층의 특성을 평가하는데 이용할 수 있다.

① 연기층 경계 위치
② 연기층 온도
③ 연기층의 암흑도
④ 연기층의 가스 농도

### 10.5.1 연기 배출량

플룸의 질량 유량으로부터 연기층의 하강을 막는 데 필요한 배출량을 계산할 수 있다. 질량 유량은 플룸의 구성에 따라 달라진다.

#### 1) 축대칭 플룸

[그림 10.8]에 나타낸 것처럼 축대칭 플룸(axisymmetric plume)은 벽으로부터 멀리 떨어진 가연물과 관련된 화재로부터 형성된다(아트리움 바닥의 중앙 부근). 임의 벽으로부터 멀리 떨어진 지점에서는 청정 높이에 포함되는 플룸의 둘레 전체로부터 공기가 혼입된다. 따라서 질량 유량(유입 공기량) $m$(kg/s)은 열방출량 $Q_c$및 청정 높이 $z$에 대한 함수로 나타낼 수 있다.

$$m = f(Q_c^{1/3} z^{5/3}) \qquad (10.28)$$

NFPA 92B(2006)에 제시된 질량 유량에 대한 여러 방정식은 Heskestad(1984)에 의해 유도된 것이다. 식 (10.23)에서 $z_o$(m)를 0으로 설정할 경우 청정 높이 $z$(m)가 한계 화염 높이 $z_f$(m)보다 클 때 적용할 수 있다. 한계 화염 높이 $z_f$는 연속 화염 영역(해당 시간의 50% 동안 화염이 존재하는 영역)의 높이로 정의한다. 한계 화염 높이 $z_f$는 다음 식에 의해 계산할 수 있다.

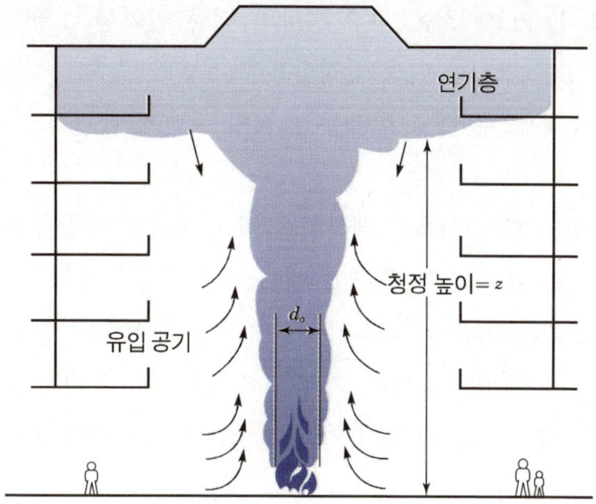


그림 10.8 축대칭 플룸

$$z_f = 0.166\, Q_c^{2/5} \tag{10.29}$$

식 (10.23)에서 $z_o$를 무시하는 것은 $z_o$값이 일반적으로 $z$에 비해 작다는 결과를 바탕으로 제시된 것이다. 가정에 의한 점열원의 가상 점열원의 위치는 다음 식에 의해 계산할 수 있다.

$$z_o = 0.083\, Q_c^{2/5} - 1.02 d_o \tag{10.30}$$

여기서, $d_o$ : 화염의 직경(m)

가연물이 원형이 아닌 경우 등가 직경으로 정의해야 한다. 등가 직경은 가연물에 덮인 바닥 면적과 동일한 면적을 갖는 원을 기준으로 한다. 일반적으로 다양한 가연물과 관련된 광범위한 직경과 열방출량을 고려할 때, 가상 점열원의 범위는 0.5 m～－5 m이다. 식 (10.30)에서 두 번째 항이 첫 번째 항보다 더 클 경우(넓은 면적에 퍼진 중간 정도의 열방출량을 갖는 가연성 재료의 경우)에는 음의 값이 구해진다. 청정 높이와 한계 화염 높이의 크기에 따라 질량 유량(연기 생성량) $m$(kg/s)을 계산한다(NFPA 92B, 2006).

$$z > z_f \text{일 경우,} \quad m = 0.071\, Q_c^{\ 1/3} z^{5/3} + 0.0018\, Q_c \tag{10.31}$$

$$z = z_f \text{일 경우,} \quad m = 0.032\, Q_c \tag{10.32}$$

$$z < z_f \text{일 경우,} \quad m = 0.032\, Q_c^{\ 3/5} z \tag{10.33}$$

식 (10.23)과 식 (10.31)~(10.33)은 수평 방향의 원형 인화성 액체 풀(pool) 화재에서 발생하는 플룸을 설명한 것이다. 그러나 이들 방정식은 한계 화염 높이가 가연물 직경보다 클 경우, 보다 복잡한 가연물에 적용할 수 있고 화재는 물질의 표면에만 관계가 있다(심부 화재는 해당되지 않음).

식 (10.23)과 식 (10.31)~(10.33)에서 계산한 연기 생성량은 열방출량과 관련된 간접적인 영향은 제외하고 화재와 관련된 물질의 종류에 대해 독립적이다. 연소에 충분한 공기가 공급될 경우 이러한 영향이 발견되는 이유는 혼입되는 공기의 질량 유량이 연소 생성물의 질량 유량보다 훨씬 크기 때문이다. 혼입 방정식에서 화재를 점열원으로 근사시키면, 가연물의 형상이나 형태조차 의미를 잃게 된다. 그러므로 물질의 관련 변수는 2차적인 의미를 가지므로 중요도가 떨어진다.

식 (10.23)과 식 (10.31)~(10.33)에서 질량 유량은 청정 높이에 따라 달라지며, 이 경우 청정 높이 값이 증가함에 따라 질량 유량도 증가하게 된다. 화재 초기 청정 높이는 최대 연기 생성량에 해당하는 최대값을 갖게 되며 그에 따라 아트리움에서 일어나는 연기 충전 과정에 대한 실증 자료로 뒷받침하게 된다. 특히, 화염 높이가 연기층보다 훨씬 낮고 연기 생성량이 $z^{5/3}$에 비례할 경우 이러한 경향이 뚜렷하게 나타난다.

질량 유량 $m$(kg/s)을 체적 유량 $Q_V$(m$^3$/s)으로 나타내면 식 (10.34)와 같다.

$$Q_V = \frac{m}{\rho} \tag{10.34}$$

**예제 10.6** 아트리움 바닥 중앙에 총 열방출량이 5,000 kW인 화재가 발생하였다. 연기층 경계는 바닥으로부터 35 m 높이에 있다. 연기층 경계 위치에서 플룸에 의해 연기층에 공급되는 연기 질량 유량 및 체적 유량은 얼마인가? 단, 대류 열방출량 $Q_c = 0.7Q$, 주변 공기 밀도 $\rho = 1.2$ kg/m$^3$이다.

**풀이**

① 식 (10.29)로부터 $z_f = 0.166Q_c^{2/5} = 0.166 \times (0.7 \times 5{,}000)^{2/5} = 4.34$ m

② $z > z_f$ : $35 > 4.34$이므로, 식 (10.23)으로 연기 생성량을 구한다.

③ $z_o$를 무시하면, 연기 생성량은 식 (10.31)로부터

$$m = 0.071\,Q_c^{\,1/3} z^{5/3} + 0.0018\,Q_c$$
$$= 0.071 \times (0.7 \times 5{,}000)^{1/3} \times (35)^{5/3} + 0.0018 \times (0.7 \times 5{,}000) = 410 \text{ kg/s}$$

④ 식 (10.34)로부터 $Q_V = \dfrac{m}{\rho} = \dfrac{410}{1.2} = 340 \text{ m}^3/\text{s}$

플룸이 상승할 때, 공기와 바람이 유입된다. 일반적으로 축대칭 플룸의 직경 $d(m)$는 식 (10.35)로부터 구할 수 있다.

$$d = K_d z \tag{10.35}$$

여기서, $z$ : 높이(m), $K_d$ : 직경 상수

직경 상수 $K_d = 0.2 \sim 0.5$의 범위가 되고, 직경 상수 $K_d$의 값은 계산결과에 따라 다음과 같은 값을 선택한다.

① $K_d = 0.5$ : 벽에 접촉된 플룸을 계산할 때

② $K_d = 0.2$ : 연기 플룸을 빔 검출기(beam detector)로 검출하여 계산할 때

### 2) 벽과 코너 플룸

벽과 코너 부근에 위치한 화재는 주로 벽이나 코너로부터 먼 위치의 플룸 표면을 따라 공기를 혼입시킨다. 따라서 이들 위치에 대한 연기 생성량은 벽으로부터 먼 위치의 축대칭 플룸에 비해 감소하게 된다. 반사 개념을 사용하면 벽 및 코너 플룸(wall and corner plume)으로부터 나오는 연기 생성량을 계산할 수 있다.

벽에 인접한 화재에 의해 생성되는 플룸은 [그림 10.9]에 나타낸 바와 같이 플룸 둘레의 절반에 대해서만 공기를 혼입시킨다. 반사 개념에 따라 연기 생성량은 크기가 두 배(열방출량 기준)인 일반 화재에 비해 반으로 계산된다.

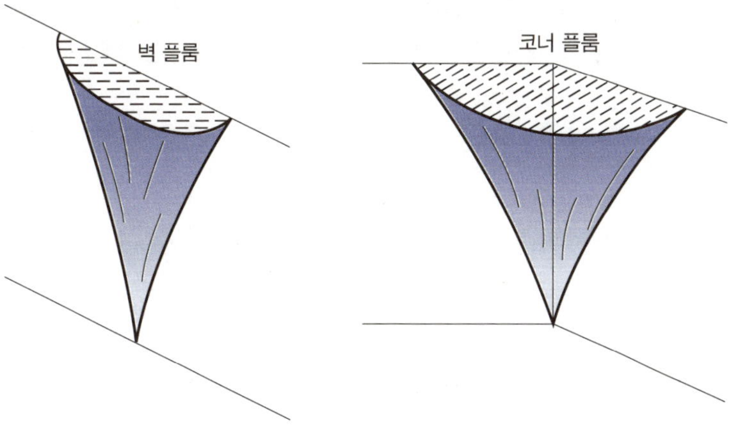


그림 10.9 벽과 코너 플룸

또한 공간의 코너 부근에 위치한 화재에 의해 생성되는 플룸을 코너 플룸이라고 한다([그림 10.9]). 반사 개념을 사용하면, 90° 각도 형상의 벽이 교차되는 코너 플룸에서 나오는 연기 생성량은 크기가 4배인 일반 화재에 대비하여 1/4로 계산된다.

따라서 벽과 코너 플룸의 연기 생성량은 각각 다음 열방출량 값으로 계산한다.

① 벽 플룸의 열방출량 = 총 열방출량 $Q \times 2$
② 벽 플룸의 연기 생성량 = ①번으로 계산한 축대칭 플룸의 연기 생성량×1/2
③ 코너 플룸의 열방출량 = 총 열방출량 $Q \times 4$
④ 코너 플룸의 연기 생성량 = ③번으로 계산한 축대칭 플룸의 연기 생성량×1/4

**예제 10.7**

아트리움의 바닥에 위치한 화재의 열방출량이 5,000 kW이다. 연기층 경계의 위치는 바닥으로부터 높이가 35 m이다. 축대칭, 벽, 코너 플룸에 대해 연기층으로 공급되는 연기 생성량을 비교 계산하면 얼마인가? 단, 대류 열방출량 $Q_c = 0.7Q$, $z_f = 4.3$ m이다.

**풀이**

① 축대칭 플룸

㉠ 식 (10.29)로부터

$$z_f = 0.166 Q_c^{2/5} = 0.166 \times (0.7 \times 5{,}000)^{2/5} = 4.34 \text{ m}$$

㉡ $z > z_f$ : $35 > 4.34$이므로, $z_o$를 무시하면 식 (10.31)로부터

$$m = 0.071 Q_c^{\ 1/3} z^{5/3} + 0.0018 Q_c$$
$$= 0.071 \times (0.7 \times 5{,}000)^{1/3} \times (35)^{5/3} + 0.0018 \times (0.7 \times 5{,}000) = 410 \text{ kg/s}$$

② 벽 플룸

㉠ $m = 0.071 Q_c^{\ 1/3} z^{5/3} + 0.0018 Q_c$
$$= 0.071 \times (0.7 \times 10{,}000)^{1/3} \times (35)^{5/3} + 0.0018 \times (0.7 \times 10{,}000) = 521.2 \text{ kg/s}$$

㉡ 벽 플룸 연기 생성량$= 521.2 \times 1/2 = 260.6$ kg/s

③ 코너 플룸

㉠ $m = 0.071 Q_c^{\ 1/3} z^{5/3} + 0.0018 Q_c$
$$= 0.071 \times (0.7 \times 20{,}000)^{1/3} \times (35)^{5/3} + 0.0018 \times (0.7 \times 20{,}000) = 666 \text{ kg/s}$$

㉡ 벽 플룸 연기 생성량$= 666 \times 1/4 = 167$ kg/s

세 가지 플룸에 대한 연기 생성량을 비교해보면 축대칭 플룸이 가장 크고(410 kg/s), 벽과 코너 플룸은 각각 260 kg/s과 170 kg/s의 값을 갖는다. 따라서 위험 사정을 할 때에는 벽으로부터 멀리 떨어진 공간의 중앙 부근 위치의 화재로부터 축대칭 플룸이 전개된다고 가정해야 한다.

### 3) 발코니 유출 플룸

연기가 발코니와 같은 중간 장애물에 도달한 연기는 장애물 하부에서 수평 이동한 뒤 방향을 바꿔 수직으로 이동할 경우, [그림 10.10]에 나타낸 것처럼 발코니 유출 플룸(balcony spill plume)이 형성된다. 또한 발코니 유출 플룸에서 화재 위로 상승하는 연기는 [그림 10.10]과 같이 천장, 발코니 또는 기타 수평 돌출 커튼(draft curtain)에 도달한 뒤 수평 방향으로 발코니 가장자리를 향해 이동하고 개구부를 통해 아트리움 내부로 유출된다(NFPA 92B, 2006). 이러한 발코니 유출 플룸의 특징은 화재 특성, 플룸 폭, 화재 상부의 천장 높이 등에 따라 달라진다. 아울러 플룸 중심선으로부터 발코니 가장자리까지 수평 이동 경로도 중요한 의미를 갖는다.

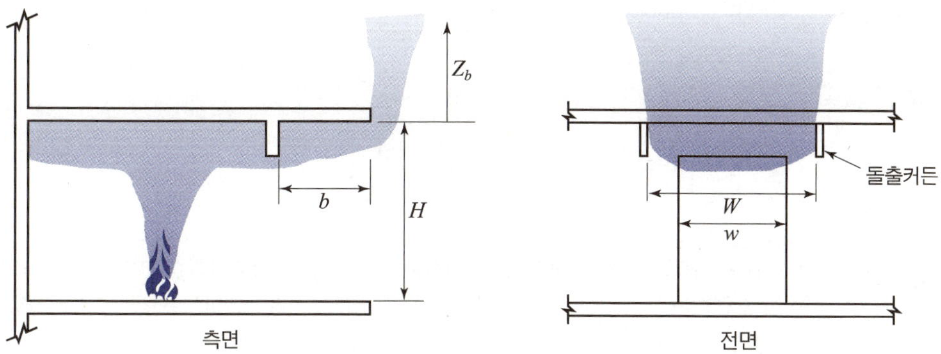


그림 10.10 발코니 유출 플룸

아트리움과 직접 인접한 공간 내부에서 화재가 발생할 경우, 식 (10.35)를 이용해 발코니 유출 플룸으로 혼입되는 공기의 유입량을 계산할 수 있다(Morgan and Marshall, 1979, Law, 1986). 식 (10.36)은 발코니 유출 플룸의 질량 유량 $m$(kg/s)에 대한 근사 값이다.

$$m = 0.36 (Q W^2)^{1/3} (z_b + 0.25H) \tag{10.36}$$

여기서, $Q$ : 총 열방출량(kW)

$W$ : 발코니 하부의 유출 플룸 폭(m)

$z_b$ : 발코니 하부에서 연기층 경계까지의 높이(m)

$H$ : 연료 표면 상부에서 발코니까지의 높이(m)

아트리움의 높이가 낮을 경우, 발코니 유출 플룸에 대한 연기 생성량은 축대칭 플룸에 비해 훨씬 더 커지게 된다. 하지만 높이가 상승함에 따라 두 플룸에서 발생하는 연기 생성량은 점차 비슷해진다. 높이가 높을 경우, 식 (10.23)을 이용해 발코니 유출 플룸에서 발생하는 연기 생성량을 계산해야 한다.

임의 물리적 수직 장벽이 발코니에 부착되어 있는지 여부를 고려해 플룸의 폭 $W$를 계산할 수 있다. 장벽은 발코니 하부에서 연기의 수평 유동 확산을 제한하는 역할을 하게 된다. 하지만 어떠한 장벽도 없는 경우에는 발코니 유출 플룸의 폭에 대한 시각적 관찰 결과를 바탕으로 등가폭을 사용해야 한다. 등가폭의 정의는 제한되지 않은 발코니 유출 플룸과 동일한 양의 공기를 유입시키는 폭이 된다. 등가폭 $W$은 식 (10.37)을 이용하여 구한다.

$$W = w + b \tag{10.37}$$

여기서, $w$ : 개구부 폭(m)

$b$ : 개구부에서 발코니 모서리까지 거리(m)

**예제 10.8**

아트리움의 바닥에 위치한 화재의 총 열방출량은 528 kW이고, [그림 10.11]과 같이 발코니에서 연기가 유출된다. 발코니 유출 플룸의 질량 유량은 얼마가 되겠는가? 단, 발코니 높이 $z_b$ =6.1 m, 연료 표면 상부에서 발코니까지 거리 $H$=3.05m, 화재실의 개구부 폭 $w$=1.83 m, 개구부에서 발코니 모서리까지 거리 $b$=3.66 m이다.

**풀이**

① 식 (10.36)으로부터

$$W = w + b = 1.83 + 3.66 = 5.49\ \text{m}$$

② 식 (10.35)로부터

$$m = 0.36(QW^2)^{1/3}(z_b + 0.25H) = 0.36(528 \times 5.49^2)^{1/3}(6.1 + 0.25 \times 3.05)$$
$$= 66.7\ \text{kg/s}$$

### 4) 창문 플룸

[그림 10.11]과 같이 문이나 창문과 같은 벽의 개구로부터 대규모 개방 공간으로 유출되는 플룸을 창문 플룸(window plum)이라고 한다. 화재실의 플래시 오버 발생 후 총 열방출량은 개방 공간으로부터 벽의 개구부를 통과하는 공기량에 지배되고, 이때 화재는 환기에 좌우된다. 환기 지배형 화재의 열방출량 $Q$(kW)는 화재에 유입되는 공기의 양에 의존한다. 따라서 열방

출량은 화재실의 개구부 함수로 나타낼 수 있고, 열방출량은 환기구의 특징과 관련이 있다.

$$Q = 1,260 A_w H_w^{1/2} \tag{10.38}$$

여기서, $A_w$ : 개구부 면적($m^2$)

$H_w$ : 개구부 높이(m)

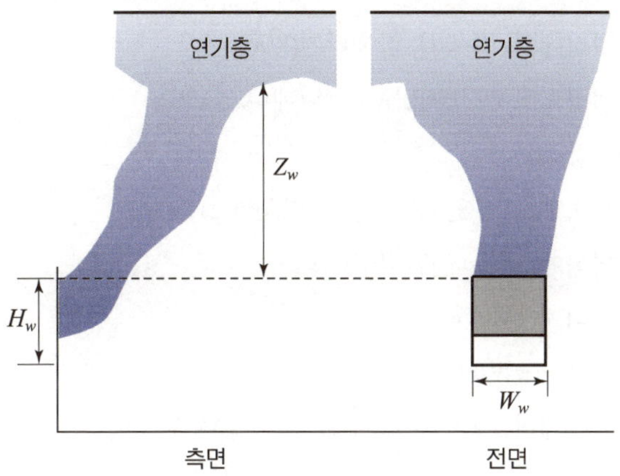


**그림 10.11** 창문 플룸

창문 플룸 안으로 유입되는 공기는 식 (10.38)과 축대칭 플룸으로부터 결정할 수 있다. 이것은 창문으로부터 공급되는 화염 최상부에서 유입량을 결정하고 동일한 유입량을 계산하여 축대칭 플룸의 높이를 결정하기 때문이다. 이들 논리로부터 실제 화염 높이와 동등한 축대칭 플룸 높이와 차이의 결정하는 보정 계수 $a$(유효 높이)를 이용하면 축대칭 플룸의 질량 유량 식 (10.31)로부터 창문 플룸의 질량 유량 $m$(kg/s)은 식 (10.39)와 같이 된다.

$$m = 0.068 (A_w \sqrt{H_w})^{1/3} (z_w + a)^{5/3} + 1.59 A_w H_w \tag{10.39}$$

여기서, $z_w$ : 창문 상단에서 연기층까지 높이(m)

$a$ : 유효 높이(m)

$$a = [2.4 A_w^{2/5} H_w^{1/5}] - 2.1 H_w$$

$A_w = (W_w \times H_w)$ : 환기 개구부의 면적($m^2$)

$H_w$ : 환기 개구부의 높이(m)

### 10.5.2 평균 플룸 온도

플룸의 평균 온도는 유동계에 대한 열역학 제1법칙으로부터 구할 수 있다. [그림 10.12]에서 플룸의 검사 체적(control volume)과 정상 유동으로부터 작은 양의 질량은 무시하고 연소에서 나타나는 플룸 유동에 대한 에너지 보존식을 식 (10.40)과 같이 나타낼 수 있다.

$$Q_g + Q_t = m(h_e - h_i + \Delta KE + \Delta PE) + W \tag{10.40}$$

여기서, $Q_g$ : 검사 체적에서 발생된 열에너지(kW)

$Q_t$ : 검사 체적으로부터 저달되는 열에너지(kW)

$m$ : 질량 유량(kg/s)

$h_i$ : 검사 체적으로 유입되는 엔탈피(kW/kg)

$h_e$ : 검사 체적에 남은 엔탈피(kW/kg)

$\Delta KE$ : 운동 에너지(kW/kg)

$\Delta PE$ : 위치 에너지(kW/kg)

$W$ : 검사 체적에서 주위 시스템에 행한 일(kW)

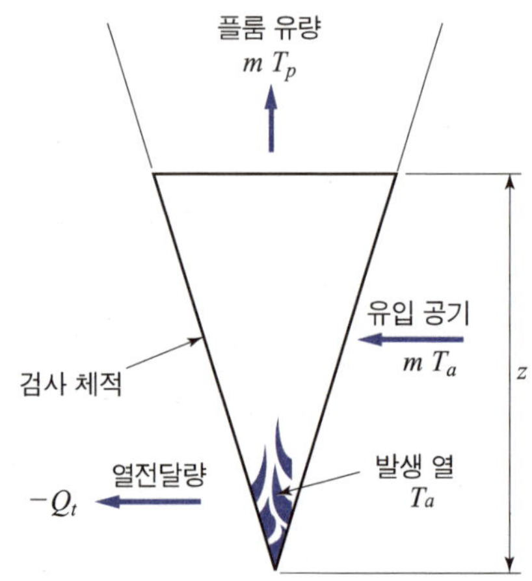


그림 10.12 플룸 유동에 따른 에너지

정상 화재에서 플룸이 행한 일($W$)은 0이고, 운동 에너지와 위치 에너지로는 무시할 정도로 작기 때문에 무시하면, 화재에서 방출되는 방출열량 $Q = Q_g$이 된다. 또한 열전달량 $Q_t$는 열전도와 열복사에 의해 플룸으로부터 주위로 전달되지만, 플룸으로부터 전달되는 열은 열복사에 의한 열이 더 크므로 열전달량은 복사 열전달량 $Q_r$ 즉, $Q_t = -Q_r$이 된다.

따라서 플룸에서 방출되는 열방출량 $Q_c$와 엔탈피 $h$는 다음과 같고, 식 (10.41)을 식 (10.40)에 대입하고 정리하면 플룸의 평균 온도 $T_p$(℃)는 식 (10.42)와 같이 된다.

$$Q_c = Q_g + Q_t \quad \text{and} \quad h = mC_pT \tag{10.41}$$

$$T_p = T_o + \frac{Q_c}{mC_p} \tag{10.42}$$

여기서, $T_p$ : 임의의 $z$높이에서 평균 플룸 온도(℃)

$T_o$ : 주변 온도(℃)

$C_p$ : 플룸 가스의 비열(공기=1.0 kJ/kg·℃)

## 10.5.3 연기층의 특성

연기층의 특성은 화재의 충전 시간뿐만 아니라 배출 시간 동안도 관심 대상이다. 충전 시간 동안 연기층 특성의 결정은 기계식 제연 시스템 작동 전에 위험 정도를 평가해야 한다. 배출 시간 동안 연기층 특성은 거주자들이 연기에 노출되는 위험 정도를 평가하는 것이다(가장 높은 보행 높이가 연기층에 잠기는 등).

### 1) 연기층의 온도 상승

연기층의 온도는 연기층 체적에 대한 에너지의 지수 값으로부터 구할 수 있다. 에너지는 화재에 의해 연기층으로 공급된다. 연기층으로부터 공간의 방호 구역(벽, 천장)으로 에너지가 손실될 수도 있다. 충전 시간 동안 연기층의 상승 온도 $T$는 다음 식과 같다.

$$T = T_c \exp\left[\frac{(1-X_l)}{Q_0}\right] \tag{10.43}$$

여기서, $T_c$ : 플룸 중심선에서 온도(K)

$X_l$ : 유출 연기로부터 발생하는 열손실

$Q_0 = \rho_o C_p T_o A(H-z)$(kJ)

$X_l$에 대한 평가 편차가 크기 때문에 대부분 설계 지침에서는 연기층을 단열 상태($X_l$= 0)로

가정하고 있다. Walton은 정육면체의 비교적 작은 공간에 대해 $X_l$ 값을 0.6~0.9로 제안하고 있다. 천장이 높은 대형 공간의 대부분은 연기층에 의해 예상되는 상승 온도가 비교적 높지 않기 때문에 방호 구역에 대한 대류와 복사 열전달도 적정 수준을 유지한다. 결과적으로 이 같은 응용에 대한 단열 가정은 온도 상승에 대해 합리적인 결과를 제공한다. 하지만 천장이 낮을 경우(약 10m 미만)에는 단열 가정으로 인해 온도가 과대 평가될 수 있다.

연기층에 대해서도 에너지 지수 값을 적용함으로써, 환기 중 평형 연기층의 온도를 근사적으로 구할 수 있다. 이때 아트리움으로부터 배출되는 연기로 인해 연기층의 에너지가 또한 손실된다.

$$\Delta T = \frac{(1 - X_l)Q_c}{C_p m} \tag{10.44}$$

단열로 가정하면 연기층 온도가 과대평가되고 위험에 대한 보수적인 평가 결과를 제공하게 된다. 실제로 열의 일부가 상부 연기층에서 주변 벽과 천장으로 손실된다. 그러나 주변으로 손실되는 열의 전체 비율을 평가하기 위한 근본 방법은 없다.

과대평가의 정도는 연기층 온도 평가 결과를 플룸 중심선 온도와 비교할 수 있다. 열역학적으로 연기층 온도는 플룸 중심 온도를 초과할 수 없다. 플룸의 중심선 온도 $T_c$는 식 (10.45)를 이용하여 계산할 수 있다.

$$T_c = 0.08\, T_o\, Q_c^{2/3}\, z^{-5/3} + T_o \tag{10.45}$$

또 다른 열방출률 또는 온도 상승에 대한 체적 비기율은 예상되는 특정 온도 범위에 대해 비열이 일정한 것으로 간주한다.

$$\frac{Q_{c1}}{Q_{c2}} = \frac{V_1}{V_2}\frac{\Delta T_{ad1}}{\Delta T_{ad2}}\frac{T_2}{T_1} \tag{10.46}$$

여기서, $\Delta T_{ad}$ = 연기층과 외기 사이의 온도차(℃)

### 2) 암흑도

연기의 가시거리는 경험적 상관관계를 통해 단위경로길이 당 흡광도와 관계가 있다. 상관관계에 대한 실험적 근거는 사람들이 연기를 통해 사물을 관찰하도록 하는 여러 차례의 실험을 통해 마련되었다. 사물의 시계는 연기의 암흑도 특성 외에도 대상에 대한 광원과 주위 조명 조건에 따라 달라진다. 시계(visibility)와 흡광도의 관계는 다음 식과 같다.

$$\text{Visibility} = \frac{0.43K}{D} \tag{10.47}$$

여기서, $D$ : 단위길이 당 흡광도($m^{-1}$)

$K$ : 상수(밝은 빛=6)

화재로 인해 발생하는 모든 입자가 플룸을 통해 연기층으로 이동되어 연기층 내부에 축적된다면 연기층의 흡광도를 구할 수 있다. 연기 충전 시간과 배출 시간은 식 (10.48)과 (10.49)로 나타낼 수 있다.

$$\text{연기 충전 시간} : t_c = \frac{D_m Q'}{X_a H_c A(H-z)} \tag{10.48}$$

$$\text{배출 시간} : t_s = \frac{D_m Q}{X_a \Delta H_c \dot{m}/\rho} \tag{10.49}$$

여기서, $D_m$ : 질량 광학 밀도($m^2/kg$)

$X_a$ : 연소 효율

질량 흡광도는 가연물, 연소 방식, 배출 조건, 스프링클러 헤드의 작동 여부 등에 영향을 미친다. 질량 흡광도는 다양한 배출 조건에 따라 변화할 수 있다.

### 3) 일산화탄소 농도

연기층에 포함되어 있는 가스의 농도를 구할 때, 플룸을 통해 연기층으로 공급되는 모든 질량이 연기층 내부에 축적되는 것으로 가정하고 해당 방호 구역은 질량을 전혀 흡수하지 않는다는 가정으로부터 구할 수 있다. 연기의 충전 시간과 배출 시간에 대한 식은 다음과 같다.

$$\text{연기 충전 시간} : t_{ci} = \frac{f_i Q'}{\rho X_a H_c A(H-z)} \tag{10.50}$$

$$\text{배출 시간} : t_i = \frac{f_i Q'}{\dot{m} X_a H_c} \tag{10.51}$$

여기서, $H_c$ : 연소열(kJ/kg)

$f_i$ : 임의 종류 $i$의 생성양(연료 연소 단위 kg당 종류 $i$의 kg)

$Y_i$ : 가스 $i$의 질량(연기 단위 kg당 종류 $i$의 kg)

가스 농도를 ppm 단위로 나타내면, 식 (10.52)와 같다.

$$\text{ppm}_i = \frac{Mw_{air}}{Mw_i} Y_i \times 10^6 \tag{10.52}$$

여기서, $Mw_i$ : 가스 $i$의 분자 질량(kg)

$Mw_{air}$ : 공기의 분자 질량(kg)

가스 농도를 구하는데 필요한 인자는 발생 비율과 연소열이 포함되고, 이 두 가지 인자는 모두 가연물에 따라 달라진다. 발생 비율은 연소 방식과 산소 농도에 따라 달라진다. Tewarson (2002)에 의해 제시된 발생 비율에 대한 도표는 대부분 환기 비지배형 화염 연소를 가정하고 있다. 대규모 공간에서 발생하는 대부분의 화재는 화염 연소를 포함하며 거의 환기가 일어난다. 그러나 상호 연결된 여러 개의 작은 공간에서 발생하는 화재는 환기 부족 상태가 될 가능성이 있다. 발생 비율은 다양한 환기 조건에 따라 크게 변화할 수 있기 때문에 환기 조건을 올바르게 파악하기 위해서는 관련 변수를 예측하는데 세심한 주의를 기울여야 한다.

**예제 10.9** 다음과 같은 조건이 주어질 경우, 환기기간 중의 정상상태 연기층의 특성(온도, 내부 피난구 유도등에 대한 시계, CO 농도)을 계산하면 얼마인가?

1) 연기층 경계면의 높이는 바닥으로부터 35 m로 유지
2) 화염 화재의 열방출량은 5,000 kW
3) 가연물의 주성분은 폴리우레탄 발포수지

**풀이**

1) 연기층의 온도 : 식 (10.44)를 이용하면, 단열 연기층의 상승 온도를 구할 수 있다. [예제 10.6]에서 연기의 생성량을 410 kg/s를 구한 바 있다. 따라서 단열이라는 연기층 가정과 함께 대류 열방출률 분율은 0.7이고, 공기의 비열이 1.0 kJ/kg · K이라고 가정하면, 온도상승은 8.5℃이다.

2) 시계 : 배출 시간 중의 시계는 식 (10.48)을 이용한다. 해당 연기층의 온도에 대한 $\rho$값은 1.17 kg/m$^3$이므로, 흡광도는 0.32 m$^{-1}$이고, 시계는 8.5 m이다.

3) CO 농도 : 배출 시간에 대한 CO농도는 식 (10.51)과 (10.52)를 이용하면,
① 폴레우레탄에 대한 $f_{\text{CO}}$ : $-0.030\ \text{kg}_{\text{CO}}/\text{kg}_{\text{fuel}}$
② 결과적으로 얻게 되는 연기층 내부 CO 농도는 31 ppm

# 10.6 추가적인 고려 사항

## 10.6.1 중간 성층화

플륨 내부에서 일어나는 상향 연기 이동은 연기의 부력에 따라 달라진다. 천장에 설치한 장치(감지기 등)는 천장 부근의 공기 온도가 상승하는 연기보다 높으면 작동 지연을 일으킬 수도 있다. Dillon(1994)은 천장에 유리창을 설치한 일부 아트리움의 경우 바닥에서 천장까지의 온도차이가 50℃에 이른다고 보고하였다.

천장에 유리창이 설치되어 있으면 태양열로 인해 화재 전에 따뜻한 공기층이 형성될 수도 있다. 이 따뜻한 공기층의 하부에 연기가 성층화(stratification)되어 천장에 오르지 못하게 된다. 따라서 플륨의 평균 온도가 초기 성층화의 온도보다 낮을 때 [그림 10.13]에 나타낸 것처럼 연기는 뜨거운 공기에 의해 초기 성층화된 그 아래 형성된다.

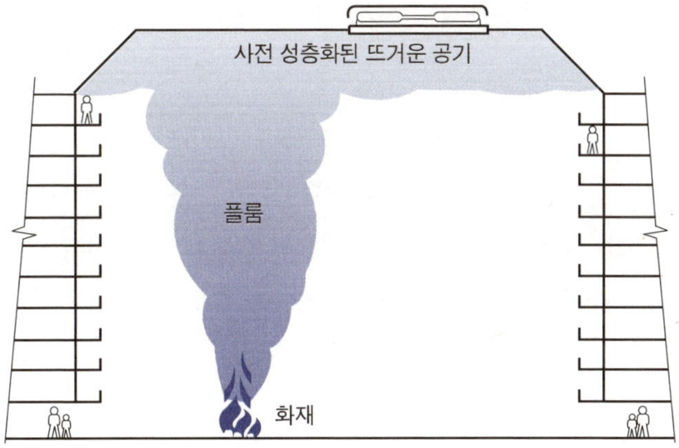


그림 10.13 사전 성층화된 아트리움의 연기충전

또한 발화 후 초기에 플륨이 상승하는 최대 높이는 개방 공간 내부의 기온 변화와 대류 열방출량에 따라 달라진다. [그림 10.14]와 같이 아트리움이 있는 건물에서 아트리움 내부의 온도에 따라 계단 함수와 선형 함수의 온도 형상 두 가지 형상으로 나타나고, 이들 두 형상에 따라 대수적 상관관계를 적용할 수 있다.

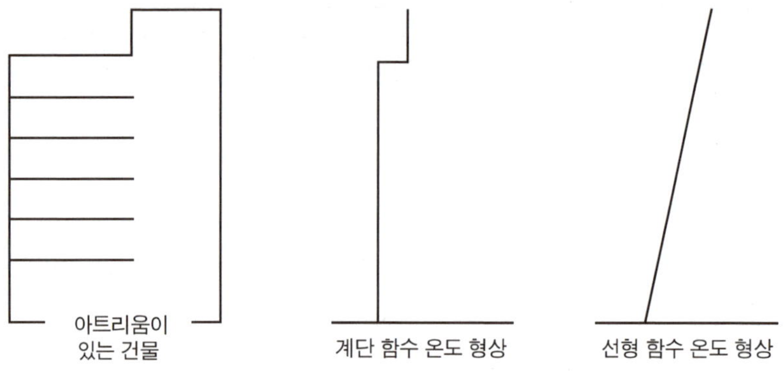


그림 10.14 화재 전의 온도변화

① 계단 함수 온도 : 균일한 따뜻한 공기층이 있는 높이에 이를 때까지 온도가 비교적 일정하게 유지되면, 몰, 아트리움 또는 기타 대규모 공간의 상부 구간이 비어 있고 해당 구간의 공기는 공조 과정을 거치지 않은 상태로 방치되어 있어야 한다.

② 선형 함수 온도 : 대규모 공간의 실내 주위 공기는 바닥으로부터 천장 높이까지 일정한 온도 구배(단위높이 당 온도변화)를 갖고 있는 경우로서 ①번 경우와 비교하여 발생할 가능성은 거의 적다.

계단 함수 온도의 경우 따뜻한 공기층 하단의 해당 높이에서 플룸의 온도를 결정함으로써 성층화의 가능성을 판단할 수 있다. 플룸은 부력과 상승 기능을 상실하면서 그 높이에서 성층화가 발생하게 된다. 플룸 중심선 온도에 대한 상관관계는 식 (10.53)과 같다. 화재 발생 전 주변의 온도 분포가 전체 높이에 대해 균일하게 상승하는 경우 플룸의 최대 상승 높이 $z_m$(m)를 다음 식으로부터 구할 수 있다.

$$z_m = 3.79 F^{1/4} G^{-3.8} \tag{10.53}$$

여기서, $F = gQ_c/(T_o \rho_o C_p)$

$G = -(g/\rho_o) d\rho_o/dz$

표준 조건과 함께 공기가 완전 기체라고 가정하면 $F$와 $G$는 다음 식으로 나타낼 수 있다.

$$F = 0.00279\, Q_c$$

$$G = 0.00335\, dT_o/dz$$

$dT_o/dz$는 상수이기 때문에 대신 $\Delta T_c/H$를 대입할 수 있다. 식 (10.53)에 $F$와 $G$의 단순화된 식을 대입하면, 식 (10.54)와 같이 된다.

$$z_m = 5.54 Q_c^{1/4} (\Delta T_o/H)^{-3.8} \tag{10.54}$$

여기서, $\Delta T_o$ : 대기 중 바닥에서 천정까지 온도 변화(℃)

식 (10.54)를 $Q_c$에 대해 정리하면, 주위 온도 상승으로 인해 조기 성층화가 일어나지 않고 아트리움 천장으로 연기를 밀어 올릴 수 있는 최소 화재 크기를 계산할 수 있다.

$$Q_c = 0.0018 H^{5/2} \Delta T_o^{3/2} \tag{10.55}$$

또한 천장 아래 중간 높이에서 연기 성층화가 예상된다면, 제연 시스템을 작동시키기 위해 천장 부착형 감지기 이외의 장치(광전식 분리형 감지기)를 고려해야 한다. 광전식 분리형 감지기는 상승하는 플룸 중간에 감지할 수 있도록 성층화 높이 아래에 설치해야 한다.

### 10.6.2 제한 유동

플룸은 상승하면서 직경이 커져 플룸 내부로 추가 질량이 유입하게 된다. 높고 좁은 공간의 경우에는 플룸이 천장에 도달하기 전에 아트리움 전체 단면적을 채울 수도 있다. 이 높이를 넘어서면 가용 산소량이 제한(confined)되므로 플룸으로 공기 유입이 크게 줄어든다. 이 경우 초기에는 연기층의 하단이 접촉 지점에 위치한다고 가정할 수 있다. 접촉 지점 상부의 체적 전체를 채우는데 따른 발생하는 시간 지연 후에는 천장이 접촉 지점 하단까지 이동한다. 상부 체적 충전 지연을 평가할 때는 풍도 유동을 가정할 수 있으며, 이때 속도는 접촉 높이의 플룸 속도로 계산된다.

플룸과 벽 사이의 접촉 지점을 결정하기 위해 플룸 직경을 높이의 함수로 나타낼 수 있고, 플룸 직경 $d$(m)는 다음 식과 같다.

$$d = 2.4\alpha z \tag{10.56}$$

여기서, $\alpha = 0.15$라고 하면, 식 (10.56)은 식 (10.57)과 같이 다시 쓸 수 있다.

$$d \cong 0.36z \tag{10.57}$$

실험으로 플룸 직경을 평가할 때는 사진을 검토하거나 플룸 온도와 주위 온도와의 차이(플룸 중심선으로부터 다양한 수평 거리에 대한 과잉 온도)를 검토한다. 온도 측정 결과를 이용하면 플룸 직경은 과잉 온도가 중심선에 대해 중간에 해당하는 위치로 정의된다. Handa와 Sugawa(1981)는 목재 귀틀집에서 발생하는 시각 플룸 사진으로부터 플룸 직경에 대한 경험식을 유도하였다.

$$d = d_o z^{1/2} \tag{10.58}$$

플룸의 가시 직경은 과잉 온도로부터 구할 수 있고, 플룸 직경은 식 (10.59)와 같다(Heskestad, 1987).

$$d = 0.4\left(\frac{T_c}{T_o}\right)^{1/2} z \tag{10.59}$$

플룸 중심선 온도 $T_c$는 식 (10.45)를 이용하여 계산할 수 있다. 식 (10.45)에서 알 수 있듯이 플룸 중심선 온도는 높이가 증가함에 따라 감소한다. 따라서 천장이 높은 모든 공간에 대해 플룸 중심선 온도는 주위 온도와 가까워질 가능성이 있다.

예를 들면, 화재 규모가 5,000 kW이고 $T_o$가 293 K이고 높이가 30 m일 경우, $T_c$는 312 K가 된다. 이 경우 식 (10.59)에서 $(T_c/T_o)^{1/2}$ 값은 1.03 밖에 되지 않는다. 높이에 따른 $T_c$값의 급속한 감소를 고려할 때 $(T_c/T_o)^{1/2}$값을 1.0으로 근사시킬 수 있다. 그 결과 대부분 플룸 직경이 높이에 대해 절반 정도라고 가정하면 플룸의 총 직경을 근사적으로 구할 수 있다.

### 10.6.3 플러그 홀링

[그림 10.15]와 같이 단일 지점의 배출 용량이 커서 연기와 함께 하부층의 공기도 빼낼 정도가 될 때 플러그 홀링(plug holing) 현상이 발생한다. 이때 배출기에 의해 제거되는 연기의 양은 줄고, 연기층의 깊이는 깊어지게 된다. 연기층 하부로부터 유입되는 공기의 비율을 평가할 수 있는 방법이 없기 때문에 플러그 홀링 동안 연기층 깊이를 평가하는 방법은 활용할 수 없다. 따라서 플러그 홀링의 발생 여부만을 판단할 수 있고 그 영향은 파악하기 어렵다.

플러그 홀링에 대한 연구는 자연 환기로부터 발전되었고, 최근 자연 환기구에 대한 플러그 홀링의 해석을 기계식 환기에도 적용하고 있다(Lougheed and Hadjisophocleous, 1997). 플러그 홀링을 피하기 위한 배출 지점의 최대 배출량 $m_{\max}$(kg/s)은 식 (10.60)과 같다.

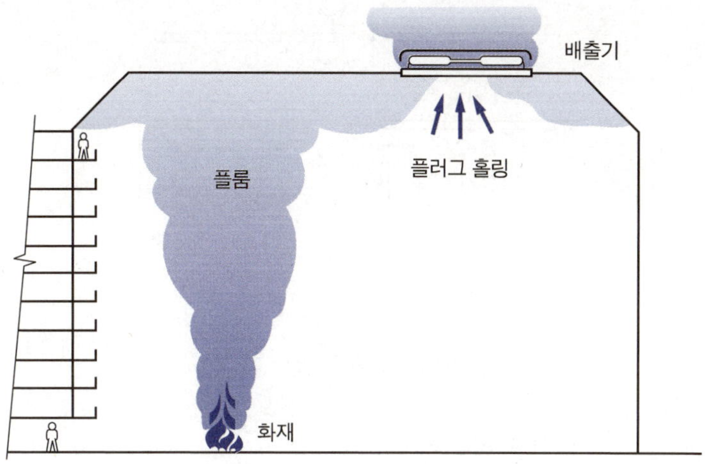


그림 10.15 플러그 홀링 현상

$$m_{\max} = 3.13\beta d^{5/2}\left[\left(\frac{T_s - T_o}{T_s}\right)\left(\frac{T_o}{T_s}\right)\right]^{1/2} \tag{10.60}$$

여기서, $T_s$ : 연기층 온도(K)

$T_o$ : 주변 온도(K)

$\beta$ : 배출구 위치 계수

$d$ : 배출구 하부 최소 연기층 깊이(m)

식 (10.60)을 최대 체적 유량 $Q_{V_{\max}}$($m^3$/s)으로 나타내면 식 (10.61)과 같이 된다.

$$Q_{V_{\max}} = 4.16\,\beta d^{5/2}\left(\frac{T_s - T_o}{T_o}\right)^{1/2} \tag{10.61}$$

플러그 홀링에서 최소 연기층 깊이는 연기층 경계면에서 배출구 하부까지의 거리를 의미한다. 제연 목적을 달성하기 위해 최대 한계보다 큰 배출량이 필요한 경우에는 플러그 홀링을 피하기 위해 여러 개의 배출구가 필요하다. 식 (10.60)에서 배출구 위치 계수는 [그림 10.16]에 나타낸 바와 같이 배출구의 위치에 따라 달라진다(NFPA 92B, 2006).

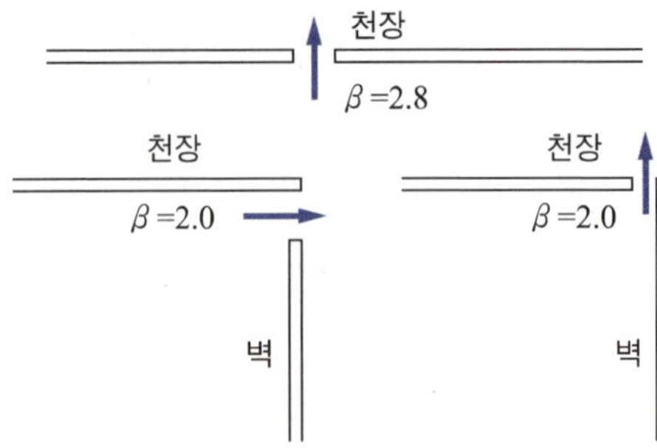


그림 10.16 배출구 위치 계수 $\beta$

[그림 10.16]과 같이 벽에 천장 배출구가 있는 경우 $\beta = 2.0$, 천장에 벽 배출구가 있는 경우 $\beta = 2.0$, 벽에서 멀리 떨어져 천장 배출구가 있는 경우 $\beta = 2.8$을 제안하고 있고, 배출구의 직경을 $D$(m)라고 하면 적어도 $d/D > 2$이 되어야 한다(Lougheed and Hadjisophocleous 1997). 또한 배출구 직경이 원이 아닌 사각형인 경우, $D = 2ab/(a+b)$를 사용해서 계산하기도 한다. 여기서 $a$(m)와 $b$(m)는 배출구의 길이와 폭이다.

배출구에서 배출될 때 최대 배출량에 가깝고 배출구에서 연기 유동의 상호 작용을 최소화하기 위해 배출구 사이는 적절한 이격 거리가 필요하다. 배출구 사이의 이격 거리에 대한 기준은 유량이 감소하여 임의의 낮은 속도가 될 수 있는 하나의 배출구로부터 최소 거리가 된다. 배출구의 최소 이격 거리 $S_{\min}$(m)은 식 (10.62)와 같다.

$$S_{\min} = 0.9(Q_{V_e})^{1/2} \tag{10.62}$$

여기서, $Q_{V_e}$ : 배출구 하나의 배출량($m^3$/s)

## 10.6.4 보충 공기 급기

아트리움에 공급되는 보충 공기의 급기(make-up air supply)는 오염되어 있지 않고 연기층 하부로 공급되고 저속으로 공급되며 필요한 배출 속도보다 낮은 속도로 공급되어야 한다.

보충 공기 유입구는 배출구로부터 멀리 떨어진 지점에 설치해서 연기의 역류를 방지함으로써 연기에 오염되지 않은 공기를 공급할 수 있다. 보충 급기 내부로 연기가 유입될 경우 연기 감지기를 이용해 보충 급기 시스템을 차단해야 한다. 이런 용도로 연기 감지기를 선정할 경우에는 작동 조건, 온도 범위, 풍도 내부 설치 등을 고려해야 한다.

연기층 경계 하부에 모든 보충 공기를 공급해야 한다. 연기층 경계 상부로 공급되는 임의의 보충 공기는 연기층의 질량을 가중시킬 뿐이며, 이때 연기층 깊이의 증가를 막기 위해서는 배출량을 추가해야 한다. 보충 공기가 연기층 경계면 부근에서 공급되면 연기와 혼합되는 청정 공기의 양을 증가시켜 연기층을 더 확장시키게 된다.

플룸, 화재, 연기층에 부정적 영향이 미치지 않도록 보충 공기는 낮은 속도로 공급되어야 한다. 플룸 부근에서 빠른 속도로 공급되는 보충 공기는 플룸을 편향시켜 유입량을 증가시킴으로써 연기 생성량을 상승시키게 된다. 아울러 연기 생성량이 증가되면 화재의 연소율도 상승할 수 있다. 유입 과정에서 약 1 m/s의 공기 속도가 유도되기 때문에 플룸 부근의 최대 보충 공기의 속도는 1 m/s를 권장하는 경우가 많다. 디퓨저를 통과한 공기의 확산으로 인해 디퓨저의 보충 공기 속도는 1 m/s를 초과할 수도 있다. 공기속도와 디퓨져 사이의 거리 관계는 ASHREA 핸드북(2003)을 참고하기 바란다.

공급되는 보충 공기의 질량 유량은 배출 속도보다 낮아야 한다. 이것을 준수하지 못하면 인접 공간보다 아트리움이 가압될 수 있다. 양(+)의 압력 상태에서 강제적인 연기 이동은 물리적 장벽이 존재하는 방호처리 되지 않은 임의 개구부를 통과해 인접 공간으로 흐를 수 있다.

## 10.7 가연물의 제한

어떤 경우에는 전용 제연 시스템이 없이도 아트리움의 자체 특성만으로 제연 목적을 달성할 수 있다. 아트리움의 자체 특성은 가연물의 조성과 품질 및 형상 등과 같은 여러 가지 인자가 포함된다. 예를 들면, 허용 한계를 초과하는 조건을 형성할 만큼 충분한 시간 동안 화재를 지속시킬 수 없는 제한된 양의 가연물이 존재할 수도 있다. 그 시간 동안 소모되는 가연물의 양은 화재가 정상인지 비정상인지 여부에 따라 달라진다. 정상 화재의 경우 주어진 시간동안 소모되는 가연물의 연소량 $m_f$ (kg/s)는 식 (10.63)과 같다.

$$m_f = \frac{Qt}{H_c} \tag{10.63}$$

비정상 상태 $t^2$ 화재의 경우 주어진 시간동안 소모되는 연소량은 다음 식과 같다.

$$m_f = 333\frac{t^3}{H_c t_g^2} \tag{10.64}$$

아트리움의 자체 특성을 해석해 연기조절에 대한 설계 목표를 달성하고자 할 때, 그 기간은 방재 시스템의 성능이나 허용 수준을 초과하는 연기층 조건의 발달과 관련되어 있어야 한다. 예를 들면, 인명 안전을 위한 지향적인 설계를 할 경우, 기간은 대피에 필요한 시간과 방어 불가능한 조건의 형성 시간 중 더 짧은 시간이 되어야 한다.

## 10.8 역기류

역기류(opposed airflow)란 연기 이동과 반대 방향으로 기류가 공급되는 것을 말한다. 역기류는 특정한 공간에서 다른 공간으로(인접 공간과 아트리움 사이) 연기가 확산되는 것을 막기 위해 물리적 장벽이 사용될 수도 있다. [그림 10.17]과 같이 역기류는 인접 공간으로 유입되려는 연기 유동의 운동량을 상쇄시킴으로써 연기 유동을 제한한다.

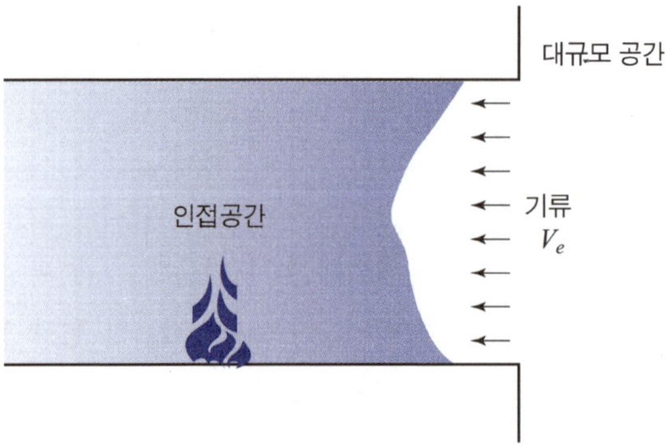


그림 10.17 역기류

개구부를 통과하는 연기 이동을 막기 위해 개구부의 모든 지점에 대한 최소 평균 속도(방연풍속)가 설정되어야 한다. 최소 평균 속도는 연기 확산을 막기 위해 특정 지점에서 필요한 실제 최소 속도보다 크다. 초과 속도는 개구부의 코너와 가장자리에 의해 발생하는 난류의 영향을 고려해 모든 지점에서 최소 임계 속도에 달성되는데 필요하다. 인접 공간 내부에서 발생하는 연기를 막기 위한 최소 평균 속도 $V_e$는 식 (10.65)와 같다(NFPA 92B, 2006).

$$V_e = 0.64\sqrt{\frac{gH(T_s - T_o)}{T_s}} \tag{10.65}$$

여기서, $V_e$ : 최소 평균 속도(m/s)

$H$ : 개구부 높이(m)

$T_s$ : 연기 온도(K)

$T_o$ : 주변 온도(K)

$g$ : 중력 가속도(9.8 m/s$^2$)

개구부의 연기가 아트리움 벽을 따라 상승하는 상승 플룸이 있다면 이를 막기 위한 최소 평균 속도 $V_e$는 식 (10.66)으로 계산한다.

$$V_e = 0.057\left(\frac{Q}{z}\right)^{1/3} \tag{10.66}$$

역기류 속도는 1 m/s를 초과하지 않아야 한다. 이 한계를 초과할 경우 역기류 속도는 플룸을 벽 반대 방향으로 편향시켜 플룸의 유입 표면적을 증가시킨다. 유입 표면적이 증가하면 연기 생성량은 증가하게 된다. 또한 과도한 평균 속도를 이용하면 인접 공간으로 확산되는 문제는 해결할 수 있지만 연기 생성량의 증가와 아트리움 내부의 연기층 깊이 증가로 인해 또 다른 문제가 발생할 수 있다. 역기류 속도를 발생시키기 위해 필요한 기계 장치의 체적 유량 $Q_{V_{oa}}$ (m$^3$/s)은 다음 근사식으로 나타낼 수 있다.

$$Q_{V_{oa}} = A_o V_e \tag{10.67}$$

여기서, $A_o$ : 개구부 면적(m$^2$)

하나의 기계 장비를 이용해 여러 개구부를 역기류로 제어할 경우 대상 단면적은 모든 개구부의 단면적 합이 된다. 총 단면적 합이 큰 여러 개구부를 제어할 경우 필요한 기류 용량이 지나치게 커져서 역기류의 역할을 할 수 없도록 하는 경우도 생긴다.

역기류를 통합하여 아트리움으로부터 인접 공간으로 연기가 이동하는 것을 막을 경우 아트리움으로 유입되는 공기 체적이 미치는 영향을 판단해야 한다. 아트리움 내부에서 연기층 경계면의 위치를 일정하게 유지하기 위해 배연 장치가 설치되면 역기류에 사용된 추가 공기의 모든 양을 추가로 배출시켜야 한다. 이와 같은 추가 공기를 처리하기 위해 아트리움 내부의 배출량을 역기류에 사용되는 양만큼 증대시킬 수도 있다. 배출되는 추가 공기는 아트리움 내부 연기층의 질에 영향을 미치게 된다[식 (10.44, 10.49, 10.52) 참조]. 연기층의 온도 $T_s$(℃)는 식 (10.42)로부터 인용된 식 (10.68)를 이용해 구할 수 있다.

$$T_s = T_o + \frac{Q_c}{mC_p} \tag{10.68}$$

여기서, $T_o$ : 주변 온도(℃)

$Q_c$ : 화재의 대류 열방출량(kW)

$C_p$ : 플룸 가스의 비열(공기 = 1.0 kJ/kg·℃)

$m$ : 연기 생성량(kg/s)

연기층의 온도를 결정하기 위해서는 식 (10.68)을 반복적으로 적용해야 한다. 청정 높이가 클 경우 역기류 단계에 사용되는 공기의 온도는 연기층 온도와 거의 동일해지며 이로 인해 공기의 질량 유량보다 체적 유량을 추가할 수 있게 된다.

**예제10.10**

[예제 10.6]의 아트리움과 인접 공간과 연결된 폭 5m × 높이 2.5m의 개구부가 5개 설치되어있고, 개구부의 하단은 아트리움 바닥으로부터 30 m 높이에 있다. 아트리움 바닥의 중앙에 5,000 kW의 화재가 발생했다고 가정할 때 다음 값을 계산하면 얼마인가? (단, 대류 열방출량 $Q_c = 0.7Q$, 주변 공기 온도 $T_o = 20$℃, 공기 밀도 $\rho = 1.2\ \text{kg/m}^3$)

1) 역기류에 필요한 최소 평균 속도
2) 역기류에 필요한 급기의 체적 유량
3) 연기층 경계 속도를 바닥으로부터 25 m 높이로 유지하고, 역기류를 통해 유입되는 추가 공기를 수용하기 위해 필요한 아트리움의 배출기의 속도

**풀이**

1) 역기류에 필요한 최소 평균 속도

① 식 (10.23)으로부터 $z_o$ 무시하면, 연기 생성량

$$m = 0.071Q_c^{1/3}(z - z_o)^{5/3} + 0.0018Q_c = 0.071 \times 3500^{1/3} \times 30^{5/3} + 0.0018 \times 3500$$
$$= 410\ \text{kg/s}$$

② 식 (10.68)로부터 연기층 온도

$$T_s = T_o + \frac{Q_c}{mC_p} = 293 + \frac{3,500}{410 \times 1} = 302℃$$

③ 식 (10.65)로부터

$$V_e = 0.64\sqrt{\frac{gH(T_s - T_o)}{T_s}} = 0.64\sqrt{\frac{9.8 \times 2.5(302-20)}{302}} = 3.06 \text{ m/s}$$

2) 식 (10.67)로부터 총 5개 개구부의 역기류에 필요한 체적 유량

$$Q_{V_{oa}} = A_o V_e = 5 \times 2.5 \times 3.06 = 38.25 \text{ m}^3/\text{s}\,(45.9 \text{ kg/s})$$

3) 바닥으로부터 25 m 높이에 연기층 유지에 필요한 배출기 속도
식 (10.23)으로부터 $z_o$ 무시하면, 연기 생성량

$$m = 0.071 Q_c^{1/3}(z - z_o)^{5/3} + 0.0018 Q_c = 0.071 \times 3500^{1/3} \times 25^{5/3} + 0.0018 \times 3500$$
$$= 237 \text{kg/s}$$

# 10장 연습문제

**01** 대규모 공간의 연기제어에서 위험인자를 나열하고 설명하시오.

**02** 대규모 공간의 제연 방법과 방식에 대해 설명하시오.

**03** 단면적 $A=800\ \text{m}^2$이고, 높이 $H=30\text{m}$인 아트리움에서 발생하는 $t^2$ 화재에 대한 연기층의 120초 후의 위치를 계산하시오. 단, $A/H^2=2.0$, $t_g=150\ \text{s}$이다.

**답** 식 (10.17)로부터 $z=19.2\ \text{m}$

**04** 단면적 $A=800\ \text{m}^2$이고, 높이 $H=30\ \text{m}$인 아트리움에서 $t^2$ 화재에 대한 연기층 경계가 바닥으로부터 높이가 20 m인 지점에 도달하는데 걸리는 시간을 계산하시오. 단, $A/H^2=2.0$, $t_g=150\ \text{s}$이다.

**답** 식 (10.18)로부터 $t=154\ \text{s}$

**05** 플룸 형상의 종류를 나열하고 설명하시오.

**06** 그림과 같이 아트리움 바닥 중앙에 총 열방출량이 5,250 kW인 화재가 발생하였다. 연기 생성량 및 체적 유량을 계산하시오? 단, 대류 열방출량 $Q_c=0.7Q$, 주변 공기 온도 $T_o=35℃$이다.

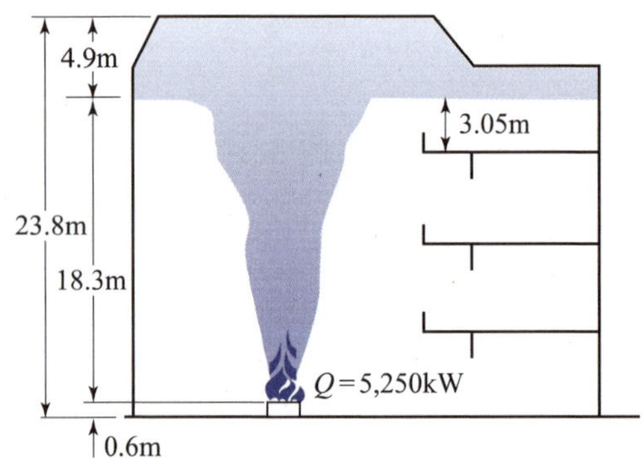


**답** 식 (10.31)로부터

$m=146.5\ \text{kg/s}$

$Q_V=132.1\ \text{m}^3/\text{s}$

**07** 아트리움의 바닥에 위치한 화재의 총 열방출량은 5,250 kW이고, 그림과 같이 발코니에서 연기가 유출된다. 발코니 유출 플룸의 질량 유량과 체적 유량을 계산하시오. 단, 주변 공기 온도 $T_o = 35℃$이다.

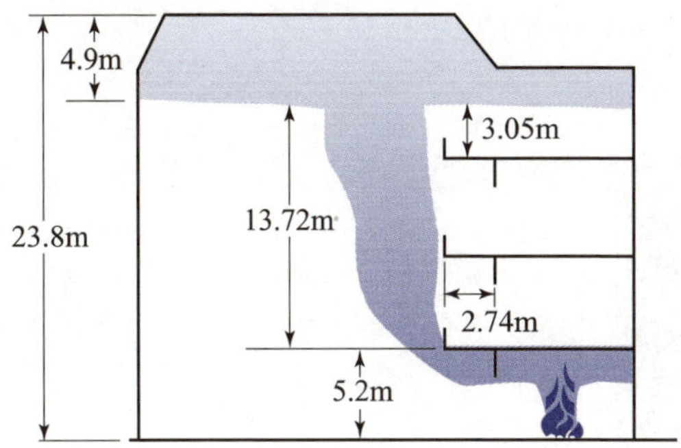


**답** 식 (10.35)로부터
$m = 338.5$ kg/s
$Q_V = 292.6$ m$^3$/s

**08** 중간 성층화에 대해 설명하시오.

**09** 플러그 홀링에 대해 설명하시오.

**10** [문제 6]에서 플러그 홀링을 피하기 위한 최대 배출량을 계산하시오. 단, 배출구는 아트리움의 연기층 하부에서 3.7 m 위치에 있다. $d = 3.7$ m, $\beta = 2.0$, $T_s = 330$ K, $T_o = 308$ K이다.

**답** 식 (10.60)으로부터 $m_{max} = 41.12$ kg/s

**11** [문제 10]에서 배출구의 최소 이격 거리를 계산하시오. 배출구의 수는 4개이다.

**답** 식 (10.61)과 (10.62)로부터 $Q_{V_e} = 14.14$ m$^3$/s, $S_{min} = 3.4$ m

**12** 아트리움 화재에서 역기류 현상에 대해 설명하시오.

# 11장

# 터널 제연

Smoke Management of Tunnel

독일의 Moorfleet 터널(1968년), 일본의 Nihonzaka 터널(1979년), 미국의 Caldect 터널(1982년), 영국의 Summit 터널(1984년) 등과 1999년 프랑스와 이태리를 연결하는 Mont Blanc 터널, 2000년 오스트리아의 산악 철도 터널 화재와 같은 각 나라의 터널 화재 사례를 보면 터널 화재는 후진국형의 재난이 아닌 선진국형 재난으로 인간이 만들어낸 재앙이다. 최근 우리나라도 경제 성장과 고속화와 더불어 장대 터널이 건설되었고 1999년 남산 터널, 2000년 둔내 터널, 2007년 다부 터널 화재 등 많은 화재사고가 잇따르고 있다.

터널 화재는 연기와 열의 축적에 따라 소화 활동에 어려움이 크고, 외부 또는 지상에서의 상황 파악이 불가능하여 외부와의 연락 또한 여의치 않아 방어 행동을 취하는데 큰 어려움이 있다. 발화점 확인은 개구부에서 분출되는 연기의 상황에 따라 추정할 수밖에 없으며, 소방 활동의 진입구가 한정되어 있기 때문에 소화 및 탈출구 배치의 어려움도 커진다.

터널 내에서 화재가 발생하면 터널 내부 공간은 외부와의 대피 통로가 한정되어 있고, 공기가 밀폐되어 있어 많은 양의 연기와 열이 생성되기 때문에 터널 사용자와 구조자들의 안전에 심각한 문제를 야기하여 대형 사고로 이어지게 된다. 따라서 터널에서 화재가 발생하여 터널 내에 차량이나 열차가 정차되는 경우 운전자나 승객은 연기에 의한 질식으로 빠른 시간 내에 대피하지 않으면 안 된다.

차량이나 열차의 화재로 발생한 연기는 강한 부력과 이동성에 의해 화염이 확산되는 속도보다 아주 빠른 속도로 터널 공간을 오염시키며 확산된다. 터널 내 제연 시스템의 용량이 부족하거나, 피난 방향의 반대쪽에서 바람이 부는 경우 피난 방향으로 연기가 전파되면서 연기층의 높이가 낮아지고 연기의 역류 현상이 발생하여 피난자는 연기층 하강에 의한 질식사의 가능성이 크다. 또한 터널은 반밀폐 공간으로 외국의 많은 터널 화재 사례에서 알 수 있듯이 대형 화재로 발전하여 인명 및 재산 피해를 유발할 가능성이 높기 때문에 인명 안전을 위한 적절한 연기층 높이의 유지와 피난로가 확보될 수 있도록 터널 화재에 대한 제연 계획과 설계가 이루어져야 한다.

# 11.1 제연 방식

철도 터널이나 도로 터널은 디젤 열차나 차량에서 배출되는 오염 물질을 배출하거나 희석하여 터널 내 환경을 허용 농도 이하로 유지함으로써 쾌적성과 안전을 확보하기 위한 환기로부터 시작되었다. 이와 같이 터널에는 평상시 환기를 위한 환기 시스템과 화재시 기류의 방향을 제어하여 연기를 제어하는 방연 개념의 방연 시스템(smoke defence system)이나 연기를 배출하기 위한 배연 시스템(smoke exhaust system)이 설치된다. 일반적으로 터널의 환기 시스템은 제연의 역할을 겸하고 있고, 평상시에는 환기 목적으로 운영되다가 화재시에는 제연을 목적으로 운영되게 된다. 배연 방식은 터널에 화재가 발생했을 때 터널의 천장이나 측벽에 풍도를 설치하고 연기를 흡입·배출하여 화재 공간에서 연기를 제거하는 방식이고, 방연 방식은 피난과 반대 방향으로 기류를 형성하여 피난 공간을 확보할 수 있도록 연기의 기류를 제어하는 방식이다.

터널의 환기 방식은 일반적으로 자연 환기력과 교통 환기력만으로 소요 환기량이 충족되는 자연 환기와 기계 환기력이 추가되어야만 소요 환기량을 충족할 수 있는 기계 환기로 분류할 수 있고, 기계 환기는 터널 내부에서 환기의 유동 방향에 따라 크게 종류식과 횡류식(또는 반횡류식)으로 구분된다. 횡류식 또는 반횡류식은 배연 방식에 속하고, 종류식은 방연 방식에 속한다.

터널에서 발생한 화재는 일반적인 화재 양상과 아주 다른 거동을 보인다. 가장 큰 차이점은 부력 효과로 고온의 연기와 가스는 터널 천장 부근으로 상승하여 층을 형성하고 터널의 양끝으로 이동한다. [그림 11.1(a)]와 같이 구배가 없는 평탄한 터널에서 환기를 하지 않는 경우 부력에 의하여 고온의 공기는 화재 지점의 양방향으로 대칭 흐름을 갖는다. 그러나 [그림 11.1(b)]와 [그림 11.1(c)]와 같이 환기 시스템을 작동하여 어느 한쪽 방향으로 공기가 유동할 경우 대칭성이 무너지게 된다. 만약 환기 시스템의 용량이 충분하면, 모든 고온 공기는 하류 방향으로 이동할 것이다. 하지만 [그림 11.1(b)]와 같이 방연 풍속이 부족하여 고온 공기의 상층은 상류 방향으로 즉, 환기 방향과 반대로 이동하는 역류(backlayering) 현상이 발생한다. 이러한 역류 현상을 막을 수 있는 최소 유속을 임계 속도라고 한다. [그림 11.1(c)]와 같이 방연 풍속이 임계 풍속보다 커서 연기가 기류의 방향과 같은 방향으로 이동함으로써 피난 공간을 형성할 수 있다.

터널 내 오염 물질의 농도를 허용 농도 이하로 유지하기 위한 환기량을 소요 환기량이라 하며, 소요 환기량을 발생하기 위한 환기력(또는 승압력)을 소요 환기력이라고 한다. 터널의 환기 방식은 자연 환기와 기계 환기로 크게 구분되고, 식 (11.1)의 조건에 나타낸 바와 같이 환기 저항($\Delta P_{MTW}$)과 터널 마찰 저항($\Delta P_r$)의 합이 교통 환기력($\Delta P_t$)보다 작으면 자연 환기로도 가능하고, 환기 저항과 터널 마찰 저항의 합이 교통 환기력보다 크면 제트팬(jet fan)과 같은 환기 시스템을 이용한 기계 환기를 해야 한다.

$$\text{자연 환기}: \Delta P_{MTW} + \Delta P_r < \Delta P_t \tag{11.1}$$

$$\text{기계 환기}: \Delta P_{MTW} + \Delta P_r > \Delta P_t$$

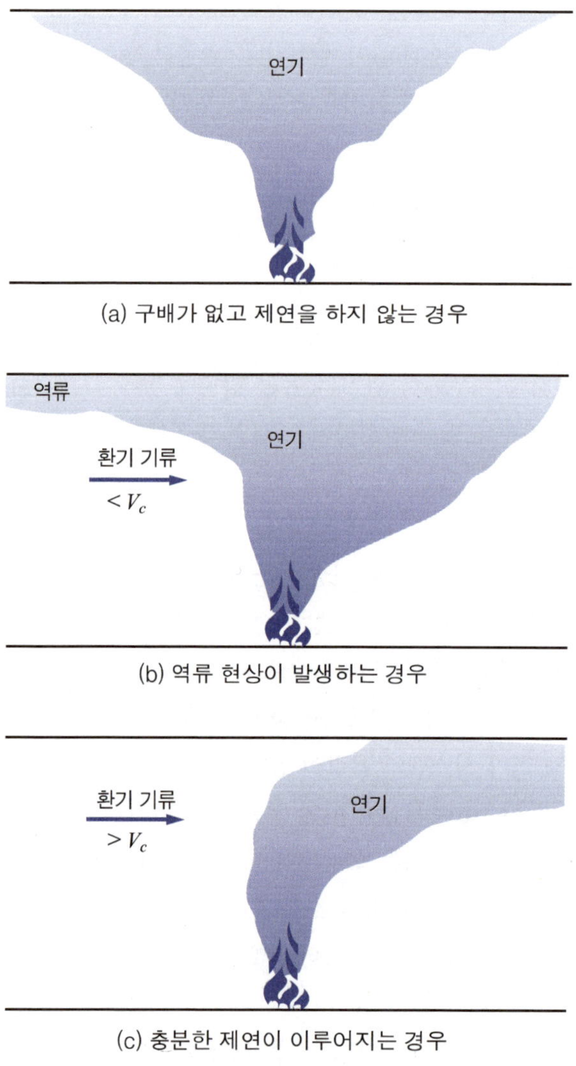


그림 11.1 터널에서의 연기 거동

### 11.1.1 자연 환기

자연 환기는 주로 대기의 기상 조건과 이동 차량의 피스톤 효과에 의해 환기가 이루어지는 방식이다. 화재시 차량이 정지한 상태에서 자연 현상에 의하여 환기가 이루어지기 때문에 제연의 관점에서는 매우 불확실한 방식이며 각 나라별로 규제를 하고 있다. 자연 환기는 일반적으로 길이가 짧고 교통량이 적은 경우에 적용하고 있다. 예를 들면, 미국의 경우 250 m 이내의 도심지 터널과 450 m 이내의 교통량이 적은 산악 터널에서 적용되고 있으며, 일본 건설교통부에서는 교통 방식에 따라 자연 환기가 가능한 길이를 일방향 터널은 $L \times N = 2{,}000$, 양방향 터널은 $L \times N = 600$으로 정하고 있다. 여기서, $L$(km)은 터널 길이이고 $N$은 교통량(대/h)이다.

### 11.1.2 기계 환기

기계 환기는 공기 흐름 방식에 따라 종류식, 횡류식, 반횡류식과 이들을 조합한 복합형으로 구분된다. 근래에 와서 공기의 공급으로 오염 물질의 농도를 희석시키는 기존 방식에 추가하여 매연을 줄이는 전기 집진기를 적용함으로써 환기량을 줄이는 방법도 적용되고 있다.

#### 1) 횡류식(또는 반횡류식)

[그림 11.2～4]는 횡류식, 급기 반횡류식, 배기 반횡류식을 나타낸 것이다. [그림 11.3과 4]와 같이 반횡류식은 터널에 평행하게 설치된 별도의 풍도를 통하여 공기가 급기 또는 배기되고 터널 내에서 터널의 수직 방향으로 공기가 흐르도록 하는 방식이다. 횡류식은 터널 내 별도의 급기 풍도와 배기 풍도를 터널 축방향으로 설치하여 공기 이동이 터널의 수직 방향으로 흐르도록 하고 터널 축방향으로는 교통에 의한 미미한 흐름이 일어나도록 한다. 또한 급기와 배기가 동시에 수행될 수 있도록 하는 방식을 횡류식이라 하며, 배기 또는 급기만 수행하는 경우를 반횡류식으로 전자를 배기 반횡류식, 후자를 급기 반횡류식이라 한다.

일반적으로 반횡류식과 횡류식은 화재시 배연 기능이 우수하고 신뢰성이 높은 환기 방식으로 평가되지만 차도 공간과 별도로 환기용 풍도가 필요하기 때문에 터널 단면의 증대로 인한 건설비, 설비비, 유지 관리비 등의 증가로 종류식에 비해 고가의 제연 방식이다.

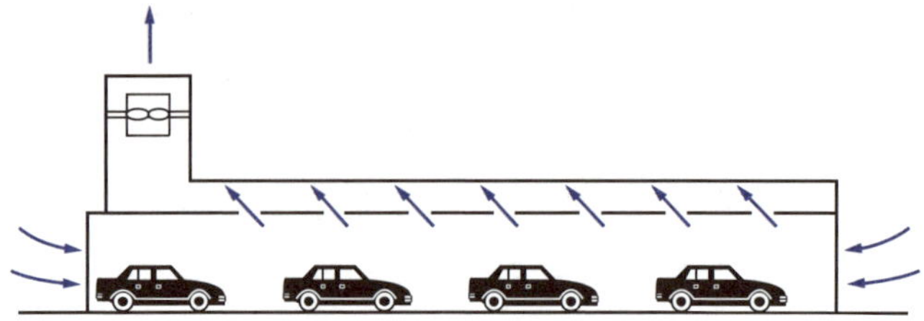

그림 11.2 횡류식

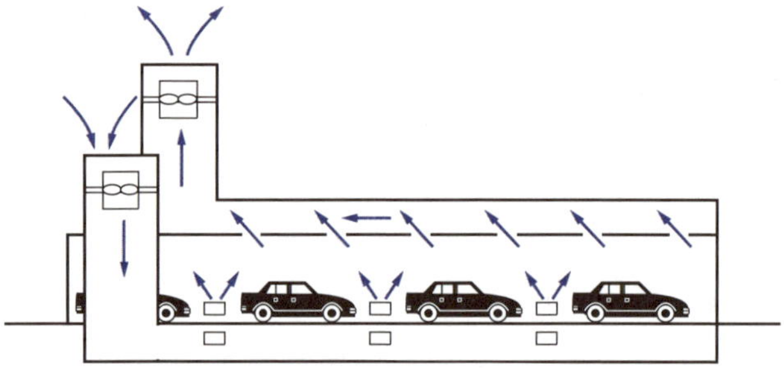

그림 11.3 급기 반횡류식

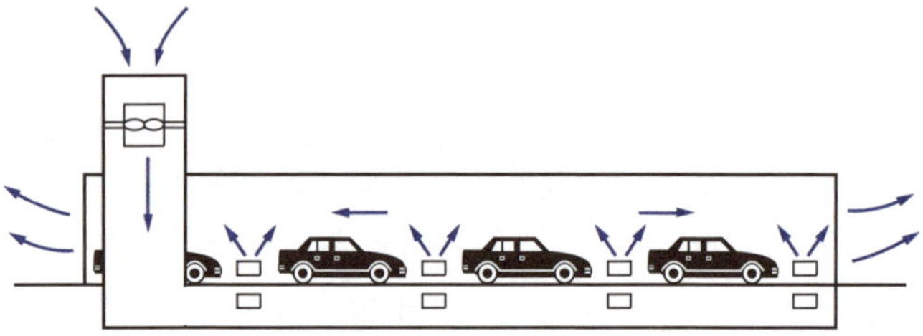

그림 11.4 배기 반횡류식

#### 2) 종류식

터널의 축방향으로 기류를 발생시키는 종류식은 터널 단면 전체를 환기 풍도로 활용하여 별도의 풍도가 필요 없는 방식으로서 입구에서 급기하는 방식과 터널 중앙부에서 수직갱을 통하여 급배기하는 방식, 터널 내 천장부에 터널 축방향으로 제트팬을 배열하는 방법 등이 있다. 이 방식은 환기 방식이 단순하고, 단계 건설의 유연성과 일방향 터널의 경우 교통 환기력을 효과적으로 활용할 수 있는 장점이 있는 반면에 장대 터널의 경우 충분한 환기 풍량을 확보하기 어려운 점이 있어 터널 길이에 제한을 받는다. 이 문제의 해결책으로 전기 집진기를 터널 내에 설치하여 매연을 제거함으로써 필요 환기력을 줄이는 방안이 사용되고 있다. [그림 11.5~8]은 종류식의 유형을 나타낸 것이다.

그림 11.5 팬과 노즐을 이용한 종류식

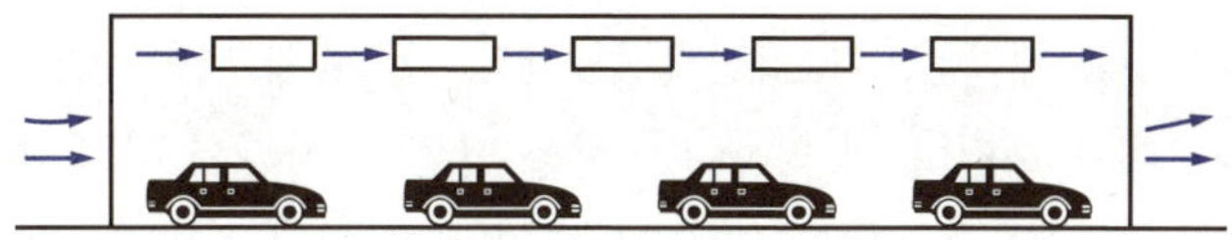

그림 11.6 제트팬을 이용한 종류식

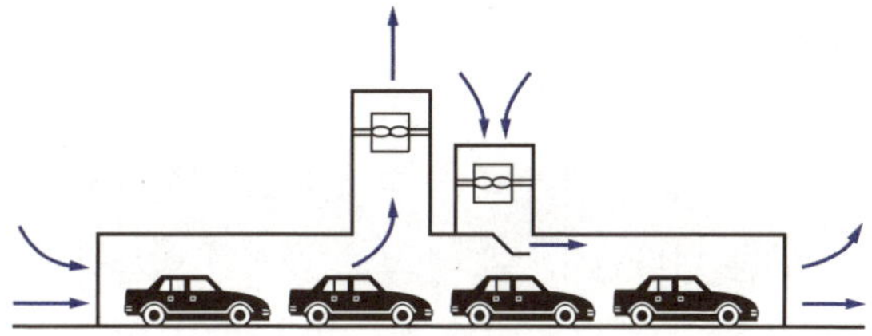

그림 11.7 노즐과 수직갱을 이용한 종류식

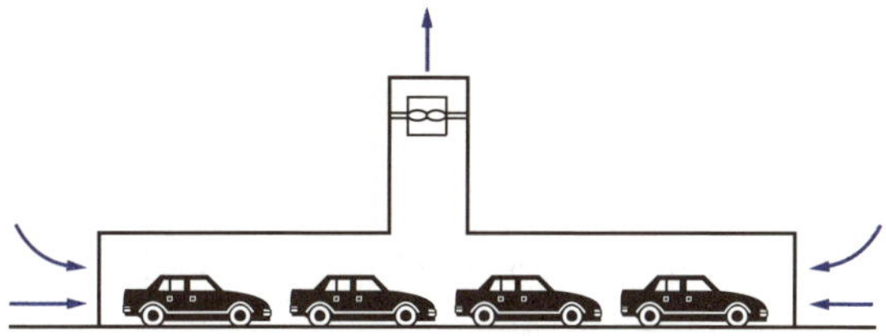

그림 11.8 수직갱을 이용한 종류식

## 11.2 터널 내부의 공기 유동

터널의 길이가 짧은 경우에는 자연 환기력에 의해 터널의 공기질이 양호하게 유지될 수 있지만 터널 길이가 긴 터널의 경우에는 터널 내부에 필요한 공기질을 유지하기 위해 기본적으로 환기 시스템을 이용하여 공기 오염 물질을 희석시켜야 한다. 따라서 터널 환기는 오염되지 않은 신선한 공기를 터널로 유입시켜 차량에서 배출된 배기 가스와 발생 폐열을 허용 농도 이하로 희석시켜야 하며, 오염된 공기는 배출시켜야 적정한 공기질을 유지할 수 있다. 이때 필요로 하는 신선한 공기량을 터널의 소요 환기량이라고 한다.

소요 환기량은 자연 환기 및 기계 환기에 의해서 유입된다. 즉, 터널 내 공기의 흐름은 차량 운행에 의한 피스톤 효과, 제트팬이나 집진기 등 환기 시스템에 의한 승압, 수직갱 및 고도차 등에 의한 부력 효과, 대기 조건 등에 의하여 영향을 받는다. 따라서 터널 내의 공기 유동 상황이나 오염 물질의 농도 분포는 터널의 압력 평형에 영향을 미치는 인자들의 상호 작용을 고려하여 해석을 수행해야 한다.

터널 내 공기는 기본적으로 점도가 속도 구배에 관계없이 일정한 값을 가지는 비압축성 유체이고 이상 기체 법칙으로 나타낼 수 있다. 터널의 기하학적 특성으로 인해 터널 내부에서의 공기 흐름은 1차원 축방향의 흐름으로 볼 수 있다.

터널 축방향의 공기 흐름은 차량 운행에 따른 피스톤 효과와 환기 시스템에 의한 공기 흐름으로 매우 높은 강도의 난류를 나타낸다. 일반적으로 공기의 속도가 4.6 m/s 정도인 전형적인 2차선 터널에서 축방향의 Reynolds 수는 106 정도이며, 0.03 m/s의 속도에서는 104 정도의 Reynolds 수를 가지는 난류가 된다. 따라서 터널 단면이 원형과 유사하다고 가정할 때, 횡방향의 속도 분포는 원형 단면의 멱급수 형태의 속도 분포를 보이며 단면의 평균 속도는 중심 속도의 87% 정도인 것으로 나타나고 있다.

터널 내의 국부적인 속도 변동은 일정 시간 동안 평균을 취한 평균값에 대해서 작은 편차(±0.3 m/s)를 나타내고, 교통량과 기계 환기력의 변화에 대한 축방향 평균 속도의 반응 속도는 그다지 빠르지 않으므로 공기 유동을 정상류로 가정한다. 즉, 터널에서 평균적인 공기 유동은 준정상 상태(quasi-steady state)로 볼 수 있다.

### 11.2.1 연속 방정식

터널 내 환기를 위한 공기량은 터널 공기가 비압축성으로 밀도 변화가 없다는 가정 하에 질량 보존 법칙에 의해 식 (11.2)로 나타낼 수 있다.

$$\frac{dU}{dx} = \frac{q_{in} - q_{ex}}{A} \tag{11.2}$$

여기서, $U$ : 터널 내 축방향의 풍속(m/s)

$dx$ : 터널의 미소 길이(m)

$q_{in}$ : 터널의 단위길이 당 공기유입량($m^3$/m · s)

$q_{ex}$ : 터널의 단위길이 당 공기배출량($m^3$/m · s)

$A$ : 터널의 단면적($m^2$)

식 (11.2)에서 단면적 $A$는 교통류를 고려한 유효 유동 단면으로 기하학적인 터널 단면 $A_g$와의 관계는 식 (11.3)과 같이 표현되나 일반적으로 도로 터널에서는 $A$와 $A_g$의 차이가 작기 때문에 유효 유동 단면적은 기하학적인 단면적 $A_g$를 사용한다. 식 (11.3)에서 '+와 −'는 차량의 진행 방향을 의미한다.

$$\frac{A}{A_g} = 1 - \left(\frac{N_+}{V_+} - \frac{N_-}{V_-}\right)\left(\frac{(1-\psi_t)V_C + \psi_t V_T}{A_g}\right) \tag{11.3}$$

여기서, $N_+$, $N_-$ : +, − 방향의 시간당 교통량(대/hr)

$V_+$, $V_-$ : +, − 방향의 차량 평균 주행 속도(m/s)

$\psi_t$ : 대형차 혼입률

$A$ : 소형 자동차와 대형 차량의 평균 체적($m^3$)

### 11.2.2 운동량 방정식

터널 내 축방향의 공기 흐름은 자연 환기력과 터널 외부의 조건과 더불어 [그림 11.9]에 나타낸 바와 같이 터널 내 조건이 평형 상태를 이루는데 작용하는 공기 동력학적 힘들의 균형에 의해 결정된다. 즉, [그림 11.9]와 같이 터널 내부의 공기를 하나의 공기 기둥을 검사 체적으로 가정하면 검사 체적(control volume)에 작용하는 운동량은 검사 체적에 작용하는 외력(제트팬의 승압력, 피스톤 효과, 마찰 저항)의 총합이 된다.

따라서 터널의 검사 체적에 작용하는 외력 및 운동량의 관계는 식 (11.4)와 같다. 이들 외력은 터널 내에서 승압력으로 작용한다.

$$F_{accel} = \underbrace{F_{vent} + F_{euipment}}_{\text{환기 시스템에 의한 환기력}} + \underbrace{F_{external} - F_{gravity}}_{\text{외부 환경에 의한 환기 저항}} + \underbrace{F_{piston}}_{\text{피스톤 효과에 의한 환기력}} - \underbrace{F_{friction}}_{\text{터널 내 마찰 저항}} \tag{11.4}$$

여기서, $F_{accel} = [(\rho U^2)_{x+dx} - (\rho U^2)_x]A$ : 운동량

$F_{vent} = (\dot{M}_{ex} - \dot{M}_{in})dx$ : 포트 운동량

$F_{external} = (P_x - P_{x+dx})A$ : 압력차

$F_{gravity} = \frac{1}{2}(\rho_x + \rho_{x+dx})g\sin\theta\, dx$ : 중력

$F_{piston} = \int_0^L f_{piston}dx$ : 피스톤 효과

$F_{euipment} = \int_0^L f_{equipment}dx = F_{jet} + F_{nozzle} + F_{exhaust\ shaft}$ : 환기 시스템

$F_{friction} = \int_0^L f_{friction}dx$ : 마찰 손실

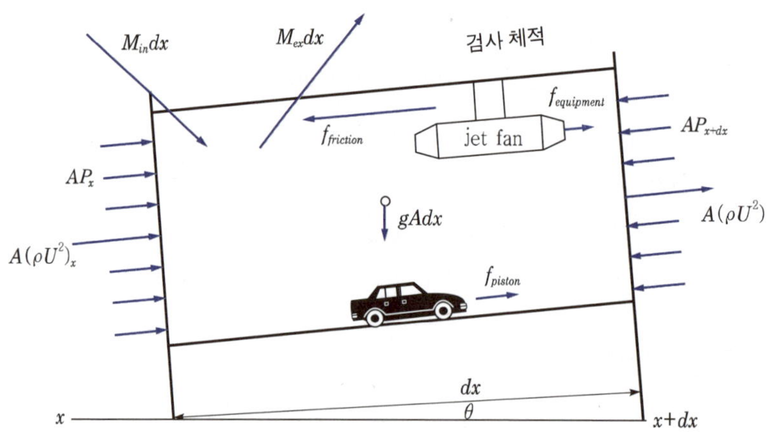


그림 11.9 터널의 검사 체적에서 축방향 운동량

## 11.3 승압력과 환기 저항

터널 내부의 공기 유동은 공기에 작용하는 여러 가지 힘들에 의해서 발생한다. 이들 힘을 환기력 또는 승압력이라고 한다. 환기류의 흐름을 야기하는 힘은 차량의 피스톤 효과에 의한 교통 환기력, 제트팬의 승압력, 급배기 노즐에 의한 승압력, 환기 저항으로 작용하는 힘인 자연풍에 의한 환기 저항 및 터널 내부의 마찰 저항이 있다. 다만 자연풍에 의한 환기 저항은 자연풍의 방향이 터널 내 풍향과 같을 경우 환기력으로 작용한다. 이들 승압력과 환기 저항은 식 (11.4)에서 나타낸 각 힘으로부터 구할 수 있으며, 식 (11.4)의 각 힘은 터널 제연 설계에 있어서 소요 환기량과 환기 방식 선정에 중요한 인자로 작용한다.

### 11.3.1 급기 노즐 및 배기구의 승압력

집진기, 수직갱, 샷카르트 방식에는 [그림 11.10]과 같이 급기 노즐이나 배기구가 설치되어 급배기 본래의 목적과 기류 유동으로 인한 승압력이 발생하게 되며 다음과 같다.

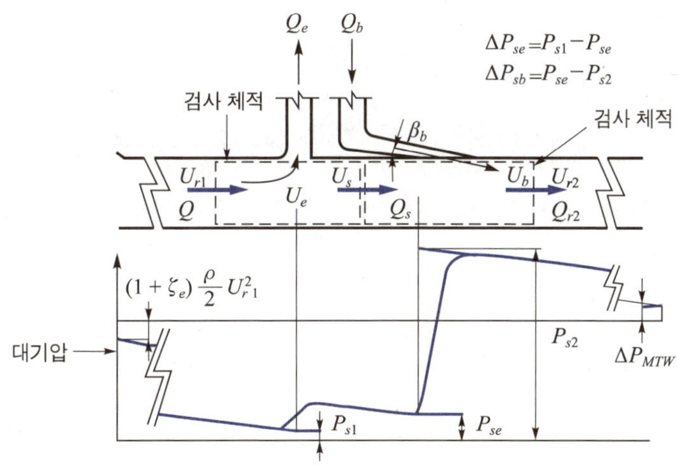


그림 11.10 급기 노즐과 배기구 압력 관계

#### 1) 급기 노즐의 승압력

[그림 11.10]에서 점선으로 표시한 급기 노즐을 포함하는 검사 체적에 대한 운동량 방정식과 연속 방정식은 식 (11.5), 식 (11.6)과 같다.

$$(P_{se} + \rho U_s^2)A + K_b \rho Q_b U_b \cos\beta = (P_{s2} + \rho U_{r2}^2)A \tag{11.5}$$

$$AU_{r2} = A_b U_b + AU_s \tag{11.6}$$

따라서, 급기 노즐의 승압력 $\Delta P_b$는 식 (11.5)와 식 (11.6)을 정리하면 식 (11.7)이 된다.

$$\Delta P_b = 2\left(\frac{Q_b}{Q_{r2}}\right)\left\{\left(\frac{U_b}{U_{r2}}\right)K_b \cos\beta - 2 + \frac{Q_b}{Q_{r2}}\right\}\frac{1}{2}\rho U_{r2}^2 \tag{11.7}$$

### 2) 배기구에 의한 승압력

[그림 11.10]에서 배기구를 포함하는 검사 체적에 대한 운동량 방정식과 연속 방정식은 식 (11.8)과 식 (11.9)가 된다.

$$(P_{s1} + \rho U_{r1}^2)A = (P_{se} + \rho Q_s U_s^2)A + K_e \rho Q_e U_e \tag{11.8}$$

$$AU_{r1} = AU_s + U_e A_e \tag{11.9}$$

따라서 배기구에 의한 승압력 $\Delta P_e$는 식 (11.10)과 같이 정리할 수 있다.

$$\Delta P_e = 2\left(\frac{Q_e}{Q_{r1}}\right)\left\{K_e + \frac{Q_e}{Q_{r1}} - 2\right\}\frac{1}{2}\rho U_{r1}^2 \tag{11.10}$$

여기서, $K_b$와 $K_e$는 급·배기 노즐의 형상과 유량에 관계되는 승압력 계수이고, 이들의 값은 실험으로부터 각각 0.85～1.15와 0.7～1.1의 범위로 알려져 있다. 일반적으로 터널 설계에서는 1을 적용하고 있다.

## 11.3.2 자연풍에 의한 환기 저항

터널 입구나 출구의 자연풍에 의한 환기 저항은 자연풍에 의한 압력차, 터널 입·출구간의 압력차, 터널의 온도차에 의한 압력차 등에 의해서 발생하나 대부분의 경우 각각을 구별하여 계산한다는 것은 매우 어려우므로 이들을 총괄하여 입·출구간의 압력차로 나타내고 있다.

자연풍에 의한 환기 저항을 계산하기 위하여 두 가지 방법이 사용되고 있다. 첫째는 일정한 풍속의 자연풍이 터널을 관통하여 흐른다고 가정하는 것이고, 둘째는 실제로 터널 입구와 출구에 부는 자연풍이 미치는 영향을 풍압 계수를 적용하여 고려하는 방식이다.

첫째의 경우 자연풍에 의한 환기 저항 $\Delta P_{MTW}$는 식 (11.11)로 나타낼 수 있다. 여기서, $U_n$은 터널을 통과해서 부는 자연풍의 속도이다.

$$\Delta P_{MTW} = \left(1+\zeta_e+\lambda\times\frac{L}{D_e}\right)\times\frac{\rho}{2}\times U_n^2 \tag{11.11}$$

따라서 식 (11.11)은 $U_n$의 속도로 자연풍이 터널을 통과할 때 발생하는 마찰 손실 및 입·출구 손실의 합을 의미하며, 현재 도로 터널 설계에서 자연 풍속은 안전율을 고려하여 차량에 대한 역풍을 2.5m/s로 가정하고 있다.

둘째의 경우 Blendermann은 터널 입·출구에서의 자연풍에 대한 영향을 식 (11.12)와 같이 제시하였다.

$$\Delta P_{wind} = \Delta P_{exit\ wind} + \Delta P_{entrance\ wind} = C_n\frac{\rho_a U_n^2}{2}cos\psi_n \cos|\psi_n| \tag{11.12}$$

여기서, $\psi_n$이 0인 경우 미국연방 도로공사의 실측 결과 $C_n$은 재순환 장벽(recirculation barrier)과 터널 출구 벽면이 돌출되어 있을 때는 0.7, 재순환 장벽만 있는 경우에는 0.55, 돌출부와 낮은 측벽이 설치된 경우는 0.4, 낮은 측벽만 설치된 경우는 0.25 정도가 된다.

### 11.3.3 차량에 의한 승압력(교통 환기력)

차량에 의한 승압력은 터널을 주행하는 자동차의 피스톤 효과에 의해서 발생한다. 차량이 터널과 같은 폐쇄 공간을 통과할 때 터널 내부의 공기 기둥은 차량으로부터 추력을 받게 되는데 이를 차량에 의한 피스톤 효과(piston effect)라 한다. 피스톤 효과로 인하여 터널에서는 축방향으로 공기 유동이 발생하며, 이는 공기를 소정의 속도로 유동시키기 위한 팬 등의 기계 환기 시스템을 도와주는 역할을 하게 된다. 따라서 소요 승압에서 피스톤 효과만큼의 압력을 낮출 수 있다.

특히, 피스톤 효과는 지하철 설계와 고속 차량 터널에서 중요한 역할을 하며 차량의 속도와 차폐율(blockage ratio)이 증가하면 더욱 중요한 인자로 작용한다. 차량의 주행 속도가 $U_t$이고 터널 내 공기 속도가 $U$일 때 차량의 항력은 식 (11.13)이 된다. 여기서, $A_v$는 차량의 평균 등가 저항 단면적($m^2$)이며, $C_D$는 항력 계수이다.

$$F_D = C_D A_V \frac{\rho}{2}(U_t - U)^2 \tag{11.13}$$

따라서 양방향 통행 터널에서 피스톤 효과에 의한 환기력(교통 환기력)은 식 (11.14)로 표시된다. 식 (11.14)에서 '+'와 '−'는 차량의 방향을 나타낸다.

$$f_{piston} = A_m \frac{\rho}{2}\left\{N_t^+ |U_t^+ - U|(U_t^+ - U) - N_t^- |U_t^- + U|(U_t^- + U)\right\} \tag{11.14}$$

교통 환기력에 의한 승압력 $\Delta P_t$는 식 (11.14)로부터 식 (11.15)와 같다.

$$\Delta P_t = N_t^+ \frac{A_m}{A} \frac{\rho}{2}(U_t^+ - U)^2 - N_t^- \frac{A_m}{A} \frac{\rho}{2}(U_t^- + U)^2 \tag{11.15}$$

여기서, $N_t$는 터널 내부의 차량 수로 식 (11.16)과 같다. $n$은 단위길이 당 교통량이고 $L$은 터널 길이, $N_{Lane}$은 차선 수, $N_{veh}$는 시간당 교통량이다.

$$N_t = n \cdot L \cdot N_{Lane} = \frac{N_{veh} \cdot L}{U_t} \tag{11.16}$$

$A_m$은 차량의 등가 저항 면적으로 터널의 단면적과 차량의 대소 관계에 따라서 [표 11.1]에 의해서도 구할 수 있다. 이 값은 소형 차량($A_s$)과 대형 차량($A_L$)의 비율로 각각의 투영 면적, 저항 계수를 사용하여 식 (11.17)과 같이 계산한다. 여기서, $\psi$는 대형차의 혼입률이다.

$$A_m = A_s C_{DS}(1-\psi) + A_L C_{DL}\psi \tag{11.17}$$

표 11.1 터널 단면적에 따른 차량의 등가 저항 면적(m$^2$)

| 터널 단면적(m$^2$) | 143 | | 98 | | 75 | | 58 | | 42 | |
|---|---|---|---|---|---|---|---|---|---|---|
| 차종 | 대형 | 소형 | 대형 | 소형 | 대형 | 소형 | 대형 | 소형 | 대형 | 소형 |
| 자동차의 투영 면적($A$) | 7.11 | 2.31 | 7.11 | 2.31 | 7.11 | 2.31 | 7.11 | 2.31 | 7.11 | 2.31 |
| 항력계수($C_D$) | 0.74 | 0.48 | 0.92 | 0.53 | 1.09 | 0.59 | 1.31 | 0.66 | 1.68 | 0.78 |
| 등가 저항면적($A * C_D$) | 5.26 | 1.11 | 6.54 | 1.22 | 7.75 | 1.36 | 9.31 | 1.52 | 11.95 | 1.80 |

### 11.3.4 제트팬 승압력

제트팬은 고속 분류($U_j$ = 30 m/s)로 터널 내부에 공기를 분사하여 추력을 발생하는 장치이며 대기 중에서 제트팬에 의해서 얻어지는 추진력(impulse force)은 식 (11.18)과 같다.

$$F_j = \rho Q_j U_j = \rho A_j U_j^2 \tag{11.18}$$

또한 일정한 풍속($U$) 기류 중에 놓여 있는 제트류에 의한 추진력은 상대 속도를 고려하여 식 (11.19)와 같이 나타낼 수 있다.

$$F_j = \rho Q_j (U_j - U) = F\left(1 - \frac{U}{U_j}\right) \tag{11.19}$$

터널 내 설치되는 제트팬의 추진력은 제트팬의 설치 위치 즉, 터널 천장 및 터널 내벽과의 이격 거리에 의해 영향을 받으며, 식 (11.19)에 설치 효율 $K$를 고려하면 식 (11.20)과 같이 나타낼 수 있다.

$$F_j = F\left(1 - \frac{U}{U_j}\right)K \tag{11.20}$$

따라서 제트팬에 의한 승압력 $\Delta P_j$는 식 (11.20)으로부터 식 (11.21)과 같다.

$$\Delta P_j A = \rho A_j U_j^2 \left(1 - \frac{U}{U_j}\right)K \text{ 이므로,}$$

$$\Delta P_j = \rho \frac{A_j}{A} U_j^2 \left(1 - \frac{U}{U_j}\right)K \tag{11.21}$$

[그림 11.11]은 $Z/D$($Z$ : 팬의 중심선과 터널 천장과의 거리)와 차도 풍속을 변수로 하여 설치 효율 $K$를 나타낸 것이다.

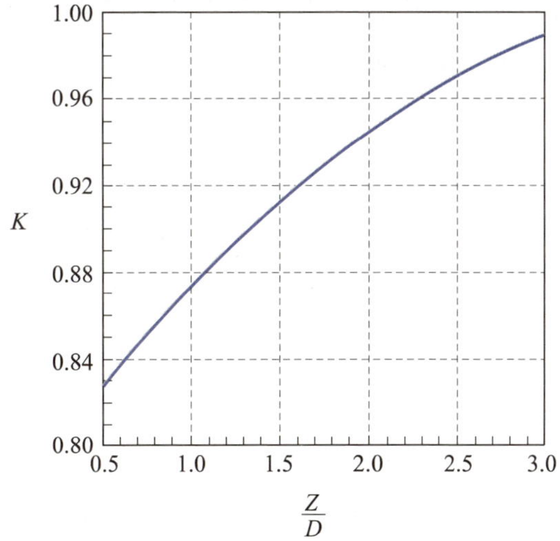


그림 11.11 제트팬 이격 거리와 설치 효율

### 11.3.5 터널의 마찰 저항

터널 벽면의 마찰 손실은 공기의 유동에 의한 벽면과의 마찰 손실로 유동 방향과 반대로 작용하여 기계 환기의 승압력 증가 요인으로 작용하는 힘이다. 이를 파이프나 풍도와 같이 계산하면 식 (11.22)와 같다.

$$F_{friction} = \lambda \frac{\rho}{2} A \int_0^L U|U|dx \tag{11.22}$$

마찰 저항 $\Delta P_r$은 터널의 벽면 마찰 및 교통 표시판 등 기타 설치물에 의해서 발생하는 것으로 터널 내부의 풍속이 $U$일 때 식 (11.22)로부터 식 (11.23)과 같이 나타낼 수 있다. $D_e$(m)는 터널의 수력 직경이다.

$$\Delta P_r = \left(1 + \zeta_e + \lambda \frac{L}{D_e}\right) \frac{\rho}{2} U^2 \tag{11.23}$$

여기서, $\lambda$은 터널 벽면의 마찰 계수로 Moody 선도에서 구해지는 값이며, 일반적으로 0.025로 하고 있다. Ohashi(1976)는 도로 터널의 벽면 마찰 손실에 대한 연구로부터 터널의 실제 풍속과 이론 계산에 의해서 구한 풍속을 비교하여 [표 11.2]와 같이 제시하였다.

표 11.2 마찰 계수에 따른 속도(m/s)

| 마찰계수 / 제트팬수 | 0.025 | 0.030 | 0.034 | 0.035 | 0.040 | 측정치 |
|---|---|---|---|---|---|---|
| 2 | 3.08 | 2.91 | 2.79 | 2.76 | 2.64 | 2.70 |
| 4 | 4.30 | 3.90 | 3.92 | 3.88 | 3.70 | 3.85 |
| 6 | 5.22 | 4.92 | 4.72 | 4.66 | 4.45 | 4.80 |

## 11.4 연기 성층화와 임계 속도

### 11.4.1 연기 성층화

일반적으로 터널 화재에서 화재가 발생하면 열기류가 급격히 천장으로 상승하여 연기는 터널 내에서 성층화를 이룬다. 이같은 연기의 성층화는 터널로부터 대피하려는 피난자에게 피난 공간을 형성시켜주기 때문에 아주 중요하다. 연기 확산의 특성은 터널 내부의 공기 속도에 높게 의존한다. 이들 공기 속도는 다음과 같이 3그룹으로 나눈다.

① 저속 또는 강제 공기 속도가 아닌 : 0～1 m/s
② 보통 강제 공기 속도 : 1～3 m/s
③ 높은 강제 공기 속도 : 3 m/s 이상

첫 번째 그룹(저속 공기)의 경우 연기의 성층화는 통상적으로 화점 부근에 높게 형성되고, 자연 환기 터널에서 나타난다. 터널 내 축방향 기류가 작은 경우 기류의 방향과 반대 방향으로 이동하는 현상이 발생하는데 이를 역류(backlayering) 현상이라 한다. 연기의 역류 길이(backlayering length)는 비교적 길고 대부분의 경우 연기는 [그림 11.12(a)]에 나타낸 것처럼 터널 양방향으로 거의 균일하게 이동한다. 공기의 속도가 증가하여 약 1m/s에 가까워질 때 화점으로부터 역류 현상이 일어나게 되고, [그림 11.12(b)]에 나타낸 역류 길이는 터널 높이에 약 17배 정도까지 될 수 있다. Thomas(1968)는 역류 길이 $L_b$(m)를 식 (11.24)와 같이 제시하였다. 상수 $K_b$는 많은 문헌들에 의하면 0.6～2.2의 값을 제시하고 있으나 1.4를 추천하고 있다.

$$L_b = K_b H\left(\frac{g\,Q}{\rho_0\, c_p\, T_0\, U^3\, H}\right)^{\frac{1}{3}} \tag{11.24}$$

여기서, $H$ : 터널 높이(m)
$Q$ : 열방출량 또는 화재 강도(MW)
$\rho_0$ : 공기 밀도(kg/m$^3$)
$T_0$ : 공기 온도(K)
$U$ : 공기 속도(m/s)
$g$ : 중력 가속도(m/s$^2$)
$c_p$ : 공기의 비열(kJ/kg · K)

식 (11.24)는 공기의 속도가 0.5 m/s 이하와 3 m/s보다 높은 속도(임계 속도)에는 적용할 수 없다. 역류 현상의 정도는 역류 길이로 나타내며, 이것은 터널 경사도에 영향을 받고 경사도가 클수록, 터널 내 공기의 속도는 작을수록 증가하는 경향이 있다.두 번째 그룹(보통 속도)의 경우 화재 부근에서의 성층화는 보다 높은 속도에서 공기 속도에 강하게 영향을 받는다. 통상적으로 이 경우에 터널에서는 자연 환기나 기계 환기를 하게 된다. [그림 11.12(c)]에 나타낸 역류 길이는 터널 높이에 0～17배 범위가 된다.

세 번째 그룹(높은 속도)의 경우 [그림 11.12(d)]에 나타낸 것처럼 화재로부터 하류에 낮은 연기 성층화가 이루어지고 역류가 생기지 않는다. 이 경우에 터널에서는 강제적으로 환기를 행하게 된다.

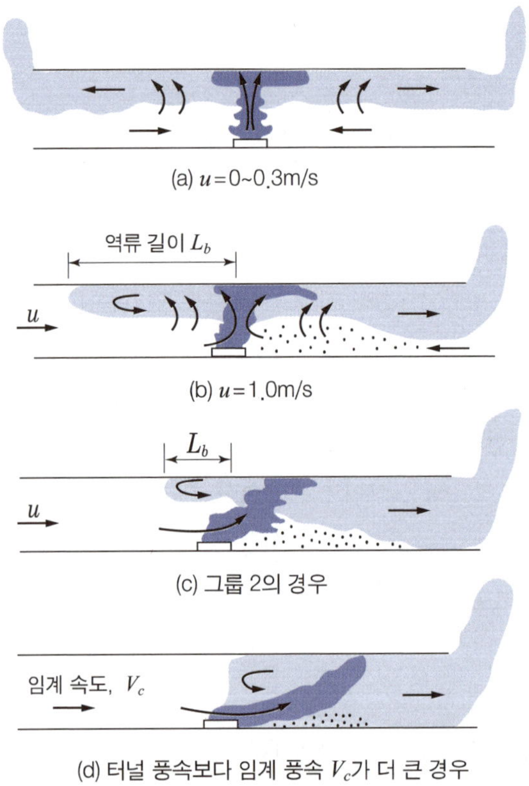


그림 11.12 연기의 성층화와 역류 길이

**예제 11.1** 높이 6 m와 폭 9 m의 터널에서 대형 트럭에 화재가 발생하였다고 가정할 때 10분 후 역류 길이는 얼마가 되겠는가? 이때 터널 내부에는 2 m/s로 환기되고 있다. (단, 열방출량은 120,000 kW, 공기의 밀도는 1.2 kg/m$^3$, 공기의 온도는 20℃, 공기의 비열은 1kJ/kg·K, $K_b$는 1.4)

**풀이**

역류 길이는 식 (11.24)로부터

$$L_b = K_b H\left(\frac{g\,Q}{\rho_0 c_p T_0 U^3 H}\right)^{\frac{1}{3}} = 1.4\times 6\left(\frac{9.8\times 120{,}000}{1.2\times 1\times 293\times 2^3\times 6}\right)^{\frac{1}{3}} = 35\text{m}$$

### 11.4.2 임계 속도

축방향의 공기 속도가 증가하여 관성력이 부력보다 일정값 이상으로 증가할 경우 부력에 의한 연기는 교란되어 연기 하강을 초래하게 된다. 따라서 터널이나 풍도 구조물에서 화재시 연기의 역류 방지와 성층화의 유지를 위해 적정한 공기 속도를 유지할 필요가 있다. 이와 같이 성층화를 유지하면서 연기의 역류 현상을 억제하기 위한 최소 속도를 임계 속도(critical velocity)라 한다. 임계 속도는 프루드($F_r$)수를 변수로 하는 관계식으로부터 유도된다. 터널 화재시 사용하는 $F_r$수는 수정된 $F_r$수로 식 (11.25)와 같이 표현된다.

$$F_r = \frac{\text{부력}}{\text{관성력}} = \frac{gH(\rho_0 - \rho_f)}{\rho_0 V_c^2} = \frac{gH}{V_c^2}\left(1 - \frac{T_0}{T_f}\right) \tag{11.25}$$

여기서, $V_c$ : 임계 속도(m/s)

$g$ : 중력 가속도(m/s$^2$)

$H$ : 화재 높이(m)

$\rho_0$ : 공기 밀도(kg/m$^3$)

$\rho_s$ : 화재시 공기 밀도(kg/m$^3$)

$T_o$ : 화재 지점 상류로부터 유입되는 공기 온도(K)

$T_f$ : 화재에 의해서 가열된 화재 지점 하류의 공기 온도(K)

또한 화재 지점의 상류 및 하류의 열평형식은 식 (11.26)과 같고, 연속 방정식은 식 (11.27)과 같다.

$$mC_pT_0 + Q = mC_pT_f, \quad \frac{T_o}{T_f} = 1 - \frac{Q}{mC_pT_f} \tag{11.26}$$

$$m = \rho_0 A V_c \tag{11.27}$$

여기서, $Q$ : 화재 강도(MW)

$m$ : 유입되는 공기 질량(kg/s)

$A$ : 터널 단면적(m$^2$)

식 (11.26)과 식 (11.27)를 식 (11.25)에 대입하면 $F_r$수는 식 (11.28)과 같다.

$$F_r = \frac{gHQ}{\rho_0 C_p A T_f V_c^3} \tag{11.28}$$

식 (11.28)로부터 임계 속도 $V_c$(m/s)는 식 (11.29)와 같이 정리할 수 있다.

$$V_c = F_r^{-\frac{1}{3}} \left( \frac{gHQ}{\rho_0 C_p A T_f} \right)^{\frac{1}{3}} \tag{11.29}$$

여기서, 터널 화재가 발생할 때 $F_r$이 1이라면 관성력과 부력이 같은 크기임을 의미하며, 이 경우 관성력이 커져서 연기의 역류가 발생하지 않는다. 그러나 부력보다 관성력이 너무 크면 열기류의 성층화가 교란되기 때문에 성층화의 유지가 무엇보다 중요하다.

임계 속도는 식 (11.29)와 같이 화재 강도, 터널 높이, 터널 단면적, 화재 높이, 터널 경사도, 단면 형상에 영향을 받을 뿐만 아니라 수식에는 표현되어 있지 않지만 터널폭과 화원 폭의 비에 영향을 받는 것으로 알려져 있다.

Thomas(1968)는 해석적 연구를 통해서 임계 속도를 식 (11.30)과 같이 제시하였으며, $k$를 1로 정의하였다.

$$V_c = k \left( \frac{gHQ}{\rho_o C_p A T_o} \right)^{\frac{1}{3}} \tag{11.30}$$

Lee(1979)는 축소 모형 실험을 통해 터널이나 풍도에서 화재가 발생하는 경우 $F_r = 4.5 \sim 6.7$인 범위에서 연기가 역류하지 않는 것으로 보고하였다. 따라서 $F_r = 4.5$를 임계 프루드수 $F_{rc}$라고 하며, 이때의 공기의 속도를 임계 속도라고 정의하였다. 임계 프루드수 $F_{rc}$가 작아질수록 임계 속도는 증가하게 된다.

Danziger와 Kennedy(1982)는 식 (11.30)에 Glenwood Canyon 터널 설계시 경사보정 계수를 적용하여 식 (11.31)과 같이 임계 속도를 구하였다. 식 (11.31)은 NFPA 502에서 터널의 임계 속도를 계산하는 식으로 적용하고 있다.

$$V_c = K_g K \left( \frac{gHQ}{\rho_o C_p A T_f} \right)^{\frac{1}{3}} \tag{11.31}$$

여기서, 상수: $K = F_{RC}^{\frac{1}{3}}$($F_{rc} = 4.5$로 하면, $K = 0.606$)

경사 보정 계수: $K_g = 1 + 0.0374 grade^{0.8}$

Tetzner(1999)는 다음 사항을 고려하여 식 (11.30)을 적용할 것을 제안하였다.

① 역류 현상을 방지하기 위한 임계 프루드수는 4.5~6.7이고, 임계 프루드수가 감소 할수록 임계 속도가 증가하므로 4.5를 적용하는 것이 가장 안전하다.

② 화재 규모가 커지면 화재 강도에 관계없이 역류 현상이 발생하지 않는 최대 임계속도가 있으며, 이를 초임계 속도(supercritical velocity)라 한다. Kennedy식은 초임계 속도에 대한 고려가 없기 때문에 화재 강도가 클 경우에는 임계 풍속을 과대 평가하게 된다.

③ 임계 속도는 화원의 폭에 영향을 받는다.

이러한 관점에서 Tetzner는 CFD 시뮬레이션에 의해서 터널의 형상 및 화재 규모에 따른 임계 속도에 대한 연구로부터 식 (11.32)와 식 (11.33)을 제시하고, $\beta$값을 고려 하여 보정할 것을 권하고 있다.

$$V_c = K_g F_{rc}^{-\frac{1}{3}} \left( \frac{gHQ}{\beta \rho_o C_p A T_f} \right)^{\frac{1}{3}} \tag{11.32}$$

$$T_f = \frac{Q}{\beta \rho_o C_p A V_c} + T_0 \tag{11.33}$$

여기서, 연소 가스의 공기와 연기의 혼합률 : $\beta = 0.25 \sim 0.3$

경사 보정 계수 : $K_g = 1 + 0.020 grade^{0.8}$

Oka와 Atkinson(1995)는 실물 실험과 모형 실험을 통해 화재 강도가 큰 경우 $V_e$가 $Q^{1/3}$에 비례하지 않음을 확인하고, 차원 해석 기법을 통해 식 (11.37)로 표현되는 임계 풍속에 대한 무차원수 $V^*$를 계산하기 위한 무차원식을 식 (11.34)와 같이 제시하였다. $V^*$는 화원의 폭에 영향을 받으며, $V^* = 0.22 \sim 0.38$의 값을 갖는다. 화원의 폭이 터널 폭보다 작은 경우는 $V^* = 0.35$이고, 화원의 폭이 터널 전체에 걸쳐서 있는 경우는 $V^* = 0.31$을 적용한다.

터널 내 풍속을 증가시키면 화재 강도와 무관하게 역류 현상이 발생하지 않는 속도에 도달하게 되는데 이때의 속도를 초임계 속도 $V_{c_{\max}}$ 라고 한다. Oka는 초임계 속도의 무차원 임계 속도 $V^*_{\max}$ 는 0.35 정도가 됨을 밝히고, 터널과 차량 간의 방해물 비인차폐율을 변화시키는 실험으로부터 방해물의 비가 12%에서 32%로 증가하면 임계 속도가 40~45%까지 감소한다고 제시하였다.

$$V^* = V^*_{\max} (Q^*/0.12)^{\frac{1}{3}} \quad : \quad Q^* < 0.12 \tag{11.34}$$

$$V^* = V^*_{\max} \ : \ Q^* > 0.12 \tag{11.35}$$

$$Q^* = \frac{Q}{\rho_o C_p T_o g^{\frac{1}{2}} H^{\frac{5}{2}}} \tag{11.36}$$

$$V^* = \frac{V_c}{\sqrt{(gH)}} \tag{11.37}$$

$Wu$(1996)는 0~10°의 경사 범위에서 임계 속도의 구배 보정 계수에 대한 연구를 수행하고, Kennedy 식을 적용할 경우 경사 보정 계수를 식 (11.38)과 같이 제시하였다.

$$K_g = \{1 + 0.014\tan^{-1}(grade/100)\} \tag{11.38}$$

또한 $Wu$(2000)는 터널 형상에 따라서 터널 높이를 특성 길이로 취하는 경우 임계 풍속을 정확하게 예측할 수 없기 때문에 특성 길이를 수력 반경으로 적용하여 임계 속도 계산식을 식 (11.39)와 같이 제시하였다. 현재 식 (11.39)가 터널의 임계 속도를 계산하는 데 가장 많이 사용하고 있다.

$$Q^* = \frac{Q}{\rho_o T_o c_p \sqrt{g H_D^5}} , \qquad V^* = \frac{V_c}{\sqrt{g H_D}}$$

$$V^* = 0.40\left(\frac{Q^*}{0.02}\right) \ : \ Q^* \le 0.20$$

$$V^* = 0.40 \ : \ Q^* > 0.20$$

$$V^* = V^*(0) + (1 + 0.014\theta) \tag{11.39}$$

여기서, $H_D = \frac{4A}{P}$ : 터널의 수력 직경(m)

$A$ : 터널의 단면적(m)

$P$ : 터널의 둘레(m)

$\theta$ : 터널의 경사각

Kunsch(2002)는 차원 해석을 통한 경험식으로부터 화원의 크기가 임계 풍속에 미치는 영향은 크지 않는 것으로 보고하고, 임계 풍속을 식 (11.40)과 같이 제시하였다.

$H/W=1$인 경우

$$V^* = 1.44\left(\frac{1+3.57Q_o^{*\frac{2}{3}}}{1+6.13Q_o^{*\frac{2}{3}}}\right)Q_o^{*\frac{1}{3}}, \quad V^* = \frac{V_c}{\sqrt{gH}}$$

$$Q_o^* = \frac{Q}{\rho_o c_p T_o \sqrt{gH^5}} \tag{11.40}$$

여기서, $W$는 화원의 폭이고, $H/W=0.5$인 경우 1.44는 1.48로 하고, 3.57은 3.11로 변경하여 적용한다. 이는 화원의 크기가 터널의 폭보다 좁은 경우에 임계 풍속이 증가함을 나타내고 있기 때문이다.

## 11.5 화재 강도와 연기 발생량

터널 화재에서 화재 거동은 터널 환기에 큰 영향을 미친다. 즉, 터널 화재에서 화재 강도는 임계 속도와 배연량에 커다란 영향을 미치기 때문에 제연 시스템의 용량을 산정하는데 중요한 인자가 된다.

터널 화재에서 화재 강도[Alan과 Richard(2005)]는 차량 등 가연 물질의 열방출률(heat release rate, HRR)로 나타내고, 최대 열방출률 $Q_{max}$(kW)는 가용 공기의 양으로 식 (11.41)과 같이 나타낼 수 있다.

$$\text{HRR} = Q_{max} = Q_{V_a}\eta_{OX}\rho_{OX}\Delta H_{COX}\times 10^3 \tag{11.41}$$

여기서, $Q_{V_a}$ : 공기의 체적 유량($m^3$/s)

$\eta_{OX}$ : 공기 속의 산소 몰분율(0.21)

$\rho_{OX}$ : 산소 밀도(표준 상태에서 1 kg/$m^3$)

$\Delta H_{COX}$ : 산소에 대한 소비 열량(대부분 13 kJ/g)

앞에서 제시한 값들을 식 (11.41)에 대입하여 정리하면 식 (11.42)와 같이 간략하게 나타낼 수 있다.

$$Q_{\max} = 2.73 \times Q_{V_a} \tag{11.42}$$

예를 들어 터널 반지름 $r$이 약 3.8 m라 하고 터널 내 기류의 속도 $U$를 1.5 m/s라 할 때, 터널에서 방출되는 최대 열량은 식 (11.42)로부터

$$Q_{\max} = 2.73 \times (U \times \pi r^2) = 2.73 \times (1.5 \times \pi \times 3.8^2) = 185\text{MW}$$

여러 나라에서 실험한 화재 강도를 살펴보면, 승용차 1대의 화재 강도는 1.5～8 MW 정도이며, 대부분의 실험에서는 5 MW 이하로 나타났다. 또한 2대의 차량에서 동시에 화재가 발생하는 경우 3.5～10 MW 정도, 버스의 화재 강도는 30 MW 정도, 대형 화물차의 화재 강도는 13～200 MW 정도인 것으로 나타났다.

화재가 완전히 성장하는 데까지 걸리는 시간은 실험에 따라서 상당한 차이를 보이고 있다. 승용차의 경우 8～55분으로 다양하며, 버스는 7～8분 정도이고, 대형 화물차는 10～20분 정도로 화재 지속 시간이 1시간 이하였다. 화재 강도는 터널 내 풍속에 따라서 동일한 차량일지라도 상당한 차이가 발생하게 되는데 터널 내 풍속이 3 m/s일 경우에는 화재 강도는 1/4 정도 증가하고, 화재의 성장 속도는 1/5 정도 빨라지며, 터널 내 풍속이 10 m/s일 경우에는 화재 강도는 1/10 정도, 화재 성장 속도는 1/10 정도로 증가하는 것으로 나타나고 있다. 따라서 환기에 의해 터널 내 풍속이 존재하는 경우 화재 강도는 풍속이 없는 경우에 비교하여 화재의 성장 속도 및 최대 화재 강도가 증가하는 것으로 보고되고 있다.

Zhao(2006)는 지하철 터널의 환기 방식에 따른 안정성 평가를 통해 터널의 화재 강도 3～20 MW일 때, 연기 발생량 $M_s$(kg/s)를 McGrattan(1996)의 연구 결과를 인용하여 식 (11.43)과 같이 제시하였다.

$$M_s = 0.05 P_f (H - Y)^{\frac{3}{2}} \rho_o \, g^{\frac{1}{2}} \tag{11.43}$$

여기서, $P_f$ : 화재 둘레(m)

$H$ : 터널 높이(m)

$Y$ : 터널 바닥에서 연기층 하부까지의 높이(m)

$\rho_o$ : 화재시 주변 공기 밀도(kg/m$^3$)

$g$ : 중력 가속도(m/s$^2$)

**예제 11.2** 차량 화재로 화재 강도가 10 MW인 터널에서 연기의 평균 온도는 180℃, 터널 바닥에서 연기층 하부까지의 높이는 2 m, 터널의 높이는 5 m, 터널의 폭이 10 m일 때 터널에서 생성되는 연기 발생량은 얼마가 되겠는가?

**풀이**

1) 주변 공기 밀도는

$$\rho_a = 1.22 \times \left(\frac{290}{T_a + 273}\right) = 1.22 \times \left(\frac{290}{453}\right) = 0.781\text{kg/m}^3$$

2) 식 (11.43)으로부터 연기 발생량은

$$M_s = 0.05 \times \pi \times 10 \times (5-2)^{\frac{3}{2}} \times 0.781 \times 9.8^{\frac{1}{2}} = 19.95\text{kg/s}$$

화재 강도는 터널의 제연 시스템 설계에서 횡류식의 경우에는 배연 풍량에 영향을 미치고 종류식의 경우에는 임계 속도에 영향을 주어 제트팬의 용량 산정에 영향을 미치게 된다. 터널에서 차량 화재가 발생하는 경우 차종별 화재 강도와 연기 발생량은 연소 상태에 따라서 차이가 많다.

화재 강도와 연기 발생량에 대한 각 나라별로 살펴보면 화재 안전 기준(NFSC 603, 2017)에서는 화재 강도 20 MW와 연기 발생량 80 $m^3$/s, 미국은 차종별로 화재 강도 5～100 MW와 연기 발생량 20～200 $m^3$/s를 제시하고 있으며, 또한 NFPA 502에서 횡류식 설계를 위한 배연 풍량 기준을 20 MW로 하고 있다. 독일은 대형차의 통과 대수에 따라서 구분하고 있으며 30～100 MW를 화재 강도로, 연기 발생량을 80～200 $m^3$/s로 하고 있다.

영국은 터널 연장과 도로 구분에 따라서 20 MW, 50 MW를 화재 강도로 차등 적용하고 있다. 일본은 방재 시설 설계 기준상에 설계 화재 강도를 명시하고 있지 않지만 일반적으로 20 MW를 적용하고 있다.

## 11.6 제연 설계

터널 화재에서는 연기 및 열기류의 확산이 제한되기 때문에 연기로 인한 가시거리의 감소, 유독성 가스의 확산, 공기 온도의 급격한 상승, 산소 농도의 감소에 따른 승객이나 운전자의 생명을 위협할 뿐만 아니라 구조물이나 각종 설비 및 차량의 손상을 유발할 수 있다.

터널에서 화재에 직면한 피난자들은 초기에 정확한 상황을 판단하기 어렵고, 피난자의 대부분은 차량이 외부보다 안전하다는 의식으로부터 초기에 차량을 버리고 피난하는 데 많은 시간이 소요된다. 따라서 터널 화재시 초기에 신속한 피난 환경의 확보가 가장 중요하며, 피난환경의 확보에 가장 중요한 역할을 하는 것이 제연 시스템이다.

### 11.6.1 종류식

종류식은 교통 환기력 및 환기 시스템의 승압력에 의해서 발생하는 환기류가 터널의 축방향으로 흐르는 방식으로 교통 환기력을 최대한 이용할 수 있기 때문에 에너지 효율성이 우수한 반면에 제트팬 및 삿카르트 방식의 터널에서는 오염 물질의 전량이 터널 출구를 통해서 배출되므로 이에 대한 배려가 있어야 한다.

종류식에서 차도 내 풍속은 소요 환기량에 의해서 결정되며 일반적으로 차도 내 최대 풍속은 유지 관리 및 화재시의 피난 등 사용자가 차도 공간으로 노출될 경우를 고려하여 10~12m/s 이하로 할 것을 권장하고 있다.

종류식의 환기량은 제트팬의 대수에 의해 결정되고 제트팬에 의해 임계 풍속이 유지된다. 따라서 화점 부근의 연기가 역류하는 것을 방지하기 위한 최소 풍속인 임계 풍속을 유지할 수 있도록 계획해야 한다. 임계 풍속은 11.4절의 임계 속도 계산식을 적용하여 계산하고, 수치 시뮬레이션 등의 수단으로 신뢰성을 검토하여 적용해야 한다. 계산된 임계 풍속을 이용하여 화재시 제연용으로 사용될 제트팬의 수를 구해야 한다. 제트팬 대수는 일반적으로 [표 11.3]에 제시된 순서로부터 구한다.

#### 1) 제트팬의 수

화재시 제트팬 대수는 임계 풍속을 만족할 수 있도록 선정되어야 한다. 제트팬의 수는 터널 연장에 따라서 달라지며, 터널 연장이 동일해도 터널 단면적, 화재 강도, 터널 내 화재 위치, 화점의 높이, 터널 내 차량의 수, 자연풍에 의한 환기 저항 등에 영향을 받게 된다. 따라서 제연용 제트팬의 수를 검토하기 앞서 [표 11.3]과 같은 검토가 필요하다.

제연용 제트팬만 설치하는 경우에는 환기시 제트팬의 승압 효율을 확보해야 하며, 효율 저하가 예상되는 경우에는 이를 고려하여 제트팬 대수를 산정한다. 터널 화재시 제연용 제트팬은 임계 풍속($V_c$)을 유지하면서 [그림 11.13]과 같이 터널 내에서 발생하는 압력과 평형을 이루어야 하며, 이들 관계는 식 (11.44)와 같이 나타낼 수 있다.

**표 11.3** 제연용 제트팬 용량 산정

| 단계 | 내용 | | 고려 사항 |
|---|---|---|---|
| 1단계 | 적정 화재 강도<br>(설계 화재 강도)의 선정 | ⬅ | 소방법이나 관련 규정 |
| 2단계 | 임계 풍속 결정<br>– Kennedy 식에 Tetzner가 제시한 보정 계수를 고려하여 계산<br>– 시뮬레이션을 통한 임계 풍속 검증 | ⬅ | – 터널의 기하학적 형상 : 터널 길이, 구배, 단면적<br>– 화원으로부터 터널 최상부까지의 높이 |
| 3단계 | 환기 시스템 용량 계산 :<br>환기 저항(자연 환기력 + 터널 마찰 저항 + 차량에 의한 항력) > 제트팬 승압력 | ⬅ | – 터널 내 화재 위치<br>– 화재시 터널 내 정체 차량 수 |

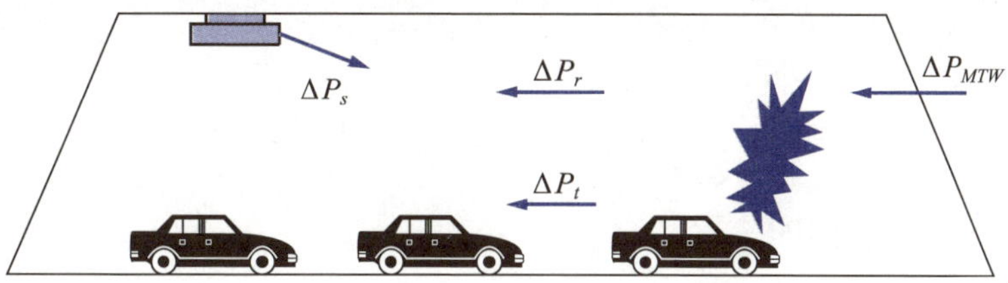


**그림 11.13** 화재시 터널 내 발생 압력

$$\Delta P_S = \Delta P_r + \Delta P_{MTW} + \Delta P_t \tag{11.44}$$

여기서, $\Delta P_S$(Pa)는 제연에 필요한 제트팬의 승압력이고, $\Delta P_{MTW}$(Pa)는 자연풍에 의한 환기 저항으로 식 (11.11)과 같고, $\Delta P_t$(Pa)는 교통 환기력으로 식 (11.15)로부터 식 (11.45)와 같이 되며, $\Delta P_r$(Pa)는 터널 내 마찰 저항으로 식 (11.23)으로부터 식 (11.46)과 같다.

$$\Delta P_{MTW} = \left(1 + \zeta_e + \lambda \times \frac{L}{D_e}\right) \times \frac{\rho}{2} \times U_n^2 \tag{11.11}$$

$$\Delta P_t = \frac{A_m}{A} \times \frac{\rho}{2} \times n \times V_c^2 \tag{11.45}$$

$$\Delta P_r = \left(1 + \zeta_e + \lambda \times \frac{L}{D_e}\right) \times \frac{\rho}{2} \times V_c^2 \tag{11.46}$$

여기서, $\zeta_e$ : 터널 입구 손실 계수
$\lambda$ : 터널 벽면 마찰 손실 계수
$L$ : 터널 연장(m)
$D_e$ : 터널 수력 직경(m)
$V_c$ : 임계 풍속(m/s)
$\rho$ : 공기 밀도(kg/m$^3$)
$A_m$ : 자동차 등가 저항 면적(m$^2$)
$n$ : 3분간 터널 내 진입한 차량 대수

자동차의 등가 저항 면적 $A_m$(m$^2$)은 식 (11.47)과 같이 나타낼 수 있다. 식 (11.47)에서 아래첨자 $S$와 $L$은 소형차와 대형차를 의미한다.

$$A_m = (1 - r_L) \times (A_c \times \xi_c)_S + r_L \times (A_c \times \xi_c)_L \tag{11.47}$$

$$r_L = \text{버스 대형} + \text{트럭(중형} + \text{대형)}, \quad \xi_c = 0.0786X + 0.35$$

$$X = \frac{A_c}{A} \times 100$$

여기서, $r_L$ : 대형차 혼입률(%)
$A_c$ : 자동차 전면 투영 면적(m$^2$)
$\xi_c$ : 자동차 저항 계수
$X$ : 점적률(%)

터널 내 풍속이 임계 풍속일 때 제트팬 1대당의 승압력 $\Delta P_j$(Pa)는 식 (11.21)로부터 식 (11.48)과 같이 나타낼 수 있다.

$$\Delta P_j = \rho \times U_j^2 \times \frac{A_j}{A} \times \left(1 - \frac{V_c}{U_j}\right) \tag{11.48}$$

여기서, $U_j$ : 제트팬의 속도(m/s)
$A_j$ : 제트팬의 출구 단면적(m$^2$)

따라서, 제트팬의 수 $Z$는 직렬 배열과 병렬 배열의 경우에 따라 식 (11.44)를 식 (11.48)로 나누면 식 (11.49)와 식 (11.50)과 같이 구할 수 있다.

$$\text{직렬 배열} \ : \ Z = \frac{P_S}{P_j} \tag{11.49}$$

$$\text{병렬 배열} \ : \ Z = \frac{P_S}{P_j \times N_j} \tag{11.50}$$

여기서, $N_j$: 제트팬 열의 수

### 2) 제트팬의 설치 거리

제트팬을 설치할 때 천장과의 이격 거리가 제트팬의 승압력에 영향을 미치기 때문에 일반적으로 $0.5D_j$ 이상의 간격을 유지할 것을 권장하고 있다. 제트팬의 간격은 분류효과가 충분히 소실된 후에 다음 제트팬이 위치하도록 하기 위해서 터널 직경의 12~14배를 유지할 것을 권장하고 있으며, 일본에서는 설치 간격을 [표 11.4]와 같이 제시하고 있다. 또한 여러 대의 제트팬을 설치하는 경우 터널의 입구쪽에 설치하는 것이 화재시 소산의 가능성이 적기 때문에 효과적이다.

표 11.4 제트팬의 설치 간격

| 형 | 구경 $\phi$(mm) | $U_j$(m/s) | 갱구에서 거리(m) | 설치 간격(m) |
|---|---|---|---|---|
| 600 | 630 | 30 | 80 | 80 |
| 1,000 | 1,030 | | 140 | 140 |
| 1,200 | 1,250 | | 160 | 160 |
| 1,500 | 1,530 | | 180 | 180 |

Rohne는 [그림 11.14]에 나타낸 제트류의 코어 중심선에서 속도($U_{j_{Co}}$)와 거리가 $X$만큼 떨어진 지점에서의 속도($U_{j_{Cn}}$)의 관계를 식 (11.51)과 같이 제시하고, 식 (11.51)을 이용하면 제트팬 사이의 거리를 계산할 수 있다.

$$\frac{U_{j_{Cn}}}{U_{j_{Co}}} = \left(0.128\frac{X}{D_j} + 0.663\right)^{-1} \tag{11.51}$$

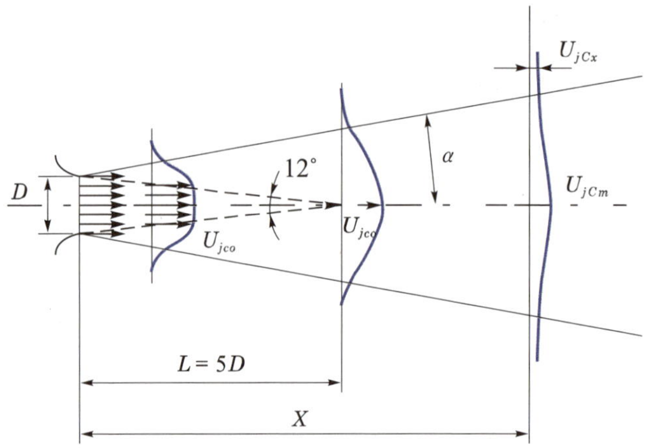


$U_{jCx}/U_{jCm} = 0.5$일 때, $\alpha = 10°$
$U_{jCx}/U_{jCm} = 0.05$일 때, $\alpha = 20°$

그림 11.14 분류의 형상 및 속도 분포

### 3) 터널 내 정체 차량 수

화재시 터널 내 정체 차량 수 $n$은 일반적으로 화재 위치를 출구로 하여 정체 차량수가 가장 많게 산정되는 조건을 적용하고, 화재 발생 후 터널이 차단될 때까지 시간은 통상 3분을 고려하여 주행 속도별로 단위길이 당 차량수 교통밀도 $N$(대/km)으로부터 식 (11.52)를 구한다.

$$n = \frac{N \cdot L}{U_t} + N \cdot \frac{3}{60} \tag{11.52}$$

여기서, $L$은 터널 연장(m), $U_t$는 차량의 주행 속도(km/h)이고, 오른쪽의 제1항은 화재 발생 시점에서 터널에 존재하는 차량의 수이며, 오른쪽의 제2항은 화재 감지까지 3분이 소요된다는 측면에서 화재 발생 후 3분 동안 터널에 진입한 차량의 수이다.

화재시 터널 내 차량 수는 화재 지점과 화재 직전의 터널 내 평균 주행 속도에 따라서 차이가 있으며, 주행 속도가 낮을수록 증대한다. 화재 전 평균 주행 속도가 제트팬 대수에 영향을 미치므로 화재 직전의 차량의 주행 속도는 도로의 특성을 고려하여 선정한다.

**예제 11.3** 다음과 같은 제원과 교통 조건을 갖는 터널에서 화재가 발생하였다. 터널에 설치할 제트팬은 몇 대가 되겠는가? (단, 임계 풍속과 화재 온도는 Tetzner의 식을 이용하고, 경사 보정 계수는 Wu의 식을 이용한다.)

① 터널 제원

| 연장 ($L$, m) | 단면적 ($A$, $m^2$) | 수력직경 ($D_e$, m) | 기울기 ($g_r$, ‰) | 둘레 (m) | 서비스 수준 | 터널 방식 | |
|---|---|---|---|---|---|---|---|
| | | | | | | 차선 수 | 설계속도 |
| 1,062 | 76.5 | 9.2 | −11.0 | 33.2 | C | 일방향 2차로 | 80km/h |

② 교통 관련 제원

| 구분 | 승용차 | 버스 | | 트럭 | | | | 합계 |
|---|---|---|---|---|---|---|---|---|
| | | 소형 | 대형 | 소형 | 중형 | 대형 | 특수 | |
| 일일 교통량 (AADT, 대/일) | 17,154 | 4,391 | 1,209 | 6,958 | 2,619 | 1,765 | 247 | 34,343 |
| 차종별 구성비 (대 %) | 49.95% | 12.79% | 3.52% | 20.26% | 7.63% | 5.14% | 0.71% | 100% |

③ 최대 교통량 선정($M_{max}$)

| 목표 년도 2099년 | | 도로 종류 | 서비스 수준 | 정체시교통량(PCU /km·Lane) $D_o$ | 최대 교통량 |
|---|---|---|---|---|---|
| 차선 수(편도) | 설계 속도 | | | | |
| 일방향 2차로 | 80km/h | 다차선 도로 | C | km/hr : 150 | $M_{max}$ = 1,150(pcu/h·Lane) |

④ 교통량 및 차종별 구성비

| 구분 | 승용차 | 버스 | | 트럭 | | | | 합계 | 비고 |
|---|---|---|---|---|---|---|---|---|---|
| | | 소형 | 대형 | 소형 | 중형 | 대형 | 특수 | | |
| 교통량(pcu/일) | 8,577 | 2,196 | 907 | 3,479 | 1,964 | 1,324 | 247 | 18,693 | 평지 |
| 차종별 구성비 (pcu%) | 45.88 | 11.74 | 4.85 | 18.61 | 10.51 | 7.08 | 1.32 | 100 | |

⑤ 터널 화재 조건

| | |
|---|---|
| 화재 강도 | 20 MW |
| 임계 프루드수($F_{rc}$) | 4.50 |
| 기울기(grad)-하향구배 | −1.10% |
| 연소가스의 공기와 연기의 혼합률($\beta$) | 0.40 |
| 중력가속도($g$) | 9.81 |
| 정압비열($c_p$) | 1,005 J/kg · K |
| 대기공기밀도($\rho_o$) | 1.20 kg/m$^3$ |

| | |
|---|---|
| 대기온도($T_o$) | 288 K |
| 초기임계속도($V_c$) | 2.709 m/s |
| 터널입구손실 계수($\zeta_e$) | 0.6 |
| 터널벽면마찰 손실 계수($\lambda$) | 0.025 |
| 대형차 혼입률($r_L$) | 16.29% |
| 자동차 전면 투영 면적 | 소형차 : 2.31 m$^2$, 대형차 : 7.11 m$^2$ |
| 제트팬(1,250) | 속도($U_j$) : 30 m/s, 출구면적($A_j$) : 1.23 m$^2$ |

**풀이**

1) 화재 온도는 식 (11.40)으로부터

$$T_f = \frac{Q}{\beta \rho_o C_p A V_c} + T_o = \frac{20 \times 10^6}{0.4 \times 1.2 \times 1005 \times 76.5 \times 2.709} + 288$$
$$= 488.056\text{K}$$

2) 경사 보정 계수는 식 (11.45)로부터

$$K_g = \{1 + 0.014 \tan^{-1}(grade/100)\} = \{1 + 0.014 \tan^{-1}(-1.10/100)\}$$
$$= 1.0088$$

3) 임계 풍속은 식 (11.39)로부터

$$V_c = K_g F_{rc}^{-\frac{1}{3}} \left( \frac{gHQ}{\beta \rho_o c_p A T_f} \right)^{\frac{1}{3}}$$
$$= 1.008 \times 4.5^{-\frac{1}{3}} \times \left( \frac{9.8 \times 8 \times 20 \times 10^6}{0.4 \times 1.2 \times 1{,}005 \times 76.5 \times 488.056} \right)^{\frac{1}{3}}$$
$$= 2.709$$

4) 자연풍 환기 저항은 식 (11.23)으로부터

$$\Delta P_{MTW} = \left( 1 + \zeta_e + \lambda \times \frac{L}{D_e} \right) \times \frac{\rho}{2} \times U_n^2$$
$$= \left( 1 + 0.6 + 0.025 \times \frac{1{,}062}{9.2} \right) \times \frac{0.1224}{2} \times 2.5^2$$
$$= 1.714\text{mmAq}$$

5) 교통 환기력은 식 (11.52)로부터

$$\Delta P_t = \frac{A_m}{A} \times \frac{\rho}{2} \times n \times V_c^2 = \frac{2.3}{76.5} \times \frac{0.1224}{2} \times 123 \times 2.709^2$$
$$= 1.66\text{mmAq}$$

여기서, 자동차 등가 저항 면적 $A_m$은 식 (11.47)로부터 구한다.

① 대형차

$$X_L = \frac{A_c}{A} \times 100 = \frac{7.11}{76.5} \times 100 = 9.2$$

$$\xi_{cL} = 0.0786 X_L + 0.35 = 0.0786 \times 9.2 + 0.35 = 1.07$$

② 소형차

$$X_S = \frac{A_c}{A} \times 100 = \frac{2.31}{76.5} \times 100 = 3.0$$

$$\xi_{cS} = 0.0786 X_S + 0.35 = 0.0786 \times 3.0 + 0.35 = 0.586$$

③ $A_m = (1 - r_L) \times (A_c \times \xi_c)_S + r_L \times (A_c \times \xi_c)_L$

$$= (1 - 0.1629) \times (2.31 \times 0.586) + 0.1629 \times (7.11 \times 1.07) = 2.3$$

6) 터널 내 마찰 저항은 식 (11.46)으로부터

$$\Delta P_r = \left(1 + \zeta_e + \lambda \times \frac{L}{D_e}\right) \times \frac{\rho}{2} \times V_c^2$$

$$= \left(1 + 0.6 + 0.025 \times \frac{1,062}{9.2}\right) \times \frac{0.1224}{2} \times 2.71^2$$

$$= 2.013\text{mmAq}$$

7) 제연에 필요한 제트팬의 승압력은 식 (11.44)로부터

$$\Delta P_S = \Delta P_r + \Delta P_{MTW} + \Delta P_t = 2.013 + 1.714 + 1.66 = 5.39\text{mmAq}$$

8) 제트팬($\phi$1,250) 승압력은 식 (11.48)로부터

$$\Delta P_j = \rho \times U_j^2 \times \frac{A_j}{A} \times \left(1 - \frac{V_c}{U_j}\right)$$

$$= 0.1224 \times 30^2 \times \frac{1.23}{76.5} \times \left(1 - \frac{2.71}{30}\right) = 1.611\text{mmAq}$$

9) 제트팬 소요 대수는 식 (11.49)와 식 (11.50)으로부터

① 직렬 배열: $Z = \frac{P_S}{P_j} = \frac{5.39}{1.611} = 3.3$대 ≒ 5대 (예비 1대 포함)

② 병렬 배열: $Z = \frac{P_S}{P_j \times N} = \frac{5.39}{1.611 \times 2}$

= 1.67열/2대 ≒ 2열/2대 = 6대 (예비 2대포함)

10) 터널 내 정체 차량 수는 다음 식으로부터

① 교통 밀도 $D$(pcu/km · lane)

$$D = \frac{(D_0 \times M_{\max})}{(D_0 \times U_t) + M_{\max} \times \left(1 - \frac{V_t}{60}\right)^2}$$

$$60\text{km/h} : D = \frac{(150 \times 1,150)}{(150 \times 60) + \left\{1,150\left(1 - \frac{60}{60}\right)^2\right\}}$$

$$= 19\,\text{pcu/km} \cdot \text{lane}$$

여기서, $D_o$ : 정체시 교통량(0 km/hr일 경우 150 pcu/km · lane)

$U_t$ : 주행 속도(km/h)

$M_{\max}$ : 최대 교통량(pcu/h · lane)

② 차종별 교통량($n_i$)

$$n_i = D \times \frac{\text{차종별 구성비}}{100}$$

| 속도 (km/h) | 승용차 | 버스 | | 트럭 | | | | 합계 |
|---|---|---|---|---|---|---|---|---|
| | | 소형 | 대형 | 소형 | 중형 | 대형 | 특수 | |
| 60 | 7.52 | 1.93 | 0.46 | 3.57 | 1.34 | 0.91 | 0.13 | 17.64 |

③ 터널 내 통과 차량 수 $N$(대/h)

$$60\text{km/h} : N = \frac{V_t}{L} \times n_i = \frac{60}{1,062} \times 17.64 = 882\text{대/h}$$

④ 3분간 진입한 터널 내 정체 차량 수

$$n = \frac{N \cdot L}{V_t} + N \cdot \frac{3}{60} = \frac{882 \times 1,062}{60} + 882 \times \frac{3}{60} = 123\text{대}$$

## 11.6.2 횡류(반횡류)식

횡류식은 터널 내에 풍도를 설치하여 신선한 공기를 급기하고 터널 내 오염된 공기나 연기를 배출하도록 하는 방식이다. 반횡류식 중 배기 반횡류식은 터널 내부에 풍속이 0이 되는 중성점이 발생할 수 있고, 일반적으로 환기 효율이 떨어지고 송풍기의 정압 상승으로 인해 송풍동력이 증가하는 단점이 있어 환기 측면에서 급기 반횡류식을 채택하는 경우가 많다.

그러나 급기 반횡류식의 경우 화재시 연기를 배출하기 위해서는 송풍기를 역회전해야 하고, 역회전을 위해서는 상당한 시간 지연이 요구되기 때문에 화재시 초기 대응에 문제점을 내포하고 있다.

또한 반횡류식에는 터널에 신선 공기를 급기하거나 배기를 위한 포트의 개폐가 불가능한 균일 급배기 방식과 포트에 댐퍼를 설치하여 선택적으로 운영할 수 있도록 하는 선택 대배기구 방식(oversize exhaust ports)이 있다.

횡류식의 배연량은 화재시 배연이 주행 공간에서 이루어지기 때문에 연기뿐만 아니라 주변의 공기가 유입되므로 배연량은 각 나라별로 규정하는 화재 강도나 연기 발생량보다 현저히 증가한다. 일반적으로 배연량 $Q_E$(m$^3$/s)은 터널 내 유속과 연기 발생량 $Q_s$(m$^3$/s)를 바탕으로 식 (11.53)과 같이 산정한다.

$$Q_E = A_r \cdot V_c + Q_s \tag{11.53}$$

여기서, $A_r$(m$^2$)은 배기구의 단면적이고, $A_r \cdot V_c$는 주변 공기의 유입으로 인해서 증가하는 풍량이며, $V_c$는 축방향의 기류를 제어하기 위해 임계 속도 개념에서 도입된 것으로 배연 방식과 배기구 형상, 터널의 제원에 따라 달라진다. 특히, 터널 내 기류가 존재하는 경우에는 현저하게 증대한다. 따라서 배연량은 모형실험이나 시뮬레이션을 통해서 신뢰성을 검토한 후에 적용한다.

각국의 터널 설계 기준에 제시된 배연량은 일반적으로 600 m를 배연 구역으로 하고 있다. 이를 기준으로 할 때 배연량은 독일이 가장 크고, 스위스나 오스트리아는 80 m$^3$/s에서는 화재 강도 20～30 MW의 연기 발생량과 동일하다. 독일이나 프랑스 기준상의 부가적인 배연량($A_r \cdot V_c$)은 종방향 기류를 제어하고 신선 공기의 유입을 고려하고 있고, 독일은 $V_c = 3.0$ m/s, 프랑스는 $V_c = 1.5$ m/s로 규정하고 있다. 화재 안전 기준(NFSC 603)에서는 발생된 연기와 혼합된 공기를 충분히 배출할 수 있는 용량 이상으로 규정하고 있고, 도로 터널 방재 시설설치 및 관리 지침에서 균일 배기 방식은 $Q_E = 80 + 3.0A_r$, 대배기구 방식은 $Q_E = 80 + 1.5A_r$로 규정하고 있다.

최근 독일 및 프랑스 기준에서는 배연량으로 연기 발생량뿐만 아니라 주위의 신선한 공기의 유입이나 축방향 기류의 제어를 위해서 부가적인 풍량을 고려하는 추세이다.

대배기구를 적용하는 경우 배기구의 형상비가 동일하면 천장부의 배기구 설치 위치에 따른 배연 효율은 큰 차이가 없으며, 배기구 형상은 터널 축방향으로 장변을 취하는 것보다는 가로 방향으로 장변을 취하는 것이 배연 효율을 높일 수 있다.

# 11장 연습문제

01 터널의 환기 방식에 대해 설명하시오.

02 터널 내에 작용하는 승압력과 환기 저항에 대해 설명하시오.

03 연기의 성층화와 역류 길이에 대해 설명하시오.

04 화재 강도와 임계 속도의 관계를 설명하시오.

05 높이 6 m와 폭 6.5 m의 2차로 양방향 터널에서 대형 트럭에 화재가 발생하였다면 역류 길이는 얼마가 되겠는가? (단, 터널 내부에는 2 m/s로 환기되어 있고, 10분 후 최고 열방출량 150 MW, 공기 밀도 1.2 kg/m$^3$, 공기 온도 20℃, 공기 비열 1 kJ/kg·K, $K_b$는 1.4이다.)

06 차량 화재로 화재 강도가 15 MW인 터널에서 연기의 평균온도는 200℃, 터널바닥에서 연기층 하부까지의 높이 3 m, 터널 높이 6 m, 터널 폭 10 m일 때 터널에서 생성되는 연기발생량은 얼마가 되겠는가?

07 종류식과 횡류식 반횡류식 터널의 제연 설계에서 고려해야 할 인자에 대해 설명하시오.

# 12장

# 공기 이동 시스템

Air Moving Systems of Smoke Management

공기 이동 시스템의 분야는 매우 광범위하기 때문에 일반적인 기초 지식만을 제공하였으며, 공기 이동 시스템에 대한 상세한 내용은 ASHRAE나 SMACNA 등의 자료를 참고하기 바란다. 제연 시스템을 설치해야 하는 대상 건축물에는 구조상 기계적인 방식을 많이 쓰고 있으며, 이 때 공기의 강제 유동을 위한 공기 이동 시스템이 필요하다. 가장 단순한 시스템이 지붕에 설치된 아트리움 배출기와 같이 주택에 있는 환풍기이다. 대부분의 공기 이동 시스템은 송풍기, 댐퍼, 풍도로 구성되어 있다. 공기 이동 시스템은 제연 시스템의 안정성 유지를 위해 최우선으로 고려되어야 한다.

## 12.1 송풍기

공기와 같은 유체를 작동 물질로 하여 유체와의 사이에 교환을 수행하는 대표적인 공기 이동 시스템이 송풍기이며, 송풍기는 에너지 변환에 따라 기계적 에너지를 기체에 공급하여 기체의 압력 및 속도 에너지를 변환시키는 장치이다. 송풍기를 제연 시스템에 사용할 경우 주어진 풍량이나 풍압 등을 고려하여 선정해야 한다.

한편, 공기 이동 시스템 중 송풍기는 용도에 따라서 급기용으로 사용될 때에는 송풍기, 배출용으로 사용될 때는 배출기라고 한다. 일반적으로 송풍기는 원심형과 축류형 송풍기로 구분되며, 회전차가 회전함으로써 발생하는 날개의 양력에 의하여 에너지를 얻게 되는 것을 축류형 송풍기라 하고, 원심력에 의한 것을 원심형 송풍기라 한다.

[그림 12.1]은 원심형 송풍기를 나타낸 것이고, 원심형 송풍기에서 유량은 임펠러의 반지름 방향으로 흐른다. [그림 12.2]는 축류형 송풍기를 나타낸 것이고, 축류형 송풍기에서 유량은 축 방향으로 흐른다.

제연 시스템에서 사용되는 송풍기는 주로 이들 송풍기가 사용된다. [표 12.1]은 송풍기의 종류에 따라 효율, 명칭 및 정압 범위를 나타낸 것이다. 제연 시스템에 사용되는 송풍기의 성능을 나타내기 위해서 특성 곡선이 사용되며, 일반적으로 사용되는 특성 곡선은 4각 좌표의 가로축에 풍량(EFF), 세로축에 압력(TP는 전압, SP는 정압), 소요 동력 등을 고려하여 작성한 곡선이다. 이들 송풍기에 대한 특성 곡선은 제조업체에서 실시하는 성능 시험의 결과에 의해서 작성된다.

**표 12.1** 송풍기의 종류, 명칭, 효율 및 정압 범위

| 종류 | | 명칭 | 효율(%) | 정압 범위(mmAq) |
|---|---|---|---|---|
| 원심형 | 다익형 | 실록 송풍기 | 45~60 | 10~80 |
| | 터보형 | 사일런트 송풍기 | 70~80 | 100~250 |
| | 리밋 로드형 | | 55~65 | 50~200 |
| 축류형 | 벽붙임형 | | 70~80 | 0~12 |
| | 풍도형 | | 70~80 | 25~32 |

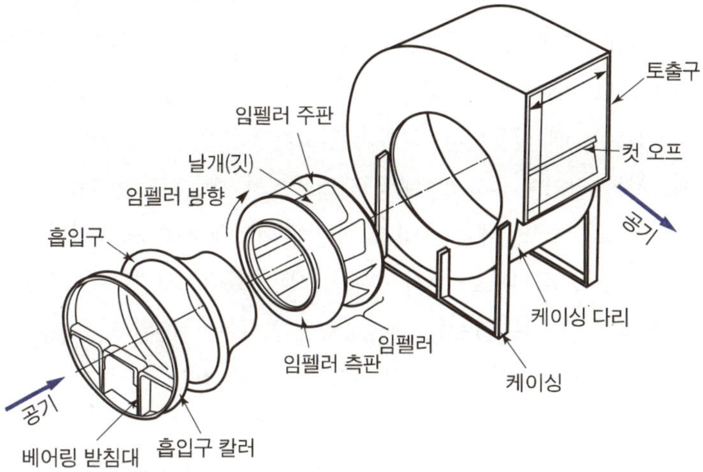


**그림 12.1** 원심형 송풍기

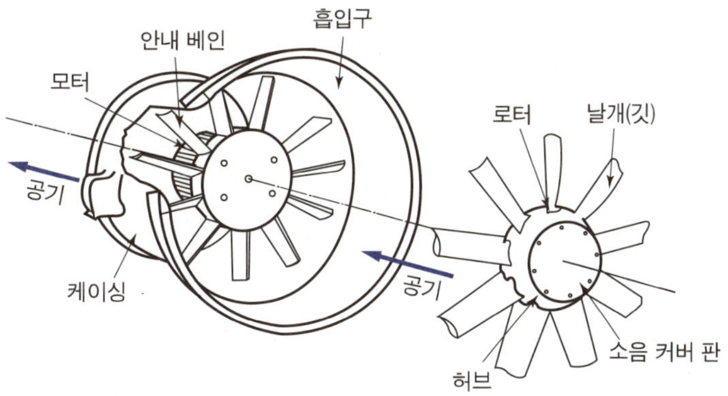


**그림 12.2** 축류형 송풍기

### 12.1.1 원심형 송풍기

원심형 송풍기는 [그림 12.3]과 같이 일반적으로 임펠러의 특성(깃의 경사에 따라)에 따라 앞보기, 뒷보기, 익형으로 분류한다. 이들 임펠러의 특성에 따라 다익형 송풍기, 터보형 송풍기 및 리밋 로드형 송풍기로 구분된다.

앞보기형은 비교적 저속으로 회전하고 일반적으로 높은 유량과 저압에 사용된다. 뒷보기형은 앞보기형 속도의 약 두 배 정도로 회전하고 높은 효율을 낸다. 앞보기와 뒷보기 임펠러 깃은 모두 박판을 찍어낸 단일 폭을 갖는다. 익형은 송풍기의 효율을 향상시키기 위해 두께를 변화시킨 깃을 갖는 뒷보기형의 일종이다. 익형 깃은 비행기 날개의 설계 기술을 응용한 것으로 깃의 기술에 적용한 것이다. 그러나 송풍기는 성능과 경제성을 고려하여 선택해야 한다. 따라서 다음 일반적인 사항을 고려해야 한다. 앞보기형은 주택 난방로와 패키지 방식의 공기 조화 설비를 포함하는 저압 HVAC에 사용된다. 익형과 뒷보기형은 일반적인 HVAC에 사용되고, 익형은 일반적으로 에너지를 절약해야 하는 대형 시스템에서 제한되고 있다.

원심형 송풍기를 설치한 시스템에는 후방 임펠러의 회전에 의한 공통적인 문제점이 있다. 그것은 원심형 송풍기의 후방 회전으로 수직 방향의 유량을 감소시킨다는 것이다. 이 문제는 이들 송풍기의 후방 회전이 공기를 뒷방향으로 흐르게 한다는 잘못된 믿음 때문이다. 원심형 송풍기의 수직 방향 기류와 회전 방향은 [그림 12.1]에 나타냈다.

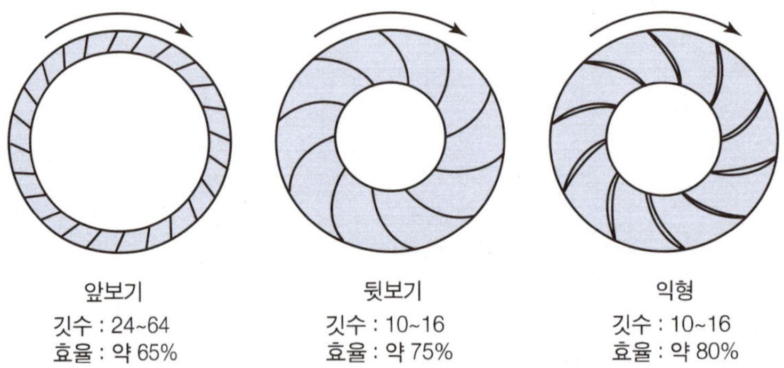


그림 12.3 원심형 송풍기의 임펠러 유형

#### 1) 다익형 원심 송풍기

다익형 송풍기(multi blade fan)는 원심형 송풍기의 대표적인 예로서 앞보기 날개를 사용한 송풍기로 일명 시로코 팬(sirocco fan)이라고도 불리며, 소방 대상물의 환기 및 공조 설비로도 많이 사용된다. 또한 임펠러는 [그림 12.4]와 같이 익현(翼弦) 길이(반지름 방향)가 짧고 날개 폭(회전차 축방향)이 넓은 깃이 다수 부착된 것이 특징이며, 폭이 좁은 앞보기(전 방향) 날개를 48개나 64개 정도 가지고 있다. 특히, 앞방향의 날개를 가지는 송풍기를 전곡형 송풍기라고 부른다. 이 송풍기는 사일런트 팬을 가지는 터보형 송풍기나 리밋 로드형에 비해서 풍량과 정압이 동일할 때 그 크기는 가장 소형이 된다. 따라서 동일한 성능을 가질 때, 터보형 송풍기나 리밋 로드형 송풍기에 비하여 구입 가격과 설치 공간도 적게 소모된다. 그러나 송풍기의 효율이 낮기 때문에 동력비가 많이 소요되고, 동일한 성능을 가지는 송풍기에 비해서 소음 발생도 크다.

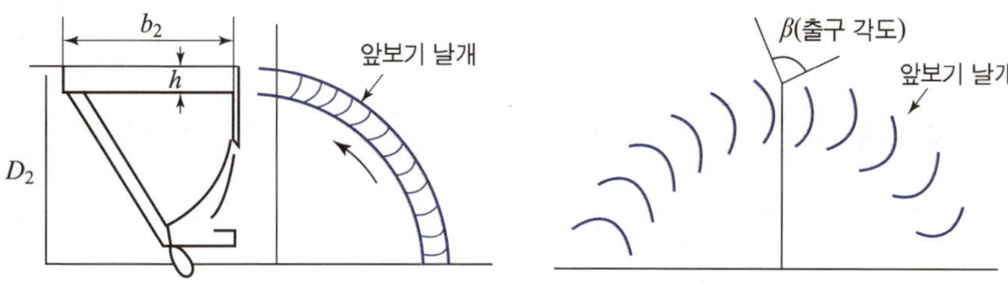


그림 12.4 다익형 원심 송풍기의 날개

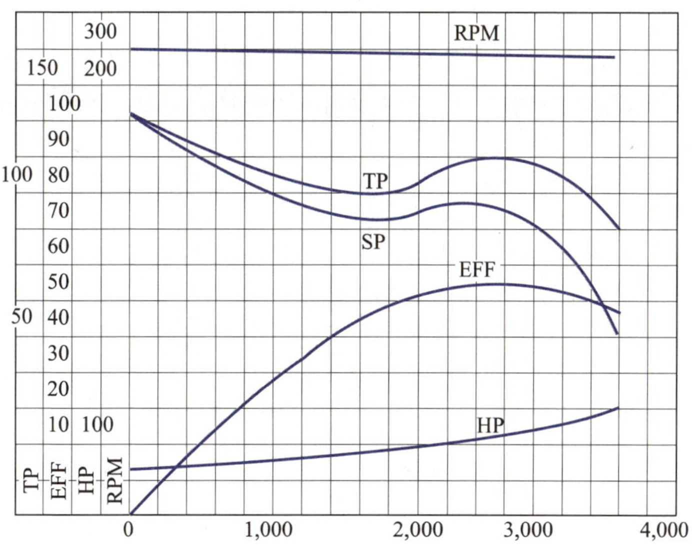


그림 12.5 다익형 원심 송풍기의 성능 곡선

동일 풍량 및 풍압에 대해서는 다른 원심형에 비하여 임펠러의 지름이 작고, 케이싱도 최소로 되는 특징이 있으므로 설치 공간이 문제가 되는 곳에 많이 쓰인다. 임펠러의 구조상 유체역학적으로 무리한 승압을 하고 있으므로, 효율은 45～60% 정도에 불과하고 소음도 높다. 날개의 구조상 고속 회전에 적합하지 못하며 정압은 70～80 mmAq 정도이다. 이 송풍기의 성능곡선은 [그림 12.5]와 같다.

마감점은 압력이 높고 풍량의 증가에 따라 곡부, 산부를 갖는 축류형과 크게 다른 점은 동력이 마감점에서 최저를 나타내고, 풍량의 증가와 함께 급속히 증가하는 형태를 나타낸다. 따라서 출력 결정을 할 때 여유를 많이 잡아야 한다. 압력 곡선은 축류형 송풍기보다도 누워 있고 풍량의 변화에 대해서 풍압의 변화가 적으므로 다수의 분기 관로를 갖는 송풍기에는 적합하지만 병렬 운전에는 부적합하다.

### 2) 터보형 송풍기

대표적인 터보형 원심 송풍기의 형상은 [그림 12.6]과 같고, 터보형 송풍기(tubotype fan)도 다익형 송풍기와 같이 원심형 송풍기로서 뒷보기(후 방향)의 날개를 사용한 송풍기로 일명 사일런트 팬(silent fan)이라고도 부른다. 소방 대상물의 환기 및 배기 설비 외에도 보일러의 강제 통풍이나 공기 수송 및 각종 기체의 압송에 많이 사용된다. 구조상의 특징으로는 팬의 케이싱 흡입측에 벨 마우스, 출구측에 디퓨저를 구비하고 있다.

특히, 효율은 70～80%로서 다익형 송풍기나 리밋 로드형 송풍기에 비하여 높으며, 150 mmAq 이상 250 mmAq 정도의 고압에도 사용이 가능하므로 주로 고속 풍도용으로 사용된다.

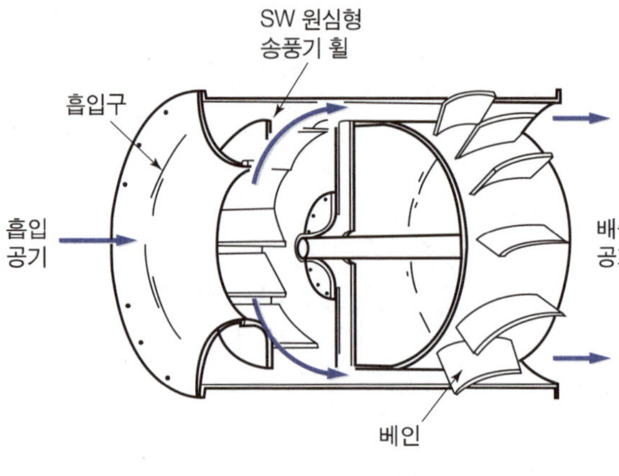


그림 12.6 터보형 송풍기

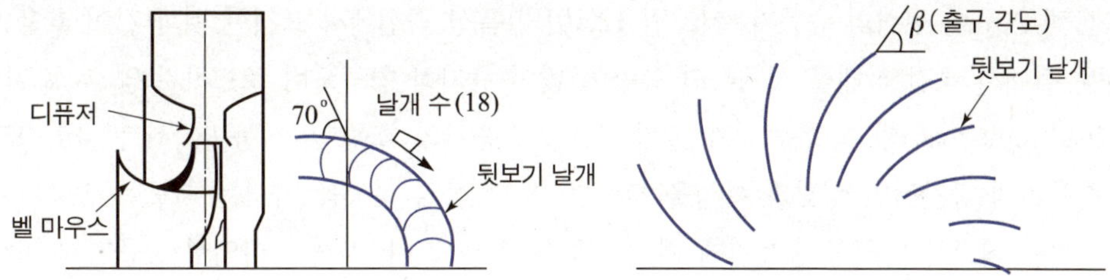


그림 12.7 터보형 송풍기의 날개

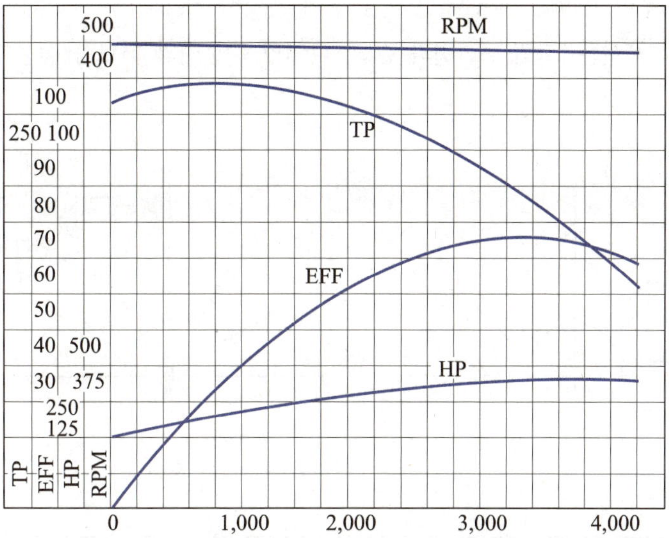


그림 12.8 터보형 송풍기의 성능 곡선

그러나 동일한 성능의 다익형 송풍기에 비하여 70% 정도 크기가 크며, 이들 송풍기에 비하여 구입 가격이 비싼 편이다. [그림 12.7]은 뒷보기(후 방향) 날개를 가지고 있는 터보형 송풍기를 나타낸 것이다. 터보형 송풍기의 특성 곡선은 [그림 12.8]과 같고, 압력 곡선은 다익형과 비교해 볼 때 골이 나타나지 않는다. 또한 동력 곡선은 풍량의 증가에 따라 다소 증가하나 다익형 송풍기에 비하여 구배가 가파르지는 않다.

### 3) 리밋 로드형 송풍기(Limit load type fan)

다익형 송풍기와 터보형 송풍기와 같이 원심형 송풍기로서 앞보기(전 방향) 날개와 뒷보기(후 방향) 날개를 조합한 송풍기이다. [그림 12.9]는 리밋 로드형(반지름 방향) 송풍기의 날개를 나타낸 것이다. 이 형식의 송풍기는 [그림 12.10]의 특성 곡선에서 표시한 것과 같이 효율이 가장 높은 점에서 운전 상태를 선택하면 풍량이 많이 증가하여도 오버 로드하지 않고, 소위 non over load(limit load)의 특성을 갖게 된다. 특히, 송풍기의 효율 및 성능면에서는 다익형과 터보형 송풍기의 중간적인 성격과 특성을 갖는다. 또한 동일 성능을 가지는 터보형 송풍기에 비하여 크기는 작으나 다익형 송풍기에 비하여 30% 정도 크며, 가격도 다익형 송풍기에 비해 큰 편이다.

효율은 55% 이상 65% 정도로 구조상 날개의 강도가 높고 임펠러의 수리 및 교환이 다른 송풍기에 비하여 쉬우며, 시멘트 가루나 미분탄 등이 혼합된 기체의 수송에 적합하다. 리밋 로드형 송풍기의 특성 곡선은 [그림 12.10]과 같고, 다익형 송풍기와 터보형 송풍기의 중간 정도의 성질을 갖는다.

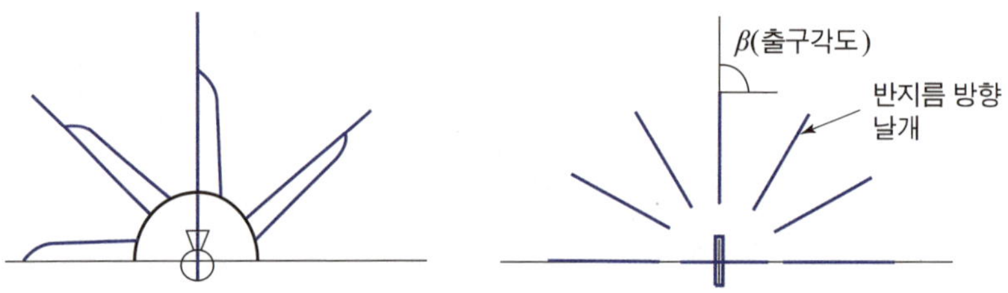


그림 12.9 리밋 로드형 송풍기의 날개

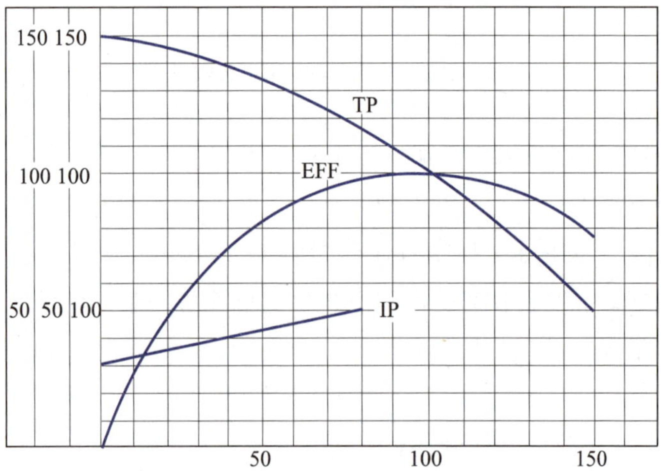


그림 12.10 리밋 로드형 송풍기의 성능 곡선

### 12.1.2 축류형 송풍기

건물에 사용되는 축류형 송풍기는 [그림 12.11]과 같고, 종류로는 프로펠러형 송풍기, 관축류형 송풍기 및 베인형 축류 송풍기가 있다. 축류형 송풍기는 몸체와 날개차의 구조뿐만 아니라 작동 원리도 축류형 펌프와 비슷하며, 액체가 아닌 기체를 취급한다는 점이 다를 뿐이다. 축류형 송풍기는 원래 저압으로 다량의 풍량이 요구될 때 적합한 송풍기이나, 근래에는 고압용으로도 제작되어 적용 범위가 점점 확대되고 있다. 원심형 송풍기보다 소음이 크고, 설계점 이외의 풍량에서는 효율이 갑자기 떨어지는 결점이 있다. 원심형 송풍기와 달리 축류형 송풍기의 후방 회전은 정상적인 후방 흐름이다. 이 후방 흐름은 공기 유량을 감소시킨다.

프로펠러형 송풍기의 경우 다양한 임펠러 설계로부터 저압에서 높은 유량을 얻을 수 있다. 프로펠러 송풍기의 임펠러는 두 개 또는 더 많은 깃을 가지고 있고, 대체로 저비용의 구조물(예를 들면, 이들 깃은 박판으로 찍어낸 것)에 사용된다. 프로펠러형 송풍기는 저압, 부엌의 배출 가스를 포함한 높은 유량, 화장실 배기, 계단실 가압, 그리고 공간 환기 등에 사용된다. 관축류형 송풍기는 높은 효율을 내고 프로펠러형 송풍기보다 높은 압력에서 작동할 수 있다. 베인형 송풍기는 아주 높은 효율과 작동 압력을 낼 수 있다. 관축류와 베인형 송풍기의 깃은 단일 두께이거나 익형 설계일 수 있다. 조정피치 깃은 높은 효율을 얻기 위해 일부 베인형 송풍기에 사용된다.

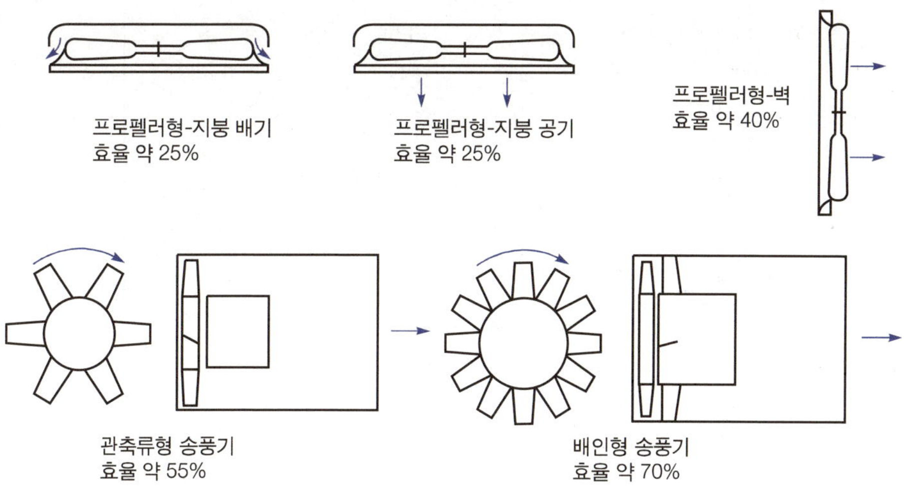


그림 12.11 축류형 송풍기 종류

관축류형과 베인형 송풍기는 수직 흐름과 완벽한 장치에 이점이 있다. 관축류형 송풍기는 중간 압력의 HVAC에서 낮은 압력으로 사용되고 있고 베인형 송풍기는 높은 압력의 HVAC에서 낮은 압력으로 사용되고 있다.

특히, 축류형 송풍기는 원심형에 비하여 효율이 높으며 큰 풍량에 적합하다. 축류형송풍기는 풍량이나 전압을 높이기 위하여 날개차를 여러 단으로 설치하여 축에 직렬로 배치한 것으로서 가동시 소리가 크기 때문에 흡입구에 소음기를 설치하는 경우도 있다. 축류형 송풍기는 정압이 낮고, 풍량이 큰 경우에 많이 사용된다. 냉각탑의 팬으로 사용되는 것 외에 최근에는 제연 시스템의 배출기 등으로 사용되기도 하며, 동일 성능을 가지는 경우 일반적으로 원심형 송풍기에 비해 소음이 높은 편이다. 축류형 송풍기의 성능 곡선은 [그림 12.12]와 같다.

압력 곡선은 풍량 0의 마감점에서 최고 압력을 나타내고 풍량 증가와 함께 압력이 감소되어 곡부를 형성하지만, 풍량이 더욱 증가하면 압력이 상승해서 산(凸)을 이루며 압력이 점차 감소된다. 동력 곡선은 마감점에서 최대치를 나타내며 풍량의 증가와 함께 감소한다. 축류형의 명칭은 임펠러의 외경 또는 구경으로 나타내는 것이 일반적이다.

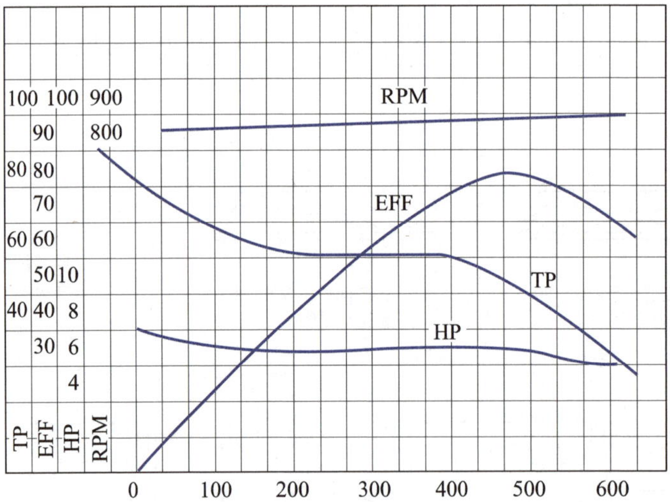


그림 12.12 축류형 송풍기의 성능 곡선

### 12.1.3 송풍기의 동력

#### 1) 압력

정압 $P_S$는 기체의 흐름에 평행인 물체의 표면에 기체가 작용하는 압력이고, 동압 $P_V$는 속도 변화에 따른 압력으로, $P_V$(kg/m$^2$)는 식 (12.1)로 나타낼 수 있다.

$$P_V = \rho \frac{V^2}{2} \tag{12.1}$$

여기서, $V$ : 기체의 유속(m/s)

$\rho$ : 기체의 밀도(kg/m$^3$)

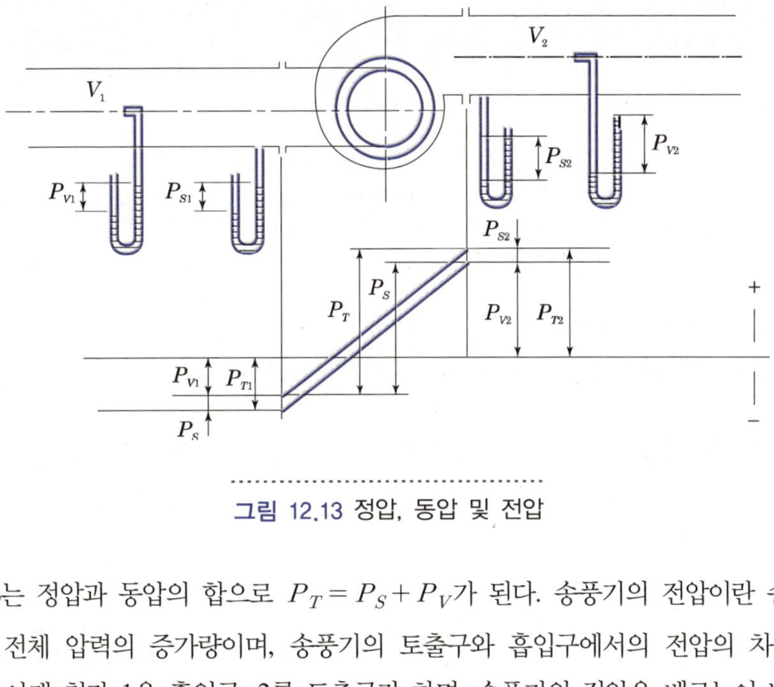


그림 12.13 정압, 동압 및 전압

전압 $P_T$는 정압과 동압의 합으로 $P_T = P_S + P_V$가 된다. 송풍기의 전압이란 송풍기에 의해 주어진 전체 압력의 증가량이며, 송풍기의 토출구와 흡입구에서의 전압의 차이다. [그림 12.13]에서 아래 첨자 1을 흡입구, 2를 토출구라 하면, 송풍기의 정압은 베르누이 방정식에 의해 송풍기 전압에서 송풍기 토출구에서 동압을 뺀 것으로 나타낼 수 있다. 송풍기에서는 일반적으로 송출 동압이 송풍기 정압에 비해 작고, 무시할 때가 많기 때문에 송풍기 정압 대신에 풍압이라고 할 때가 더 많다.

$$P_S = (P_{T2} - P_{T1}) - P_{V2} = (P_{S2} - P_{S1}) - P_{V1} \tag{12.2}$$

### 2) 동력

송풍기의 이론 동력은 식 (12.3)으로 나타낸다.

$$L_t = \frac{QP_T}{6,120} \tag{12.3}$$

여기서, $L_t$ : 이론 동력(kW)
$Q$ : 풍량($m^3$/min)
$P_T$ : 전압(mmAq)

식 (12.3)은 상온 상태에서 흡입 공기의 밀도가 1.2 kg/$m^3$인 경우이며, 밀도가 달라지면 밀도비를 곱하여 보정해야 한다. 송풍기의 전동기를 결정할 경우 식 (12.3)의 이론 동력에 송풍기의 효율과 전동기에서 송풍기로 전달할 때 발생하는 전달 효율을 고려하면 식 (12.4)와 같고, 각 효율은 다음 표와 같다.

$$L_m = L_t \frac{1+\alpha}{\eta_F \times \eta_T} \tag{12.4}$$

여기서, $L_m$ : 전동기의 동력
$\alpha$ : 여유율
$\eta_F$ : 송풍기의 효율
$\eta_T$ : 전달 효율

| 송풍기 형식 | 여유율($\alpha$) |
|---|---|
| 다익형 | 1.10 ~ 1.20 |
| 기타 | 1.05 ~ 1.10 |

| 전달 형식 | 전달 효율($\eta_T$) |
|---|---|
| 평 - 벨트 | 0.9 ~ 0.93 |
| V - 벨트 | 0.95 |

**예제 12.1** 송풍기의 풍량은 450 $m^3$/min이고, 송풍기의 전압은 25 mmAq이다. 이때 송풍기의 동력은 몇 [kW]인가? 단, 송풍기는 다익형으로 효율은 55%이고, 여유율은 10%이다.

**풀이**

식 (12.3)과 (12.4)로부터

$$L_m = \frac{450 \times 25}{102 \times 60 \times 0.55} \times 1.1 = 3.68 \text{ kW}$$

**예제 12.2** 거실 제연설비에서 바닥면적 350 $m^2$, 높이 5 m, 전압 75 mmAq, 효율 65%, 여유율 10%인 경우, 송풍기의 동력은 몇 [kW]인가? 단, 배출량은 바닥면적 1 $m^2$당 1$m^3$/min으로 한다.

**풀이**

1) 배출량 $Q$는

$$Q = 350\,\mathrm{m}^2 \times 1\,\mathrm{m}^3/\mathrm{min}/\mathrm{m}^2 = 350\,\mathrm{m}^3/\mathrm{min}$$

2) 식 (12.3)과 (12.4)로부터

$$L_m = \frac{P_T Q}{102 \times 60 \times \eta_F} \times (1+\alpha) = \frac{75 \times 350}{102 \times 60 \times 0.65} \times 1.1 = 7.26\,\mathrm{kW}$$

## 12.1.4 송풍기의 상사 법칙

### 1) 풍량, 풍압 및 회전수의 관계

원심형과 축류형 송풍기에 상사 법칙을 적용하면 식 (12.5)가 성립한다. 2대의 구조가 상사인 송풍기에서 각각 임펠러의 지름을 $D_1$, $D_2$, 회전수를 $N_1$, $N_2$,기체의 밀도를 $\rho_1$, $\rho_2$라 하고, 특성 곡선상 서로 대응하는 위치에서의 풍량을 $Q_1$, $Q_2$, 풍압을 $P_1$, $P_2$, 축동력을 $L_1$, $L_2$라고 하면

$$\frac{Q_1}{D_1^3 N_1} = \frac{Q_2}{D_2^3 N_2}, \qquad \frac{P_1}{\rho_1 D_1^2 N_1^2} = \frac{P_2}{\rho_2 D_2^2 N_2^2},$$
$$\frac{P_1}{D_1^3 N_1} = \frac{L_1}{\rho D_1^5 N_1^3} = \frac{L_2}{\rho D_2^5 N_2^3} \tag{12.5}$$

따라서 송풍기의 날개 지름을 바꾸지 않고 회전수만 변화시키면 풍량, 풍압, 동력은 식 (12.6)과 같다.

$$\frac{Q_2}{Q_1} = \frac{N_2}{N_1}, \quad \frac{P_2}{P_1} = \left(\frac{N_2}{N_1}\right)^2, \quad \frac{L_2}{L_1} = \left(\frac{N_2}{N_1}\right)^3 \tag{12.6}$$

### 2) 회전수, 직경 및 소음의 관계

동일한 송풍기의 임펠러 직경을 $D_1$, $D_2$, 회전수를 $N_1$, $N_2$라고 하면, 발생되는 소음은 식

(12.7)에 의해서 계산할 수 있다.

$$dB_2 = dB_1 + 70\log_{10}\frac{D_2}{D_1} + 50\log_{10}\frac{N_2}{N_1} \tag{12.7}$$

여기서, $dB_1$ : 최초 송풍기의 소음

$dB_2$ : 최종 송풍기의 소음

### 3) 직경, 정압 및 소음의 관계

동일한 풍량을 가진 송풍기의 임펠러 직경을 $D_1$, $D_2$, 정압을 $P_1$, $P_2$로 변경하면 발생되는 소음은 식 (12.8)에 의해서 계산할 수 있다.

$$dB_2 = dB_1 + 20\log_{10}\frac{D_2}{D_1} + 25\log_{10}\frac{P_{S2}}{P_{S1}} \tag{12.8}$$

여기서, $dB_1$ : 최초 송풍기의 소음

$dB_2$ : 최종 송풍기의 소음

$D_1$ : 최초 송풍기의 임펠러 직경(m)

$D_2$ : 최종 송풍기의 임펠러 직경(m)

$P_{S1}$ : 최초 송풍기의 정압(mmAq)

$P_{S2}$ : 최종 송풍기의 정압(mmAq)

**예제 12.3**

거실 제연설비의 설계에서 거실의 면적이 300 $m^2$이고, 다른 거실의 피난을 위한 경유거실인 경우, 다음 값들은 얼마가 되겠는가? 단, 배출량은 1 $m^2$당 1.5 $m^3$/min으로 한다.

1) 거실의 소요 배출량(CMH)은 얼마인가?
2) 흡입측 풍도(Duct)의 높이를 500 mm로 할 때 풍도의 최소 폭은 얼마(mm)인가? 단, 풍도 내 최대풍속은 15 m/s로 한다.
3) 송풍기의 전압이 60 mmAq이고 효율이 55%인 다익송풍기 사용 시 축동력(kW)은 얼마인가? 단, 여유율은 20%로 한다.
4) 제연설비의 임팰러의 크기를 변경하지 않고 배출량을 20% 증가시키고자 할 때 회전수(rpm)는 얼마인가? 단, 송풍기의 초기 회전수는 1,200 rpm이다.
5) 4)항의 회전수(rpm)로 운전할 경우, 전압(mmAq)은 얼마인가?
6) 3)항의 계산결과를 근거로 15 kW 전동기를 설치 후 풍량을 20% 증가시켜도 전동기의 사용이 가능한가?

**풀이**

1) 소요배출량(CMH)

$= 300\,\text{m}^2 \times 1.5\,\text{m}^3/\text{min} \times 60 = 27{,}000\,\text{m}^3/\text{h} = 27{,}000\,\text{CMH}$

2) 흡입측 풍도(Duct)의 높이를 500 mm로 할 때 풍도의 최소 폭(mm)

$Q = AV$ 에서 $A = \dfrac{Q}{V}$

폭을 $b$라 하면 $0.5b = \dfrac{Q}{V}$

$$b = \frac{Q}{0.5V} = \frac{27{,}000/3{,}600}{0.5 \times 15} = 1\,\text{m} = 1{,}000\,\text{mm}$$

3) 송풍기의 전압이 60 mmAq이고 효율이 55%인 다익송풍기 사용 시 축동력(kW)

식 (12.3)과 (12.4)로부터

$$\text{축동력 } L_m\,(\text{kW}) = \frac{P_T Q}{102\eta}(1+\alpha)\,[\text{kW}] = \frac{60 \times \dfrac{27{,}000}{3{,}600}}{102 \times 0.55} \times (1+0.2) = 9.63\,[\text{kW}]$$

4) 제연설비의 회전차 크기를 변경하지 않고 배출량을 20% 증가시키고자 할 때 회전수(rpm)

식 (12.6)으로부터

$$\frac{Q_2}{Q_1} = \frac{N_2}{N_1}$$

$$N_2 = \frac{Q_2}{Q_1} \times N_1 = \frac{27{,}000 \times 1.2}{27{,}000} \times 1{,}200 = 1{,}400\,\text{rpm}$$ : 증가된 후의 회전수

5) 4)항의 회전수(rpm)로 운전할 경우 전압(mmAq)

식 (12.6)으로부터

$$P_2 = \left(\frac{N_2}{N_1}\right)^2 \times P_1 = \left(\frac{1{,}400}{1{,}200}\right)^2 \times 60 = 86.40\,\text{mmAq}$$

6) 3)항의 계산결과를 근거로 15kW 전동기를 설치 후 풍량을 20% 증가시켜도 전동기의 사용가능 여부

① 식 (12.3)과 (12.4)로부터

② 5)항의 결과 $P_T = P_2 = 86.4\,\text{mmAq}$

전동기 용량

$$L_m\,(\text{kW}) = \frac{P_T Q}{102\eta}(1+\alpha) = 86.4 \times \frac{\left(\dfrac{27{,}000}{3{,}600} \times 1.2\right)}{102 + 0.55} \times (1+0.2) = 16.63\,[\text{kW}]$$

15 kW 전동기를 사용할 수 없고, 최소 17 kW의 전동기를 사용해야 한다.

### 12.1.5 송풍기의 설치

송풍기를 설치하는 방법에는 직렬과 병렬 방식이 있다. 송풍기의 풍량을 증가시키고자 할 경우 병렬로 설치하고, 풍압이 부족할 경우 직렬로 설치한다.

#### 1) 직렬 방식

하나의 배출 풍도에 연결하는 송풍기가 2대 이상 있을 때 직렬 설치 방식은 [그림 12.14]와 같고, 정압은 다음과 같다.

$$\text{정압} = 2P_T + P_V + 2P_S + P_V$$

여기서, $P_T$ : 전압, $P_S$ : 정압, $P_V$ : 동압

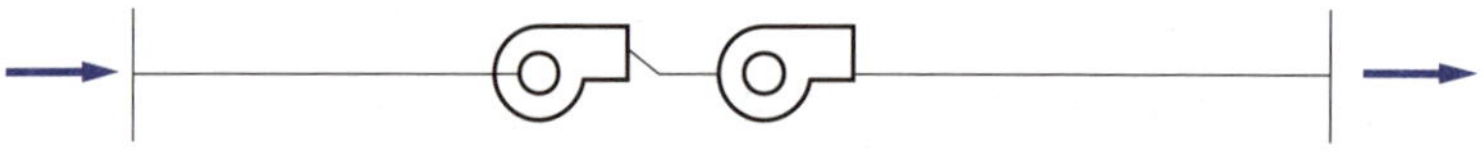

그림 12.14 송풍기의 직렬 설치

#### 2) 병렬 방식

① 하나의 배출 풍도에 연결하는 송풍기가 2대 이상 있을 때 병렬 설치 방식은 [그림 12.15]와 같고, 풍량은 다음과 같다.

$$\text{풍량} : Q_t < Z \times Q_i$$

여기서, $Q_t$ : 합산 풍량

$Q_i$ : 각 송풍기의 풍량

$Z$ : 송풍기 대수

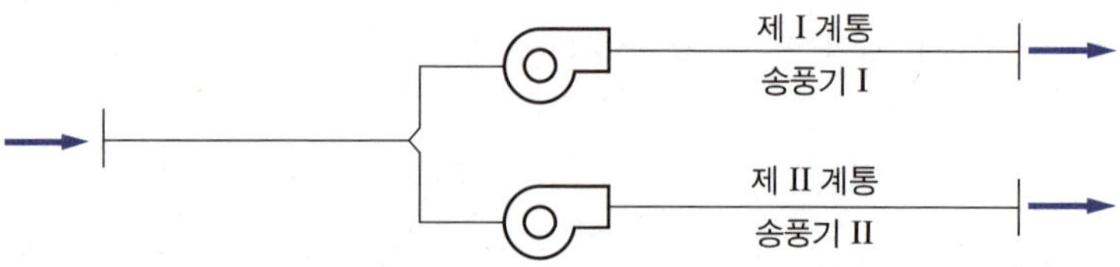


그림 12.15 송풍기의 병렬 설치

② 2개의 배출 풍도에 연결하는 송풍기가 2대 이상 있을 때 직렬과 병렬을 이용한 혼합 설치 방식을 [그림 12.16]에 나타냈다.

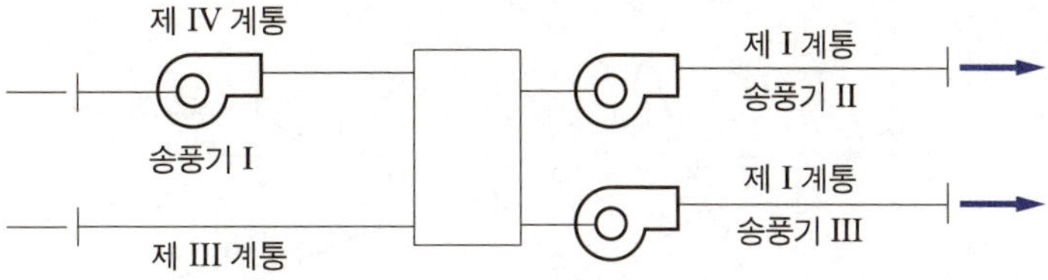


그림 12.16 송풍기의 직렬과 병렬의 혼합 설치

### 12.1.6 송풍기의 연합 운전 특성

연합 운전이란 2대 이상의 송풍기를 병렬 또는 직렬로 운전함을 뜻한다. 이때 송풍기의 풍량을 증가시키고자 할 경우, 여러 대의 송풍기를 병렬로 설치해 두고 필요한 수만큼 병렬 운전시키고, 풍압이 부족할 경우 송풍기를 직렬로 운전해서 필요 풍압을 내게 한다. 어떠한 경우도 사용 상태의 저항 곡선에 대하여 충분히 검토하지 않으면 그 효과를 얻지 못한다.

#### 1) 병렬 운전

동일 성능의 송풍기 2대가 병렬 운전일 경우 [그림 12.17]에서와 같이 1대만의 압력곡선 a, b, c, d에서 풍량의 합으로 2대의 병렬 운전 시 압력 곡선 a, b, c', d'가 얻어지거나 송풍 풍량를 그대로라고 본다면 저항 곡선은 1대만의 운전일 때와 같다. 저항곡선이 0c'라고 한다면 1대의 경우에는 c점에 해당하는 풍량이었던 것이 2대의 경우에는 c'에 해당하는 풍량으로 증가하는 데 불과하다.

저항 곡선이 서 있으면 서 있을수록 그 증가의 비율이 낮음으로 병렬 운전의 효과는 올라가지 않는다. 보통 20~30% 풍량 증가만 기대할 수 있다. 또한 효율도 송풍기의 작동점이 달라지므로 변화한다.

#### 2) 직렬 운전

동일 송풍기 2대를 직렬 운전할 경우, [그림 12.17]에서와 같이 1대의 압력 곡선 a, b, c, d에서 2대의 직렬 곡선의 압력 곡선 a', b', c', d'를 얻는다. 이 경우 병렬운전과 마찬가지로 저항 곡선의 교차점에서 송풍기가 작동되므로 1대의 경우 c점에 해당하는 압력이 2대에서는 c'점에

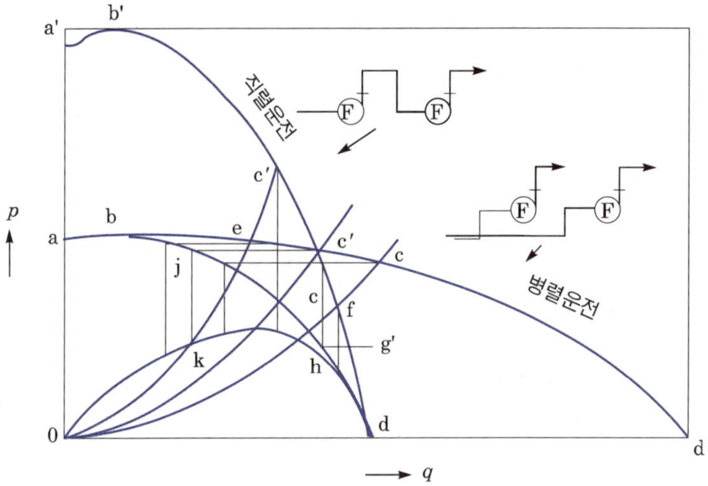


그림 12.17 연합 압력 특성 곡선

해당하는 압력으로 상승할 뿐이며, 결코 2배의 압력이 얻어지는 것은 아니다.

효율 곡선이 누워 있으면 누워 있을수록 이 증가의 비율이 낮아 효과를 얻을 수 없다. 이와 같이 연합 운전일 경우 항상 저항 곡선과 함께 생각해서 운전 효율, 축동력에 대해서도 생각하여 어느 것을 선택하는 것이 경제적인가를 결정해야 한다.

## 12.2 댐퍼

공기 이동 시스템에서 댐퍼(damper)는 기류의 균형, 기류의 제어, 화재 저항 또는 연기 저항 등에 사용된다. 댐퍼는 기류를 조절하기 위해 급기 풍도와 환기 풍도에 사용된다. 이들 댐퍼의 유로의 형상에 따라 [그림 12.18]과 같이 스플릿, 원형, 사각형 댐퍼로 분류한다. 날개의 형상에 따라 다음과 같이 분류하고 에어 포일(air foil)형, 비(vee)형의 형상은 [그림 12.19]와 같다.

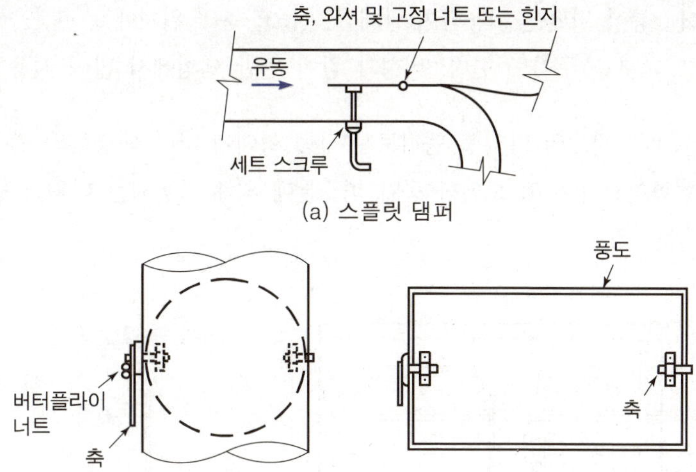


(a) 스플릿 댐퍼

(b) 원형 댐퍼 (c) 사각형 댐퍼

그림 12.18 균형 댐퍼의 종류

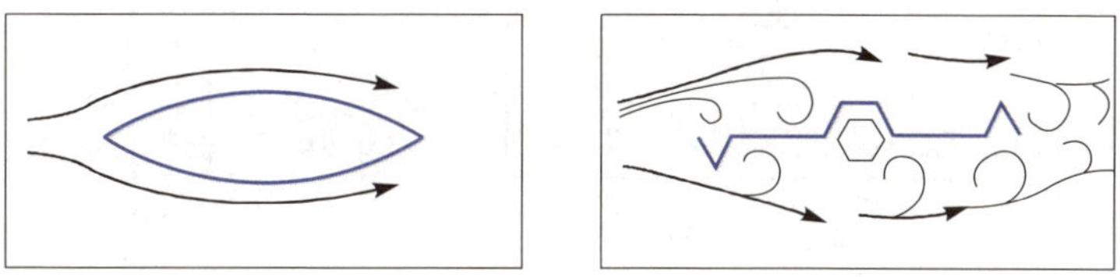

(a) 에어 포일형 (b) 비형

그림 12.19 댐퍼의 날개 형상

① **에어 포일(air foil)형 댐퍼** : 소음 발생이 적고 와류 손실이 적어 많이 사용하고 있다. 최근에는 압출성이 좋은 알루미늄을 이용한 댐퍼가 많이 사용되고 있으며, 국내에서는 방연 댐퍼로서 제연 구역의 급기 댐퍼로 사용되고 있다.

② **비(vee)형 댐퍼** : 일반 댐퍼나 방화 댐퍼로 많이 사용하고 있으며, 지금도 중구조형 댐퍼에서는 많이 사용하고 있다.

③ **삼각형 댐퍼** : 삼각형의 형상을 가진 날개를 사용하며 날개의 축은 삼각형의 한쪽 꼭짓점에 설치하여 2개의 기류를 혼합 또는 하나의 기류만을 선택하는 곳에 사용되고 있다. 유럽의 일부에서 팬 코일 유닛에 사용하고 있다.

④ **평판형 댐퍼** : 통상 평판을 이용하여 날개를 만들고 축의 위치에는 피봇을 주거나 날개의 양 끝단에도 피봇을 주기도 한다. 비형과 같이 일반 댐퍼에서 많이 사용한다.

[그림 12.20]은 비형 날개의 다익형 댐퍼로서 작동 형태에 따라 대향익과 평행익 댐퍼로 구분한다. 유량을 변화시키기 위해 모터나 공압 피스톤에 의해 작동되는 다익형 댐퍼를 일명 제어 댐퍼라고 부른다.

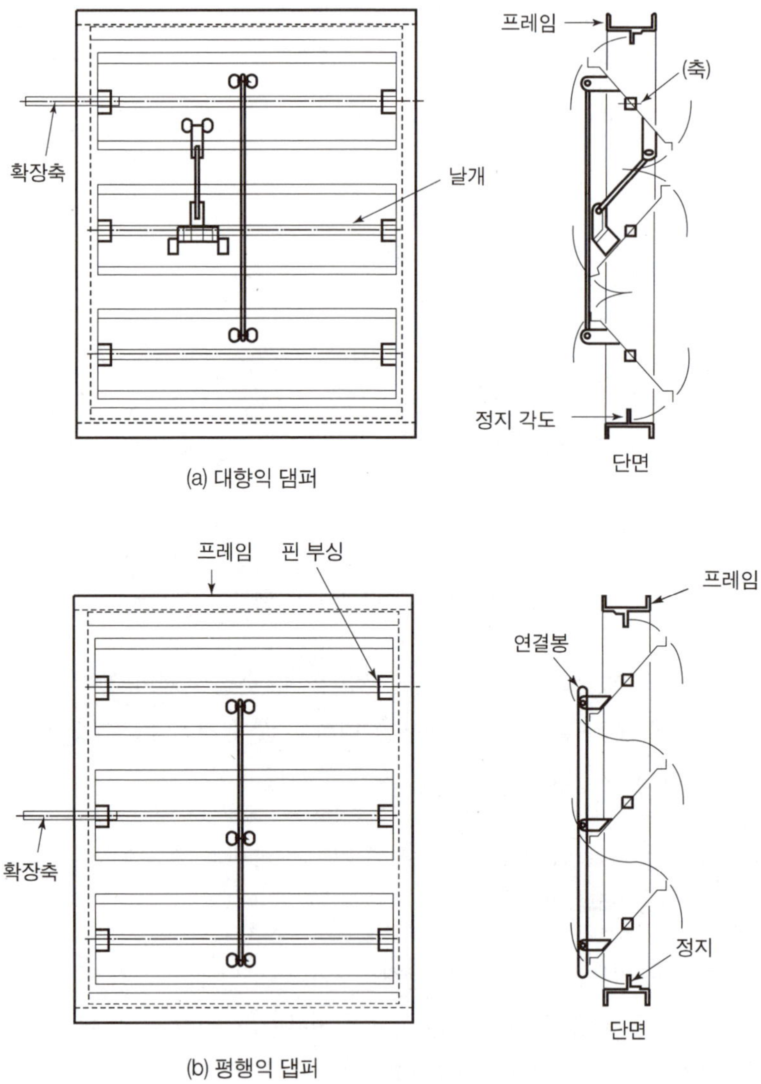


그림 12.20 대향 및 슬라이딩식 다익형 댐퍼

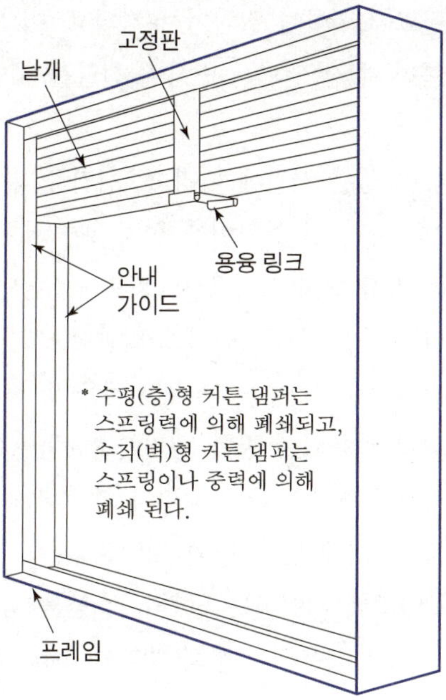


그림 12.21 커튼 댐퍼

화재 저항에 사용하는 댐퍼를 방화 댐퍼라 하고 이 댐퍼로는 다익형 댐퍼([그림 12.20])나 커튼 댐퍼([그림 12.21])를 사용한다. 연기 저항에 사용하는 댐퍼를 방연 댐퍼라 하며, 이 댐퍼 역시 다익형이나 커튼형 중 하나를 사용한다. 댐퍼를 조합하면 기류의 균형, 기류의 제어, 화재 저항, 연기 저항에 사용할 수 있다. 댐퍼와 관련된 그 밖의 자세한 내용은 ASHRAE, SMCNA, UL 등을 참고하기 바란다.

### 12.2.1 방화 댐퍼

방화 댐퍼(fire damper ; FD)는 방화 구획으로 결정된 방화벽이나 슬래브에 관통하는 풍도 내부에 설치하는 것으로 화재 발생시 연기 감지기에 의해 또는 퓨즈 메탈의 용융과 동시에 자동적으로 닫혀 연소를 방지하는 댐퍼이다. 일반적으로 방화 댐퍼는 UL 555 규정에 따라 제작되고 분류된다. 다익형 방화 댐퍼는 가용융 링크에 의하여 열림이 유지되고 스프링으로 하중을 가한다. 화재시 뜨거운 가스가 전달되면 스프링에 의해 블레이드는 닫히게 된다. 가용융 링크 대신에 일부 제작자들은 온도 반응 장치로 다른 것을 사용하기도 한다.

커튼 방화 댐퍼는 가용융 링크에 의하여 열림이 유지되고, 이 댐퍼는 링크가 떨어져 나가면 스프링의 힘에 의해 닫힌다. 특히, 천장 댐퍼는 방사열 전달을 제한하기 위해 층-천장에 조립되어 내화용으로 사용된다.

방화 댐퍼는 화염에서 견딜 수 있는 시간에 따라 1.5시간용 및 3시간용으로 구분하고, 누기률도 제한한다. 1.5시간용은 벽, 바닥 및 칸막이에 설치되어 최초 화재 발생 후 1.5시간 이상 3시간 미만 동안 견딜 수 있는 방화 댐퍼이고, 3시간용은 벽, 바닥 및 칸막이에 설치되어 최초 화재 발생 후 3시간 이상 견딜 수 있는 방화 댐퍼를 말한다. 또한 화재 발생시 이를 감지하여 송풍기가 정지하고 댐퍼가 닫히는 형태의 방화 시스템을 정적 방화(연기) 제어[static fire (smoke) control]라고 하며, 이때 사용되는 방화 댐퍼를 static rated 방화 댐퍼라고 한다.

이때 자동 제어를 추가하여 화재 지역의 급기 댐퍼와 화재 발생 이외 지역의 배기 댐퍼는 폐쇄하고, 화재 지역의 배기 댐퍼와 화재 발생 이외 지역의 급기 댐퍼는 열어 사람이 대피하는 동안에 질식 등을 방지할 수 있도록 제어하는 방화 시스템을 동적 방화(연기) 제어[dynamic fire(smoke) control]라고 한다. 이때 사용되는 방화 댐퍼는 dynamic rated 방화 댐퍼라고 한다.

### 12.2.2 방연 댐퍼

방연 댐퍼(smoke damper ; SD)는 연기 감지기에 의해 연기가 검출되었을 때, 자동적으로 폐쇄되는 댐퍼로서 전자식이나 전동기에 의해 작동되고 수동으로 복구시켜야 한다. 일반적으로 방연 댐퍼는 UL 555S 규격에 따라 제작되고 누기에 의해 분류된다. UL 555S에서는 난방, 환기, 그리고 공기 조화 시스템의 사용에 따라 댐퍼의 누기량에 대한 사항을 포함하고 있다.

여기에는 사이클링, 온도 강하, 먼지 부하 노출, 염수 분무 노출, 공기 누기 및 기류 상태에서 작업에 대한 제작 요구 사항과 검사 등을 포함하고 있다. 방연 댐퍼는 대기나 121℃ 또는 121℃에서 56℃씩 높게 증가시킬 때 누기량을 0, I, II, III, IV등급으로 분류한다. 따라서 이들 댐퍼는 또한 177℃, 232℃, 287℃ 등에서 시험을 거쳐야 하고, 다른 등급에 대한 최대 누기량은 [표 12.2]에 제시하였다.

[표 12.2]에서 누기량이 0인 0등급 댐퍼는 누기가 전혀 없어야 하는 원자력 발전소와 같은 곳에 주로 사용된다. 일반적으로 I, II, III, IV등급은 서로 다른 유형의 건물에서 제연용으로 사용된다. 급기와 환기 풍도에 사용되는 댐퍼는 제연 시스템의 성능에 영향을 주지 않는 범위에서 약간의 누기가 허용되고 있다. 따라서 설계자는 II, III 또는 IV등급의 방연 댐퍼를 선택할 수도 있다. 그러나 설계자는 환기 댐퍼처럼 누기가 없어야 하는 곳에는 I등급의 댐퍼를 선택해

야 한다.

표 12.2 방연 댐퍼의 차압별 누기율(UL 555S, 2010)

| 등급 | 최대 허용 누기율($m^3/s/m^2$) | | | |
|---|---|---|---|---|
| | 250 Pa | 1000 Pa | 2000 Pa | 3000 Pa |
| Class 0 | 0 | 0 | 0 | 0 |
| Class Ⅰ | 1.22 | 2.44 | 3.35 | 4.27 |
| Class Ⅱ | 3.05 | 6.10 | 8.54 | 10.67 |
| Class Ⅲ | 12.20 | 24.39 | 34.15 | 42.68 |
| Class Ⅳ | 18.30 | 36.59 | 51.22 | 64.02 |

### 12.2.3 풍량 조절 댐퍼

풍량 조절 댐퍼(volume damper ; VD)에는 평형날개, 대향날개 및 혼합형 댐퍼와 버터플라이 댐퍼 등이 있고, 대표적인 형상은 [그림 12.22]와 같다. 이들 댐퍼는 풍도 속에서 풍량 조절 및 개폐에 사용된다. 풍량 조절 댐퍼는 풍도의 마찰 손실이 고르지 않는데 대한 미세 조정이나 풍량을 조절할 필요가 있을 때 또는 일부분을 폐지할 때에 사용된다.

스플릿 댐퍼는 분기부의 풍량 조절에 사용한다. 이들 댐퍼를 선정할 때는 공기류에 의한 진동이나 소음 발생이 적고, 공기 저항이 적은 것이 좋다.

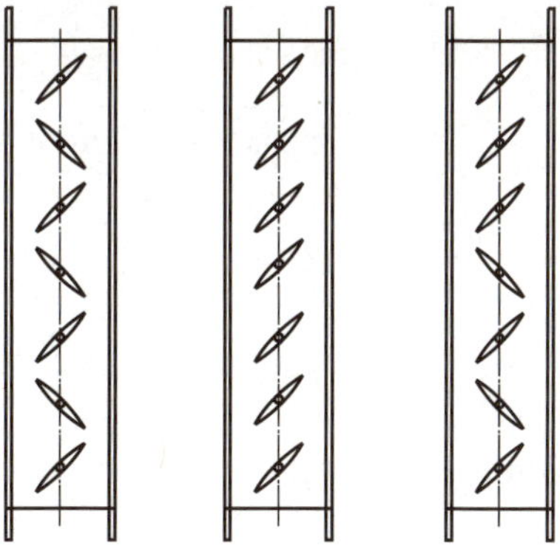

(a) 대향날개　(b) 평형날개　(c) 혼합형

그림 12.22 다익형 풍량 조절 댐퍼

### 12.2.4 댐퍼의 특성

댐퍼의 특성에는 유량 특성, 개도율에 따른 통과 유량, 댐퍼 전후의 누기율, 소음 등이 있지만, 모든 댐퍼에 대한 특성을 다루기에는 한계가 있으므로 일부만 다루기로 한다.

#### 1) 유동 특성

댐퍼의 유동 특성은 [그림 12.23]에 나타낸 것처럼 버터플라이 밸브의 유동 특성과 같고, 댐퍼의 날개는 버터플라이 밸브의 디스크와 같은 역할을 한다. 날개의 개도 정도에 따라 유동 특성(유량 및 유체에 의한 토크 특성)이 달라진다.

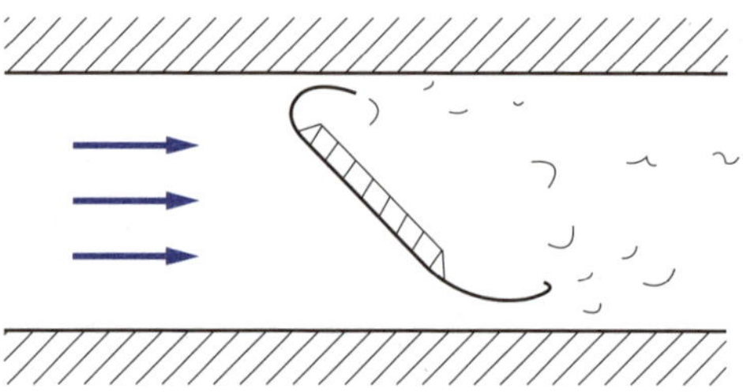

그림 12.23 다익형 풍량 조절 댐퍼

댐퍼의 토출 유체가 레이놀즈수 250을 초과한다면, 댐퍼의 토출 유량은 오리피스의 식을 이용하여 식 (12.9)와 같이 표시된다.

$$Q = C_d A_o \sqrt{2\Delta P/\rho} \tag{12.9}$$

여기서, $A_o$ : 댐퍼의 개구 면적($m^2$)

$\Delta P$ : 압력(Pa)

$C_d$ : 토출 계수

$\rho$ : 공기 밀도($kg/m^3$)

토출 계수는 모서리의 형상에 따라 약 0.6 정도이고, 모따기나 원형의 모서리인 경우에는 0.8～0.9 정도가 된다.

[그림 12.24]는 일정 충진 압력 하에서 댐퍼의 개도각에 따른 풍도의 유효 길이를 나타낸 것이다. 댐퍼의 유량 범위는 댐퍼의 개도각과 $D/D_{eq}$에 따라 결정되며, $L$은 풍도의 길이이고,

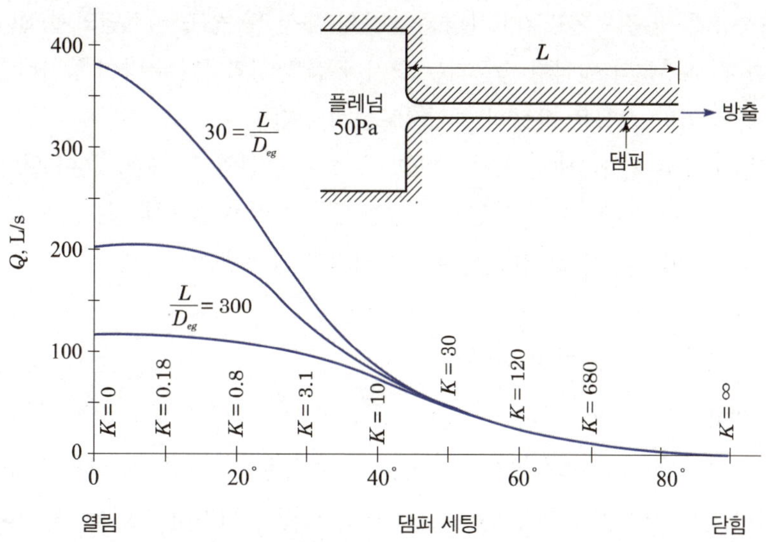


그림 12.24 댐퍼의 개도에 따른 풍도의 유효 길이

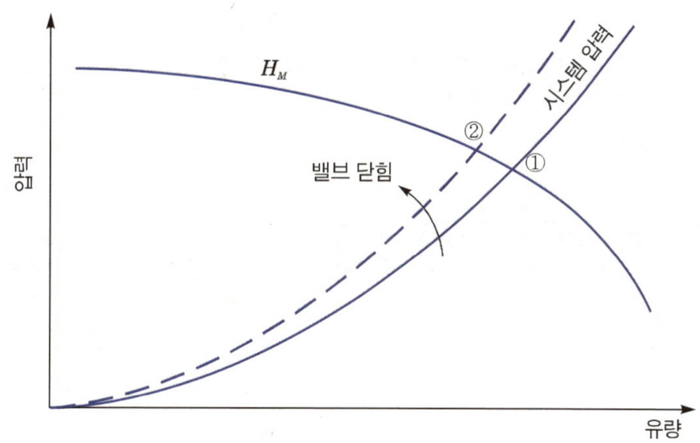


그림 12.25 댐퍼의 성능 특성 곡선

$D_{eq}$는 풍도의 유효 직경이 된다. [그림 12.24]에서 $K$는 난류 유동의 접속 손실 계수로서 동압과 정압를 나타내며, $K = \dfrac{\Delta P/\rho g}{V^2/2g}$이다.

풍도의 길이가 길 경우, [그림 12.24]에 나타낸 것처럼 댐퍼가 약 1/4 정도 닫힐 때까지 유량에 영향을 주지 않고 반 이상 닫혀도 거의 영향을 미치지 않는다. $K = \infty$일 때가 댐퍼가 완전히 닫힌 90°의 위치이다.

시스템 내(송풍기 및 접속 풍도)의 유량은 송풍기 특성 및 풍도 시스템의 손실 특성의 상호 작용을 포함한다. 대부분의 원심형 송풍기는 최저 유량을 제외하면 유량이 증가하면 압력은 감소한다. 시스템의 압력 손실은 유량의 제곱으로 증가한다.

유량은 [그림 12.25]에 나타낸 것처럼 압력과 유량 두 곡선의 교점(점 ①)이 된다. 댐퍼가 일부 닫힐 때, 손실은 증가하고 유량은 감소한다(점 ②). 압력이 일정할 경우, 댐퍼의 조절에 따른 유량 감소는 [그림 12.24]에 나타낸 것처럼 커지지 않는다.

### 2) 댐퍼의 개도율에 대한 통과 유량

#### ① 평행익 댐퍼

날개가 조금만 열려도 많은 유량이 흐르므로 제어성이 나쁘고, 선형 비례 제어의 특성을 얻기 위해서는 시스템 전체의 압력 손실 대비 날개를 완전히 열었을 때 댐퍼의 압력 손실이 약 30% 정도 이상이어야 한다. [그림 12.26]은 개도율에 따른 유량 특성을 나타낸 것이며, 그림에서 $\alpha$는 압력 강하비를 의미한다.

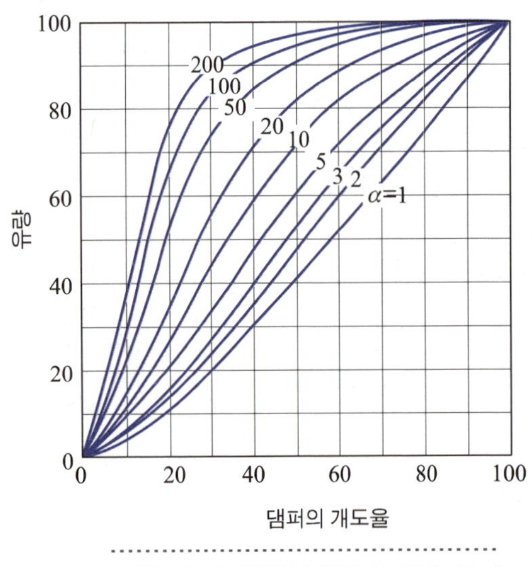


그림 12.26 평행익 댐퍼의 유량 특성

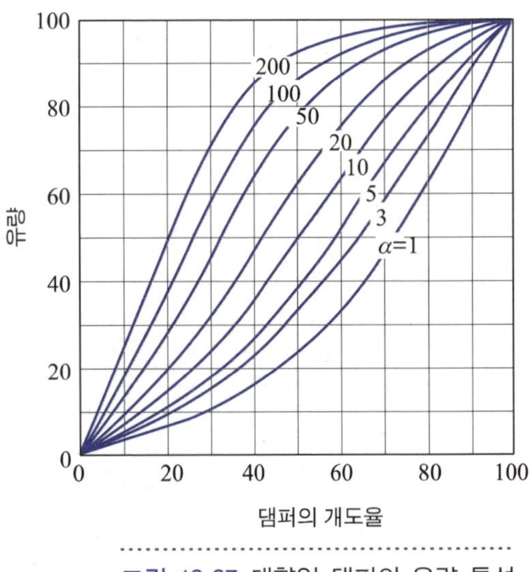


그림 12.27 대향익 댐퍼의 유량 특성

#### ② 대향익 댐퍼

평행익형 댐퍼보다는 제어성이 좋고, 시스템 전체의 압력 손실 대비 날개를 완전히 열었을 때 댐퍼의 압력 손실이 약 10% 정도 이상이어도 비례 제어 특성이 조금씩 나타난다. [그림 12.27]은 개도율에 따른 유량 특성을 나타낸 것이다.

**예제 12.4** 다음 제연설비의 도면을 기준으로 각 물음에 답하시오. 단, 각 실은 독립 배연방식이며, 각 제연구역은 벽으로 구획되었다.

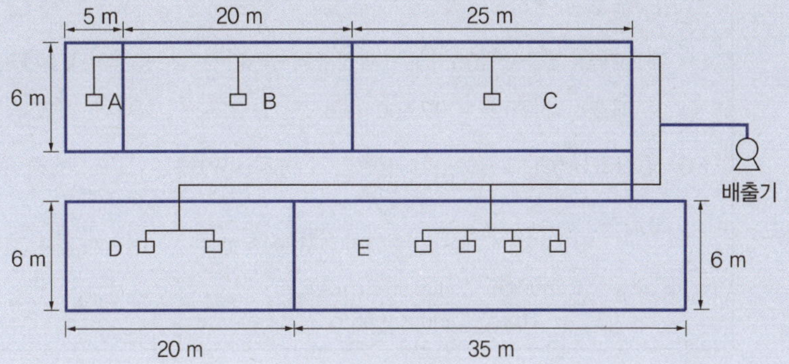


1) 댐퍼(damper)의 설치위치를 도면에 표기하시오. 단, 댐퍼표시는 ⊗로 할 것.
2) 각 실의 배출량($m^3$/h)은 얼마인가? 단, 배출량은 바닥면적 $1m^2$당 $1m^3$/min으로 할 것.
3) 배출기의 배출용량($m^3$/h)과 배출기의 전압($P_T$)이 60mmAq이고 효율($\eta$)이 55%인 다익 송풍기를 사용할 경우 전동기 용량(kW)은 얼마인가? 단, 여유율($\alpha$)은 20%로 한다.

**풀이**

1) 댐퍼(damper)의 설치위치 표시

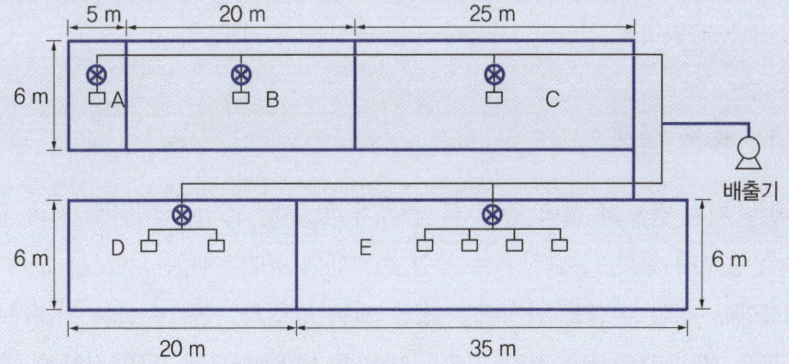


2) 각 실의 배출량($m^3$/h)은 배출량이 바닥면적 $1m^2$당 $1\ m^3$/min이므로 $Q = AV\,(m^3/s)$에서

① A실 : $5m \times 6m \times 1m^3/min/m^2 = 30\ m^3/min = 1,800\ m^3/h$
② B실 : $20m \times 6m \times 1m^3/min/m^2 = 120\ m^3/min = 7,200\ m^3/h$
③ C실 : $25m \times 6m \times 1m^3/min/m^2 = 150\ m^3/min = 9,000\ m^3/h$
④ D실 : $20m \times 6m \times 1m^3/min/m^2 = 120\ m^3/min = 7,200\ m^3/h$
⑤ E실 : $35m \times 6m \times 1m^3/min/m^2 = 210\ m^3/min = 12,600\ m^3/h$

※ 참고 : 화재안전기준(NFSC501)에서는 제연구역이 벽으로 구획된 경우로 바닥면적이 400 $m^2$ 미만인 일 때, 배출량은 바닥면적 1 $m^2$당 1 $m^3$/min(단, 최소 5,000 $m^3$/h) 이상으로 규정하고 있다.

(3) 배출기의 배출용량($m^3$/h)은 제연구역 중 가장 큰 용량이 E실(12,600 $m^3$/h)이므로

∴ 배출기의 용량 = 12,600 $m^3$/h

(4) 식 (12.3)과 (12.4)로부터 전동기의 용량(kW)은

$$L_m = \frac{P_T Q}{102(\mathrm{kg \cdot m/sec}) \times 3{,}600(\mathrm{sec}) \times \eta}(1+\alpha)$$

$$= \frac{12{,}600(\mathrm{m^3/h}) \times 60\ \mathrm{mmAq}}{102 \times 3{,}600 \times 0.55} \times 1.2 = 4.49 \fallingdotseq 4.5\ \mathrm{kW}$$

## 12.3 풍도

제연 시스템에서 풍도(duct)는 연기를 제어하는 데 필요한 공기나 연기를 수송하는 유로를 말한다. 풍도는 주로 얇은 금속 판재를 사용하며, 단면은 일반적으로 장방형과 원형의 것이 쓰인다. 그러나 타원형의 풍도를 사용하여 유연성을 주기도 한다.

### 12.3.1 풍도 설계

풍도에는 저속 풍도와 고속 풍도 두 종류가 있으며, 15 m/s 이하를 저속 풍도라 하고 그 이상을 고속 풍도라 한다. 일반적으로 제연 시스템의 공기 이동용 풍도는 고속 풍도에 해당한다. 풍도 설계에는 정압 손실을 산정하는 정압 기준 방법과 전압 손실을 산정하는 방법이 있으며, 양자가 모두 쓰이고 있으나 정압 기준의 방법은 풍속이 크게 되면 정압의 재취득이 무시될 수 없게 되므로 계산이 복잡해진다.

#### 1) 등속법

등속법(constant velocity method)은 풍도 내의 풍속을 일정하게 하여 계산하는 방법이며, 배기 풍도 또는 공기와 함께 분체 등을 수송하는 경우에 사용되며 공조용으로는 잘 사용하지 않는다. 압력 손실이 구간마다 다르므로 계산이 번거롭다. 공조 풍도의 경우 풍량이 바뀔 때마다

단위길이 당 압력손실이 변하며 풍량 배분이 곤란하여 볼륨 댐퍼에 의존하게 되므로 간단한 경우에만 사용한다.

#### 2) 등압법

등압법(constant pressure method)은 모든 풍도계의 단위길이 당 마찰손실을 일정하게 하는 방법이며, 송풍기의 정압 계산이 간단하고, 풍도 말단으로 갈수록 풍속이 느려지므로 소음 처리가 비교적 용이하다. 경로 길이가 같은 경우 그대로 치수를 결정해도 되지만, 길이가 다른 경우 길이가 짧은 분기측 풍도에 풍량 조절용 댐퍼를 설치하거나 풍도 치수를 작게 하여 마찰을 증가시켜 가능한 경로 마찰을 같게 한다. 저속 풍도는 0.06～0.15 mmAq, 고속 풍도는 0.4～0.6 mmAq 범위 내에서 적용한다.

#### 3) 정압 재취득법

일반적으로 급기 풍도에서는 풍도 내 풍속이 주 풍도에서 취출구로 이동함에 따라 분기부를 지나면서 차츰 줄어든다. 베르누이 정리에 의해 동압이 감소되면 그 동압의 차이만큼 정압이 상승하기 때문에 이 정압 상승분을 다음 풍도 구간의 압력 손실에 이용하면 풍도의 각 분기부에서의 정압이 거의 같아지고 토출 풍량이 균형을 이루게 된다. 이와 같이 분기 후의 정압 상승분을 분기 풍도의 압력 손실로 이용하는 방법을 정압 재취득법(pressure regain method)이라 한다. 등압법보다 풍도가 커지지만 정압이 재사용되므로 송풍기의 동력이 작아진다.

#### 4) T-method 최적화

풍도 시스템 최적화의 목적은 풍도 시스템의 설치 비용을 최소화할 수 있도록 풍도 치수를 결정하고 송풍기를 선정하는 것이다. T-method는 초기 풍도 설치비 및 송풍기 운전비를 포함하고 풍도 시스템 비용을 목적 함수로 하여 이 목적 함수를 최소화하는 최적화 기법이다. 이 방법은 반복법에 의해 계산을 수행하나 간단하고, 압력 평형을 수행하면서 동시에 각 풍도 구간의 최적 마찰 손실을 계산할 수 있다. 또한 이 방법은 매우 효율적으로 수렴하기 때문에 수 회의 반복으로도 정확한 해를 얻을 수 있다.

이 방법은 반복적인 수치 계산을 수행하여야 하므로 컴퓨터에 의한 계산이 필수적이며 건설 현장에서 간편하게 사용하기가 어려운 단점이 있다. 또한 최적화 과정에서 소음에 대한 비용이 고려되지 않았기 때문에 이 방법에 의해 계산된 대로 풍도의 크기를 줄일 경우 소음이 발생할 수도 있으며, 흡음 장치를 설치하였을 경우에는 최적화에서 벗어날 수도 있다.

### 12.3.2 풍도의 유동 특성

원형 풍도 내의 공기의 흐름은 직관부에서는 [그림 12.28(a)]에서와 같은 속도 분포를 나타낸다. 이것은 관 벽 부분에 마찰 저항이 있어 관 벽에 가까운 부분의 속도가 줄고 있기 때문이다. 장방형 풍도는 원형 풍도보다 분포가 더욱 복잡하다. 그러나 하나의 풍도에서(공기 누설이 없다면) 유로 각 단면을 통과하는 유량이 일정하기 때문에 [그림 12.28(b)]에 나타낸 것처럼 실용적으로 단면 내의 평균 유속만을 생각하는 경우가 더 많다.

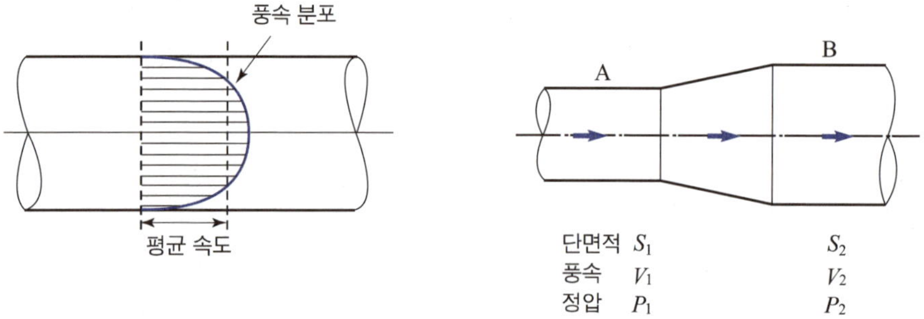


(a) 원형 풍도의 속도 분포　　(b) 장방형 풍도의 평균 우속

그림 12.28 풍도의 속도 분포 및 평균 유속

#### 1) 정압과 동압

풍도 내의 공기가 주위에 미치는 압력을 정압 $P_S$라 하고, 공기의 흐름이 없고 풍도의 일단이 대기에 개방되었을 때 정압은 0이다.

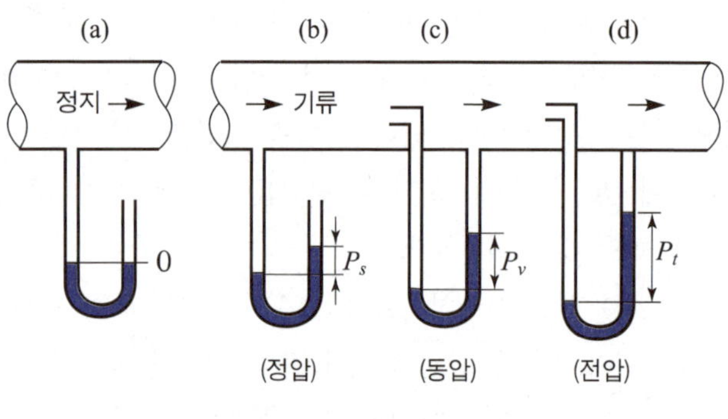


그림 12.29 풍도 내 압력 변화

공기의 흐름이 있을 때 흐름 방향의 속도에 의해 생기는 압력을 동압 또는 속도압 $P_V$라 한다. 정압과 동압의 합을 전압 $P_T$라 한다. 이 관계를 그림으로 나타내면 [그림 12.29]와 같고, 동압 $P_V$는 식 (12.10)과 같이 표시된다.

$$P_V = \frac{V^2}{2}\rho \tag{12.10}$$

여기서, $P_V$ : 동압(Pa)

$V$ : 풍속(m/s)

$\rho$ : 공기의 밀도

**2) 온도 · 압력에 의한 풍속 수정**

[그림 12.32]의 단면 ①과 단면 ②의 풍도 내에서 온도나 압력이 현저하게 다를 때, 온도와 압력은 각각 ($T_1$, $P_1$), ($T_2$, $P_2$)라 하면 풍도 내 풍속은 식 (12.11)과 같다.

$$V_2 = V_1 = \sqrt{\frac{T_2}{T_1} \times \frac{P_2}{P_1}} \tag{12.11}$$

여기서, $T_1 = (t_1 + 273)$ : 단면 ①의 공기의 절대 온도(K)

$T_2 = (t_2 + 273)$ : 단면 ②의 공기의 절대 온도(K)

일반적으로 공조 시스템에서는 온도차($T_1 - T_2$)가 10℃ 이하, 압력차($P_1 - P_2$)는 1,000 Pa 이하이므로 보정할 필요가 없다.

### 12.3.3 마찰 손실

공기가 풍도 내부를 통과할 때 직관 부분에서는 공기와 관벽 사이에 마찰 저항인 직관부의 저항 손실이 발생하고, 굴곡 부분 및 분기 부분에서는 마찰에 의한 압력 손실이외 공기의 와류 등에 의해 직관 부분과 다른 성질의 손실이 발생한다. 이 손실을 국부 저항(local resistance)이라고 한다. 풍도 내에서 마찰 손실은 파이프의 마찰 손실 수두를 계산하는 방법과 같이 전압 기준의 직관 풍도 압력 손실과 국부 저항의 상당 길이를 구하여 계산한다.

### 1) 원형 풍도의 직관 손실

풍도의 압력 손실은 파이프 계와 마찬가지로 원형 풍도를 기준으로 하며, 원형 풍도의 직관 부분의 저항은 Darcy-Weisbach식으로 표시된다.

$$\Delta P_T = \lambda \frac{L}{d} \times \frac{V^2}{2} \rho \tag{12.12}$$

여기서, $\Delta P_T$ : 직관부의 압력 손실(Pa)

$\lambda$ : 마찰 계수 [식 (12.14)]

$L$ : 직관부의 길이(m)

$d$ : 직관부의 직경(m)

$V$ : 풍속(m/s)

$\rho$ : 공기 밀도(kg/m$^3$)

식 (12.12)에서 $\Delta P_T$는 전압 기준의 압력 손실이지만 정밀성이 요구되는 계산의 경우 당연히 전압을 기준으로 하여야 하며, 이것은 결국 동압 변화에 따른 정압 재취득을 고려한다는 의미이다.

그러나 설계에서는 여유율을 주고 계산하므로 보통 풍도의 저항 손실은 동압을 무시하고 정압에 대하여 계산해도 크게 차이가 없다. 따라서 급비 가압용 수직 제연 풍도의 경우 단면적의 크기 및 풍도의 형태에 변화가 없다면, 풍도 내부의 동압은 거의 동일하다고 가정할 수 있고, 이 경우 전압 기준 대신 정압 기준의 압력 손실 $\Delta P_S$로 적용해도 큰 무리는 없다.

직관 풍도의 저항은 식 (12.12) 대신 [그림 12.30]의 풍도 마찰 선도를 이용하여 구해도 된다. [그림 12.30]에서 단위길이 당 마찰손실을 구하고 직관의 길이를 곱하면 압력 손실을 계산할 수 있다. [그림 12.30]은 습도 60%, 1기압, 상온 20℃에서 아연 도금 강판을 기준으로 한 1 m 당 마찰손실(Pa) 선도이다.

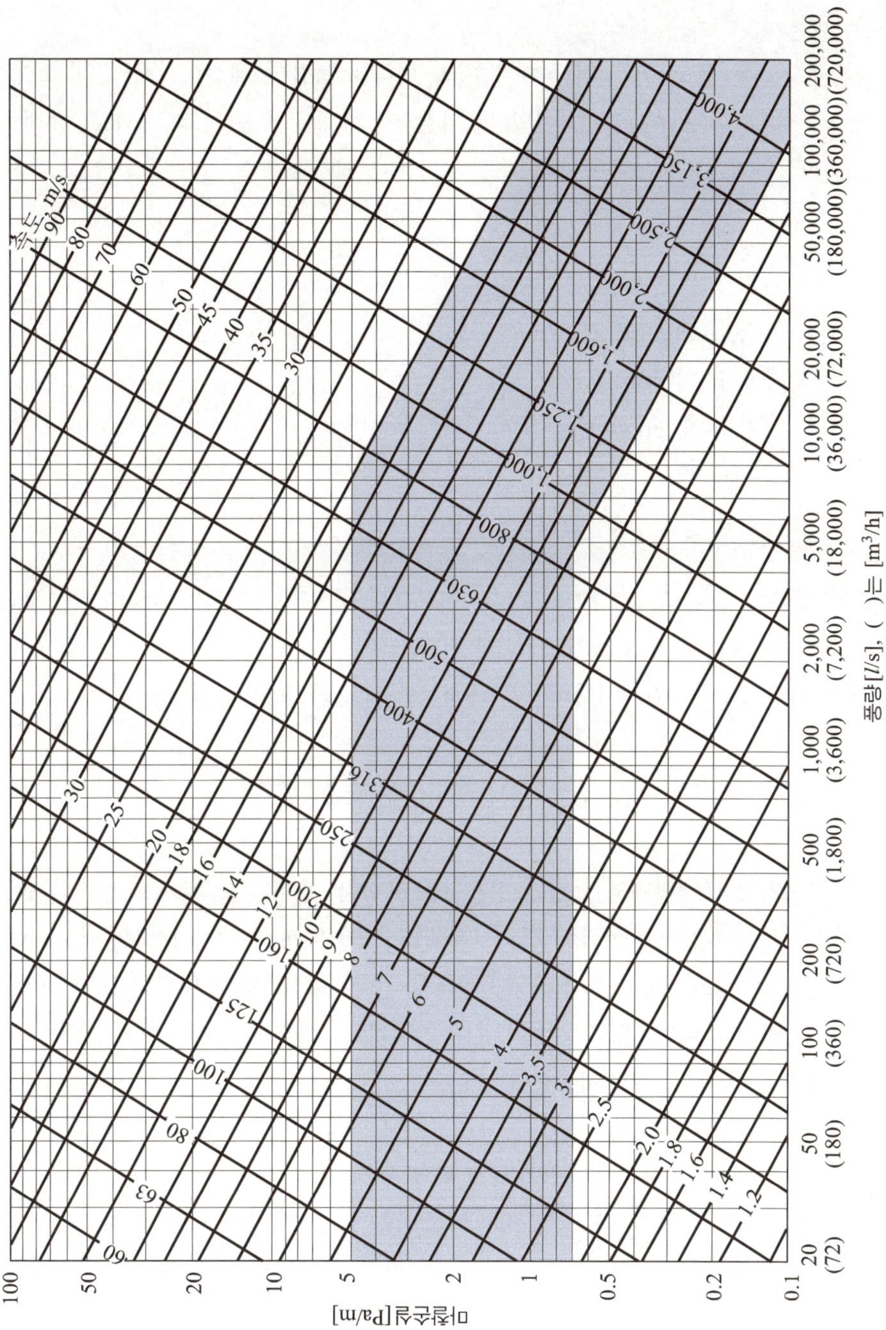


그림 12.30 원형 풍도의 마찰 손실 선도

### ① 마찰 손실

마찰 계수 λ는 풍도 내 여러 상태에 따라 변하는 복잡한 계수로서 풍도의 표면 거칠기 ε과 레이놀즈수 $Re$에 관계가 있다. 마찰 계수 λ는 일반적으로 Moody 선도([그림 12.31])에 의해 ε과 $Re$에서 λ를 구할 수 있다. 레이놀즈수 $Re$는 식 (12.13)과 같다.

$$Re = \frac{\rho v d}{\mu} = \frac{Vd}{\nu} \tag{12.13}$$

여기서, $V$ : 풍도 내 평균 풍속(m/s)
$d$ : 풍도 직경(m)
$\rho$ : 유체 밀도(kg/m³)
$\mu$ : 유체 점성 계수(kg/ms)
$\nu$ : 유체 동점성 계수(m²/s)

또한 마찰계수 λ는 식 (12.14)의 간략식으로부터 구할 수도 있다. 이 식은 레이놀즈수 식 (12.13)을 이용하여 Moody가 난류의 전 영역에 걸친 간략식을 제시한 것으로 $Re = 4\times10^3 \sim 10^7$, $\varepsilon/d = 0.01$ 이하의 범위에서 5% 정도의 오차가 발생한다.

$$\lambda = 0.0055\left\{1 + \left(20{,}000\frac{\varepsilon}{d} + \frac{10^6}{Re}\right)^{\frac{1}{3}}\right\} \tag{12.14}$$

표면 거칠기 ε은 내벽면의 요철의 평균치를 표시한 것이다. 아연 도금 철판의 원형 풍도의 표준 공기를 통하여 실험한 결과 ε=0.15~0.018 mm의 값으로 보통 0.18 mm로 적용하며, 콘크리트의 경우 ε=1.0~3.0 mm가 된다. [표 12.3]은 풍도의 표면 거칠기 보정 계수를 나타낸 것이며, 풍도 내면의 표면 거칠기에 대한 보정 계수는 아연 도금 철판 풍도의 마찰 손실에 곱하여 사용한다.

표 12.3 풍도 내면의 표면 거칠기에 대한 보정 계수 (단위 : mm)

| 구분 | 풍도 직경(mm) | 500 | | 1,000 | |
|---|---|---|---|---|---|
| | 풍속(m/s) | 5 | 15 | 5 | 15 |
| 대단히 거칠음(ε=3.0) | 콘크리트 | 1.78 | 1.92 | 1.73 | 1.85 |
| 거칠음(ε=0.9) | 모르타르 마감 | 1.33 | 1.41 | 1.30 | 1.38 |
| 약간 거칠음(ε=0.3) | 유리 섬유 | 1.08 | 1.10 | 1.07 | 1.09 |
| 매끄러움(ε=0.001) | PVC관 | 0.85 | 0.76 | 0.86 | 0.78 |

[주] 표면 거칠기 ε=0.18 mm에 대한 보정 계수임

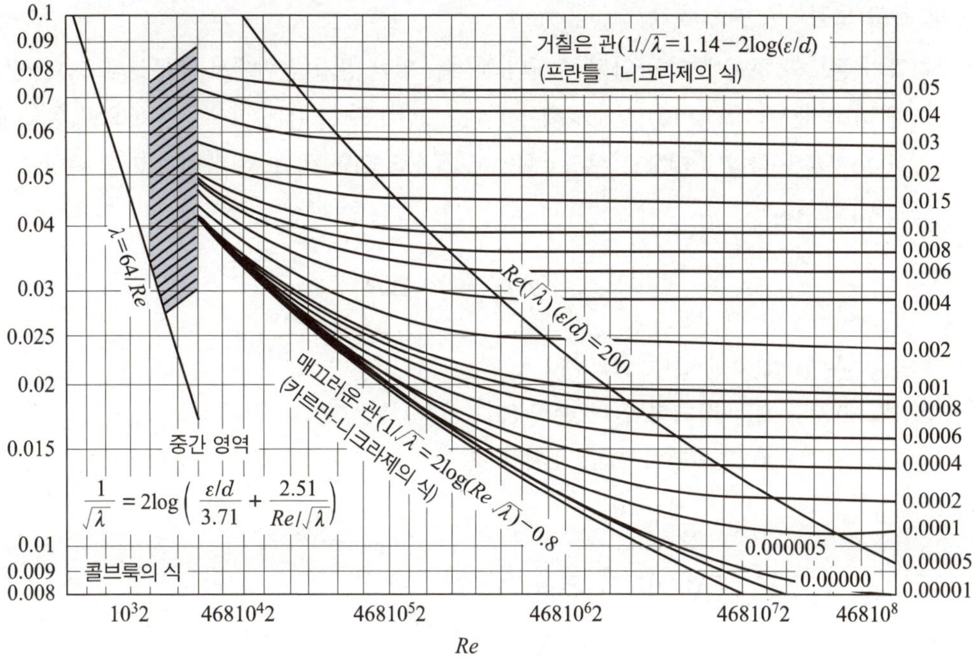


그림 12.31 Moody 선도

**예제 12.5**

직경 0.3 m인 아연도금 강판의 원형 풍도에 풍량 $1\text{m}^3/\text{s}$의 공기가 흐를 때 닥트길이 10m의 압력손실 $\Delta P_T$는 얼마인가? 단, 공기의 온도는 20℃, 동점성계수 $\nu$는 $15.0\times 10^{-6}$, 밀도 $\rho$는 $1.2\,\text{kg/m}^3$, 아연도금 강판 중도의 상대조도 $\varepsilon$는 0.18 mm이다.

**풀이**

1) 원형중도의 면적 $A = \dfrac{\pi d^2}{4} = \dfrac{\pi\times 0.3^2}{4} = 0.07065\ \text{m}^2$

2) 풍속 $V = Q/A = 1/10.07065 = 14.15\ \text{m/s}$

3) 식 (12.13)으로부터 $Re = \dfrac{Vd}{\nu} = \dfrac{14.15\times 0.3}{15.0\times 10^{-6}} = 283{,}000$

4) 식 (12.14)로부터

$$\lambda = 0.0055\left\{1+\left(20{,}000\frac{\varepsilon}{d}+\frac{10^6}{Re}\right)^{1/3}\right\}$$

$$= 0.0055\left\{1+\left(20{,}000\frac{0.0018}{0.3}+\frac{10^6}{283{,}000}\right)^{1/3}\right\} = 0.035$$

5) 식 (12.12)로부터

$$\Delta P_T\times\frac{L}{d}\times\frac{V^2}{2}\rho = 0.035\times\frac{10}{0.3}\times\frac{(14.15)^2}{2}\times 1.2 \fallingdotseq 140.16\,\text{Pa}$$

### ② 온도 보정

공기 온도의 차이에 의한 압력 손실의 차이는 일반 공기 범위에서는 무시해도 좋지만, 크게 다를 때는 식 (12.15)로 보정해야 한다. 또한 [표 12.4]는 상온을 기준으로 온도에 대한 보정률을 나타낸 것으로 보정 비율 $K_t$를 상온 20℃의 표준 상태의 마찰 손실에 곱하여 사용한다.

$$\Delta P_O = K_t \; \Delta P \tag{12.15}$$

$\Delta P_O$ : 실제의 압력 손실(Pa)

$\Delta P$ : 표준 상태의 압력 손실(Pa)

$K_t$ : 20℃ 기준의 온도 보정 비율

$$K_t = \frac{273+20}{273+t_a}$$

$t_a$ : 취급 기체의 온도(℃)

표 12.4 풍도의 온도 보정 비율

| 공기 온도(℃) | 0 | 10 | 20 | 40 | 60 | 80 | 100 | 150 | 200 |
|---|---|---|---|---|---|---|---|---|---|
| $K_t$ | 1.07 | 1.03 | 1.00 | 0.95 | 0.91 | 0.87 | 0.83 | 0.74 | 0.68 |

### ③ 상당 직경

임의의 단면 형상을 갖는 풍도의 경우 완전 발달된 난류 유동에 대한 운동량 해석에서 풍도 벽면의 전단 응력과 단위길이 당 압력강하의 관계를 이용한다. 이러한 해석은 풍도의 단면적과 둘레 길이를 도입한 수력 직경을 사용함으로써 압력 손실로 등가시킬 수 있다. 수력 직경은 임의의 단면 형상을 가진 모든 풍도에 적용시킬 수 있다.

장방형 풍도의 마찰 손실은 이것과 동일한 풍량과 동일한 마찰 손실을 갖는 원형 풍도와의 관계에서 구한다. 이 원형 풍도의 직경 $D_e$를 상당 직경이라 하고, 장방형 풍도의 장변 및 단변의 길이를 각각 $a$, $b$라 할 때 상당 직경 $D_e$는 식 (12.16)과 같이 된다. 이때 $a/b$를 aspect ratio라 한다. 타원형 풍도의 상당 직경 $D_e$는 식 (12.17)과 같다.

$$D_e = 1.3\left[\frac{(ab)^5}{(a+b)^2}\right]^{0.125} \tag{12.16}$$

$$D_e = \frac{1.55A^{0.625}}{P^{0.250}} \tag{12.17}$$

여기서, $A = \left(\frac{\pi b^2}{4}\right) + b(a-b)$

$P = \pi B + 2(a-b)$

**예제 12.6** 가로와 세로의 길이가 각각 0.6 m, 0.4 m인 장방형 풍도의 상당 직경은 얼마인가?

**풀이**

식 (12.16)으로부터

$$D_e = 1.3\left[\frac{(ab)^5}{(a+b)^2}\right]^{0.125} = 1.3\left[\frac{(0.6\times 0.4)^5}{(0.6+0.4)^2}\right]^{0.125} = 0.533\,\mathrm{m}$$

### 2) 국부 저항 손실

풍도의 굴곡 부분이나 분기 부분에서는 마찰에 의한 압력 손실 이외 공기의 와류 등에 의한 국부 저항 손실이 발생한다. 국부 저항 손실 $\Delta P_T$는 식 (12.18)과 같다.

$$\Delta P_T = \zeta \frac{V^2}{2}\rho = \zeta P_V \tag{12.18}$$

여기서, $\zeta$ : 국부 저항 계수

$V$ : 풍속(m/s)

$P_V$ : 동압(Pa)

$\Delta P_T$ : 전압 손실(Pa)

곡관부 등의 국부 저항은 이와 같은 압력 손실을 갖는 동일 지름의 직관 풍도의 길이($l_e$)로 표시되며, 이 길이 $l_e$를 상당 길이라고 한다. 식 (12.19)에서 $\lambda$는 비례 상수이며, 국부 저항 계수는 형상에 따라 관련 표를 이용하면 편리하다.

$$\Delta P_T = \zeta P_V = \lambda \frac{l_e}{d} \times \frac{V^2}{2}\rho \tag{12.19}$$

### 3) 풍도의 압력 변화

풍도 내 기류에 대해서도 베르누이 정리를 적용하고, 풍도 내 저항이 없다면 풍도 내 전압은 항상 같다고 표현할 수 있다. 하지만 [그림 12.32]와 같이 단면적이 변하는 풍도에 기류가 흐른다고 가정하면, 풍도의 단면이 작아지면 동압은 증가하고 정압은 감소하게 된다. 또한 단면이 커지면 동압은 감소하지만, 정압은 증가하게 되어 전압은 언제나 일정하게 된다. 이와 같이 동압이 감소하는 만큼 정압이 증가하는 것을 정압 재취득법(pressure regain)이라 한다. [그림 12.32]의 풍도에서 정압과 동압의 변화는 다음과 같다.

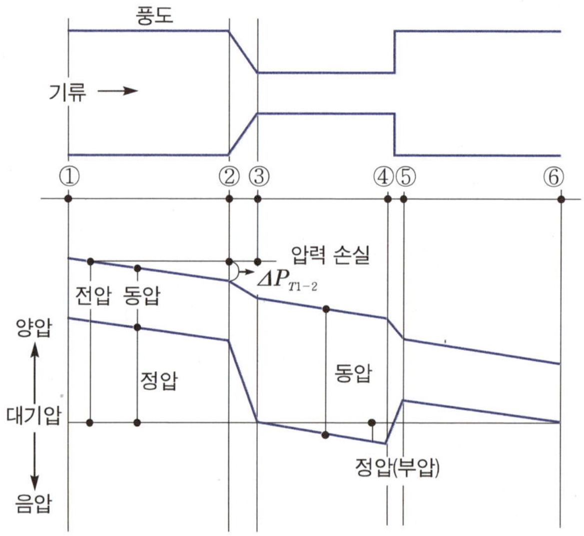


그림 12.32 풍도 내 전압, 동압 및 정압

① 직관 구간 ①→②

$$P_{T1-2} = \lambda \frac{L_{1-2}}{d_1} \times \frac{V_1^2}{2} \rho = \Delta P_{S1-2} \tag{12.20}$$

여기서, $P_{T1-2}$ : 구간 ①→②의 전압 손실(Pa)

$\Delta P_{S1-2}$ : 구간 ①→②의 정압 손실(Pa)

$\lambda$ : 마찰 계수

$d_1$ : 구간 ① → ②의 원형 풍도의 직경(m)

$L_{1-2}$ : 구간 ① → ②의 길이(m)
$v$ : 구간 ① → ②의 풍속(m/s)

구간 ① → ②의 경우, 풍속의 변화가 없기 때문에 동압의 변화는 없고, 전압 손실 $P_{T1-2}$는 정압 손실 $\Delta P_{S1-2}$와 동일한 양이 된다.

**② 구간 ② → ③**

단면적이 축소되어 풍속이 증가하고, 형상이 변화하기 때문에 마찰 손실과는 다른 국부 저항 손실이 발생한다.

$$\Delta P_T = \zeta \frac{V^2}{2} \rho \ (\mathrm{Pa}) \tag{12.21}$$

여기서, $\zeta$를 국부 저항 손실 계수라 한다. 동압 $P_V$는 풍속이 증가했기 때문에 증가하고, 그 증가량은 식 (12.22)와 같이 표시된다. 이때 정압은 베르누이 정리에 의해 동압의 증가량만큼 감소하게 된다.

$$\Delta P_{V2-3} = \frac{\rho}{2} (V_2^2 - V_3^2) \ (\mathrm{Pa}) \tag{12.22}$$

**③ 구간 ③ → ④**

풍도의 직경이 작아졌기 때문에 풍속이 빠르고 단위길이 당의 마찰손실은 구간 ① → ② 보다 크며, 압력 강하선의 기울기가 급하게 된다.

**④ 구간 ④ → ⑤**

다시 유로가 확대되기 때문에 국부 저항 손실이 발생하고, 동압은 풍속이 감소하기 때문에 작아진다. 그 감소량은 식 (12.23)과 같이 표시된다. 따라서 정압은 동압의 감소량만큼 증가한다.

$$\Delta P_{V4-5} = \frac{\rho}{2} (V_4^2 - V_5^2) \ (\mathrm{Pa}) \tag{12.23}$$

**⑤ 구간 ⑤ → ⑥**

구간 ① → ②와 마찬가지로 풍속의 변화가 없으므로 동압은 일정하며, 전압과 정압 모두 마찰 손실에 의해 동일하게 감소한다.

**예제 12.7** 다음 그림과 같이 아연도금 강판의 원형 풍도에 공기가 흐를 때 전 구간에서 발생하는 전압손실은 얼마인가? 단, 공기의 동점성계수 $\nu$는 $15.0 \times 10^{-6}$, 밀도 $\rho$는 $1.2 kg/m^3$, 아연도금 강판 풍도의 상태조도 $\varepsilon$는 0.18mm이다.

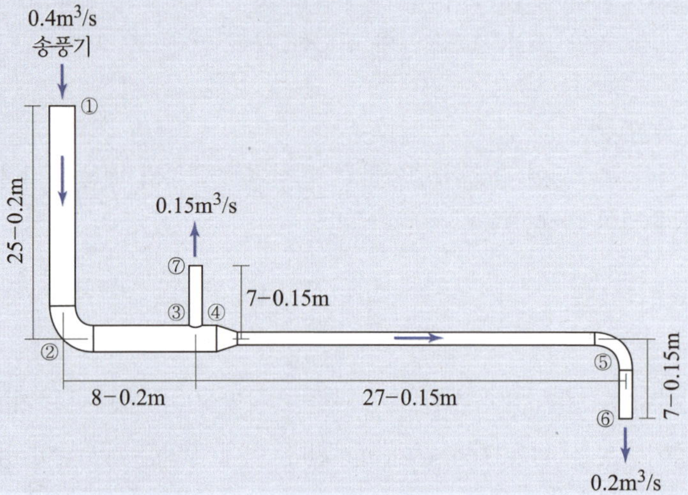


**풀이**

1. 구간 1−2−3−4−5−6

1) 직관 구간의 ①−②

① 풍도단면적 $A_1 = \dfrac{\pi d^2}{4} = \dfrac{\pi(0.2)^2}{4} \fallingdotseq 0.0314\,\text{m}^2$

② 풍속 $V_1 = \dfrac{Q}{A_1} = \dfrac{0.4}{0.0314} \fallingdotseq 12.74\,\text{m/s}$

③ 식 (12.13)으로부터

$$Re = \frac{V_1 d_1}{\nu} = \frac{12.74 \times 0.2}{15.0 \times 10^{-6}} \fallingdotseq 186{,}853.3$$

④ 식 (12.14)로부터

$$\lambda = 0.0055\left\{1 + \left(20{,}000\frac{\varepsilon}{d_1} + \frac{10^6}{Re}\right)^{1/3}\right\}$$

$$= 0.0055\left\{1 + \left(20{,}000\,\frac{0.0018}{0.2} + \frac{10^6}{186{,}853.3}\right)^{1/3}\right\} \fallingdotseq 0.0393$$

⑤ 식 (12.12)로부터

$$\Delta P_{T1-2} = \lambda\frac{L_{1-2}}{D_1} \times \frac{V_1^2}{2} \times \rho = 0.0393 \times \frac{25}{0.2} \times \frac{(12.74)^2}{2} \times 1.2 \fallingdotseq 478.4\,\text{Pa}$$

2) 엘보 원형(벤드) 구간 ② : 국부 저항 손실

원형 벤드에 대한 국부 저항 계수 $\xi$를 찾아야 하지만, 국부 저항 계수 $\xi$를 0.22로 가정한다.

식 (12.18)로부터

$$\Delta P_{T2} = \xi \frac{V_1^2}{2} \rho = 0.22 \times \frac{(12.74)^2}{2} \times 1.2 \fallingdotseq 17.9\,\mathrm{Pa}$$

3) 구간 ②－③

① 풍도 단면적 $A_2 = A_1$, 풍속 $V_2 = V_1$, 레이놀즈 수 $Re$, 마찰계수 $\lambda$는 직관 구간 ①－②와 동일함

② 식 (12.12)로부터

$$\Delta P_{T2-3} = \lambda \frac{L_{2-3}}{D_2} \times \frac{V_2^2}{2} \times \rho = 0.0393 \times \frac{8}{0.2} \times \frac{(12.74)^2}{2} \times 1.2 \fallingdotseq 153.1\,\mathrm{Pa}$$

4) 직류 티($T$) 분기점 구간 ③ : 국부 저항 손실

분기점 구간 ③은 공기가 $1 \rightarrow 2 \rightarrow 3 \rightarrow 4 \rightarrow 5 \rightarrow 6$으로 이동하므로 원형 풍도의 $T$분류를 찾아 결정해야 하지만, 국부 저항 계수 $\xi$는 0.1로 가정한다.

① 풍속 $V_3 = V_2$

② 식 (12.18)로부터

$$\Delta P_{T3} = \xi \frac{V_3^2}{2} \rho = 0.1 \times \frac{(12.74)^2}{2} \times 1.2 \fallingdotseq 9.7\,\mathrm{Pa}$$

5) 직경 축소 분기점 구간 ④ : 국부 저항 손실

분기점 구간 ④는 직경이 축소되는 구간으로 축소에 따른 축소 손실이 발생하며, 국부 저항 계수 $\xi$는 0.01로 가정한다.

① 풍도 단면적 $A_4 = \dfrac{\pi d_4^2}{4} = \dfrac{\pi (0.15)^2}{4} \fallingdotseq 0.0177\,\mathrm{m}^2$

② 풍속 $V_4 = \dfrac{Q}{A_4} = \dfrac{0.2}{0.0177} \fallingdotseq 11.32\,\mathrm{m/s}$

③ 식 (12.18)로부터

$$\Delta P_{T4} = \xi \frac{V_4^2}{2} \rho = 0.1 \times \frac{(11.32)^2}{2} \times 1.2 \fallingdotseq 0.77\,\mathrm{Pa}$$

6) 구간 ④－⑤

① 풍속 $V_4 \fallingdotseq 11.32\,\mathrm{m/s}$

② 식 (12.13)으로부터

$$Re = \frac{V_4 d_4}{\nu} = \frac{11.32 \times 0.15}{15.0 \times 10^{-6}} = 113{,}200$$

③ 식 (12.14)로부터

$$\lambda = 0.0055\left\{1+\left(20{,}000\frac{\varepsilon}{d_4}+\frac{10^6}{Re}\right)^{1/3}\right\}$$

$$= 0.0055\left\{1+\left(20{,}000\frac{0.0018}{0.15}+\frac{10^6}{113{,}000}\right)^{1/3}\right\} \fallingdotseq 0.043$$

④ 식 (12.12)로부터

$$\Delta P_{T4-5} = \lambda\frac{L_{4-5}}{d_4}\times\frac{V_4^2}{2}\times\rho = 0.043\times\frac{27}{0.15}\times\frac{(11.32)^2}{2}\times1.2 \fallingdotseq 595.1\,\text{Pa}$$

7) 엘보 구간 ⑤ : 국부 저항 손실

원형 벤드의 국부 저항 계수 $\xi$는 0.22로 가정한다.

① 풍속 $V_5 = V_4$

② 식 (12.18)로부터

$$\Delta P_{T5} = \xi\frac{V_5^2}{2}\rho = 0.22\times\frac{(11.32)^2}{2}\times1.2 \fallingdotseq 16.9\,\text{Pa}$$

8) 구간 ⑤－⑥

① 풍속, 레이놀즈 수 $Re$, 마찰계수 $\lambda$는 구간 ④－⑤와 동일함

② 식 (12.12)로부터

$$\Delta P_{T5-6} = 0.043\times\frac{7}{0.15}\times\frac{(11.32)^2}{2}\times1.2 \fallingdotseq 154.3\,\text{Pa}$$

∴ 전체 전압 손실

$$\Sigma\Delta P_{T1-6} = \Delta P_{T1-2}+\Delta P_{T2}+\Delta P_{T2-3}+\Delta P_{T3}+\Delta P_{T4}+\Delta P_{T4-5}+\Delta P_{T5}+\Delta P_{T5-6}$$

$$= 478.4+17.9+1531.+9.7+0.77+595.1+16.9+154.3$$

$$= 1{,}426.17\,\text{Pa}$$

2. 구간 1－2－3－7

구간 ①－② 및 ②－③의 전압손실은 앞 계산내용과 동일함

1) 분류 티($T$) 분기점 구간 ③ : 국부 저항 손실

① 풍도 단면적 $A_3 = \dfrac{\pi d_3^2}{4} = \dfrac{\pi(0.15)^2}{4} \fallingdotseq 0.0177\,\text{m}^2$

② 풍속 $V_3 = \dfrac{Q}{A_3} = \dfrac{0.15}{0.0177} \fallingdotseq 8.47\,\text{m/s}$

③ 식 (12.18)로부터 분기점 ③은 분류 티 분기가 되는 곳이며, 국부 저항 계수 $\xi$는 1.2로 가정한다.

$$\Delta P_{T3'} = \xi \frac{V_3^2}{2} \rho = 1.2 \times \frac{(8.47)^2}{2} \times 1.2 \fallingdotseq 51.7\,\text{Pa}$$

2) 구간 ③ - ⑦

① 풍속 $V_7 = V_3$

② 식 (12.17)로부터

$$Re = \frac{V_7 d_7}{\nu} = \frac{8.47 \times 0.15}{15.0 \times 10^{-6}} = 84{,}700$$

③ 식 (12.14)로부터

$$\lambda = 0.0055 \left\{ 1 + \left( 20{,}000 \frac{0.0018}{0.15} + \frac{10^6}{84{,}700} \right)^{1/3} \right\} \fallingdotseq 0.0446$$

④ 식 (12.12)로부터

$$\Delta P_{T3-7} = \lambda \frac{L_{3-7}}{d_7} \times \frac{V_7^2}{2} \times \rho = 0.0446 \times \frac{7}{0.15} \times \frac{(8.47)^2}{2} \times 1.2 \fallingdotseq 89.6\,\text{Pa}$$

∴ 전체 전압 손실 $\Delta P_{T3-7} = \Delta P_{T3'} + \Delta P_{T3-7} = 51.7 + 89.6 = 141.3\,\text{Pa}$

# 12장 연습문제

01 송풍기의 종류를 쓰고 설명하시오.

02 송풍기의 상사 법칙을 설명하시오.

03 송풍기의 설치 방법에 대해 설명하시오.

04 송풍기의 연합 운전 특성에 대해 설명하시오.

05 댐퍼의 날개 유형별로 쓰고 설명하시오.

06 댐퍼의 종류를 쓰고 그 차이점을 설명하하시오.

07 댐퍼의 성능 특성을 설명하시오.

08 덕트의 유동특성을 60% 정도 보정하는 이유를 설명하시오.

09 덕트의 유동 마찰 손실에 대해 설명하시오.

10 덕트 설계 방법을 나열하고 설명하시오.

**11** 다음 설계도면과 조건을 참고로 하여 제연설비의 설계에서 제시한 설계인자를 결정하시오.

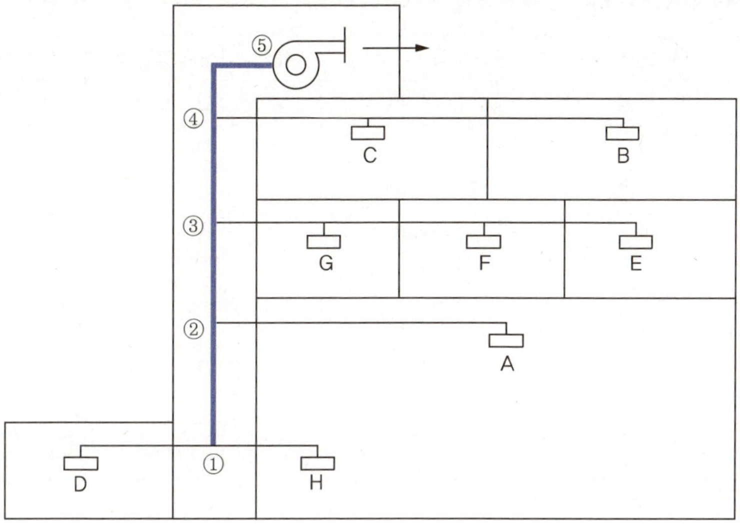


1) A~H : 예상제연구역
2) ①~④ : 주 풍도와 분기 풍도의 분기점
3) ⑤ : 주 풍도와 배출기의 접속점
4) $Q_A \sim Q_H$ : 예상제연구역의 설계제연풍량($m^3$/min)

[조건]

1) 제연설비의 풍도 중 한 부분의 통과 풍량은 같은 분기 풍도에 속하는 말단에 있는 배출구의 풍량은 풍도구간 중에서 최대 풍량의 2배가 통과할 수 있도록 한다.
2) 예상제연구역의 설계 제연풍량은 A > B > C > D > E > F > G > H로 한다.
3) 주 풍도(main duct)의 풍속은 15 m/sec, 분기 풍도(branch duct)의 풍속은 10 m/sec로 가정한다.
4) 각 예상제연구역의 설계제연풍량($m^3$/min)은 다음 표와 같다.

| 구분 | 제연풍량($m^3$/min) | 구분 | 제연풍량($m^3$/min) |
|---|---|---|---|
| $Q_A$ | 400 | $Q_E$ | 190 |
| $Q_B$ | 260 | $Q_F$ | 170 |
| $Q_C$ | 250 | $Q_G$ | 150 |
| $Q_D$ | 200 | $Q_H$ | 90 |

5) 제연풍도의 형상은 정사각형이며, 한 변의 길이를 계산할 때 소수점은 반올림한다.

[배연설계]

1) 제연풍도 각 구간의 통과풍량, 해당 예상제연구역 및 풍도 한 변의 길이는 다음 표와 같다.

| 풍도구간 | 통과풍량($m^3$/min) | 해당 예상제연구역 | 풍도 한 변의 길이(cm) |
|---|---|---|---|
| ①-H | $Q_H = 90$ | H | ㉮ |
| ①-D | ㉮ | D | 58 |
| ②-① | $2Q_D = 400$ | ㉯ | 82 |
| ②-A | $Q_A = 400$ | A | ㉰ |
| F-E | ㉯ | E | 57 |
| G-F | $2Q_E = 380$ | ㉱ | 80 |
| ③-G | ㉰ | E, F, G | ㉲ |
| C-B | $Q_B = 260$ | ㉳ | 66 |
| ④-C | ㉱ | B, C | 94 |
| ③-② | $2Q_A = 800$ | ㉴ | ㉵ |
| ④-③ | $2Q_A = 800$ | A, D, E, F, G, H | 95 |
| ⑤-④ | ㉲ | A ~ H | ㉶ |

가) ㉮~㉲의 통과풍량($m^3$/min)의 얼마인가?
나) ㉳~㉹의 해당 예상제연구역을 표시하시오.
다) ㉺~㉾ 풍도 한 변의 길이(cm)를 계산하시오.

2) 배출기는 원심형 중 터보형 송풍기인 사일런트 팬(silent fan)을 사용할 경우, 배출기의 이론 소요동력을 구하시오. 풍도의 소요전압($P_T$)은 1.95 mmHg, 효율($\eta$)은 50%, 여유율($\alpha$)은 없는 것으로 한다.

**답** 1) 제연풍도 각 구간의 통과풍량, 해당 예상제연구역 및 풍도 한 변의 길이($L$)

가) ㉮~㉲의 통과풍량($m^3$/min)

㉮ $Q = Q_D = 200\ m^3/min$, ㉯ $Q = Q_E = 190\ m^3/min$, ㉰ $Q = 2\times Q_E = 380\ m^3/min$,
㉱ $Q = 2\times Q_B = 520\ m^3/min$, ㉲ $Q = 2\times Q_A = 800\ m^3/min$

나) ㉳~㉹의 해당 예상제연구역

㉳=D 및 H, ㉴=E 및 F, ㉵=B, ㉶=A, D 및 H

다) ㉺~㉾ 풍도 한 변의 길이 $L$(cm), $Q = AV$($m^3$/sec)에서 정사각형이므로

$A = L^2(m^2)$이고 길이 $L = \sqrt{\dfrac{Q}{V}}(m^3/sec) = \sqrt{\dfrac{Q}{60V}}(m^3/min)$

㉺=0.3873 m=39 cm, ㉻=0.8165 m=82 cm, ㉼=0.7959 m=80 cm,

㉺ $=0.9429$ m $=95$ cm, ㉻ $=0.9429$ m $=95$ cm

2) 배출기의 이론 소요동력

가) 소요 전압($P_T$) 및 유량($Q$)

1 atm = 1.033×10^4 mmAq, 1 atm = 760 mmHg 이므로

$$P_T = \frac{1.95}{760} \times 1.0332 \times 10^4 \text{ mmAq} = 26.5097 \fallingdotseq 26.51 \text{ mmAq}$$

$$Q = 800 \text{ m}^3/\text{min} = 800 \times 60 = 48{,}000 \text{ m}^3/\text{h}$$

나) 식 (12.3)과 (12.4)로부터 배출기의 이론 소요동력($L_m$)

$$L_m = \frac{P_T Q}{102(\text{kg} \cdot \text{m/sec}) \times 3{,}600(\text{sec}) \times \eta}(1+\alpha) = 6.931 \fallingdotseq 7.0 \text{ kW}$$

**12** 급기 가압 제연 시스템의 수직 덕트의 풍량과 단면적 계산 방법을 설명하시오.

**답** 1. 제연 구역의 누설량

1) 누설 면적 ; 직렬 및 병렬에 의한 유효 유동 면적

2) 누설량 : $Q = KAP^{\frac{1}{2}}$

여기서, $K$ : 0.827, $A$ : 누설 틈새 면적($m^2$), $P$ : 차압(Pa)

2. 방연 풍속을 유지하기 위한 보충량(화재 안전 기준 501A)

1) 계단실 및 부속실을 동시에 제연하거나 계단실만 단독 제연하는 경우 : 0.5 m/s 이상

2) 부속실만 단독 제연하거나 비상용 승강기의 승강장만 단독 제연하는 경우

① 부속실 또는 승강장이 면하는 옥내가 거실인 경우 : 0.7 m/s 이상

② 부속실 또는 승강장이 면하는 옥내가 복도로 그 구조가 방화 구조 (내화 시간이 30분 이상인 구조를 포함) : 0.5 m/s 이상

3. 급기량 = 누설량 + 보충량

4. 풍도의 단면적 = $\frac{\text{급기량}}{\text{풍속}}$

# 13장

# 제연 시스템의 성능

Performance of Smoke Management Systems

제연 시스템이 설계 단계에서부터 아주 세심한 배려와 주의를 기울였다고 해도 해당 시스템의 성능은 입증되고 확인되어야 한다. 시운전과 루틴 시험에서도 제연 시스템은 화재 상황과 동일하게 작동되어야 한다. 제연 시스템의 성능에 대한 잘못된 판단과 특정 시스템의 의도된 기능에 대한 잘못된 개념은 인수 시험을 수행하는 동안 많은 문제에 부딪히게 된다. 예를 들면, 제연 시스템이 설치된 건물의 특정 누설 특성을 조정하기 위해 급기량을 조정하거나 압력 방출구를 열어 조정할 수 있어야 한다. 이들 조정은 인수 시험과 관련하여 이루어져야 한다. 인수 시험은 다음 두 단계의 시험으로 구성된다. 첫 번째 단계, 해당 시스템 내의 모든 부분이 정상적으로 작동하는지 판정하는 기능 시험의 단계(시스템의 구성 요소에 대한 초기 점검)이다. 이 단계에서는 송풍기의 역회전, 전원 공급, 제어 기능의 확인 등이 해당된다. 두 번째 단계, 성능 지향적인 단계로 모든 작동 모드에서 해당 시스템이 올바르게 작동하는지 여부를 판정하는 것이다. 이 단계에서는 압력차(차압), 기류, 부력과 관련된 내용, 출입문의 개폐력 확인 등이 해당된다. 이 단계에서 차압 시험은 가장 현실적인 성능 시험이 된다. 새로 설치된 시스템에 대한 성능 시험은 다음과 같은 내용이 포함되어야 한다.

① 시스템 구성 요소의 검사
② 시스템의 작동 시험
③ 성능을 보장하는 시스템의 균형

각 나라마다 제연 시스템에 대한 공식적인 인수 시험을 요구하고 있다. 이러한 공식적인 인수 시험은 TAB(Testing Adjustable Balancing)에 의해 선행되어야 한다. 성능의 합격기준은 차압, 공기 속도 및 유량과 같은 고유 설계 변수의 측정값에 근거를 두어야 한다. 만일 적합하다면, 시스템의 성능은 보호 공간으로 침입/확산되는 연기 시험을 실시해야 한다.

새로운 시스템에 대한 합격 성능이 수년 후에 일어날 수 있는 화재 발생시 문제없이 시스템이 작동될 것이라는 보장과 확신을 할 수 없다. 구성 요소는 노후로 인해 품질이 떨어지고, 건물을 변경하는 동안 부주의로 손상될 수도 있다. 이런 이유에서 연 2회 실시되고 있는 제연 시스템 시험은 화재 상황에서 요구하는 것과 똑같이 시스템이 기능을 발휘할 것이라는 확신을 주기 위해 권고되고 있다. 인수 시험을 하는 동안 결함을 발견하게 되면 가급적 빨리 수정해야 한다. 이들 수정에는 건물 누설과 제연 시스템의 경계 벽의 틈새 보수, 구멍과 균열 보수 등을 포함한다.

시스템의 유연성이 몇몇 기준에 의해 점검되거나 측정될 때 시운전과 루틴 시험은 단순화해야 된다. HVAC 시스템의 TAB에 대한 자세한 사항은 SMACNA와 ASHRAE를 참고하기 바란다.

## 13.1 제연 시스템의 신뢰성

인수 시험, 루틴 시험 및 시스템의 상호 관계를 입증함으로써 제연 시스템의 신뢰성을 부여할 수 있다. 제연 시스템 구성 요소의 신뢰성에 대한 데이터가 부족하기 때문에 제연 설계에서 계산이 매우 근사적이라고 평가되고 있다. 나아가 제연 시스템에 적용되는 신뢰성 관계는 모든 인명 안전 시스템에도 동일하게 적용된다. 만일 제연 시스템의 모든 구성 요소가 정상적으로 작동한다면 제연 시스템의 신뢰성은 작동하는 연속 시스템으로 제한된다. 신뢰성 해석에서 복원력과 같은 것은 과잉으로 처리하지 않아야 한다. 연속 시스템의 신뢰성 $R$은 식 (13.1)과 같이 구성 요소의 각 신뢰성 $R_i$[식(13.2) 참조]의 합이 된다.

$$R = \prod_{i=1}^{n} R_i \tag{13.1}$$

통상적으로 신뢰도는 모든 구성 요소가 초기에 작동하고 시스템 설치 후 시간이 지난 뒤 파손이 일어난다는 가정 하에서 진행한다. 이 가정이 적합할 경우, 인수 시험과 결함 교정을 위한 프로그램이 필요하다. 이러한 시운전에는 구성 요소의 설치 점검, 작동 모드에서 시스템의 성능 시험, 하자 및 수리를 포함해야 하며, 모든 결함이 교정될 때까지 재시험한다.

구성 요소의 신뢰성에 대한 관계는 식 (13.2)와 같이 일반적으로 지수 분포로 나타낼 수 있다. 시스템 구성 요소의 신뢰성 평가는 시운전 마지막에 수행한다.

$$R_i = \exp(-\lambda_i t) \tag{13.2}$$

여기서, $t$는 수명 시간, $\lambda_i$는 구성 요소의 고장률이다. 시스템의 평균 수평 $L$은 식 (13.3)과 같다.

$$L = \frac{1}{\sum_{i=1}^{n} \lambda_i} \tag{13.3}$$

## 13.2 제연 시스템의 성능

제연 시스템의 목적은 연기로부터 인명 사고와 재산 피해를 줄이는 것이고, 또한 소방관을 돕기 위함이다. 물론 많은 설계자들은 인명 안전이 연기 제어의 주된 목적이라고 느끼고 있지만 많은 시스템의 대부분이 재산 보호라는 주된 목적을 가지고 만들어졌다.

이론적으로 제연 시스템은 안전한 피난로와 안전한 보호 구역 또는 둘 다가 제공되도록 설계되어야 한다. 비록 작은 양의 연기가 보호 구역으로 침투할지라도 제연 시스템은 본래의 목적을 다할 수 있어야 하고, 또한 제연 시스템은 어떠한 연기도 침투하지 못하도록 하는 근본적인 설계가 이루어져야 한다.

제연에서는 전체 건물을 소방 대상물의 한 부분으로 고찰되어야 한다. 소방에서 고려해야 할 두 가지 기본적인 접근은 발화를 막고 화재 충격을 조절하는 것이다. 발화를 완전히 막는 다는 것은 불가능하기 때문에 화재 충격을 조절하는 것이 방재 설계에서 중요한 임무라고 생각한다. 즉 구획화, 화재 진압, 건축 재료의 관리, 출구 시스템, 연기 제어가 그 예라고 할 수 있다. 많은 인자가 제연 시스템의 설계에 영향을 줄 것이다. 시스템의 메커니즘 설계가 진행되기 전에 시스템과 관련된 잠재적인 구속 사항들이 결정되어야하고 그에 따라 설계 기준이 확립되어야 한다.

제연 시스템의 성능 확보를 위해 유연성과 탄력적인 접근방법을 이용한다. 유연성이란 제연 시스템이 허용 성능에 도달하기 위해 제연 시스템을 쉽게 조정할 수 있도록 설계 특성에 이용하는 것이고, 시스템의 탄력성은 예를 들면, 압력 변화가 제연 시스템에 미치는 역효과를 이겨내도록 하는 것이 그 중 하나다.

새 건축물을 설계할 때 건물을 통과하는 연기의 누설 경로는 반드시 평가되어야 한다. 예를 들면, 제연 설계에서는 실제 건물에서 제연 시스템의 결과로부터 발생될 수 있는 압력과 기류는 단지 근사 값만으로 계산된다. 제연 시스템에서 유연성의 개념은 원래 평가된 값에 누설 변화를 고려하는 것이다. 기존 건물에서 누설 경로를 측정한다는 것은 어렵기 때문에 유연성 개념은 기존 건물에서 연기 제어를 개선하는데 또한 유용하다. 시스템에서 약간의 유량 비를 허용하기 위해 송풍기를 사용하거나 같은 목적을 위해 가변 풍량 송풍기를 사용하여 유연성을 이루기도 하고, 원하는 압력차를 얻기 위해 수동으로 조작할 수 있는 댐퍼에 의해 유연성을 이루기도 한다.

압력 변동은 화재가 발생한 동안 출입문을 열고 닫을 때, 창문이 열리고 닫혔거나 부서졌을 때 자주 발생한다. 이와 같이 변동에 저항하기 위한 탄력성은 압력 변동을 줄이기 위하여 자동제어의 방식을 시스템에 포함시킨다. 예를 들면, 가압 계단실에서 자동제어는 계단실 출입문을 열고 닫는 것에 따른 영향을 줄이기 위해 공급 송풍기에 바이패스 시스템을 사용할 수 있다. 또 한 가지 대안으로 가압하는 동안에 계단실 외부 출입문을 열리게 유지함으로써 압력 변동의 주 원인을 제거할 수 있다.

## 13.3 TAB

검사에는 제연 경계 벽, 공기 이동 장치, 전원 공급을 포함한 제어반, 제연 시스템의 구성 요소 등이 포함된다. 계단실 가압의 경우 제연 경계 벽은 계단실 벽, 천장과 출입문이 된다. 구역 제연의 경우 제연 경계 벽은 벽, 층과 천장으로 분리되는 구역이다. 엘리베이터 제연의 경우 제연 경계 벽은 엘리베이터 샤프트와 승강장이다. 벽, 칸막이, 층과 천장은 제연 성능에 악영향을 줄 수 있는 개구부들을 엄격하게 점검해야 한다. 출입문 주위의 틈새를 규정해야 하고, 제연 시스템의 한 부분인 자동 폐쇄 장치의 유형을 상세하게 규정해야 한다.

검사해야 할 공기 이동 장치로는 풍도, 풍도의 인입 개구부, 송풍기, 방화 댐퍼, 천장 댐퍼, 방연 댐퍼가 포함된다. 풍도의 재료와 구조를 점검해야 하며, 댐퍼는 유형을 규정하고 어디에 설치해야 하는지 등의 방법을 규정해야 한다. 제어 시스템의 구성 요소는 규정된 것으로 선정하였는지를 점검해야 한다. 예비 동력 또는 이중 이송과 같은 전력의 요구 사항도 점검해야 한다.

구역 제연 시스템의 경우 하나의 구역은 제연 모드로 되고, 그 구역의 경계에서 차압을 측정해야 한다. 구역이 비활성화 되었을지라도 제연 동작 후 또 다른 구역은 같은 방법으로 시험해야 한다. 모든 연기 구역이 시험될 때까지 반복해야 한다. 자동으로 활성화되는 시스템은 초기에 적절한 경보 장치에 의해 활성화되어야 한다.

계단실 출입문이 닫힌 상태에서 각 계단실 출입문 사이의 차압을 측정해야 한다. 그다음 출입문 하나를 열고, 닫힌 계단실 출입문에서 차압 측정이 이루어져야 한다. 이것은 개방된 출입문의 수가 관련 법규에서 규정한 개방된 출입문의 수와 같을 때까지 반복해야 한다.

제연 시스템은 제연 구역의 경계에서 차압을 유지하기 때문에 시스템은 설정 차압으로 시험해야 한다. 연기 발생기에 의한 화학적 연기로 제연 시스템의 성능을 시험하는 것은 스프링클러를 설치하지 않은 건물의 화재만큼이나 현실적이지 않지만, 가열되지 않은 화학적 연기의 이동은 스프링클러가 설치된 화재나 연기가 나는 화재의 연기와 유사하다. 그러나 건물에서 대규모 화재에 의해 생성되는 가스는 650～1,000℃ 범위가 된다. 이들 가스와 같은 부력의 차압을 생성하는 화학적 연기가 필요할 경우에는 화학적 연기를 화재에서 발생하는 연기와 같은 온도로 가열시키면 된다.

## 13.4 차압 측정

출입문 사이에서 차압을 측정하기 위한 차압계의 대표적인 설치 방법을 [그림 13.1]에 제시하였다. 이 방법에서 계측기는 출입문의 저압측에 둔다. 계측기의 고압 포트에 연결된 호스는 출입문 밑의 틈새를 통해 나가게 하고, 출입문의 고압측으로 나간 호스 끝에 티(tee)로 연결한다. 티는 공기 속도에 의한 압력 오차를 최소화하기 위해 사용된다. 만일 튜브가 동압 성분을 무시하도록 설치되었다면 튜브에는 티가 없어도 된다. 호스는 외경 6.4 mm (0.25 in)의 고무나 유연한 플라스틱 튜브가 주로 사용된다. 좁은 틈새에 사용하기 위해 튜브를 꽉 조이면 측정이 안 될 수 있다. 차압 계측기는 최소한 2.5 Pa의 민감도를 가져야 하고, 일반적으로 0～200 Pa의 범위를 측정할 수 있는 것이면 충분하다.

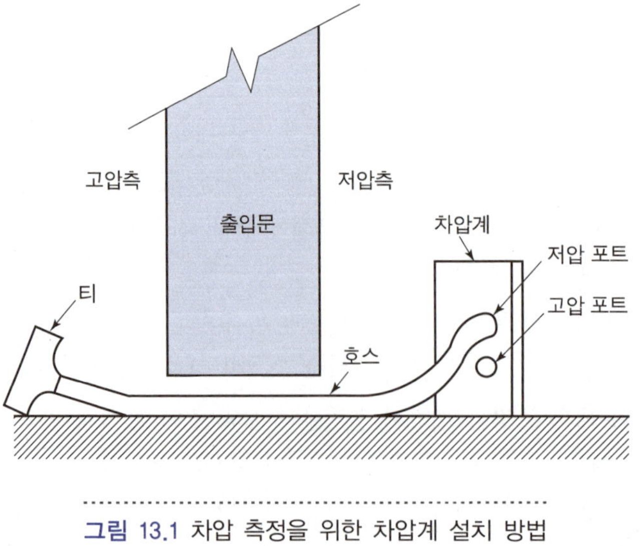


그림 13.1 차압 측정을 위한 차압계 설치 방법

### 13.4.1 경사 마노미터

액체 탱크가 있는 경사 마노미터(manometer)는 [그림 13.2]와 같다. 이 장치는 액체 기둥의 높이에 의해 압력이 표시된다. 계측기는 측정을 하기 전에 레벨을 반드시 조정하여야 한다. 일반적으로 경사 압력계의 눈금은 차압을 직접 읽을 수 있도록 저장 탱크에 액체의 상승 높이에 의해 보정된다. 이 계측기의 0레벨은 저장 탱크로부터 액체를 추가하거나 제거함으로써 조정되고 또는 눈금의 위치를 바꿈으로써 조정할 수 있다.

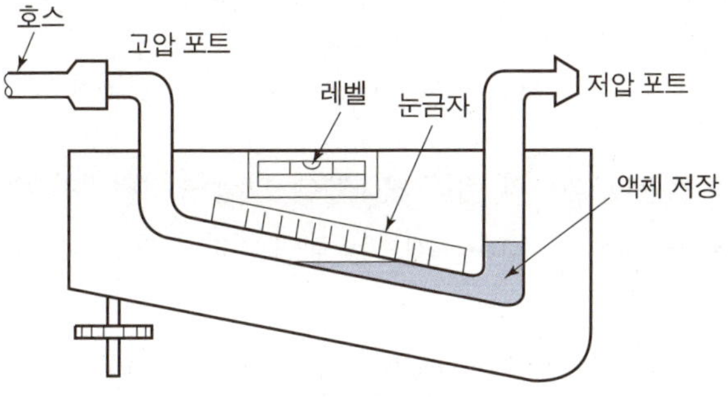


그림 13.2 액체 탱크가 있는 경사 압력계

### 13.4.2 차압 게이지

액체가 없는 게이지는 경사 압력계보다 사용하는데 편리한 이점이 있다. 브로든 튜브 게이지는 압력 게이지 중 가장 일반적인 유형이지만, 이들 계측기는 기계식 링크의 마찰로 민감도가 제한적이다. [그림 13.3]의 차압 게이지는 풍도 내 차압이나 송풍기의 발생 압력을 측정하는 데 유용하다. 게이지는 층이나 다른 평면에 설치될 수 있도록 기준이 있어야 한다. 게이지에 지면의 높이에 따라 최소 편차를 조정할 수 있는 0점 조정 장치를 가지고 있다.

### 13.4.3 전자식 차압 변환기

대부분의 전자 차압 변환기는 다이어프램의 일종이다. 다이어프램 사이의 압력 변화는 스트레인 게이지, 압전 소자, 인덕턴스 픽업, 정전 용량 픽업 등에 의해 측정될 수 있는 다이어프램의 변위로 발생된다. 이들 변환기들은 전력이 필요하고 정기적으로 교정해야 한다.

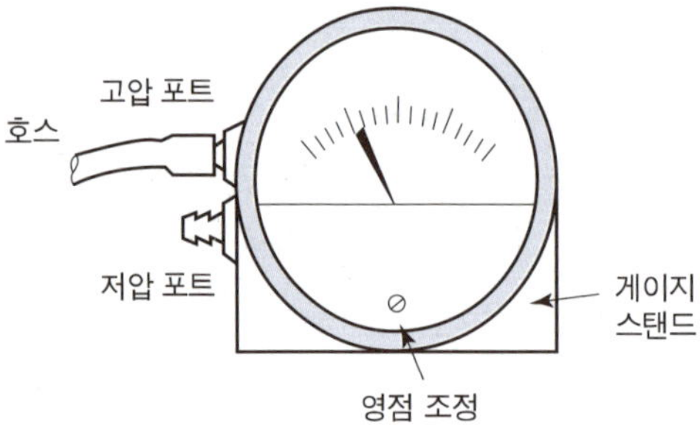


그림 13.3 차압 게이지

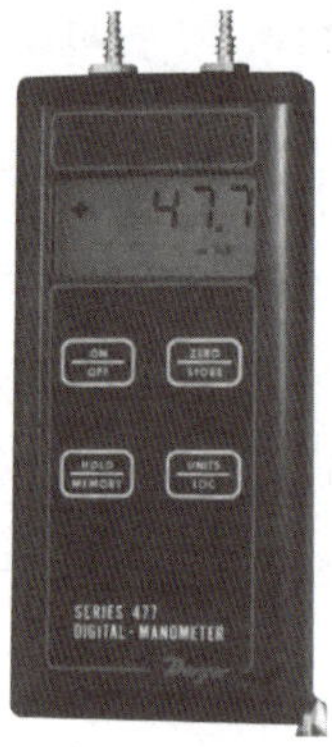

그림 13.4 디지털 차압계

이들 계기의 장점은 컴퓨터 데이터 취득 시스템에 의해 모니터링할 수 있고, 아날로그 전압의 출력이 적합하도록 한 것이다. 휴대용 계기는 아날로그 출력의 장점은 없으나 현장 실험에서 유용하다.

전자식 차압 변환기는 이러한 이유와 계기의 비용 때문에 일반적으로 연기 제어 시험에 쓰이지 않는다. 하지만 전자 기술의 발달로 [그림 13.4]와 같은 소형 디지털 차압계가 현장에서 많이 사용되고 있다.

## 13.5 유량 및 유속 측정

### 13.5.1 체적 유량

개방 출구나 복도를 통과하는 공기의 속도는 균일한 형태로 큰 편이지만, 계단실의 개방 출구를 통과할 때, 공기의 속도가 높아지고, 때로는 정적인 소용돌이와 같은 특성이 나타나기도 한다. 개방 출구 등을 통과하는 공기의 속도 변화가 불균일하기 때문에 공기의 속도는 공기의 유량으로부터 결정하는 것이 좋다. 아울러 큰 개구부를 통과하는 공기 유동이 대부분의 건물에서 제연의 주요 원리가 되지는 않는다. 건물에서 제연 시스템은 출구와 복도의 유량 측정을 필요로 하지 않는다. 그러나 제연 시스템에 의해 발생하는 급기량과 배기량의 측정을 종종 요구하고 있고, 때로는 출구를 통과하는 유량에 대한 정보를 요구하기도 한다.

이들 유량은 유량 후드로 직접 측정할 수도 있고, 또는 속도 측정으로부터 간접적으로 결정할 수도 있다. 유량 후드를 통과하는 체적 유량은 단위 미터당에 대해 직접 얻게 되고 정적 및 동적 압력을 지시하는 기능이 있어 쉽게 이용할 수 있는 기구이다. [그림 13.5]는 댐퍼로부터 공급되는 유량을 측정하는 데 사용되는 후드 유량계를 나타낸 것이다. 또 이 장치는 배기 유량을 측정하는 데 사용할 수도 있고, 벽에 고정된 입구와 출구에 사용하여 공기를 일정한 방향으로 향하게 할 수도 있다. 만약 후드를 통과하는 압력 손실이 풍도 손실과 비교하여 작다면, 유량 후드의 정확도는 10~15% 정도의 범위가 된다.

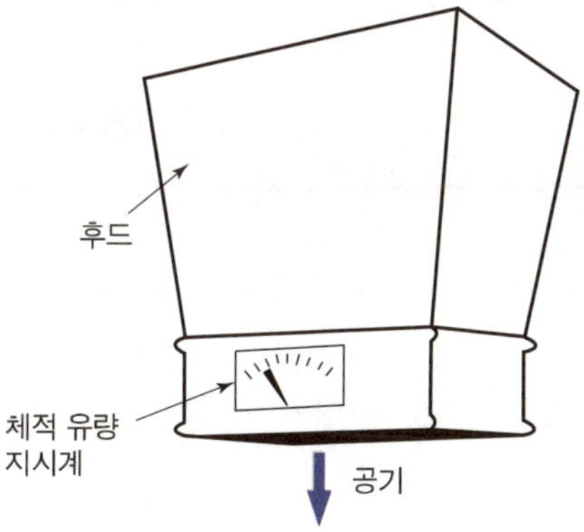


그림 13.5 후드 유량계

체적 유량을 유속 측정으로부터 구할 때, 트래버스(traverse)를 이용한다. 개방 출입문이나 복도의 공기 유량은 [그림 13.6]에 나타낸 트래버스를 이용하여 사각형 풍도와 유사한 방법으로 측정할 수 있다. 속도는 횡단면과 같은 면적의 중심에서 읽어야 한다. ASHRAE 핸드북에 의하면 풍도의 유량은 16~64개 점의 값을 취하도록 추천하고 있다. 트래버스의 각 측정구에는 피토관(그림 13.10)을 삽입하여 속도를 측정하면 된다.

그러나 출입문과 복도의 속도 변화는 같으므로 적어도 30개소 이상의 값을 취해야 한다. 특히, 출입문을 통과하는 기류는 연기 발생기를 사용해서 정적 소용돌이를 점검한다. 만약 정적 소용돌이가 존재하면 주 유동 방향에 대한 유량을 평균 속도로 계산할 때 음(−)의 값이 되는 것을 조심해야 한다. 체적 유량은 식 (13.4)로 계산할 수 있다.

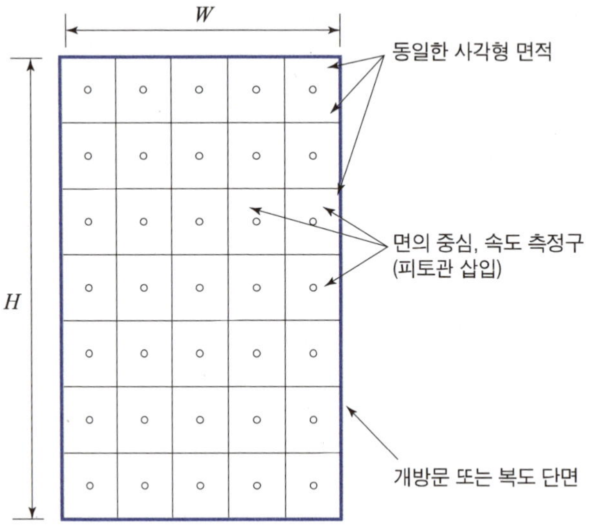


그림 13.6 복도와 개방 출구의 속도 측정을 위한 트래버스

$$Q = HWV \tag{13.4}$$

여기서, $Q$ : 체적 유량(CMS, $m^3/s$)

$H$ : 개구부의 높이(m)

$W$ : 개구부의 폭

$V$ : 평균 속도(m/s)

**예제 13.1** 0.91m × 2.1m의 출구를 통과하는 체적 유량을 계산하고, 정적 소용돌이의 존재는 연기로 관찰하다. (단, [그림 13.6]의 트래버스를 이용하여 35개소에서 취한 속도는 다음과 같다.)

(단위 : m/s)

| | | | | |
|---|---|---|---|---|
| −0.41 | 0.0 | 0.51 | 2.7 | 2.4 |
| −0.51 | −0.1 | 0.66 | 3.3 | 3.6 |
| −0.71 | 0.05 | 0.81 | 3.2 | 3.3 |
| −0.61 | 0.03 | 0.91 | 3.5 | 3.2 |
| −0.56 | −0.05 | 0.36 | 3.8 | 3.3 |
| 0.30 | −0.08 | 1.0 | 3.6 | 3.8 |
| 1.60 | 2.0 | 2.1 | 3.5 | 2.8 |

**풀이**

35개소의 평균 속도는 1.5 m/s가 된다. 식 (13.4)를 이용하면 출구의 유량은 3.0 $m^3/s$이 된다.

### 13.5.2 방연 풍속과 보충량

화재 안전 기준 501A에서는 제연 구역의 선정 방식에 따라 방연 풍속을 규정하고 있다. 제연 구역의 차압은 제연 구역의 출입문 등 개구부가 닫혀 있는 상황을 전제로 설정한 것이다. 만약 제연 구역의 출입문 등 개구부가 항상 열리는 일 없이 닫혀만 있다면, 제연 구역의 차압을 유지하는 데는 급기량만으로도 충분하다.

그러나 제연 구역은 화재시 피난 경로이므로 피난자의 출입이 반복되어 일어나고, 출입문의 일시 개방이 반복된다. 이와 같이 출입문이 일시 개방되면 해당 제연 구역의 차압은 순식간에 압력이 떨어지고, 해당 구역의 차압을 유지하기 위해 급기되고 있던 공기는 다른 공간으로 누설되어 해당 제연 구역의 공기는 개방 출입문을 통해 모두 옥내로 흘러나가게 된다.

옥내로 유출되는 공기량은 다소 복잡한 계산 과정을 거쳐 산출되어야 하지만, 그 공기량이 옥내로 유출될 때 약간의 풍속을 갖게 된다. 하지만 그 풍속이 어느 적정한 크기 이상이 되지 않으면 옥내 연기가 제연 공간으로 침투하게 된다. 많은 모델 실험과 실제 현장 실험을 통하여 제연 구역의 출입문이 항상 고정·개방되어 있을 경우 풍속이 3~4 m/s가 되어야만 연기 침투를 유효하게 막을 수 있다고 밝혔고, 출입문이 일시 개방되는 경우에는 옥내의 여건에 따라 다소 차이가 있지만 상황에 따라 대체로 0.5~0.75 m/s의 풍속으로 연기 침투를 효과적으로 차단할 수 있는 것으로 보고되고 있다. 이와 같이 제연 구역의 출입문이 일시적으로 개방될 때, 연기가 제연 구역으로 침투되지 못하도록 하는 풍속을 방연 풍속(velocity of smoke defence)이라고 한다.

방연 풍속은 [그림 13.6]과 같이 트래버스를 제작하여 출입문을 개방한 후 피토관으로 [그림 13.7]과 같이 동일 면적 분할법이나 대수선형 분할법에 의해 측정하고, 측정 위치는 ASHRAE에 따라 풍도의 유량 측정에서와 같이 측정점은 최소 16~64점을 넘지 않도록 한다. 방연 풍속은 각 측정에서 측정한 풍속의 평균치로 한다.

화재 안전 기준 501A에서 보충량이란 출입문이 일시적으로 열릴 때 연기의 유입을 막기 위해 방연 풍속으로 제연 구역에 보충하는 공기의 급기량을 말한다. 이때 보충량 $Q_S$(m$^3$/s)는 방연 풍속으로부터 생성되는 방연 풍량 $Q_D$(m$^3$/s)과 제연 구역에 면해 있는 각 출입문으로부터 누설되는 추가 누설량 $Q_A$(m$^3$/s)의 차를 구하면 된다.

$$\text{제연 구역의 보충량}(Q_S) = \text{방연 풍량}(Q_D) - \text{추가 누설량}(Q_A)$$

방연 풍량은 개방 출입문의 단면적 $A$(m$^2$)와 방연 풍속 $V$(m/s)의 곱으로 구할 수 있다. 출

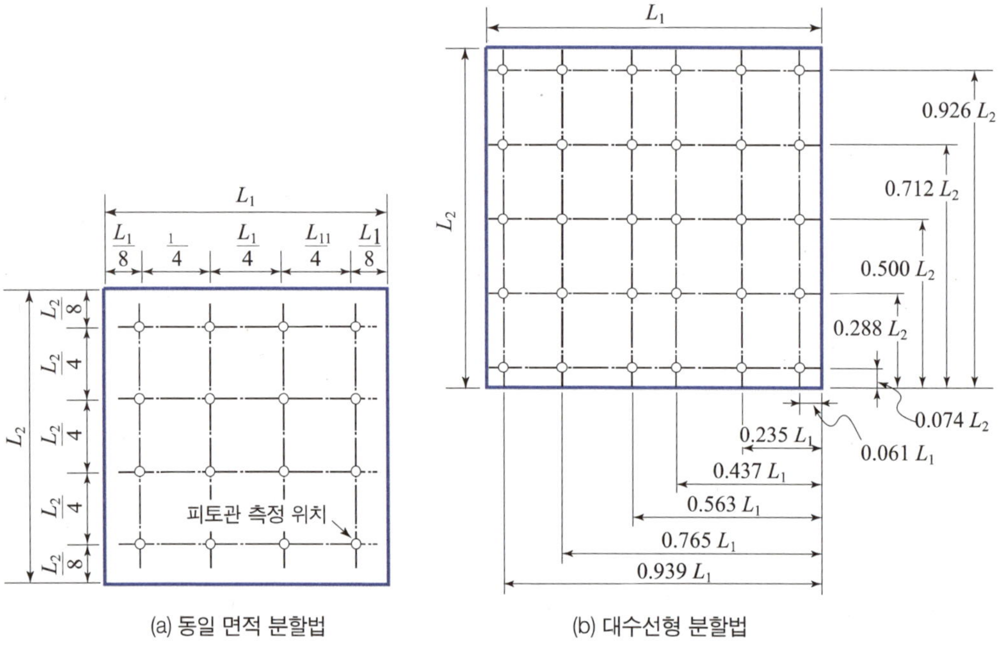


그림 13.7 방연 풍속 측정

입문을 개방할 때 공기의 유동은 제5장 5.8.4에서 설명한 것처럼 점성력에 지배되는 지수 유동으로 [그림 13.8]과 같은 풍속 분포를 갖지만 실제로는 평균 유속을 취하고, 공기 유동의 장애 등을 고려하여 방연 풍량에 60% 정도를 보정한다. 방연 풍량은 식 (13.5)와 같이 된다.

$$Q_D = M\left(\frac{A\,V}{0.6}\right)\ (\mathrm{m^3/s}) \tag{13.5}$$

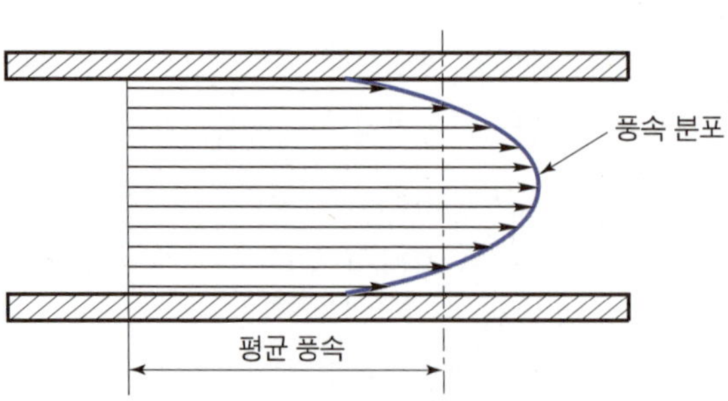


그림 13.8 방연 풍속 분포와 평균 풍속

여기서, $M$ : 부속실의 수가 20층 이하는 1, 20층 이상은 2

$A$ : 개방 출입문의 단면적($m^2$)

$V$ : 방연 풍속(m/s)

### 13.5.3 풍속계

#### 1) 편향 베인 풍속계

편향 베인 풍속계(deflecting vane anemometer)는 [그림 13.9]에 나타낸 것처럼 공기 속도가 베인의 대각선에 편향이 되도록 핀에 고정된 베인으로 이루어져 있다. 이들 계기의 정확도는 유동 속도 0.5m/s에 대해 5% 이하이거나 10%를 넘지 않는다.

ASHRAE 핸드북에 의하면 많은 기류를 측정하는데 적합하지 않고 주기적인 교정을 필요로 하며 제한적으로 사용할 것을 권하고 있다. 이들 계기는 비용이 싸고 소형이기 때문에 무작위 추출 조사를 하고 개략적인 속도를 평가하는 데 많이 사용된다.

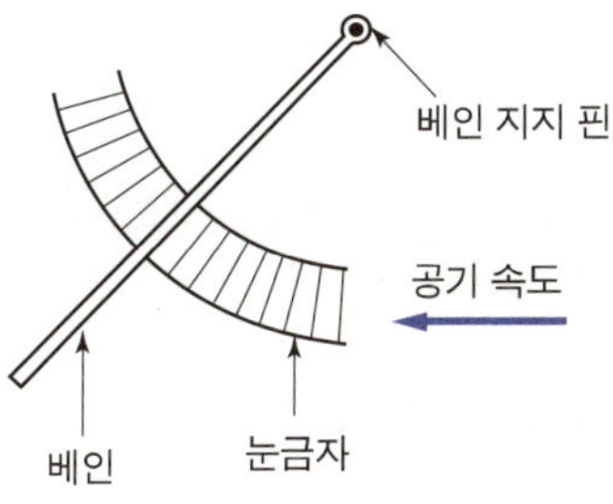


(a) 작동 원리

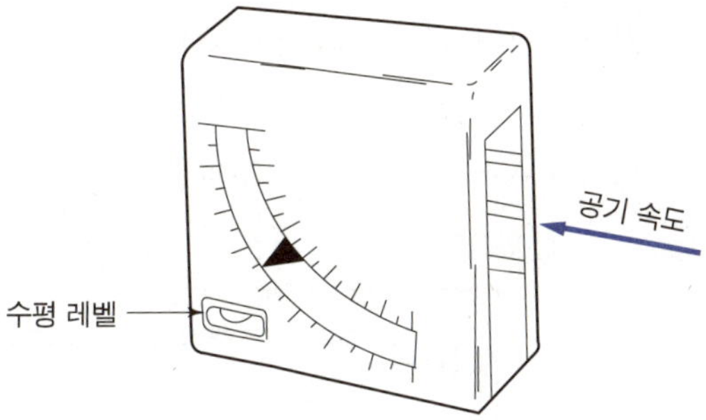


(b) 계측기 사용 방법

그림 13.9 편향 베인 풍속계

#### 2) 피토관

정지 압력 $P_{stag}$는 이동 유체가 정지할 때 그 결과에 따라 발생되는 압력이 된다. 이 압력에 대한 표현은 베르누이의 방정식으로부터 얻어질 수 있다.

$$P_{stag} = P_{stat} + \frac{C\rho V^2}{K_{pt}^2} \tag{13.6}$$

여기서, $P_{stag}$ : 유체의 정체 압력(mmH₂O)

$P_{stat}$ : 이동 유체의 정압(mmH₂O)

$C$ : 보정 계수(무차원)

$\rho$ : 가스 밀도(kg/m³)

$V$ : 가스 속도(m/s)

$K_{pt}$ : 4.427

마찰이 없는 이상 유체의 경우, 계수 $C$는 하나의 값을 갖고 그 값은 실제 유체와는 다르다. 피토관은 유동되는 유체의 정체 압력을 측정한다. 이동 유체의 압력 [그림 13.10]에 나타낸 것처럼 피토관은 몇 개의 정압 탭을 혼합한 것이다. 피토관은 유속 또는 레이놀즈수의 함수로서 보정 계수에 의해 보정된다. 식 (13.6)으로부터 속도는 식 (13.7)과 같이 표현될 수 있다.

$$V = 4.427\sqrt{\frac{\Delta P}{C\rho}} \tag{13.7}$$

여기서, $V$ : 속도(m/s)

$P$ : 압력계에서 차압(mmH₂O)

$\rho$ : 밀도(kg/m³)

$C$ : 피토관의 보정 계수(무차원)

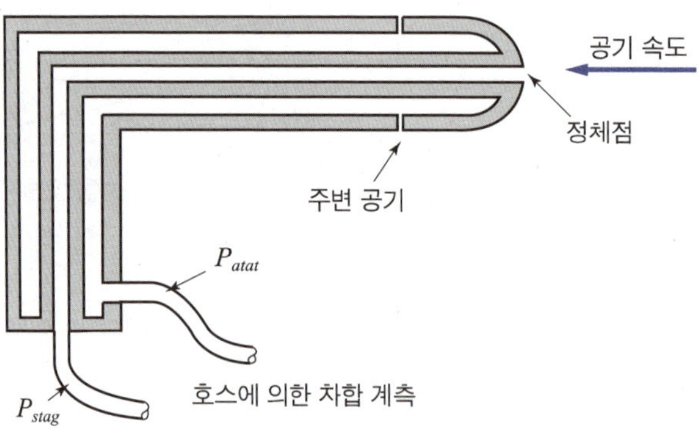


그림 13.10 피토관

피토관이 경사 압력계와 결합될 때 2～10 m/s 범위의 속도를 측정하는 데도 사용할 수 있다. 전자식 차압 변환기를 갖춘 피토관은 1～15 m/s의 범위까지 사용할 수 있다.

**예제 13.2** 압력계를 피토관으로 연결하여 2.03 $mmH_2O$를 읽고, 공기 밀도는 1.2 $kg/m^3$, 피토관 보정 계수는 1.05이다. 유속은 얼마가 되겠는가?

**풀이**

식 (13.7)로부터 계산된 속도는 5.6 m/s가 된다.

### 3) 열풍속계

열풍속계(thermal anemometer ; 가열선 풍력계 및 가열 - 필름 풍력계라고 부른다)는 정전류와 정온 두 가지 유형이 있다. 이 두 가지 유형은 필라멘트가 있는 속도 탐사침을 가지고 있다. 정전류의 경우, 필라멘트는 일정한 전류에 종속되고 필라멘트의 온도는 그것을 지나서 흐르는 공기의 대류 냉각에 의존된다.

정온 유형은 다른 방법의 같은 원리를 사용한다. 필라멘트를 통과하는 전류는 온도가 일정한 상태에 있도록 조절된다. 이 계기의 전류가 속도이다. 악력, 건전지 동력, 온도 보상 열 풍력계는 건물의 냉방과 난방 시스템의 공기 온도 측정에 유용하게 사용되고 있다. 이러한 계기는 5% 정도의 정확도를 갖고 대략 0.05～25 m/s의 측정 범위를 가지고 있다.

## 13.6 자동 폐쇄 장치

화재시 피난로와 제연 구역은 연기로부터 보호하기 위해 가압(40～60 Pa)을 시킨다. 이들 가압 공간의 출입문은 첫째, 재실자가 피난을 할 때 쉽게 열 수 있어야 하고 둘째, 가압으로 발생하는 힘에 대항하여 잘 닫혀야한다. 이러한 기능과 역할을 보조하는 장치가 [그림 13.11]에 나타낸 출입문에 설치되는 자동 폐쇄 장치이다.

화재시 피난하고자 하는 재실자의 심리적 상태는 평상시의 정상 상태와 같지 않고, 사람마다 또는 화재 상황에 따라 정도의 차이는 있을지 모르지만 패닉 상태에 빠질 수 있다. 이와 같은 상태에서 분별력이 저하되고 출입문이 쉽게 열리지 않거나 열 수 없게 되면 패닉도 심화되고 당황하여 다른 출구 방향을 찾아 우왕좌왕하게 됨으로써 오히려 위험을 가중시킬 수 있다. 특히, 노약자, 아동, 부녀자 또는 장애자인 경우에는 더욱 심하다.

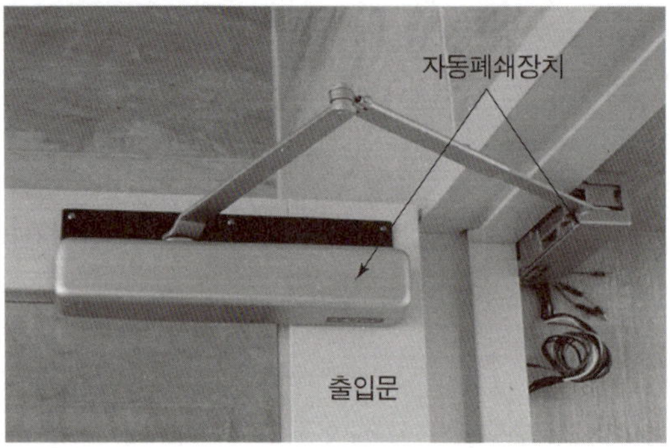


그림 13.11 자동 폐쇄 장치

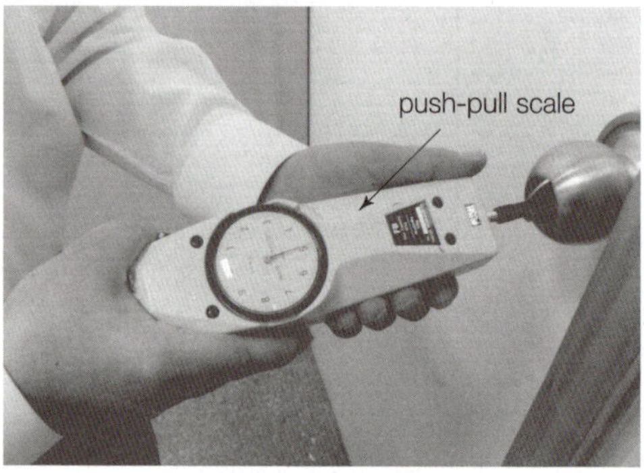


그림 13.12 자동 폐쇄 장치 개폐력 측정

화재시 연기를 확실하게 차단하려면 출입문 사이의 차압이 클수록 좋지만, 과도한 압력으로 피난자가 출입문을 열 때 문제가 발생될 수 있다. 따라서 NFPA 101에서는 피난용의 출입문을 여는 데 필요한 힘을 222 N으로 제한하고 있다. 물론 개인에 따라 차이가 크겠지만 일반적으로 건강한 성인 남자(미국)가 한 손으로 누르는 힘은 대략 200 N 정도이고, 체중을 실어 양손으로 누르면 650N 정도로 증가한다. 하지만 60~75세의 노인은 젊은 성인의 50% 정도로 힘이 떨어지고, 5~6세의 어린이는 15~20% 정도가 된다. 각종 조건을 고려하여 NFPA 101과 EN 12101-6에서는 최대 개방력을 각기 133 N과 100 N으로 정하고 있고, 화재 안전 기준 NFSC 501A에서는 110 N으로 규정하고 있다.

이러한 조건에서 성능을 발휘할 수 있는 출입문 자동 폐쇄 장치가 설치되어야 하고, 성능 확인을 위해 개폐력을 측정해야 한다. 출입문 자동 폐쇄 장치의 개폐력은 [그림 13.12]와 같이 푸시-풀 스케일(push-pull scale)을 사용하면 쉽게 측정할 수 있다.

[그림 13.12]와 같이 출입문의 손잡이에서 자동 폐쇄 장치의 개폐력을 측정할 경우, 가압 공간의 차압이 50 Pa일 때 약 5~6 kgf 정도가 나온다. 차압 40~60 Pa 범위에 해당하는 출입문 손잡이에서의 힘은 식 (5.43)을 이용하면 구할 수 있다.

# 13장 연습문제

01 제연시스템에서 TAB를 하는 이유를 설명하시오.

02 차압 측정 방법을 설명하시오.

03 풍속 측정 방법을 설명하시오.

04 풍속계의 종류를 나열하고 설명하시오.

05 자동 폐쇄 장치의 역할과 측정 방법을 설명하시오.

# 부록

## 부록 1. 단위 환산표(SI 단위)

| 단위 | 계수 | 결과 |
|---|---|---|
| Btu | 1055 | J |
| But/hr | 0.293 | W |
| Btu/lb | 2330. | J/kg |
| erg | $1\times10^{-7}$ | J |
| foot(ft) | 0.3048 | m |
| $ft^2$ | 0.0929 | $m^2$ |
| foot per minute(fpm) | 0.00508 | m/s |
| ft/sec | 0.3048 | m/s |
| ft of water | 2990. | Pa |
| $ft^3$/min(cfm) | $4.72\times10^{-4}$ | $m^3/s$ |
| $ft^3$/min(cfm) | 0.472 | L/s |
| gallon(US) | 3.79 | L |
| gallon(US) | $3.79\times10^{-3}$ | $m^3$ |
| horsepower | 745.6 | W |
| hour | 3600. | s |
| inch(in) | 0.0254 | m |
| inch of mercury(in Hg) | 3380. | Pa |
| inch of water(in $H_2O$) | 249. | Pa |
| kilogram force(kgf) | 9.807 | N |
| kilowatt-hour(kWh) | $3.6\times10^{5}$ | J |
| kilometer per hour(km/h) | 0.2778 | m/s |
| knot | 0.5144 | m/s |
| mile(mi) | 1609. | m |
| mile per hour(mph) | 0.447 | m/s |
| millimeter of mercury(mmHg) | 133.3 | Pa |
| millimeter of water(mm$H_2O$) | 9.80 | Pa |
| minute | 60. | s |
| pound mass(lbm) | 0.454 | kg |
| pound force(lbf) | 4.445 | N |
| pound per square inch(psi) | 6895. | Pa |
| pound per square foot | 47.88 | Pa |
| poundal | 0.1383 | N |
| pound per cubic foot(lbm/$ft^3$) | 16.0 | $kg/m^3$ |
| slug | 14.59 | kg |
| standard cubic feet per minute(scfm) | $4.72\times10^{-4}$ | $sm^3/s$ |
| standard cubic feet per minute(scfm) | 0.472 | sL/s |
| standard cubic feet per minute(scfm) | $5.68\times10^{-4}$ | kg/s |
| ton(long, 2,240lbm) | 1016. | kg |
| ton(metric) | 1000. | kg |
| ton(refrigeration) | 3517. | W |
| ton(short, 2,000lbm) | 907.2 | kg |
| yard(yd) | 0.9144 | m |

## 부록 2. 단위 환산표(English 단위)

| 단위 | 계수 | 결과 |
|---|---|---|
| Btu | 778.2 | ft·lbf |
| But/hr | 0.2162 | ft·dlbf/sec |
| Btu/lbm | 25040. | ft·lbf/slug |
| foot per minute(fpm) | 0.01667 | ft/sec |
| feet of water(ft $H_2O$) | 62.4 | $lbf/ft^2$ |
| cubic feet per minute(cfm) | 0.01667 | $ft^3/sec$ |
| gallon(US) | 0.1337 | $ft^3$ |
| horsepower | 550 | ft·lbf/sec |
| hour(hr) | 3600. | sec |
| inch(in) | 0.08333 | ft |
| inch of water(in $H_2O$) | 5.20 | $lbf/ft^2$ |
| inch of mercury(in Hg) | 70.7 | $lbf/ft^2$ |
| $in^2$ | $6.944\times10^{-3}$ | $ft^2$ |
| $in^3$ | $5.79\times10^{-4}$ | $ft^3$ |
| kilogram force(kgf) | 2.205 | lbf |
| kilogram(kg) | 2.205 | lbm |
| kilometer per hour(km/h) | 0.9113 | ft/sec |
| kilowatt hours(kWh) | $2.655\times10^{5}$ | ft·dlbf |
| kilowatt(kW) | 737.6 | ft·lbf/sec |
| knot | 1.688 | ft/sec |
| liter per second(L/s) | 2.119 | $ft^3/sec$ |
| meter(m) | 3.281 | ft |
| $m^2$ | 10.76 | $ft^2$ |
| meter per second(m/s) | 3.281 | ft/sec |
| $m^3/s$ | 2119 | $ft^2/sec$ |
| mile(mi) | 5280 | ft |
| mile per hour(mph) | 1.467 | ft/sec |
| millimeter of mercury(mmHg) | 2.785 | $lbf/ft^2$ |
| minute(min) | 60. | sec |
| pascal(Pa) | 0.0209 | $lbf/ft^2$ |
| pound per cubic foot($lbm/ft^3$) | 0.03108 | $slug/ft^3$ |
| pound per square inch(psi) | 144 | $lbf/ft^2$ |
| pound mass(lbm) | 0.03108 | slug |
| paoundal | 0.03109 | lbf |
| standard cubic feet per minute(scfm) | $3.89\times10^{-5}$ | slug/s |
| standard cubic feet per minute(scfm) | 0.00125 | lbm/s |
| ton(metric) | 2205 | lbm |
| ton(long) | 2240 | lbm |
| ton(short) | 2000. | lbm |
| ton(refrigeration) | 12000. | Btu/hr |
| ton(refrigeration) | 2594. | ft·lb/sec |
| yard(yd) | 3.0 | ft |
| watt(W) | 0.7376 | ft·dlbf/sec |

## 부록 3. 각종 상수

| | |
|---|---|
| 중력 가속도 | 9.80665 $m/s^2$<br>32.174 $ft/sec^2$ |
| 공기의 기체 상수 | 287.0 J/kg · K<br>53.34 ft · lbf/lbm · °R<br>1716 ft · lbf/slug · °R<br>0.06858 Btu/lbm · °R |
| 표준 대기압 | 101325 Pa<br>14.696 psi<br>2116. $lbf/ft^2$<br>30.00 inHg at 60°F<br>407.3 $inH_2O$ at 60°F<br>33.94 $ftH_2O$ at 60°F |

## 부록 4. 공기 특성

| $T$ (K) | $\rho$ ($kg/m^3$) | $c_p$ (J/kg·℃) | $\mu$ (kg/m·s) | $\nu$ ($m^2/s$) | $k$ (W/m·℃) |
|---|---|---|---|---|---|
| 200 | 1.7684 | $1.0061 \times 10^3$ | $1.3289 \times 10^{-5}$ | $7.514 \times 10^{-6}$ | 0.01809 |
| 250 | 1.4128 | 1.0053 | 1.488 | 10.53 | 0.02227 |
| 300 | 1.1774 | 1.0057 | 1.983 | 16.84 | 0.02624 |
| 350 | 0.9980 | 1.0090 | 2.075 | 20.76 | 0.03003 |
| 400 | 0.8826 | 1.0140 | 2.286 | 25.90 | 0.03365 |
| 500 | 0.7048 | 1.0295 | 2.671 | 37.90 | 0.04038 |
| 600 | 0.5879 | 1.0551 | 3.018 | 51.34 | 0.04659 |
| 700 | 0.5030 | 1.0752 | 3.332 | 66.25 | 0.05230 |
| 800 | 0.4405 | 1.0978 | 3.625 | 82.29 | 0.05779 |
| 900 | 0.3925 | 1.1212 | 3.899 | 99.3 | 0.06279 |
| 1000 | 0.3524 | 1.1417 | 4.152 | 117.8 | 0.06752 |
| 1200 | 0.3204 | 1.160 | 4.44 | 138.6 | 0.0732 |
| 1400 | 0.2515 | 1.214 | 5.17 | 205.5 | 0.0891 |
| 1600 | 0.2211 | 1.248 | 5.63 | 254.5 | 0.100 |
| 1800 | 0.1970 | 1.287 | 6.07 | 308.1 | 0.111 |
| 2000 | 0.1762 | 1.338 | 6.50 | 369.0 | 0.124 |

1. 소방청 제2017-1호, 제연설비의 화재안전기준(NFSC 501), 2017
2. 소방청 제2017-1호, 특별피난계단의 계단실 및 부속실 제연설비의 화재안전기준(NFSC 501A), 2017
3. 조강래 외 2인, 유체역학, 제3판, 희중당, 1995
4. 강보선 외 3인, 기계계측공학, 제3판, 시그마출판사, 2005
5. 대한설비공학회, 설비공학편람 제1권 & 제2권, 대한설비공학회, 2000
6. 이동명, 유지오, 「터널이론 및 실무, 제14강 도심지터널의 방재설비 및 환기운용개념」, 터널공학회, 2006
7. 소방청 제2017-1호, 도로터널의 화재안전기준(NFSC 603), 소방방재청, 2017
8. 국토교통부예규, 도로터널 방재시설 설치 및 관리지침, 국토교통부, 2020
9. NFPA 90A, Standard for the Installation of Air Conditioning and Ventilating Systems, 2002
10. NFPA 92A, Standard for Smoke-Control Systems Utilizing Barriers and Pressure Differences, 2006
11. NFPA 92B, Guide for Smoke Management System in Mall, Atria, and large Areas, 2006
12. NFPA 101, Life Safety Code, 2006
13. NFPA 204, Standard for Smoke and Heat Venting, 2007
14. EN 12101-6, Smoke and heat control systems-Part 6 : Specification for pressure differential systems-Kits, 2005
15. UL 555, Standard for Fire Dampers, 2010
16. UL 555S, Standard for Smoke Dampers, 2010
17. NFPA, Fire Protection Handbook, 19th Edition, 2003
18. NFPA, The SFPE Handbook of Fire Protection Engineering, 3rd ed, 2002
19. ASHRAE, The 2003 ASHRAE Handbook, 2003
20. SMACNA, HVAC Duct Construction Standards, 2nd Edition, 1995
21. ICC, 2012 International Building Code, International Code Council, INC., 2011
22. E. G. Butcher and A. C. Parnell, Smoke Control in Fire Safety Design, London, E. & F. N. Spon. Ltd., 1979.
23. J. H. Klote, Design Manual for Smoke Control Systems, ASHRAE, 1991
24. J. H. Klote and J. A. Milke, Princiles of Smoke Management, ASHRAE, 1992
25. Alpert. R. L., Cailulation of Response Time of Ceiling-mounted Fire Detector, Fire Technology, Vol. 8, pp.181-195, 1972
26. Heskestad G., Engineering Relations for Fire Plumes, Fire Safety Journal, Vol. 7, pp.25-32, 1984
27. T. Tanaka and T. Yamana, Smoke control in large scale spaces, Part 1", Fire Science and Technology, Vol. 5, pp.31-40, 1985

28. T. Yamana and T. Tanaka, "Smoke control in large scale spaces, Part 2", Fire Science and Technology, Vol. 5, pp. 41-54, 1985
29. G. T. Tamura, Smoke Movement and Control in Hight Rise Building, 1994
30. J. L. Pauls, Effective-Width Model for Evacuation Flow in Buildings, in Proceedings of Workshop on Engineering Applications of Fire Technology, National Bureau of Standards, Washington DC, pp.215–232, 1980
31. G. T. Tamura and A. G. Wilson, Pressure Differences for a Nine-Story Building as a Result of Chimney Effect and Ventilation System Operation, ASHRAE Trans., Vol. 72, Part I, 1966, pp.180～189
32. G. T. Tamura and J. H. Klote, Experimental Fire Tower Studies on Adverse Pressure Caused by Stack and Wind Action : Studies on Smoke Movement and Control, ASTM International Symposium on Characterization and Toxicity of Smoke, Phoenix, AZ, Dec. 1988
33. J. B. Fang, Static Pressure Produced by Room Fires, Nat. Bur. Stand.(US) NISIR 80-1984, 1980
34. J. H. Klote, An Analysis of the Influence of Piston Effect on Elevator Smoke Control, Nat. Bur. Stand.(US) NBSIR 88-3751, 1988
35. P. H. Thomas, Movement of Smoke in Horizontal Corridors Against an Air Flow, Institue of Fire Engineers Quarterly, 30(77), pp.45～53, 1970
36. B. H. Shaw and W. Whyte, Air Movement Through Doorways-The Influence pf Temperature and Its Control by Forced Air Flow, Bldg. Serv. Engg., 42, p.210, 1974
37. J. H. Klote and J. W. Forthergill, Design of Smoke Control Systems for Buildings, ASHRAE, GA, 1983
38. R. J. Cresci, Smoke and Fire Control in High-Rise Office Buildings Part II : Analysis of Starir Pressurization Systems, Symposium on Experience and Applications on Smoke and Fire Control at the ASHRAE Annual Meeting, Louisville, KY, Atlanta, GA, pp.16～23, June 1973
39. R. E. H. Read and M. P. Shipp, An Investigation of Fire Door Closer Forces, BRE Report, Fire Research Station, Borehamwood, Herts, U.K., 1979
40. G. T. Tamura and C. Y. Shaw, Air Leakage Data for the Design of Elevator and Stair Shaft Pressurization Systems, ASHRAE Tans., Vol. 82, Part 2, pp.179～190, 1976
41. G. T. Tamura, Exterior Wall Venting for Smoke Control in Tall Office Buildings, ASHRAE J., Vol. 20, No. 8, pp.43～48, 1978
42. G. T. Tamura, A Smoke Control System for High_Rise Office Buildings, ASHRAE J., Vol. 24, No. 5, pp.29～32, 1982
43. J. A. Milke and J. H. Klote, Smoke Management in Large Spaces in Buildings, BCC of Victoria and The Broken Hill Properietary Co. Limitied, Melbourne, Austalia, 1998

44. Klote, J. H. and Tamura. G. T., Elevator Piston Effect and the Smoke Problem, Fire Safety J., Vol. 11, NO. 3, May, pp.223～227, 1986a
45. Nelson, H. E., and MacLennan, H. A., "Emergency Movement," The SFPE Handbook of Fire Protection Engineering, 3rd ed., National Fire Protection Association, Quincy, MA, 2002
46. Pauls, J., Movement of People, The SFPE Handbook of Fire Protection Engineering, 3rd ed., National Fire Protection Association, Quincy, MA, 2002
47. Tewarson A., Generation of Heat and Chemical Compounds in Fires, The SFPE Handbook of Fire Protection Engineering, 3rd ed., National Fire Protection Association, Quincy, MA, 2002
48. Dillon M.E., Determining Effectiveness of Atria Smoke Control Systems, ASHREA J., Vol.36, No. 4, pp.37～41, 1994
49. T. Handa and O. Sugawa, Flow Behavior of Plume From Growing Fire Source in High Ceiling Enclousure, J. of Fire and Flammability, 12, 1, pp.31～50, 1981
50. G. Heskestad, Fire Plume Entrainment and Related Problems in Venting of Fire and Smoke from Large Open Spaces, Submitted to NFPA Task Group on Smoke Mangement of Atria, Covered Malls, and Large Spaces, unpublished manuscript, 1987
51. G.D. Lpugheed and G.V. Hadjisophocleous, Investigation of Atrium Exhaust Effectiveness, ASHRAE T., 103, 2, 1997
52. J. H. Klote, Air Moving Systems and Fire Protection, NISTIR 5227, July 1993
53. P. L. Hinkley, Some Notes on the Control of Smoke in Enclosed Shopping Centers, Fire Research Station, 1971
54. P. L. Hinkley, Rates of 'Production' of Hot Gases in Roof Venting Experiments, Fire Safety Journal, Vol.10, pp.57～65, 1986
55. P. H. Thomas, On Formulae for the Movement of Smoke in Fire, Fire science & Technology, Vol.9 No.2, pp.1～3, 1989
56. Tanaka, T. and Yamana, Y., Smoke control in Large Scale Space (part1/part2), Fire Science and Technology, Vol.5, No.1, 1985
57. Jun-ichi Yamaguchi, Takeyoshi Tanaka, Simple Equations for Predicting Smoke Filling Time in Fire Rooms with Irregular Ceilings, Fire Science and Technology, Vol.24, No.4, pp.165～178, 2005
58. Thomas, PH., The Movement of Smoke in Horizontal Passages against an Air Flow, Fire Research Station, UK, Sept. 1968.
59. Lềe CK, Chaiken RF, Singer J.M., Interaction between Duct Fires and Ventilation Flow : an experimental study, Combust Sci. and Tech., 20, pp. 59-72, 1979

60. N.H. Danziger and W.D. Kennedy, Longitudinal Ventilation Analysis for the Glenwood Canyon Tunnels, 4th Int. Sym. on the Aerodynamics & Ventilation of Vehicle Tunnels, BHRGroup 2000 Vehicle tunnel, pp.169-pp.181, 1982
61. D. Tetzner, R. Pollak and M. sippel, Critical Velocity-Comparative Assement of Test Results and CFD Simulation, Int. Conf. on Tunnel Fire and Escape from Tunnels, Lyon, France, pp.181-190, 1999
62. Oka Y. and Atkinson G.T., Control of Smoke Flow in Tunnel Fires, Fire Safety Journal, 25, pp.305-322, 1995
63. Atkinson, G.T. & Wu, Y., Smoke Control in Sloping Tunnels, Fire Safety Journal, 26, pp.335-341, 1996
64. Y. Wu and M.Z.A Baker, Control of Smoke Flow in Tunnel Fires using Longitudinal Ventilation Systems-A Study of the Critical Velocity, Fire Safety Journal, 35, pp.363-390, 2000
65. J.P. Kunsch, Simple Model for Control of Fire Gases in a Ventilated Tunnel, Fire Safety Journal, 37, pp.67-81, 2002
66. Alan Beard and Richard Carvel, The Handbook of Tunnel Fire Safety, Tomas Telford, 2005
67. McGrattan K B, Baum H R, Rehm R G., Numerical Simulation of Smoke Plumes from Large Oil Fires, Atmospheric Environment, 30(24), pp.4125-4136, 1996
68. Zhao Mingqiao, Peng Limin, Yang Gaoshang, Chen Ke, Zoning Smoke Control in Long Tunnel for Passenger Train, National Natural Science Foundation of China(NSFC), International Symposium on Safety Science and Technology, 20061024-27, 2006
69. 神 忠久, 煙の 中での 心理的 動搖度について, 日本火災學會論文集, Vol.30, N0.1, pp.1～6, 1980
70. 田中味義・中村和人：<二層ゾーンの概念に基づく>建物内煙流動予測計算モデル，建築研究報告，No. 123，建設省建築研究所，1989
71. 建築研究振興協会, BR12002：二層ゾーン建物内煙流動モデルと予測計算プログラム，建築研究振興協会，2003
72. 田中味義：小規模建築物の火災モデル化に關する研究(2)，日本火災學會論文集， Vol.29, No.2，1979
73. 日本建築センタ, 2001年版 避難安全檢證法の解說及び計算例とその解說, 海文堂出版(株), 平成 21年
74. 佐藤 雅史, 田中 哮義, 若松 孝旺, 火災室及び廊下の温度の簡易予測式, 日本建築學會構造係論文集, 第489號, pp.137～146, 1996
75. 日本建築學會, 建築物の煙制御計劃指針(案), 丸善出版(株), 2011
76. 久次米真美子, 松下敬幸, 田中哮義 ：附室加壓煙制御システムにおける給気量の手計算方法, 日本建築学会計画系論文報告集, No. 531, pp.1～8, 2000

# INDEX 찾아보기

저자 : **이 동 명**

- (전)경민대학교 소방안전관리학과 교수
- (전)소방청 중앙소방기술심의위원
- (전)서울시 성능위주설계심의위원
- 소방청 정책자문위원회 위원
- 경기도청 건축심의위원(소방 분야)

성능위주 설계를 위한 **제연공학** 정가 32,000원

발 행 2021년 3월 10일 3판 1쇄
저 자 이동명
발행인 정우용
발행처 도서출판 **동화기술**
경기도 파주시 광인사길 201(문발동, 파주출판도시)
Tel (031)955-4211~6 donghwapub@nate.com
Fax (031)955-4217 www.donghwapub.co.kr
(등록) 1977년 12월 19일/9-16호



ISBN 978-89-425-9334-7